Vahlens Lernbücher
Grundzüge der Unternehmensfinanzierung

Grundzüge der Unternehmensfinanzierung

von

Prof. Dr. Dr. h. c. mult. Günter Wöhe

und

Dr. Jürgen Bilstein

und

Prof. Dr. Dr. Dietmar Ernst

und

Prof. Dr. Dr. Joachim Häcker

11., überarbeitete Auflage

Verlag Franz Vahlen München

Prof. Dr. Dr. h.c. Günter Wöhe war Professor für Betriebswirtschaftslehre an der Universität des Saarlandes. **Dr. Jürgen Bilstein** war Manager einer führenden deutschen Bank. **Prof. Dr. Dr. Dietmar Ernst,** CFM, ist Professor für International Finance an der European School of Finance der Hochschule für Wirtschaft und Umwelt Nürtingen-Geislingen (HfWU). **Prof. Dr. Dr. Joachim Häcker,** CFM, ist Professor für Corporate Finance an der Hochschule München. Prof. Dr. Dr. Ernst und Prof. Dr. Dr. Häcker sind darüber hinaus Direktoren des Deutschen Instituts für Corporate Finance.

ISBN 978 3 8006 4582 4

Satz: Fotosatz H. Buck
Zweikirchener Str. 7, 84036 Kumhausen
Druck: Druckhaus Nomos
in den Lissen 12, 76547 Sinzheim
Gedruckt auf säurefreiem, alterungsbeständigem Papier
(hergestellt aus chlorfrei gebleichtem Zellstoff)

Vorwort zur 11. Auflage

Unser Buch „Grundzüge der Unternehmensfinanzierung" hat sich seit der grundlegenden Überarbeitung in der 10. Auflage weiterhin als Standardwerk im Bereich „Unternehmensfinanzierung" etabliert. Es wird sowohl in der Unternehmenspraxis als auch in der Lehre an Universitäten, Hochschulen und Akademien eingesetzt. Über die weiterhin positiven Rückmeldungen zahlreicher Kollegen und Finanzierungsspezialisten haben wir uns sehr gefreut und möchten dafür herzlich danken.

Unser Ziel ist es weiterhin, die „Grundzüge der Unternehmensfinanzierung" als universitäres Lehrbuch mit hohem akademischem Anspruch weiter zu entwickeln. Gleichzeitig sehen wir aber auch den Charme dieses Buchs in der Praxisnähe, die Günter Wöhe und Jürgen Bilstein von Anfang an hergestellt haben. Eine akademisch fundierte Ausbildung mit hohem Praxisbezug ist eine Herausforderung an die Lehre und eine Anforderung der Wirtschaftspraxis. Das Werk „Grundzüge der Unternehmensfinanzierung" soll einen wichtigen Beitrag hierfür leisten.

In der 11. Auflage wurden die Cashflow-Analyse vertieft, das Kapitel „Kennzahlenanalyse" neu aufgenommen sowie weitere kleinere Anpassungen vorgenommen. Um dem Anspruch gerecht zu werden, praxisrelevantes Wissen zu vermitteln, haben wir alle Kapitel mit Experten aus den einzelnen Finanzierungsbereichen intensiv diskutiert.

Wir danken Frau Bettina Grommé (Deutsche Leasing) für das Kapitel Leasing, Herrn Dr. Fred Wendt (Gleiss Lutz) für das Kapitel Delisting und Herrn Lars Zipfel (Ernst&Young) für die steuerlichen Ausführungen sowie Herrn Willis E. Eayrs und Herrn Sebastian Prexl für die Mitarbeit am Kapitel Kennzahlenanalyse. Ferner gilt unser Dank Herrn Bernd Holtwick (HOCHTIEF/Begriffliche Grundlagen), Herrn Joachim Hug (SüdPE/Private Equity), Frau Sonja Schneider (LBBW/Akquisitionsfinanzierung), Herrn Alexander Servais (LBBW/Syndizierte Kredite), Herrn Christos Pantazidis (LBBW/Asset Backed Securities), den Herren Andrej Ankerst und Andreas Meyer (Dresdner Kleinwort/Cash Pooling), Herrn Dr. Werner Gleißner (FutureValue/Rating), Herrn Dr. Hansjörg Scheel (Gleiss Lutz/Rechtliche Grundlagen Eigenfinanzierung), Herrn Thomas Schrell (SJ Berwin/Rechtliche Grundlagen Fremdfinanzierung), den Herren Michael Bloss und Winfried Becker (Commerzbank/Fremdfinanzierung) sowie unserem Kollegen Prof. Dr. Thomas Barth (Pensionsrückstellungen).

Dem Lektor des Verlags, Herrn Dennis Brunotte, danken wir für sein Vertrauen und die engagierte sowie stets kompetente Zusammenarbeit.

Frankfurt/Main, im Juni 2013

Dietmar Ernst
Joachim Häcker

Vorwort zur 1. Auflage

Das vorliegende Lehrbuch hat die Aufgabe, einen systematischen Überblick über die Hauptprobleme der Unternehmensfinanzierung zu geben. Entsprechend der Zielsetzung der Schriftenreihe, in der dieses Buch erscheint, wendet es sich an Studierende der Betriebswirtschaftslehre an Universitäten, Fachhochschulen und Akademien sowie an interessierte Praktiker, die entweder noch keine Vorkenntnisse auf diesem Teilgebiet der Allgemeinen Betriebswirtschaftslehre besitzen oder die ihre Kenntnisse vor der Ablegung von Prüfungen kontrollieren und auffrischen wollen.

Das Buch ist in vier Hauptabschnitte eingeteilt. Der 1. Abschnitt erläutert die Grundbegriffe, die zum Verständnis der folgenden Ausführungen erforderlich sind. Im 2. und 3. Abschnitt liegt der Schwerpunkt der Stoffauswahl auf der Vermittlung von Kenntnissen der Finanzierungsformen und Finanzierungsmittel, einschließlich ihrer rechtlichen Grundlagen. Während im 2. Abschnitt die verschiedenen Spielarten der Außenfinanzierung (Einlagen-, Beteiligungs-, Kreditfinanzierung) und ihre Instrumente (z. B. Anteile in Form von Aktien, lang- und kurzfristige Kredite) behandelt werden, ist der 3. Abschnitt den Problemen der Innenfinanzierung (Selbstfinanzierung aus Gewinn, Finanzierung aus Abschreibungsgegenwerten, Finanzierung mit langfristigen Rückstellungen) gewidmet. Die Erarbeitung dieser Kenntnisse ist die Voraussetzung für das Verständnis der im 4. Abschnitt erörterten Entscheidungsalternativen im Rahmen der Finanzplanung und der Kapitalbedarfsplanung sowie für die vergleichende Analyse der Vor- und Nachteile der verschiedenen zur Wahl stehenden Finanzierungsformen und Finanzierungsmittel.

Herrn Dipl.-Kfm. Karl-Willi Schlemmer danken wir für die kritische Durchsicht des Manuskripts. Frau Angelika Hauch und Frau Doris Schneider gilt unser besonderer Dank für ihren Einsatz beim Schreiben der Manuskripte.

Saarbrücken, im Mai 1978

Günter Wöhe
Jürgen Bilstein

Inhaltsübersicht

Inhaltsverzeichnis

TEIL B: DIE AUSSENFINANZIERUNG

Abkürzungsverzeichnis

a.a.O.	=	am angegebenen Ort
Abs.	=	Absatz
Abschn.	=	Abschnitt
AfA	=	Absetzung für Abnutzung
a. F.	=	alte Fassung
AG	=	Aktiengesellschaft
AKA	=	Ausfuhrkredit-Gesellschaft
AktG	=	Aktiengesetz
AO	=	Abgabenordnung
Anm.	=	Anmerkung
Art.	=	Artikel
ASB	=	Asset Backed Securities
Aufl.	=	Auflage
BAnz.	=	Bundesanzeiger
BB	=	Betriebs-Berater
Bd.	=	Band
BdF	=	Bundesministerium der Finanzen
BetrVG	=	Betriebsverfassungsgesetz
BewG	=	Bewertungsgesetz
BFH	=	Bundesfinanzhof
BFuP	=	Betriebswirtschaftliche Forschung und Praxis
BGB	=	Bürgerliches Gesetzbuch
BGBl	=	Bundesgesetzblatt
BGH	=	Bundesgerichtshof
BilMoG	=	Bilanzrechtsmodernisierungsgesetz
BiRiliG	=	Bilanzrichtlinien-Gesetz
BörsG	=	Börsengesetz
BStBl	=	Bundessteuerblatt
BT-Drucksache	=	Bundestagsdrucksache
BVerfG	=	Bundesverfassungsgericht
CAPEX	=	Capital Expenditure (Investitionen)
c. p.	=	ceteris paribus
CDO	=	Collaterized Debt Obligations
CLO	=	Collateralized Loan Obligation
CBO	=	Collateralized Bond Obligation
DAX	=	Deutscher Aktienindex
DB	=	Der Betrieb
DBW	=	Die Betriebswirtschaft
DCF	=	Discounted-Cashflow
DIHT	=	Deutscher Industrie- und Handelstag
Diss.	=	Dissertation

DStR	=	Deutsches Steuerrecht
DStZ(A)	=	Deutsche Steuerzeitung, Ausgabe A
DVFA	=	Deutsche Vereinigung der Finanzanalysten
EBIT	=	Earnings before Interest and Taxes
EBITDA	=	Earnings before Interest, Taxes, Depreciation and Amortisation
EG	=	Europäische Gemeinschaften
eG	=	eingetragene Genossenschaft
EGAktG	=	Einführungsgesetz zum Aktiengesetz
EGHGB	=	Einführungsgesetz zum Handelsgesetzbuch
EK	=	eingetragener Kaufmann
ESt	=	Einkommensteuer
EStG	=	Einkommensteuergesetz
EStR	=	Einkommensteuerrichtlinien
EU	=	Europäische Union
EURIBOR	=	Euro Interbank Offered Rate
e.V.	=	eingetragener Verein
f. oder ff.	=	folgende
FASB	=	Financial Accounting Standards Board
FIBOR	=	Frankfurt Interbank Offered Rate
FRA	=	Forward Rate Agreement
FWB	=	Frankfurter Wertpapierbörse
GAAP	=	Generally Accepted Accounting Principles
GbR	=	Gesellschaft des bürgerlichen Rechts
GenG	=	Genossenschaftsgesetz
GewSt	=	Gewerbesteuer
GewStG	=	Gewerbesteuergesetz
GmbH	=	Gesellschaft mit beschränkter Haftung
GmbHG	=	GmbH-Gesetz
GP	=	General Partners
HWB	=	Handwörterbuch der Betriebswirtschaft
HdSW	=	Handwörterbuch der Sozialwissenschaften
HFA des IdW	=	Hauptfachausschuss des Instituts der Wirtschaftsprüfer
HGB	=	Handelsgesetzbuch
Hrsg.	=	Herausgeber
hrsg.	=	herausgegeben
HV	=	Hauptversammlung
HYB	=	High Yield Bonds
IAS	=	International Accounting Standard
IASC	=	International Accounting Standards Committee
IdW	=	Institut der Wirtschaftsprüfer
i.d.R.	=	in der Regel
IFRS	=	International Financial Reporting Standards
InsO	=	Insolvenzordnung
IPO	=	Initial Public Offering (Börsengang)
IRR	=	Internal Rate of Return
KAGG	=	Gesetz über Kapitalanlagegesellschaften
KfW	=	Kreditanstalt für Wiederaufbau

KG	=	Kommanditgesellschaft
KGaA	=	Kommanditgesellschaft auf Aktien
KSt	=	Körperschaftsteuer
KStG	=	Körperschaftsteuergesetz
KWG	=	Kreditwesengesetz
LBO	=	Leveraged Buy-out
LIBOR	=	London Interbank Offered Rate
LP	=	Limited Partners
m. a. W.	=	mit anderen Worten
MBI	=	Management Buy-in
MBO	=	Management Buy-out
MDAX	=	Midcap-Index
MitbG	=	Mitbestimmungsgesetz
MoMiG	=	Gesetz zur Modernisierung des GmbH-Rechts und zur Bekämpfung von Missbräuchen
MBS	=	Mortgage Backed Securities
NCV	=	Netto Cashflow
NPV	=	Net Present Value (Nettobarwert)
OHG	=	Offene Handelsgesellschaft
OLG	=	Oberlandesgericht
PE	=	Private Equity
PU	=	Portfolio Unternehmen
PublG	=	Publizitätsgesetz
RFH	=	Reichsfinanzhof
ROCE	=	Return on Capital Employed (Gesamtkapitalrendite)
ROE	=	Return on Equity (Eigenkapitalrendite)
RWA	=	Risk Weighted Assets
S.	=	Seite
SDAX	=	Smallcap-Index
Sp.	=	Spalte
SPV	=	Special Purpose Vehicle oder NewCo (Zweckgesellschaft)
StB	=	Der Steuerberater
StbJb	=	Steuerberater-Jahrbuch
StBkgR	=	Steuerberaterkongreß-Report
TecDAX	=	Technologie-Index
TEUR	=	Tausend Euro
Tz.	=	Textziffer
UBGG	=	Gesetz über Unternehmensbeteiligungsgesellschaften
UmwG	=	Umwandlungsgesetz
UmwStG	=	Umwandlungssteuergesetz
USt	=	Umsatzsteuer
UStG	=	Umsatzsteuergesetz
VAG	=	Versicherungsaufsichtsgesetz
VC	=	Venture Capital
VO	=	Verordnung
VStR	=	Vermögensteuerrichtlinien
VwVfG	=	Verwaltungsverfahrensgesetz
VwGO	=	Verwaltungsgerichtsordnung

VZ	=	Veranlagungszeitraum
WiSt	=	Wirtschaftswissenschaftliches Studium
WPg	=	Die Wirtschaftsprüfung
WP-Handbuch	=	Wirtschaftprüfer-Handbuch
WpHG	=	Wertpapierhandelsgesetz
WpÜG	=	Wertpapiererwerbs- und Übernahmegesetz
WpPG	=	Wertpapierprospektgesetz
WStG	=	Wechselsteuergesetz
Xetra	=	Exchange Electronic Trading
ZfB	=	Zeitschrift für Betriebswirtschaft
ZfbF	=	Zeitschrift für betriebswirtschaftliche Forschung
ZfgK	=	Zeitschrift für das gesamte Kreditwesen
ZfhF	=	Zeitschrift für handelswissenschaftliche Forschung
Ziff.	=	Ziffer

TEIL A: BEGRIFFLICHE GRUNDLAGEN

1. Kapitel
Der Betriebsprozess als güterwirtschaftlicher und finanzwirtschaftlicher Prozess

Lernziele

- Sie verstehen die Abhängigkeit von güter- und finanzwirtschaftlichen Komponenten im Betriebsprozess.
- Sie sind mit dem Begriff der Finanzierung im weiteren und im engeren Sinne vertraut.
- Sie kennen den Kreislauf finanzieller Mittel im Betriebsprozess und dessen vier Phasen.
- Sie wissen, was ein Aktivtausch und eine Bilanzverlängerung im Rahmen der Kapitalbeschaffung bedeuten.
- Sie können den Kapitalrückfluss durch den Absatzmarkt sowie den Kapitalabfluss erläutern und kennen die bilanziellen Auswirkungen.

1.1 Interdependenzen zwischen güterwirtschaftlichem und finanzwirtschaftlichem Prozess

Ein Betrieb lässt sich als eine planvoll organisierte Wirtschaftseinheit definieren, deren Ziel es ist, durch die Kombination von Produktionsfaktoren Sachgüter und Dienstleistungen zu produzieren bzw. bereitzustellen und abzusetzen.[1] Der betriebliche Prozessablauf besteht somit aus drei Teilbereichen: der Beschaffung, der Leistungserstellung und der Leistungsverwertung.[2] Der Betriebsprozess kann nur ablaufen, wenn finanzielle Mittel zur Beschaffung der Produktionsfaktoren zur Verfügung stehen und durch den Absatz der Betriebsleistungen über den Markt wieder zurück gewonnen werden können, mit anderen Worten: die Durchführung des güterwirtschaftlichen Prozessablaufs muss finanziert werden. Der **güterwirtschaftliche** und der **finanzwirtschaftliche Bereich** des Betriebs sind somit aufeinander abzustimmen.

Der güterwirtschaftliche (leistungswirtschaftliche) Prozess findet seinen Niederschlag in **Güterströmen,** der finanzwirtschaftliche in **Zahlungsströmen,** die in entgegengesetzter Richtung fließen. Die Beschaffung von Produktionsfaktoren löst Auszahlungen aus, der Absatz der produzierten Leistungen hat Einzahlungen zur Folge.

Neben den durch den Leistungsprozess verursachten gibt es aber auch solche Zahlungsströme, die ihrerseits einen Einfluss auf den Leistungsprozess ausüben. So

[1] Vgl. *Wöhe, G., Döring, U.* Einführung in die Allgemeine Betriebswirtschaftslehre, 23. Aufl., München 2008, S. 2.

[2] Vgl. *Gutenberg, E.*, Grundlagen der Betriebswirtschaftslehre, 3. Band, Die Finanzen, 8. Aufl., Berlin, Heidelberg, New York 1987, S. 1 ff.

wird z.B. eine Gewinnausschüttungspolitik, die sich nicht an den produktionswirtschaftlichen Notwendigkeiten orientiert, langfristig negative Folgen für die Aufrechterhaltung des bisherigen Leistungsprozesses haben. Dies ist beispielsweise dann der Fall, wenn die Gewinnausschüttungspolitik dem Betrieb in Zeiten steigender Preise nicht genügend Mittel zur Substanzerhaltung oder zur Durchführung von Rationalisierungs- oder Erweiterungsinvestitionen belässt.

Die Beziehungen zwischen güterwirtschaftlichem und finanzwirtschaftlichem Prozess werden ferner durch Verbindungen zwischen dem finanzwirtschaftlichen Bereich und den **Aufbauelementen des Betriebs** überlagert; insbesondere hat die **Wahl der Rechtsform** erheblichen Einfluss auf die Formen und Möglichkeiten der Kapitalbeschaffung. Auch die Bildung von Unternehmenszusammenschlüssen (Konzerne, Kartelle) wirft besondere finanzwirtschaftliche Probleme auf.

Die Ermittlung des Kapitalbedarfs und die Beschaffung der erforderlichen finanziellen Mittel müssen dem Prozess der Leistungserstellung und -verwertung in einem solchen Umfang vorausgehen, bis der durch die Leistungsverwertung einsetzende Rückfluss finanzieller Mittel die störungsfreie Fortführung des Leistungserstellungsprozesses ermöglicht. Güterwirtschaftlicher und finanzwirtschaftlicher Bereich stehen somit in einer laufenden **Wechselbeziehung** und können sich gegenseitig begrenzen.

1.2 Der Finanzierungsbegriff

Für die sich in einem Betrieb abspielenden finanziellen Vorgänge im weitesten Sinne des Wortes werden in der Betriebswirtschaftslehre zwar unterschiedliche Begriffe wie z.B. Finanzierung, Finanzwirtschaft, Kapitalwirtschaft, finanzieller Sektor, finanzielle Sphäre verwendet; dieser Begriffsbildung liegt aber keine eindeutige Abgrenzung zugrunde, welche finanzwirtschaftlichen Vorgänge unter den jeweiligen Begriff subsumiert werden.

Geht man von dem in der Regel gebrauchten Begriff „Finanzierung" aus, so genügt bereits ein kurzer Blick in die umfangreiche Literatur, um festzustellen, dass sich auch hinter diesem Wort **unterschiedliche Finanzierungsbegriffe** verbergen. Sie können hier nicht bis ins letzte Detail verfolgt werden, sondern sollen nur insoweit erörtert werden, wie sie zur Abgrenzung des in diesem Buche verwendeten Finanzierungsbegriffs erforderlich sind.[3]

Zunächst ist zwischen einem **engen** und einem **weiten** Finanzierungsbegriff zu unterscheiden; ersterer schränkt die Finanzierung auf die Vorgänge der Kapitalbeschaffung ein, letzterer umfasst neben der Kapitalbeschaffung auch alle Kapitaldispositionen, die zur Durchführung des Betriebsprozesses erforderlich sind. Der Begriff der Kapitalbeschaffung ist selbst wieder nicht eindeutig, sondern kann entweder weit aufgefasst werden und umschließt dann sämtliche lang- und kurzfristige Maßnahmen der Kapitalbeschaffung, oder er kann eng interpretiert werden und enthält dann Einschränkungen hinsichtlich der Fristigkeit, der Verwendung und der Art des

---

[3] Zum Finanzierungsbegriff vgl. insbesondere *Eilenberger, G.*, Finanzierung, Begriff der, in: Handwörterbuch des Bank- und Finanzwesens, hrsg. von *Gerke, W.*, *Steiner, M.*, 2. Aufl., Stuttgart 1995, S. 648 ff.

zu beschaffenden Kapitals (in extrem enger Fassung z.B. langfristige Kapitalbeschaffung mittels Beteiligungs- und Gläubigerpapieren zur Finanzierung von Anlagen).

In diesem Buch wird der Begriff der Finanzierung als Kapitalbeschaffung im weitesten Sinne verstanden. Finanzierung in diesem Sinne ist die Bereitstellung von finanziellen Mitteln jeder Art einerseits zur Durchführung der betrieblichen Leistungserstellung und Leistungsverwertung und andererseits zur Vornahme bestimmter außerordentlicher finanztechnischer Vorgänge wie z.B. die Gründung, Kapitalerhöhung, Börsengang, Fusion, Umwandlung, Sanierung und Liquidation. Die Einbeziehung der Sanierung und der Liquidation weiten den Begriff auch auf den Verlust und die Rückzahlung früher beschafften Kapitals aus.

Dem Begriff der Kapitalbeschaffung ist der Begriff der **Kapitalverwendung** gegenüberzustellen. Die Verwendung von finanziellen Mitteln zur Beschaffung von Sachvermögen, immateriellem Vermögen oder Finanzvermögen (Maschinen, Vorräte, Patente, Lizenzen, Wertpapiere, Beteiligungen) bezeichnet man als **Investition.**

Die Begriffe Finanzierung und Investition stehen in einem engen Zusammenhang, denn eine Mittelverwendung hat eine Mittelbeschaffung zur Voraussetzung. Ein Investitionsplan ist ohne Bedeutung, wenn die geplante Investition nicht finanziert werden kann. Andererseits ist die Beschaffung finanzieller Mittel für einen Betrieb ohne praktischen Wert, wenn er für sie keine ertragbringende Verwendung hat. Mittelverwendung setzt grundsätzlich Mittelbeschaffung voraus; Mittelbeschaffung muss grundsätzlich Mittelverwendung zur Folge haben.

Die Begriffe bedürfen aber noch einer weiteren Abgrenzung, denn nicht jede Verwendung finanzieller Mittel ist eine Investition, wie andererseits nicht jede Beschaffung von Mitteln eine Investition zur Folge hat. Gerät ein Betrieb in Liquiditätsschwierigkeiten, weil fällige Forderungen nicht eingehen, und nimmt er deshalb einen kurzfristigen Kredit zur Zahlung von fälligen Lieferantenverbindlichkeiten auf, so ist das zwar eine Kapitalbeschaffung, die das Volumen der finanziellen Mittel im Moment vergrößert, jedoch das Investitionsvolumen nicht beeinflusst. Eine bereits erfolgte Investition (z.B. Beschaffung von Vorräten) wird lediglich auf eine andere Art finanziert als zuvor geplant war (Umfinanzierung).

Außerdem ist Finanzierung nicht in jedem Fall identisch mit Geldbeschaffung, sondern eine Finanzierung liegt auch dann vor, wenn z.B. eine Aktiengesellschaft eine Kapitalerhöhung durch Ausgabe junger Aktien vornimmt und die Übernehmer der Aktien als Gegenwert statt Geld **Sacheinlagen** (Grundstücke, Maschinen) zur Verfügung stellen. Hier erfolgen Finanzierung und Investition als einheitlicher Vorgang. Finanzierung ist also nicht nur Geldbeschaffung, sondern Kapitalbeschaffung in allen Formen (Eigen- oder Fremdkapital). Ob der vermögensmäßige Gegenwert des zur Nutzung überlassenen Kapitals in Form von Geld, Gütern oder Wertpapieren zur Verfügung gestellt wird, ist für den Finanzierungsbegriff ohne Belang.

Betrachtet man die Finanzierung und Investition vom Standpunkt der **Bilanz**, so zeigt sich die Kapitalbeschaffung zunächst im **Kapitalbereich** (Passivseite), der Auskunft darüber gibt, welche Kapitalbeträge dem Betrieb zur Nutzung überlassen worden sind und in welcher rechtlichen Form (Eigenkapital, Fremdkapital) das geschehen ist, während aus dem **Vermögensbereich** (Aktivseite, Positionen des Anlage- und Umlaufvermögens) zu erkennen ist, welche Arten von Vermögen (Geld, Wertpapiere, Sachgüter) die Kapitalgeber zur Verfügung gestellt haben, d.h. welche augenblickliche Verwendung die Mittel gefunden haben. Sieht man von dem selteneren Fall der Einbringung von Sacheinlagen durch die Kapitalgeber ab, so erscheinen die vermögensmäßigen Gegenwerte des beschafften Kapitals in der Bilanz zunächst als Zahlungsmittel (Bank, Kasse, Postscheck), bevor sie zur Durchführung des Betriebsprozesses, z.B. zur Beschaffung von Maschinen und Rohstoffen, verwendet, d.h. investiert werden.

Da der hier verwendete Finanzierungsbegriff aber auch die Freisetzung investierter Geldbeträge durch den betrieblichen Umsatzprozess[4] und damit die Bereitstellung dieser Mittel für erneute Investitionsvorgänge einschließt, finden Finanzierungsvorgänge ihren Niederschlag nicht nur auf der Passivseite der Bilanz, sondern zeigen sich auch auf der Aktivseite – ggf. unter Konstanz der auf der Passivseite ausgewiesenen Kapitalpositionen – durch Vermögensumschichtungen.

Die sich über den Markt vollziehende Freisetzung von in Sach- oder Finanzwerten investierten Geldbeträgen in liquide Form bezeichnet man als **Desinvestition.** Die Desinvestition ist somit zugleich eine (Wieder-)Beschaffung von früher investierten Mitteln, die erneut für Investitionen zur Verfügung stehen. Der hier verwendete Finanzierungsbegriff schließt also auch die Bereitstellung finanzieller Mittel ein, die nicht zu einer Vergrößerung des auf der Passivseite ausgewiesenen Kapitals führt.

Ebenso wie die Desinvestition der Gegenbegriff zur Investition ist, hat auch die Kapitalbeschaffung (Finanzierung) einen Gegenbegriff, den **Kapitalabfluss** in allen Formen (z.B. Rückzahlung von Eigenkapitaleinlagen und Krediten, Entnahme von Gewinnen, Auflösung von Rücklagen, Verluste). Da der Begriff „Entfinanzierung" für diese Vorgänge unüblich ist und sich in der Praxis kaum durchsetzen würde, ist es zweckmäßig, dem Begriff der Finanzierung = Kapitalbeschaffung den Begriff des Kapitalabflusses gegenüberzustellen. Der Begriff Kapitalrückzahlung oder Kapitaltilgung wäre zu eng und außerdem missverständlich, weil er im täglichen Sprachgebrauch für die Rückzahlung der von außen zugeführten Kapitalbeträge, jedoch nicht für Eigenkapitalverminderungen durch Gewinnausschüttungen oder Verluste verwendet wird.

Der gesamte Betriebsprozess lässt sich – wie im folgenden Abschnitt anhand eines Beispiels gezeigt wird – als ein Prozess laufender Investitionen und Desinvestitionen, d.h. als ein Prozess laufender Bindung und Wiederfreisetzung finanzieller Mittel bezeichnen. Schneider sieht den Unterschied zwischen Finanzierung und Investition nur im Vorzeichen der ersten Zahlung: während ein Finanzierungsvorgang durch einen Zahlungsstrom gekennzeichnet ist, der mit einer Einnahme beginnt, löst eine Investition einen Zahlungsstrom in Form einer Ausgabe aus.[5]

In den folgenden Ausführungen werden wir uns vorwiegend mit den Zahlungsströmen beschäftigen, die mit einer Einnahme beginnen, m.a.W. wir werden untersuchen, wie der Betrieb seinen zur Durchführung seiner Ziele erforderlichen Kapitalbedarf ermittelt und zwischen welchen Alternativen zur Deckung des Kapitalbedarfs er entscheiden muss.

---

4 Vgl. dazu das Beispiel im folgenden Abschnitt.

5 Vgl. *Schneider, D.*, Investitionen, Finanzierung und Besteuerung, 7. Aufl., Wiesbaden 1992, S. 20 ff.

1.3 Schematisches Beispiel der Beziehungen zwischen Güter- und Zahlungsströmen

Die finanziellen Vorgänge des Betriebsprozesses lassen sich als Kreislauf finanzieller Mittel auffassen, der folgende, in Abbildung 1 dargestellte Phasen umfasst.

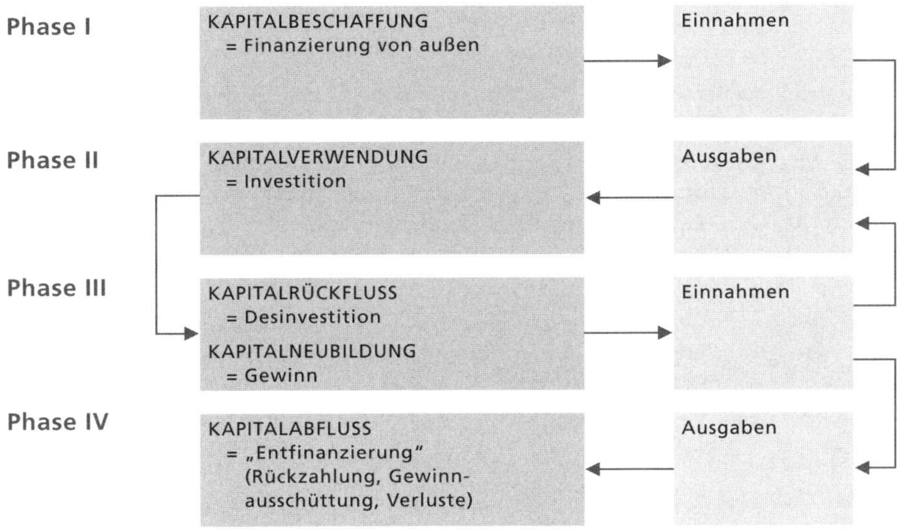

Abb. 1: Der Kreislauf finanzieller Mittel

In Phase I erfolgt eine Finanzierung durch Zuführung von Mitteln von außen, in Phase III tritt eine Finanzierung durch Rückfluss der Mittel über den Markt ein sowie eine weitere Kapitalbeschaffung „von innen", wenn Gewinne entstehen. Fließen die Einnahmen der Phase III wieder in die Phase II des folgenden Kreislaufs, so erneuert sich der Kreislauf der Einnahmen und Ausgaben. Werden die Einnahmen zur Rückzahlung von Kapital aus Phase I oder zur Ausschüttung von Gewinnen verwendet, so tritt in Phase IV ein Kapitalabfluss ein. Ein Kapitalabfluss erfolgt auch dann, wenn der Kapitalrückfluss in Phase III so hinter den Ausgaben der Phase II zurückbleibt, dass ein Verlust entsteht.

Der dargestellte Kreislauf der finanziellen Mittel schlägt sich in der Bilanz wie folgt nieder:

(1) Der Betrieb beschafft sich zunächst Mittel von außen (Finanzierung), die im Kapitalbereich als Eigen- und Fremdkapital, im Zahlungsbereich als Zahlungsmittel (Kasse, Bank) erscheinen. Dieser Einnahmevorgang entspricht der Phase I im obigen Kreislaufschema.

Beispiel: Im Folgenden wird ein Betrieb untersucht, der nach HGB bilanziert. Der Unternehmer zahlt 240.000 EUR (Eigenkapital) aus seinem Privatvermögen auf das Bankkonto seines Betriebs ein. Die Bank stellt einen langfristigen Kredit von 160.000 EUR (Fremdkapital) zur Verfügung.

Aktiva	Bilanz zum ...		Passiva
Zahlungsbereich		**Kapitalbereich**	
Bank	400.000	Eigenkapital	240.000
		langfristige Verbindlichkeiten	160.000
	400.000		400.000

Abb. 2: Kapitalbeschaffung

Der Betrieb besitzt Zahlungsmittel in Höhe von 400.000 EUR (Vermögen). Davon entfallen 240.000 EUR auf den Unternehmer. 160.000 EUR schuldet er der Bank.

(2) Die Zahlungsmittel werden zur Beschaffung von Sachgütern verwendet (Investition). Der Zahlungsbereich verkleinert sich, der Investitionsbereich vergrößert sich **(Aktivtausch).** Der Kapitalbereich bleibt unverändert. Dieser Ausgabe- und Beschaffungsvorgang entspricht der Phase II im obigen Kreislaufschema.

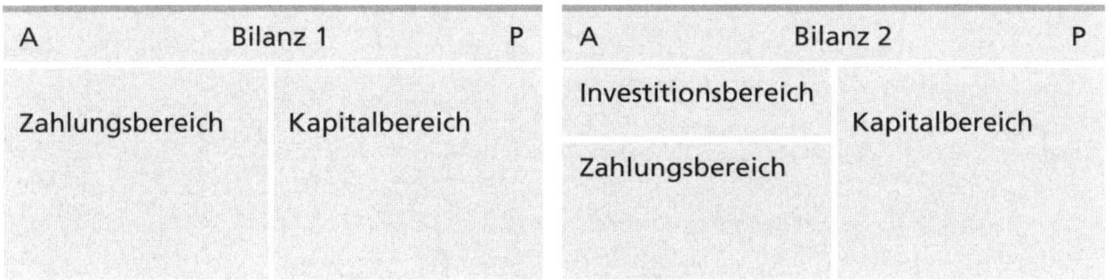

Abb. 3: Kapitalverwendung

Beispiel: Kauf eines Gebäudes 160.000 EUR
Kauf von Maschinen 80.000 EUR
Kauf von Rohstoffen 120.000 EUR
Die Bezahlung erfolgt aus dem Bankkonto.

Aktiva	Bilanz zum ...		Passiva
Investitionsbereich		**Kapitalbereich**	
Gebäude	160.000	Eigenkapital	240.000
Maschinen	80.000	langfristige	
Rohstoffe	120.000	Verbindlichkeiten	160.000
Zahlungsbereich			
Bank	40.000		
	400.000		400.000

Abb. 4: Beschaffung von Sachgütern

Der Bestand an Vermögen und Kapital bleibt unverändert, jedoch ändert sich die Vermögensstruktur: es erfolgt eine Umschichtung zwischen Zahlungsbereich und Investitionsbereich **(Aktivtausch).** Ein Erfolg (Gewinn oder Verlust) tritt nicht ein.

(3) Die Beschaffung von Sachgütern (Investition) erfolgt auf Kredit (Lieferantenverbindlichkeiten). Investitionsbereich und Kapitalbereich vergrößern sich gleichermaßen, der Zahlungsbereich wird zunächst nicht berührt. Dieser Vorgang vereinigt Phase I und II des obigen Kreislaufschemas. Investition und Finanzierung erfolgen simultan.

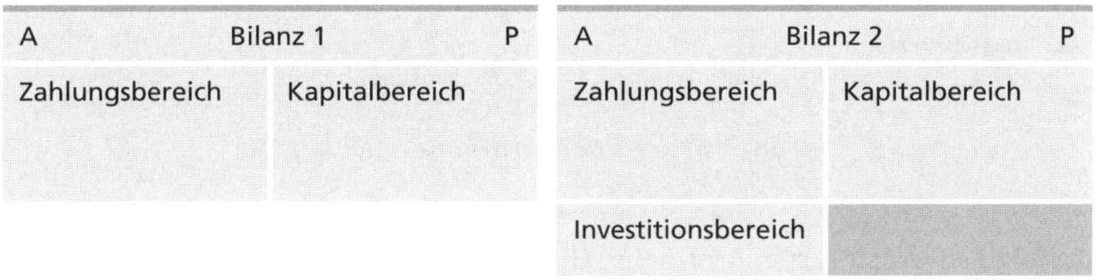

Abb. 5: Kapitalbeschaffung und Kapitalverwendung

Beispiel: Es werden die gleichen Geschäftsvorfälle wie im vorherigen Beispiel angenommen; die Rohstoffe werden jedoch auf Kredit (Lieferantenkredit = kurzfristige Verbindlichkeiten) gekauft.

Aktiva	Bilanz zum ...		Passiva
Investitionsbereich		**Kapitalbereich**	
Gebäude	160.000	Eigenkapital	240.000
Maschinen	80.000	langfristige	
Rohstoffe	120.000	Verbindlichkeiten	160.000
Zahlungsbereich		kurzfristige	
Bank	160.000	Verbindlichkeiten	120.000
	520.000		520.000

Abb. 6: Finanzierung über Lieferantenkredit

Der Bestand an Vermögen erhöht sich wegen der anders gearteten Zahlungsbedingungen beim Rohstoffeinkauf um den Betrag, der dem Bankkonto gegenüber dem vorherigen Beispiel weniger entnommen wird, der Bestand an Kapital erhöht sich um die Lieferantenschulden **(Bilanzverlängerung).** Auch dieser Vorgang ist erfolgsneutral. Es ändert sich nicht nur die Vermögensstruktur, sondern auch der Gesamtbestand des Vermögens. Gleiches gilt für die Kapitalseite.

(4) Der Prozess der Leistungserstellung führt zu einer Umformung von Sachgütern (Rohstoffe, Maschinennutzungen) und Arbeits- und Dienstleistungen in Ertragsgüter (Halb- und Fertigfabrikate) zu Fertigfabrikaten (siehe grauer Bereich in Bilanz 2). Es tritt eine Umschichtung (Aktivtausch) teilweise im Investitionsbe-

reich (Verbrauch an Rohstoffen und Umformung zu Fertigfabrikaten), teilweise durch Wechselwirkung zwischen Zahlungsbereich und Investitionsbereich ein (z.B. Zahlung von Löhnen und Eingang der Arbeitsleistungen in die Fertigfabrikate).

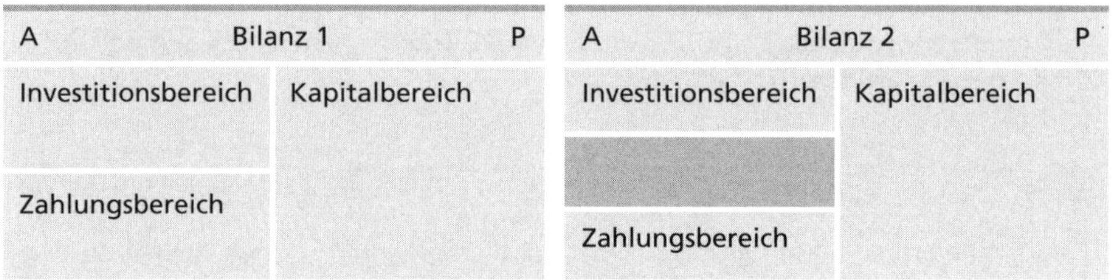

Abb. 7: Prozess der Leistungserstellung

Beispiel: Es werden Fertigfabrikate produziert. Ihre Herstellungskosten setzen sich folgendermaßen zusammen:

Rohstoffe	108.000 EUR
Gebäudeabschreibung	4.000 EUR
Maschinenabschreibung	8.000 EUR
Löhne und sonstige Aufwendungen	20.000 EUR
	140.000 EUR

Dem Verbrauch an Produktionsfaktoren im Werte von 140.000 EUR steht der Wert der Fertigfabrikate in Höhe der Herstellungskosten von 140.000 EUR gegenüber.

Aktiva	Bilanz zum ...		Passiva
Investitionsbereich		**Kapitalbereich**	
Gebäude	156.000	Eigenkapital	240.000
Maschinen	72.000	langfristige	
Rohstoffe	12.000	Verbindlichkeiten	160.000
Fertigfabrikate	140.000		
Zahlungsbereich			
Bank	20.000		
	400.000		400.000

Abb. 8: Bilanzielle Auswirkung der Leistungserstellung

Der Bestand an Vermögen und Kapital wird nicht verändert. Es ist zwar eine betriebliche Leistung (Fertigfabrikate = Ertrag) erzielt worden, jedoch entspricht der Ertrag wertmäßig dem Aufwand, ein Gewinn oder Verlust entsteht nicht.

(5) Der Absatz der Ertragsgüter führt über den Absatzmarkt zu einem Rückfluss der Geldmittel aus dem Investitionsbereich in den Zahlungsbereich, es tritt eine Desinvestition in Höhe der Gebäude- und Maschinenabschreibungen, des Ma-

terialverbrauchs, der investierten Löhne usw. ein. Dieser Vorgang entspricht der Phase III **(Kapitalrückfluss)** des obigen Kreislaufschemas.

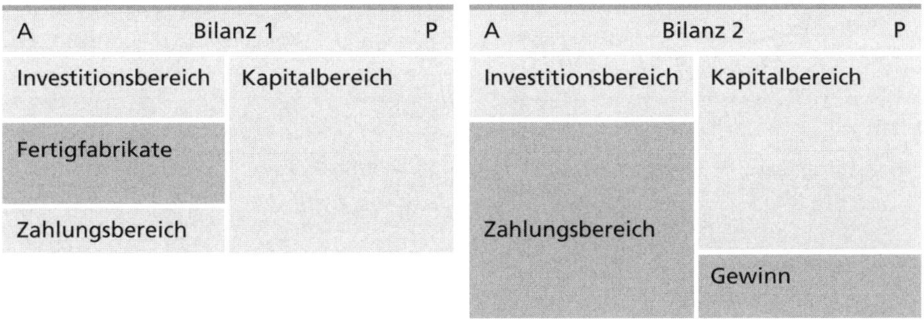

Abb. 9: Kapitalrückfluss

Beispiel: Die Fertigfabrikate werden zu 200.000 EUR verkauft. Der Kaufpreis geht auf dem Bankkonto ein. Es wird der Einfachheit halber unterstellt, dass beim Verkauf keine weiteren Aufwendungen anfallen.

Aktiva		Bilanz zum ...		Passiva
Investitionsbereich		**Kapitalbereich**		
Gebäude	156.000	Eigenkapital		
Maschinen	72.000	Anfangsbestand	240.000	
Rohstoffe	12.000	Gewinn	60.000	300.000
Zahlungsbereich		langfristige		
Bank	220.000	Verbindlichkeiten		160.000
	460.000			460.000

Abb. 10: Bilanzielle Auswirkung des Kapitalrückflusses

Der Markt vergütet den Wert der eingesetzten Kostengüter zurück, außerdem geht ein Mehrbetrag von 60.000 EUR ein. Es ist also ein Gewinn entstanden, der sich in einer Vermehrung des Eigenkapitals zeigt. Das Bilanzvolumen hat sich vergrößert **(Bilanzverlängerung)**.

(6) Der in der Bilanz ausgewiesene Kapitalbereich wird von dem gesamten Umsatzprozess nur berührt (soweit keine weiteren Kapitalbeschaffungen von außen erfolgt sind, z.B. durch Lieferantenkredit oder Anzahlungen von Kunden), wenn

(a) ein Erfolg, also eine Vermehrung (= Gewinn) oder Verminderung (= Verlust) des Vermögens durch die betriebliche Leistungserstellung und -verwertung eingetreten ist, der zu einer Veränderung des Eigenkapitals führt **(Bilanzverlängerung bzw. -verkürzung)**, oder

(b) eine Investition nicht aktiviert werden darf.

(7) Der Unternehmer entnimmt Teile des Gewinns. Außerdem zahlt er Verbindlichkeiten zurück. Es mindern sich der Zahlungsbereich und der Kapitalbereich gleichermaßen **(Bilanzverkürzung).** Der Investitionsbereich bleibt unberührt. Diese Vorgänge entsprechen der Phase IV **(Kapitalabfluss)** des obigen Kreislaufschemas.

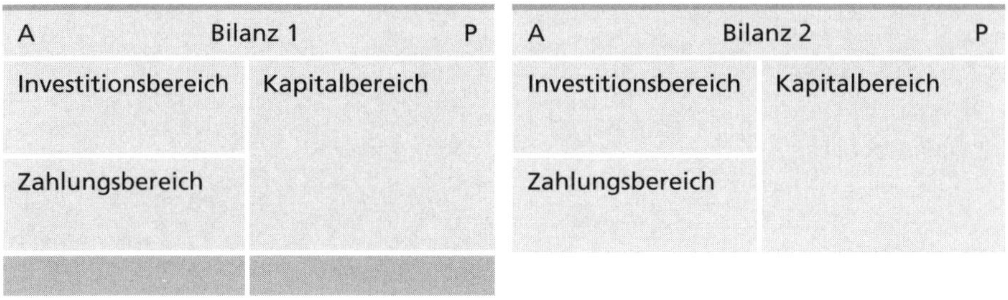

Abb. 11: Kapitalabfluss

Beispiel: Der Unternehmer entnimmt 30.000 EUR des Gewinns, außerdem zahlt er 50.000 EUR langfristige Schulden zurück, die finanziellen Mittel des Betriebs mindern sich also um insgesamt 80.000 EUR.

Aktiva	Bilanz zum ...		Passiva
Investitionsbereich		**Kapitalbereich**	
Gebäude	156.000	Eigenkapital	270.000
Maschinen	72.000	langfristige	
Rohstoffe	12.000	Verbindlichkeiten	110.000
Zahlungsbereich			
Bank	140.000		
	380.000		380.000

Abb. 12: Bilanzielle Auswirkung des Kapitalabflusses

Die schematische Darstellung des betrieblichen Umsatzprozesses als eines Prozesses laufender Einnahmen und Ausgaben bzw. laufender Investitionen und Desinvestitionen zeigt, dass dieser Prozess seinen rechnerischen Ausdruck in laufenden Veränderungen der Höhe und der Struktur der Bestände an Vermögen und Kapital findet. Diese Veränderungen werden durch Vorgänge bewirkt, die entweder nur vermögenswirksam sind wie z.B. der Kauf von Rohstoffen (Mehrung des Rohstoffbestands, Minderung des Zahlungsmittelbestands) oder vermögens- und erfolgswirksam sind, wie z.B. die Zahlung von Löhnen oder Fremdkapitalzinsen [Minderung der Zahlungsmittel durch Wertverzehr (Aufwand)].

Kontrollfragen

- Nennen Sie die drei Teilbereiche des betrieblichen Prozessablaufs.
- Definieren Sie die Begriffe Kapitalbeschaffung und Kapitalverwendung, ihren Zweck und Zusammenhang.
- Unterscheiden Sie Kapital- und Vermögensbereich in der Bilanz.
- Nennen Sie die vier finanziellen Phasen des Betriebsprozesses.
- Beschreiben Sie ein Beispiel für einen Aktivtausch und eine Bilanzverlängerung im Rahmen der Kapitalbeschaffung und erklären Sie die Auswirkungen in der Bilanz.
- Erläutern Sie den Kapitalrückfluss und Kapitalabfluss sowie deren bilanzielle Auswirkungen.

2. Kapitel
Die Finanzierungsarten

Lernziele

- Sie kennen die Möglichkeiten der Kapitalumschichtung mit dem Ziel der Kapitalbeschaffung.
- Sie können Finanzierungsarten nach Herkunft, Rechtstellung, Dauer und Anlass systematisieren.
- Sie können Beispiele für Dauer und Anlässe von Kapitalbereitstellungen geben.
- Sie können zwischen Außen- und Innenfinanzierung unterscheiden und kennen deren Finanzierungsarten.
- Sie kennen den Unterschied von Eigen- und Fremdfinanzierung sowie deren Finanzierungsarten.

2.1 Überblick

Bevor die Finanzierungsalternativen, für die sich ein Betrieb zur Deckung seines Finanzbedarfs entscheiden kann, im Detail behandelt werden, soll zunächst ein allgemeiner Überblick über die verschiedenen Finanzierungsarten gegeben werden. Versteht man unter Finanzierung alle Maßnahmen zur Deckung des Kapitalbedarfs, so schließt der **Finanzierungsbegriff** alle Möglichkeiten der Kapitalbeschaffung ein. Dazu gehören erstens die Kapitalbeschaffung von außen in Form von Eigen-, Mezzanine- oder Fremdkapital **(Außenfinanzierung)** und zweitens die Kapitalbeschaffung aus dem betrieblichen Umsatzprozess **(Innenfinanzierung).** Die Innenfinanzierung erfolgt einerseits entweder durch Vermögenszuwachs und dadurch bedingte Kapitalneubildung im Wege der Zurückbehaltung von Gewinnen (Selbstfinanzierung) oder durch Bildung langfristiger Rückstellungen (z.B. Pensionsrückstellungen) bzw. andererseits durch Vermögensumschichtung (Verwendung von Umsatzerlösen für Reinvestitionen oder Nettoinvestitionen).

Der Finanzierungsbegriff umfasst ferner Vorgänge der Kapitalumschichtung, die zwar für sich eine Kapitalbeschaffung darstellen, durch die aber der Gesamtbetrag der dem Betrieb zur Verfügung stehenden Mittel nicht erhöht wird, so dass diese Vorgänge auch keine Vergrößerung des dem Betrieb zur Verfügung stehenden Vermögens bewirken können. Es handelt sich um Fälle, in denen sich der Betrieb für eine andere als die bisher gewählte Finanzierungsalternative entscheidet, also eine Umfinanzierung vornimmt. Dabei lassen sich folgende **Möglichkeiten der eigen- und fremdkapitalbezogenen Kapitalumschichtung** unterscheiden:

(1) Die **Umschichtung von Fremdkapital in Eigenkapital.** Beispiel: Ein Kreditgeber wandelt ein gegebenes Darlehen in Eigenkapital um.

(2) Die **Umschichtung von Eigenkapital in Fremdkapital.** Beispiel: Ein Gesellschafter eines Unternehmens scheidet aus und stellt seine Abfindung der Gesellschaft als Darlehen zur Verfügung.

(3) Die **Umschichtung von einer Art des Fremdkapitals in eine andere.** Beispiel: Ein kurzfristiger Kredit wird in einen langfristigen Kredit umgewandelt.

(4) Die **Umschichtung von einer Art des Eigenkapitals in eine andere Art.** Beispiel: Eine Aktiengesellschaft wandelt im Wege der Kapitalerhöhung aus Gesellschaftsmitteln bisher als offene Rücklagen ausgewiesenes Eigenkapital in Grundkapital um.

Durch die Umfinanzierung ändern sich nicht nur Rechtsverhältnisse (Anteilseigner statt Gläubiger, langfristige statt kurzfristige Verbindlichkeiten), sondern die Umfinanzierung kann für den Betrieb zu einer Existenzfrage werden, wenn beispielsweise eine kurzfristige Finanzierung einer langfristigen Investition nicht rechtzeitig durch die Aufnahme langfristigen Kapitals umfinanziert werden kann.

Für eine **Systematisierung** der einzelnen Finanzierungsarten lassen sich folgende **Kriterien** verwenden:

(1) die **Herkunft des Kapitals** (Außenfinanzierung – Innenfinanzierung),

(2) die **Rechtsstellung der Kapitalgeber** (Eigenfinanzierung – Fremdfinanzierung),

(3) die **Dauer der Kapitalbereitstellung** (unbefristet – langfristig – mittelfristig – kurzfristig),

(4) der **Anlass der Finanzierung** (Gründung – Kapitalerhöhung – Börsengang – Fusion – Umwandlung – Sanierung).

2.2 Gliederung nach der Kapitalherkunft

Eine Systematisierung der Finanzierungsarten nach der Herkunft des Kapitals zeigt Abbildung 13.

Dieser Einteilung liegt der Sachverhalt zugrunde, dass dem Betrieb die finanziellen Mittel entweder von außen, d.h. von Dritten zur Verfügung gestellt werden können, oder dass der Betrieb finanzielle Mittel von innen, d.h. durch Überführung von Sachgütern in Geldmittel im Rahmen des betrieblichen Umsatzprozesses wiedergewinnt oder vermehrt.

In beiden Fällen der Kapitalbeschaffung ist weiterhin zwischen Finanzierung mit Eigen- oder Fremdkapital zu unterscheiden. Wird das Kapital von außen gegen Zahlung von Zinsen, auf die auch in Verlustjahren ein Anspruch besteht, zur Verfügung gestellt und haben die Kapitalgeber (Gläubiger) einen Anspruch auf Rückzahlung innerhalb eines vertraglich vereinbarten Zeitraums oder an einem festen Termin, so handelt es sich um Fremdkapital und folglich um eine **Fremd-** oder **Kreditfinanzierung.** Die Kapitalüberlassung kann lang-, mittel- oder kurzfristig sein.

Wird das Kapital auf unbestimmte Zeit zur Verfügung gestellt und nimmt es an den Chancen (Gewinn) und Risiken (Verlust) des Betriebs teil, so handelt es sich um Eigenkapital. Es wird auch als Haftungs- oder Garantiekapital bezeichnet, da

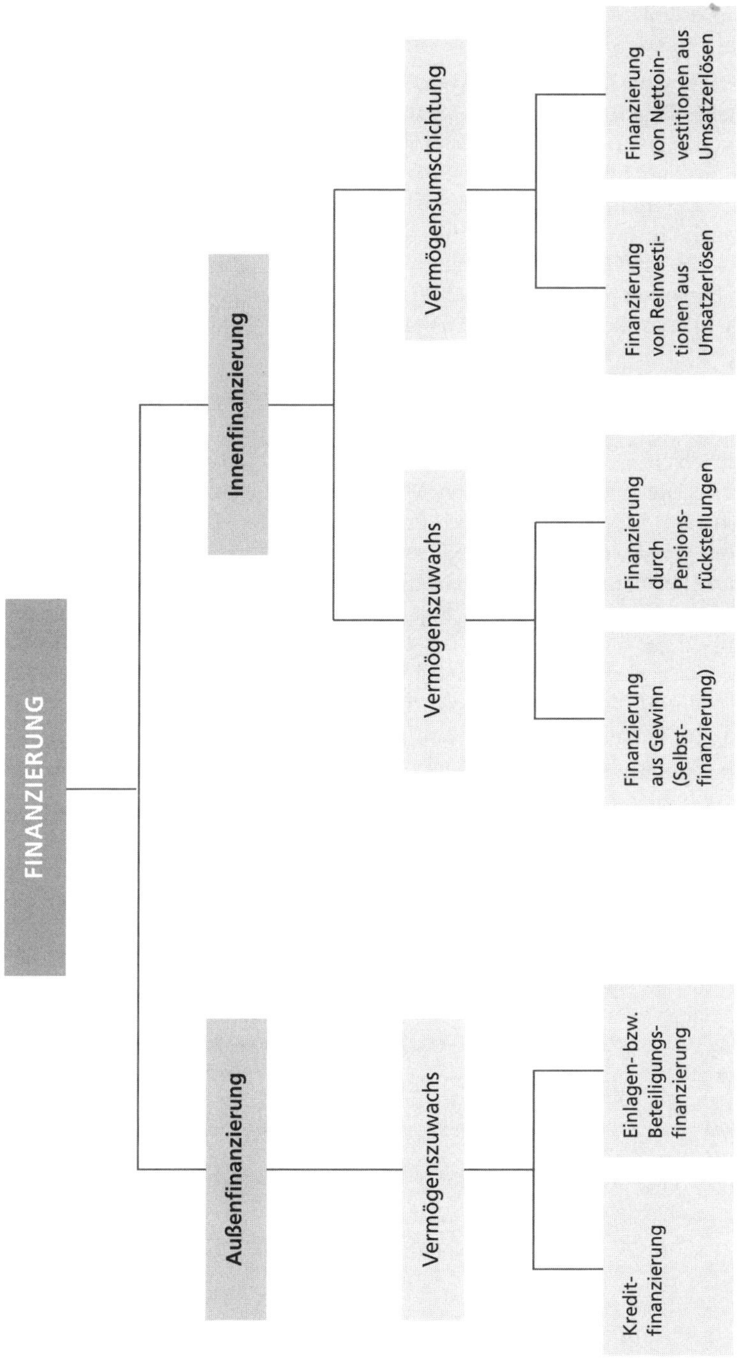

Abb. 13: Finanzierungsarten nach der Herkunft des Kapitals

es durch Verluste zuerst betroffen wird. Das Fremdkapital hat Verluste erst dann zu tragen, wenn das Eigenkapital aufgezehrt ist.

Die **Eigenfinanzierung von außen** ist entweder eine **Einlagen-** oder eine **Beteiligungsfinanzierung.** Beide Begriffe sind nicht scharf zu trennen. Bringt ein Einzelunternehmer aus seinem Privatvermögen Eigenkapital in seinen Betrieb ein, so handelt es sich um eine Einlage. Stellen mehrere Personen Eigenkapital zur Verfügung, so beteiligen sie sich an einem Betrieb durch ihre Einlagen. Man kann diesen Vorgang sowohl als Einlagen- als auch als Beteiligungsfinanzierung bezeichnen. Im engeren Sinne lässt sich der Begriff der Beteiligungsfinanzierung auf die Eigenfinanzierung von juristischen Personen (Aktiengesellschaften, GmbH, Genossenschaft) oder noch enger auf die Eigenfinanzierung durch Ausgabe von Beteiligungspapieren (Aktien) beschränken.

Eine Gliederung der wichtigsten Formen der Außenfinanzierung zeigt Abbildung 15.

Fließen dem Betrieb finanzielle Mittel zwar von außen zu, aber lediglich in Form des Rückflusses bereits einmal investierter Mittel bzw. in Form von Umsatzgewinnen, so stammen sie im Gegensatz zu den Einlagen oder Kreditgewährungen aus dem **betrieblichen Umsatzprozess.** Diese Form der Finanzierung wird deshalb als **Innenfinanzierung** bezeichnet. Sie beruht entweder auf Vermögensumschichtungen (Aktivtausch) d.h. auf dem Rückfluss („Wiedergeldwerdung“) bereits früher beschaffter Kapitalbeträge und erhöht folglich das insgesamt zur Verfügung stehende Kapital nicht; oder sie führt zu einem Zuwachs an Vermögen und Kapital, wenn z.B. Gewinne entstehen und nicht entnommen werden.

Ein Beispiel soll den Unterschied zwischen den verschiedenen Möglichkeiten der Innenfinanzierung erläutern.

Beispiel: Es wird unterstellt, dass der Betrieb Verkaufserlöse in Höhe von 200.000 EUR durch den Absatz von Fertigfabrikaten erzielt, deren Herstellungskosten sich folgendermaßen zusammensetzen (von Verwaltungs- und Vertriebskosten wird zur Vereinfachung abgesehen):

Aufwand			Ertrag
Abschreibungen	40.000	Verkaufserlöse	200.000
Löhne und Gehälter	45.000		
Materialverbrauch	55.000		
Pensionsaufwand	20.000		
Gewinn	40.000		
	200.000		200.000

Abb. 14: Möglichkeiten der Innenfinanzierung

Unterstellt man, dass der Pensionsaufwand durch Bildung von Pensionsrückstellungen entstanden ist, dass aber noch keine Ruhegehälter an die berechtigten Arbeitnehmer gezahlt werden müssen, dann bleibt der zurückgestellte Betrag zunächst an den Betrieb gebunden, kann ihn also auch nicht als Gewinnausschüttung oder Steuerzahlung verlassen, weil der Bilanzgewinn um den der Rückstellung zugeführten

- **AUSSENFINANZIERUNG**
  - **Einlagen- bzw. Beteiligungsfinanzierung**
    - Einlagen von Personenunternehmen und Personengesellschaften
    - Nicht in Beteiligungspapieren verbriefte Anteile an Kapitalgesellschaften und Genossenschaften
    - In Beteiligungspapieren verbriefte Anteile an Kapitalgesellschaften
  - **Fremdfinanzierung**
    - Über den Geld- und Kapitalmarkt
      - Kurzfristige Bankkredite
        - Kontokorrentkredit
        - Diskontkredit
        - Lombardkredit
        - Akzeptkredit
        - Avalkredit
      - Langfristige Darlehen
        - Unverbriefte Darlehen
        - Schuldscheindarlehen
        - Obligationen
    - Kredite im Waren- und Leistungsverkehr
      - Lieferantenkredit
      - Kundenanzahlungen
    - Sonderformen der Finanzierung
      - Leasing
      - Factoring

Abb. 15: Formen der Außenfinanzierung

Betrag niedriger ausgewiesen wird. Würden keine Pensionsrückstellungen gebildet, sondern erst die späteren Ruhegehaltszahlungen als Aufwand verrechnet, so wäre der ausgewiesene Gewinn in unserem Beispiel um 20.000 EUR höher.

Durch den Umsatz der Fertigfabrikate ist ein **Vermögens- und Kapitalzuwachs** in Höhe von 60.000 EUR (Gewinn 40.000 EUR, Rückstellung 20.000 EUR = Bilanzverlängerung) entstanden, der – sieht man von Gewinnsteuern und Gewinnausschüttungen einmal ab und unterstellt man konstante Preise – zur Finanzierung zusätzlicher Investitionen zur Verfügung steht. Es handelt sich also um eine Finanzierung aus Gewinn, die auch als **Selbstfinanzierung** bezeichnet wird, bzw. um eine Finanzierung aus Pensionsrückstellungen.

Die übrigen 140.000 EUR Verkaufserlöse führen nicht zu einer Kapitalbildung, sondern sind die Folge einer **Vermögensumschichtung.** Der Betrieb hatte in dieser oder einer vorangegangenen Periode liquide Mittel von 140.000 EUR zum Kauf von Material, Arbeits- und Maschinenleistungen verwendet. Durch Verkauf der Fertigfabrikate fließen diese Beträge über den Absatzmarkt wieder als liquide Mittel zurück. Soll der bisherige Produktions- und Umsatzprozess unverändert weitergeführt werden, so wird – konstante Preise und Kosten vorausgesetzt – in der nächsten Periode der Betrag von 55.000 EUR für Material und 45.000 EUR für Lohnzahlungen benötigt, während die Abschreibungsgegenwerte von 40.000 EUR erst am Ende der wirtschaftlichen Nutzungsdauer der Anlagen zur Ersatzbeschaffung zur Verfügung stehen müssen.

Nehmen wir an, dass die noch nicht gebrauchten Abschreibungsgegenwerte, die der Markt im Umsatzerlös vergütet hat, sofort zum Kauf zusätzlicher Maschinen verwendet werden. Setzen wir weiter voraus, dass der Abschreibungsverlauf dem Wertminderungsverlauf (Nutzungsverlauf) entspricht, so kann durch den Kauf neuer Maschinen zwar lediglich die eingetretene Wertminderung (Minderung der noch möglichen Nutzungsabgabe) ersetzt werden, d.h., die Summe der Nutzungen, die die alten und die neuen Maschinen während ihrer Restnutzungsdauer abgeben können (Gesamtkapazität) ist konstant geblieben; durch die höhere Maschinenzahl erhöht sich aber die Periodenkapazität.

Beispiel: Die mögliche Nutzungsabgabe aller Maschinen hat sich in der Periode um 100 Einheiten vermindert. Diese Wertminderung wird durch Abschreibungen erfasst. Aus den vom Markt zurückvergüteten Abschreibungsgegenwerten wird eine neue Maschine beschafft, die insgesamt 100 Einheiten produzieren kann. Die Gesamtkapazität ist also konstant geblieben; da aber in der folgenden Periode mehr Maschinen zur Verfügung stehen, die Nutzungen abgeben können, hat die Periodenkapazität zugenommen.

Der **Finanzierungseffekt der Abschreibungen** beruht also darauf, dass mit der gleichen Menge an finanziellen Mitteln durch Änderung des Altersaufbaus der Anlagen die Anzahl der Anlagen vergrößert werden kann, die gleichzeitig Nutzungen abgeben können.

Eine Finanzierung aus Vermögensumschichtung erfolgt auch dann, wenn der Betrieb **Vermögenswerte veräußert,** die zur Aufrechterhaltung der Leistungsfähigkeit entbehrlich geworden sind. Die gleiche Wirkung tritt ein, wenn durch **Rationalisierungsmaßnahmen** im Beschaffungs-, Produktions- und Absatzbereich der Kapitalumschlag beschleunigt wird, z.B. durch Reduzierung der durchschnittlichen

Kapitalbindungsdauer in Rohstoff- oder Warenbeständen (Beschaffung kleinerer Mengen in kürzeren Zeitabständen) oder durch Reduzierung der durchschnittlichen Lagerdauer von Halb- und Fertigfabrikaten. Der gleiche Beschaffungs-, Produktions- und Umsatzprozess kann folglich mit einem geringeren Kapitaleinsatz als bisher wiederholt werden, so dass finanzielle Mittel für zusätzliche Aufgaben zur Verfügung stehen.

Eine Gliederung der wichtigsten Formen der Innenfinanzierung zeigt Abbildung 16.

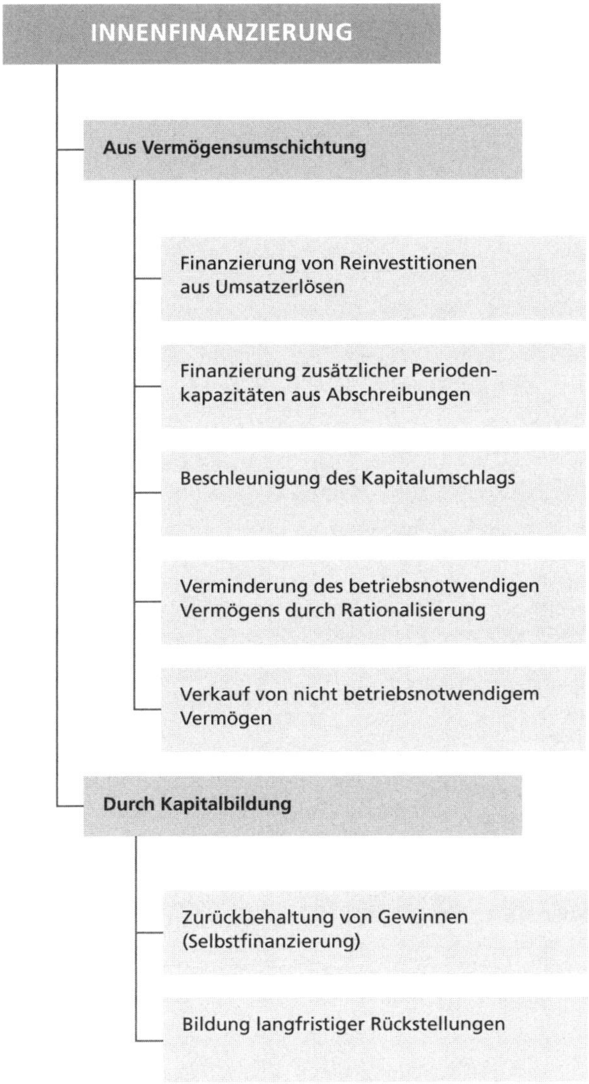

Abb. 16: Formen der Innenfinanzierung

Beispiel: Abbildung 17 vermittelt einen Überblick über den Umfang, in dem sich deutsche Unternehmen der unterschiedlichen Finanzierungsmöglichkeiten bedienen.

Mittelaufkommen und Mittelverwendung der Unternehmen			
In Mrd. Euro	**2005**	**2006**	**2007**
Mittelaufkommen			
Kapitalerhöhung aus Gewinnen sowie Einlagen bei Nichtkapitalgesellschaften	33,8	37,0	39,5
Abschreibungen (insgesamt)	107,2	109,6	114,5
Zuführung zu Rückstellungen	15,6	14,5	14,5
Innenfinanzierung	156,6	161,1	168,0
Kapitalzuführung bei Kapitalgesellschaften	3,1	12,5	19,0
Veränderung der Verbindlichkeiten	19,1	56,2	91,5
Kurzfristige	26,9	46.5	94,0
Langfristige	–7,9	9,7	–2,0
Außenfinanzierung	22,2	68,7	111,0
Insgesamt	178,8	229,8	279,0
Mittelverwendung			
Brutto-Sachanlagenzugang (brutto)	102,8	108,1	125,0
Nachrichtlich:			
Netto-Sachanlagenzugang	5,4	10,0	20,0
Abschreibungen auf Sachanlagen	97,4	98,2	104,5
Vorratsveränderung	10,5	5,0	55,5
	113,3	113,1	180,5
Sachvermögensbildung (Bruttoinvestitionen)			
Veränderung von Kasse und Bankguthaben	9,3	3,3	12,5
Veränderung der Forderungen	29,5	82,6	55,0
Kurzfristige	27,1	80,3	45,0
Langfristige	2,4	2,3	10,0
Erwerb von Wertpapieren	–2,7	12,9	–7,0
Erwerb von Beteiligungen	29,4	17,9	38,0
Geldvermögensbildung	65,5	116,7	99,0
Insgesamt	178,8	229,8	279,0
Nachrichtlich: Innenfinanzierung in % der Bruttoinvestitionen	138,2	142,4	93,5

Abb. 17: Mittelaufkommen und Mittelverwendung der Unternehmen[6]

[6] Quelle: Deutsche Bundesbank, Monatsbericht Januar 2009, S. 43.

Abschließend soll auf die Bedeutung der Innen- und Außenfinazierung in der Finanzierungspraxis eingegangen werden. Wird der Kapitalbedarf einer Periode mit 100% angesetzt, sieht die Mittelaufbringung gemäß der Deutschen Bundesbank im Durchschnitt der letzten fünf Jahrzehnte wie in Abbildung 18 dargestellt aus.

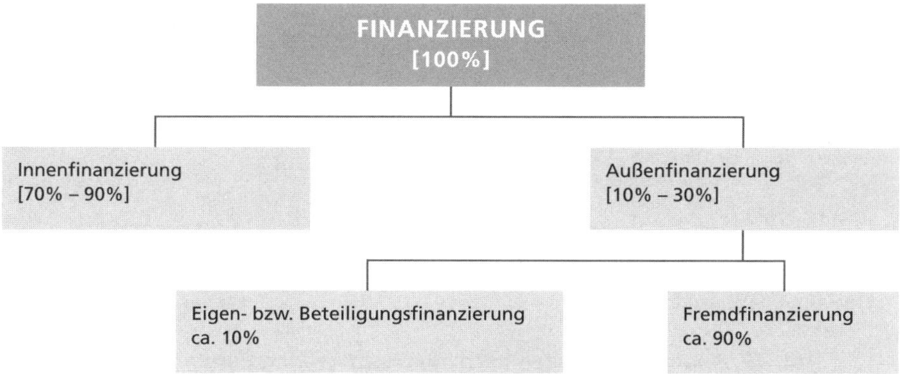

Abb. 18: Bedeutung der Innen- und Außenfinanzierung in Deutschland[7]

2.3 Gliederung nach der Rechtsstellung der Kapitalgeber

Die im vorangegangenen Abschnitt dargestellten Finanzierungsarten werden in Abbildung 19 nach der Rechtsstellung der Kapitalgeber gegliedert. Danach sind sie entweder der Eigenfinanzierung (Zuführung von Eigenkapital, das die Haftung für die Verbindlichkeiten trägt) oder der Fremdfinanzierung (Zuführung von Gläubigerkapital) zuzuordnen. Bestimmte Formen der Innenfinanzierung lassen sich nicht eindeutig zuordnen.

Beide Formen können **Außen-** oder **Innenfinanzierung** sein. Eigenfinanzierung liegt vor, wenn dem Unternehmen Eigenkapital entweder durch Einlagen- bzw. Beteiligungsfinanzierung oder durch Selbstfinanzierung zugeführt wird. Zur Fremdfinanzierung zählen die Kreditfinanzierung und die Finanzierung aus langfristigen Rückstellungen (z.B. Pensionsrückstellungen).

Bei der Finanzierung aus Pensionsrückstellungen handelt es sich deshalb um eine Art der Fremdfinanzierung, weil die begünstigten Arbeitnehmer Rechtsansprüche auf Pensionszahlungen erwerben. Der Betrieb hat also Verpflichtungen zu späteren Auszahlungen aus dem Kapitalfonds, der für jede Pensionszusage während der aktiven Tätigkeit der berechtigten Arbeitnehmer angesammelt wird. Diese Ansammlung erfolgt unter Berücksichtigung von 6% Zinsen.[8] Es handelt sich also bei den durch Pensionsrückstellungen an den Betrieb gebundenen Mitteln nicht um eine zinslose Fremdfinanzierung. Der Vorteil dieser Form der Innenfinanzierung

7 Quelle: *Drukarczyk, J.*, Finanzierung, 10. Auflage, Stuttgart 2008, S. 383.

8 Dieser Zinssatz ist für die Berechnung der Pensionsrückstellungen in der Handelsbilanz zwar nicht zwingend, für die steuerliche Anerkennung der Pensionsrückstellungen gem. § 6a EStG jedoch Voraussetzung.

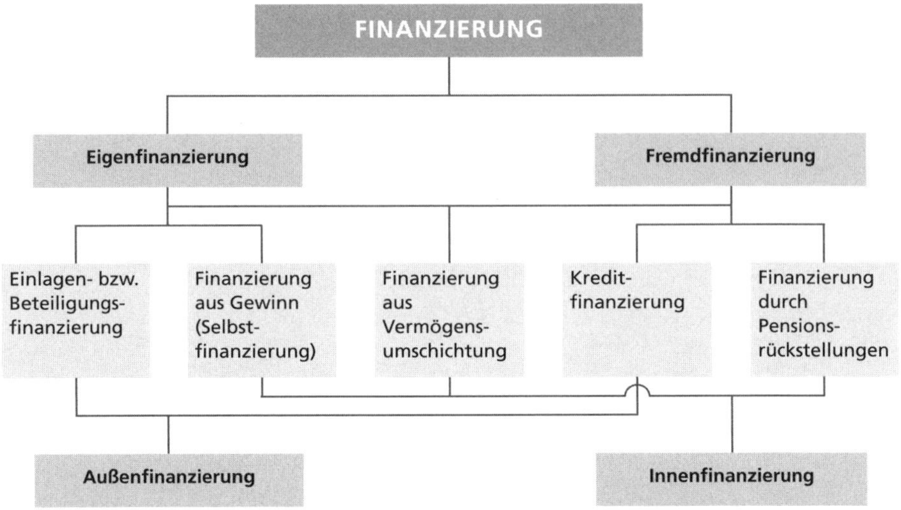

Abb. 19: Finanzierungsarten nach der Rechtstellung der Kapitalgeber

liegt erstens darin, dass Zinsen bei der Berechnung der Rückstellungen zwar zu berücksichtigen, aber zunächst nicht zu zahlen sind, und dass zweitens die Rendite dieser den Arbeitnehmern später vertraglich zustehenden Kapitalbeträge über dem Zinssatz von 6% liegen und folglich der Betrieb bis zur späteren Auszahlung der Ruhegelder Zinsgewinne erzielen kann.

Die Formen der **Innenfinanzierung,** die auf Vermögensumschichtungen beruhen, lassen sich weder der Eigen- noch der Fremdfinanzierung eindeutig zuordnen, da sich der Kapitalbereich durch diese Finanzierungsmaßnahmen nicht verändert. Den einzelnen Vermögenspositionen, die durch den betrieblichen Umsatzprozess umgeschichtet werden, lassen sich keine bestimmten Kapitalpositionen zuordnen. Auch wenn z.B. eine Maschine mit Fremdkapital beschafft wurde, können die durch den Absatzmarkt verdienten Abschreibungsgegenwerte, die im Umsatzerlös enthalten sind und sich in den Zahlungsmittel- oder Forderungskonten zeigen, nicht als Fremdkapital bezeichnet werden.

Die Problematik der Überschneidung zwischen Eigen- und Fremdfinanzierung zeigt sich insbesondere bei der Finanzierung aus Abschreibungsgegenwerten. Im obigen Beispiel war dazu unterstellt worden, dass der Abschreibungsverlauf dem Wertminderungsverlauf entspricht. Das ist in der Praxis selten der Fall. Geht der Abschreibungsverlauf dem Wertminderungsverlauf voran, so stehen mehr Abschreibungsgegenwerte zur Verfügung als zum Ersatz der eingetretenen Wertminderungen erforderlich sind. Der überschießende Betrag ist Gewinn, der durch überhöhte Aufwandsverrechnung (Bildung stiller Rücklagen), d.h. durch Unterbewertung der Anlagen nicht ausgewiesen wird. Eine eingetretene Eigenkapitalbildung (Gewinn) wird buchtechnisch durch Verrechnung eines zu hohen Aufwands nicht gezeigt; anders formuliert, eine an sich eingetretene Bilanzverlängerung (Vermögenszuwachs = Eigenkapitalzuwachs) wird durch entsprechende Unterbewertung der Anlagen kompensiert. Soweit die Finanzierung aus Abschreibungsgegenwerten lediglich eine Wieder- oder Andersverwendung bereits vorhandenen Kapitals ist, kann sie eindeutig weder der Eigen- noch der Fremdfinanzierung zugerechnet werden. Soweit sie eine Folge (stiller) Selbstfinanzierung ist, zählt sie zur Eigenfinanzierung.

Kontrollfragen

- Nennen Sie Möglichkeiten der Kapitalumschichtung mit dem Ziel der Kapitalbeschaffung.
- Geben Sie die möglichen Systematisierungskriterien für Finanzierungsarten wieder.
- Nennen Sie mögliche Dauer und Anlässe der Kapitalbereitstellung.
- Nennen Sie zwei Finanzierungsarten der Außen- und der Innenfinanzierung.
- Beschreiben Sie den Finanzierungseffekt aus Abschreibungen.
- Erklären Sie den Unterschied von Eigen- und Fremdfinanzierung und nennen Sie Beispiele für beide Finanzierungsarten.
- Erläutern Sie, warum die Finanzierung aus Pensionsrückstellungen einen Fremdfinanzierungscharakter trägt.
- Kategorisieren Sie einen heute gewährten Bankkredit zur Finanzierung eines Unternehmenskaufs anhand der Systematisierungskriterien der Finanzierungsarten.

3. Kapitel
Liquidität und finanzielles Gleichgewicht

Lernziele

- Sie wissen, was Liquidität bedeutet und welchen Zweck sie im Betriebsprozess erfüllt.
- Sie können die Unterschiede zwischen Vermögensliquidität und Finanzplanliquidität erläutern.
- Sie kennen den Unterschied zwischen absoluter und relativer Liquidität.
- Sie kennen den Begriff des finanziellen Gleichgewichts.
- Sie wissen, welche Bedingungen für ein finanzielles Gleichgewicht im weiteren Sinne erfüllt sein müssen.
- Sie wissen, welche Konsequenzen ein Verfehlen des finanziellen Gleichgewichts hat.
- Sie kennen Liquiditätskennzahlen und Liquiditätsgrade.
- Sie können darlegen, was unter einem Cashflow zu verstehen ist und wie er hergeleitet wird.
- Sie wissen, welche Zwecke eine Bewegungsbilanz und eine Kapitalflussrechnung erfüllt.

3.1 Der Begriff der Liquidität

Der Finanzierungsbegriff wurde bisher vorwiegend unter quantitativen und qualitativen Aspekten betrachtet, d.h. vom Standpunkt des Umfangs der Kapitalbeschaffung und der dafür einzusetzenden alternativen Finanzierungsarten. Die Finanzierung hat aber noch eine dritte Dimension. Der Betriebsprozess kann nur dann störungsfrei ablaufen, wenn es der Betriebsführung gelingt, die notwendigen Einzahlungs- und Auszahlungsströme **zeitlich** so zu koordinieren, dass die zur Durchführung des Prozesses erforderlichen **finanziellen Mittel** stets **fristgerecht zur Verfügung** stehen. Das zeitliche Abstimmungsproblem entsteht einerseits durch die unterschiedlichen Zeitdauern, während der das Kapital in verschiedenen Vermögenswerten gebunden ist (z.B. in Gebäuden mit fünfzigjähriger Nutzungsdauer oder in Warenbeständen, die sich innerhalb weniger Tage nach der Beschaffung am Markt absetzen lassen), andererseits durch die unterschiedlichen Fristen, für die die Kapitalgeber dem Unternehmen Kapital zur Verfügung stellen.

Die Beschaffung der zur Durchführung des Betriebsprozesses erforderlichen finanziellen Mittel erfolgt – wie oben dargestellt – entweder durch Zuführung liquider Mittel in Form der Eigen- oder Fremdfinanzierung oder durch Rückfluss der für die betriebliche Leistungserstellung und -verwertung benötigten Mittel durch Verkauf der Betriebsleistungen am Absatzmarkt. Die Fähigkeit des Unternehmens, seinen fälligen Verbindlichkeiten unter der Voraussetzung des reibungslosen Ablaufs des Betriebsprozesses (d.h. z.B. der Vermeidung von Notverkäufen) termingerecht nachkommen zu können, bezeichnet man als **Liquidität.**

Der Begriff der Liquidität wird in der Literatur – abgesehen von Meinungsverschiedenheiten in Einzelfragen – in zweifacher Bedeutung verwendet:

(1) Der Begriff Liquidität bezeichnet im Sinne von Liquidierbarkeit die **Eigenschaft von Wirtschaftsgütern,** mehr oder weniger leicht als Zahlungsmittel verwendet oder in Zahlungsmittel umgewandelt werden zu können **(Vermögensliquidität).**

(2) Der Begriff der Liquidität bezeichnet das **Verhältnis zwischen verfügbaren Geldmitteln und fälligen Verbindlichkeiten.** Durch Gegenüberstellung bestimmter Gruppen von Aktiv- und Passivpositionen wird der Grad der Über- oder Unterdeckung der Verbindlichkeiten durch die verfügbaren Zahlungsmittel oder jederzeit in Zahlungsmittel überführbaren Vermögenswerte festgestellt. Dieses Deckungsverhältnis, das durch Kennzahlen ausgedrückt werden kann, lässt sich statisch, d.h. stichtagsbezogen (z.B. Deckung der kurzfristigen Verbindlichkeiten durch die vorhandenen Zahlungsmittel am Bilanzstichtag) oder es lässt sich dynamisch als Entwicklung der zukünftigen Liquidität eines Zeitraums interpretieren. Im ersten Fall ist der Betrieb liquide, wenn er alle Zahlungsverpflichtungen, die an einem Stichtag bestehen, termingerecht erfüllen kann. Im zweiten Fall muss der Betrieb eine Prognose der zukünftigen Liquiditätsentwicklung erstellen, d.h. versuchen, die zukünftigen Zahlungsströme in einem Finanzplan zu erfassen **(Finanzplanliquidität).**

Den unter (1) umschriebenen Liquiditätsbegriff bezeichnet man auch als **absolute Liquidität.** Sie lässt sich definieren „als zeitlicher Abstand des betreffenden Guts vom Geldzustand."[9] Dabei sind zwei Fälle zu unterscheiden. Erstens kann man die Liquidierbarkeit von betrieblichen Vermögenswerten unter dem Gesichtspunkt der „Wiedergeldwerdung", d.h. dem Rückfluss der in ihnen gebundenen finanziellen Mittel betrachten, wenn sie ihrem Zweck entsprechend im Produktions- und Absatzprozess eingesetzt werden. Zweitens kann man sie unter dem Aspekt betrachten, dass sie vorzeitig, d.h. bevor sie das mit ihnen verfolgte Ziel erreicht haben, veräußert werden. So werden die in Rohstoffbeständen gebundenen finanziellen Mittel normalerweise in der Art in liquide Form überführt, dass die Rohstoffe zunächst in Halb- und Fertigfabrikate eingehen; ihr natürlicher Geldwerdungsprozess erfolgt erst durch Umsatz der Fertigfabrikate. Werden zur Produktion beschaffte Rohstoffe dagegen ohne Verarbeitung veräußert, weil der Betrieb dringend liquide Mittel benötigt (z.B. zur termingerechten Zahlung von Löhnen oder Fremdkapitalzinsen), die anderweitig nicht beschafft werden können, so wird der zielbedingte Geldwerdungsprozess nicht abgewartet.

Liquidität im Sinne von Liquidierbarkeit ist für die Zahlungsfähigkeit des Unternehmens zwar von Bedeutung, für die betrieblichen Entscheidungen genügt aber nicht die Kenntnis der absoluten Liquidität, d.h. des absoluten Betrags an liquiden Mitteln, der an einem bestimmten Zeitpunkt oder im Zeitablauf durch Wiedergeldwerdung zur Verfügung steht, sondern es muss auch die Beziehung zum Kapitalbereich hergestellt werden. Entscheidend ist, dass die fälligen Verbindlichkeiten durch liquide

---

9 *Hahn, O.,* Die Wahlkriterien finanzwirtschaftlicher Entscheidungen, in: Handbuch der Unternehmensfinanzierung, München 1971, S. 144.

Mittel oder durch Vermögensteile gedeckt sind, die fristgerecht in Zahlungsmittel transformiert werden können. Man bezeichnet deshalb den unter (2) beschriebenen Liquiditätsbegriff als **relative Liquidität.** Sie zeigt ein Verhältnis zwischen dem Bedarf an liquiden Mitteln und den zur Deckung verfügbaren liquiden Mitteln.

3.2 Das finanzielle Gleichgewicht

Ebenso wie der Begriff der Liquidität wird auch der Begriff des **finanziellen Gleichgewichts** in der Literatur nicht einheitlich verwendet. Interpretiert man den Begriff eng, so unterscheidet er sich nicht von dem Liquiditätsbegriff, der ein Deckungsverhältnis von Passivpositionen durch Aktivpositionen beinhaltet. In diesem Sinne liegt nach Gutenberg finanzielles Gleichgewicht vor, „wenn die finanziellen Mittel gleich dem Bedarf für die fälligen Verbindlichkeiten oder größer als dieser Bedarf sind. Man kann auch sagen, die Zahlungsmitteldeckung muss in jedem Augenblick größer sein als der Zahlungsmittelbedarf oder mindestens ihm gleich."[10]

Die **weitere Fassung** des Begriffs des finanziellen Gleichgewichts bezieht das Zielsystem des Betriebs in die Betrachtung ein. Im güterwirtschaftlichen Bereich befindet sich der Betrieb im Gleichgewicht, wenn er die Produktions- und Absatzmenge realisiert, mit der er den maximalen Gewinn erzielen kann. Das finanzielle Gleichgewicht ist danach also nicht automatisch erreicht, wenn die Deckung des Zahlungsmittelbedarfs jederzeit sichergestellt ist, sondern es tritt nur ein, „wenn die Zahlungsströme im Hinblick auf das Zielsystem der Unternehmung optimal aufeinander abgestimmt sind, so dass – bei unveränderter Datenkonstellation – im finanziellen Bereich keine Revision der Entscheidungen erforderlich ist."[11]

Zwischen den beiden Zielgrößen des finanziellen Bereichs – Gewinn und Liquidität – kann es Zielkonflikte geben, weil ein zu hoher Bestand an Zahlungsmitteln zwar die Zahlungsfähigkeit des Unternehmens sichert, aber aufgrund zu hoher Zinsbelastung bzw. zu geringer Verzinsung der Liquiditätsreserven dem Ziel der Gewinnmaximierung widerspricht. **Finanzielles Gleichgewicht im weiteren Sinne** ist also nur dann gegeben, wenn zwei Bedingungen erfüllt sind: **erstens** muss die Zahlungsfähigkeit des Unternehmens zu jedem Zeitpunkt bestehen und **zweitens** müssen die finanziellen Dispositionen so getroffen werden, dass das Unternehmen sein Gewinnmaximum erreicht.

Die Aufrechterhaltung des finanziellen Gleichgewichts ist eine Existenzbedingung für jedes Unternehmen. Gutenberg zählt deshalb das finanzielle Gleichgewicht zu den **systemindifferenten,** d.h. vom Wirtschaftssystem unabhängigen Tatbeständen des Betriebs.[12] Kann das Unternehmen seinen fälligen Verbindlichkeiten nicht mehr nachkommen, weil die Fristen zwischen Kapitalbindung und Kapitalüberlassung falsch eingeschätzt wurden oder sich verschoben haben (z.B. durch schleppenden Eingang von Kundenforderungen), so ist sein finanzielles Gleichgewicht gestört.

---

[10] *Gutenberg, E.*, Einführung in die Betriebswirtschaftslehre, Wiesbaden 1990, S. 114.

[11] Vgl. *Mühlhaupt, L.*, Finanzielles Gleichgewicht, in: Handwörterbuch der Finanzwirtschaft, hrsg. von *H. E. Büschgen*, Stuttgart 1988, Sp. 404.

[12] Vgl. *Gutenberg, E.*, Grundlagen der Betriebswirtschaftslehre, 3. Band, Die Finanzen, 8. Aufl., Berlin, Heidelberg, New York 1987, S. 274.

Dieser Zustand ist existenzbedrohend, da die Gläubiger des Unternehmens in diesem Fall Rechtsansprüche geltend machen können, die im ungünstigsten Falle zur Beendigung des Leistungsprozesses und zur Auflösung des Unternehmens im Insolvenzverfahren führen. In der Praxis wird unterschieden, ob die Störung des finanziellen Gleichgewichts nur vorübergehender Natur ist **(Zahlungsstockung)** – auch in diesem Falle ist streng genommen das Unternehmen illiquide – oder ob das Unternehmen seine Zahlungen auf Dauer einstellt. Letzteres wird als **Zahlungsunfähigkeit**[13] bezeichnet und gilt als Grund zur Eröffnung des Insolvenzverfahrens.

3.3 Liquiditätskennzahlen

Zur Wahrung des finanziellen Gleichgewichts ist eine dauernde Überwachung der Liquidität erforderlich. Hilfsmittel dazu sind Gegenüberstellungen von sofort verfügbaren sowie zu bestimmten Terminen zu erwartenden Zahlungsmitteln auf der einen Seite und sofort fälligen oder innerhalb bestimmter Zeiträume fälligen Auszahlungen auf der anderen Seite. Da einerseits eine Zahlungsunfähigkeit das Ende der unternehmerischen Tätigkeit bedeuten kann und andererseits die die zukünftige Zahlungsfähigkeit beeinflussenden Ereignisse nicht mit voller Gewissheit vorausgesagt werden können, ist der zu erwartende Rückfluss an Zahlungsmitteln wegen unvorhergesehener Absatzschwierigkeiten, Forderungsausfällen oder Zahlungsverzugs sehr vorsichtig zu schätzen, während der zu erwartende Abfluss an Zahlungsmitteln wegen evtl. Preissteigerungen oder unvorhergesehener Ausgaben nicht zu knapp veranschlagt werden darf.

Auch für Unternehmensexterne (z.B. Kreditgeber) ist die Entwicklung der Liquidität von Interesse. Informationen hierüber versuchen sie den Jahresabschlüssen zu entnehmen, indem sie in Form von **Liquiditätskennzahlen** bzw. **Liquiditätsgraden** die kurzfristigen Verbindlichkeiten bestimmten Vermögenspositionen gegenüberstellen. Die Liquiditätskennzahlen sollen Auskunft darüber geben, ob und inwieweit die kurzfristigen Verbindlichkeiten in ihrer Höhe und Fälligkeit mit den Zahlungsmittelbeständen und anderen in die Kennzahlenberechnung einbezogenen Vermögenspositionen übereinstimmen.

Die gebräuchlichsten Liquiditätskennzahlen sind:

Liquidität 1. Grades (Barliquidität)
$$= \frac{\text{Zahlungsmittel}}{\text{kurzfristige Verbindlichkeiten}} \cdot 100$$

Liquidität 2. Grades (Liquidität auf kurze Sicht)
$$= \frac{\text{Umlaufvermögen} - \text{Vorräte}}{\text{kurzfristige Verbindlichkeiten}} \cdot 100$$

Liquidität 3. Grades (Liquidität auf mittlere Sicht)
$$= \frac{\text{Umlaufvermögen}}{\text{kurzfristige Verbindlichkeiten}} \cdot 100$$

Der **Aussagewert** dieser aus Vergangenheitswerten abgeleiteten Kennzahlen ist **begrenzt,** weil das Liquiditätsrisiko noch nicht einmal am Bilanzstichtag genau eingeschätzt werden kann, da

[13] Vgl. § 18 InsO.

(1) die Bilanzzahlen nichts über die genaue Fälligkeit kurzfristiger Forderungen und Verbindlichkeiten aussagen, so dass die Liquiditätskennzahlen nur das durchschnittliche Deckungsverhältnis angeben, das vom tatsächlichen Deckungsverhältnis um so mehr abweichen kann, je kleiner die Zahl der Gläubiger und Schuldner und je größer folglich der Anteil der einzelnen kurzfristigen Verbindlichkeiten bzw. Forderungen an der entsprechenden Bilanzposition ist und es infolgedessen offen bleibt, ob die Zahlungsbereitschaft trotz günstiger Kennzahlen wirklich gewährleistet ist;

(2) neben den ausgewiesenen Verbindlichkeiten mit Auszahlungen verbundene Aufwendungen (Lohnzahlungen, Zinszahlungen, Steuernachzahlungen, außerordentliche Instandhaltungen, für die keine oder nicht ausreichende Rückstellungen gebildet worden sind, Raten für nicht bilanzierte Leasing-Verträge) entstehen, die nicht aus der Bilanz zu ersehen sind;

(3) aus der Bilanz nicht zu erkennen ist, ob Teile des Vermögens zur Sicherheit übereignet, verpfändet oder abgetreten worden sind. Bei Kapitalgesellschaften muss der Anhang darüber Angaben enthalten;

(4) Bilanzpositionen unter Liquiditätsgesichtspunkten nicht richtig bewertet sein können. Unterbewertungen im Vermögen, die aus der Bilanz nicht zu erkennen sind und infolgedessen bei der Ermittlung von Liquiditätskennzahlen nicht aufgelöst werden können, führen zu Aussagen über die Liquidität, die ungünstiger sind, als es den tatsächlichen Verhältnissen entspricht;

(5) die Stichtagsliquidität mit Hilfe bilanzpolitischer Mittel beeinflusst werden kann, z.B. durch Wahl des Bilanzstichtages bei Saisonbetrieben, bei denen in der Regel am Ende der Saison geringe Bestände an Fertigfabrikaten und Waren, aber hohe Bestände an Zahlungsmitteln und Forderungen vorhanden sind, während zu Beginn der Saison das Verhältnis umgekehrt ist; ferner durch Wahl von Zahlungsterminen, durch Beschaffungspolitik, durch Bildung stiller Rücklagen oder im Rahmen von Konzernen durch Gewährung von Krediten durch Konzernmitglieder kurz vor dem Bilanzstichtag (und Rückzahlung oft wenige Tage nach dem Bilanzstichtag!) u.a.;

(6) die dem Betrieb zur Verfügung stehenden Möglichkeiten zur Beschaffung oder Prolongation kurzfristiger Kredite, mit denen die Zahlungsbereitschaft auf kurze Sicht verbessert werden kann, aus der Bilanz nicht zu ersehen sind.

3.4 Liquiditätsaussagen mit Hilfe von Zahlungsstromanalysen

3.4.1 Die Cashflow-Analyse

Da die bisher erörterten Kennzahlen zur Gewinnung von Aussagen über die zukünftigen Ströme liquider Mittel aus den Bestandsgrößen zum Bilanzstichtag nur von geringem Erkenntniswert sind, hat man Methoden entwickelt, mit denen man aus den **Finanzmittelbewegungen** der Vergangenheit auf die zu erwartenden Bewegungen in der Zukunft zu schließen versucht. Weil aber auch diese stromgrößenorientierte Betrachtungsweise auf reinen Vergangenheitsdaten beruht, besteht kein grundsätzlicher Unterschied zu den bestandsorientierten Verfahren der Kennzahlengewinnung. Bessere Erkenntnisse über die Liquiditätsentwicklung der Zukunft mit Hilfe der im Folgenden zu erläuternden Methoden können also nur auf einer anders gearteten Aufbereitung der ohnehin aus dem Jahresabschluss zur Verfügung stehenden Daten beruhen.

Cashflow bezeichnet den englischen Begriff für einen Zahlungsstrom oder für den Saldo von **Zahlungsströmen** (Einzahlungen und Auszahlungen).

Der Cashflow kann auf zwei unterschiedliche Methoden ermittelt werden:

- Direkte Ermittlung
- Indirekte Ermittlung

Bei der **direkten Ermittlung** des Cashflows werden von den zahlungswirksamen Erträgen (Betriebseinnahmen) die zahlungswirksamen Aufwendungen (Betriebsausgaben) abgezogen. Die direkte Ermittlung des Cashflows verdeutlicht die Idee des Cashflows als **Einzahlungsüberschuss** sehr gut. Die direkte Ermittlung des Cashflows findet insbesondere bei **intern erstellten liquiditätsbezogenen Kapitalflussrechnungen** Anwendung. Für externe Analysten ist eine exakte Berechnung des Cashflows in direkter Form i.d.R. nicht möglich.

zahlungswirksame Erträge (Betriebseinnahmen) – zahlungswirksame Aufwendungen (Betriebsausgaben)
= Cashflow

Bei der **indirekten Ermittlung** wird der Cashflow als Kennzahl insbesondere auf dem Wege der **externen Analyse** ermittelt. Im Rahmen einer **Cashflow-Analyse** wird ausgehend von den Zahlen des Jahresabschlusses, insbesondere der Gewinn- und Verlustrechnung, eine Kennzahl über den Mittelzufluss aus dem Umsatzprozess entwickelt, mit der Einblicke in die Liquiditätslage und die finanzielle Entwicklung des Betriebes gewonnen werden sollen. Diese Kennzahl errechnet sich aus dem Periodengewinn, vermehrt um die Aufwendungen, denen keine Auszahlungen, und vermindert um die Erträge, denen keine Einzahlungen gegenüberstehen.

Jahresüberschuss + alle nicht auszahlungswirksamen Aufwendungen – alle nicht einzahlungswirksamen Erträge
= Cashflow

In stark vereinfachter Form wird gelegentlich als Cashflow die Summe aus Periodengewinn, Abschreibungen und Veränderung von Rückstellungen der Periode bezeichnet.

Die Kennzahl Cashflow als Ergebnis der indirekten Ermittlung kann auf zwei unterschiedliche Weisen interpretiert werden:

1. Cashflow als **erfolgswirtschaftlicher Überschuss**:
   Als erfolgswirtschaftlicher Überschuss bestimmt der Cashflow die gegenwärtige und zukünftige Ertragskraft der Unternehmung und ist damit ertrags- und aufwandsorientiert.
2. Cashflow als **finanzwirtschaftlicher Überschuss**:
   Als finanzwirtschaftlicher Überschuss bestimmt der Cashflow die Innenfinan-

zierungskraft für Investitionen, Schuldentilgung und die Aufrechterhaltung der Liquidität gegenwärtig und ist damit zahlungsstromorientiert.

Cashflow als erfolgswirtschaftlicher Überschuss

Der Cashflow als erfolgswirtschaftlicher Überschuss kann wiederum unterschiedliche Formen annehmen. So unterscheidet man zwischen dem

- Brutto Cashflow (Cashflow vor Steuern),
- betriebsbedingter Cashflow und
- ordentlicher bzw. nachhaltiger Cashflow.

Der **Brutto Cashflow** bzw. **Cashflow vor Steuern** ergibt sich, indem die Steuern vom Einkommen, vom Ertrag und vom Vermögen zum Cashflow addiert werden. Er wird beim Vergleich von Betrieben mit unterschiedlicher Besteuerung, also insbesondere im internationalen Kontext herangezogen.

Cashflow + Steuern vom Einkommen, vom Ertrag und vom Vermögen
= Brutto Cashflow (Cashflow vor Steuern)

Der **betriebsbedingte Cashflow** verdeutlicht, welcher Teil des Cashflows auf die operative (eigentliche) Betriebstätigkeit zurückzuführen ist. Er rechnet alle betriebsfremden Aufwendungen und Erträge aus dem Cashflow heraus und zeigt somit die Stärke der operativen Geschäftstätigkeit.

Cashflow + neutrale (= betriebsfremde Aufwendungen) – neutrale (= betriebsfremde Erträge)
= betriebsbedingter Cashflow

Der **ordentliche oder nachhaltige Cashflow** vermittelt einen Eindruck darüber, welchen Cashflow das Unternehmen nachhaltig, ohne Berücksichtigung von aperiodischen und außergewöhnlichen Aufwendungen und Erträgen erwirtschaften kann.

Cashflow + aperiodische und außergewöhnliche Aufwendungen – aperiodische und außergewöhnliche Erträge
= ordentlicher bzw. nachhaltiger Cashflow

Des Weiteren sind die folgenden zwei Cashflow-Arten für die Cashflow-Analyse in der Praxis von großer Bedeutung:

- operativer Cashflow,
- free bzw. freier Cashflow.

Wird der Begriff Cashflow ohne weiteren Zusatz verwendet, ist häufig damit der **operative Cashflow** gemeint. Der operative Cashflow ist ein wichtiger Indikator für die Innenfinanzierungskraft aus der laufenden Geschäftstätigkeit. Er zeigt an, ob das Unternehmen aus seiner operativen Tätigkeit genügend liquide Mittel erwirtschaften kann, um damit Investitionen (z.B. in das Sachanlagevermögen) finanzieren und Zahlungsverpflichtungen aus der Finanzierungstätigkeit (z.B. Kredittilgungen oder Dividendenzahlungen) nachkommen zu können.

Bei der indirekten Ermittlung wird der operative Cashflow ausgehend vom Jahresüberschuss abgeleitet. Der **Jahresüberschuss** ergibt sich aus der Differenz zwischen den Erträgen (z.B. Umsatzerlöse) und den Aufwendungen (z.B. Materialaufwand, personalaufwand, Abschreibungen). Unter der Annahme, dass alle Erträge und alle Aufwendungen sofort und in derselben Höhe zahlungswirksam wären, würde der Jahresüberschuss exakt der Veränderung der liquiden Mittel entsprechen. Da dies in der Regel nicht der Fall ist, muss der Jahresüberschuss bei der Überleitung zum operativen Cashflow um die **zahlungsunwirksamen Aufwendungen und Erträge** bereinigt werden. Zu den zahlungsunwirksamen Aufwendungen zählen insbesondere die Abschreibungen sowie die Zuführungen zu Rückstellungen. Zahlungsunwirksamen Erträge können durch Zuschreibungen oder die Auflösung von Rückstellungen begründet sein.

Zur exakten Ermittlung des operativen Cashflows ist ferner die **Veränderung des Netto-Umlaufvermögens** (= **Veränderung des Working Capital**) zu berücksichtigen. Diese Vorgehensweise findet sich auch in der Kapitalflussrechnung bei der Berechnung des operativen Cashflows (= Cashflows aus laufender Geschäftstätigkeit) wieder. Die Veränderung des Netto-Umlaufvermögens bereinigt den Cashflow um **ergebnisunwirksame, aber zahlungswirksame Veränderungen der operativen Vermögens- und Schuldenposition**. Zu diesen zählen liquiditätsmindernde Auszahlungen, die keinen Aufwand darstellen, wie bspw. die Bezahlung von Lieferantenverbindlichkeiten oder der Barkauf von Vorräten. Umgekehrt werden in der Veränderung des Netto-Umlaufvermögens liquiditätserhöhend Einzahlungen erfasst, die keine Erträge darstellen, wie bspw. der Eingang von Kundenforderungen. Andererseits sind Bereinigungen bei den **ergebniswirksamen, aber zahlungsunwirksamen Veränderungen der operativen Vermögens- und Schuldpositionen** vorzunehmen. Bspw. sind Bestandserhöhungen liquiditätsmindernd und Bestandsminderungen liquiditätserhöhend zu erfassen.

Jahresüberschuss + alle nicht auszahlungswirksamen Aufwendungen – alle nicht einzahlungswirksamen Erträge – Erhöhung des Netto-Umlaufvermögens + Verminderung des Netto-Umlaufvermögens
= operativer Cashflow

Häufig wird auch der Begriff des **frei verfügbaren** oder des **Free Cashflows** verwendet. Er berücksichtigt zusätzlich noch die Cashflows aus der Investitionstätigkeit in das Anlagevermögen. Der Free Cashflow, oftmals auch **operativer Free Cashflow** genannt, ist der Zahlungsstrom, der für die **Kapitalgeber** frei zur Verfügung steht.

Operativer Cashflow + Cashflow aus Investitionstätigkeit
= operativer Free Cashflow

Der Cashflow als erfolgswirtschaftlicher Überschuss kann sowohl

- vergangenheitsbezogen als auch
- zukunftsbezogen

dargestellt werden.

Die **vergangenheitsbezogene Analyse**, die mehrere Vergangenheitsperioden umfasst, ist ein relativ guter retrospektiver Indikator des Unternehmenserfolgs. Der Cashflow stellt jedoch nicht den „tatsächlichen Gewinn" dar, da Abschreibungen und Rückstellungen echte Aufwandspositionen sind und nur die Differenz zwischen überhöhtem und dem nach kaufmännischer Voraussicht erforderlichen Wertansatz als tatsächlicher Gewinn anzusehen ist.[14]

Bei der **zukunftsbezogenen Analyse** kommt dem Cashflow die Anwendung eines prospektiven Erfolgsmaßstabes zu. Die Ermittlung des zukunftsbezogenen Cashflows erfordert eine **integrierte GuV- und Bilanzplanung**. Die Planung selbst ist subjektiv, da sie von der Einschätzung der künftigen Auftragslage, der künftigen allgemeinen Konjunkturlage, den branchenspezifischen Wachstumserwartungen sowie weiteren Planungsprämissen abhängt.

Cashflow als finanzwirtschaftlicher Überschuss

Der finanzwirtschaftliche Cashflow zeigt die durch den Cashflow begründeten **Innenfinanzierungsmittel** zur Tätigung neuer Investitionen oder zur Einlösung fälliger Verbindlichkeiten. Er setzt voraus, dass der Cashflow in liquider Form tatsächlich zur Verfügung steht bzw. in der abgelaufenen Periode zumindest zur Verfügung stand. Nur dann kann der Cashflow als finanzwirtschaftlicher Überschuss den Innenfinanzierungsspielraum des Unternehmens adäquat wiedergeben. Der finanzwirtschaftliche Cashflow kann nur dann problemlos verwendet werden, wenn folgende **drei Bedingungen** erfüllt sind:[15]

1. **Kein Auseinanderfallen von Einzahlungen und Erträgen**
   Zielverkäufe, Anzahlungen von Kunden, Aufstockungen oder Verringerungen der Läger liegen nicht vor. Sind z.B. Zielverkäufe erfolgt, so ist der Einzahlungsüberschuss geringer als der Cashflow, d.h., der Cashflow weist ein höheres Innenfinanzierungspotenzial aus als tatsächlich existiert.
2. **Kein Auseinanderfallen von Auszahlungen und Aufwand**
   Einkäufe auf Ziel, Anzahlungen an Lieferanten usw. liegen nicht vor. Sind z.B. Anzahlungen bei Lieferanten getätigt worden, so ist der Einnahmeüberschuss wiederum geringer als der Cashflow.
3. **Gewinn, Abschreibungen und Zuführungen zu den Rückstellungen dürfen zu keinen unmittelbaren Folgezahlungen führen**
   Sind Dividendenzahlungen, Ersatzinvestitionen und Pensionszahlungen vorzunehmen, so ist über den Cashflow in dieser Höhe bereits disponiert und er steht der Unternehmung nicht mehr für Neuinvestitionen und Schuldentilgung zur Verfügung.

---

[14] *Perridon, L., Steiner, M., Rathgeber, A.*, Finanzwirtschaft der Unternehmung, München 2009, S. 613.

[15] *Perridon, L., Steiner, M., Rathgeber, A.*, Finanzwirtschaft der Unternehmung, München 2009, S. 614.

Da diese Bedingungen in der Praxis so gut wie nie gemeinsam gegeben sind, ist die Aussagekraft des finanzwirtschaftlichen Cashflows zur Beurteilung der Innenfinanzierungsfähigkeit des Unternehmens eingeschränkt. Besser geeignet ist bei einer **internen Analyse** eine Finanzrechnung, die auf Basis von Einnahmen und Ausgaben bzw. Einzahlungen und Auszahlungen erfolgt. Da externe Analysten keinen Zugang zu den notwendigen Daten haben, ist der Cashflow bei einer **externen Analyse** eine durchaus aussagekräftige und wichtige Kennziffer, sofern er entsprechend kritisch beurteilt wird. Ein völliger Verzicht auf seine Ermittlung und Interpretation wäre die definitiv schlechtere Alternative. Bei Unternehmen, die keine Finanzrechnung erstellen, stellt der Cashflow auch intern oftmals die einzige Quelle für eine grobe Beurteilung des Innenfinanzierungsspielraums dar.

Die genannten Schwächen der Cashflowermittlung aufgrund der Punkte 1. und 2. werden vielfach auch durch Zahlungen, die erfolgsmäßig zur der Vorperiode gehören, **kompensiert.**[16] So kann bei einem **linearen Geschäftsverlauf** durchaus angenommen werden, dass bei Zielverkäufen das Einzahlungsminus durch Einzahlungen aus Zielverkäufen der vergangenen Periode ausgeglichen wird. Sind die Bedingungen des Punktes 3. nicht erfüllt, muss davon ausgegangen werden, dass die entsprechenden Auszahlungen eine Verwendung des Cashflows darstellen. Sollte die Auszahlungshöhe bekannt sein, müssen sie in einer **Verwendungsrechnung** vom Cashflow abgezogen werden. Ein typisches Beispiel ist die Gewinnverwendung. Gewinnausschüttungen müssen abgezogen werden, so dass nur der thesaurierte Gewinn (Gewinnrücklagen, Gewinnvortrag) zur Disposition steht.

Bei den Cashflows als finanzwirtschaftlicher Überschuss kann zwischen einer

- Ex-post-Betrachtung und einer
- Ex-ante-Betrachtung

unterschieden werden.[17]

Die **Ex-post-Betrachtung** ist vergangenheitsbezogen und beleuchtet, welchen Innenfinanzierungsspielraum das Unternehmen in der Vergangenheit hatte. Zum Zeitpunkt der Ex-post-Betrachtung sind die Cashflows bereits disponiert und für die aktuelle Periode und die kommenden Perioden nicht mehr verfügbar. Die **Ex-ante-Betrachtung** ist zukunftsgerichtet und zeigt auf, welche Cashflows im Rahmen der Innenfinanzierung künftig zur Verfügung stehen werden. Aufgrund ihres Prognosecharakters sind die prognostizierten Cashflows mit Unsicherheiten verbunden. Sollte **eine Cashflowplanung** durchgeführt werden, gilt es zu beachten, dass auch Teile des zur Ausschüttung vorgesehenen Bilanzgewinns zu Finanzierungszwecken zur Verfügung stehen. Dies liegt darin begründet, dass der Gewinn bei Kapitalgesellschaften erst etwa fünf Monate nach Geschäftsjahresabschluss ausgeschüttet wird, der Gewinn der neuen Periode in Form von Einzahlungen aber bereits innerhalb der ersten fünf Monate aufläuft.

---

[16] Vgl. *Perridon, L., Steiner, M., Rathgeber, A.*, Finanzwirtschaft der Unternehmung, München 2009, S. 615.

[17] Vgl. *Perridon, L., Steiner, M., Rathgeber, A.*, Finanzwirtschaft der Unternehmung, München 2009, S. 615.

Zur Bestimmung des Finanzierungspotenzials nach der Zeitdauer der Verfügbarkeit kann der Cashflow wie folgt unterteilt werden:[18]

Gewinnvortrag + Rücklagenzuführung + Abschreibungen + Erhöhung der langfristigen Rückstellungen
= Cashflow, der langfristig (d.h. mindestens ein Jahr zur Verfügung steht

Erhöhung der kurz- und mittelfristigen Rückstellungen + Ertragsteuer + Dividendenbetrag + passive Rechnungsabgrenzung
= Teile des Cashflows, die kurzfristig stehen (bei interner Analyse ggf. mit Angabe der Fristigkeit)

Alternativ kann der Cashflow als finanzwirtschaftlicher Überschuss auf direkte und indirekte Weise nach folgenden Schemata ermittelt werden. Im praktischen Anwendungsfall ist jeweils zu prüfen, welche Aufwendungen und Erträge finanzwirksam waren. Bei einer externen Analyse ist dies nur bedingt möglich.[19]

Direkte Ermittlung:

finanzwirksame Erträge – finanzwirksame Aufwendungen – Mehrung (+ Minderung) kurzfristiger Aktiva (Vorräte, Forderungen usw., jedoch ohne Geldfonds, d.h. Kasse, Bank) – Minderung (+Mehrung) kurzfristiger Passiva
= Finanzwirtschaftlicher Cashflow

Indirekte Ermittlung:

Jahresüberschuss + finanzwirksame Aufwendungen – finanzwirksame Erträge + Bestandsveränderungen mit Einzahlungswirkung – Bestandsveränderungen mit Auszahlungswirkung
= Finanzwirtschaftlicher Cashflow

Vergleicht man den **finanzwirtschaftlichen Cashflow** mit dem **ertragswirtschaftlichen Cashflow**, wie er sich bei der üblichen indirekten Ermittlung allein aus dem

[18] Vgl. *Perridon, L., Steiner, M., Rathgeber, A.*, Finanzwirtschaft der Unternehmung, München 2009, S. 615.

[19] Vgl. *Perridon, L., Steiner, M., Rathgeber, A.*, Finanzwirtschaft der Unternehmung, München 2009, S. 617.

Jahresüberschuss, Abschreibungen und langfristigen Rückstellungen ergibt, kommt man zum Schluss, dass dieser für finanzwirtschaftliche Aussagen über die Liquidität des Unternehmens ungeeignet ist und zu **Fehlurteilen** führen kann. Daher ist für finanzwirtschaftliche Fragestellungen stets auf den finanzwirtschaftlichen Cashflow zurückzugreifen, sofern er verfügbar ist.[20]

3.4.2 Bewegungsbilanz und Kapitalflussrechnung

Weitere Instrumente der finanzwirtschaftlichen Analyse sind die **Bewegungsbilanz** und die **Kapitalflussrechnung,** die der „Darstellung der bisher verborgen gebliebenen Vorgänge der Finanzierung, der Investierung und der Zahlungsmittelversorgung"[21] dienen sollen. Während die Bilanz die Bestände an Vermögen und Kapital an einem Stichtag zeigt, weist die Kapitalflussrechnung die Veränderungen dieser Bestände in Form von Zu- und Abgängen während einer Abrechnungsperiode aus. Formal lässt sie sich durch Umgliederung aus einer reinen Bestandsdifferenzenbilanz (Bilanzwerte t_1 – Bilanzwerte t_0) ableiten.

Bewegungsbilanz	
Mittelverwendung	Mittelherkunft
Aktivmehrung Passivminderung Verlust	Aktivminderung Passivmehrung Gewinn

Aktivmehrung
+ Passivminderung (ohne Verlust)
– Aktivminderung
– Passivmehrung (ohne Gewinn)
= Gewinn/Verlust

Abb. 20: Bewegungsbilanz

Die Bewegungsbilanz lässt sich in zweifacher Hinsicht interpretieren. Entweder wird die Entstehung des Gewinns in den entsprechenden Änderungen der anderen Positionen gesehen, oder es wird umgekehrt argumentiert, dass die Änderungen der Aktiva und der Passiva eine Folge des Gewinns sind.

Eine Weiterentwicklung der Bewegungsrechnung sind Kapitalflussrechnungen, die die Veränderungen eines abgegrenzten Bestandes an Mitteln – eines sog. Fonds – aus den Zu- und Abnahmen der übrigen Bestände – der sog. Gegenbestände – erklären. Eine solche Fondsrechnung besteht in der Regel aus zwei Teilen: dem Fondsänderungsnachweis (Liquiditätsentwicklungsnachweis) und der eigentlichen Kapitalflussrechnung.

- Im **Fondsänderungsnachweis** werden mittels der Bestandsänderungen auf den zum Fonds zählenden Konten die Zu- und Abflüsse zum Fonds aufgeführt.

[20] Vgl. *Perridon, L., Steiner, M., Rathgeber, A.*, Finanzwirtschaft der Unternehmung, München 2009, S. 617.

[21] *Käfer, K.*, Kapitalflußrechnung – Funds Statement, Liquiditätsnachweise, Bewegungsbilanz als dritte Jahresrechnung der Unternehmung, Stuttgart 1967, S. 406.

- In der **eigentlichen Kapitalflussrechnung** wird anhand der Veränderungen der nicht zum Fonds gehörenden Bestände die Variation des Fonds erklärt. Diese Veränderungen der Gegenbestände werden in Fondsmittelherkunft und -verwendung gegliedert.

In einer solchen Kapitalflussrechnung wird versucht, die Veränderung eines bestimmten Mittelbestands aus den Veränderungen der restlichen Bestände verursachungsgerecht zu erklären. Betrachtungsgegenstand ist die erhöhende bzw. vermindernde Wirkung bestimmter „Mittel" auf den Fonds, während es bei der ursprünglichen Bewegungsbilanz die Mittelbewegungen selbst sind.

Ein Fonds ist ein aus einer größeren Einheit ausgegliederter, rechentechnisch verselbständigter Bestand. Käfer definiert den Fonds allgemein als „eine Verbindung von Aktiven und Leistungen, evtl. auch von zugehörigen oder als zugehörig aufgefassten Passiven, zu einer buchhalterischen Einheit ..., über die separat abzurechnen ist."[22]

Die folgenden Fondstypen stellen nur eine Auswahl der möglichen Kontenzusammenfassungen dar, die bei konkreter Anwendung z.T. weiter spezifiziert werden müssen:

- **Nettoumlaufvermögen (Net working capital)**[23]
  Der Fonds umfasst die Konten des Umlaufvermögens und der transitorischen Aktiva sowie der kurzfristigen Verbindlichkeiten, der kurzfristigen Rückstellungen und der transitorischen Passiva, wobei als kurzfristig in der Regel ein Zeitraum bis zu einem Jahr gilt.

- **Umlaufvermögen (Current assets)**
  Die Zusammensetzung der Vermögensposten ist die gleiche wie beim Nettoumlaufvermögen; auf den Abzug der Passivpositionen wird jedoch verzichtet.
- **Bald verfügbare Geldmittel (Money assets)**
  Der Fonds setzt sich aus den flüssigen Mitteln (Kasse, Bank, Postscheck, Schecks, Wechsel), den leicht veräußerbaren Wertpapieren und den kurzfristigen Forderungen zusammen.
- **Bald verfügbares Netto-Geldvermögen (Net money assets)**
  Die kurzfristigen Verbindlichkeiten und kurzfristigen Rückstellungen werden von den bald verfügbaren Geldmitteln abgesetzt.
- **Liquide Mittel (Cash fund)**
  Konten im Fonds sind: Kasse, Bankguthaben, Postscheck, Schecks, Wechsel, Wertpapiere des Umlaufvermögens.

---

22 *Käfer, K.*, a.a.O., S. 41.

23 In der Bewertungspraxis wird das Netto-Umlaufvermögen wie folgt definiert: Das Netto-Umlaufvermögen (Net working capital) entspricht dem operativen Umlaufvermögen abzüglich der unverzinslichen kurzfristigen Verbindlichkeiten. Neben Lagerbeständen und Forderungen aus Lieferungen und Leistungen zählt auch ein Teil der Kassenbestände – nämlich diejenigen, die zur Aufrechterhaltung eines reibungslosen Geschäftsbetriebs erforderlich sind und somit nicht ohne weiteres dem Unternehmen entzogen werden können – zum Working capital. Nicht enthalten sind nicht-betriebsnotwendige Kassenbestände und Wertpapiere, die das Unternehmen als Reserve über seinen zur Unterstützung des laufenden Geschäftsbetriebs erforderlichen Ziel-Kassenstand hinaus hält. Nach Copeland ist in der Regel davon auszugehen, dass ein Kassenbestand von über 0,5–2,0 % des Umsatzerlöses den Ziel-Kassenstand übersteigt.

In Abbildung 21 werden die angeführten Fonds noch einmal gegenübergestellt:

FONDS					
Bilanzpositionen	Nettoumlaufvermögen (Net working capital)	Umlaufvermögen (Current assets)	Bald verfügbare Geldmittel (Money assets)	Bald verfügbares Nettogeldvermögen (Net money assets)	Liquide Mittel (Cash fund)
Kasse	x	x	x	x	x
Bank	x	x	x	x	x
Postscheck	x	x	x	x	x
Wechsel	x	x	x	x	x
Scheck	x	x	x	x	x
Leicht veräußerliche Wertpapiere	x	x	x	x	x
Kurzfristige Forderungen	x	x	x	x	
Vorräte	x	x			
Geleistete Anzahlungen	x	x			
Transitorische Aktiva	x	x			
Kurzfristige Verbindlichkeiten	x			x	
Kurzfristige Rückstellungen	x			x	
Transitorische Passiva	x				

Abb. 21: Auswahl möglicher Fondstypen

Kontrollfragen

- Erläutern Sie den Begriff Liquidität.
- Stellen Sie dar, in welcher Bedeutung der Begriff der Liquidität in der Literatur verwendet wird.
- Worin unterscheiden sich absolute und relative Liquidität?
- Wann ist finanzielles Gleichgewicht im weiteren Sinne gegeben?
- Welche Konsequenzen treten ein, wenn das finanzielle Gleichgewicht gestört ist?
- Definieren Sie Liquidität 1. Grades, 2. Grades und 3. Grades.
- Wie beurteilen Sie die Aussagekraft von Liquiditätskennzahlen?
- Erläutern Sie die Aufgabe der Cashflow-Analyse.
- Wie wird der Cashflow aus dem Jahresabschluss abgeleitet?
- Welche Probleme ergeben sich bei der indirekten Ableitung des Cashflows?
- Erläutern Sie die Bedeutung der Bewegungsbilanz und der Kapitalflussrechnung.

4. Kapitel
Finanzierungsregeln

Lernziele

- Sie können unterschiedliche Formen von Bilanzkennziffern unterscheiden.
- Sie verstehen die Bedeutung der goldenen Finanzierungsregel und deren Bedeutung für die Finanzierungspraxis.
- Sie kennen die goldene Bilanzregel in der älteren Fassung und in der neueren Fassungen.
- Sie können die goldene Bilanzregel kritisch beurteilen.
- Sie können den Inhalt und die Bedeutung der vertikalen Kapitalstrukturregel wiedergeben.
- Sie kennen die ökonomische Bedeutung des Leverage-Effekts und können diesen erklären.

4.1 Begriff und Aufgaben von Finanzierungsregeln

Eine der wichtigsten Voraussetzungen für den Bestand eines Unternehmens und damit für die Sicherheit der Kapitalgeber ist, dass es der Unternehmensleitung gelingt, das Unternehmen im **finanziellen Gleichgewicht** zu halten. Insbesondere durch das Sicherheitsstreben der Fremdkapitalgeber haben sich in der Praxis einige **Grundregeln** für die Gestaltung der Kapitalstruktur herausgebildet, deren Beachtung finanzielle Ungleichgewichtszustände verhindern soll. Zwar wird die Richtigkeit dieser Regeln bzw. ihre Brauchbarkeit als Entscheidungs- oder Beurteilungsgrundlage nicht in allen Fällen von der Theorie bestätigt, die inzwischen wesentlich verfeinerte Methoden zur Optimierung der Kapitalstruktur entwickelt hat; da aber in der Praxis die Anwendung auch dieser Regeln bei der Analyse der finanziellen Situation eines Betriebs durch Bildung von Bilanzkennzahlen weit verbreitet ist, werden die Bilanzen häufig so gestaltet, dass die Kennzahlen nach Möglichkeit die Beachtung der Finanzierungsregeln widerspiegeln.

Ausgehend von einem gegebenen Kapitalbedarf stellen die Finanzierungsregeln Grundsätze auf, welche Finanzierungsmittel unter bestimmten Voraussetzungen zur Deckung des Kapitalbedarfs heranzuziehen sind. Nicht die Höhe, sondern die Zusammensetzung des Kapitalbedarfs, die wesentlich durch die vom Betriebszweck her technisch bestimmte Zusammensetzung des Vermögens beeinflusst sein kann, ist Gegenstand der Finanzierungsregeln.

Die Finanzierungsregeln werden in der Form von **Bilanzkennziffern** ausgedrückt. Je nach Art der gebildeten Bilanzrelationen sind zu unterscheiden:

(1) Die **horizontalen Kapital-Vermögensstrukturregeln** stellen Verbindungen zwischen Kapitalbeschaffung und Kapitalverwendung dar. Die in diesem Zusammenhang wichtigsten Regeln sind

(a) die **„Goldene Finanzierungsregel"** – auch **„Goldene Bankregel"** oder **„klassische Finanzierungsregel"** genannt –, die lediglich auf eine **Entsprechung der Fristen** zwischen Kapitalbeschaffung und -rückzahlung einerseits und Kapitalverwendung andererseits abstellt, und

(b) die **„Goldene Bilanzregel"**, die die Forderung nach **Fristenübereinstimmung** zwischen Kapital und Vermögen **mit der Forderung nach der Verwendung bestimmter Finanzierungsarten** verbindet (z.B. Finanzierung des Anlagevermögens mit Eigenkapital).

(2) Die **vertikale Kapitalstrukturregel** bezieht sich nur auf die Gestaltung der Kapitalstruktur, zieht also keine Verbindung zur Kapitalverwendung.

4.2 Die horizontalen Kapital-Vermögensstrukturregeln

4.2.1 Die goldene Finanzierungsregel

Die goldene Finanzierungsregel verlangt, dass die Fristigkeit der finanziellen Mittel mit der Fristigkeit ihrer Verwendung übereinstimmen soll. Töndury-Gsell formulieren sie folgendermaßen: „Zwischen der Dauer der Bindung des Vermögensmittels, also der Dauer des einzelnen Kapitalbedürfnisses, und der Dauer, während welcher das zur Deckung des Kapitalbedürfnisses herangezogene Kapital zur Verfügung steht, muss Übereinstimmung herrschen. Dieser Grundsatz ist als Mindestanforderung in dem Sinne zu erheben, als das Kapital nicht kürzer befristet sein soll, als das Vermögensmittel benötigt wird."[24]

Die Einhaltung dieses Grundsatzes soll jederzeit die Zahlungsfähigkeit des Betriebs sicherstellen, ohne – auch das beinhaltet der Begriff des finanziellen Gleichgewichts – den reibungslosen Ablauf des Leistungsprozesses zu beeinträchtigen. Das wird aber durch Beachtung der goldenen Finanzierungsregel **nicht gewährleistet,** denn bei genauer Fristenübereinstimmung zwischen Investition und Finanzierung reichen bei Fremdfinanzierung bis zum Ende der wirtschaftlichen Nutzungsdauer die Erlöse aus einem Investitionsobjekt gerade zur Kapitalrückzahlung und zur Zahlung der Zinsen aus, wenn unterstellt wird, dass die die Abschreibungsgegenwerte und eine Verzinsung in Höhe des Fremdkapitalzinses über den Absatz der Produkte an den Betrieb zurückfließen. Die Aufrechterhaltung der Leistungsfähigkeit des Betriebs durch die Vornahme von Reinvestitionen ist nur dann möglich, wenn neues Kapital – entweder als Eigen- oder als Fremdkapital – beschafft werden kann. Außerdem müssen die Einzahlungen aus dem Leistungsprozess ausreichen, damit neben Zinsen und Tilgungen alle anderen fälligen Verbindlichkeiten (Löhne, Steuern usw.) termingerecht erfüllt werden können.

Die Befolgung der goldenen Finanzierungsregel sichert also das finanzielle Gleichgewicht nur, wenn vorausgesetzt wird, dass

---

[24] *Töndury, H., Gsell, E.,* Finanzierungen, Zürich 1948, S. 37.

FINANZIELLES GLEICHGEWICHT

Dispositive Liquidität	Strukturelle Liquidität	Rentabilität
Sicherung der jederzeitigen Zahlungsfähigkeit	Sicherung der gleichgewichtigen Kapitalstruktur	Sicherung der hinreichenden Ertragskraft
Zu jedem Zeitpunkt gilt: Zahlungsmittelanfangsbestand + Einzahlungen – Auszahlungserfordernisse ≥ 0	„Anerkannte" Finanzierungsregeln (Fristenstruktur, Verschuldungsgrad) werden eingehalten	Leistungswirtschaftliche Ergebnisse reichen aus, die (risikoabhängigen) Kosten von Fremd- und Eigenkapital mindestens zu decken

Abb. 22: Komponenten des finanziellen Gleichgewichts[25]

(1) die investierten Kapitalbeträge termingerecht in vollem Umfange über den Leistungsprozess freigesetzt werden,

(2) eine Prolongation oder Substitution der rückzahlbaren Kapitalbeträge möglich ist und

(3) alle fälligen Auszahlungen aus dem laufenden Leistungsprozess getätigt werden können.

Damit entsteht folgendes **Paradoxon**: Die goldene Finanzierungsregel „vermag Allgemeingültigkeit nur dann zu beanspruchen, wenn gleichzeitig die Möglichkeit der Aufnahme neuen Kapitals bei Fälligkeit des alten unterstellt wird. Besteht diese Substitutionsmöglichkeit aber, so bedarf es der Fristenparallelität zwischen Kapital und Investition nicht".[26]

Ferner ist zu beachten, dass die Befolgung der goldenen Finanzierungsregel im Widerspruch zu der Forderung nach der größtmöglichen Rentabilität des Kapitaleinsatzes stehen kann. Sind die Einzahlungen aus einer Investition größer als die zur Verzinsung und Tilgung des zur Finanzierung benötigten Fremdkapitals erforderlichen Auszahlungen, so können die Differenzbeträge im Wege der Selbstfinanzierung zur Umfinanzierung verwendet werden. Das Fremdkapital kann also kürzer befristet sein als die Kapitalbindung einer Investition, wenn das im Rückzahlungszeitpunkt noch nicht freigesetzte Kapital durch Eigenkapital ersetzt werden kann. Sind die Fremdkapitalkosten relativ hoch, so ist eine Finanzierung nach der goldenen Finanzierungsregel in diesem Fall unzweckmäßig.

---

[25] Quelle: *Perridon, L., Steiner, M., Rathgeber, A.*, Finanzwirtschaft der Unternehmung, 15. Auflage, München 2009.

[26] *Härle, D.*, Finanzierungsregeln und Liquiditätsbeurteilung, in: Finanzierungs-Handbuch, hrsg. von *H. Janberg*, 2. Aufl., Wiesbaden 1970, S. 94. Zur Kritik vgl. ferner *Franke, G., Hax, H.*, Finanzwirtschaft des Unternehmens und Kapitalmarkt, 5. Aufl., Berlin, Heidelberg, New York 2004, S. 115 ff.

4.2.2 Die goldene Bilanzregel

Während die goldene Finanzierungsregel generell Fristenübereinstimmung zwischen Investition und Finanzierung verlangt, fordern die verschiedenen Ausprägungen der goldenen Bilanzregel darüber hinaus die Einhaltung bestimmter Relationen zwischen bestimmten Vermögensarten (Kapitalverwendung) und Kapitalarten (vgl. Abbildung 23).

(1) In ihrer **engsten (älteren) Fassung** besagt die goldene Bilanzregel, dass das Anlagevermögen mit Eigenkapital zu finanzieren sei.

(2) In **weiteren (neueren) Fassungen** wird verlangt, dass

(a) das Anlagevermögen langfristig, also mit Eigenkapital und langfristigem Fremdkapital finanziert werden müsse,

(b) alles langfristig gebundene Kapital auch langfristig zu finanzieren sei, d.h. dass neben dem Anlagevermögen auch die langfristig gebundenen Teile des Umlaufvermögens (sog. eiserne Bestände, d.h. das zur Aufrechterhaltung der Betriebsbereitschaft erforderliche Minimum an Roh-, Hilfs- und Betriebsstoffen oder an Waren) durch langfristiges Kapital gedeckt sein müssten.

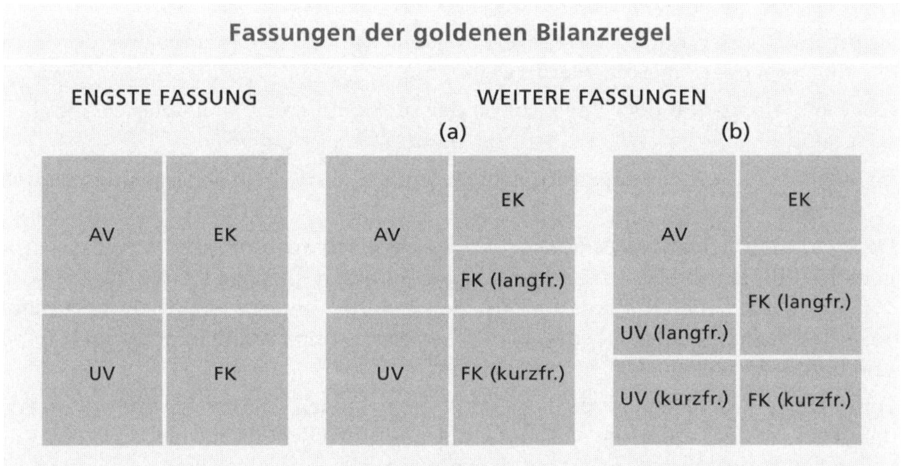

Abb. 23: Fassungen der goldenen Bilanzregel

Die goldene Bilanzregel ist theoretisch ebenso wenig fundiert wie die goldene Finanzierungsregel.[27] Der erste **Kritikpunkt** richtet sich auf die Herkunft der verwendeten Daten. Die Bilanz zeigt mit ihren Vermögens- und Kapitalpositionen, die zum Teil Ergebnis bilanzpolitischer Überlegungen sind, nur einen Teil der künftigen Ein- und Auszahlungen. Wiederkehrende Zahlungen für Löhne, Steuern usw. sind ihr nicht zu entnehmen. Auch Angaben über künftige Kapitalfreisetzungen, den Umfang der dauernden Kapitalbindung sowie mögliche Erhöhungen des Kapitalbedarfs in der Zukunft fehlen ebenso wie Hinweise auf Prolongations-, Substitutions- oder zusätzliche Kapitalbeschaffungsmöglichkeiten.

---

[27] Umfassende Kritik an den Finanzierungsregeln übt *Härle, D.*, a.a.O, S. 89 ff.

Die fehlende Eignung der goldenen Bilanzregel zur Sicherung des finanziellen Gleichgewichts zeigt sich ferner darin, dass infolge der Bilanzgliederung keine hinreichend präzisen Auskünfte über das zeitliche Anfallen der aus den einzelnen Bilanzpositionen erwarteten Ein- und Auszahlungen zu erhalten sind. Aus diesem Grunde ist es sehr problematisch, umfangreiche Zusammenfassungen von Bilanzpositionen (Anlagevermögen, Umlaufvermögen, Eigenkapital, langfristiges Fremdkapital) einander gegenüberzustellen und hieraus Folgerungen über die Wahrung des finanziellen Gleichgewichts zu ziehen.

Die Anwendung der goldenen Bilanzregel schützt nur dann vor Liquiditätsschwierigkeiten, wenn die Liquidation von Vermögensteilen durch den Leistungsprozess in Höhe und Zeitpunkt mit den Rückzahlungsverpflichtungen übereinstimmt und wenn die Einzahlungen ausreichen, auch laufende Auszahlungen zu decken. Für den Fall dauernden Kapitalbedarfs muss der Betrieb außerdem die Möglichkeit haben, Kredite zu verlängern oder neues Kapital aufzunehmen. Besteht aber diese Möglichkeit, so ist die Einhaltung der goldenen Bilanzregel entbehrlich.

4.3 Die vertikale Kapitalstrukturregel

Die vertikale Kapitalstrukturregel bezieht sich auf die Zusammensetzung des Kapitals. Eine Verbindung zum Vermögen, d.h. zur Verwendung der finanziellen Mittel, wird nicht hergestellt. Wie für die goldene Bilanzregel gibt es auch für die vertikale Kapitalstrukturregel **unterschiedliche Formulierungen.**[28] So wird z.B. verlangt, dass das Verhältnis von Eigen- und Fremdkapital 1:1 betragen müsse. Andere Formulierungen der Regel fordern für Industrieunternehmen Eigenkapitalanteile von mindestens 60 %, für Handelsunternehmen von 50 %. Eine weitere Version der Regel geht sogar von einem Verhältnis zwischen Eigen- und Fremdkapital von 2 : 1 aus.

Im Rahmen der Bilanzanalyse wird das Verhältnis von Fremdkapital zu Eigenkapital durch den Verschuldungskoeffizienten dargestellt.

$$V = \frac{\text{Fremdkapital}}{\text{Eigenkapital}} \cdot 100$$

Die Vertikal-Regel (1 : 1-Regel) wird gewöhnlich damit begründet, dass die Eigentümer des Betriebs mindestens ebensoviel durch Kapitaleinlagen und Selbstfinanzierung beitragen müssen wie die Gläubiger. Bei gegebener Kapitalverwendung wird das Risiko der Gläubiger umso geringer eingeschätzt, je geringer der Anteil des Fremdkapitals am Gesamtkapital ist. Vom Standpunkt der Sicherheit der Erschließung und Erhaltung von Fremdkapitalquellen wird ein möglichst hoher Eigenkapitalanteil für zweckmäßig, ja notwendig gehalten.

Andererseits ist aber zu beachten, dass der Betrieb seine Zielsetzung der langfristigen Gewinnmaximierung als eine Maximierung der Eigenkapitalrentabilität auffassen kann. Das Fremdkapital ist unabhängig von der Ertragslage zu verzinsen. Ist die erzielte Verzinsung des Gesamtkapitals höher als der feste Fremdkapitalzins,

[28] Vgl. den Überblick bei *Hill, W.*, Finanzierungsregeln, in: Handwörterbuch der Betriebswirtschaft, hrsg. von *E. Grochla* und *W. Wittmann*, Bd. 1, 4. Aufl., Stuttgart 1974, Sp. 1451 ff.

so fällt der gesamte vom Fremdkapital über den festen Fremdkapitalzins hinaus erwirtschaftete Ertragsteil dem Eigenkapital zu. Die Eigenkapitalverzinsung in Prozent ausgedrückt wird dann umso größer, je kleiner der prozentuale Anteil des Eigenkapitals am Gesamtkapital, d.h. je höher der Verschuldungsgrad ist.

Beispiel: Mit einer Investition in Höhe von 100.000 EUR wird ein Ertrag von 10.000 EUR erwirtschaftet. Die Gesamtkapitalrentabilität beträgt 10%. Für den Fall, dass Teile der Investition mit Fremdkapital, auf das 7% Zinsen zu entrichten sind, finanziert werden können, erhält man folgende Eigenkapitalrentabilitäten.

In EUR	**Fall 1**	**Fall 2**	**Fall 3**	**Fall 4**
Gesamtkapital	100.000	100.000	100.000	100.000
Fremdkapital Eigenkapital	– 100.000	25.000 75.000	50.000 50.000	75.000 25.000
Verschuldungsgrad	0,00	0,33	1,00	3,00
Gewinn vor Fremdkapitalzinsen	10.000	10.000	10.000	10.000
–7% Fremdkapitalzinsen	–	1.750	3.500	5.250
Gewinn	10.000	8.250	6.500	4.750
Eigenkapitalrentabilität	10%	11%	13%	19%

Abb. 24: Eigenkapitalrentabilität

Dieser Zusammenhang lässt sich in allgemeiner Form darstellen.

E = Eigenkapital
F = Fremdkapital
r = Gesamtkapitalrentabilität
r_e = Eigenkapitalrentabilität
r_f = Fremdkapitalrentabilität (Zinssatz für Fremdkapital)

Der Gesamtertrag entspricht der Verzinsung des Gesamtkapitals, das sich aus Eigen- und Fremdkapital zusammensetzt:

$$\boxed{\text{Gesamtertrag} = r \cdot (E + F)}$$

Der Gesamtertrag lässt sich ferner als Summe aus Gewinn und Fremdkapitalzinsen definieren. Da der Gewinn das Produkt aus Eigenkapitalrentabilität und Eigenkapital und die Fremdkapitalzinsen das Produkt aus Fremdkapitalzinssatz und Fremdkapital sind, ergibt sich:

$$\boxed{\text{Gesamtertrag} = r_e \cdot E + r_f \cdot F}$$

Fasst man beide Gleichungen zusammen, so gilt:

$$\boxed{r_e \cdot E + r_f \cdot F = r \cdot (E + F)}$$

Eine Auflösung nach der Eigenkapitalrentabilität ergibt:

$$r_e = r + \frac{r \cdot F - r_f \cdot F}{E}$$

$$r_e = r + (r - r_f) \frac{F}{E}$$

Die letzte Gleichung zeigt, dass die Eigenkapitalrentabilität nicht von absoluten Größen abhängt, sondern nur von der Gesamtkapitalrentabilität, dem Fremdkapitalzins und dem Verschuldungsgrad. Unterstellt man wie im obigen Beispiel eine bestimmte Gesamtkapitalrentabilität und einen vom Verschuldungsgrad unabhängigen Fremdkapitalzins (was bedeutet, dass die Gläubiger dem Verschuldungsgrad bei Festsetzung der Kreditkonditionen keine Bedeutung beimessen), so ergibt sich zwischen Verschuldungsgrad und Eigenkapitalrendite eine lineare Abhängigkeit. Dieser Zusammenhang wird in Abbildung 25 verdeutlicht.

Die Erhöhung der Eigenkapitalrentabilität durch Fremdfinanzierung von Investitionen, deren Gesamtkapitalrentabilität über dem Fremdkapitalzins liegt, wird in der angelsächsischen Literatur als **„Leverage-Effekt“**[29] bezeichnet, d.h. als Hebelwirkung zunehmender Verschuldung auf die Eigenkapitalrentabilität oder – anders formuliert – als Abhängigkeit der Eigenkapitalrentabilität von der Gesamtkapitalrentabilität, dem Fremdkapitalzinssatz und dem Verschuldungsgrad.

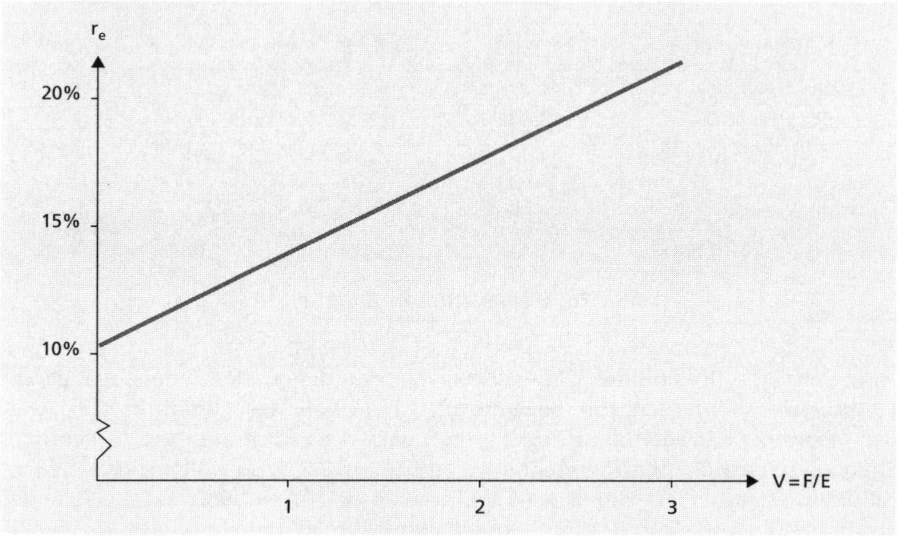

Abb. 25: Leverage-Effekt

Unter Verwendung der Formel

$$r_e = r + \frac{r \cdot F - r_f \cdot F}{E}$$

[29] Leverage = Hebelkraft.

lässt sich der Leverage- Effekt wie folgt formulieren: Die Eigenkapitalrentabilität setzt sich zusammen aus der Gesamtrentabilität und der auf das Eigenkapital bezogenen Differenz zwischen dem auf das Fremdkapital entfallenden Anteil der Gesamtkapitalrentabilität ($r \cdot F$) und den tatsächlich darauf zu zahlenden Zinsen ($r_f \cdot F$).

Dieser Effekt kann allerdings auch **negativ** sein. Sinkt die Gesamtkapitalrentabilität unter den Fremdkapitalzins, so verwandelt sich der Vorteil, durch kostengünstiges Fremdkapital die Eigenkapitalrentabilität zu erhöhen, in einen bedenklichen Nachteil, weil dann die Eigenkapitalrentabilität um so stärker zurückgeht, je höher der prozentuale Anteil des Fremdkapitals am Gesamtkapital, d.h. je höher der Verschuldungsgrad ist. Es kann sogar zu einer absoluten Verminderung des Eigenkapitals kommen, wenn durch die vereinbarten Fremdkapitalzinsen Verluste entstehen.

Beispiel: Mit einer Investition von 100.000 EUR werden statt der erwarteten Erträge von 10.000 EUR nur Erträge in Höhe von 3.500 EUR erwirtschaftet. Ist die Investition teilweise mit Fremdkapital zu 7% finanziert worden, so ergeben sich folgende Auswirkungen auf die Eigenkapitalrentabilität:

	Fall 1	Fall 2	Fall 3	Fall 4
Gesamtkapital	100.000	100.000	100.000	100.000
Fremdkapital	–	25.000	50.000	75.000
Eigenkapital	100.000	75.000	50.000	25.000
Verschuldungsgrad	0,00	0,33	1,00	3,00
Gewinn vor Fremdkapitalzinsen	3.500	3.500	3.500	3.500
–7% Fremdkapitalzinsen	–	1.750	3.500	5.250
Gewinn/Verlust	3.500	1.750	0,00	–1.750
Eigenkapitalrentabilität	3,5%	2,33%	0%	–7%

Abb. 26: Eigenkapitalrentabilität

Fasst man die Ergebnisse dieses Beispiels mit denen des vorangegangenen zusammen, so werden die Beziehungen zwischen der Gesamtkapital- und der Eigenkapitalrentabilität bei gegebenem Verschuldungsgrad deutlich. Sinkt die Gesamtkapitalrentabilität von 10% auf 3,5%, so fällt im Fall 4 (Verschuldungsgrad = 3) die Eigenkapitalrentabilität von 19% auf – 7%. Bei konstantem Gesamtkapital und konstantem Fremdkapitalzins lässt sich für den Verschuldungsgrad eine lineare Beziehung zwischen der Gesamtkapitalrentabilität und der Eigenkapitalrentabilität aus der folgenden Gleichung ableiten:

$$r_e = r + (r - r_f) \cdot \frac{F}{E}$$

Für Fall 4 (F/E = 3) ergibt sich bei $r_f = 7\,\%$

	a	b	c	d
r	10 %	7 %	3,5 %	0
r_e	19 %	7 %	– 7 %	– 21 %

Überträgt man diese und die auf gleichem Wege ermittelten Werte für die anderen Fälle in ein Diagramm, so zeigt sich deutlich die Hebelwirkung des Verschuldungsgrads.

Abbildung 27 verdeutlicht folgenden generellen Zusammenhang:

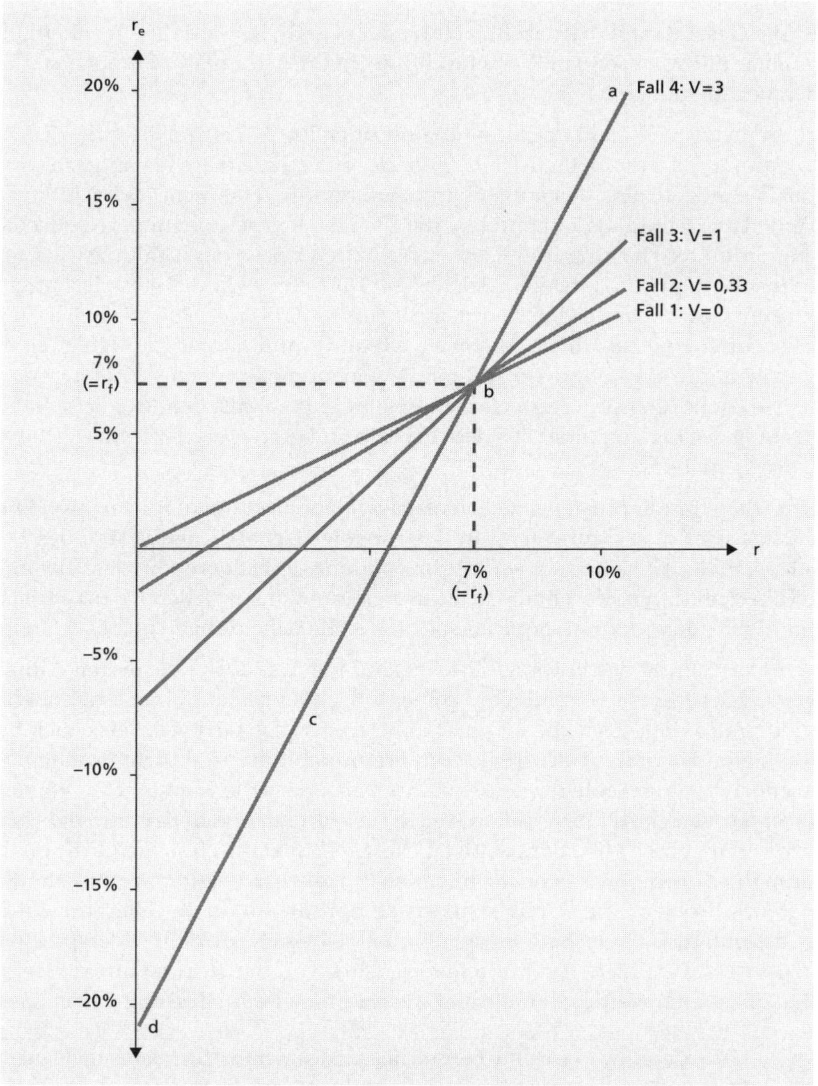

Abb. 27: Hebelwirkungen des Verschuldungsgrads

(1) Solange die **Gesamtkapitalrentabilität über dem Fremdkapitalzins** liegt, wächst die Eigenkapitalrentabilität mit wachsender Verschuldung ($r > r_f$).

(2) **Entspricht die Gesamtkapitalrentabilität dem Fremdkapitalzins,** so ist unabhängig vom Verschuldungsgrad die Eigenkapitalrentabilität gleich der Gesamtrentabilität und gleich dem Fremdkapitalzins ($r = r_f$).

(3) **Liegt die Gesamtkapitalrentabilität unter dem Fremdkapitalzins,** ist sie aber noch positiv, so fällt die Eigenkapitalrentabilität mit wachsender Verschuldung vom positiven in den negativen Bereich. Eine negative Eigenkapitalrentabilität von 7% (Fall 4) bedeutet, dass von dem Eigenkapital in Höhe von 25.000 EUR 7% = 1.750 EUR aufgezehrt werden, also nur noch 23.250 EUR Eigenkapital vorhanden sind ($r < r_f$).

(4) Ist die **Gesamtkapitalrentabilität Null oder negativ,** so wird die Eigenkapitalrentabilität mit wachsendem Verschuldungsgrad negativ bzw. fällt noch stärker in den negativen Bereich ($r \leq 0$).

Liegt die negative Eigenkapitalrentabilität über 100%, beträgt sie z.B. – 110%, so besagt dies, dass Vermögen in Höhe von 110% des Eigenkapitals aufgezehrt wurde, das Vermögen, also das aufgenommene Fremdkapital nicht mehr deckt. Es ist also eine **Überschuldung** eingetreten, die für Aktiengesellschaften, Gesellschaften mit beschränkter Haftung und Genossenschaften neben der Zahlungsunfähigkeit einen Insolvenzgrund darstellt. Gleiches gilt für Offene Handelsgesellschaften, bei denen kein Gesellschafter, bei Kommanditgesellschaften kein persönlich haftender Gesellschafter eine natürliche Person ist. Ob und wann Zahlungsunfähigkeit droht oder eintritt, die als Konkursgrund bei Personenunternehmen von Bedeutung ist, hängt von den Rückzahlungsterminen des Fremdkapitals, den Möglichkeiten zur Auffüllung des Eigenkapitals aus dem Privatvermögen sowie der weiteren Entwicklung des Betriebs ab.

Die **Ursachen** für das Entstehen negativer Eigenkapitalrenditen sind auf **zwei Ebenen** zu suchen. Der eine Grund liegt im **leistungswirtschaftlichen Risiko** des Unternehmens, in der Unsicherheit der mit Investitionen erzielbaren Erträge, der andere Grund in dem durch die Kapitalstruktur bestimmten speziellen **finanzwirtschaftlichen Risiko,** das bei finanzierungspolitischen Entscheidungen zu beachten ist.

Bei der Darstellung des Leverage-Effekts sind wir von der praxisfernen Annahme ausgegangen, dass die Kapitalgeber keine Konsequenzen aus einer steigenden Verschuldung des Betriebs ziehen, Fremdkapitalgeber also beispielsweise auch bei einem höheren Kapitalstrukturrisiko die Fremdkapitalzinsen nicht erhöhen. Geht man jedoch von der realistischen Annahme aus, dass die Kapitalgeber von einem bestimmten Verschuldungsgrad an wegen des zunehmenden Kreditrisikos höhere Zinsen verlangen, so wird der positive Leverage-Effekt durch steigende Kapitalkosten allmählich kompensiert und schließlich umgekehrt. Folglich ergibt sich für den Betrieb das Problem, die Kapitalstruktur zu optimieren. In der Literatur wird zur Frage des **optimalen Verschuldungsgrads** eine Reihe sich zum Teil widersprechender Auffassungen vertreten, die mit teilweise stark von der Realität abstrahierenden Modellen gestützt werden.[30] Während die **traditionelle Auffassung** davon ausgeht,

---

[30] Vgl. *Busse von Colbe, W.*, Verschuldensgrad, in: Handwörterbuch des Bank- und Finanzwesens, hrsg. von *Gerke, W.*, *Steiner, M.*, 2. Aufl., Stuttgart 1995, S. 590 ff., *Engels, W.*, Verschuldensgrad, optimaler, in: Handwörterbuch der Finanzwirtschaft, hrsg. v. *H. E. Büschgen*,

dass infolge des Kapitalstrukturrisikos die durchschnittlichen Kapitalkosten nicht linear verlaufen und es daher einen optimalen Verschuldungsgrad gibt (**Traditionelle These der optimalen Kapitalstruktur**), vertreten andere Autoren – insbesondere Modigliani und Miller[31] – die Meinung, dass die durchschnittlichen Kapitalkosten völlig unabhängig von der Kapitalstruktur seien und es folglich einen **optimalen Verschuldungsgrad nicht gebe.**[32]

Ein optimaler Verschuldungsgrad im Sinne der Finanzierungstheorie ist in der Praxis nicht erreichbar. Der Umfang der möglichen Verschuldung wird durch die Bereitschaft der Fremdkapitalgeber, Kredite zu gewähren, beschränkt. Diese Bereitschaft ist abhängig von der Beurteilung der Risiken, die mit dem Kreditengagement verbunden sind. Der dargestellte Leverage-Effekt zeigt in diesem Zusammenhang die Bedeutung, die bei gegebenem leistungswirtschaftlichem Risiko (Schwankungen der Gesamtkapitalrentabilität) der Berücksichtigung der Kapitalstruktur zukommt. Ob aber die Einhaltung von pauschalen Faustregeln wie die 1:1-Regel geeignet ist, das Kapitalstrukturrisiko zu begrenzen, kann bezweifelt werden, denn der vom Gläubiger akzeptierte Verschuldungsgrad wird vom leistungswirtschaftlichen Risiko bestimmt, zu dessen Beurteilung im Rahmen der Kreditwürdigkeitsprüfung andere Informationen (Plandaten) heranzuziehen sind. Sind aber nur spärliche Informationen zu erhalten, so lassen sich aus dem Vergleich der Kapitalstrukturen von Betrieben mit geschätztem gleichem leistungswirtschaftlichem Risiko Anhaltspunkte zum vorhandenen Kapitalstrukturrisiko gewinnen.[33]

Kontrollfragen

- Was wird unter dem finanziellen Gleichgewicht verstanden und welche Bedeutung hat es für die betriebliche Praxis?
- Welche horizontalen Kapital-Vermögensstrukturregeln kennen Sie?
- Welche Bedeutung hat die goldene Finanzierungsregel für die Finanzierungspraxis?
- Welche Voraussetzungen müssen für die Gültigkeit der goldenen Finanzierungsregel erfüllt sein?
- Welches Paradoxon tritt bei der goldenen Finanzierungsregel auf?
- Erläutern Sie goldene Bilanzregel in der engsten Fassung und den weiteren Fassungen.
- Welches sind die Hauptkritikpunkte an der goldenen Bilanzregel?
- Was besagt die vertikale Kapitalstrukturregel?

Stuttgart 1976, Sp. 1773 ff. und die eingehende Behandlung bei *Franke, G, Hax, H.,* a.a.O. S. 464 ff.

31 *Modigliani, F., Miller, M. H.,* The Cost of Capital, Corporation Finance and the Theory of Investment, American Economic Review, Vol. 48, 1958, S. 261 ff.

32 Auf die diesen Aussagen zugrunde liegenden Prämissen kann im Rahmen dieses einführenden Buches nicht eingegangen werden. Angesprochen ist das Theorem von der Irrelevanz der Finanzierung: Ist das Investitionsprogramm eines Unternehmens unabhängig von seiner Finanzierung vorgegeben, so beeinflusst eine Änderung seiner Finanzierungspolitik bei vollkommenem Kapitalmarkt weder seinen Marktwert noch den finanzielle Nutzen eines Kapitalgebers. Vgl. *Franke, G., Hax, H.,* a.a.O., S. 330.

33 Vgl. *Schneider, D.,* Investition, Finanzierung und Besteuerung, a.a.O, S. 596 f.

- Was versteht man unter dem Leverage-Effekt?
- Erläutern Sie die Traditionelle These der optimalen Kapitalstruktur.
- Welchen Ansatz vertreten Modigliani und Miller?

5. Kapitel
Kennzahlen

Im Folgenden wird ein Überblick über die **wichtigsten Kennzahlen** gegeben.[34] Die Kennzahlen werden in 6 Kategorien eingeteilt:

1. Rentabilitätskennzahlen
2. Finanzielle Struktur-Kennzahlen
3. Vermögensstrukturkennzahlen
4. Kapitalstrukturkennzahlen
5. Erfolgsstrukturkennzahlen
6. Cashflow-Kennzahlen

Diese sechs Kategorien lassen sich wiederum wie folgt unterteilen:

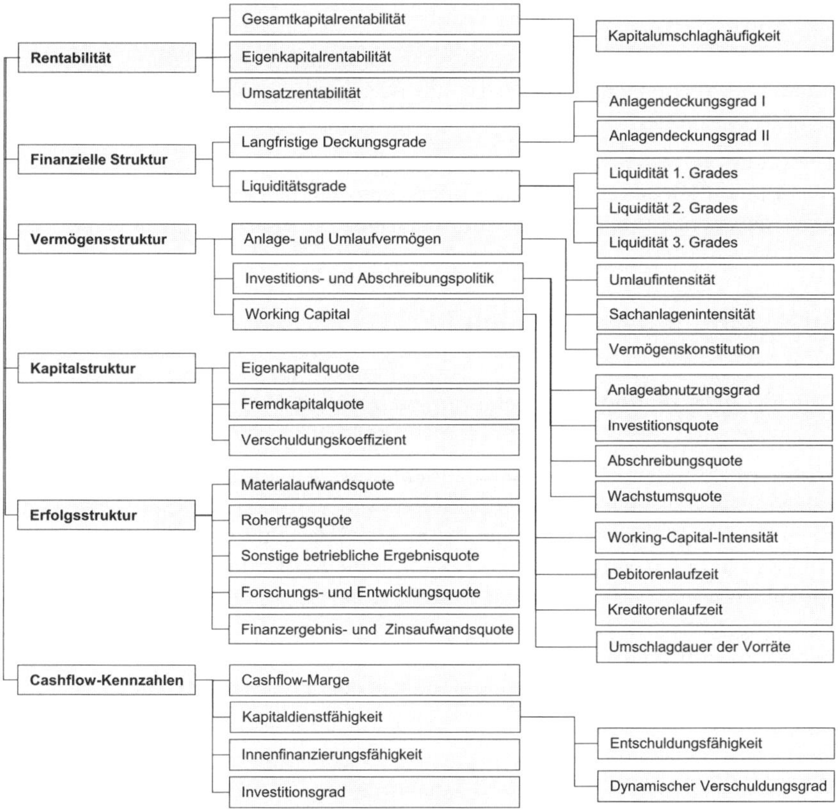

Abb. 28: Die zentralen Kennzahlen im Überblick (Quelle: Eayrs, Ernst, Prexl (2011), S. 139)

[34] Dieser Abschnitt wurde von Willis E. Eayrs, Dietmar Ernst und Sebastian Prexl zur Verfügung gestellt.

In diesem Abschnitt werden alle hier aufgeführten Kennzahlen definiert und interpretiert. Die Berechnung der Kennzahlen wird in einem auf der Website zu diesem Buch unter www.vahlen.de sowie unter www.dicf.de herunterladbarem Excel-Dokument veranschaulicht. In diesem Excel-Dokument wird am Beispiel der Muster AG die Berechnung der Kennzahlen zum Nachvollziehen aufgeführt. Die Muster AG ist annahmegemäß börsennotiert und bilanziert nach IFRS.

Was ist unter dem Begriff Kennzahlen zu verstehen? **Kennzahlen** dienen dazu, die im Jahresabschluss enthaltenen Informationen aufzubereiten und zu verdichten, damit ein Analyst schnell und übersichtlich einen objektiven Überblick über die Finanz- und Ertragslage gewinnen kann. Man verwendet numerische Informationen, die mithilfe von Verhältniszahlen oder absoluten Zahlen komplexe Strukturen sowie wirtschaftliche Prozesse und Entwicklungen in der Vergangenheit in konzentrierter Form darstellen oder für die Planungsrechnung als Basis herangezogen werden. Mittels Kennzahlen ist man in der Lage, zusätzliche Erkenntnisse zu gewinnen, die sich aus den einzelnen Jahresabschlusspositionen nicht direkt ablesen lassen.

Erst durch den **Vergleich** mit – z.B. empirisch gewonnenen – Größen können Kennzahlen eingeordnet und beurteilt werden. Für die externe Kennzahlenanalyse stehen zwei Vergleichsmöglichkeiten zur Verfügung:

- **Zeitvergleich**: Die ermittelten Kennziffern aus mehreren Perioden werden miteinander verglichen. Durch die Betrachtung eines längeren Zeitraumes lassen sich Erkenntnisse über Trends oder Zyklen gewinnen.
- **Peergroup-Vergleich**: Beim Peergroup-Vergleich (Unternehmensvergleich) werden die Kennzahlen des zu untersuchenden Unternehmens denen von vergleichbaren Unternehmen, zumeist aus der gleichen Branche, gegenübergestellt.

5.1 Umgang mit Kennzahlen

Bei der Gewinnung und Interpretation von Vergleichskennzahlen sollte behutsam vorgegangen und folgende Prinzipien beachtet werden:

- Die Ermittlung von Kennzahlen ist nicht normiert und wird zum Teil unternehmensindividuell definiert. Häufig wird das dahinter stehende Rechenschema nicht dargelegt. Es ist daher wichtig, dass bei der Nutzung von veröffentlichten Kennzahlen eine **Verprobung** vorgenommen wird, um zu gewährleisten, dass die dahinter liegende Rechenmechanik, Annahmen, Bereinigungen, Zeiträume näherungsweise übereinstimmen. Es ist anzuraten, dass hoch aggregierten Kennzahlen im Rahmen von Branchenvergleichen, die von Dritten erstellt wurden, vom Analysten mit einer gewissen Skepsis begegnet werden.
- Der Vorteil aus der Beschränkung auf wenige zentrale Größen kann durch die **starke Komprimierung** umgekehrt werden, wenn aufgrund der starken Aggregierung komplexe Sachverhalte und Zusammenhänge nicht mehr erkannt werden können.
- Die Kennzahlen können aus externer Sicht einer tendenziell verzerrenden Darstellung unterliegen (**Informationsasymmetrie**), z.B. aufgrund der Wirkungen der Rechnungslegungsnorm und der abschlusspolitischen Beeinflussung.

- **Vergangenheitsorientierte Größen** eignen sich nur bedingt als Indikator für zukünftige Zahlungsströme, und es liegt ein doppelt veraltetes Zahlenmaterial vor. Dies ist bedingt durch:
  - den langen Zeitraum zwischen Bilanzstichtag und Publizierung des Jahresabschlusses und
  - den starken Vergangenheitsbezug (insbesondere des handelsrechtlichen Abschlusses aufgrund z.B. des Vorsichtsprinzips). Dies schränkt die Verwendung von stichtagsbezogenen Kennzahlen ein (zum Beispiel Vermögens- und Liquiditätskennziffern).
- **Statische Kennzahlen** geben nur ein eingeschränktes Bild über die Unternehmensentwicklung. Sie sollten daher durch Strömungsgrößen (z.B. abgeleitet aus der Cashflow-Rechnung) ergänzt werden.

Die beiden Formen der Kennzahlenbildung Peergroup- und Zeitvergleich erfordern **unterschiedliche Herangehensweisen.** Des Weiteren sind Sachverhalte wie Unternehmen in besonderen Situationen, die Analyse von Konzernunternehmen und die Effekte aus der Bilanzierung nach unterschiedlichen Rechnungslegungsnormen zu berücksichtigen, da sie das Ergebnis der Analyse maßgeblich verfremden können.

5.1.1 Kennzahlen aus Peergroup-Vergleichen

Für einen fundierten Peergroup-Vergleich (Benchmarking) sind zunächst geeignete Unternehmen zu finden. Dies stellt erfahrungsgemäß eine Herausforderung dar, da keine völlig identischen Unternehmen existieren.[35] Es sind daher **Kriterien** heranzuziehen, die einen Ausgleich schaffen zwischen

- den Forderungen nach einem hohen Maß an **Komparabilität** zwischen den zu bewertenden Unternehmen und der Vergleichsgruppe und
- einer **hinreichend großen Datenbasis** (dies hat regelmäßig eine weite Auslegung der Vergleichsmerkmale zur Folge).
- Position im **Lebenszyklus** der Produkte beziehungsweise des Konjunkturzyklus,
- **Wettbewerbsposition** (z.B. Marktführer),
- **Geschäftsmodell** (z.B. Wertschöpfungstiefe, Vertriebsstruktur, regionale Abdeckung eines Marktes),
- **strategische Ausrichtung** und Unternehmensphilosophie (z.B. Differenzierungsstrategien, Kostenführerschaft, Nischenstrategie),
- **Größe des Unternehmens,**
- **Diversifizierungsgrad,**
- **Bilanzrelationen** und **finanzielle Situation** (Verschuldungsgrad, Investitionsverhalten, nachhaltige Ertragsstärke etc.).

Die Bildung einer gleichförmigen und einheitlichen Gruppe ist in der Praxis eher selten. Die für gewöhnlich weit gefasste Vergleichsgruppe, die relativ weichen und zum größten Teil qualitativen Kriterien sowie die den Kennzahlen inhärenten kritischen Punkte machen eine differenzierte und kritische Nutzung von **Benchmarking-Kennzahlen** notwendig:

---

[35] Die Bildung einer gleichförmigen und einheitlichen Gruppe ist in der Praxis eher selten.

- **Saisonzyklus** und **Bilanzstichtag**: Unternehmen weisen mitunter eine divergierende Entwicklung im Jahresverlauf auf. Dabei ist an saisonale Schwankungen des Absatzes (z.B. Sommer-/Winterkollektion in der Bekleidungsindustrie) und der Produktion/Beschaffung zu denken (z.B. Betriebsurlaub, punktueller Einkauf von Rohstoffen in umfangreichen Volumina). Die Kennzahlen (z.B. Working Capital, Eigenkapitalquote) schwanken somit im Jahresverlauf. Bei abweichenden Geschäftsjahren (z.B. Zeitpunkt der Gewinnausschüttung) wird der Effekt auf das Bilanzbild zusätzlich verstärkt.
- Vergleichbarkeit von **Investitionserfordernissen** in das Anlagevermögen (Altersstruktur des Anlagevermögens sowie durch Leasing): Unternehmen mit einem relativ jungen Anlagevermögen weisen höhere Restbuchwerte und niedrigere Renditen aus als Wettbewerber mit einem weitgehend abgeschriebenen Anlagevermögen (Investitionen sind zunächst gewinnneutral und wirken sich erst über Abschreibungen aus).
- Unterschiedliche **Finanzierungsstruktur** und Wirkung des Finanzierungs-Leverage: Durch eine Verlagerung der Finanzierung von Fremd- auf Eigenkapital kann der Zinsaufwand reduziert und unter Umständen die Rentabilität erhöht werden. Der damit verbundene Anstieg des finanziellen Risikos wird in der Gesamtkapitalrentabilität nicht berücksichtigt.
- Bei stark **diversifizierten Unternehmen** werden die unterschiedlichen Chancen und Risiken einzelner Geschäftsfelder und Strategien nicht ausreichend berücksichtigt. Es sollten nur die entsprechenden Teilbereiche mit vergleichbaren Geschäftsaktivitäten herangezogen werden (eine geeignete Informationsquelle ist die Segmentberichterstattung). Ebenso ist zu berücksichtigen, ob der Schwerpunkt auf Handel oder Produktion liegt.
- **Größe des Unternehmens**: Große Unternehmen weisen mitunter bessere Kennzahlenrelationen auf als kleinere Unternehmen (besserer Zugang zum Kapitalmarkt und niedrigere Finanzierungskosten). Insofern suggerieren entsprechende Kennzahlen eine höhere Kreditwürdigkeit bei Kapitalgesellschaften. Es wird nicht berücksichtigt, dass mittelständischen Unternehmen Bürgschaften und die private Vermögenssphäre zur Sicherung der Bonität zur Verfügung stehen.

5.1.2 Kennzahlen aus dem Zeitvergleich

Mit dem Zeitvergleich (**Entwicklungsvergleich**) werden Größen zu unterschiedlichen Zeitpunkten bzw. aus verschiedenen Zeiträumen gegenübergestellt. Dies kann zu Fehlinterpretationen führen aufgrund von:

- fehlender Berücksichtigung des Zeitwertes des Geldes (**Inflation**),
- grundlegenden **Veränderungen** und Brüchen im Unternehmen (z.B. Strategiewechsel, neue Produkte/Märkte, neues Management),
- Fehlen von erforderlichen **Informationen**: Erfolgt der Zeitvergleich ausschließlich aufgrund von Angaben aus dem Jahresabschluss, erhält man nur ein unvollständiges Bild über die betriebswirtschaftlichen Aktivitäten des Unternehmens und seiner Umgebung (z.B. Alleinstellungsmerkmale, Image, Qualität des Managements), da nur zahlenmäßig erfassbare Vorgänge wiedergegeben werden,

- **zeitlicher Verschiebung** als Gestaltungsmittel: Maßnahmen werden nur aus abschlusspolitischen Gründen auf ein früheres oder späteres Geschäftsjahr verlagert (z.B. Investitionen, Instandhaltung, Werbung, Einkauf und Bezahlung von Rohstoffen, vorzeitige Auslieferung von Produkten an Händler),
- Änderungen des **Berichtszeitraumes** (Verschiebung des Bilanzstichtages z.B. von 31.12. auf den 30.6.).

5.1.3 Unternehmen in besonderen Situationen

Unternehmen, die sich in **außergewöhnlichen Situationen** befinden, eignen sich nur bedingt für einen zwischenbetrieblichen Vergleich, da sie eine völlig andere Vermögens- und Kapitalstruktur aufweisen können. Ebenso verhindern Brüche in der Unternehmensentwicklung die Vergleichbarkeit im Mehrjahresvergleich.

Die Jahresabschlüsse sollten bereinigt werden, soweit dies möglich ist. Beispiele für besondere Unternehmenssituationen sind:

- hohe **Abhängigkeiten** von einem Lieferanten, Abnehmer, Kapitalgeber oder von Produkten und Rohstoffen,
- Unternehmen in einer politisch oder wirtschaftlich **instabilen Region**,
- schwebende **gerichtliche Auseinandersetzung** mit ungewissem juristischen und materiellen Ausgang,
- **Verlustzuweisungsgesellschaft**,
- erhebliche (saisonale) **Umsatzschwankungen**,
- umfangreiche **Reorganisationsmaßnahmen**, Betriebsschließungen, Betriebsumwandlungen, Betriebsaufspaltungen oder Veräußerungen von Unternehmensteilen,
- **Investitionen** in signifikanter Höhe,
- starke **Expansion** (geografisch, neue Produkte, neue Kunden),
- **Auffälligkeiten** bei Forschung und Entwicklung, Aus- und Weiterbildung, Werbung,
- **Finanzierungsmaßnahmen** (Kapitalerhöhung, Aufnahme neuer Gesellschafter),
- **Wechsel im Management** (erste und zweite Führungsebene, Schlüsselpersonen z.B. im Vertrieb oder Forschung und Entwicklung).

Erste Indikatoren für außergewöhnliche Entwicklungen im Unternehmen liefern folgende Merkmale:

- **Kapazitätsveränderungen und -auslastung** (z.B. Kennzahlen wie Personalaufwands- und Abschreibungsquoten variieren stark),
- Abweichungen bei der **Produktivität**,
- stark veränderte andere **Verkaufs- und Einkaufspreise**,
- veränderter **Produktmix**.

5.1.4 Analyse von Konzernunternehmen

Bei der Erläuterung der empfohlenen Kennzahlen wird im Folgenden primär auf die Analyse von **Einzelabschlüssen** abgezielt, da sie insbesondere bei mittelständischen Unternehmen häufiger vorzufinden sind. Die Kennzahlen können jedoch auch auf **Konzernabschlüsse** angewendet werden. Die Jahresabschlussanalyse von Konzernen sollte sich auf die Ebene des **konsolidierten Jahresabschlusses** konzentrieren, denn die Aussagefähigkeit der jeweiligen Einzelabschlüsse ist begrenzt.

So wird die wirtschaftliche Situation eines Tochterunternehmens durch die Geschäftsbeziehungen innerhalb eines Konzernverbundes beeinflusst. Im Rahmen einer **externen Jahresabschlussanalyse** können solche Konzernverpflichtungen regelmäßig nicht erkannt oder eliminiert werden. Folgende Beispiele verdeutlichen dies:

- Eine isolierte Beurteilung der **Liquiditätssituation** eines Tochterunternehmens oder Teilkonzerns ist bei einem konzernweit geordneten Finanzverkehr (Cash-Pooling) wenig geeignet. Ein wirkungsvolles Gestaltungsmittel ist die Kreditpolitik innerhalb eines Konzerns. Beispielsweise die Gewährung von Krediten durch Konzernmitglieder kurz vor dem Bilanzstichtag oder die kurzfristige Rückzahlung von Verbindlichkeiten innerhalb weniger Tage nach dem Bilanzstichtag.
- Bei **Beherrschungs- oder Gewinnabführungsverträgen** muss eine geringe Eigenkapitalquote nicht automatisch auf eine negative Situation des Tochterunternehmens hindeuten.
- Im Einzelabschluss wird nicht ersichtlich, in welchem Umfang das Ergebnis **konzerninterne Bestandteile** (z.B. Overhead-Umlagen) enthält. Die Gestaltungsmöglichkeiten werden meist auf Konzernebene gesteuert und die Auswirkungen können für ein Tochterunternehmen erheblich sein. So kann zum Beispiel ein betriebswirtschaftlich generierter Gewinn in einer Tochtergesellschaft bilanziell geringer ausgewiesen werden, indem er durch Nutzung von konzerninternen Verrechnungspreisen in andere Konzernunternehmen (insbesondere ausländische Tochterunternehmen) verschoben wird.

Informationsverluste können durch **Segmentinformationen** zum Konzernabschluss zumindest zum Teil ausgeglichen werden.

5.2 Rentabilitätskennzahlen

Rentabilitätskennzahlen zeigen den Zusammenhang zwischen dem Erfolg (Ergebnisgröße) eines Unternehmens und der dazu notwendigen Basis (Bezugsgröße wie Eigen- oder Gesamtkapital), die zur Erzielung des Erfolgs notwendig ist. Rentabilitätskennzahlen errechnen sich wie folgt:

$$\text{Rentabilität} = \frac{\text{Ergebnisgröße}}{\text{Bezugsgröße}}$$

Die **Rentabilität** (auch kurz Rendite genannt) ist eine zentrale Größe für die Einschätzung eines Unternehmens, denn arbeitet es nachhaltig rentabel, ist es in der Lage, Eigenkapital zu bilden, die Eigen- und Fremdkapitalgeber zu bedienen, sich

Eigen- und Fremdkapital zu beschaffen und sich in schwieriger Wirtschaftslage zu behaupten.

Es bieten sich verschiedene Größen an, um die genannten Parameter zu messen. Entscheidend für die Qualität der Auswahl ist ein enger Ursache-Wirkungs-Zusammenhang: Die Bezugsgröße (z.B. Umsatz) muss ursächlich für die Erzielung des Erfolgs (z.B. Jahresergebnis) verantwortlich sein.

5.2.1 Gesamtkapitalrentabilität

Die **Gesamtrentabilität** (auch Unternehmens- oder Branchenrentabilität bzw. Kapitaleffizienz) drückt die durchschnittliche Verzinsung (Rendite) des im Unternehmen insgesamt eingesetzten Kapitals (Summe aus Eigen- und Fremdkapital bzw. Bilanzsumme) aus.

$$\text{Gesamtkapitalrentabilität} = \frac{\text{EBIT}}{\text{Gesamtkapital}}$$

Die Kennzahl Gesamtrentabilität ist eine **universelle Vergleichsgröße** und eignet sich daher besonders für Peergroup- und Branchenvergleiche:

- Unternehmen mit unterschiedlicher Finanzierungsstruktur sind vergleichbar, denn die Ergebnisgröße EBIT (Earnings before Interest and Taxes) wird vor Bedienung des Fremdkapitals und Ertragsteuerzahlung ermittelt und
- das Gesamtkapital umfasst Eigen- wie auch Fremdkapital.

Der Nachteil der Kennzahl Gesamtkapitalrentabilität ist die große Abhängigkeit von der **Jahresabschlusspolitik** und die geringe Aussagekraft bei **Wachstumsunternehmen**.

5.2.2 Eigenkapitalrentabilität

Die **Eigenkapitalrentabilität** zeigt die Verzinsung des eingesetzten Kapitals und die thesaurierten Gewinne der Anteilseigner. Sie ist eine zentrale Kennzahl, da die Maximierung des Eigenkapitalwertes die kardinale monetäre Zielgröße eines erwerbswirtschaftlich orientierten Unternehmens ist.

$$\text{Eigenkapitalrentabilität} = \frac{\text{EBT}}{\text{Eigenkapital}}$$

Man verwendet in der Regel das um Sondereffekte bereinigte **Ergebnis vor Steuern (EBT)**. Da hier bereits die Ansprüche der Fremdkapitalgeber berücksichtigt wurden, ist dies der Betrag, der für das Eigenkapital zur Verfügung steht. Es besteht somit eine direkte Beziehung zum **Eigenkapital**. Zu berücksichtigen ist, dass sich die Eigenkapitalquoten der Unternehmen branchen- sowie länderspezifisch stark unterscheiden können (siehe Kennzahlen zur Untersuchung der Kapitalstruktur).

Beeinflussende Faktoren der Eigenkapitalrentabilität sind:

- der Erfolg des betrieblichen Umsatzprozesses (Umsatzrentabilität),
- der Erfolg der Finanzanlagen (Finanzanlagenrentabilität),
- die Finanzierungsstruktur (Eigenkapitalquote),
- die außerordentlichen Effekte.

5.2.3 Umsatzrentabilität

Die **Umsatzrentabilität** (auch EBIT-Marge) zeigt die aus dem Umsatz erzielte Marge. Sie berechnet sich wie folgt:

$$\text{Umsatzrentabilität} = \frac{\text{Erfolgsgröße}}{\text{Umsatz}} = \frac{\text{EBIT}}{\text{Gesamtleistung}}$$

Die Umsatzrentabilität eignet sich für einen Vergleich innerhalb einer Branche (daher auch die synonyme Bezeichnung Branchenrendite), da die absolute Größe des Umsatzes alleine wenig aussagekräftig ist – auch wenn das Streben nach Umsatzzielen vielfach als Unternehmensziel vorgegeben wird (»Wir wollen die 100 Millionen Euro Umsatzgrenze in drei Jahren erreichen«). Betriebswirtschaftlich sinnvoll wird es nur, wenn »bei jeder Umsatzhöhe Gewinn erzielt oder zumindest die Kosten gedeckt« werden. Voraussetzung für eine Vergleichbarkeit ist eine ähnliche Wertschöpfungsstruktur; in einem solchen Falle erlaubt die Umsatzrentabilität Aussagen über Produktivität und Kostensenkungspotenziale.

5.2.4 Kapitalumschlaghäufigkeit

Verbindet man die Umsatzrendite und die Gesamtkapitalrendite miteinander, so erhält man als Ergebnis die **Kapitalumschlagshäufigkeit** (Kapitalproduktivität). Die Kapitalumschlagshäufigkeit als Quotient zwischen Gesamtleistung und Gesamtkapital ist im Rahmen der Jahresabschlussanalyse eine zentrale Verbindungsgröße zwischen Gewinn- und Verlustrechnung und Bilanz und stellt den Zusammenhang zwischen der Umsatzrentabilität und der Gesamtkapitalrentabilität her.

$$\text{Kapitalumschlagshäufigkeit} = \frac{\text{Gesamtleistung}}{\text{Gesamtkapital}}$$

Die Umsatzrendite ist ein Indikator für den **betrieblichen Erfolg** eines Unternehmens. Um den Erfolg eines Unternehmens beurteilen zu können, muss man jedoch auch das eingesetzte Kapital einbeziehen. Denn dieses ermöglicht erst den Umsatz. Anstelle des eingesetzten Kapitals kann man auch seine Entsprechung auf der Aktivseite, sprich das (betriebsnotwendige) Vermögen, heranziehen.

Die betriebliche Tätigkeit ist vom ökonomischen Standpunkt auf Dauer nur sinnvoll, wenn der mit dem Verkauf der betrieblichen Leistungen erwirtschaftete Gewinn (= positive Umsatzrendite) so hoch ist, dass er das Kapital (Gesamtkapitalrendite) angemessen verzinst, das in den zur Erstellung der Leistungen benötigten Wirtschaftsgütern gebunden ist. Ein hoher Kapitalumschlag erlaubt niedrige Umsatzrenditen. Dies ist typisch im Einzelhandel, dagegen benötigen stark kapitalintensive, produzierende Unternehmen (z.B. Anlagenbauer), deren Kapital langsamer umschlägt, eine höhere Gewinnmarge.

5.3 Kennzahlen zur Untersuchung der finanziellen Struktur

Die Kennzahlen der finanziellen Struktur (horizontale Bilanzanalyse) zeigen das Verhältnis zwischen **Mittelherkunft** (Passiva) und **Mittelverwendung** (Aktiva). Es lassen sich damit die Beziehungen zwischen Vermögen und Kapital bzw. Investitionen und Finanzierung erkennen.

Die Untersuchung der **Finanzstruktur** basiert auf dem Prinzip der **Fristenkongruenz** und ist - wie oben schon ausgeführt - als **Goldene Bilanzregel** bekannt. Diese besagt, dass die Dauer der Kapitalüberlassung mit der Dauer der Kapitalbindung des Vermögens übereinstimmen sollte. Hintergrund der Überlegung ist, dass die Vermögensgegenstände über den Nutzungszeitraum die Kapitalkosten erwirtschaften.

Aus Vereinfachungsgründen haben sich **Praktikerregeln** etabliert, die die Fristigkeiten nach kurz (Liquiditätsgrade) und langfristig (Deckungsgrade) unterscheiden.

5.3.1 Langfristige Deckungsgrade

5.3.1.1 Anlagendeckungsgrad I

Der Anlagendeckungsgrad I (auch: Anlagendeckung durch Eigenkapital) gibt an, zu welchem Anteil das Anlagevermögen durch das Eigenkapital gedeckt ist.

Er stellt die restriktivste Auslegung der **Goldenen Bilanzregel** dar, weil er das langfristig zur Verfügung stehende Kapital ausschließlich mit dem Eigenkapital und das langfristig gebundene Vermögen uneingeschränkt mit dem Anlagevermögen gleichsetzt. Der Sonderposten mit Rücklageanteil wird üblicherweise bei der Ermittlung des Anlagedeckungsgrades eines HGB-Abschlusses mitberücksichtigt, da er eine eigenständige Position der Passivseite ist und weder ausschließlich dem Eigenkapital noch dem Fremdkapital zuzurechnen ist. Zur Vereinfachung wird in der Literatur eine fiktive Zuordnung der Sonderposten zum Eigen- und Fremdkapital im Verhältnis 50:50 vorgeschlagen.

$$\text{Anlagendeckungsgrad I (HGB)} = \frac{\text{Eigenkapital} + 0{,}5 \cdot \text{Sonderposten mit Rücklageanteil}}{\text{Anlagevermögen}}$$

In der Praxis wird regelmäßig von der Normvorstellung einer vollständigen Deckung (Anlagedeckungsgrad I = 1 bzw. 100 %) abgewichen und ein deutlich niedriger Wert gefordert (z.B. 30 %). Der Analyse der Anlagedeckung sollte eine Betrachtung der ökonomischen Randbedingungen und Spezifika der jeweiligen Branche zur Seite gestellt werden. Beispielsweise können abweichende Vermögensstrukturen (siehe Kennzahl Vermögenskonstitution) und der Leverage-Effekt Einfluss auf die betriebswirtschaftlich notwendige Höhe des Anlagedeckungsgrades I nehmen.

5.3.1.2 Anlagendeckungsgrad II

Der Anlagendeckungsgrad II (auch: Anlagendeckung durch langfristiges Kapital) zeigt an, inwieweit langfristig gebundene Vermögensteile durch langfristig verfügbare Finanzierungsmittel (Eigen- und Fremdkapital) gedeckt sind. Durch die zusätzliche Berücksichtigung des langfristigen Fremdkapitals liegt der Wert des Anlagedeckungsgrades II über dem des Anlagedeckungsgrades I, sofern langfristiges Fremdkapital im Unternehmen vorhanden ist. Insofern ist die Forderung der Goldenen Bilanzregel nach einer hundertprozentigen Deckung des langfristigen Anlagevermögens durch das langfristige Kapital erfüllt.

$$\text{Anlagendeckungsgrad II (HGB)} = \frac{\text{Eigenkapital} + 0{,}5 \cdot \text{Sonderposten mit RL-Anteil} + \text{langfristiges Fremdkapital}}{\text{Anlagevermögen}}$$

Für die Ermittlung des langfristigen Fremdkapitals in einem HGB-Abschluss bietet es sich an, die Unterteilung im Verbindlichkeitsspiegel zu nutzen. Diese Herangehensweise stellt eine starke Vereinfachung dar und führt jedoch nur näherungsweise zu einer Festlegung des langfristigen Fremdkapitals:[36]

- Es wird unterstellt, dass die Restlaufzeit der Verbindlichkeiten mit über fünf Jahren kongruent mit der durchschnittlichen Kapitalbindungsdauer des Anlagevermögens ist.
- Dem Jahresabschluss kann man nicht entnehmen, wie hoch der Anteil der Rückstellungen bzw. Sonderposten mit einer Laufzeit oberhalb von fünf Jahren ist.

5.3.2 Analyse der Liquiditätsgrade

Mit der Analyse der Liquiditätsgrade stellt man die kurz- und mittelfristigen Vermögensgegenstände den Verbindlichkeiten mit entsprechenden Fristen gegenüber.

5.3.2.1 Liquidität 1. Grades

Die Liquidität des 1. Grades (Barliquidität) errechnet sich aus dem Verhältnis der liquiden Mittel zum kurzfristigen Fremdkapital. Diese Kennzahl zeigt damit den Grad der kurzfristigen Zahlungsbereitschaft an. Üblich ist die Darstellung mit absoluten sowie prozentualen Angaben.

$$\text{Liquidität 1. Grades (Barliquidität)} = \frac{\text{Zahlungsmittel und Zahlungsmitteläquivalente}}{\text{kurzfristiges Fremdkapital}}$$

Zahlungsmittel und Zahlungsmitteläquivalente sind u.a. Kasse, Schecks, Guthaben bei Kreditinstituten sowie Wertpapiere des Umlaufvermögens, die keinen nennenswerten Risiken ausgesetzt sind.

---

[36] Unter langfristigem Fremdkapital versteht Fremdkapital, das eine Restlaufzeit von mindestens fünf 5 Jahren hat

Dieser Wert kann auch deutlich unter 1 (=100 %) liegen, ohne dass von einer Gefährdung ausgegangen werden muss. Bei kurzfristigen Zahlungsengpässen bei ansonsten gesunden finanziellen Verhältnissen kann man die Annahme treffen, dass Banken auch kurzfristig Liquidität zur Verfügung stellen. Unter Renditegesichtspunkten ist ein Unternehmen gehalten, den Bestand der kurzfristigen liquiden Mittel gering zu halten.

5.3.2.2 Liquidität 2. Grades

Dieser Wert ist für die Einschätzung der Liquidität entscheidender als der zuvor genannte, da er den Umfang des gebundenen Vermögens auf das monetäre Umlaufvermögen ausdehnt.

$$\text{Liquidität 2. Grades (Liquidität auf kurze Sicht)} = \frac{\text{monetäres Umlaufvermögen}}{\text{kurzfristiges Fremdkapital}}$$

Unabhängig von der betrachteten Branche sollten zur Sicherstellung der Liquidität die ermittelten Werte mindestens 1 betragen (dies entspricht dem 1:1 Ratio des im US-amerikanischen gebräuchlichen **Acid Tests**). Die Liquidität 2. Grades liefert eine gute Vorausschau auf die zukünftige Liquidität. Wird der genannte Mindestwert von 1 nicht erreicht, könnte das Unternehmen zumindest kurzfristig suboptimal finanziert sein, was zur Illiquidität führen kann. Aber auch hier sei auf den zuvor beschriebenen Zielkonflikt zwischen finanzieller Stabilität und Rentabilität verwiesen.

5.3.2.3 Liquidität 3. Grades

Die Liquidität des 3. Grades (Liquidität auf mittlere Sicht) zeigt die weiteste Abgrenzung des kurzfristigen Vermögens.

$$\text{Liquidität des 3. Grades (HGB)} = \frac{\text{monetäres Umlaufvermögen} + \text{Vorräte}}{\text{kurzfristiges Fremdkapital}}$$

Bei einem HGB-Abschluss wird das **gesamte Umlaufvermögen** herangezogen (monetäres Umlaufvermögen zuzüglich Vorräte). Es wird davon ausgegangen, dass neben dem monetären Umlaufvermögen auch die Vorräte innerhalb von kurzer Zeit durch Veräußerung in flüssige Mittel umgewandelt werden können. Dabei ist zu beachten, dass nicht alle Vorräte betriebswirtschaftlich beliebig veräußert werden können. Denn u.a. zählen zu Vorräten die Roh-, Hilfs- und Betriebsstoffe, die zur Aufrechterhaltung der Produktion (eiserne Reserve) vorhanden sein müssen, sowie die unfertigen Erzeugnisse, die nur mit erheblichen Preisabschlägen veräußerbar sind. Des Weiteren existiert häufig ein Bodensatz an Forderungen aus Lieferungen und Leistungen. Praktikerregeln für Liquiditätsgrade geben einen ungefähren Wert von 2 für die Liquidität 3. Grades an.

5.4 Kennzahlen zur Untersuchung der Vermögensstruktur

Die Untersuchung der Vermögensstruktur gibt Auskunft über die Art, die Zusammensetzung, den Aufbau und die Bindung des Vermögens (vertikale Bilanzanalyse).

5.4.1 Das Verhältnis von Anlage- zu Umlaufvermögen

Für einen Überblick der Vermögensstruktur teilt man das Vermögen mithilfe der Kennzahlen Umlaufintensität und Sachanlagenintensität in ihre Hauptbestandteile auf.

5.4.1.1 Umlaufintensität

Die Umlaufintensität zeigt den Anteil des im Unternehmen kurzfristig gebundenen Kapitals.

$$\text{Umlaufintensität} = \frac{\text{Umlaufvermögen}}{\text{Gesamtvermögen}}$$

Eine hohe Umlaufintensität ist positiv zu beurteilen, da das Umlaufvermögen/kurzfristige Vermögen innerhalb kurzer Zeit in Liquidität umgewandelt werden kann. Ein im Branchenvergleich hoher Wert deutet jedoch auf überhöhte Lagerbestände hin.

5.4.1.2 Sachanlagenintensität

Die Sachanlagenintensität als Anteil des Sachanlagevermögens am Gesamtvermögen (Bilanzsumme) zeigt die Relation des im Unternehmen langfristig gebundenen Kapitals.

$$\text{Sachanlagenintensität} = \frac{\text{Sachanlagenvermögen}}{\text{Gesamtvermögen}}$$

Die Sachanlagenintensität gibt eine erste Indikation über die Kapazitätsauslastung, Investitionspolitik, das Alter und den Rationalisierungsstand der Produktionsanlagen.

5.4.1.3 Vermögenskonstitution

Neben der Umlauf- und Sachanlagenintensität existiert mit der Vermögenskonstitution eine weitere Kennzahl zur Beschreibung der Vermögensstruktur. Sie gibt an, wie hoch das Anlagevermögen im Verhältnis zum Umlaufvermögen ist. Sie ist ein Indikator für die betriebliche Flexibilität des gebundenen Vermögens eines Unternehmens: Unterstellt man, dass das Anlagevermögen als langfristig gebundenes Vermögen langsamer umschlägt als das Umlaufvermögen, dann bedeutet ein niedriger Wert eine geringe Fixkostenbelastung und eine hohe Anpassungsfähigkeit an Veränderungen der betrieblichen Umwelt.

$$\text{Vermögenskonstitution} = \frac{\text{Anlagevermögen}}{\text{Umlaufvermögen} + \text{aktive RAP}}$$

Zur Ermittlung der Vermögenskonstitution ist das gesamte Vermögen in Anlage- und Umlaufvermögen zu untergliedern. Die Rechnungsabgrenzungsposten – hierunter fallen auch die aktiven latenten Steuern – werden dem Umlaufvermögen zugerechnet.

5.4.2 Kennzahlen zur Untersuchung der Investitions- und Abschreibungspolitik

Die Analyse der Investitions- und Abschreibungspolitik gibt ergänzende Informationen über die Vermögenssituation, indem sie Voraussetzungen im Bereich des Sachanlagevermögens für eine langfristige positive Unternehmensentwicklung beleuchtet.

5.4.2.1 Anlageabnutzungsgrad

Hierzu beurteilt man die Qualität des vorhandenen Anlagevermögens mit Hilfe einer Analyse der Altersstruktur und gewinnt so Erkenntnisse über eventuelle (Ersatz-)Investitionen und den damit verbundenen Kapitalbedarf.

$$\text{Anlageabnutzungsgrad} = \frac{\text{kumulierte Abschreibungen auf das Sachanlagevermögen}}{\text{Brutto-Sachanlagevermögen zu historischen AHK}}$$

Der Anlageabnutzungsgrad wird als Grad der Abschreibung aller Sachanlagen ausgedrückt. Der Wert liegt stets zwischen null und eins. Eine hohe (niedrige) Kennzahl sagt, dass das durchschnittliche Alter der Sachanlagen tendenziell hoch (niedrig) ist und so hohe (niedrige) Investitionen für Modernisierungsmaßnahmen zu erwarten sind. Ein Wert in der Nähe von eins kann einen Hinweis auf eine veraltete Produktionstechnologie und somit auf eine im Branchenvergleich unterdurchschnittliche Produktivität sein.

5.4.2.2 Investitionsquote

Die Investitionsquote gibt an, welcher Anteil der Gesamtleistung in einer Periode investiert wurde.

$$\text{Investitionsquote} = \frac{\text{Netto-Investitionen}}{\text{Gesamtleistung}}$$

Steht ein Abschreibungsspiegel zur Verfügung, dann kann man die Kennzahl variieren, indem man sie auf Grundlage der Nettoinvestitionen berechnet. Sind die Nettoinvestitionen größer Null, kann man ableiten, dass ein Unternehmen über die reine Substanzerhaltung hinaus investiert und eine Kapazitätserweiterung vornimmt. Ein negativer Wert hingegen deutet auf eine Schrumpfung hin. Durch Branchen- und

Zeitvergleiche lassen sich spezifische Investitionsmuster erkennen. Es fällt häufig auf, dass Investitionen schubweise vorgenommen werden. Einer Phase umfangreicher Investitionen folgt typischerweise eine Phase, in der die Investitionen zurückgehen. Daher ist unbedingt ein Vergleich über mehrere Perioden vorzunehmen, um nicht zu falschen Schlussfolgerungen zu gelangen.

5.4.2.3 Abschreibungsquote

In diesem Zusammenhang kann man die Investitionsquote um die Abschreibungsquote für die Analyse ergänzen.

$$\text{Abschreibungsquote} = \frac{\text{Abschreibungen}}{\text{Gesamtleistung}}$$

Die Abschreibungsquote errechnet sich aus den Abschreibungen und der Gesamtleistung. Eine im Zeitverlauf sinkende Abschreibungsquote und gleichzeitig abnehmende Investitionsquote ist ein starker Indikator für eine nachlassende Zukunftsfähigkeit eines Unternehmens, da es nur von seiner Substanz lebt.

5.4.2.4 Wachstumsquote

Ein echtes Wachstum entsteht erst dann, wenn über die Abschreibungen hinaus investiert wird. Dies ist ab einer Wachstumsquote größer 100 % erreicht:

$$\text{Wachstumsquote} = \frac{\text{Netto-Investitionen}}{\text{Abschreibungen auf Sachanlagen}}$$

5.4.3 Analyse des Working Capital

Das **Working Capital** – auch als **Netto-Umlaufvermögen** bezeichnet – entspricht dem Überschuss des operativen Umlaufvermögens über die unverzinslichen kurzfristigen Verbindlichkeiten. Zentrale Zuordnungskriterien für das Working Capital sind die kurzfristige Bindung im Unternehmen und die fehlende Verzinsung.

Die Veränderung des Working Capital in einer Periode zeigt an, welchen Kapitalbetrag ein Unternehmen in dieser Periode in die Vermögensgegenstände des Netto-Umlaufvermögens investiert (Erhöhung) oder desinvestiert (Verringerung) hat.

Man kann mithilfe des Working Capital ablesen, ob das kurzfristige Umlaufvermögen ausreicht, um die Verpflichtungen aus den kurzfristig zu tilgenden Verbindlichkeiten zu erfüllen. Ein negativer Wert des Working Capitals bedeutet, dass zur Tilgung des kurzfristigen Fremdkapitals neben dem Umlaufvermögen auch auf Teile des betrieblich notwendigen langfristig gebundenen Anlagevermögens zurückgegriffen werden muss.

Ein positiver Wert des Working Capital entspricht der Forderung der Goldenen Finanzierungsregel, kurzfristiges Vermögen durch kurzfristiges Kapital zu finanzieren. Ein optimaler Bestand des Netto-Umlaufvermögens erhöht die Innenfinanzierungskraft des Unternehmens und eröffnet Räume für Investitionen ins

Sachanlagevermögen. Daher lautet eine Praktikerregel: Je geringer die Eigenkapitalquote ist, desto besser sollte das Working Capital organisiert werden.

5.4.3.1 Working-Capital-Intensität

Mithilfe der Kennzahl Working-Capital-Intensität kann man die Kapitalbindung und die Effizienz des Produktionsablaufs im Wettbewerbsvergleich untersuchen. Darüber hinaus eignet sie sich dazu, die zusätzlichen Investitionserfordernisse, die eine Umsatzsteigerung auf das Working Capital nach sich ziehen, zu ermitteln. Die Working-Capital-Intensität setzt das Working Capital ins Verhältnis zum Nettoumsatz und zeigt den Umschlaggrad des Working Capital zur Generierung von Umsätzen.

$$\text{Working-Capital-Intensität} = \frac{\text{Working Capital}}{\text{Nettoumsatz}}$$

Die Kennzahl ist nur innerhalb einer geeigneten Peergroup aussagefähig (z.B. Handelsunternehmen mit sehr kurzer Umschlagdauer benötigen ein geringeres Working Capital als kapitalintensive Unternehmen).

5.4.3.2 Debitorenlaufzeit

Die Analyse der durchschnittlichen Laufzeit der Forderungen aus Lieferungen und Leistungen (Debitorenlaufzeit) gibt Aufschluss über die Forderungsstruktur eines Unternehmens.

$$\text{Forderungen L. u. L. (in Tagen)} = \frac{\text{Forderungen L. u. L}}{\text{Nettoumsatz}} \cdot 360$$

Die Debitorenlaufzeit hat direkte Implikationen auf die Liquiditätssituation, da der Zeitraum zwischen Leistungserstellung und Zahlung durch den Abnehmer (Gewährung von Zahlungszielen) zwischenfinanziert werden muss. Verkürzt sich der Zeitraum, so führt dies zu einer Entlastung der Mittelbindung. Freigesetzte Liquidität kann z.B. für zusätzliche Investitionen verwendet werden. Eine hohe Kennzahl im Branchenvergleich deutet auf ein schwaches Forderungsmanagement hin. Ein einfaches Instrument zur Untersuchung der Qualität des Forderungsmanagements ist der Vergleich der ermittelten durchschnittlichen Kreditorenlaufzeit mit den tatsächlich eingeräumten Zahlungskonditionen des Unternehmens.

5.4.3.3 Kreditorenlaufzeit

Die Kreditorenlaufzeit zeigt, wie ein Unternehmen seinen Materialeinsatz finanziert. Die Kennzahl gibt an, in welchem Umfang das Unternehmen Zahlungsziele bei seinen Lieferanten (Lieferantenkredite) in Anspruch nimmt. Bei Verzicht einer Skontonutzung (z.B. zahlbar innerhalb von 10 Tagen unter Abzug von 2 % Skonto) ist der Lieferantenkredit ein teures Finanzierungsmittel und sollte durch Alternativen ersetzt werden.

$$\text{Verbindlichkeiten aus L. u. L. (in Tagen)} = \frac{\text{Verbindlichkeiten aus L. u. L.}}{\text{Materialaufwand}} \cdot 360$$

Die Kennzahl ist ein geeigneter Indikator für das Zahlungsverhalten des Unternehmens: Über dem Branchendurchschnitt liegende Werte, beziehungsweise im Zeitablauf zunehmende Werte, können auf eine angespannte Liquiditätssituation hindeuten. Die Zahlungsziele sind jedoch in den einzelnen Branchen unterschiedlich. Sie sind stets ein Ausdruck der Machtverhältnisse in einem Markt.

5.4.3.4 Umschlagdauer der Vorräte

Die Umschlagdauer der Vorräte (auch Lagerbindung) zeigt an, wie viele Tage die Vorräte durchschnittlich im Unternehmen verbleiben, bis sie verbraucht werden. Sie ist eine bedeutende Messzahl, weil durch eine optimierte Vorratshöhe die Kapitalbindung gesenkt werden kann.

$$\text{Vorräte (in Tage)} = \frac{\text{durchschnittlicher Bestand an Vorräten}}{\text{Materialaufwand}} \cdot 360$$

Eine Abweichung bzw. Veränderung der Kennzahl im Vergleich zum Branchendurchschnitt oder im Beobachtungszeitraum kann diverse Gründe haben. Die Ergebnisse der Analyse der Materialwirtschaft sowie der Rahmenbedingungen des wirtschaftlichen Umfeldes sind für die Beurteilung der Umschlagdauer der Vorräte hilfreich. Exemplarisch seien genannt: erwartete Preissteigerungen aufgrund von Angebotsverknappung der Rohstoffe, Änderung der Einkaufskonditionen mit Anpassung der optimalen Bestellmenge oder Umstellung auf eine andere Bevorratungsmethodik (Just-in-Time). Ziel eines Unternehmens ist es, die Vorratshaltung möglichst niedrig zu halten, ohne dass es zu Lieferverzögerungen kommt.

5.5 Kennzahlen zur Untersuchung der Kapitalstruktur

Die Untersuchung der Kapitalstruktur (**vertikale** Bilanz- oder **Finanzierungsanalyse**) betrachtet die Art, Zusammensetzung und Überlassungsdauer (= Fristigkeit) der in Anspruch genommenen Kapitalquellen (= Passivseite der Bilanz).

Mit den gewonnenen Ergebnissen kann man Aussagen treffen über die Stabilität der Finanzierungsstruktur sowie über die Fähigkeit, neues Kapital von außen (Eigen- oder Fremdmittel) zu beschaffen. Dies gewinnt besonders dann an Gewicht, wenn im Rahmen einer Unternehmensplanung ein erhöhter Kapitalbedarf zugrunde gelegt wird.

5.5.1 Eigenkapitalquote

Die Eigenkapitalquote gibt an, wie hoch der Anteil des Eigenkapitals an der Bilanzsumme bzw. des Gesamtkapitals ist.

$$\text{Eigenkapitalquote} = \frac{\text{Eigenkapital} + (0{,}5 \cdot \text{Sonderposten mit Rücklagenanteil})}{\text{Bilanzsumme}}$$

Das Eigenkapital ist das Fundament der betrieblichen Finanzierung. Es steht dem Unternehmen in der Regel im Gegensatz zu Fremdmitteln dauerhaft zur Verfügung und sichert auf lange Sicht seine Investitionen ab. Die Eigenkapitalquote ist die zentrale Kennzahl für eine erste Aussage zum Verschuldungsstatus. Ein hoher Wert ist ein Indikator für ein hohes Maß an finanzieller Stabilität und für eine hohe Kreditwürdigkeit. Der Sonderposten mit Rücklagenanteil wird üblicherweise bei der Ermittlung der Eigenkapitalquote eines HGB-Abschlusses berücksichtigt.

5.5.2 Fremdkapitalquote

Das Verhältnis zwischen zinstragendem Fremdkapital und Gesamtkapital zeigt an, in welchem Maß ein Unternehmen Fremdkapital einsetzt. Es ist die komplementäre Größe zur Eigenkapitalquote.

$$\text{Fremdkapitalquote} = \frac{\text{zinstragendes Fremdkapital}}{\text{Gesamtkapital}}$$

Die Höhe der Fremdkapitalquote wird, wie ihr Pendant auf der Eigenkapitalseite, von diversen Einflussfaktoren determiniert. Je nach Größe und Branche des Unternehmens lassen sich Tendenzaussagen treffen. Der Einsatz von Fremdkapital ist bis zu einer bestimmten Höhe betriebswirtschaftlich vorteilhaft (Leverage-Effekt). Auf der anderen Seite schränkt eine hohe Fremdkapitalquote die Flexibilität des Unternehmens ein, da Fremdkapitalgeber regelmäßige Zins- und Tilgungszahlungen fordern, während bei der Ausschüttung an die Eigenkapitalgeber ein größerer Handlungsraum besteht.

5.5.3 Verschuldungskoeffizient

Der Verschuldungskoeffizient (auch Verschuldungsgrad oder Gearing genannt) gibt das Verhältnis zwischen Fremdkapital und Eigenkapital wieder.

$$\text{Verschuldungskoeffizient} = \frac{\text{Fremdkapital}}{\text{Eigenkapital}}$$

Allgemein gilt: Je höher der Verschuldungsgrad ist, desto größer ist die Abhängigkeit von Fremdkapitalgebern. Der Verschuldungskoeffizient sollte jedoch nicht isoliert betrachtet werden, da bei positiver Nutzung des Leverage-Effektes die Rentabilität des Unternehmens gesteigert werden kann, was einen höheren Wert des Verschuldungskoeffizienten nach sich zieht. Weist ein Unternehmen einen niedrigen Wert der Kennziffer auf, so kann zusätzliches Fremdkapital zur Verbesserung der Ertragslage genutzt werden. Es ist jedoch zu berücksichtigen, dass bilanzpolitische Anpassungen des Eigenkapitals sowie Out-of-Balance-Finanzierungsformen (z.B. Leasing) zu Verzerrungen der Kennzahl führen können.

5.6 Kennzahlen zur Erfolgsstruktur

Mithilfe der Analyse der Erfolgsstruktur spaltet man das Gesamtergebnis in die einzelnen **Erfolgskomponenten** auf. Dazu werden Aufwands- und Ertragsstruktur-Kennzahlen gebildet, die die Quellen der Wertschöpfung auf einer hohen Aggregationsstufe quantifizieren. Mithilfe dieser Vorgehensweise ist man in der Lage, wesentliche Erfolgs- und Risikofaktoren der Ertragskraft eines Unternehmens zu prognostizieren. Diese Kennzahlen nehmen daher eine zentrale Rolle in dem Planungsmodell ein.

5.6.1 Materialaufwandsquote

Die Materialaufwandsquote (auch Materialintensität) kann im Rahmen der Unternehmensanalyse wertvolle Rückschlüsse auf fünf den Ertrag beeinflussende Faktoren geben:

- Vorleistungen der Zulieferer,
- Fertigungstiefe,
- Preisniveau der bezogenen Materialen,
- Effizienz der Betriebsabläufe,
- Personalaufwand.

Die Materialaufwandsquote berechnet sich wie folgt:

$$\text{Materialaufwandsquote} = \frac{\text{Materialaufwand}}{\text{Gesamtleistung}}$$

Die fünf Faktoren sind im Rahmen einer Unternehmensanalyse zu untersuchen. Fand keine Bildung (Auflösung) von stillen Reserven im Vorratsvermögen statt, und hat sich an der Effizienz der Wertschöpfung nichts wesentlich verändert, so lässt sich bei einer steigenden (sinkenden) Materialaufwandsquote schließen: Die Einkaufspreise sind stärker gestiegen (gesunken) als die Verkaufspreise. Konnten die gestiegenen Einkaufspreise an die Abnehmer weitergegeben werden, dann kann gefolgert werden, dass die Produktivität nachgelassen hat.

Eine im Zeitablauf steigende Materialintensität kann zu Abhängigkeiten führen (z.B. von Zulieferern oder von Wechselkursen bei einer Materialbeschaffung im Ausland). Darüber hinaus ist eine steigende oder sinkende Materialintensität auch auf Veränderungen in den Produktionsverhältnissen zurückzuführen, die sich auch in einer Veränderung des Anlagevermögens (siehe Anlageintensität) niederschlagen wird.

5.6.2 Rohertragsquote

Die Rohertragsquote sagt aus, wie viel Prozent der Umsatzerlöse dem Unternehmen als Rohertrag (Umsatz minus Materialaufwand) zur Verfügung stehen. Im Handel wird auch von der Handelsspanne gesprochen.

$$\text{Rohergebnisquote} = \frac{\text{Rohergebnis}}{\text{Umsatz}}$$

Das Rohergebnis dient der Deckung der Personalaufwendungen, Abschreibungen, Zinsen, sonstigen betrieblichen Aufwendungen und Steuern. Insbesondere bei Handelsunternehmen ist diese Kennzahl von Bedeutung (man spricht hier auch von der Handelsspanne), da bei ihnen der Materialaufwand (Wareneinsatz) ein hohes Gewicht an den Umsatzerlösen ausmacht.

5.6.3 Sonstige betriebliche Ergebnisquote

Das sonstige betriebliche Ergebnis ist eine Sammelposition für alle Ergebnisbestandteile, die keiner eigenen Position zugeordnet werden. Die strenge Auffassung des HGB hinsichtlich der außerordentlichen Effekte und das weitgehende Verbot des Ausweises von außerordentlichen Vorgängen in den IFRS führen dazu, dass das sonstige betriebliche Ergebnis auch außerordentliche Bestandteile enthält. Vergleicht man die Kennzahl mit anderen Unternehmen, so ist dieses Faktum genau zu betrachten.

Die sonstige betriebliche Ergebnisquote errechnet sich wie folgt:

$$\text{Sonstige betriebliche Ergebnisquote} = \frac{\text{sonstiges betriebliches Ergbnis}}{\text{Gesamtleistung}}$$

5.6.4 Forschungs- und Entwicklungsquote

Für einen Unternehmensvergleich nutzt man die Kennzahl Forschungs- und Entwicklungsquote (in Prozent zum Umsatz oder Gesamtleistung). Diese wird auch als Forschungsintensität bezeichnet.

Die Forschungs- und Entwicklungsquote errechnet sich wie folgt:

$$\text{F\&E-Quote} = \frac{\text{F\&E-Aufwendungen}}{\text{Gesamtleistung}}$$

Sie ist ein geeigneter Indikator für die F&E-Effizienz und Wettbewerbsfähigkeit eines Unternehmens. Ihre Aussagekraft wird in der Analysepraxis eingeschränkt, da F&E-Aufwendungen insbesondere im HGB-Abschluss nicht eindeutig abzulesen und zuzuordnen sind und der F&E-Aufwandsblock regelmäßig zur Ergebnisgestaltung im Rahmen der Jahresabschlusspolitik dient.

5.6.5 Finanzergebnisquote

Das Finanzergebnis wird im Rahmen der unternehmerischen Tätigkeit erwirtschaftet, steht aber nur im indirekten Zusammenhang mit dem originären Unternehmenszweck. Es sei denn, es handelt sich z.B. um einen Finanzdienstleister. Für die

Analyse ist es daher von Bedeutung, zu erkennen, welcher Anteil des Erfolges aus dem Finanzierungs- bzw. Leistungsbereich resultiert. Dem Finanzergebnis zuzuordnende Positionen sind u.a. Aufwendungen und Erträge aus Zinsen, Beteiligungen oder Gewinnabführungsverträgen.

$$\text{Finanzergebnisquote} = \frac{\text{Finanzergebnis}}{\text{EBIT}}$$

- Ein über einen längeren Zeitraum ansteigendes positives Finanzergebnis kann auf eine zurückgehende Investitionstätigkeit ins Sachanlagenvermögen zugunsten des Aufbaus von Finanzanlagen hindeuten. Zur Erhärtung dieser These sollte man den Anteil des Finanzanlagevermögens am gesamten Anlagevermögen untersuchen.
- Eine sinkende Finanzergebnisquote kann ein Signal für eine steigende Verschuldung des Unternehmens sein. Alleine anhand der Höhe der zinstragenden Verbindlichkeiten in der Bilanz lässt sich die Verschuldungssituation noch nicht eindeutig ablesen, da die Bilanz eine stichtagsbezogene Betrachtung ist. Es ist möglich, dass kurz vor dem Bilanzstichtag kurzfristige Tilgungen getätigt werden. Dies kann zur Folge haben, dass das Fremdkapital in der Bilanz sinkt und gleichzeitig die Zinsaufwendungen steigen. Es ist daher notwendig, die Veränderungen über einen längeren Zeitraum zu beobachten und zusätzliche Informationen bei dem Unternehmen einzuholen. Des Weiteren können bilanzverändernde Maßnahmen, sogenannte Out-of-Balance-Transaktionen wie Leasing oder Asset-Backed-Securities, das Finanzergebnis und die Bilanzstruktur entscheidend verändern.

5.6.6 Zinsaufwandsquote

Die Zinsaufwandsquote gibt das Verhältnis zwischen Zinsaufwand und Gesamtleistung wieder.

$$\text{Zinsaufwandsquote} = \frac{\text{Zinsaufwand}}{\text{Gesamtleistung}}$$

5.7 Kapitalflussrechnung als Instrument der Jahresabschlussanalyse

Der Jahresabschluss gibt keine direkten Aussagen über die **Finanzierungskraft** sowie das **Liquiditätspotenzial** im Unternehmen. Die Analyse der Aktiv- und Passivseite mithilfe von statischen Vermögens- und Kapitalstrukturkennzahlen liefern nur erste Hinweise darauf, da sie lediglich Bestandsgrößen gegenüberstellen. Die Cashflow-Rechnung nimmt eine dynamische, stromgrößenorientierte Betrachtung der tatsächlichen Zahlungsflüsse vor und ergänzt somit als »drittes Standbein« die Lücke bei der Analyse des Jahresabschlusses.

5.7.1 Cashflow-Marge

Die Cashflow-Marge (auch **Cashflow-Profitabilität**) zeigt an, wie viel Prozent der Gesamtleistung dem Unternehmen für Investitionen, Kapitaldienst und Ausschüttungen zur Verfügung stehen. Sie ist zudem ein geeigneter Indikator für die operative Ertragskraft und dient zur Objektivierung der statischen Rentabilitätskennzahlen (z.B. Umsatzrentabilität), da der Cashflow weniger durch bilanzpolitische Maßnahmen beeinflusst werden kann. Beispielsweise können mithilfe der Cashflow-Marge die Gründe für eine im Zeitablauf sinkende Umsatzrentabilität aufgrund gestiegener Abschreibungen eruiert werden.

$$\text{Cashflow-Marge} = \frac{\text{Cashflow aus operativer Tätigkeit}}{\text{Gesamtleistung}}$$

5.7.2 Entschuldungsfähigkeit

Mit der Kennzahl Entschuldungsfähigkeit lässt sich messen, wie viel Prozent der Unternehmensverschuldung in der betrachteten Periode durch die Verwendung der operativen Free-Cashflows abgebaut werden könnte. Für die Unternehmensverschuldung setzt man die Netto-Finanz-verbindlichkeiten an. In der Insolvenzprognose hat sich diese Kennziffer bewährt.

$$\text{Entschuldungsfähigkeit} = \frac{\text{operative Free-Cashflows}}{\text{Netto-Finanzverbindlichkeiten}} \cdot 100$$

Netto-Finanzverbindlichkeiten: Die Netto-Finanzverbindlichkeiten berechnen sich aus dem zinstragenden Fremdkapital abzüglich der liquiden Mittel (inklusive eventueller Wertpapiere des Umlaufvermögens). Sie zeigen an, wie hoch die Verschuldung eines Unternehmens ist, sofern alle Verbindlichkeiten durch kurzfristige Vermögensgegenstände getilgt würden.

5.7.3 Dynamischer Verschuldungsgrad

Der Kehrwert der Entschuldungsfähigkeit ist der dynamische Verschuldungsgrad. Er misst, wie viele Jahre ein Unternehmen benötigt, um seine gesamten Netto-Verbindlichkeiten mit dem operativen Free Cashflow abzubauen. Diese Kennziffer liefert einen Anhaltspunkt dafür, ob ein Unternehmen in der Lage ist, aufgenommene Verbindlichkeiten planmäßig zu tilgen. Die Kennzahl wird daher auch als Schuldentilgungsdauer oder Kapitaldienstfähigkeit bezeichnet.

$$\text{Dynamischer Verschuldungsgrad} = \frac{\text{Netto-Finanzverbindlichkeiten}}{\text{operativer Free-Cashflow}}$$

Der dynamische Verschuldungsgrad ist ein geeigneter Frühindikator:

- Je niedriger der Wert, umso geringer ist das finanzwirtschaftliche Risiko.

- Ein stetig steigender oder ein deutlich über dem Branchendurchschnitt liegender Wert kann auf eine Gefährdung des Unternehmens hindeuten. Für eine vertiefende Analyse dieser Kennziffer sollte man die Entwicklung des Verschuldungsgrades mit den Veränderungen des Finanzmittelfonds der Cashflow-Rechnung vergleichen.

Kritisch bei der Beurteilung des dynamischen Verschuldungsgrades ist die Unterstellung eines konstant bleibenden operativen Free-Cashflow auf gegenwärtiger Basis, der in jeder zukünftigen Periode vollständig zur Schuldentilgung verwendet wird. Alternativ kann man einen für die Zukunft geplanten durchschnittlichen Cashflow heranziehen. Die Annahme, dass das Unternehmen seinen kompletten operativen Free-Cashflow zur Schuldentilgung verwendet, ist ebenfalls kritisch anzusehen, da auch Mittel für Dividendenzahlungen bereitgestellt werden müssen. Würde der operative Free-Cashflow gänzlich zum Kapitaldienst eingesetzt werden, müssten Dividenden ausschließlich durch Aufnahme von Fremdkapital finanziert werden, was zu einer zusätzlichen Verschuldung führte.

5.7.4 Innenfinanzierungsfähigkeit

Die Innenfinanzierungsfähigkeit gibt an, inwiefern Netto-Investitionen durch den operativen Cashflow erwirtschaftet werden.

$$\text{Innenfinanzierungsfähigkeit} = \frac{\text{Cashflow aus operativer Geschäftstätigkeit}}{\text{Netto-Investitionen}}$$

Die Kennzahl kann folgendermaßen interpretiert werden:

- Innenfinanzierungsfähigkeit <1: Das Unternehmen kann seine Netto-Investitionen nicht aus eigener Kraft (Innenfinanzierung) bestreiten. Es besteht ein Außenfinanzierungsbedarf (Eigenkapital oder Fremdkapital). Dies tritt insbesondere in Phasen von Aufbau oder Wachstum sowie bei Umstrukturierungen auf. Für eine Gesamteinschätzung ist es notwendig, zu ermitteln, ob das Unternehmen eine ausreichende Bonität und/oder Equity-Story besitzt, um externe Kapitalquellen zu erschließen.
- Innenfinanzierungsfähigkeit >1: Das Unternehmen kann seine Investitionen aus eigener Kraft bestreiten. Darüber hinaus erwirtschaftet es Cashflows, mit denen es Ausschüttungen oder Kapitaldienst leisten kann.

Eine isolierte Betrachtung der Innenfinanzierungsfähigkeit kann zu Missdeutungen führen: So können zwar niedrige Netto-Investitionen bzw. ein hoher Cashflow eine gute Kennzahl ergeben. Diese wiederum kann aber im Kontrast zu hohen unmittelbar notwendigen Ersatzinvestitionen stehen, die eine Außenfinanzierung dann unabdingbar macht.

5.7.5 Investitionsgrad

Setzt man den Cashflow aus Investitionstätigkeit mit dem Cashflow aus operativer Tätigkeit ins Verhältnis, so erhält man den Investitionsgrad. Er zeigt an, inwieweit das Unternehmen seine Investitionen mit eigenen Mitteln durchführen kann. Hohe Werte deuten auf eine starke Innenfinanzierungskraft hin.

Der Investitionsgrad errechnet sich wie folgt:

$$\text{Investitionsgrad} = \frac{\text{Cashflow aus Investitionstätigkeit}}{\text{Cashflow aus operativer Tätigkeit}}$$

TEIL B: DIE AUSSENFINANZIERUNG

6. Kapitel
Die Eigenfinanzierung

Wird einem Betrieb durch den Eigentümer (Einzelunternehmer), durch die Miteigentümer (Gesellschafter von Personengesellschaften) oder durch die Anteilseigner (z.B. Aktionäre, GmbH-Gesellschafter) **Eigenkapital von außen** zugeführt, so handelt es sich um eine Eigenfinanzierung in Form der **Einlagen-** bzw. **Beteiligungsfinanzierung.** Die Zuführung kann entweder aus dem privaten Bereich (Haushalt) oder aus einem Betriebsvermögen (z.B. Beteiligung einer Kapitalgesellschaft an einem anderen Betrieb) erfolgen. Die Anteilseigner der Kapitalgesellschaft werden im Gegensatz zu den Gesellschaftern der Personengesellschaft nicht Miteigentümer des Betriebs. Eigentümer ist allein die juristische Person. Sie allein haftet mit ihrem Betriebsvermögen für die Verbindlichkeiten der Gesellschaft. Die Anteilseigner werden aufgrund des von ihnen übernommenen Risikos des Verlusts oder der Ertragslosigkeit ihrer Anteile als „wirtschaftliche Eigentümer der Gesellschaft“ bezeichnet.

Eine Eigenfinanzierung liegt auch dann vor, wenn das Eigenkapital „von innen“, d.h. aus dem **betrieblichen Umsatzprozess** (z.B. durch Gewinnthesaurierung) gebildet wird. Die Probleme der Innenfinanzierung werden im Dritten Abschnitt behandelt.

6.1 Der Einfluss der Rechtsform auf die Möglichkeiten der Eigenkapitalbeschaffung

Lernziele

- Sie kennen die Haftung und das Risiko der Gesellschafter bei Einzelunternehmen.
- Sie können die typisch stille Gesellschaft von der atypisch stillen Gesellschaft abgrenzen.
- Sie kennen die Haftung und das Risiko bei Personengesellschaften und der GmbH.
- Sie wissen, wie das Eigenkapital einer Aktiengesellschaft zu erhöhen ist und können Aktien nach der Zerlegung des Grundkapitals, Übertragungsbestimmungen, Umfang der Rechte und Verfügungsmöglichkeiten der Gesellschaft über eigene Aktien kategorisieren.
- Sie können bei gegebenen Informationen einen Aktienwert errechnen.
- Sie verstehen den Begriff der Genossenschaft und kennen ihre rechtliche Beschaffenheit.

Zwischen den Möglichkeiten der Eigenkapitalbeschaffung und den übrigen Bestimmungsgründen für die Wahl der Rechtsform bestehen Interdependenzen. So wird die Eigenkapitalbeschaffung entscheidend von der **Haftung der Eigenkapitalgeber** für die Verbindlichkeiten des Betriebs beeinflusst. Ist sie auf die Kapitaleinlage beschränkt, so ist das Risiko für den Kapitalgeber geringer als im Fall unbeschränkter Haftung, bei der das gesamte übrige Privatvermögen in die Haftung für die Gesellschaftsschulden einbezogen wird. Höheres Risiko bedingt höhere Gewinnansprüche und begründet ggf. den Anspruch auf Leitungsbefugnisse und somit auf Mitentscheidungsrechte über den Einsatz des zur Verfügung gestellten Kapitals.

Im Folgenden werden die wichtigsten Unterschiede in der Eigenkapitalbeschaffung der einzelnen Rechtsformen erörtert.

6.1.1 Die Eigenkapitalbeschaffung der Einzelunternehmung

Eine Einzelunternehmung ist dadurch charakterisiert, dass ein Kaufmann seinen Betrieb ohne Gesellschafter oder nur mit einem stillen Gesellschafter betreibt. Der **Einzelunternehmer haftet** für die Verbindlichkeiten seines Unternehmens grundsätzlich allein und **unbeschränkt,** d.h. nicht nur mit dem in seinen Betrieb eingelegten Teil seines Vermögens, sondern auch mit seinem sonstigen „Privatvermögen". Die Gründung einer Einzelunternehmung erfolgt formlos. Der Einzelunternehmer ist Kaufmann im Sinne des HGB, wenn er ein Handelsgewerbe betreibt. Hierunter wird nach § 1 HGB jeder Gewerbebetrieb verstanden, wenn das Unternehmen nach Art und Umfang einen in kaufmännischer Weise eingerichteten Geschäftsbetrieb erfordert. Ein gewerbliches Unternehmen, das nicht schon aufgrund dieser Vorschrift ein Handelsgewerbe betreibt, gilt als solches, wenn seine Firma im Handelsregister eingetragen ist.[36] Die Firma der Einzelunternehmung ist der Name, unter dem der Einzelunternehmer seine Geschäfte betreibt.[37] Sie muss zur Kennzeichnung des Kaufmanns geeignet sein und Unterscheidungskraft von anderen Firmen besitzen.[38] Der Umstand, dass es sich um ein Einzelunternehmen handelt, wird durch einen geeigneten Zusatz („eingetragener Kaufmann" oder z.B. „e. K.") zum Ausdruck gebracht.[39] Obwohl nur der Einzelunternehmer selbst und nicht die Firma Träger von Rechten und Pflichten ist, kann auch er unter seiner Firma klagen und verklagt werden.[40]

Da der Einzelunternehmer alleiniger Eigentümer seines Unternehmens ist, trägt er das gesamte **Risiko des Eigenkapitalverlusts.** Infolgedessen stehen ihm auch allein alle Entscheidungsbefugnisse zu, es sei denn, er ist bei wirtschaftlichen Schwierigkeiten in die Abhängigkeit eines Kreditgebers geraten, der seinen Kredit nur gegen zeitweilige Einräumung gewisser Mitsprache- oder Kontrollrechte gewährt hat. Der Gewinn steht dem Einzelunternehmer allein zu, entsprechend treffen ihn auch eingetretene Verluste allein.

Die **Eigenkapitalbasis** ist bei der Einzelunternehmung durch das Vermögen des Unternehmers begrenzt. Es gibt keine gesetzlichen Vorschriften über eine Mindesthöhe des Haftungskapitals. Das eingelegte Kapital kann jederzeit wieder entnommen, d.h. in den Haushalt überführt werden, da der Einzelunternehmer mit seinem gesamten Privatvermögen für die Verbindlichkeiten des Unternehmens haftet. Eine

[36] Vgl. § 2 S. 1 HGB.
[37] Vgl. § 17 Abs. 1 HGB.
[38] Vgl. § 18 Abs. 1 HGB.
[39] Vgl. § 19 Abs. 1 Ziff. 1 HGB.
[40] Vgl. § 17 Abs. 2 HGB.

Kapitalerweiterung kann – wenn man von außerordentlichen Zuflüssen (z.B. durch Erbschaft) absieht – entweder durch Zuführung weiterer Teile des Privatvermögens oder im Wege der Selbstfinanzierung, d.h. der Nichtentnahme erzielter Gewinne erfolgen. Zwar kann der Einzelunternehmer im Gegensatz zu Gesellschaften mit vielen Anteilseignern allein über Entnahme oder Thesaurierung von Gewinnen entscheiden, jedoch sind die **Möglichkeiten zur Selbstfinanzierung** bei der Masse der kleinen Einzelunternehmer **begrenzt,** da sie in der Regel aus dem Gewinn ihrer Unternehmen die Aufwendungen der persönlichen Lebensführung decken müssen.

Ob eine Kapitalerweiterung vorgenommen wird, hängt von der Zielsetzung des Einzelunternehmers ab. Ziel vieler Unternehmer ist wegen der engen Verbindung zwischen Haushalt und Unternehmen nicht die immer weitere Ausdehnung des Unternehmens, sondern die Maximierung des Gewinns aus einem begrenzten Eigenkapitaleinsatz. Weiteres zur Verfügung stehendes Privatvermögen wird häufig nicht im Unternehmen investiert, sondern aus Gründen der Risikostreuung zur Sicherung des Familienhaushalts anderweitig angelegt.

Der Einzelunternehmer kann seine Eigenkapitalbasis auch durch Aufnahme eines stillen Gesellschafters erweitern. Die **stille Gesellschaft** hat wirtschaftlich eine gewisse Ähnlichkeit mit der Kommanditgesellschaft, da auch bei dieser mindestens ein Gesellschafter seine Haftung auf die Höhe seiner Einlage beschränkt. Rechtlich besteht jedoch der fundamentale Unterschied, dass die stille Gesellschaft keine Gesamthandsgesellschaft, sondern eine **reine Innengesellschaft** ist, da die Einlage des stillen Gesellschafters „in das Vermögen des Inhabers des Handelsgeschäfts übergeht",[41] in der Bilanz also nicht in einer besonderen Position, sondern als Teil des Fremdkapitals des Inhabers ausgewiesen wird. Im Gegensatz zu anderen Gesellschaften wird also kein gemeinsames Gesellschaftsvermögen gebildet.

Die Kapitalerweiterung durch Aufnahme eines stillen Gesellschafters hat für den Einzelunternehmer den Vorteil, dass er „Herr im eigenen Hause" bleibt. Der stille Gesellschafter hat **keine Leitungsbefugnisse,** d.h., er ist von der Geschäftsführung und der Vertretung des Betriebs nach außen grundsätzlich ausgeschlossen.

Der stille Gesellschafter muss stets **am Gewinn beteiligt** werden. Eine Verlustbeteiligung kann vertraglich ausgeschlossen werden.[42] Das HGB enthält keine ausreichenden Bestimmungen über die Gewinnverteilung. § 231 Abs. 1 HGB spricht von einem „den Umständen nach angemessenen Anteil". Es sollte folglich zweckmäßigerweise im Gesellschaftsvertrag eine Regelung über die Gewinn- und Verlustbeteiligung getroffen werden. Ebenso wie der Kommanditist kann der stille Gesellschafter durch Verlustanteile nicht mehr als seine Einlage verlieren. Früher bezogene Gewinnanteile braucht er im Verlustfall nicht zurückzubezahlen. Zukünftige Gewinnanteile werden ihm jedoch solange nicht ausbezahlt, bis der durch Verluste aufgezehrte Teil seiner Einlage wieder aufgefüllt ist. Scheidet er vor Auffüllung der Einlage aus, so hat er nur einen Anspruch auf Rückzahlung des nicht durch Verluste aufgebrauchten Teils seiner Einlage. Wie beim Kommanditisten vermehren auch beim stillen Gesellschafter nicht entnommene Gewinne die vertraglich vereinbarte Einlage nicht.[43]

[41] § 230 Abs. 1 HGB.
[42] Vgl. § 231 Abs. 2 HGB.
[43] Vgl. § 232 Abs. 3 HGB.

Bei einer **typischen stillen Gesellschaft** wird der stille Gesellschafter nicht an den stillen Rücklagen beteiligt, die im Vermögen des tätigen Gesellschafters, in das seine Einlage eingegangen ist, entstehen. Der stille Gesellschafter hat also nur Anspruch auf Rückzahlung seiner nominellen Einlage. Damit er durch übermäßige Bildung stiller Rücklagen, z.B. durch zu hohe Anfangsabschreibungen langlebiger Anlagegüter oder durch steuerliche Sonderabschreibungen, die nicht die Aufgabe haben, eingetretene Vermögensminderungen zu erfassen, sondern lediglich einer wirtschaftspolitisch gewünschten Beeinflussung der Steuerbemessungsgrundlage dienen sollen, nicht benachteiligt wird, müssen im Gesellschaftsvertrag Vereinbarungen über den Modus der Gewinnermittlung getroffen werden.

Von der echten oder typischen stillen Gesellschaft unterscheidet sich die unechte oder **atypische stille Gesellschaft** in erster Linie dadurch, dass der atypische stille Gesellschafter nicht nur am Gewinn und Verlust, sondern durch Vertrag auch an den Vermögenswerten (stille Rücklagen, Firmenwert) beteiligt ist und ggf. auch bestimmte unternehmerische Funktionen ausübt. Entsprechende Vereinbarungen wirken aber nicht nach außen, sondern gelten nur im Innenverhältnis. Zwischen dem tätigen und dem stillen Gesellschafter kann durch Vertrag vereinbart werden, dass der stille Gesellschafter am Vermögen des tätigen Gesellschafters beteiligt wird, d.h. dass die Ansprüche des stillen Gesellschafters so ermittelt werden, als ob er an einem Gesamthandsvermögen beteiligt wäre. Scheidet er aus oder wird die Gesellschaft liquidiert, so hat er Anspruch auf seinen vertraglichen Anteil an den stillen Rücklagen und am Firmenwert.

Auch der atypische stille Gesellschafter hat kein Recht zur Geschäftsführung und Vertretung. Die Leitungsbefugnisse obliegen allein dem tätigen Gesellschafter und richten sich auch hier nach den für die Rechtsform des Betriebs geltenden Bestimmungen. Dem widerspricht nicht, dass der stille Gesellschafter als Angestellter eine führende Position im Unternehmen innehaben kann.

6.1.2 Die Eigenkapitalbeschaffung der Personengesellschaft

Bei der **Offenen Handelsgesellschaft (OHG)** und der **Kommanditgesellschaft (KG)** erfolgt die Beschaffung des Eigenkapitals in erster Linie durch Kapitaleinlagen der Gesellschafter. Die Eigenkapitalbasis wird grundsätzlich nicht durch das Privatvermögen der Gesellschafter einer Personengesellschaft begrenzt, weil weitere Gesellschafter aufgenommen werden können. Durch die engen persönlichen Beziehungen, die in der Regel zwischen den Gesellschaftern bestehen, sind dieser Form der Finanzierung insbesondere durch die damit verbundene Beschränkung der Geschäftsführungsbefugnisse der bisherigen Gesellschafter jedoch relativ enge Grenzen gesetzt.

Die Möglichkeiten der Eigenfinanzierung der KG sind in der Regel größer als die der OHG, weil durch die Beschränkung der Haftung der Kommanditisten auf ihre Kapitaleinlagen und den grundsätzlichen Ausschluss der Kommanditisten von der Geschäftsführung Kapitalgeber gefunden werden können, die zur Mitarbeit im Unternehmen und zur Risikoübernahme in einer OHG nicht bereit sind. Im Hinblick auf die Eigenfinanzierung ist bei der KG bereits ein **Übergang zur Kapitalgesellschaft** zu erkennen, bei der Gesellschafter nur ihr Kapital in einem Unternehmen arbeiten lassen, ohne sich sonst um dieses zu kümmern. Besonders deutlich wird dies, wenn bei einer KG eine **juristische Person** (z.B. GmbH) die Funktion der **Komplementärin**, d.h. des voll haftenden Gesellschafters, übernimmt **(GmbH & Co. KG)**. Das auch bei kleineren KG relativ enge persönliche Verhältnis zwischen den Gesellschaftern begrenzt allerdings die Kapitalbeschaffungsmöglichkeiten im Vergleich zur großen Kapitalgesellschaft mit anonymem Anteilsbesitz.

OHG und KG können ihre Eigenkapitalbasis auch durch die Aufnahme stiller Gesellschafter erweitern. Die dabei auftretenden Probleme entsprechen den bei der Einzelunternehmung angeschnittenen Fragen.

Die Finanzierung von Gesellschaftsanteilen an Personengesellschaften kann auch im Wege der **Unterbeteiligung** erfolgen. Eine Unterbeteiligung liegt vor, wenn sich eine Person nicht unmittelbar an einer Gesellschaft, sondern an einem Gesellschaftsanteil einer anderen Person beteiligt. Es handelt sich also um eine Beteiligung an einer Beteiligung. **Gründe** dafür können neben der Geheimhaltung der Beteiligung vor allem in der Finanzierung der Hauptbeteiligung zu sehen sein. Darf nach dem Gesellschaftsvertrag z.B. eine bestimmte Beteiligungsquote nicht unterschritten werden oder möchte ein Anteilseigner einen prozentualen Anteil an einer Gesellschaft erreichen, den er selbst nicht in vollem Umfange finanzieren kann, so bietet sich die Unterbeteiligung als Form der Finanzierung des Anteils an.

Unterbeteiligungen sind im Gegensatz zur stillen Gesellschaft nicht im HGB geregelt. Sie haben zivilrechtlich meistens die Rechtsform einer Gesellschaft des bürgerlichen Rechts, durch welche die Rechtsbeziehungen zwischen dem Hauptbeteiligten und dem Unterbeteiligten geregelt werden. Die vom Unterbeteiligten gezahlte Einlage geht in das Vermögen des Hauptbeteiligten ein. Der Hauptbeteiligte wickelt die Geschäfte dieser Innengesellschaft im eigenen Namen ab. Zwischen dem Unterbeteiligten und den anderen Gesellschaftern bestehen gewöhnlich keine Rechtsbeziehungen. Sie haben häufig überhaupt keine Kenntnis vom Bestehen der Unterbeteiligung.

Bei Personengesellschaften ist für jeden Gesellschafter ein eigenes **Kapitalkonto** zu führen. Die eingezahlten Beträge werden gemeinschaftliches Vermögen der Gesellschafter (Gesellschaftsvermögen), das den Gesellschaftern zur gesamten Hand zusteht, d.h., der einzelne Gesellschafter kann allein nicht mehr rechtswirksam über seinen Anteil verfügen.

Zahlt jemand beispielsweise 50.000 EUR auf sein privates Konto bei einem Kreditinstitut ein, so hat er eine Forderung an das Kreditinstitut. Die Gutschrift auf dem Kapitalkonto einer Personengesellschaft hat demgegenüber einen ganz anderen Charakter. Sie stellt keine Forderung an die Gesellschaft dar, sondern der Saldo der Eigenkapitalkonten ist zunächst nur ein buchhalterischer Posten, der zum Ausgleich der Aktiv- und Passivseite der Bilanz führt. Daneben kommt den Kapitalanteilen der Gesellschafter rechtliche Bedeutung zu, da sie als Maßstab bei der Verteilung des Gewinns,[44] für die Zulässigkeit von Entnahmen[45] und für die Berechnung des Liquidations-[46] oder Auseinandersetzungsguthabens dienen. Der Kapitalanteil eines Gesellschafters entspricht betragsmäßig dessen Anteil am Buchvermögen der Gesellschaft. Der tatsächliche Wert des Kapitalanteils ist abhängig von den im Betrieb gebildeten stillen Rücklagen sowie den Ertragsaussichten.

---

[44] Vgl. §§ 121, 168 HGB.
[45] Vgl. §§ 122, 169 HGB.
[46] Vgl. § 155 HGB.

Die Kapitalanteile an Personengesellschaften sind **keine festen Größen.** Durch Gewinnzuschreibungen, Verlustverrechnungen, weitere Einlagen und Entnahmen schwanken sie im Laufe der Jahre. Die Personengesellschafter sind gesetzlich nicht verpflichtet, ihren Betrieb mit einem bestimmten Mindesteigenkapital auszustatten.

Eine Besonderheit ist bei der Kommanditgesellschaft zu beachten. Da die Haftung der Kommanditisten auf ihre Einlagen beschränkt ist, müssen die Zahl der Kommanditisten und die Gesamthöhe der Einlagen ins Handelsregister eingetragen werden.[47] Zwischen den Kapitalkonten der **Komplementäre** von OHG und KG besteht kein Unterschied. Bei den **Kommanditisten** ist jedoch zu unterscheiden, ob diese ihre Einlagen voll geleistet haben oder nicht. Sind sie voll eingezahlt und nicht durch einen Verlust vermindert, so werden die auf die Kommanditisten entfallenden Gewinnanteile einem besonderen Konto gutgeschrieben, da die Kommanditisten in diesem Falle einen Auszahlungsanspruch haben.[48] Sind die Einlagen noch nicht voll geleistet, so wird die Einlage in voller Höhe passiviert und durch einen Gegenposten auf der Aktivseite der Bilanz[49] korrigiert.

Das gleiche gilt, wenn Verluste eintreten. Entstehende Gewinne werden den entsprechenden Korrekturkonten der Kommanditisten gutgeschrieben.

6.1.3 Die Eigenkapitalbeschaffung der GmbH

Die Gesellschaft mit beschränkter Haftung ist eine Rechtsform vorwiegend für kleinere und mittlere Betriebe, deren Gesellschafter ihr Kapitalrisiko auf die Kapitaleinlagen beschränken wollen. Da für die Verbindlichkeiten von Kapitalgesellschaften nur deren Vermögen haftet, ist die Eigenkapitalausstattung von großer Bedeutung für die Gläubiger. Zur Sicherung eines haftenden Vermögens ist bei der GmbH ein **Mindestkapital** von **25.000 EUR** (Stammkapital) vorgeschrieben.[50]

Die Gründung einer GmbH kann wie bei der Einzelunternehmung von einer Person vorgenommen werden (Einmann-GmbH). Die **Führung der Gesellschaft** liegt bei den vom Gesetz dafür vorgesehenen Organen. Das sind die Gesellschafterversammlung, die Geschäftsführung und – falls die Satzung oder das Gesetz dies vorsieht – der Aufsichtsrat.[51] Die laufende Führung der Gesellschaft obliegt den Geschäftsführern. Personen, die nicht unbeschränkt geschäftsfähig sind oder wegen eines Insolvenzdeliktes in den letzten fünf Jahren verurteilt wurden oder mit einem den Unternehmensgegenstand berührenden Berufs- oder Gewerbeverbot belegt sind, können nicht zu Geschäftsführern bestellt werden. Nur in wenigen im Gesetz vorgesehenen

---

47 Vgl. § 162 Abs. 1 HGB.

48 Vgl. § 169 Abs. 1 HGB.

49 Z.B. „Ausstehende Einlagen", vgl. *Wöhe, G., Kußmaul, H.,* Grundzüge der Buchführung und Bilanztechnik, 6. Aufl., München 2008, S. 111.

50 Vgl. § 5 Abs. 1 GmbHG. In Spezialgesetzen wird verschiedentlich eine höhere Kapitalausstattung verlangt: z.B. 2,5 Mio. Euro eingezahltes Nennkapital bei Kapitalanlagegesellschaften, vgl. § 2 Abs. 2 KAGG.

51 Ein Aufsichtsrat ist nach § 77 Abs. 1 BetrVerfG 1952 i.v.m. § 129 BetrVerfG 1972 bei Gesellschaften mit mehr als 500 Arbeitnehmern und in der Montanindustrie nach dem Montanmitbestimmungsgesetz 1951 bei Gesellschaften mit mehr als 1000 Arbeitnehmern vorgeschrieben. Bei mehr als 2000 Arbeitnehmern sind für die Zusammensetzung des Aufsichtsrats die Vorschriften des Mitbestimmungsgesetzes 1976 anzuwenden.

Fällen ist eine Beschlussfassung der Gesellschafterversammlung über Maßnahmen der Geschäftsführer erforderlich. Zu den Aufgaben der Gesellschafterversammlung gehört neben der Feststellung des Jahresabschlusses, der Verteilung des Gewinns, der Bestellung, Abberufung und Entlastung der Geschäftsführer sowie der Prüfung und Überwachung der Geschäftsführung auch die Beschlussfassung über eine Erhöhung des Stammkapitals.

Die **Höhe des Stammkapitals** wird im Gesellschaftsvertrag festgelegt und ins Handelsregister eingetragen. Eine nachträgliche Änderung ist folglich nur durch eine Satzungsänderung möglich, die von der Gesellschafterversammlung mit Dreiviertelmehrheit beschlossen werden muss.[52] Das im Rahmen einer Kapitalerhöhung beschlossene neue Stammkapital kann entweder von den bisherigen Gesellschaftern oder von anderen Personen übernommen werden, die durch die Übernahme ihren Beitritt zur Gesellschaft erklären.[53] Da die neuen Gesellschafter automatisch entsprechend ihren Anteilen an den stillen und offenen Rücklagen beteiligt werden, ist zuzüglich zu ihren Stammeinlagen ein Agio zu fordern, das dem Anteil der neuen Gesellschafter an den bisher gebildeten Rücklagen entspricht.

Die Anteile des Stammkapitals, welche die Gesellschafter übernehmen, werden als **Stammeinlagen** bezeichnet. Eine Stammeinlage muss **auf volle EUR** lauten. Der Betrag kann für jeden Gesellschafter unterschiedlich festgesetzt werden.[54]

Stammeinlage Gesellschafter A	17.500 EUR
Stammeinlage Gesellschafter B	5.150 EUR
Stammeinlage Gesellschafter C	2.250 EUR
Stammeinlage Gesellschafter D	100 EUR
Satzungsmäßiges Stammkapital der GmbH	25.000 EUR

Abb. 1: Anteile des Stammkapitals beispielhaft

Während bei der OHG die Gewinnanteile, die von den Gesellschaftern nicht entnommen werden, dem Kapitalkonto der Gesellschafter gutgeschrieben werden, sind nach § 266 HGB bei Kapitalgesellschaften wie der GmbH **weitere Eigenkapitalkonten (Rücklagen)** einzuführen, welche das zuzüglich zu den Stammeinlagen gezahlte Agio (Kapitalrücklagen) und die thesaurierten Gewinne (Gewinnrücklagen) aufnehmen und über die Bilanz gesondert abzuschließen. Das Eigenkapital der GmbH wird also in verschiedenen Bilanzpositionen ausgewiesen. Das Stammkapital bleibt – von Satzungsänderungen abgesehen – **unverändert** als „Gezeichnetes Kapital" in der Bilanz stehen. Zu- oder Abnahmen des Eigenkapitals zeigen sich in den **Veränderungen der Rücklagen** (vgl. Abbildung 2). Treten Verluste ein und sind alle Rücklagen bereits mit früheren Verlusten verrechnet worden, so wird das Stammkapital unverändert auf der Passivseite ausgewiesen, innerhalb der Eigenkapitalpositionen jedoch durch den Verlustvortrag korrigiert.

---

52 Vgl. §§ 46 und 53 Abs. 1 i.V.m. § 3 Nr. 3 GmbHG.
53 Vgl. § 55 Abs. 2 GmbHG.
54 Vgl. § 5 Abs. 3 GmbHG.

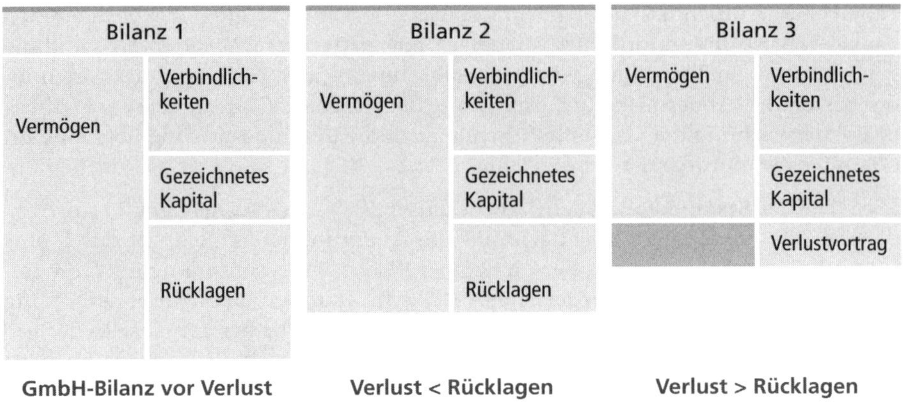

Abb. 2: Veränderung der GmbH – Bilanz bei einer Verlustsituation

Ist das Eigenkapital insgesamt durch Verluste aufgebraucht und ergibt sich ein Überschuss der Passiv- über die Aktivposten, so ist dieser Betrag auf der Aktivseite gemäß § 268 Abs. 3 HGB gesondert unter der Bezeichnung „Nicht durch Eigenkapital gedeckter Fehlbetrag“ auszuweisen.

Der **Geschäftsanteil**, d.h. die Mitgliedschaft an der Gesellschaft, bestimmt sich nach dem Nennbetrag der übernommenen Stammeinlage. Je 50 EUR Geschäftsanteil entfällt auf die Gesellschafter eine Stimme in der Gesellschafterversammlung.[55] Die Geschäftsanteile an einer GmbH können veräußert und vererbt werden. Die Veräußerung bedarf notarieller Form.[56] Darüber hinaus kann der Gesellschaftsvertrag die Zustimmung der Gesellschaft verlangen,[57] die bei der Veräußerung von Teilen eines Geschäftsanteils immer erforderlich ist.[58] Jeder Gesellschafter kann zu seinem ursprünglichen Geschäftsanteil weitere Geschäftsanteile erwerben. Die Geschäftsanteile bleiben aber rechtlich selbständig.[59] Vereinigt ein Gesellschafter alle Geschäftsanteile in seiner Hand, so kann er wie ein Einzelunternehmer alle bedeutsamen Unternehmensentscheidungen allein treffen **(Einmann-GmbH).** Den Gläubigern haftet aber nach wie vor nur das Gesellschaftsvermögen.

Die Gesellschafter sind zur Leistung der Stammeinlagen verpflichtet. Zur Anmeldung der Gesellschaft zum Handelsregister ist es erforderlich, dass 25 % jeder Stammeinlage, mindestens aber insgesamt die Hälfte des Mindeststammkapitals auf das Stammkapital eingezahlt sind.[60] Leisten Gesellschafter die eingeforderten Beträge nicht rechtzeitig, so sind sie verpflichtet, Verzugszinsen zu entrichten.[61] Mit einer erneuten Aufforderung zur Leistung der eingeforderten Einlage innerhalb einer bestimmten Nachfrist kann den säumigen Gesellschaftern der Ausschluss mit Verlust des Geschäftsanteils und der bisher geleisteten Einlagen angedroht

---

55 § 47 Abs. 2 GmbHG.
56 Vgl. § 15 Abs. 3 GmHG.
57 § 15 Abs. 5 GmbHG reguliert die Vinkulierung.
58 Vgl. §§ 15 u. 17 GmbHG.
59 Vgl. § 15 Abs. 2 GmbHG.
60 Vgl. § 7 Abs. 2 GmbHG.
61 Vgl. § 20 GmbHG.

werden **(Kaduzierung).**[62] Kommt es zur Kaduzierung, so wird der Geschäftsanteil versteigert,[63] es sei denn, der ausgeschlossene Gesellschafter hat den Anteil von einem früheren Gesellschafter gekauft, der noch fünf Jahre für die auf die Stammeinlage eingeforderten Beträge haftet.[64] Zahlt der noch haftende Rechtsvorgänger den rückständigen Betrag, so erwirbt er den Geschäftsanteil des ausgeschlossenen Gesellschafters.[65] Wenn eine Stammeinlage weder eingezogen noch durch den Verkauf des Geschäftsanteils gedeckt werden kann, so sind die übrigen Gesellschafter verpflichtet, für den Ausfall im Verhältnis ihrer Geschäftsanteile aufzukommen.[66]

Der Gesellschaftsvertrag kann vorsehen, dass die Gesellschafter die Einforderung weiterer über die Stammeinlagen hinausgehender Einzahlungen beschließen können **(Nachschusspflicht).** Die Nachschusspflicht kann betragsmäßig beschränkt oder unbeschränkt sein. Im Fall der beschränkten Nachschusspflicht muss der Gesellschafter auf Anforderung leisten, sonst findet das Kaduzierungsverfahren Anwendung.[67] Bei der unbeschränkten Nachschusspflicht kann sich ein Gesellschafter von der Zahlungspflicht dadurch befreien, dass er innerhalb eines Monats nach Zahlungsaufforderung den Geschäftsanteil der Gesellschaft zur Verfügung stellt **(Abandonrecht).** Diese verwertet den Geschäftsanteil innerhalb eines Monats durch Versteigerung, sofern der Gesellschafter nicht einer anderen Verkaufsart zustimmt.[68]

6.1.4 Die Eigenkapitalbeschaffung der Aktiengesellschaft

6.1.4.1 Begriff und Bedeutung der Aktien

Ebenso wie die GmbH hat auch die Aktiengesellschaft ein **in seiner Höhe fixiertes Nominalkapital**, das als **Grundkapital** bezeichnet wird und dessen Höhe **mindestens 50.000 EUR** betragen muss.[69] Es bildet als „Gezeichnetes Kapital" zusammen mit den Kapital- und Gewinnrücklagen das Eigenkapital der Gesellschaft. Das Grundkapital ist in Aktien, d.h. in auf einen bestimmten Nennwert lautende oder mit einem rechnerischen Anteil am Grundkapital versehene Wertpapiere zerlegt, die das Mitgliedschaftsrecht der Anteilseigner (Aktionäre) an der Gesellschaft verbriefen.

Die Stückelung des Grundkapitals in Aktien erschließt der Aktiengesellschaft die günstigsten Möglichkeiten der Eigenkapitalbeschaffung. Durch die Teilnahme einer nicht begrenzten Zahl von Anteilseignern auch mit relativ kleinen Anteilen können größte Kapitalbeträge aufgebracht werden. Ein **besonderer Vorteil** der Aktienfinanzierung besteht darin, dass das Aktienkapital von Seiten des einzelnen Anteilseigners nicht gekündigt werden kann. Der Aktionär kann sein Beteiligungsverhältnis jedoch jederzeit dadurch beenden, dass er seine Aktien an einen anderen Anleger verkauft. Der Aktienhandel vollzieht sich an den Börsen oder durch Vermittlung der Banken. Die Gesellschaft erfährt in der Regel von dem Wechsel ihrer Anteilseigner überhaupt nichts, es sei denn, die Aktien lauten auf den Namen oder gesetzlich fest-

[62] Vgl. §21 GmbHG.
[63] Vgl. §23 GmbHG.
[64] Vgl. §22 Abs. 3 GmbHG.
[65] Vgl. §22 Abs. 4 GmbHG.
[66] Vgl. §24 GmbHG.
[67] Vgl. §28 GmbHG.
[68] Vgl. §27 GmbHG.
[69] Vgl. §7 AktG.

gelegte Beteiligungsgrenzen, die eine Mitteilungspflicht auslösen, werden erreicht oder überschritten.[70]

Der **Mindestnennbetrag** einer Aktie oder der mindestens auf eine Stückaktie entfallende anteilige Betrag des Grundkapitals beträgt **1 EUR.** Im Gegensatz zu GmbH-Geschäftsanteilen sind Aktien nicht teilbar.[71] Sie dürfen nicht unter ihrem Nennwert **(Unterpari-Emission)**, wohl aber über ihrem Nennwert oder dem auf die einzelne Stückaktie entfallenden rechnerischen Anteil am Grundkapital **(Überpari-Emission)** ausgegeben werden.[72] Für eine Aktie zum Nennwert oder – bei Stückaktien – einem rechnerischen Anteil am Grundkapital von 1 EUR sind dann beispielsweise 1,10 EUR zu zahlen. Der Mehrbetrag von 0,10 EUR wird als **Agio (Aufgeld)** bezeichnet. Die Gesellschaft erhält in Höhe des Agios einen über den Nennwert hinausgehenden Betrag, der zum Eigenkapital gehört und der **Kapitalrücklage** zugeführt werden muss,[73] die nur für bestimmte im Aktiengesetz aufgeführte Zwecke verwendet werden darf.

Es ist nicht erforderlich, dass die Aktien sofort voll eingezahlt werden. Die **Einzahlungsuntergrenze** liegt bei 25 % des „geringsten Ausgabebetrags", d.h. des Nennwerts bzw. des rechnerischen Anteils der ausgegebenen Aktien am Grundkapital. Ist ein Agio vereinbart, so muss dieses zuzüglich in voller Höhe bezahlt werden.[74] Ebenso wie für die GmbH bestehen auch für die Aktiengesellschaft strenge Vorschriften für rückständige Einzahlungen auf Aktien. Werden eingeforderte Beträge nicht rechtzeitig geleistet, so sind 5 % Verzugszinsen zu entrichten. Daneben kann die Gesellschaft weitere Schäden geltend machen.[75] Nach Ablauf einer Nachfrist besteht die Möglichkeit, den säumigen Aktionär im Wege des Kaduzierungsverfahrens auszuschließen. Die alten Aktien werden für kraftlos erklärt und durch neue Urkunden ersetzt.[76] Nach Ausschluss der säumigen Aktionäre versucht die Gesellschaft, die eingeforderten Beträge von den Rechtsvorgängern der Aktionäre zu erlangen, die nach dem Verkauf nicht voll eingezahlter Aktien noch zwei Jahre für eingeforderte Beträge haften. Führt das nicht zum gewünschten Ziel, so werden die Aktien an der Börse zum amtlichen Kurs verkauft oder beim Fehlen eines Börsenkurses versteigert.[77]

6.1.4.2 Aktienarten

Einteilung nach der Zerlegung des Grundkapitals

Aktien, die auf einen in Geld ausgedrückten Nennbetrag lauten (z.B. 1 EUR),[78] werden als **Nennbetragsaktien** (Nennwertaktien) bezeichnet. Die Summe ihrer Nennwerte ergibt das Grundkapital. Aktien können auch auf eine bestimmte Quote am Reinvermögen, z.B. 1/100.000, lauten. Diese in Deutschland nicht zulässige **Quotenaktie (nennwertlose Aktie)** ist z.B. in den USA anzutreffen. Daneben gibt es auch solche Aktien, deren Urkunde weder auf einen Betrag noch auf eine Quote lautet (echte nennwertlose Aktie); bekanntgegeben wird lediglich die Zahl aller Aktien.

---

70 Vgl. §§ 20, 21 AktG; §§ 21 ff. WpHG.
71 Vgl. § 8 Abs. 5 AktG.
72 Vgl. § 9 AktG.
73 Vgl. § 9 AktG; § 272 Abs. 2 Nr. 1 HGB; § 150 AktG.
74 Vgl. § 36a Abs. 1 AktG.
75 Vgl. § 63 Abs. 2 AktG.
76 Vgl. § 64 Abs. 4 AktG.
77 Vgl. § 65 Abs. 3 AktG.
78 Vgl. § 8 Abs. 2 AktG.

Stückaktien sind nennwertlose Aktien, die wie Nennbetragsaktien einen Anteil am Grundkapital verkörpern. Sie unterscheiden sich nur darin, dass sie nicht auf einen Nennbetrag lauten. Der auf die einzelne Aktie entfallende anteilige Betrag des Grundkapitals („fiktiver Nennbetrag") lässt sich errechnen, indem das Grundkapital durch die Zahl der Aktien dividiert wird. Daher wird die Stückaktie häufig auch als unechte nennwertlose Aktie bezeichnet.

Der Börsenkurs von Quoten- bzw. Stückaktien kann nur als Stückkurs (EUR/Stück) ausgedrückt werden, während bei Nennwertaktien zwei Kursnotierungen möglich sind. Der Kurs einer Aktie mit einem Nennwert von 5 EUR kann als **Stücknotierung** angegeben werden – z.B. 7,50 EUR – aber auch als auf den Nennwert bezogene **Prozentnotierung** – hier also 150%. Da bei der Prozentnotierung auch die Höhe der Gewinnausschüttung in Prozent des Nennwerts angegeben wird, ist nicht auszuschließen, dass sachunkundige Personen Nennwert und tatsächlichen Wert, Dividendensatz und Rendite verwechseln.

Beispiel:

Nennwertaktie			Stückaktie
Nennwert einer Aktie	10,00 EUR	5,00 EUR	1 Stück
Kurs 250%			
Kurswert (250% vom Nennwert)	25,00 EUR	12,50 EUR	12,50 EUR
Dividende (in Prozent des Nennwertes) 20%			
Dividende (absolut)/pro Stück	2,00 EUR	1,00 EUR	1,00 EUR
Dividendenrendite = $\frac{\text{Dividende}}{\text{Aktienkurs}} \cdot 100$	8%	8%	8%

Abb. 3: Renditeberechnung

Einteilung nach den Übertragungsbestimmungen

Die Aktienurkunden können auf den Inhaber (Inhaberaktien) oder auf den Namen des Aktionärs (Namensaktien) lauten.[79] In der Satzung ist festzulegen, ob die Aktien auf den Inhaber oder den Namen ausgestellt werden.[80]

Die Übertragung von **Inhaberaktien** vollzieht sich wie bei allen Inhaberpapieren nach sachenrechtlichen Vorschriften, nämlich durch Einigung und Übergabe.[81] Die Ausgabe von Inhaberaktien ist nur zulässig, wenn der Nennbetrag voll eingezahlt worden ist.[82] In der Bundesrepublik Deutschland bilden sie den überwiegenden Typ der Aktien.

---

[79] Vgl. §10 Abs.1 AktG.
[80] Vgl. §23 Abs.3 Nr.5 AktG.
[81] Vgl. §929 BGB.
[82] Vgl. §10 Abs.2 AktG.

Namensaktien dagegen lauten auf den Namen des Aktionärs, der gem. §67 AktG in das Aktienregister der Gesellschaft eingetragen werden muss.[83] Gesetzlich vorgeschrieben sind Namensaktien für den Fall, dass die Aktienausgabe erfolgt, bevor sie voll eingezahlt sind.[84]

Die Übertragung von Namensaktien erfordert eine Umschreibung im Aktienregister, da der Gesellschaft gegenüber nur die Person als Aktionär gilt, die ins Aktienbuch eingetragen ist.[85] Im Vergleich zur Inhaberaktie wird hierdurch die Übertragung umständlicher. Andererseits entsteht aber der Vorteil einer größeren Transparenz der wirtschaftlichen Eigentumsverhältnisse, welche die Gesellschaft für ihre Aufgaben im Verhältnis zu ihren Aktionären nutzen kann („Investor Relations"). Der einzelne Aktionär kann Auskunft nur über die zu seiner Person in das Aktienregister eingetragenen Daten verlangen.[86]

Die Übertragung von Namensaktien kann an die Zustimmung der Gesellschaft gebunden werden.[87] In diesem Fall liegen **„vinkulierte Namensaktien"** vor. Mit Hilfe der Vinkulierung kann die Gesellschaft Einfluss auf die Zusammensetzung des Anteilseignerkreises nehmen. Beispielsweise ist es ihr möglich, zu verhindern, dass die Aktien in die Hände von Personen gelangen, die ihr z.B. aus Gründen der Unternehmenspolitik als Aktionäre nicht genehm sind oder – im Fall nicht voll eingezahlter Aktien – deren Kreditwürdigkeit problematisch ist. Bei Familiengesellschaften soll die Vinkulierung eine Übertragung an nicht zur Familie gehörende Personen verhindern oder unter Kontrolle halten. Gesetzlich vorgeschrieben sind vinkulierte Namensaktien für Kapitalanlagegesellschaften (Investmentgesellschaften).[88]

Einteilung nach dem Umfang der Rechte

Nach dem Umfang der Rechte, die die Aktien den Aktionären einräumen, sind Stammaktien und Vorzugsaktien zu unterscheiden. Aktien mit gleichen Rechten bilden eine Aktiengattung.[89]

Die **Stammaktien** stellen den Normaltyp der Aktien dar. Sie gewähren gleiches Stimmrecht in der Hauptversammlung, gleichen Anspruch auf Gewinnanteil (Dividende), gleichen Anteil am Liquidationserlös und ein gesetzliches Bezugsrecht auf junge Aktien bei Kapitalerhöhungen oder auf Wandel- und Optionsschuldverschreibungen.

Vorzugsaktien sind Aktien besonderer Gattung, die dem Aktionär im Verhältnis zur Stammaktie insbesondere bei der Gewinnverteilung, der Stimmrechtsausübung oder der Verteilung des Liquidationserlöses Vorrechte gewähren. Von praktischer Bedeutung sind vor allem die Dividendenvorzugsaktien.

Die Ausgabe von Vorzugsaktien kann beispielsweise dann erfolgen, wenn eine Erhöhung des Grundkapitals erforderlich ist, mit Stammaktien aber nicht durchgeführt werden kann, weil der Aktienkurs unter dem Nennwert oder dem rechnerischen

---

[83] Vgl. §67 AktG.
[84] Vgl. §10 Abs. 2 AktG.
[85] Vgl. §67 Abs. 2 S. 1.
[86] Vgl. §67 Abs. 6 S. 1 AktG.
[87] Vgl. §68 Abs. 2 AktG.
[88] Vgl. §1 Abs. 4 KAGG.
[89] Vgl. §11 AktG.

Anteil am Grundkapital liegt, die Ausgabe der jungen Aktien aber mindestens hierzu erfolgen muss. In diesem Fall liegt eine Ausgabe neuer Aktien zum Nennwert oder zum anteiligen Betrag am Grundkapital nur dann im Bereich des Möglichen, wenn die neuen Aktien mit einem (attraktiven) Vorzugsrecht ausgestattet sind.

Ein weiterer Anwendungsfall der Vorzugsaktie ist im Zusammenhang mit Sanierungen vorstellbar. Bei der Sanierung wird ein Verlustvortrag gegen das Grundkapital aufgerechnet, indem dieses entsprechend herabgesetzt wird. Da die Gesellschaft in ihrer schlechten wirtschaftlichen Lage nicht nur an einer buchtechnischen Beseitigung ihres Verlustvortrags interessiert sein kann, wird sie die Aktionäre auffordern, der Gesellschaft im Wege einer anschließenden Kapitalerhöhung flüssige Mittel zuzuführen. Um einen Anreiz zur Beteiligung an der Kapitalerhöhung zu geben, können die neuen Aktien mit einem Vorzug ausgestattet werden. Bei börsennotierten Gesellschaften sind diese Konstellationen nicht von praktischer Relevanz.

Für **Dividendenvorzugsaktien**, deren Vorteil durch eine Nachzahlungsverpflichtung der Gesellschaft besonders gesichert ist, kann das **Stimmrecht ausgeschlossen** werden.[90] Diese Gattung von Vorzugsaktien stellt ein Finanzierungsmittel dar, mit dem Eigenkapital beschafft werden soll, ohne dass sich die bestehenden Stimmverhältnisse in der Hauptversammlung verschieben. Als Ersatz wird ein wirtschaftlicher Vorteil in Form eines erhöhten Dividendenanspruchs gewährt. Diese Situation ist denkbar bei Gesellschaften, die sich im Wesentlichen im Familienbesitz oder in der Hand eines Großaktionärs befinden. Trotz der Aufnahme weiterer Gesellschafter bleiben die alten Einflussmöglichkeiten erhalten. Die Ausgabe stimmrechtsloser Vorzugsaktien ist auf die Hälfte des Grundkapitals gegrenzt.[91] Diese Vorschrift soll verhindern, dass der Einfluss der stimmberechtigten Stammaktionäre im Verhältnis zu ihrer Kapitaleinlage zu groß wird. Wenn auch das normale Stimmrecht ausgeschlossen ist, so bedürfen aber Beschlüsse der Hauptversammlung, durch die der vereinbarte Vorzug aufgehoben oder beschränkt wird, der Zustimmung der Vorzugsaktionäre.[92]

Der Dividendenvorzug kann in verschiedener Weise gewährt werden. Einige Möglichkeiten sollen im Folgenden vorgestellt werden.

Prioritätischer Dividendenanspruch

Bei der Gewinnverteilung ist an die Vorzugsaktionäre eine Vorzugsdividende zu zahlen, bevor an die Stammaktionäre eine Dividende ausgeschüttet wird.

Beispiel: Die Vorzugsaktionäre erhalten zunächst 0,25 EUR Vorzugsdividende je Aktie. Ist dann noch Gewinn vorhanden, so werden an die Stammaktionäre bis zu 0,25 EUR Dividende je Aktie ausgeschüttet. Der Rest wird gleichmäßig auf alle Aktien verteilt. Ein Vorzug ergibt sich hier nur, wenn der Gewinn nicht ausreicht, den Stammaktionären ebenfalls 0,25 EUR Dividende je Aktie zu gewähren. Anderenfalls sind Vorzugs- und Stammaktien gleichgestellt.

Wird unterstellt, dass das Grundkapital einer Aktiengesellschaft in 1.200.000 Stammaktien und 800.000 Vorzugsaktien eingeteilt ist, dann ergibt sich für die beispielhaft angeführte Vereinbarung, dass nur bis zu einer Gesamtausschüttung von 500.000 EUR ein Vorteil für die Vorzugsaktien besteht.

---

[90] Vgl. § 139 AktG.
[91] Vgl. § 139 Abs. 2 AktG.
[92] Vgl. § 141 Abs. 1 AktG.

TEIL B: AUSSENFINANZIERUNG

Bilanzgewinn (Gewinnausschüttung)	Gewinnanteil in EUR je Aktiengattung		Dividendensatz in EUR je Aktie	
	Vorzugsaktien (800.000 Stück)	Stammaktien (1.200.000 Stück)	Vorzugsaktien	Stammaktien
80.000	80.000	–	0,10	–
160.000	160.000	–	0,20	–
200.000	200.000	–	0,25	–
300.000	200.000	100.000	0,25	0,08
400.000	200.000	200.000	0,25	0,17
500.000	200.000	300.000	0,25	0,25
600.000	240.000	360.000	0,30	0,30
700.000	280.000	420.000	0,35	0,35

Abb. 4: Dividendenberechnung für Vorzugsaktien und Stammaktien

Prioritätischer Dividendenanspruch mit Überdividende

Bei dieser Aktiengattung wird z.B. bestimmt, dass bei ausreichendem Gewinn auf die Vorzugsaktie mindestens 0,10 EUR je Aktie entfallen (Prioritätsanspruch). Ist die Gewinnausschüttung höher, erhalten die Vorzugsaktionäre beispielsweise immer eine um 0,10 EUR höhere Dividende je Aktie als die Stammaktionäre.

Unter Verwendung der obigen Annahme über das Verhältnis von Vorzugs- und Stammaktien ergibt sich für den Fall der Überdividende der vorstehende Dividendensatzverlauf für die Vorzugs- und Stammaktien.

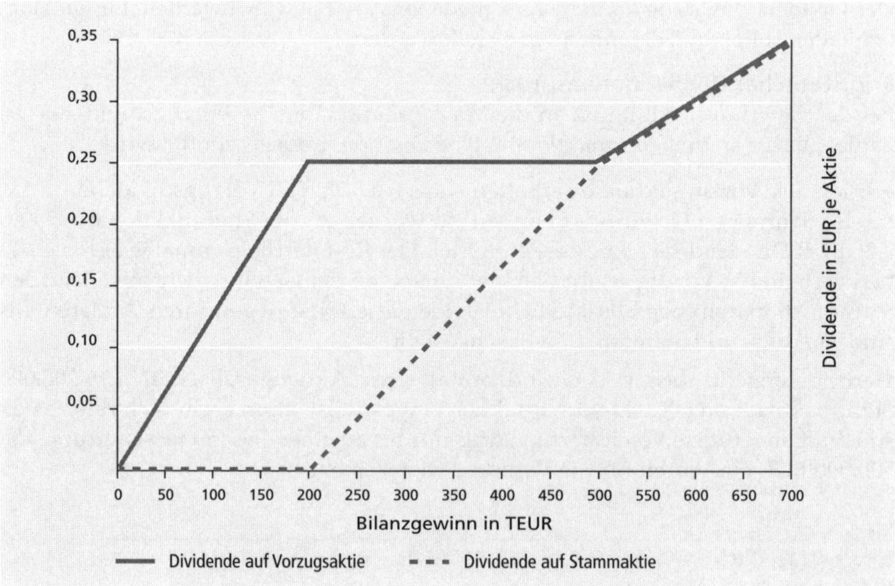

Abb. 5: Prioritätischer Dividendenanspruch

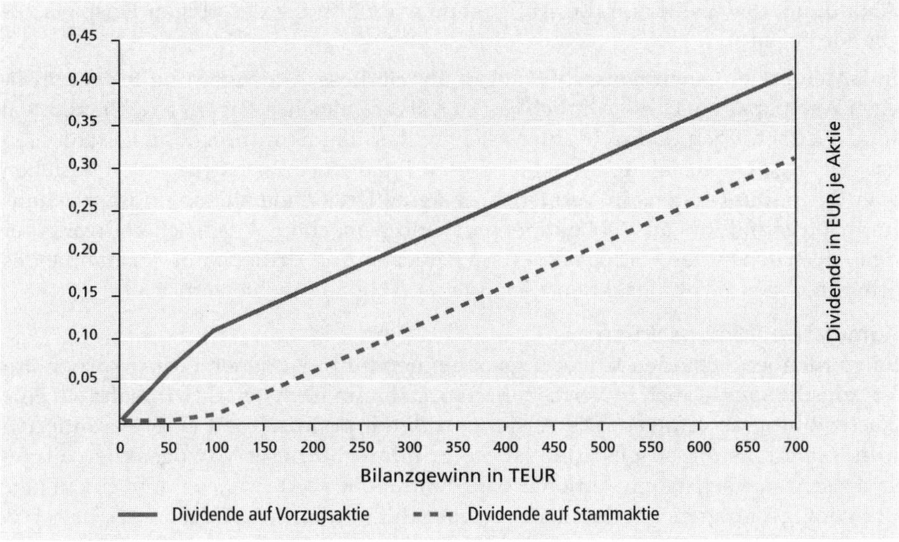

Abb. 6: Prioritätischer Dividendenanspruch mit Überdividende

Limitierte Vorzugsdividende

Bei dieser Gattung wird die Vorzugsdividende auf einen bestimmten Höchstbetrag (z.B. 0,30 EUR je Aktie) festgesetzt. Darüber hinaus erhalten die Vorzugsaktionäre keine weiteren Gewinnanteile, sondern der gesamte verbleibende Gewinn wird an die Stammaktionäre verteilt. Einen Vorzug enthalten die limitierten Vorzugsaktien nur bei relativ schlechter Gewinnsituation. Je höher die Gewinnausschüttung wird, desto stärker kehrt sich der Vorteil in einen Nachteil um. Das zeigt auch die folgende

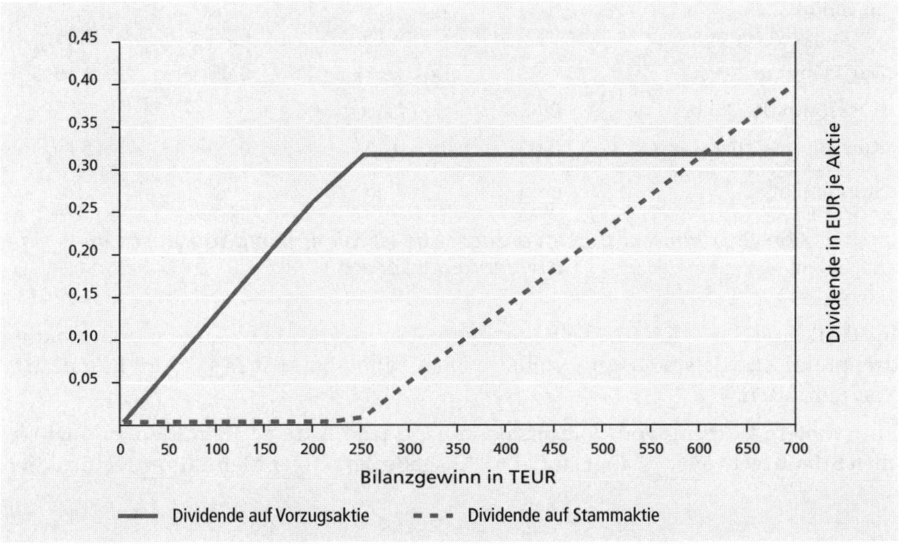

Abb. 7: Limitierte Vorzugsdividende

Abbildung, der wiederum die Aktienkapitalverhältnisse des obigen Beispiels zugrunde liegen.

In Jahren hoher Gewinnausschüttungen ähnelt diese Aktiengattung festverzinslichen Wertpapieren. Diese Ähnlichkeit zu festverzinslichen Papieren (Obligationen) wird vielfach noch dadurch unterstrichen, dass das Stimmrecht ausgeschlossen ist. Wichtige **Unterschiede** zwischen diesen Finanzierungsinstrumenten bestehen aber darin, dass erstens in Verlustjahren keine Dividende zu zahlen ist, zweitens im Insolvenzfall die aus Obligationen geltend gemachten Ansprüche Vorrang vor den Ansprüchen der Vorzugsaktionäre genießen und drittens mit Ausnahme des Stimmrechts die Vorzugsaktien alle anderen Aktionärsrechte verbriefen.

Kumulative Vorzugsaktien

So werden jene Dividendenvorzugsaktien genannt, bei denen ein Anspruch auf Vorzugsdividende auch in Verlustjahren besteht. Im nächsten Gewinnjahr hat eine Nachzahlung zu erfolgen. Die Aktie wird damit praktisch mit einer garantierten Mindestverzinsung ausgestattet. Ist das Stimmrecht dieser Vorzugsaktien ausgeschlossen, so wächst dem Aktionär das Stimmrecht wieder zu, wenn in einem Jahr der Vorzugsbetrag nicht oder nicht ganz bezahlt wird und im folgenden Jahr neben dem Vorzugsbetrag dieses Jahres eine Nachzahlung nicht oder nur teilweise möglich ist. Das Stimmrecht steht den Vorzugsaktionären bis zur vollständigen Nachzahlung der Rückstände zu.[93]

Beispiel: Eine stimmrechtslose Vorzugsaktie ist mit einem prioritätischen Dividendenanspruch von 0,25 EUR je Aktie ausgestattet.

Jahr (Werte in EUR)	1	2	3	4
Vereinbarte Vorzugsdividende	0,25	0,25	0,25	0,25
Gezahlte Vorzugsdividende	0,20	0,15	0,25	0,25
Nachzahlung	–	–	0,05	0,10
Rückstand des Jahres	0,05	0,10	–	–
Kumulierter Rückstand	0,05	0,15	0,10	–
Stimmrecht	nein	ja	ja	nein

Abb. 8: Stimmrechtslose Vorzugsaktie ist mit einem prioritätischen Dividendenanspruch

In Abbildung 9 werden für die behandelten Formen der Dividendenvorzugsaktien drei praktische Beispiele vorgestellt. In allen Fällen handelt es sich um kumulative Vorzugsaktien.

Eine weitere Gattung von Vorzugsaktien sind jene Aktien, die mit einem **mehrfachen Stimmrecht** ausgestattet sind. Die Ausgabe derartiger Mehrstimmrechtsaktien

[93] Vgl. § 140 Abs. 2 AktG.

ist inzwischen unzulässig.[94] Die in früheren Jahren[95] ausgegebenen Mehrstimmrechtsaktien haben, soweit sie nicht durch Hauptversammlungsbeschlüsse beseitigt oder beschränkt worden sind, bis zum 1. Juni 2003 weiterhin Gültigkeit.[96] Die Hauptversammlung kann allerdings mit Dreiviertelmehrheit – ohne die Stimmen der Aktionäre mit Mehrstimmrechtsaktien – ihren Erhalt beschließen. Werden Mehrstimmrechtsaktien abgeschafft, steht den betroffenen Aktionären ein Ausgleich zu, der den besonderen Wert dieser Aktiengattung zu berücksichtigen hat. Schuldnerin dieses Ausgleichs ist die Gesellschaft.

Die bestehenden Mehrstimmrechtsaktien haben in den seltensten Fällen in erster Linie als Finanzierungsinstrument gedient, sondern sie sollten eine Veränderung der Stimmenverhältnisse in der Hauptversammlung zugunsten ihrer Inhaber ohne entsprechende Kapitalbeteiligung herbeiführen. Sie wurden vor allem in den zwanziger Jahren während und nach der Inflation ausgegeben, um die Einflussnahmemöglichkeiten ausländischer Kapitalgruppen, deren Geld man benötigte, zu begrenzen. Damit die Mehrstimmrechtsaktien ihre Aufgaben erfüllen konnten, wurden sie in der Regel als vinkulierte Namensaktien ausgegeben. Der Einfluss bestimmter Gruppen lässt sich auch ohne die Ausgabe von Mehrstimmrechtsaktien in Grenzen halten. Durch eine von der Hauptversammlung (rechtzeitig) beschlossene Satzungsänderung kann das Stimmrecht eines Aktionärs, der über eine größere Zahl von Aktien verfügt, begrenzt werden, sofern es sich um eine nicht börsennotierte Gesellschaft handelt. Börsennotierten Aktiengesellschaften steht daher das Instrument des Höchststimmrechts als Mittel zur Gestaltung des Aktionärskreises bzw. zur Begrenzung des Einflusses von Aktionärsgruppen nicht mehr zur Verfügung.[97]

Einteilung nach Verfügungsmöglichkeiten der Gesellschaft über eigene Aktien

Erwirbt eine Aktiengesellschaft eigene Aktien, so führt das zur Rückzahlung von Teilen des Grundkapitals. Das kann gegen das Prinzip des Gläubigerschutzes verstoßen; deshalb ist der Erwerb eigener Aktien grundsätzlich verboten. Das Aktiengesetz lässt jedoch die folgenden **Ausnahmefälle** zu:[98]

1. Der Erwerb ist notwendig, um einen schweren, unmittelbar bevorstehenden Schaden von der Gesellschaft abzuwenden.
2. Die Aktien sollen den Arbeitnehmern der Gesellschaft oder eines mit ihr verbundenen Unternehmens zum Erwerb angeboten werden.
3. Der Erwerb dient der Abfindung von Aktionären bei Abschluss eines Beherrschungsvertrags (§305 Abs. 2 AktG), der Eingliederung einer Gesellschaft (§320b AktG), der Verschmelzung auf Rechtsträger anderer Rechtsformen (§29 UmwG), der Spaltung von Unternehmen (§125 UmwG) oder formwechselnder Umwandlung (§207 UmwG).

---

94 Vgl. §12 Abs. 2 AktG.

95 Vor 1937, denn das AktG 1937 enthielt bereits ein entsprechendes Verbot.

96 Vgl. §5 Abs. 1 Einführungsgesetz zum AktG 1965 in der Fassung vom 18. 1. 2001.

97 §134 Abs. 1 AktG; §5 Abs. 7 Einführungsgesetz zum AktG 1965 in der Fassung vom 18. 1. 2001.

98 Vgl. §71 Abs. 1 AktG.

Typ des Dividenden-vorteils	Gesellschaft	Rechte aus den Vorzugsaktien / Gewinnverteilung
Prioritätischer Dividenden-anspruch	RWE AG	Den Vorzugsaktien ohne Stimmrecht steht bei der Verteilung des Bilanzgewinns ein Vorzugsgewinnanteil von EUR 0,13 je Vorzugsaktie zu. Der Bilanzgewinn wird wie folgt verwendet: ▪ zur Nachzahlung etwaiger Rückstände von Gewinnanteilen auf die Vorzugsaktien aus den Vorjahren ▪ zur Zahlung eines Vorzugsgewinnanteils von EUR 0,13 je Aktie ▪ zur Zahlung eines Gewinnanteils auf die Stammaktien von bis zu EUR 0,13 je Stammaktie ▪ zur Zahlung einer Mehrdividende gemäß § 4 Abs. 5 auf die Stammaktien Typ B ▪ zur gleichmäßigen Zahlung etwaiger weiterer Gewinnanteile auf die Stamm- und Vorzugsaktien, soweit die Hauptversammlung keine andere Verwendung beschließt.
Prioritätischer Dividenden-anspruch mit Über-dividende	Fresenius AG	Inhaber-Vorzugsaktien: Ohne Stimmrecht Zunächst erhalten die Vorzugsaktien 4% Dividende, anschließend wird der verbleibende Gewinn so verteilt, dass die Vorzugsaktien 2%(-Punkte) mehr Dividende als die Stammaktien erhalten. Reicht der Bilanzgewinn eines oder mehrerer Geschäftsjahre nicht zur Ausschüttung von 4% auf die Vorzugsaktien aus, so werden die fehlenden Beträge ohne Zinsen aus dem Bilanzgewinn der folgenden Geschäftsjahre nachgezahlt, und zwar nach Verteilung der Mindestdividende auf die Vorzugsaktien für diese Geschäftsjahre und vor der Verteilung einer Dividende auf Stammaktien.
Limitierte Vorzugs-dividende	Joseph Vögele AG	Namens-Vorzugsaktien Lit A: Je Stückaktie eine Stimme. Die Vorzugsaktien Lit A erhalten vor den Stammaktien eine Vorzugsdividende von 5%, die Vorzugsaktien Lit A haben auf einen weiteren Gewinn keinen Anspruch. Reicht in einem Geschäftsjahr der verteilbare Reingewinn zur Zahlung der Vorzugsdividende von 5% nicht aus, so ist das Fehlende auf die Vorzugsaktien aus dem Reingewinn der folgenden Geschäftsjahre vor Verteilung einer Dividende auf die Stammaktien nachzuzahlen.

Abb. 9: Rechte aus den Vorzugsaktien/Gewinnverteilung

4. Die Gesellschaft erwirbt Aktien unentgeltlich oder ein Kreditinstitut führt damit eine Einkaufskommission aus.
5. Der Erwerb tritt durch Gesamtrechtsnachfolge ein.
6. Die Aktien sollen auf Beschluss der Hauptversammlung nach den Vorschriften über die Herabsetzung des Grundkapitals eingezogen werden.
7. Die Gesellschaft ist ein Kredit- oder Finanzinstitut und erwirbt die eigenen Aktien (maximal 5 %) aufgrund eines Beschlusses der Hauptversammlung zum Zwecke des Wertpapierhandels (Laufzeit der Ermächtigung höchstens 18 Monate).
8. Der Erwerb erfolgt aufgrund einer höchstens 18 Monate geltenden Ermächtigung der Hauptversammlung, die den niedrigsten und höchsten Gegenwert sowie den

Anteil am Grundkapital, der 10 % nicht übersteigen darf, festlegt. Der Handel in eigenen Aktien ist als Zweck ausgeschlossen.

Der Gesamtbetrag der für die unter 1.–3. und 7. und 8. genannten Zwecke erworbenen Aktien, aus denen der Gesellschaft keine Rechte zustehen,[99] darf zusammen mit bereits vorhandenen eigenen Aktien jedoch zehn Prozent des Grundkapitals nicht übersteigen. Der Erwerb ist ferner nur zulässig, wenn die Gesellschaft die nach § 272 Abs. 4 HGB zu bildende Rücklage für eigene Aktien bilden kann, ohne das Grundkapital oder eine nach Gesetz und Satzung zu bildende Rücklage zu mindern, die nicht zu Zahlungen an die Aktionäre verwandt werden darf. In den Fällen 1., 2., 4. und 7. und 8. muss auf die Aktien der Nenn- oder der höhere Ausgabebetrag voll geleistet sein.[100]

Um Umgehungen des Verbots, eigene Aktien zu erwerben, zu verhindern, ist es auch einem abhängigen sowie einem in Mehrheitsbesitz stehenden Unternehmen sowie einem im eigenen Namen, aber für Rechnung der Gesellschaft handelnden Dritten untersagt, Aktien der herrschenden bzw. der an ihm mehrheitlich beteiligten Gesellschaft zu erwerben. Die oben unter 1.–5. und 7. und 8. aufgeführten Ausnahmen gelten jedoch auch in diesen Fällen.[101]

Bei der Gründung einer Aktiengesellschaft oder in Ausübung eines bei einer bedingten Kapitalerhöhung eingeräumten Umtausch- oder Bezugsrechts kann ein Dritter (z.B. ein Kreditinstitut) für Rechnung der Gesellschaft oder eines abhängigen oder in Mehrheitsbesitz stehenden Unternehmens Aktien übernehmen. Diese Aktien, die zur Verfügung der Gesellschaft gehalten werden müssen, bezeichnet man als **Vorratsaktien** oder auch als **Verwaltungs- oder Verwertungsaktien**. Der Übernehmer haftet für die volle Einlage. Dieser Forderung kann er sich auch nicht durch den Einwand entziehen, dass er die Aktien nicht für eigene Rechnung übernommen habe. Rechte aus den Aktien stehen dem Übernehmer erst zu, wenn er sie für eigene Rechnung übernommen hat.[102]

Die Vorratsaktien unterscheiden sich von den **eigenen Aktien** dadurch, dass sie nicht wie die eigenen Aktien im Handel waren und von der Gesellschaft erworben worden sind. Eigene Aktien werden am Aktienmarkt (Börse, Kreditinstitute) gekauft, Vorratsaktien werden bei ihrer Beschaffung für Rechnung der Gesellschaft übernommen, ohne zunächst in den Verkehr zu gelangen. Gemeinsam ist ihnen, dass ihr Stimmrecht nicht ausgeübt werden kann.[103]

6.1.4.3 Die Ermittlung des Werts von Aktien

Der Wert von Aktien wird in Form eines **Kurses** angegeben. Der Kurs ist gewöhnlich die besondere Bezeichnung des Preises, der an einer Börse für fungible[104] Wertpapiere, Devisen oder auch fungible Waren festgestellt wird. Daneben existieren betriebswirtschaftliche Kennzahlen, die ebenfalls als „Kurs" bezeichnet werden. Es

---

[99] Vgl. § 71b AktG.
[100] Vgl. § 71 Abs. 2 AktG.
[101] Vgl. § 71d AktG.
[102] Vgl. § 56 Abs. 3 AktG.
[103] Vgl. § 136 Abs. 2 AktG.
[104] Fungibilität bedeutet Vertretbarkeit im Sinne des § 91 BGB. Fungible Aktien beispielsweise können durch Aktien der gleichen Gattung und Menge ersetzt werden.

handelt sich hierbei um Gliederungs- und Beziehungszahlen, bei deren Berechnung das Nominalkapital im Nenner steht.

Das Verhältnis zwischen dem bilanzierten Eigenkapital einer Aktiengesellschaft und dem gezeichneten Kapital (Grundkapital) drückt die Kennzahl **„Bilanzkurs"** aus.

$$\text{Bilanzkurs} = \frac{\text{Bilanziertes Eigenkapital}}{\text{Gezeichnetes Kapital (Grundkapital)}} \cdot 100$$

Bei Aktiengesellschaften schlagen sich Gewinne und Verluste nicht im gezeichneten Kapital (Grundkapital) nieder, sondern in getrennten Eigenkapitalpositionen: den Gewinnrücklagen und dem Gewinn- bzw. dem Verlustvortrag.

Beispiel: Die in einigen Positionen zusammengefasste Bilanz einer Aktiengesellschaft habe folgendes Aussehen:

A		Bilanz zum 31.12. ...	P
Grundstücke	100.000	Eigenkapital	
Maschinelle Anlagen	250.000	Gezeichnetes Kapital	200.000
Umlaufvermögen	150.000	Kapitalrücklagen	10.000
		Gewinnrücklagen	
		Gesetzliche Rücklage	10.000
		Andere	20.000
		Verlustvortrag	– 20.000
		Buchwert des EK	220.000
		Verbindlichkeiten	280.000
	500.000		500.000

Abb. 10: Bilanz einer Aktiengesellschaft

Es ergibt sich also folgender Bilanzkurs:

$$\text{Bilanzkurs} = \frac{220.000}{200.000} \cdot 100 = 110\,\%$$

Dieser Bilanzkurs besagt, dass auf eine Aktie im Nennwert von 10 EUR bzw. auf eine Stückaktie mit einem rechnerischen Anteil am Grundkapital von 10 EUR 1 EUR weiteres Eigenkapital entfällt. Unterstellt man, dass z.B. im Fall der Liquidation tatsächlich nur der Buchwert des Vermögens erzielt würde, so verbleibt nach Begleichung der Schulden von 280.000 EUR noch ein an die Aktionäre zu verteilender Rest von 220.000 EUR. Auf jeden EUR Grundkapital entfällt somit 1,10 EUR. Eine Aktie im Nennwert von 10 EUR hat unter Verwendung des Bilanzkurses dann also einen Wert von 11 EUR.

Im Bilanzkurs sind die Teile des Eigenkapitals nicht berücksichtigt, die infolge von Bewertungsmaßnahmen (Unterbewertung von Vermögensteilen, z.B. durch zu schnelle Abschreibung, oder Überbewertung von Schulden, z.B. durch Überhöhung von Rückstellungen) als stille Rücklagen in den Bilanzansätzen nicht ausgewiesen sind. Das effektiv vorhandene und bei der Leistungserstellung mitwirkende Eigenkapital ist daher um die stillen Rücklagen höher als das bilanzierte Eigenkapital. Die Einbeziehung der stillen Rücklagen in die Bilanzkursermittlung ergibt den **korrigierten Bilanzkurs.**

$$\text{Korrigierter Bilanzkurs} = \frac{\text{Bilanziertes Eigenkapital + stille Rücklagen}}{\text{Grundkapital}} \cdot 100$$

Unterstellt man, dass in den Grundstücken der Bilanz des obigen Beispiels stille Rücklagen in Höhe von 100.000 EUR enthalten sind, so ändert sich der Kurs wie folgt:

$$\text{Korrigierter Bilanzkurs} = \frac{220.000 + 100.000}{200.000} \cdot 100 = 160\,\%$$

Im Fall der Liquidation und Realisierung der stillen Rücklagen wäre eine Aktie 16 EUR wert.

Ebenfalls als Kurs wird die Kennzahl bezeichnet, die das Verhältnis zwischen dem kapitalisierten Reinertrag (Ertragswert) und dem gezeichneten Kapital (Grundkapital) angibt. Der **Ertragswert** lässt sich durch Abzinsung des nachhaltig erzielbaren Reinertrags berechnen:

$$E_w = \sum_{t=1}^{n} G_{t.} (1 + i)^{-t}$$

G_t = Reinertrag am Ende von Periode t
t = Periode (= 1, 2, 3,. . ., n)
i = Kapitalisierungszinsfuß

Werden ein gleichbleibender Gewinn pro Jahr und eine unbegrenzte Lebensdauer unterstellt, so vereinfacht sich die Formel zu:

$$E_w = \frac{G}{i}$$

Die Formel für den **Ertragswertkurs** lautet:

$$\text{Ertragswertkurs} = \frac{\text{Ertragswert}}{\text{Gezeichnetes Kapital (Grundkapital)}} \cdot 100$$

Beispiel: Wird der jährliche Reinertrag auf 60.000 EUR geschätzt, dann beträgt bei einem Kapitalisierungszinsfuß von 10 % der Ertragswert

$$\frac{60.000}{0,1} = 600.000 \text{ EUR}$$

Das führt bei einem gezeichneten Kapital (Grundkapital) von 200.000 EUR zu einem Ertragswertkurs von

$$\frac{600.000}{200.000} \cdot 100 = 300\,\%$$

bzw. im Falle von 20.000 Aktien zu 30 EUR je Aktie.

Während der Bilanzkurs lediglich zum Ausdruck bringt, wie viele Rücklagen im Verhältnis zum gezeichneten Kapital (Grundkapital) vorhanden sind, d.h. wie hoch der **„innere Wert"** einer Aktie aufgrund der vorhandenen Vermögenssubstanz ist, zeigt der Ertragswertkurs den „inneren Wert" einer Aktie unter Berücksichtigung der Ertragserwartungen. Bei der Aussagefähigkeit dieser Kennzahlen müssen die spekulativen Momente berücksichtigt werden, die in der Schätzung der stillen Rücklagen und der nachhaltig zu erzielenden Gewinne sowie im Ansatz des Abzinsungsfaktors liegen.

Keiner der bisher dargestellten Kurse entspricht dem Preis, der beim Kauf und Verkauf von Aktien festgestellt wird. Dieser bildet sich durch Angebot und Nachfrage und wird folglich durch alle Komponenten beeinflusst, von denen Angebot und Nachfrage abhängen. Ein großer Teil des Aktienhandels vollzieht sich an den **Wertpapierbörsen,** die einen hoch organisierten[105] Teilmarkt des Wertpapiermarkts bilden. Die hier ermittelten Preise für Wertpapiere werden als **Börsenkurse** bezeichnet. Für Aktien ist die **Stücknotierung**[106] (z.B. 35 EUR je Aktie), für Obligationen die Notierung in Prozent des Nennwerts gebräuchlich.

Grundlage der Aktienkursbildung sind die **Erwartungen** der Anleger im Hinblick auf die Erträge und der Wertentwicklung des Unternehmens und ihre alternativen Anlagemöglichkeiten. Diese Erwartungen werden durch die **verschiedensten Faktoren** beeinflusst. Zu denken ist u.a. an Dividendenankündigungen und Informationen über Gewinne und den Geschäftsverlauf des Unternehmens. Ebenso geht ein Einfluss von der allgemeinen Konjunkturentwicklung, der Branchenentwicklung, wirtschafts- und sozialpolitischen Maßnahmen sowie von der innen- und außenpolitischen Lage aus. Die Erwartungen der Anleger können sich auch auf Kurssteigerungen bzw. -verluste richten, die nicht Ergebnis der Ertragslage der Unternehmen sind, z.B. Ankündigungen von Kapitalerhöhungen, Ausgabe von Zusatzaktien, die Absicht einzelner Anleger, Mehrheitsbeteiligungen zu erwerben, Fusionsvorhaben u.ä. All diese sich gegenseitig beeinflussenden Faktoren rufen eine optimistische oder pessimistische Stimmung an der Börse hervor, welche die Anlageentscheidungen und damit die Börsenkurse beeinflusst.

6.1.5 Die Eigenkapitalbeschaffung der Genossenschaften

Eine Genossenschaft ist ein wirtschaftlicher Verein mit einer nicht geschlossenen, d.h. freien und wechselnden Zahl von Mitgliedern (Genossen), die einen wirtschaftlichen Zweck verfolgen und sich dazu eines gemeinsamen Geschäftsbetriebs bedienen. Der Zweck ist nach § 1 GenG „die Förderung des Erwerbs oder der Wirtschaft der Mitglieder mittels gemeinschaftlichen Geschäftsbetriebs." Entsprechend dieser Zwecksetzung ist das ursprüngliche Ziel der Genossenschaft nicht Gewinnerzielung, sondern Selbsthilfe der Mitglieder durch gegenseitige Förderung. Alle Mitglieder sind gleichberechtigt, jedes Mitglied hat in der Generalversammlung

---

[105] Die rechtlichen Grundlagen für die schnelle und korrekte Abwicklung von Wertpapiergeschäften an den Börsen finden sich vor allem im Börsengesetz mit Börsenzulassungsverordnung, den für jede Börse erlassenen Börsenordnungen, dem Wertpapierhandelsgesetz und dem Verkaufsprospektgesetz.

[106] Vgl. Verordnung über die Feststellung der Börsenpreise von Wertpapieren vom 17.4.1967, BGBl. I S. 479.

unabhängig von der Höhe des Kapitalanteils nur eine Stimme.[107] Die Satzung kann jedoch die Gewährung von Mehrstimmrechten vorsehen.[108]

Die Genossenschaft ist als wirtschaftlicher Verein eine **juristische Person** und folglich mit eigener Rechtspersönlichkeit ausgestattet. Die ins Genossenschaftsregister einzutragende Genossenschaft ist Kaufmann kraft Rechtsform und den Handelsgesellschaften gleichgestellt.[109] Sie hat **kein festes Grundkapital** wie die Kapitalgesellschaft, sondern ihr Kapital setzt sich aus den Einlagen der Mitglieder zusammen. Folglich schwankt es mit der **Mitgliederzahl,** die **mindestens drei** betragen muss.[110]

Die Einlage jedes Mitglieds wird nach oben durch die **Höhe des Geschäftsanteils,** nach unten durch die statutarisch festgelegte Mindesteinlage begrenzt. Die Mindesteinlage ist der Teil des Geschäftsanteils, der mindestens eingezahlt werden muss. Dem eingezahlten Betrag jedes Mitglieds **(Geschäftsguthaben)** werden Gewinne solange zugeschrieben, bis der Geschäftsanteil erreicht ist; Verluste werden entsprechend abgezogen. Nach § 7 a GenG kann ein Genosse auch mehrere Geschäftsanteile übernehmen. Die zulässige Zahl von Geschäftsanteilen, die eine Person halten darf, ist durch das Statut festzulegen.

Jeder Genosse hat **grundsätzlich nur eine Stimme** in der Generalversammlung.[111] Das Statut kann die **Gewährung von Mehrstimmrechten** (maximal 3 Stimmen) für solche Genossen vorsehen, die „den Geschäftsbetrieb der Genossenschaft besonders fördern.[112] Bei Beschlüssen, die nach dem Gesetz eine Dreiviertelmehrheit oder eine größere Mehrheit erfordern, hat jeder Genosse, auch wenn ihm ein Mehrstimmrecht eingeräumt worden ist, nur eine Stimme.

Bei eingetragenen Genossenschaften ohne Nachschusspflicht begrenzt die Höhe des Geschäftsanteils das wirtschaftliche Risiko der Mitglieder. Sieht das Statut für den Konkursfall Nachschüsse vor, so sind die Mitglieder verpflichtet, diese bis zur vereinbarten Haftsumme über den Geschäftsanteil hinaus zu leisten. Die Haftsumme darf nicht niedriger angesetzt sein als der Geschäftsanteil.[113]

Beispiel: Beträgt die Haftsumme 1.500 EUR, die Höhe eines Geschäftsanteils 1.000 EUR und das Geschäftsguthaben eines Genossen z.B. 700 EUR, so hat der Haftende im Konkursfall 800 EUR zu zahlen: 300 EUR als Resteinzahlung auf den Geschäftsanteil und 500 EUR als Nachschuss.

Die **Eigenkapitalbeschaffungsmöglichkeiten** der Genossenschaften sind geringer als die der AG. Da jedes Mitglied in der Generalversammlung in der Regel nur eine Stimme hat, ist der Erwerb mehrerer Genossenschaftsanteile wenig attraktiv. Das gilt insbesondere für Genossenschaften, deren Nutzen für den Genossen nicht in der Verzinsung des Geschäftsguthabens, sondern in der umsatzabhängigen Warenrückvergütung liegt. Scheidet ein Mitglied aus der Genossenschaft aus, so ist es im Konkursfall nicht mehr haftbar. Erhält es seinen Geschäftsanteil zurück, so vermindern sich das Eigenkapital der Genossenschaft und damit auch ihre Kreditba-

[107] Vgl. § 43 Abs. 1 S. 1 GenG.
[108] Vgl. § 43 Abs. 3 S. 2 GenG.
[109] Vgl. § 17 GenG.
[110] Vgl. § 4 GenG.
[111] Vgl. § 43 Abs. 3 S. 1 GenG.
[112] Vgl. § 43 Abs. 3 S. 3 Nr. 1 GenG.
[113] Vgl. § 119 GenG.

sis. Hier wird der finanzierungsmäßige Unterschied zur Aktiengesellschaft deutlich. Ein Aktionär kann nur durch den Verkauf seiner Aktien sein Gesellschaftsverhältnis beenden. Das Grundkapital der Aktiengesellschaft bleibt aber unverändert, da an die Stelle des ausscheidenden ein neuer Aktionär tritt.

Die Genossenschaften sind verpflichtet, in das Statut Bestimmungen über die **Bildung einer gesetzlichen Rücklage** aufzunehmen, die zur Deckung von Verlusten dient.[114] Außerdem muss aus dem Statut ersichtlich sein, welcher Teil des jährlichen Gewinns in die Rücklage einzustellen ist, bis der im Statut angegebene Mindestbetrag des Reservefonds erreicht ist. Die Rücklagen sind der Teil des Eigenkapitals einer Genossenschaft, der nicht von den Mitgliederbewegungen berührt wird und folglich für die Kreditwürdigkeit der Genossenschaft von besonderer Bedeutung ist.

Kontrollfragen

- Nennen Sie die Charakteristik einer Einzelunternehmung hinsichtlich Haftung und Risiko.
- Nennen Sie die gesetzliche Regelung für einen stillen Gesellschafter bzgl. der Leitungsbefugnis und Gewinnbeteiligung.
- Erläutern Sie die Unterschiede der typisch stillen Gesellschaft und atypisch stillen Gesellschaft.
- Nennen Sie die wesentliche Methode zur Beschaffung von Eigenkapital bei Personengesellschaften und führen Sie weitere Möglichkeiten auf.
- Unterscheiden Sie Stammkapital und Stammeinlage.
- Grenzen Sie das Grundkapital vom Stammkapital ab.
- Differenzieren Sie zwischen Nennwertaktie und Stückaktie, Inhaberaktien und Namensaktien, Stammaktien und Vorzugsaktien sowie zwischen eigenen Aktien und Vorratsaktien.
- Interpretieren Sie einen korrigierten Bilanzkurswert von 160 % und einen Ertragswertkurs von 300 %.
- Grenzen Sie den Aktienwert vom Aktienpreis ab.
- Definieren Sie den Begriff Genossenschaft und erläutern Sie, wie sich eine Eigenkapitalbeschaffung realisieren lässt.

6.2 Kapitalerhöhung und Kapitalherabsetzung

Lernziele

- Sie kennen die notwendigen Schritte zur Gründung einer GmbH.
- Sie wissen, wie Sie die GmbH-Gründung wesentlich beschleunigen können.
- Sie sind mit den Vorteilen der GmbH vertraut, die sich im Rahmen der Reform ergeben haben.
- Sie kennen die Maßnahmen zur Bekämpfung von Missbräuchen der GmbH-Rechtsform.
- Sie kennen die Schritte zur Gründung einer Aktiengesellschaft.

[114] Vgl. §7 Ziff. 2 GenG.

- Sie kennen die Wege zur Kapitalerhöhung der Einzelunternehmung und Personengesellschaft.
- Sie wissen, welche Möglichkeiten es zur Erhöhung des Eigenkapitals bei der GmbH gibt.
- Sie sind mit den Kapitalerhöhungsmaßnahmen bei der Aktiengesellschaft durch Zuführung neuer Geldmittel und aus Gesellschaftsmitteln vertraut.
- Sie verstehen das Bezugsrecht und seine wesentlichen Funktionen.
- Sie kennen die Anlässe einer bedingten Kapitalerhöhung.
- Sie verstehen die Kapitalerhöhungen bei Kapitalgesellschaften ohne zusätzliche Einlagen.
- Sie wissen, wie die Kapitalherabsetzung der Einzelunternehmung und Personengesellschaft funktioniert.
- Sie kennen die beiden Verfahren der ordentlichen Kapitalherabsetzung bei Aktiengesellschaften.
- Sie kennen den Unterschied der vereinfachten und ordentlichen Kapitalherabsetzung.
- Sie verstehen die Sanierung durch Zuführung neuer Mittel und durch Einziehung von Aktien.

6.2.1 Die Gründung

6.2.1.1 Überblick

Der bei der Gründung eines Unternehmens[115] anfallende Kapitalbedarf ist in Höhe und Struktur abhängig vom Gegenstand des Unternehmens, dem geplanten Umfang der Unternehmensaktivitäten sowie von der evtl. bereits getroffenen Entscheidung

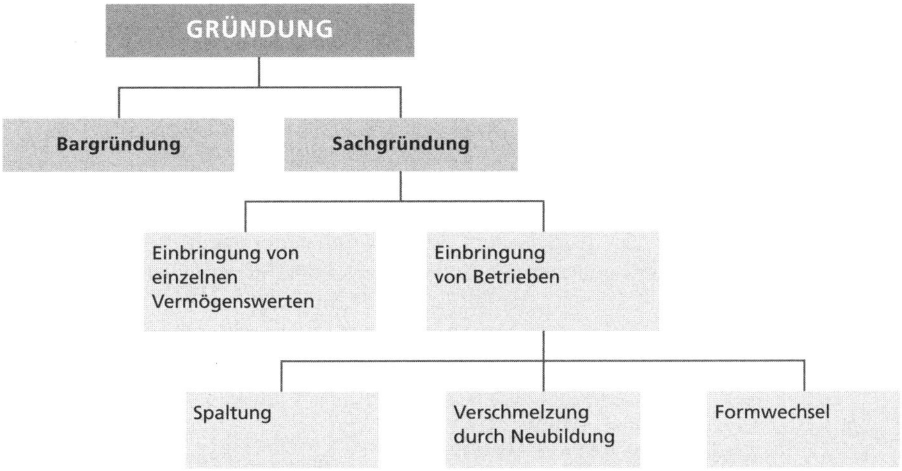

Abb. 11: Möglichkeiten der Gründung eines Unternehmens

[115] Vgl. §§23–53 AktG.

über die Rechtsform des Unternehmens. Die Gründung kann erstens entweder durch die Einlage von Geldmitteln (Personenunternehmen) oder den Erwerb von Anteilen an Kapitalgesellschaften gegen Zahlung von Geld erfolgen **(Bargründung).** Sie kann zweitens als **Sachgründung** durch Einbringung von einzelnen Vermögenswerten (Grundstücke, Maschinen, Beteiligungen, Wertpapiere) oder von Teilbetrieben oder von ganzen Betrieben vorgenommen werden. Im letzten Fall kann eine Verschmelzung von Unternehmen **(Fusion)** durch Neubildung, eine errichtende **Umwandlung** (z.B. Umwandlung einer OHG in eine GmbH, d.h. Gründung einer GmbH, in die die OHG eingebracht wird) oder eine Spaltung von Unternehmen vorliegen. Abbildung 11 zeigt noch einmal die genannten Formen der Gründung.

Der rechtliche Hergang der **Gründung** ist bei den einzelnen Rechtsformen **verschieden stark formbelastet.** Bei der Einzelunternehmung erfolgt gewöhnlich eine Eintragung ins Handelsregister, bei Personengesellschaften in der Form der OHG und der KG muss diese Eintragung vorgenommen werden. Kapitalgesellschaften entstehen erst durch die Eintragung ins Handelsregister.[116] Gesellschaften müssen darüber hinaus einen Gesellschaftsvertrag abschließen. Während für Gesellschaftsverträge von Personengesellschaften keine besondere Form vorgeschrieben ist, bedürfen der Gesellschaftsvertrag der GmbH und die Satzung der AG der notariellen Beurkundung.[117]

Bei der Gründung ist ferner bedeutsam, dass für Kapitalgesellschaften im Gegensatz zu Personenunternehmen ein **Mindestnennkapital** vorgeschrieben ist, das für die GmbH 25.000 EUR, für die AG 50.000 EUR beträgt. Auch hinsichtlich der notwendigen Gründerzahl bestehen Unterschiede. Bei Personengesellschaften müssen an der Gründung mindestens zwei Personen, bei Genossenschaften drei Personen (§4 GenG) beteiligt sein. Eine GmbH oder eine AG hingegen können auch von einer Einzelperson errichtet werden (§1 GmbHG, §2 AktG). Während Kapitalgesellschaften nach der Gründung auch von nur einem Gesellschafter, der alle Kapitalanteile übernommen hat, weitergeführt werden können (Einmann-Gesellschaft), ist die Existenz der Personengesellschaften (OHG, KG) und der Genossenschaften von der Mindestgesellschafterzahl bzw. -mitgliederzahl abhängig.[118]

Wegen den ausführlichen gesetzlichen Regelungen sollen im Folgenden die Gründungsvorgänge für die GmbH und die AG kurz dargestellt werden.

6.2.1.2 Die Gründung einer GmbH

Vorgehensweise bei der Gründung

Die Gründung einer GmbH vollzieht sich in der Weise, dass die Gründer zunächst einen Gesellschaftsvertrag abschließen, der notariell zu beurkunden ist. Der **Gesellschaftsvertrag** muss Angaben über die Firma und den Sitz der Gesellschaft, den Gegenstand des Unternehmens, den Betrag des Stammkapitals und die Höhe der Stammeinlagen der Gesellschafter enthalten.[119] Anschließend wird mindestens ein **Geschäftsführer** bestellt, der die Gesellschaft zur Eintragung ins **Handelsregister**

[116] Vgl. §11 Abs.1 GmbHG und §41 Abs.1 AktG.

[117] Vgl. §2 Abs.1 S.1 GmbHG und §23 Abs.1 S.1 AktG.

[118] Vgl. §4 GenG und §131 HGB. Die Gesellschafter der Personengesellschaft können im Gesellschaftsvertrag vereinbaren, dass ein Gesellschafter das Unternehmen ohne Liquidation fortführen darf. Das kann dann aber nur in der Rechtsform der Einzelunternehmung geschehen.

[119] Vgl. §3 Abs.1 GmbHG.

anmeldet. Die Anmeldung darf nur erfolgen, wenn auf jede Stammeinlage vor der Eintragung ein Viertel, mindestens insgesamt aber 12.500 EUR eingezahlt sind,[120] und die Geschäftsführer endgültig über dieses Kapital frei verfügen können.

Der Gesellschaftsvertrag kann vorsehen, dass anstelle von Geldzahlungen auch **Sacheinlagen** auf das Stammkapital geleistet werden dürfen. Der Gegenstand der Sacheinlage und der Betrag der Stammeinlage, auf den sie sich bezieht, sind im Gesellschaftsvertrag festzusetzen.[121] Eine Prüfung des Gründungsvorgangs findet nicht statt, und zwar – im Gegensatz zur Aktiengesellschaft – auch dann nicht, wenn Gesellschaftsanteile gegen Einbringung von Sachgütern, deren Bewertung stets problematisch ist, übernommen worden sind. In einem Sachgründungsbericht haben jedoch die Gesellschafter die für die Angemessenheit der Leistungen wesentlichen Umstände darzulegen. Erreicht der Wert einer Sacheinlage im Zeitpunkt der Anmeldung zur Eintragung in das Handelsregister nicht den Betrag der dafür übernommenen Stammeinlage, so ist in Höhe des Fehlbetrags eine Geldeinlage zu leisten. Außerdem haften Gesellschafter und Geschäftsführer für falsche Angaben gesamtschuldnerisch.[122]

Neuerungen bei der Gründung

Neuerungen bei der Gründung einer GmbH finden sich im Gesetz zur Modernisierung des GmbH-Rechts und zur Bekämpfung von Missbräuchen (**MoMiG**).

Die grundlegende Modernisierung des GmbH-Rechts orientiert sich an folgenden Maximen:

- Flexibilisierung und Deregulierung auf der einen Seite,
- Bekämpfung der Missbrauchsgefahr auf der anderen.

Besondere Neuerungen sind

- das Musterprotokoll für unkomplizierte GmbH-Standardgründungen sowie
- eine neue GmbH-Variante, die ohne Mindeststammkapital auskommt (UG (Haftungsbeschränkung)).

Das MoMiG bietet im Wesentlichen folgende Vorteile:

Beschleunigung von Unternehmensgründungen

Ein Kernanliegen der GmbH-Novelle ist die Erleichterung und Beschleunigung von Unternehmensgründungen. Hier wurde häufig ein Wettbewerbsnachteil der GmbH gegenüber ausländischen Rechtsformen wie der englischen **Limited** gesehen, weil in vielen Mitgliedstaaten der Europäischen Union geringere Anforderungen an die Gründungsformalien und die Aufbringung des Mindeststammkapitals gestellt werden.

Erleichterung der Kapitalaufbringung und Übertragung von Geschäftsanteilen

Das neue GmbH-Recht kennt zwei Varianten der GmbH. Neben die bewährte GmbH mit einem Mindeststammkapital von 25.000 EUR tritt die haftungsbeschränkte Unternehmergesellschaft (§ 5a GmbHG), UG (Hafttungsbeschränkung) genannt. Sie

[120] Vgl. § 7 Abs. 2 und § 8 Abs. 2 GmbHG.
[121] Vgl. § 5 Abs. 4 GmbHG.
[122] Vgl. §§ 9 und 9a Abs. 1 GmbHG.

bietet eine Einstiegsvariante der GmbH und ist für Existenzgründer interessant, die zu Beginn ihrer Tätigkeit wenig Stammkapital haben und benötigen – wie zum Beispiel im Dienstleistungsbereich. Bei der haftungsbeschränkten Unternehmergesellschaft handelt es sich nicht um eine neue Rechtsform, sondern um eine GmbH, die ohne bestimmtes Mindeststammkapital gegründet werden kann. Diese GmbH darf ihre Gewinne aber nicht voll ausschütten. Sie soll auf diese Weise das Mindeststammkapital der normalen GmbH nach und nach ansparen.

Die Gesellschafter können jetzt individuell über die jeweilige Höhe ihrer Stammeinlagen bestimmen und sie dadurch besser nach ihren Bedürfnissen und finanziellen Möglichkeiten ausrichten. Jeder Geschäftsanteil muss nun nur noch auf einen Betrag von mindestens einem EUR lauten. Bei Neugründungen bzw. Kapitalerhöhungen kann von vornherein eine flexible Stückelung gewählt werden, vorhandene Geschäftsanteile können leichter gestückelt werden.

Die Flexibilisierung setzt sich bei den Geschäftsanteilen fort. Geschäftsanteile können leichter aufgeteilt, zusammengelegt und einzeln oder zu mehreren an einen Dritten übertragen werden.

Rechtsunsicherheiten im Bereich der Kapitalaufbringung werden dadurch beseitigt, dass das Rechtsinstitut der „verdeckten Sacheinlage" im Gesetz klar geregelt wird. Eine verdeckte Sacheinlage liegt vor, wenn zwar formell eine Bareinlage vereinbart und geleistet wird, die Gesellschaft bei wirtschaftlicher Betrachtung aber einen Sachwert erhalten soll (z.B. ein Fahrzeug). Die für die Praxis schwer einzuhaltenden Vorgaben der Rechtsprechung zur verdeckten Sacheinlage sowie die einschneidenden Rechtsfolgen, die dazu führen, dass der Gesellschafter seine Einlage im Ergebnis häufig zweimal leisten muss, wurden fast einhellig kritisiert. Das Gesetz sieht daher vor, dass der Wert der geleisteten Sache auf die Bareinlageverpflichtung des Gesellschafters angerechnet wird. Die Anrechnung erfolgt erst nach Eintragung der Gesellschaft in das Handelsregister. Weiß der Geschäftsführer von der geplanten verdeckten Sacheinlage, liegt also eine vorsätzliche verdeckte Sacheinlage vor, so darf er in der Handelsregisteranmeldung nicht versichern, die Bareinlage sei erfüllt. Es gibt hier kein Recht zur Lüge.

Einführung von Musterprotokollen

Für unkomplizierte Standardgründungen (u.a. Bargründung, höchstens drei Gesellschafter) werden zwei beurkundungspflichtige Musterprotokolle als Anlage zum GmbH-Gesetz zur Verfügung gestellt. Die GmbH-Gründung wird einfacher, wenn ein Musterprotokoll verwendet wird. Die Vereinfachung wird vor allem durch die Zusammenfassung von drei Dokumenten (Gesellschaftsvertrag, Geschäftsführerbestellung und Gesellschafterliste) in einem bewirkt. Bei der haftungsbeschränkten Unternehmergesellschaft mit geringem Stammkapital wird die Gründung unter Verwendung eines Musterprotokolls darüber hinaus aufgrund einer kostenrechtlichen Privilegierung zu einer echten Kosteneinsparung führen.

Beschleunigung der Registereintragung

Die Eintragung einer Gesellschaft in das Handelsregister wurde bereits durch das Gesetz über elektronische Handelsregister und Genossenschaftsregister sowie das Unternehmensregister (EHUG) erheblich beschleunigt. Danach werden die zur Gründung der GmbH erforderlichen Unterlagen grundsätzlich elektronisch beim Registergericht eingereicht. Es kann dann unverzüglich über die Anmeldung entscheiden und die übermittelten Daten unmittelbar in das elektronisch geführte Register übernehmen. Das MoMiG verkürzt die Eintragungszeiten beim Handelsregister weiter:

Bislang konnte eine Gesellschaft nur dann in das Handelsregister eingetragen werden, wenn bereits bei der Anmeldung zur Eintragung eine staatliche Genehmigungsurkunde vorlag. Das betraf zum Beispiel Handwerks- und Restaurantbetriebe oder Bauträger, die eine gewerberechtliche Erlaubnis brauchen. Das langsamste Verfahren bestimmte also das Tempo. Diese Rechtslage erschwerte und verzögerte die Unternehmensgründung erheblich. Jetzt müssen GmbHs wie Einzelkaufleute und Personenhandelsgesellschaften keine Genehmigungsurkunden mehr beim Registergericht einreichen. Das erleichtert den Start.

Vereinfacht wird auch die Gründung von Ein-Personen-GmbHs. Besondere Sicherheitsleistungen sind nicht mehr erforderlich.

Es wird ausdrücklich klargestellt, dass das Gericht bei der Gründungsprüfung nur dann die Vorlage von Einzahlungsbelegen oder sonstigen Nachweisen verlangen kann, wenn es erhebliche Zweifel hat, ob das Kapital ordnungsgemäß aufgebracht wurde. Bei Sacheinlagen wird die Werthaltigkeitskontrolle durch das Registergericht auf die Frage beschränkt, ob eine „nicht unwesentliche" Überbewertung vorliegt. Dies entspricht der Rechtslage bei der Aktiengesellschaft. Nur bei entsprechenden Hinweisen kann damit künftig im Rahmen der Gründungsprüfung eine externe Begutachtung veranlasst werden.

Die Verwendung des Musterprotokolls wird ebenfalls zur Beschleunigung führen, denn es wird weniger Nachfragen der Registergerichte geben.

Erhöhung der Attraktivität der GmbH als Rechtsform

Durch ein Bündel von Maßnahmen wird die Attraktivität der GmbH nicht nur in der Gründung, sondern auch als „werbendes", also am Markt tätiges Unternehmen erhöht. Gleichzeitig werden Nachteile der deutschen GmbH im Wettbewerb der Rechtsformen ausgeglichen.

Verlegung des Verwaltungssitzes ins Ausland

Als ein Wettbewerbsnachteil wurde bisher angesehen, dass EU-Auslandsgesellschaften nach der Rechtsprechung des EuGH in den Urteilen Überseering und Inspire Art ihren Verwaltungssitz in einem anderen Staat – also auch in Deutschland – wählen können. Diese Auslandsgesellschaften sind in Deutschland als solche anzuerkennen. Umgekehrt hatten deutsche Gesellschaften diese Möglichkeit bislang nicht. Deutschen Gesellschaften wird nunmehr ermöglicht, einen Verwaltungssitz zu wählen, der nicht notwendig mit dem Satzungssitz übereinstimmt. Dieser Verwaltungssitz kann auch im Ausland liegen. Damit wird der Spielraum deutscher Gesellschaften erhöht, ihre Geschäftstätigkeit auch außerhalb des deutschen Hoheitsgebiets zu entfalten. Das kann z.B. eine attraktive Möglichkeit für deutsche Konzerne sein, ihre Auslandstöchter in der Rechtsform der vertrauten GmbH zu führen.

Mehr Transparenz bei Gesellschaftsanteilen

Nach dem Vorbild des Aktienregisters gilt künftig nur derjenige als Gesellschafter, der in die Gesellschafterliste eingetragen ist. So können Geschäftspartner der GmbH lückenlos und einfach nachvollziehen, wer hinter der Gesellschaft steht. Veräußerer und Erwerber von Gesellschaftsanteilen erhalten den Anreiz, die Gesellschafterliste aktuell zu halten. Weil die Struktur der Anteilseigner transparenter wird, lassen sich Missbräuche – wie zum Beispiel Geldwäsche besser – verhindern.

Gutgläubiger Erwerb von Gesellschaftsanteilen

Die Gesellschafterliste dient als Anknüpfungspunkt für einen gutgläubigen Erwerb von Geschäftsanteilen. Wer einen Geschäftsanteil erwirbt, kann darauf vertrauen, dass die in der Gesellschafterliste verzeichnete Person auch wirklich Gesellschafter ist. Ist eine unrichtige Eintragung in der Gesellschafterliste für mindestens drei Jahre unbeanstandet geblieben, so gilt der Inhalt der Liste dem Erwerber gegenüber als richtig. Die Neuregelung führt zu einer erheblichen Erleichterung für die Praxis bei Veräußerung von Anteilen älterer GmbHs.

Sicherung des Cash-Pooling

Das MoMiG greift die Sorgen der Praxis auf und trifft eine allgemeine Regelung. Das bei der Konzernfinanzierung international gebräuchliche Cash-Pooling wird gesichert und sowohl für den Bereich der Kapitalaufbringung als auch den Bereich der Kapitalerhaltung auf eine verlässliche Rechtsgrundlage gestellt. Cash-Pooling ist ein Instrument zum Liquiditätsausgleich zwischen den Unternehmensteilen im Konzern. Dazu werden Mittel von den Tochtergesellschaften an die Muttergesellschaft zu einem gemeinsamen Cash-Management geleitet. Im Gegenzug erhalten die Tochtergesellschaften Rückzahlungsansprüche gegen die Muttergesellschaft.

Deregulierung des Eigenkapitalersatzrechts

Die sehr komplex gewordene Materie des Eigenkapitalersatzrechts (§§ 30 ff. GmbHG) wird erheblich vereinfacht und grundlegend dereguliert. Beim Eigenkapitalersatzrecht geht es um die Frage, ob Kredite, die Gesellschafter ihrer GmbH geben, als Darlehen oder als Eigenkapital behandelt werden. Das Eigenkapital steht in der Insolvenz hinter allen anderen Gläubigern zurück. Grundgedanke der Neuregelung ist, dass die Organe und Gesellschafter der gesunden GmbH einen einfachen und klaren Rechtsrahmen vorfinden sollen. Dazu wurden die Rechtsprechungs- und Gesetzesregeln über die Kapital ersetzenden Gesellschafterdarlehen im Insolvenzrecht neu geordnet.

Bekämpfung von Missbräuchen

Die aus der Praxis übermittelten Missbrauchsfälle im Zusammenhang mit der Rechtsform der GmbH werden durch verschiedene Maßnahmen bekämpft:

Die Rechtsverfolgung gegenüber Gesellschaften wird beschleunigt. Diese scheitert heute oft schon daran, dass die Gesellschaften sich der Zustellung von Mahnungen und Klagen entziehen. Deshalb muss zukünftig in das Handelsregister eine inländische Geschäftsanschrift eingetragen werden. Dies gilt auch für Aktiengesellschaften, Einzelkaufleute, Personenhandelsgesellschaften sowie Zweigniederlassungen (auch von Auslandsgesellschaften). Wenn unter dieser eingetragenen Anschrift eine Zustellung (auch durch Niederlegung) faktisch unmöglich ist, wird gegenüber juristischen Personen (also insbesondere der GmbH) die sofortige öffentliche Zustellung im Inland eröffnet. Dies bringt den Gläubigern eine ganz erhebliche Vereinfachung der Rechtsverfolgung.

Hat die Gesellschaft keinen Geschäftsführer mehr, so sind die Gesellschafter jetzt verpflichtet, bei Zahlungsunfähigkeit und Überschuldung einen Insolvenzantrag zu stellen. Die Insolvenzantragspflicht kann durch „Abtauchen" der Geschäftsführer nicht mehr umgangen werden.

Geschäftsführer, die Beihilfe zur Ausplünderung der Gesellschaft durch die Gesellschafter leisten und dadurch die Zahlungsunfähigkeit der Gesellschaft herbeiführen, werden stärker in die Pflicht genommen werden.

Die bisherigen Ausschlussgründe für Geschäftsführer werden um Verurteilungen wegen Insolvenzverschleppung, falscher Angaben und unrichtiger Darstellung sowie Verurteilungen aufgrund allgemeiner Straftatbestände mit Unternehmensbezug erweitert. Zum Geschäftsführer kann also nicht mehr bestellt werden, wer gegen zentrale Bestimmungen des Wirtschaftsstrafrechts verstoßen hat. Das gilt auch bei Verurteilungen wegen vergleichbarer Straftaten im Ausland. Außerdem haften künftig Gesellschafter, die vorsätzlich oder grob fahrlässig einer Person, die nicht Geschäftsführer sein kann, die Führung der Geschäfte überlassen, der Gesellschaft für Schäden, die diese Person der Gesellschaft zufügen.

6.2.1.3 Die Gründung einer Aktiengesellschaft

Die Gründung einer Aktiengesellschaft vollzieht sich in folgenden Schritten:[123] Eine oder mehrere Personen **(Gründer)** stellen die **Satzung** fest, die notariell zu beurkunden ist und Angaben über Firma und Sitz der Gesellschaft, den Gegenstand des Unternehmens, die Höhe des Grundkapitals, den Nennbetrag sowie die Gattung der Aktien, die Zusammensetzung des Vorstands und die Form der Bekanntmachungen der Gesellschaft enthalten muss.

Darüber hinaus sind Sondervorteile, die einzelnen Aktionären eingeräumt werden (z.B. Gewinnvorteile, Vorteile bei der Verteilung des Liquidationserlöses, Bezugs- oder Lieferungsrechte), ferner Entschädigungen oder Belohnungen, die zu Lasten der Gesellschaft an Aktionäre oder an andere Personen für die Gründung oder ihre Vorbereitung gewährt werden (Gründerlohn),[124] in der Satzung festzulegen. Erfolgt die Leistung der Einlagen durch **Sacheinlagen,** so sind der Gegenstand der Sacheinlage und der Nennbetrag der dem Aktionär hierfür zu gewährenden Aktien oder die bei einer Sachübernahme durch die Gesellschaft zu gewährende Vergütung festzusetzen.[125] Fehlen diese Angaben zu Sacheinlagen oder Sachübernahmen, so sind hierüber geschlossene Verträge der Gesellschaft gegenüber unwirksam.[126] Der Aktionär ist in diesem Falle verpflichtet, an Stelle der vereinbarten Sacheinlage eine Bareinzahlung zu leisten.[127]

Nachdem die Satzung festgestellt ist, erfolgt die **Aufbringung des Grundkapitals** durch Übernahme sämtlicher Aktien durch die Gründer **(Einheits- oder Simultangründung).** Eine **Stufengründung** (Sukzessivgründung) liegt vor, wenn die Gründer nur einen Teil der Aktien übernehmen, während der Rest anderen Kapitalanlegern zur Zeichnung angeboten wird. Diese Form der Gründung, die das AktG 1937[128] neben der Einheitsgründung zuließ, ist heute nach deutschem Recht nicht mehr

[123] Vgl. §§2, 23–53 AktG.
[124] Vgl. §26 Abs. 2 AktG.
[125] Vgl. §27 Abs. 1 S. 1 AktG.
[126] Vgl. §27 Abs. 3 S. 1 AktG.
[127] Vgl. §27 Abs. 3 S. 3 AktG.
[128] Vgl. §30 AktG 1937.

statthaft. Sämtliche Aktien müssen durch die Gründer übernommen werden.[129] Sind die Gründer dazu nicht in der Lage, so müssen sie in ihren Kreis eine Bank oder ein **Bankenkonsortium** aufnehmen. Die von den Banken übernommenen Aktien werden dann später dem Publikum angeboten.

Nach der Übernahme der Aktien werden von den Gründern der erste **Aufsichtsrat** der Gesellschaft und der **Abschlussprüfer** für das erste Voll- oder Rumpfgeschäftsjahr bestellt.[130] Der Aufsichtsrat bestellt sodann den ersten Vorstand.[131]

Der Vorstand fordert das Aktienkapital ein. Es müssen mindestens 25 % des Nennwerts sowie ein evtl. vereinbartes Agio eingezahlt werden.[132] Nach der Einzahlung des Grundkapitals bzw. des eingeforderten Teils erfolgt durch alle Gründer und Mitglieder des Aufsichtsrats und Vorstands die Anmeldung zur Eintragung in das **Handelsregister**. Die Eintragung hat – wie bei der GmbH – konstitutive Wirkung, d.h., die AG entsteht erst mit der Eintragung. Der Anmeldung sind neben der Satzung und den Urkunden über die Satzungsfeststellung, die Aktienübernahme und die Bestellung von Aufsichtsrat und Vorstand auch ein Gründungsbericht der Gründer über den Hergang der Gründung und ein Prüfungsbericht beizufügen.[133] Die **Gründungsprüfung** nehmen Vorstand und Aufsichtsrat vor.[134] Gehört jedoch ein Gründungsmitglied zum Vorstand oder Aufsichtsrat oder liegt eine Gründung mit Sacheinlagen oder Sachübernahmen vor, so werden außerdem besondere Gründungsprüfer gerichtlich bestellt.[135]

Werden Aktien nicht gegen Geld (Bargründung), sondern durch Leistung von **Sacheinlagen**, wie z.B. von Patenten, Maschinen oder Grundstücken (Sachgründung) erworben, oder werden Gründern und sonstigen Aktionären besondere Vorteile in Form eines Gründerlohns oder von Warenlieferungs- oder Warenbezugsverträgen eingeräumt, so liegt eine **qualifizierte Gründung** vor. Die verschärften Prüfungsvorschriften für den Fall der qualifizierten Gründung sollen insbesondere verhindern, dass bei der Einbringung von Sachwerten durch Bewertungsmanipulationen einzelnen Aktionären auf Kosten anderer Vorteile eingeräumt werden. Außerdem dienen sie dem Schutz der Gläubiger, deren Risiko sich durch die Überbewertung von Vermögenswerten von vornherein erhöhen würde, weil dann das Grundkapital nicht voll gedeckt wäre. Eine derartige Überbewertung käme praktisch einer Unterpari-Ausgabe der Aktien gleich, die durch § 9 Abs. 1 AktG verboten ist.

Die für die qualifizierte Gründung gegebenen Schutzvorschriften könnten dadurch umgangen werden, dass erst nach Durchführung einer Bargründung die Gesellschaft Vermögenswerte von einzelnen Aktionären übernimmt. Das würde praktisch einer Rückzahlung der Bareinlagen gleichkommen und Missbräuche durch den Ansatz überhöhter Kaufpreise für die Vermögenswerte nicht ausschließen. Derartige Gründungen bezeichnet man als **Schein-Bargründungen**. Sie werden durch die Bestimmungen über die Nachgründung erschwert.

[129] Vgl. § 29 AktG.
[130] Vgl. § 30 Abs. 1 AktG.
[131] Vgl. § 30 Abs. 4 AktG.
[132] Vgl. § 36a Abs. 1 AktG.
[133] Vgl. § 37 Abs. 4 Nr. 4 AktG.
[134] Vgl. § 33 Abs. 1 AktG.
[135] Vgl. § 33 Abs. 2 AktG.

Eine **Nachgründung**[136] liegt vor, wenn eine Aktiengesellschaft in den ersten zwei Jahren nach der Eintragung ins Handelsregister Verträge mit Gründern oder mit mehr als 10 % beteiligten Aktionären schließt, nach denen sie Anlagen oder Vermögensgegenstände für eine mehr als 10 % des Grundkapitals übersteigende Vergütung erwerben soll. Derartige Verträge sind nur rechtswirksam, wenn ihnen die Hauptversammlung mit Dreiviertelmehrheit zugestimmt hat, nachdem sie zuvor vom Aufsichtsrat und einem Gründungsprüfer geprüft worden sind und der Aufsichtsrat einen Nachgründungsbericht erstattet hat. Die Nachgründung ist ins Handelsregister einzutragen. Diese Vorschriften gelten nicht, wenn der Erwerb der Vermögensgegenstände im Rahmen des laufenden Geschäfts, in der Zwangsvollstreckung oder an der Börse erfolgt.[137] Letzteres ist z.B. dann von Bedeutung, wenn Emissionserlöse vorübergehend in Wertpapieren angelegt werden sollen.

Die **Gründungskosten** für eine Aktiengesellschaft sind infolge der umfangreichen Formvorschriften relativ hoch. Sie bestehen in erster Linie aus Notariats- und Gerichtskosten und Prüfungsgebühren. Notariats- und Gerichtskosten fallen für die Beurkundung der Satzung, die Bestellung des ersten Aufsichtsrats und für die Handelsregistereintragung an. Die Gebühren für die Gründungsprüfung sind bei Sachgründungen gewöhnlich erheblich höher als bei Bargründungen. Zu den Gründungskosten zählen ferner die Druckkosten für die Aktien und Interimscheine, die ersten Pflichtveröffentlichungen in Zeitungen u.ä. Die Aktivierung der Gründungskosten in der Jahresbilanz und eine Verteilung durch Abschreibung über mehrere Jahre sind nicht zulässig.[138] Sie führen zu einem entsprechenden Bilanzverlust, da die sofortige Verrechnung mit einem evtl. Agio nicht gestattet ist.[139] Zur Tilgung des Verlusts dürfen dann die Kapitalrücklagen, in die das Agio eingestellt worden ist, nach den Regeln des § 150 Abs. 3 AktG verwendet werden.

6.2.2 Die Kapitalerhöhung

6.2.2.1 Begriff und Motive der Kapitalerhöhung

Jede Erweiterung der Kapitalbasis eines Betriebs durch Einbringung bzw. Einbehaltung eigener oder Aufnahme fremder Mittel kann an sich als Kapitalerhöhung bezeichnet werden. Gewöhnlich wird der **Begriff** aber enger gefasst und nur für die Erhöhung des Eigenkapitals auf dem Wege der Außenfinanzierung verwendet. Noch enger gefasst beinhaltet der Begriff der Kapitalerhöhung nur die Erhöhung des Grundkapitals der Aktiengesellschaft bzw. des Stammkapitals der GmbH.

---

[136] Vgl. § 52 AktG.

[137] Vgl. § 52 Abs. 9 AktG.

[138] Die Gründungskosten sind nicht mit den „Aufwendungen für die Ingangsetzung des Geschäftsbetriebs und dessen Erweiterung" (§ 269 HGB) zu verwechseln, zu denen die Aufwendungen für den Aufbau des Betriebs, der Betriebsorganisation und der Verwaltung gehören. Diese dürfen aktiviert werden und sind durch jährliche Abschreibungen in jedem folgenden Geschäftsjahr zu mindestens einem Viertel zu tilgen (§ 282 HGB).

[139] Diese Verrechnung erlaubte § 130 Abs. 2 Nr. 2 AktG 1937. Nach § 272 Abs. 2 Nr. 1 HGB ist jedoch das Agio ungekürzt in die Kapitalrücklage einzustellen. Vgl. auch *Adler-Düring-Schmaltz,* Rechnungslegung und Prüfung der Aktiengesellschaft, Bd. 1, 5. Aufl., Stuttgart 1987, Erl. zu § 272 HGB, Tz 71 ff.

Ebenso wie die Gründung kann auch die Kapitalerhöhung durch Zuführung von Geldmitteln oder sonstigen Vermögenswerten durchgeführt werden, wobei entweder die bisherigen Gesellschafter ihre Kapitalanteile erhöhen oder neue Gesellschafter eintreten. Dieser Fall kann z.B. eintreten, wenn ein Unternehmen ein anderes erwirbt und der Kaufpreis für die akquirierte Gesellschaft in Form von Aktien der erwerbenden Gesellschaft entrichtet wird. Ein Beispiel hierfür waren der Erwerb der Mannesmann AG durch Vodafone und die Voicestream-Akquisition der Deutschen Telekom AG.

Eine Kapitalerhöhung kann auch in der Weise erfolgen, dass eine Fusion durch Aufnahme stattfindet, d.h. eine Gesellschaft eine andere Gesellschaft aufnimmt, indem sie deren Vermögen gegen Gewährung von Gesellschaftsrechten übernimmt. Eine Kapitalerhöhung tritt auch bei einer verschmelzenden Umwandlung ein, bei der eine Gesellschaft auf eine bereits bestehende Gesellschaft übertragen wird, oder bei Spaltung eines Unternehmens.

Verwendet man die engste Begriffsabgrenzung, so zählt auch die Umformung von offenen Rücklagen einer Kapitalgesellschaft in Nominalkapital zur Kapitalerhöhung (Kapitalerhöhung aus Gesellschaftsmitteln oder nominelle Kapitalerhöhung), obwohl sich die Höhe des ausgewiesenen Eigenkapitals nicht ändert, sondern nur seine Struktur. Abbildung 12 zeigt noch einmal die genannten Formen der Kapitalerhöhung.

Erfolgt die **Kapitalerhöhung durch Einlage zusätzlicher Geldmittel**, so hat sie eine Verbesserung der Liquidität des Unternehmens zur Folge. Da durch eine Erhöhung des nominell gebundenen Eigenkapitals der Kapitalgesellschaften bzw. der Kommanditeinlagen der Kommanditgesellschaften die Haftungsbasis des Unternehmens erweitert wird, nimmt in der Regel auch seine Kreditwürdigkeit zu, so dass eine Kapitalerhöhung den Weg zur Aufnahme weiteren Fremdkapitals freimachen kann.

Eine Erhöhung des Eigenkapitals wird in der Regel erfolgen müssen, wenn ein Unternehmen seine Kapazität erweitern, größere Umstellungen im Produktionspro-

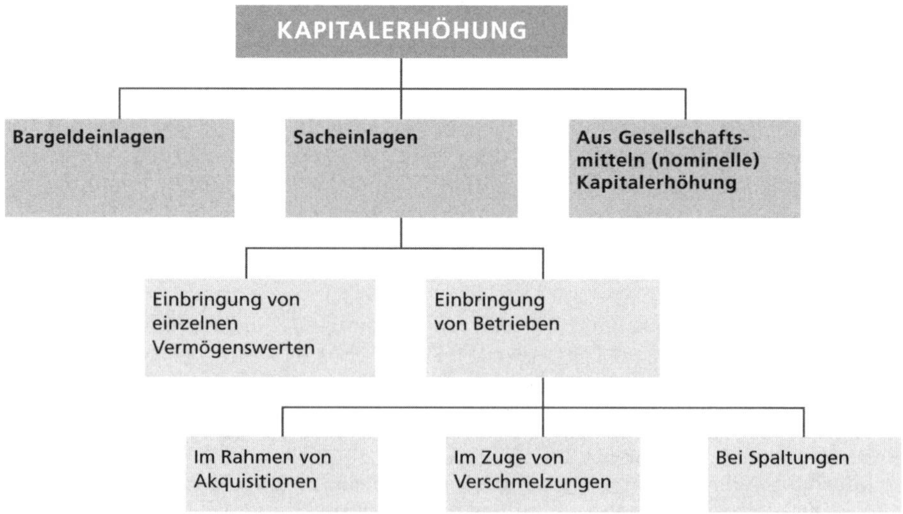

Abb. 12: Formen der Kapitalerhöhung

gramm vornehmen oder sich an anderen Unternehmen beteiligen will und folglich zusätzliche Mittel zur Finanzierung benötigt. Erhöhungen des Eigenkapitals können aber auch dazu dienen, Fremdkapital durch Eigenkapital zu ersetzen, so dass keine Erweiterung der Kapitalbasis, sondern eine Änderung der Kapitalstruktur eintritt. Das ist insbesondere dann erforderlich, wenn Anlagen vorübergehend mit kurzfristigem Fremdkapital finanziert wurden, das unbedingt durch langfristiges Eigenkapital abgelöst werden muss, damit das Unternehmen nicht plötzlich in Liquiditätsschwierigkeiten gerät. Auch Rationalisierungsmaßnahmen, insbesondere Modernisierungsinvestitionen zur Berücksichtigung technischer Fortschritte können Kapitalerhöhungen erforderlich machen.

Bei Aktiengesellschaften kann die Kapitalerhöhung auch andere als reine Finanzierungszwecke verfolgen, so z.B. wenn junge (neue) Aktien den Belegschaftsmitgliedern angeboten werden sollen.

6.2.2.2 Die Kapitalerhöhung der Einzelunternehmung und der Personengesellschaften

Bei der **Einzelunternehmung** besteht oft die einzige Möglichkeit zur Erhöhung des Eigenkapitals in der Nichtentnahme erzielter Gewinne (Selbstfinanzierung), es sei denn, der Einzelunternehmer verfügt noch über Privatvermögen, das er in das Unternehmen einbringen kann, oder es gelingt ihm, einen stillen Gesellschafter aufzunehmen.

Das Eigenkapital von **Personengesellschaften** kann auf dem Wege der Beteiligungsfinanzierung durch weitere Einlagen der bisherigen Gesellschafter oder durch Aufnahme weiterer Gesellschafter erhöht werden. Beide Maßnahmen werfen unter Umständen eine Anzahl schwieriger Probleme auf.

Soll die Aufbringung des Kapitals durch die bisherigen Gesellschafter erfolgen, so tritt eine Verschiebung der prozentualen Anteile am Gesellschaftskapital dann ein, wenn nicht alle Gesellschafter in der Lage sind, ihren bisherigen Anteil am Kapital im gleichen Verhältnis aufzustocken.

Erfolgt die **Gewinnverteilung** nach Gewährung einer festen Verzinsung der Einlagen nach Köpfen,[140] so hat die Verschiebung der Anteile nur Einfluss auf die feste Verzinsung, nicht aber auf die Verteilung des Restgewinns. Im Fall der Liquidation oder beim Ausscheiden eines Gesellschafters aus der Gesellschaft liegt der Berechnung des Liquidationserlöses in der Regel nicht der Gewinnverteilungsschlüssel, son-

Beispiel:

Anteile an den stillen Rücklagen vor der Kapitalerhöhung				**Anteile an den stillen Rücklagen nach der Kapitalerhöhung**			
Eigenkapital einer OHG		Stille Rücklagen		Eigenkapital einer OHG		Stille Rücklagen	
A: 150.000 EUR	75%	30.000 EUR	75%	175.000 EUR	70%	28.000 EUR	70%
B: 50.000 EUR	25%	10.000 EUR	25%	75.000 EUR	30%	12.000 EUR	30%
200.000 EUR	100%	40.000 EUR	100%	250.000 EUR	100%	40.000 EUR	100%

Abb. 13: Stille Rücklagen vor und nach einer Kapitalerhöhung bei einer OHG

140 Vgl. § 121 HGB in Verbindung mit § 168 HGB.

TEIL B: AUSSENFINANZIERUNG

dern das Verhältnis der Kapitalanteile zugrunde. Sind in dem Unternehmen bis zur Kapitalerhöhung erhebliche **stille Rücklagen** gebildet worden, so führt das zu einer Bevorzugung der Gesellschafter, die bei einer Kapitalerhöhung ihren Kapitalanteil prozentual erhöhen. Das gleiche Problem entsteht dann, wenn die Gewinnentnahme der Gesellschafter in unterschiedlicher Höhe erfolgt.

Während vor der Kapitalerhöhung die stillen Rücklagen bei einer Liquidation im Verhältnis 3:1 verteilt worden wären, d.h. A 30.000 EUR und B 10.000 EUR erhalten hätte, tritt nach der Kapitalerhöhung eine Verschiebung des Beteiligungsverhältnisses auf 7:3 ein, weil beide Gesellschafter ihr Kapital um den gleichen absoluten Betrag und nicht im bisherigen Verhältnis der Kapitalanteile erhöht haben. A würde jetzt nur noch 28.000 EUR, B dagegen 12.000 EUR erhalten, obwohl das neu eingebrachte Kapital an der Erwirtschaftung der Rücklagen überhaupt nicht beteiligt war. Derartige Verschiebungen lassen sich dadurch verhindern, dass im **Gesellschaftsvertrag** das Verhältnis der Gesellschaftsanteile festgelegt und durch Entnahmeregelungen die Entstehung von Kapitalspitzen zwischen den Kapitalkonten der einzelnen Gesellschafter vermieden wird. Bei wesentlichen Kapitalerhöhungen durch Leistung weiterer Einlagen wird dann in der Regel eine Neufestsetzung der Geschäftsanteile unter Berücksichtigung der bereits gebildeten stillen Rücklagen notwendig sein.

Ein analoges Problem entsteht, wenn die Kapitalerhöhung durch die **Aufnahme eines neuen Gesellschafters** erfolgen soll, der eine Einlage zu leisten hat. Mit seiner Einlage wird der neue Gesellschafter automatisch entsprechend seinem Anteil an den bereits vorhandenen stillen Rücklagen beteiligt, die in der Vergangenheit zu Lasten der Gewinnentnahme oder zu Lasten der Erhöhung der Kapitalkonten der alten Gesellschafter gebildet wurden. Aus diesem Grunde wird ihm nicht die gesamte Einlage als Kapitalanteil zugeschrieben, sondern nur der Bruchteil, der unter Berücksichtigung der Beteiligung an den stillen Rücklagen wertmäßig der Einlage entspricht.

Beispiel: Das Eigenkapital einer OHG, an der A und B im Verhältnis 3:1 beteiligt sind, soll durch Aufnahme eines weiteren Gesellschafters (C) von 200.000 EUR auf 250.000 EUR erhöht werden. Die stillen Rücklagen betragen 40.000 EUR.

Würden A und B diese stillen Rücklagen unmittelbar vor dem Eintritt des Gesellschafters C auflösen, so wären nach der Kapitalerhöhung A, B und C im folgenden Verhältnis an der Gesellschaft beteiligt:

In EUR Gesellschafter	Eigenkapital-Buchwert	Stille Rücklagen	Kapital-erhöhung	Gesamtes Eigenkapital	
A	150.000	30.000	–	180.000	62,07%
B	50.000	10.000	–	60.000	20,69%
C	–	–	50.000	50.000	17,24%
Σ	200.000	40.000	50.000	290.000	100%

Abb. 14: Kapitalerhöhung bei einer OHG unter Auflösung stiller Rücklagen

Soll C nicht an den alten stillen Rücklagen partizipieren, so dürfen ihm von den eingelegten 50.000 EUR nur 43.100 EUR (= 17,24% des neuen buchmäßigen Eigenkapitals von 250.000 EUR) zugeschrieben werden, wenn eine Auflösung der stillen

In EUR			Anteil an stillen Rücklagen		
Gesellschafter	Eigenkapital-Buchwert		Vor Kapitalerhöhung	Nach Kapitalerhöhung	Differenz
A	150.000,00 5.172,41 155.172,41	62,07%	30.000,00	24.827,59	– 5.172,41
B	50.000,00 1.724,14 51.724,14	20,69%	10.000,00	8.275,86	– 1.724,14
C	50.000,00 – 5.172,41 – 1.724,14 43.103,45	17,24%		6.896,55	– 6.896,55
Summe	250.000,00	100,00%	40.000,00	40.000,00	-

Abb. 15: Kapitalerhöhung bei einer OHG ohne Auflösung stiller Rücklagen

Rücklagen zuvor nicht erfolgt. Die Differenz entfällt anteilsmäßig auf die Eigenkapitalkonten von A und B. Eine Auflösung der stillen Rücklagen unter Verwendung des neuen Beteiligungsverhältnisses beteiligt zwar C an den stillen Rücklagen. Sein Anteil entspricht aber genau dem Betrag, um den sein Kapitalanteil (Kapitalkonto) zugunsten der alten Gesellschafter niedriger festgesetzt wurde.

Erfolgt die Kapitalerhöhung einer Personengesellschaft durch Aufnahme weiterer Gesellschafter, so stellt sich außerdem die Frage, ob der bisherige Gewinnverteilungsschlüssel weiterhin angewendet werden kann und welchen Einfluss auf die Unternehmenspolitik die alten Gesellschafter den neuen Gesellschaftern einräumen wollen oder einräumen müssen. Dabei spielt eine Rolle, ob die neuen Gesellschafter als Komplementäre die volle Haftung übernehmen oder als Kommanditisten ihr wirtschaftliches Risiko auf ihre Kapitaleinlage beschränken wollen.

Klein- und Mittelbetriebe stehen oft vor schwierigen Finanzierungsproblemen, wenn die vorhandene Eigenkapitaldecke zur Aufnahme weiteren Fremdkapitals nicht ausreicht, zusätzliches Eigenkapital aber von den bisher Beteiligten nicht mehr aufgebracht werden kann und die Aufnahme weiterer Gesellschafter zumindest augenblicklich ausscheidet.

Für solche Situationen bieten die später ausführlich dargestellten **Beteiligungsgesellschaften** Lösungswege an. Dies sind Gesellschaften, die nicht emissionsfähigen Unternehmen in Form von Minderheitsbeteiligungen auf begrenzte Zeit (10–15 Jahre) Eigenkapital zur Verfügung stellen. Zusätzlich übernehmen sie Beratungsfunktionen.

6.2.2.3 Die Kapitalerhöhung der GmbH

Die Kapitalerhöhung der GmbH kann wie bei Personengesellschaften aus **Mitteln der bisherigen Gesellschafter**, aber auch durch **Aufnahme neuer Gesellschafter** (einschließlich Kapitalbeteiligungsgesellschaften) erfolgen.

Soll der Gesellschafterkreis der GmbH nicht erweitert werden, so bestehen folgende Möglichkeiten der Zuführung zusätzlichen Eigenkapitals: Ist das Stammkapital nicht voll eingezahlt oder enthält der Gesellschaftsvertrag eine **Nachschusspflicht,** so kann die Gesellschafterversammlung die Leistung weiterer Beträge beschließen. Eine Nachschusspflicht kann mit der Zustimmung aller beteiligten Gesellschafter auch nachträglich beschlossen werden.[141]

Die Form der Kapitalerhöhung, bei der die Mittel sowohl von den bisherigen als auch von neuen Gesellschaftern aufgebracht werden können, ist ein Beschluss über die **Erhöhung des Stammkapitals**, für den aber im Gegensatz zum nachträglichen Beschluss einer Nachschusspflicht eine Dreiviertelmehrheit in der Gesellschafterversammlung ausreicht.[142] Wie bei allen **Satzungsänderungen** muss der Beschluss notariell beurkundet sein, ebenso die Übernahmeerklärungen der alten bzw. der neuen Gesellschafter.[143] Die beschlossene Erhöhung des Stammkapitals ist nach der Übernahme der Stammeinlagen zur Eintragung ins Handelsregister anzumelden.[144]

Bei der Erhöhung des Stammkapitals erwerben die bisherigen Gesellschafter einen weiteren Anteil. Mehrere Anteile aus der Kapitalerhöhung können jedoch weder die bisherigen noch die neuen Gesellschafter übernehmen.[145]

Werden weitere Gesellschafter im Zuge der Kapitalerhöhung aufgenommen, so treten hinsichtlich der **Beteiligung an den stillen Rücklagen** ähnliche Probleme auf wie bei Personengesellschaften. Sind in erheblichem Umfang offene und stille Rücklagen vorhanden, so werden die bisherigen Gesellschafter von den neuen Gesellschaftern verlangen, dass sie zum Ausgleich zusätzlich zu den Stammeinlagen ein Agio leisten, das in die Kapitalrücklage eingestellt wird. Je höher das Agio angesetzt wird, desto geringer fallen die Beteiligungsquote und damit auch die Gewinnbeteiligung der neuen Gesellschafter aus.

6.2.2.4 Die Kapitalerhöhung der Aktiengesellschaft

Überblick über die Kapitalerhöhungsformen des Aktiengesetzes

(a) Die Kapitalerhöhung durch Zuführung neuer Geldmittel. Sie kann erfolgen als:

- **ordentliche Kapitalerhöhung** (§§ 182–191 AktG). Sie ist die normale Form und erfolgt durch Ausgabe neuer (junger) Aktien gegen Einlagen,
- **bedingte Kapitalerhöhung** (§§ 192–201 AktG). Sie wird erst wirksam, wenn bestimmte Bedingungen eingetreten sind (z.B. die Umwandlung von Wandelschuldverschreibungen in Aktien),
- **genehmigtes Kapital** (§§ 202–206 AktG). Dabei handelt es sich um eine vereinfachte Form der ordentlichen Kapitalerhöhung.

(b) Die Kapitalerhöhung aus Gesellschaftsmitteln (§§ 207–220 AktG).

Sie erfolgt durch Umwandlung von offenen Rücklagen in Grundkapital, d.h. es werden neue Aktien („Gratisaktien") geschaffen, ohne dass der Gesellschaft neue Geldmittel zugeführt werden.

---

[141] Vgl. § 53 Abs. 3 GmbHG.
[142] Vgl. § 53 Abs. 2 S. 1 GmbHG.
[143] Vgl. § 53 Abs. 2 S. 1 GmbHG.
[144] Vgl. §§ 55, 57 GmbHG.
[145] Vgl. § 55 Abs. 3 und 4 GmbHG.

Die ordentliche Kapitalerhöhung

Die ordentliche Kapitalerhöhung vollzieht sich durch **Ausgabe neuer (junger) Aktien.** Sie erfordert einen **Beschluss der Hauptversammlung** mit mindestens Dreiviertelmehrheit des bei der Beschlussfassung anwesenden Aktienkapitals, es sei denn, die Satzung bestimmt eine andere Mehrheit, die für die Ausgabe von Vorzugsaktien ohne Stimmrecht nur über 75 % liegen kann.[146] Sind mehrere Aktiengattungen (Stamm- und Vorzugsaktien) vorhanden, so muss diese Mehrheit für jede Gattung getrennt erreicht werden.[147] Solange das bisherige Grundkapital noch nicht voll eingezahlt ist, soll eine Kapitalerhöhung nicht durchgeführt werden; lediglich für Versicherungsgesellschaften kann die Satzung andere Bestimmungen enthalten.[148] Der notariell beglaubigte Beschluss über die Kapitalerhöhung und ihre Durchführung sind zur **Eintragung ins Handelsregister** anzumelden.[149] Die Erhöhung des Grundkapitals wird mit der Eintragung wirksam.[150]

Entsprechend ihrem Anteil am bisherigen Grundkapital steht den Aktionären grundsätzlich ein **nicht entziehbares Bezugsrecht** auf die jungen Aktien zu, für dessen Ausübung eine Frist von mindestens zwei Wochen einzuräumen ist.[151] Ein vollständiger oder teilweiser Ausschluss des Bezugsrechts ist jedoch unter Beachtung formaler Erfordernisse im Beschluss über die Kapitalerhöhung mit Dreiviertelmehrheit des bei der Beschlussfassung vertretenen Grundkapitals möglich.[152] Der Vorstand hat bei Ausschluss des Bezugsrechts der Hauptversammlung eine schriftliche Begründung vorzulegen.

Notwendig wird der **Ausschluss des Bezugsrechts** beispielsweise dann, wenn bei einer Fusion durch Aufnahme die Aktionäre der aufgenommenen Gesellschaft mit Aktien der aufnehmenden Gesellschaft entschädigt werden oder wenn Aktien den Belegschaftsmitgliedern angeboten werden sollen.

Ein Ausschluss des Bezugsrechts ist ferner dann möglich, wenn die Kapitalerhöhung gegen Bareinlagen 10 % des Grundkapitals nicht übersteigt und der Ausgabebetrag den Börsenpreis nicht wesentlich unterschreitet[153] (Abschlag von nicht mehr als 3 % bis maximal 5 %). Diese Regelung zum Bezugsrechtsausschluss eröffnet eine flexible Finanzierungsvariante, zumal sie auch im Rahmen eines genehmigten Kapitals genutzt werden kann. Börsennotierte Aktiengesellschaften können damit auf drei verschiedenen Wegen ihre Eigenkapitalbasis durch Kapitalerhöhung gegen Einlagen verbreitern:

(1) Kapitalerhöhung unter Einräumung eines Bezugsrechts,

(2) Kapitalerhöhung bis 10 % des Grundkapitals ohne Einräumung eines Bezugsrechts,

(3) Kombination beider Möglichkeiten im Sinne einer kurzfristigen Abfolge von Kapitalerhöhungen mit und ohne Bezugsrecht.

---

[146] Vgl. § 182 Abs. 1 AktG.
[147] Vgl. § 182 Abs. 2 AktG.
[148] Vgl. § 182 Abs. 4 AktG.
[149] Vgl. § 184 AktG.
[150] Vgl. § 189 AktG.
[151] Vgl. § 186 Abs. 1 AktG.
[152] Vgl. § 186 Abs. 3 und 4 AktG.
[153] Vgl. § 186 Abs. 3 S. 4 AktG.

Die erste Variante bietet sich an, wenn den bisherigen Aktionären gezielt ein werthaltiges Bezugsrecht eingeräumt werden soll, die Einräumung eines Bezugsrechts eine leichtere Platzierung verspricht oder eine Erhöhung des Kapitals um mehr als 10 % erforderlich ist.

Der Ausschluss des Bezugsrechts ist vorzuziehen, wenn die flexible Nutzung von Kapitalmarktchancen im Vordergrund steht. Außerdem besteht die Möglichkeit, gezielt Investoren auf die zu platzierenden neuen Aktien anzusprechen, insbesondere um die Aktionärsstruktur in regionaler (Inlands-/Auslandsanleger) und institutioneller Hinsicht (private/institutionelle Anleger wie z.B. Investmentfonds) zu optimieren.

Auch eine Kombination der Maßnahmen kann vorteilhaft sein. Während die bisherigen Aktionäre die Möglichkeit zur Teilnahme an einer Kapitalerhöhung erhalten, werden weitere Aktien anschließend bei ausgesuchten Investoren oder in bestimmten regionalen Märkten platziert. Auf diese Weise lassen sich unter Umständen größere Kapitalerhöhungsbeträge platzieren oder Nebenziele wie die Verbreitung der Aktionärsstruktur verwirklichen.

Als Ausschluss des Bezugsrechts wird es nicht angesehen, wenn zur verwaltungsmäßigen Vereinfachung der Emission die jungen Aktien von einem Kreditinstitut oder einem Konsortium von Kreditinstituten mit der Verpflichtung übernommen werden, sie unter bestimmten Bedingungen den bisherigen Aktionären zum Bezug anzubieten. Im Gegensatz zur umständlichen **Eigenemission**, für die gewöhnlich die organisatorischen Voraussetzungen fehlen, hat die **Fremdemission** den Vorteil, dass der Gesellschaft der Gegenwert der neuen Aktien sofort zur Verfügung steht. Für die Vorfinanzierung der Kapitalerhöhung und die Durchführung der Emission berechnen die beteiligten Kreditinstitute eine Übernahmeprovision. Die Gesamtkosten einer Fremdemission sind risiko- und größenabhängig. Ferner spielt eine Rolle, ob Großaktionäre im Vorfeld ihre Zeichnungsbereitschaft erklären oder ob die Aktien breit gestreut sind. Empirischen Untersuchungen zufolge liegen die Kosten zwischen 0,84 % bei einem Emissionsvolumen von mehr als 500 Mio. EUR und 2,83 % bei einem Emissionsvolumen von bis zu 10 Mio. EUR. Auf Bankenprovisionen entfallen hiervon 0,78 %-Punkte bzw. 1,99 %-Punkte.[154] Wird eine Kapitalerhöhung mit der Börsenersteinführung des Unternehmens verbunden, liegen die Kosten deutlich über diesen Werten. In Abhängigkeit vom Emissionsvolumen, können die Gesamtkosten durchaus 5 %–10 % des Emissionsvolumens erreichen. Davon entfallen rd. 4 %–7 % auf die Leistungen der Konsortialbanken.

Dem **Bezugsrecht** kommen **zwei Aufgaben** zu. Ist ein Aktionär nicht in der Lage oder nicht daran interessiert, im Verhältnis seiner bisherigen Beteiligung an der Kapitalerhöhung teilzunehmen, so tritt eine **Veränderung der Stimmrechtsverhältnisse** ein. Eine solche Veränderung erfolgt auch dann, wenn unter Ausschluss des Bezugsrechts der alten Aktionäre ein Teil der Aktien aus einer Kapitalerhöhung der Belegschaft angeboten wird. Ein Mehrheitsaktionär wird in der Regel einer Kapitalerhöhung nur zustimmen, wenn er seine Mehrheit durch diese Maßnahme nicht verliert. Die erste Aufgabe des Bezugsrechts ist folglich die Wahrung der bestehenden Stimmrechtsverhältnisse. Ohne Bezugsrecht wäre unter diesem Gesichtspunkt eine Ausgabe junger Aktien nur in der Form von stimmrechtslosen Vorzugsaktien

[154] Vgl. *Kaserer, C., Bühner, T.*, Direkte Emissionskosten bei Barkapitalerhöhungen, vereinfachter Bezugsrechtsausschluss und die Rolle der Banken, Finanz Betrieb 2000, S. 483 ff.

möglich, die aber – je nach ihrer Ausgestaltung – die Dividendenzahlung an die Stammaktionäre beeinträchtigten können. Außerdem ist zu berücksichtigen, dass den Vorzugsaktionären das Stimmrecht zuwächst, wenn die Gesellschaft länger als ein Jahr mit der Zahlung des Vorzugsbetrags in Rückstand gerät.[155]

Die zweite Aufgabe des Bezugsrechts besteht darin, **Vermögensnachteile** auszugleichen, die den Aktionären entstehen, wenn sie sich bei einem unter dem Börsenkurs liegenden Ausgabekurs der jungen Aktien nicht an der Kapitalerhöhung beteiligen. Werden neue Aktien zu einem unter der Notierung der alten Aktien liegenden Kurs ausgegeben, so bildet sich nach der Kapitalerhöhung ein Mittelkurs, der unter dem Kurs der alten und über dem Emissionskurs der jungen Aktien liegt. Bei der neuen Notierung erzielt folglich der Inhaber einer jungen Aktie einen Kursgewinn, während der Inhaber der alten Aktie einen entsprechenden Kursverlust hinnehmen muss. Das Bezugsrecht soll Kursgewinne und Kursverluste kompensieren.

Beispiel: Das in 200.000 Aktien eingeteilte Grundkapital von 1 Million EUR einer AG wird um 50 % erhöht. Auf zwei alte Aktien entfällt eine junge Aktie, d.h., das Bezugsverhältnis beträgt 2:1. Erfolgt nach der Kapitalerhöhung eine gemeinsame Kursfestsetzung für junge und alte Aktien so ergibt sich ein zwischen dem Kurs der alten Aktien (10 EUR je Aktie) und dem Ausgabekurs der jungen Aktien (7 EUR je Aktie) liegender Mittelkurs, der vom Bezugsverhältnis abhängig ist.

In EUR bzw. Stück	Grundkapital	Zahl der Aktien	Kurs je Aktie	Gesamtkurswert
Bisheriges Grundkapital (alte Aktien)	1.000.000	200.000	10	2.000.000
Kapitalerhöhung (junge Aktien)	500.000	100.000	7	700.000

Abb. 16: Kapitalerhöhung bei einer AG

Nach der Kapitalerhöhung entfällt der Gesamtkurswert von 2,7 Mio. EUR auf ein Grundkapitel von 1,5 Mio. EUR bzw. 300.000 Aktien. Damit ergibt sich folgender neuer Kurs (Mittelkurs):

$$\text{Neuer Kurs} = \frac{\text{Kurswert der alten Aktien} + \text{Kurswert der jungen Aktien}}{\text{alte Aktien} + \text{junge Aktien}}$$

$$\text{Neuer Kurs} = \frac{2.000.000 + 700.000}{200.000 + 100.000} = 9 \text{ EUR je Aktie}$$

Der Gewinn je junge Aktie beträgt 2 EUR, der Verlust je alte Aktie 1 EUR. Handelt es sich bei den Inhabern der alten und der jungen Aktien um jeweils dieselben Personen, so wird unter Berücksichtigung des Kursverhältnisses der Kursgewinn durch den Kursverlust kompensiert.

155 Vgl. § 140 Abs. 2 AktG.

In EUR bzw. Stück	Zahl	Alter Kurs	Bezugs-kurs	Mittel-kurs	Kurswert I (1 · 2 bzw. 3)	Kurswert II (1 · 4)	Kurswert-differenz (6 – 5)
	1	2	3	4	5	6	7
Alte Aktien	2	10	–	9	20	18	– 2
Junge Aktien	1	–	7	9	7	9	+ 2
Insgesamt					27	27	0

Abb. 17: Kurswertberechnung bei der Kapitalerhöhung einer AG

Wollen jedoch Anleger, die keine alten Aktien besitzen, oder alte Aktionäre über ihre bisherige Beteiligungsquote hinaus junge Aktien erwerben, so ist über das **selbständig veräußerbare Bezugsrecht** dem Altaktionär der eintretende Kursverlust zu vergüten. Der rechnerische Wert des Bezugsrechts entspricht der Differenz zwischen dem Kurs der alten Aktie und dem sich einstellenden Mittelkurs. Bei einem Bezugsverhältnis von 2:1 muss der Bezieher für eine junge Aktie zwei Bezugsrechte erwerben. Unter den Annahmen des obigen Beispiels zeigt sich, dass der neue Aktionär für den Bezug einer jungen Aktie 9 EUR aufwenden muss; dieser Betrag entspricht dem Mittelkurs. Das Vermögen des Altaktionärs bleibt unverändert.

Neuer Aktionär	
2 Bezugsrechte à 1 EUR	2,00
1 junge Aktie à 7 EUR	7,00
Investition für 1 junge Aktie	9,00

Alter Aktionär	
2 Aktien zu 10 EUR	20,00
(–) Kursabschlag von 2 x 1 EUR	– 2,00
(+) Veräußerungserlös aus Bezugsrechten (2 x 1 EUR)	+ 2,00
Vermögen Altaktionär	20,00

Abb. 18: Berechnung des Werts des Bezugsrechts

Will ein Aktionär sein Bezugsrecht selbst nicht ausüben,[156] so kann er es an der Börse veräußern. Die Einnahme aus dem Bezugsrechtserlös ist für den Aktionär „der Erlös eines Teilverkaufs seiner Substanz"[157] und nicht wie manche Aktionäre infolge mangelnder Kenntnisse über die Zusammenhänge meinen, ein „Geschenk" der Gesellschaft. Diese (falsche) Auffassung wird dadurch genährt, dass in der Praxis der Mittelkurs oft den alten Kurs erreicht oder überschreitet. Dieser Umstand hängt mit den Erwartungen zusammen, die an die Geschäftslage des Unternehmens geknüpft werden. Will ein Außenstehender eine neue Aktie erwerben, so muss er zunächst die für eine Aktie erforderlichen Bezugsrechte kaufen. Erst dann kann er zum Bezugskurs eine Aktie beziehen. Da der **rechnerische Wert des Bezugsrechts** der Differenz zwischen Kurs der alten Aktie und dem Mittelkurs entspricht, ergibt sich für seine Ermittlung folgende Formel:

156 Die Berechtigung zur Ausübung des Bezugsrechts wird durch Einreichung der von der Gesellschaft bestimmten Gewinnanteilsscheine nachgewiesen.

157 Vgl. *Rittershausen. H.*, Industrielle Finanzierungen. Systematische Darstellung mit Fällen aus der Unternehmenspraxis, Wiesbaden 1964, S. 78.

B = Bezugsrecht
K_a = Kurs der alten Aktie
K_n = Ausgabekurs der neuen Aktie (Bezugskurs)
a = Zahl der alten Aktien
n = Zahl der neuen Aktien
a: n = Bezugsverhältnis

$$B = K_a - \left(\frac{a \cdot K_a + n \cdot K_n}{a + n} \right)$$

Nach Umformung dieser Ausgangsgleichung erhält man:

$$B = \frac{K_a - K_n}{\frac{a}{n} + 1}$$

Unter Verwendung der Annahmen des obigen Beispiels ergibt sich:

$$B = \frac{10 - 7}{\frac{2}{1} + 1} = \frac{3}{3} = 1$$

Sind die jungen Aktien für das Geschäftsjahr ihrer Ausgabe **nicht voll dividendenberechtigt,** so ist das als ein Zuschlag zum Ausgabekurs aufzufassen und in der Formel zur Berechnung des Bezugsrechts zu berücksichtigen.

Beispiel: Es gelten die Angaben des obigen Beispiels. Die jungen Aktien sollen zur Hälfte dividendenberechtigt sein. Die erwartete Dividende beträgt 0,60 EUR je Aktie. Der Dividendennachteil wird mit N bezeichnet.

$$B = \frac{K_a - (K_n + N)}{\frac{a}{n} + 1}$$

$$B = \frac{10 - (7 + 0{,}30)}{\frac{2}{1} + 1} = \frac{2{,}70}{3} = 0{,}90$$

Das Bezugsrecht wird in der Regel 14 Tage vor der Ausgabe der jungen Aktien an der Börse notiert. Am Tag der Aufnahme des **Bezugsrechtshandels** werden die alten Aktien „ex Bezugsrecht“ notiert und gehandelt, d.h., es erfolgt ein Kursabschlag in Höhe des Bezugsrechts. Der theoretisch ermittelte Wert des Bezugsrechts und der Kurs nach der Kapitalerhöhung stimmen gewöhnlich mit den tatsächlichen Werten nicht überein, da diese durch die Angebots- und Nachfrageverhältnisse an der Börse beeinflusst werden.

Der **Wert des Bezugsrechts (B)** hängt neben dem **Bezugsverhältnis** $\left(\frac{a}{n}\right)$ von der Höhe des **Bezugskurses (K_n)** ab, dessen Höhe die Interessenlage der Gesellschaft und der Aktionärsgruppen berücksichtigen muss. Je höher der Bezugskurs festgesetzt wird, d.h. je mehr er dem Börsenkurs angenähert ist, desto größer ist bei gegebener Erhöhung des Nominalkapitals der Zufluss an liquiden Mitteln. Will eine Gesellschaft einen bestimmten Betrag an finanziellen Mitteln über eine Kapitalerhöhung beschaffen, so muss die Erhöhung des Grundkapitals um so größer sein, je niedriger der Bezugskurs gewählt wird; um so größer ist dann aber auch die „Kapitalverwässerung", d.h. die Wertminderung der alten Aktien, die durch das Bezugsrecht ausgeglichen werden muss. Die Untergrenze des Bezugskurses wird durch den Nennwert bzw. den rechnerischen Anteil am Grundkapital der Aktien bestimmt.

Beispiel: Das Grundkapital einer Aktiengesellschaft beträgt 120 Mio. EUR, eingeteilt in 60 Mio. Aktien. Der zusätzliche Bedarf an eigenen Mitteln beträgt 24 Mio. EUR. Die alten Aktien werden mit 6 EUR/Stück (K_a) notiert.

Bezugskurs in EUR/Stück	Benötigte Mittel in Mill. EUR	Bezugs-verhältnis	Kapitalerhöhung in Mill. EUR	Rücklagen-dotierung in Mill. EUR	Bezugs-recht in EUR/Stück	Kurs ex BR in EUR/Stück
2,00 (Pari)	24,00	5 zu 1	24,00	–	0,67	5,33
4,00	24,00	10 zu 1	12,00	12,00	0,18	5,82
6,00 K_a	24,00	15 zu 1	8,00	16,00	–	6,00

Abb. 19: Kapitalerhöhung einer AG

Der Vorstand muss prüfen, bei welchem Bezugskurs die Kapitalerhöhung in der Hauptversammlung die erforderliche Mehrheit erhält und auch untergebracht werden kann. **Kleinaktionäre** betrachten häufig – wie oben schon erwähnt – einen niedrigen Bezugskurs (hoher Wert des Bezugsrechts) als vorteilhaft. Sind sie am Bezug junger Aktien nicht interessiert, so sehen sie im Verkauf des Bezugsrechts eine zusätzliche Dividende, die steuerfrei ist. Erwerben sie die ihnen zustehenden jungen Aktien, so erhalten sie bei gegebenem Kapitaleinsatz infolge des niedrigen Bezugskurses relativ mehr dividendenberechtigte Aktien.

Ist die Gesellschaft aus Gründen der **Dividendenkontinuität** bestrebt, die Dividenden je Aktie konstant zu halten, so bevorzugt sie einen möglichst hohen Bezugskurs und eine relativ niedrige Erhöhung des dividendenberechtigten Grundkapitals.

Ein **Großaktionär**, der finanziell in der Lage ist, seine beherrschende Stellung zu erweitern, zieht in der Regel einen hohen Bezugskurs vor, um den Kleinaktionären die Ausübung ihrer Bezugsrechte zu erschweren und so zusätzliche Bezugsrechte erwerben zu können. Allerdings verstößt er letztlich gegen sein eigenes Interesse, wenn er aufgrund seiner beherrschenden Position einen so hohen Bezugskurs durchsetzt, durch den die Unterbringung der von ihm nicht übernommenen jungen Aktien gefährdet wird.

Wird das Bezugsrecht ausgeschlossen, so erleiden die alten Aktionäre nur dann keinen Verlust, wenn die neuen Aktien zum Tageskurs ausgegeben werden. Hierauf stellt die gesetzliche Vorgabe für den Ausgabebetrag im Fall des vereinfachten Bezugsrechtsausschlusses bei Barkapitalerhöhungen bis zu 10 % des Grundkapitals ab.

Das genehmigte Kapital

Das genehmigte Kapital[158] ist eine Form der Kapitalerhöhung, die zum Zeitpunkt ihres Beschlusses **nicht** an einen **bestimmten Finanzierungsanlass** gebunden ist. Der **Vorstand** wird von der **Hauptversammlung** mit mindestens Dreiviertelmehrheit des anwesenden Aktienkapitals für **längstens fünf Jahre** ermächtigt, das Grundkapital bis zu einem bestimmten Nennbetrag, höchstens jedoch bis zur **Hälfte** des bisherigen Grundkapitals durch Ausgabe junger Aktien zu erhöhen.[159] Die Ausgabe der jungen Aktien soll nur mit Zustimmung des Aufsichtsrats erfolgen.

Dieses Verfahren soll die **Schwerfälligkeit,** die der ordentlichen Kapitalerhöhung durch eine Anzahl rechtlicher Vorschriften anhaftet, **überwinden.** Dem Vorstand wird damit eine größere Elastizität in der finanziellen Disposition, insbesondere die Ausnutzung günstiger Situationen am Kapitalmarkt ermöglicht.

Die Hauptversammlung kann den Vorstand auch ermächtigen, mit Zustimmung des Aufsichtsrats das **Bezugsrecht** der bisherigen Aktionäre auszuschließen, beispielsweise, um schnell eine günstige Kapitalmarktsituation für eine Kapitalerhöhung nutzen zu können. Ein Ausschluss ist dann erforderlich, wenn die jungen Aktien an Belegschaftsmitglieder ausgegeben werden sollen oder wenn sie zum Erwerb von Beteiligungen an anderen Unternehmen verwendet werden sollen.

Durch das genehmigte Kapital sind die im Aktiengesetz zwar noch vorgesehenen **Vorratsaktien** praktisch überflüssig geworden. Der Vorstand ist verpflichtet, im Anhang zum Jahres-Abschluss Angaben über das genehmigte Kapital zu machen.[160]

Die bedingte Kapitalerhöhung

Die bedingte Kapitalerhöhung[161] stellt eine Sonderform dar, die nur zu den folgenden **drei Zwecken** beschlossen werden soll:[162]

(a) Sie soll den Gläubigern von Wandelanleihen (bzw. Optionsanleihen) Umtausch- oder Bezugsrechte sichern.

(b) Sie dient zur Vorbereitung von Fusionen.

(c) Sie soll Belegschaftsmitgliedern und Mitgliedern der Geschäftsführung der Gesellschaft oder eines verbundenen Unternehmens Bezugsrechte auf junge Aktien gegen Einlage von Geldforderungen gewähren, die diesen aus einer von der Gesellschaft eingeräumten Gewinnbeteiligung zustehen.

Eine bedingte Kapitalerhöhung kann ebenso wie das genehmigte Kapital oder eine ordentliche Kapitalerhöhung nur mit mindestens Dreiviertelmehrheit von der **Hauptversammlung** beschlossen werden.[163] Der Nennbetrag des bedingten Kapitals darf höchstens die **Hälfte** des bisherigen Grundkapitals betragen.[164] Im Kapitalerhöhungsbeschluss sind der Zweck der bedingten Kapitalerhöhung, der Kreis der

---

[158] Vgl. §§ 202–206 AktG.
[159] Vgl. § 202 Abs. 1 und 3 AktG.
[160] Vgl. § 160 Abs. 1 Nr. 4 AktG.
[161] Vgl. §§ 192–201 AktG.
[162] Vgl. § 192 Abs. 2 AktG.
[163] Vgl. § 193 Abs. 1 S. 1 AktG.
[164] Vgl. § 193 Abs. 3 S. 1 AktG.

Bezugsberechtigten und der Bezugskurs oder die Grundlagen festzustellen, nach denen dieser errechnet wird.

Bei Beschlüssen zur Gewährung von Bezugsrechten an Belegschafts- und Geschäftsführungsmitglieder müssen in dem zu fassenden Beschluss auch die Aufteilung der Rechte auf die Begünstigten, die zu vereinbarenden Erfolgsziele, die Erwerbs- und Ausübungszeiträume sowie die mindestens zweijährige Wartezeit für die erstmalige Ausübung der Rechte festgestellt werden.[165]

Der Beschluss über die bedingte Kapitalerhöhung bedarf der Eintragung ins Handelsregister.[166] Nach erfolgter Eintragung dürfen die Bezugsaktien ausgegeben werden, allerdings nur so viele, wie Umtausch- oder Bezugsrechte ausgeübt werden. Im Gegensatz zur ordentlichen Kapitalerhöhung wird die bedingte Kapitalerhöhung bereits mit der Ausgabe der Aktien und nicht erst mit der Eintragung der Durchführung wirksam.[167] Der Vorstand ist verpflichtet, nach Ablauf eines Geschäftsjahres zur Eintragung ins Handelsregister anzumelden, in welchem Umfang im abgelaufenen Geschäftsjahr Bezugsaktien ausgegeben worden sind.[168]

In der **Bilanz** ist das bedingte Kapital mit seinem Nennbetrag beim gezeichneten Kapital (Grundkapital) zu vermerken.[169] Die Aktien, die im Geschäftsjahr bei einer bedingten Kapitalerhöhung bezogen worden sind, müssen im Anhang zum Jahres-Abschluss angegeben werden.[170]

Bei der bedingten Kapitalerhöhung ist das **Bezugsrecht der bisherigen Aktionäre** ausgeschlossen. Eine Ausnahme besteht für den Fall der Wandel- bzw. der Optionsanleihe insofern, als den bisherigen Aktionären bei der Emission solcher Anleihen ein Bezugsrecht auf die Anleihen eingeräumt wird. Üben sie dieses Recht aus, steht ihnen später gemäß den Anleihebedingungen ein Bezugsrecht auf die jungen Aktien zu.[171]

Die Kapitalerhöhung aus Gesellschaftsmitteln[172]

Kapitalgesellschaften können ihr Nominalkapital auch **ohne zusätzliche Einlagen erhöhen.** In diesem Fall werden bisher als **Kapitalrücklage** oder **Gewinnrücklagen** ausgewiesene Teile des Eigenkapitals in gebundenes Haftungskapital überführt. Die **Höhe des Eigenkapitals ändert** sich durch diese Maßnahme, die buchmäßig einen Passivtausch darstellt, **nicht.** Wohl aber verändert sich die Zusammensetzung des Eigenkapitals, d.h. die Aufteilung auf stimm- und dividendenberechtigtes Haftungskapital einerseits und Rücklagen andererseits. Die Vermögensseite der Bilanz wird von diesem Vorgang nicht berührt. Im Rahmen der nominellen Kapitalerhöhung erhalten Aktionäre **Zusatzaktien (Gratisaktien, Berichtigungsaktien),** GmbH-Gesellschafter Zusatzanteile entsprechend ihrer bisherigen Beteiligung.

---

[165] Vgl. § 193 Abs. 2 AktG.
[166] Vgl. § 195 AktG.
[167] Vgl. § 200 AktG.
[168] Vgl. § 201 Abs. 1 AktG.
[169] Vgl. § 152 Abs. 1 AktG.
[170] Vgl. § 160 Abs. 1 Nr. 3 AktG.
[171] Vgl. § 221 Abs. 4 AktG und die Ausführungen zu den Wandel- und Optionsanleihen.
[172] Vgl. §§ 207–220 AktG.

Aktiengesellschaften dürfen nur solche Kapital- oder Gewinnrücklagen in Grundkapital umwandeln, die in der letzten Jahresbilanz – wenn dem Beschluss eine andere Bilanz zugrunde gelegt wird, auch in dieser Bilanz – als solche oder im letzten Gewinnverwendungsbeschluss als Zuführung zu diesen Rücklagen ausgewiesen werden.[173] Stille Rücklagen können nur in Grundkapital umgewandelt werden, wenn sie zuvor aufgelöst, versteuert und in Gewinnrücklagen überführt worden sind. Grundsätzlich dürfen umgewandelt werden:

(a) **Andere Gewinnrücklagen und Zuführungen zu ihnen in voller Höhe**; wenn sie allerdings satzungsmäßig einem bestimmten Zweck dienen, nur soweit es mit diesem vereinbar ist.

(b) Die **Kapitalrücklage** und die **gesetzliche Rücklage** sowie deren Zuführungen, soweit sie zusammen den zehnten oder den satzungsgemäß höheren Teil des bisherigen Grundkapitals übersteigen.

Rücklagen sowie deren Zuführungen dürfen nicht in Grundkapital überführt werden, soweit in der zugrunde gelegten Bilanz ein Verlust einschließlich eines Verlustvortrags ausgewiesen wird.[174]

Die Kapitalerhöhung aus Gesellschaftsmitteln, zu deren Beschluss eine Dreiviertelmehrheit des in der **Hauptversammlung** anwesenden Aktienkapitals notwendig ist, wird mit der Eintragung des Beschlusses über die Grundkapitalerhöhung ins Handelsregister wirksam.[175] Die bisherigen Aktionäre haben auf die jungen Aktien, die als voll eingezahlt gelten, ein **unentziehbares Bezugsrecht** im Verhältnis ihrer Anteile am bisherigen Grundkapital.[176]

Die zur Grundkapitalerhöhung verwendeten Gewinnrücklagen sind in früheren Jahren aus nicht ausgeschütteten Gewinnen gebildet worden, die den Aktionären zustehen. Die Gewährung von Zusatzaktien führt folglich nicht zu einem vermögensmäßigen Vorteil für die Aktionäre. Das Vermögen der Aktionäre bleibt durch eine Kapitalerhöhung aus Gesellschaftsmitteln **unverändert.** Der Gesamtkurswert des Unternehmens bezieht sich nur auf ein höheres Grundkapital bzw. gezeichnetes Kapital, wodurch der Kurs sinkt. Da jeder Aktionär nach der Kapitalerhöhung über mehr Aktien verfügt, bleibt das Produkt aus Nominalwert bzw. Zahl der Aktien mal Kurs (theoretisch, wenn man von Einflüssen der Börse absieht) unverändert. Dieser Zusammenhang soll mit Hilfe des Bilanzkurses verdeutlicht werden.

Beispiel: Das Grundkapital einer AG von 100 Mio. EUR soll im Verhältnis 4:1 zu Lasten der Gewinnrücklagen erhöht werden.

$$\text{Bilanzkurs} = \frac{\text{Bilanziertes Eigenkapital}}{\text{Gezeichnetes Kapital}} \cdot 100$$

$$\text{Bilanzkurs vor der Kapitalerhöhung} = \frac{225}{100} \cdot 100 = 225\,\%$$

[173] Vgl. § 208 Abs. 1 AktG.
[174] Vgl. § 208 Abs. 2 AktG.
[175] Vgl. § 207 Abs. 2 S. 1 AktG.
[176] Vgl. § 212 AktG.

$$\text{Bilanzkurs nach der Kapitalerhöhung} = \frac{225}{125} \cdot 100 = 180\,\%$$

A		Bilanz vor der Kapitalerhöhung in Mill. EUR	P
Vermögen	250	Gezeichnetes Kapital	100
		Gewinnrücklagen	125
		Verbindlichkeiten	25
	250		250

A		Bilanz nach der Kapitalerhöhung in Mill. EUR	P
Vermögen	250	Gezeichnetes Kapital	125
		Gewinnrücklagen	100
		Verbindlichkeiten	25
	250		250

Abb. 20: Bilanz vor und nach der Kapitalerhöhung

Vier Aktien zum Nennwert von 5 EUR repräsentieren bei einem Kurs von 225 % vor der Kapitalerhöhung ein Vermögen von 45 EUR. Vier Aktien und eine darauf ausgegebene Zusatzaktie haben nach der Kapitalerhöhung bei einem Kurs von 180 % ebenfalls einen Wert von 45 EUR.

Die nominelle Kapitalerhöhung dient nicht der Zufuhr zusätzlicher Mittel – die Mittelzufuhr ist bereits in früheren Jahren bei der Bildung der offenen Rücklagen erfolgt –, sondern sie hat andere **Gründe.** Hohe Aktienkurse haben den Nachteil, dass sie eine **breite Streuung** von Aktien verhindern, da private Anleger den hohen Anschaffungspreis scheuen. Ist eine solche Streuung erwünscht, so kann sie durch eine nominelle Kapitalerhöhung positiv beeinflusst werden.

Der Kurssenkungseffekt kann jedoch auch ohne eine Erhöhung des Grundkapitals erreicht werden, wenn die Nennwerte der einzelnen Aktien oder der auf die einzelnen Aktien entfallende rechnerische Anteil am Grundkapital verringert werden (Splitting). Eine Aktie mit einem Nennwert von zum Beispiel 4 EUR kann in zwei Aktien mit einem Nennwert von 2 EUR oder 4 Aktien mit einem Nennwert von 1 EUR „geteilt" werden. Der Mindestnennwert einer Aktie von 1 EUR darf nicht unterschritten werden. Ferner müssen die Nennwerte auf volle EUR lauten. Die Stückaktie bietet in diesem Zusammenhang eine größere Flexibilität. Hier darf zwar auch der anteilige Betrag des Grundkapitals einen EUR nicht unterschreiten, er muss jedoch nicht auf volle EUR lauten.

Will eine Gesellschaft ihren Aktionären eine bestimmte **Realdividende** gewähren, so muss sie, wenn der Aktienkurs relativ hoch ist, einen entsprechend hohen Nominaldividendensatz wählen. Das kann aus „optischen Gründen" unerwünscht sein. Die Erhöhung des Grundkapitals zu Lasten der Rücklagen ermöglicht die Ausschüttung eines absolut höheren Dividendenbetrags unter Beibehaltung des alten Dividendensatzes.

Die nominelle Kapitalerhöhung wurde jahrelang durch **steuerliche Vorschriften** erschwert, da die Ausgabe von Zusatzaktien bei der Gesellschaft der Gesellschaftsteuer und bei den Aktionären der Einkommensteuer unterworfen wurde. Der Steuergesetzgeber ging dabei von der Fiktion aus, dass Rücklagen, die in Nominalkapital umgewandelt werden, zunächst an die Aktionäre als Gewinnanteil ausgeschüttet und von diesen zum Erwerb von Gesellschaftsrechten sofort wieder eingezahlt werden (Theorie der Doppelmaßnahme).[177] Die **Fiktion der Doppelmaßnahme** wurde zum 1. 1. 1960 beseitigt.[178] Die nominelle Kapitalerhöhung löst seitdem keine Steuerpflichten mehr aus.

Wird zu einem späteren Zeitpunkt das durch die Umwandlung von versteuerten Rücklagen geschaffene Nennkapital an die Aktionäre im Wege der Kapitalherabsetzung ausgeschüttet, haben die Aktionäre diese Ausschüttung nach dem Halbeinkünfteverfahren als Einkünfte aus Kapitalvermögen zu versteuern.[179] Dies gilt nicht für Nennkapital, das durch die Umwandlung von Kapitalrücklagen geschaffen wurde. Dessen Ausschüttung erfolgt steuerlich neutral, sofern nicht bei Gesellschaftern, welche die Anteile im Betriebsvermögen halten, oder bei wesentlich beteiligten Privatpersonen die Anschaffungskosten bzw. die Buchwerte überschritten werden.

Technisch erfolgt die notwendige Differenzierung dadurch, dass unbeschränkt steuerpflichtigen Körperschaften, zu denen auch die AG und die GmbH zählen, die von den Gesellschaftern nicht in das Nennkapital geleisteten Einlagen (Agio) auf einem besonderen steuerlichen Einlagenkonto auszuweisen haben.[180] Im Fall einer Kapitalerhöhung aus Gesellschaftsmitteln gilt der auf diesem Konto ausgewiesene Betrag als vor den sonstigen Rücklagen verwendet. Enthält das gezeichnete Kapital auch Beträge aus der Umwandlung von Rücklagen, so sind diese Teile des gezeichneten Kapitals getrennt auszuweisen. Im Fall einer Kapitalherabsetzung gelten diese Teile des gezeichneten Kapitals als vorab verwendet.[181]

6.2.3 Die Kapitalherabsetzung

6.2.3.1 Begriff und Arten der Kapitalherabsetzung

Wie der Begriff der Kapitalerhöhung kann auch der **Begriff** der Kapitalherabsetzung unterschiedlich weit gefasst werden. Im Allgemeinen versteht man unter Kapitalherabsetzung nicht jede Verminderung der Kapitalbasis durch Rückzahlung in Form von Geld oder Sachwerten, sondern nur die Verminderung des Eigenkapitals, im engsten Sinne analog zur Kapitalerhöhung nur die Herabsetzung des Nennkapitals von Kapitalgesellschaften.

Bei **Einzelunternehmen** und **Personengesellschaften** kann die Kapitalherabsetzung **relativ einfach** vorgenommen werden, da es bei diesen Rechtsformen keine nominelle Bindung der Kapitalanteile gibt. Jeder nicht entnommene Gewinn und jede Einlage aus dem Privatvermögen stellt eine Kapitalerhöhung dar, jeder Verlust und jede Privatentnahme wirkt sich als Herabsetzung des Kapitals aus. Zu beachten ist

177 Zur Kritik vgl. *Wöhe, G.*, Betriebswirtschaftliche Steuerlehre, Bd. II, 2. Halbband, 4. Aufl., München 1997, S. 199 ff.

178 Vgl. Gesetz über die Kapitalerhöhung aus Gesellschaftsmitteln und über die Gewinn- und Verlustrechnung vom 23. 12. 1959, BGBl. I, S. 789 und Gesetz über steuerrechtliche Maßnahmen bei der Erhöhung des Nennkapitals aus Gesellschaftsmitteln und bei der Überlassung von eigenen Aktien an Arbeitnehmer vom 30. 12. 1969, BGBl. I, S. 834.

179 Vgl. §§ 3 Nr. 40e), 20 Abs. 1 Nr. 2 EStG.

180 Vgl. § 27 KStG.

181 Vgl. § 28 KStG.

jedoch, dass die Verfügung über die Kapitalkonten von Personengesellschaften – im Gegensatz zu Einzelunternehmen – begrenzt ist.

Soweit der Gesellschaftsvertrag nicht etwas anderes vorsieht, dürfen die Gesellschafter einer OHG im Jahr nur 4 % ihres Kapitalanteils und – soweit es nicht zum offenbaren Schaden der Gesellschaft gereicht – darüber hinaus den diesen Betrag übersteigenden Gewinnanteil entnehmen. Weitere Verfügungen bedürfen der Einwilligung der übrigen Gesellschafter.[182] Die gleiche Regelung gilt für die Komplementäre einer Kommanditgesellschaft. Die Kommanditisten hingegen haben nur Anspruch auf eine Gewinnauszahlung, solange ihr Kapitalanteil der bedungenen Einlage entspricht und durch die Gewinnentnahme nicht unter sie herabsinkt.[183] Da die Haftsumme der Kommanditisten ins Handelsregister eingetragen ist, sind laufende **Privatentnahmen** zu Lasten der Kommanditeinlagen nicht möglich. Eine Herabsetzung der Kommanditeinlagen muss von allen Gesellschaftern beschlossen und ins Handelsregister eingetragen werden. Ohne eine solche Eintragung zurückgezahlter Beträge gilt dies den Gläubigern gegenüber als nicht geleistete Einlage.[184] Ist die Eintragung erfolgt, so haftet der Kommanditist jedoch weiterhin gegenüber den Gläubigern, „deren Forderungen zur Zeit der Eintragung begründet waren."[185]

Da für die Verbindlichkeiten der Kapitalgesellschaft nur deren Vermögen, nicht jedoch die Gesellschafter haften, bestehen aus Gründen des **Gläubigerschutzes** strenge gesetzliche Vorschriften über die Kapitalherabsetzung. Sie sollen verhindern, dass eine von den Gläubigern nicht kontrollierbare Rückzahlung des Haftungskapitals möglich ist. Das Aktiengesetz unterscheidet drei Formen der Kapitalherabsetzung:

(1) **die ordentliche Kapitalherabsetzung**, deren Zweck in der Rückzahlung von Teilen des Grundkapitals bestehen kann;[186] die Rückzahlung kann in bar oder in Form von Sachwerten erfolgen

(2) **die vereinfachte Kapitalherabsetzung**, die dazu dienen soll, Wertminderungen auszugleichen, sonstige Verluste zu decken oder Beträge in die gesetzliche Rücklage einzustellen (Sanierung)[187]

(3) **die Kapitalherabsetzung durch Einziehung von Aktien.**[188]

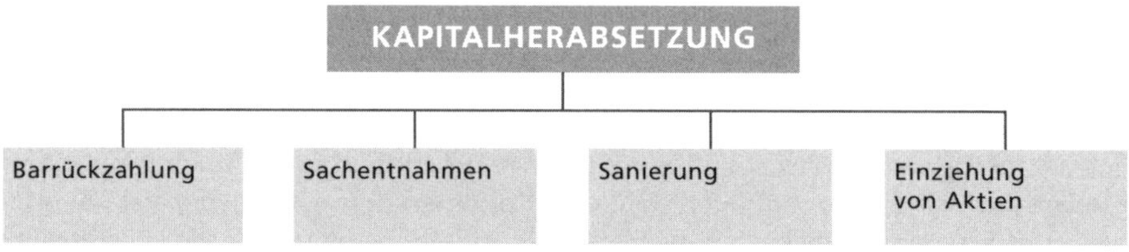

Abb. 21: Formen der Kapitalherabsetzung

[182] Vgl. § 122 HGB.
[183] Vgl. § 169 Abs. 1 HGB.
[184] Vgl. § 172 Abs. 2–5 HGB.
[185] § 174 HGB.
[186] Vgl. §§ 222–228 AktG.
[187] Vgl. §§ 229–236 AktG.
[188] Vgl. §§ 237–239 AktG.

Der ordentlichen und vereinfachten aktienrechtlichen Kapitalherabsetzung entsprechende Vorschriften finden sich auch im GmbHG.[189]

6.2.3.2 Die Kapitalherabsetzung durch Abfindung eines Gesellschafters

Scheidet ein Gesellschafter einer OHG aus der Gesellschaft aus, so besteht die Gesellschaft unter den übrigen Gesellschaftern fort.[190] In diesem Fall findet zwischen den verbleibenden und dem ausscheidenden Gesellschafter eine **Auseinandersetzung** über den **Abfindungsanspruch** statt, deren Durchführung die Vermögens- und Kapitalstruktur des Unternehmens berührt.

Eine Auseinandersetzung ist deshalb erforderlich, weil der im Eigenkapitalkonto des ausscheidenden Gesellschafters ausgewiesene Betrag nicht mit dem tatsächlichen Wert seines Anteils übereinstimmt, denn dieser Betrag enthält weder die auf den betreffenden Gesellschafter entfallenden stillen Rücklagen noch den auf ihn entfallenden Teil des **Firmenwerts.**[191] Daraus folgt, dass das Auseinandersetzungsguthaben in der Regel höher ist als der auf dem Eigenkapitalkonto des ausscheidenden Gesellschafters ausgewiesene Betrag.

Wenn der Gesellschaftsvertrag über die Auseinandersetzung keine Vereinbarung enthält,[192] so ist an den ausscheidenden Gesellschafter „dasjenige zu zahlen, was er bei der Auseinandersetzung erhalten würde, wenn die Gesellschaft zur Zeit seines Ausscheidens aufgelöst worden wäre."[193] Außerdem ist der Gesellschafter am Ergebnis der zur Zeit seines Ausscheidens noch schwebenden Geschäfte beteiligt.[194] Um **Konflikte** bei der Auseinandersetzung möglichst auszuschließen, sehen die Gesellschaftsverträge gewöhnlich Regelungen für die Ermittlung des Auseinandersetzungsguthabens vor. Insbesondere wird vielfach die Berücksichtigung des Firmenwerts ausgeschlossen.

Die Beteiligung des ausscheidenden Gesellschafters an den **stillen Rücklagen** erfordert zur Berechnung des Auseinandersetzungsguthabens eine **Neubewertung** der bilanzierten Vermögensgegenstände. Hier bestehen mehrere Möglichkeiten:

(1) Die **gesamten stillen Rücklagen** werden aufgedeckt und anteilsmäßig dem Auseinandersetzungsguthaben und den Eigenkapitalkonten der verbleibenden Gesellschafter zugerechnet. Sind die stillen Rücklagen in abschreibungsfähigen Wirtschaftsgütern enthalten, so erhöhen sich in den Folgejahren die Abschreibungen.

(2) Nur der auf den ausscheidenden Gesellschafter entfallende **Teil der stillen Rücklagen** wird aufgedeckt und seinem Auseinandersetzungsguthaben gutgeschrieben. Auch hier können sich in den späteren Jahren die Abschreibungen erhöhen.

(3) Der auf den ausscheidenden Gesellschafter entfallende Teil der stillen Rücklagen wird **außerhalb der Bilanz** ermittelt und von den übrigen Gesellschaftern aus deren Privatvermögen bezahlt oder zu Lasten ihrer Kapitalkonten verbucht. In diesem Fall können in den späteren Jahren keine höheren Abschreibungen verrechnet werden.

---

[189] Vgl. § 58–58 f. GmbHG.
[190] Vgl. § 131 Abs. 3 HGB.
[191] Zum Firmenwert und seiner Problematik vgl. *Wöhe, G.*, Bilanzierung, a.a.O, S. 694 ff.
[192] Vgl. § 738 Abs. 1 S. 2 BGB.
[193] § 738 BGB.
[194] Vgl. § 740 Abs. 1 BGB.

Beispiel: Der Gesellschafter C scheidet zum Jahresablauf aus der Gesellschaft aus. In den Grundstücken und Gebäuden stecken 6.000 EUR, in den maschinellen Anlagen 15.000 EUR und in den Vorräten 9.000 EUR stille Rücklagen. Die Gesellschafter sind laut Gesellschaftsvertrag entsprechend ihren Kapitalanteilen an den stillen Rücklagen beteiligt. Für den Fall einer Auseinandersetzung wurden die Berücksichtigung eines Firmenwerts und die Beteiligung an den noch schwebenden Geschäften ausdrücklich ausgeschlossen. Es wird nur der auf C entfallende Teil der stillen Rücklagen aufgedeckt.

A	Jahresbilanz (in 1.000 EUR)		P
Grundstücke u. Gebäude	90	Kapital A	65
Maschinelle Anlagen	60	Kapital B	55
Vorräte	40	Kapital C	60
Bankguthaben	20	Verbindlichkeiten	80
sonst. Aktiva	50		
	260		260

A	Auseinandersetzungs-bilanz (in 1.000 EUR)		P
Grundstücke u. Gebäude	92	Kapital A	65
Maschinelle Anlagen	65	Kapital B	55
Vorräte	43	Auseinander-setzungs-guthaben C	70
Bankguthaben	20	Verbindlichkeiten	80
sonst. Aktiva	50		
	270		270

Abb. 22: Jahresendbilanz und Auseinandersetzungsbilanz

Von der **Verwendung des Auseinandersetzungsguthabens** gehen unterschiedliche Einflüsse auf die Vermögens- und Kapitalstruktur des Unternehmens aus:

(1) Der ausscheidende Gesellschafter gewährt dem Unternehmen in Höhe des Auseinandersetzungsguthabens ein **Darlehen.** In diesem Fall wird aus Eigenkapital Fremdkapital, das vereinbarungsgemäß zu verzinsen und zu tilgen ist.

(2) Der ausscheidende Gesellschafter kann **sofortige Auszahlung** verlangen. In diesem Fall nehmen die flüssigen Mittel des Unternehmens ab. Gegebenenfalls ist eine Anschlussfinanzierung durch Aufnahme von Fremdkapital oder durch Einlage weiteren Eigenkapitals (bisherige Gesellschafter, Aufnahme eines neuen Gesellschafters) erforderlich.

(3) Der ausscheidende Gesellschafter wird in Form von **Sachwerten,** z.B. durch ein unbelastetes Grundstück, das das Unternehmen nicht unbedingt benötigt, entschädigt. Daraus ergeben sich keine Auswirkungen auf die Liquidität des Unternehmens.

6.2.3.3 Die ordentliche Kapitalherabsetzung der Aktiengesellschaft[195]

Unter Kapitalherabsetzung versteht man – wie oben bereits erwähnt – bei Kapitalgesellschaften nicht jede Verminderung von Eigenkapitalpositionen, sondern nur die des **Haftungskapitals.** Da die Problematik dieses Vorgangs im **Gläubigerschutz** liegt,

[195] Auf eine besondere Behandlung der Kapitalherabsetzung der GmbH wird verzichtet, weil die Rechtsvorschriften der §§ 58 ff. GmbHG im Wesentlichen den Vorschriften für die ordentliche Kapitalherabsetzung der AG entsprechen.

werden an ihn sowohl im Aktiengesetz als auch im GmbH-Gesetz **strenge formale Anforderungen** gestellt.

Das Nennkapital kann herabgesetzt werden, wenn ein Verlustvortrag ausgeglichen oder Rücklagen erhöht werden sollen. Eine **Kapitalherabsetzung mit anschließenden Ausschüttungen** ist eine relativ seltene Maßnahme und nur dann vertretbar, wenn ein Unternehmen gemessen an seiner Geschäftstätigkeit überkapitalisiert ist. Dieser Fall ist beispielsweise im Ruhrbergbau aufgetreten, nachdem frühere Bergbauunternehmen ihre Zechen entweder geschlossen oder in die Ruhrkohle-AG eingebracht hatten und ihre weitere Tätigkeit im Wesentlichen auf die Verwaltung des verbliebenen Grundbesitzes beschränkten.

Ist eine Herabsetzung des Grundkapitals mit **Auszahlungen** verbunden, so sind die Vorschriften über die ordentliche Kapitalherabsetzung zu beachten.[196] Der Beschluss über die Kapitalherabsetzung erfordert die Zustimmung von mindestens drei Viertel des in der Hauptversammlung vertretenen Grundkapitals.[197] Sind mehrere Aktiengattungen (z.B. auch Vorzugsaktien) vorhanden, so müssen die Aktionäre jeder Gattung mit mindestens Dreiviertelmehrheit ihre Zustimmung zum Beschluss der Hauptversammlung erklären.[198] Im Hauptversammlungsbeschluss ist anzugeben, zu welchem Zweck die Kapitalherabsetzung erfolgen soll und ob Teile des Grundkapitals zurückgezahlt werden sollen.[199]

Für die Herabsetzung des Grundkapitals stehen **zwei Verfahren** zur Verfügung, bei denen zu unterscheiden ist, ob Nennwert- oder Stückaktien vorliegen:

(1) **Bei Nennwertsaktien wird der Nennwert der einzelnen Aktien vermindert** („Herunterstempelung").[200] Aus einer Aktie mit einem Nennwert von 5 EUR wird z.B. eine Aktie mit einem Nennwert von 3 EUR. Das Grundkapital vermindert sich um 40 %. Zu beachten ist, dass der herabgesetzte Nennbetrag der Aktie auf volle EUR lauten muss. Bei Stückaktien ist nichts zu unternehmen, da sich mit der Herabsetzung des Grundkapitals lediglich der auf die Aktien entfallende anteilige Betrag des Grundkapitals ermäßigt. Dieser Betrag muss nicht auf volle EUR lauten, darf aber den Mindestwert von einem EUR nicht unterschreiten.

(2) **Mehrere Aktien werden zu einer Aktie zusammengelegt.** Die Zusammenlegung ist nur statthaft, wenn durch die Herabstempelung der Mindestnennwert bzw. der auf die Aktie entfallende anteilige Betrag des Grundkapitals von einem EUR unterschritten würde. Soll ein in 10 Mio. Aktien eingeteiltes Grundkapital von 10 Mio. EUR auf 5 Mio. EUR herabgesetzt werden, sind die Aktien im Verhältnis 2:1 zusammenzulegen.

    Die Vorschrift, dass bei Nennwertaktien zunächst eine Herunterstempelung erfolgen muss dient den Interessen der Kleinaktionäre, die durch die Wahl von sehr ungeraden Zusammenlegungsverhältnissen benachteiligt würden. Soll eine Zusammenlegung z.B. im Verhältnis von 11:9 vorgenommen werden, wären alle Aktionäre mit weniger als 11 Aktien gezwungen, ihre Aktien zu verkaufen oder weitere Aktien hinzuzukaufen. Im Fall von Stückaktien entsteht dieses Problem nicht.

---

[196] Vgl. §§ 222–228 AktG.
[197] Vgl. § 222 Abs. 1 AktG.
[198] Vgl. § 222 Abs. 2 AktG.
[199] Vgl. § 222 Abs. 3 AktG.
[200] Vgl. § 222 Abs. 4 AktG.

Der Beschluss über die Kapitalherabsetzung ist zur Eintragung ins Handelsregister anzumelden.[201] Mit der Eintragung ist das Grundkapital herabgesetzt.[202] **Gläubiger,** deren Forderungen begründet worden sind, bevor die Eintragung des Beschlusses über die Kapitalherabsetzung bekanntgemacht worden ist, haben das Recht, innerhalb von sechs Monaten nach der Bekanntmachung **Sicherheiten** für ihre Forderungen zu verlangen, soweit sie nicht auf der Leistung bestehen können.[203] Vor Ablauf dieser sechsmonatigen Sperrfrist und bevor die Forderungen der Gläubiger, die sich rechtzeitig bei der Gesellschaft gemeldet haben, gesichert oder erfüllt wurden, dürfen Kapitalrückzahlungen an Aktionäre nicht erfolgen.[204]

6.2.3.4 Die Sanierung

Die buchmäßige (reine) Sanierung

Wenn ein Unternehmen durch Verluste in finanzielle Schwierigkeiten geraten ist, dann soll eine Sanierung dazu dienen, die Leistungsfähigkeit wieder herzustellen. Voraussetzung hierfür ist, dass nicht nur entstandene Verluste durch Herabsetzung des Grundkapitals buchtechnisch beseitigt oder dem Betrieb neue finanzielle Mittel zur Verbesserung seiner Kapitalausstattung und seiner Liquiditätslage zugeführt werden, sondern dass insbesondere die Analyse der Ursachen für die schlechte Geschäftsentwicklung eine Gesundung des Unternehmens, z.B. durch eine durchgreifende Reorganisation, möglich erscheinen lässt.

Bei der Aktiengesellschaft zeigen sich Verluste durch einen **Verlustvortrag** in der handelsrechtlichen Eigenkapitalgliederung, der eine Korrektur des ausgewiesenen Eigenkapitals bedeutet. Durch eine Kapitalherabsetzung lassen sich diese Verluste buchmäßig decken. Zum Ausgleich von Wertminderungen, zur Deckung sonstiger Verluste oder zur Einstellung von Beträgen in die Kapitalrücklage lässt das Aktiengesetz ein vereinfachtes Kapitalherabsetzungsverfahren zu **(vereinfachte Kapitalherabsetzung).**[205] Es unterscheidet sich von der ordentlichen Kapitalherabsetzung dadurch, dass **keine besonderen Gläubigerschutzbestimmungen** erforderlich sind, da Rückzahlungen an Aktionäre aus der vereinfachten Kapitalherabsetzung ausgeschlossen sind.[206] Durch diese Form der Kapitalherabsetzung vermindern sich das (noch) vorhandene Eigenkapital und damit das Vermögen nicht, da lediglich eine Umbuchung erfolgt.

Eine **Voraussetzung** für eine vereinfachte Kapitalherabsetzung ist, dass der Teil der gesetzlichen Rücklage und der Kapitalrücklage, um den diese zusammen 10% des nach der Herabsetzung verbleibenden Grundkapitals übersteigen sowie die Gewinnrücklagen aufgelöst sind.[207]

Nach einer vereinfachten Kapitalherabsetzung dürfen Gewinne erst dann wieder ausgeschüttet werden, wenn die gesetzliche Rücklage und die Kapitalrücklage zu-

---

[201] Vgl. § 223 AktG.
[202] Vgl. § 224 AktG.
[203] Vgl. § 225 Abs. 1 S. 1 AktG.
[204] Vgl. § 225 Abs. 2 AktG.
[205] Vgl. §§ 229–236 AktG. Für die GmbH vgl. §§ 58a–58c GmbHG.
[206] Vgl. § 230 AktG.
[207] Vgl. § 229 Abs. 2 S. 1 AktG.

sammen 10 % des herabgesetzten Grundkapitals erreicht haben.[208] Auch dann ist in den ersten beiden Jahren nach der Sanierung die Ausschüttung auf 4 % beschränkt, es sei denn, die Ansprüche der Gläubiger werden gesichert oder befriedigt.[209] Aus diesem Grund setzt man das Kapital gewöhnlich um einen höheren Betrag herab als der Verlust ausmacht. Der hierbei entstehende Buchgewinn muss in die Kapitalrücklage eingestellt werden. Damit wird verhindert, dass er als Gewinn ausgeschüttet werden kann.[210] Werden aus der Auflösung von anderen Gewinnrücklagen gewonnene Beträge in die gesetzliche Rücklage und Kapitalherabsetzungsbeträge in die Kapitalrücklage eingestellt, so dürfen diese Rücklagen zusammen 10 % des herabgesetzten Grundkapitals nicht überschreiten.[211] Durch diese Vorschrift soll zum Schutz der Aktionäre eine zu große Kapitalherabsetzung verhindert werden.

Beispiel: Einem gezeichneten Kapital (Grundkapital) von 1.000.000 EUR steht ein Verlustvortrag von 120.000 EUR gegenüber, der durch eine von der Hauptversammlung mit Dreiviertelmehrheit beschlossene Kapitalherabsetzung von 200.000 EUR gedeckt werden soll. Der sich ergebende Sanierungsgewinn wird in die Kapitalrücklage eingestellt.

A	Bilanz vor der Kapitalherabsetzung (in 1.000 EUR)		P
Vermögen	880	Gezeichnetes Kapital	1.000
		Verlustvortrag	– 120
	880		880

A	Bilanz nach der Kapitalherabsetzung (in 1.000 EUR)		P
Vermögen	880	Gezeichnetes Kapital	800
		Kapitalrücklage	80
	880		880

Abb. 23: Bilanz vor und nach der Kapitalherabsetzung

Stellt sich bei der Aufstellung der Jahresbilanz für das Geschäftsjahr, in dem der Beschluss über die Kapitalherabsetzung gefasst wurde, oder für eines der beiden folgenden Geschäftsjahre heraus, dass die Wertminderungen oder sonstigen Verluste nicht die angenommene Höhe erreichen, so sind die entstehenden Buchgewinne in die Kapitalrücklage einzustellen. Dieser Fall kann z.B. eintreten, wenn die Verluste durch zu hohe Abschreibungen, insbesondere außerplanmäßige Abschreibungen oder zu hohe Rückstellungen entstanden sind, die in der Folgezeit zu entsprechenden Buchgewinnen führen.

Die Sanierung durch Zuführung neuer Mittel

Durch die buchmäßige Sanierung (reine Sanierung) werden dem Unternehmen keine neuen Mittel zugeführt, die es in einer schlechten wirtschaftlichen Situation dringend benötigt. Aus diesem Grund wird gewöhnlich eine andere Sanierungsmethode verwendet: die Sanierung mit Zuführung von Mitteln. Sie wird entweder dadurch erreicht,

208 Vgl. § 233 Abs. 1 S. 1 AktG.
209 Vgl. § 233 Abs. 2 S. 1 AktG.
210 Vgl. § 150 Abs. 4 AktG.
211 Vgl. § 231 S. 1 AktG.

dass sich an die vereinfachte Kapitalherabsetzung eine **Kapitalerhöhung** anschließt oder dass die Aktionäre ihren „Verlustanteil" durch **Zuzahlungen** ausgleichen.

Im ersteren Fall hat die Kapitalherabsetzung den Zweck, den Verlustvortrag zu beseitigen und den Kurs der Aktie, der in diesem Fall gewöhnlich unter dem Nennwert liegt, wieder auf oder über pari zu heben, damit wegen des Verbots der Unterpari-Emission[212] eine Kapitalerhöhung überhaupt Aussichten auf Erfolg hat.

Beispiel: Der Verlustvortrag einer Aktiengesellschaft beträgt 700.000 EUR bei einem Grundkapital von 4.000.000 EUR. Die Aktie wird an der Börse mit 0,84 EUR je Stück notiert. Die Hauptversammlung akzeptiert das Sanierungskonzept des Vorstands und beschließt:

(1) Das Grundkapital wird durch Zusammenlegung von Aktien im Verhältnis von 4:3 um 1 Mio. EUR im Wege der vereinfachten Kapitalherabsetzung herabgesetzt.

(2) Gleichzeitig wird eine Kapitalerhöhung im Verhältnis 3:1 durchgeführt. Der Ausgabekurs der jungen Aktien wird auf 1,00 EUR festgesetzt.

A	Bilanz vor der Kapitalherabsetzung (in 1.000 EUR)		P
Vermögen	6.300	Gezeichnetes Kapital	4.000
		Verlustvortrag	– 700
			3.300
		Verbindlichkeiten	3.000
	6.300		6.300

A	Bilanz nach der Kapitalherabsetzung (in 1.000 EUR)		P
Vermögen	6.300	Gezeichnetes Kapital	3.000
		Kapitalrücklage	300
			3.300
		Verbindlichkeiten	3.000
	6.300		6.300

Abb. 24: Bilanz vor und nach der Kapitalherabsetzung

Durch die Umbuchungen hat sich vermögensmäßig nichts verändert. Das Vermögen eines Aktionärs, der vor der Kapitalherabsetzung vier Aktien besaß (4 x 0,84 EUR = 3,36 EUR), ist unverändert geblieben, sein Vermögen besteht jetzt – Zusammenlegung unterstellt – aus drei Aktien, die aber – sieht man von sonstigen Börseneinflüssen ab – mit 1,12 EUR notiert werden (3 x 1,12 = 3,36 EUR). Die sich anschließende Kapitalerhöhung im Verhältnis 3:1 führt zu einem neuen Kurs von 1,09 EUR. Der Gesellschaft fließt zusätzlich eine Million EUR zu.

A	Bilanz nach der Kapitalherabsetzung (in 1.000 EUR)		P
Vermögen	7.300	Gezeichnetes Kapital	4.000
		Kapitalrücklage	300
		Verbindlichkeiten	3.000
	7.300		7.300

Abb. 25: Bilanz nach der Kapitalerhöhung

[212] Vgl. §9 Abs. 1 AktG.

Im zweiten Fall der Zuführung von Mitteln ist die Gesellschaft auf die Bereitschaft und die Fähigkeit der Aktionäre angewiesen, ihren Verlustanteil durch Zuzahlungen auszugleichen. Aus diesem Grunde hat sich die Form der **Alternativsanierung** entwickelt, d.h., die Aktionäre können wählen, ob sie entweder den Verlustanteil durch Zuzahlung begleichen wollen oder den Nennwert ihrer Aktien herunterstempeln bzw. ihre Aktien zusammenlegen lassen. Da die Gesellschaft an der Zuzahlung stärker interessiert ist, wird sie für diesen Fall den Aktionären Vorzugsrechte anbieten.

Sanierungsgewinne aufgrund der beschriebenen gesellschaftsrechtlichen Maßnahmen sind grundsätzlich **nicht steuerpflichtig.** Im Fall der buchmäßigen Sanierung tritt keine Veränderung des Vermögens ein, bei einer Sanierung mit Zuführung von Mitteln erhöht sich zwar das Vermögen, aber im gleichen Umfang vergrößert sich das Effektivkapital (nicht das Nominalkapital) durch Beseitigung des Verlustvortrags.

Die Sanierung durch Einziehung von Aktien

Eine weitere Form der Sanierung stellt die Sanierung durch Einziehung von Aktien dar.[213] Da die Gesellschaft in diesem Falle den Aktionären, die ihre Aktien abgeben, ein Entgelt zahlen muss, setzt dieses Verfahren voraus, dass die Gesellschaft trotz der Sanierungsbedürftigkeit noch über entsprechende liquide Mittel verfügt. Als weitere Voraussetzung kommt hinzu, dass die Gesellschaft die Aktien **unter pari** zurückkaufen kann. Anderenfalls würde bei der Vernichtung der Aktien kein Buchgewinn entstehen, der gegen den Verlustvortrag verrechnet werden kann. Wegen des Einsatzes liquider Mittel bezeichnet man diese Form der Sanierung auch als **„Sanierung mit Ausschüttung von Mitteln".** Daneben gibt es auch Fälle, in denen Aktionäre Aktien zum Zweck der Sanierung unentgeltlich zur Einziehung zur Verfügung stellen.[214]

Ein im Anlagevermögen ausgewiesenes Grundstück, das nicht betrieblich genutzt wird, kann zum Buchwert von 100.000 EUR veräußert werden. Den Veräußerungserlös verwendet die Gesellschaft zum Erwerb eigener Aktien im Nennwert von 160.000 EUR (Kurs 1,25 EUR je Aktie im Nennwert von 2 EUR). Da die eigenen Aktien mit ihren Anschaffungskosten und nicht zum Nennwert zu bilanzieren sind, schlägt sich diese Transaktion in der Bilanz als Aktivtausch nieder. Anschließend wird das Grundkapital um den Nennwert der eigenen Aktien in Höhe von 160.000 EUR herabgesetzt. Sobald die Aktien eingezogen werden, geht auch die Vermögensposition von 100.000 EUR unter. Es entsteht ein Buchgewinn in Höhe der Differenz zwischen dem Nennwert der eigenen Aktien (160.000 EUR) und dem Kurswert (Anschaffungskosten) der eigenen Aktien (100.000 EUR). Dieser **Buchgewinn** wird zur Deckung des Verlustvortrags verwendet.

[213] Vgl. §§ 237 ff. AktG.
[214] Vgl. § 237 Abs. 3 Nr. 1 AktG.

Beispiel: Die Jahresbilanz einer Aktiengesellschaft habe folgendes Aussehen:

A		Bilanz vor dem Erwerb eigener Aktien (in 1.000 EUR)	P
Anlagevermögen	350	Gezeichnetes Kapital	600
Umlaufvermögen	590	Verlustvortrag	– 60
		Verbindlichkeiten	400
	940		940

Abb. 26: Bilanz einer AG

A		Bilanz nach dem Erwerb eigener Aktien (in 1.000 EUR)	P
Anlagevermögen	250	Gezeichnetes Kapital	600
Eigene Aktien	100	Verlustvortrag	– 60
			540
Umlaufvermögen	590	Verbindlichkeiten	400
	940		940

A		Bilanz nach Einziehung der Aktien (in 1.000 EUR)	P
Anlagevermögen	250	Gezeichnetes Kapital	440
Umlaufvermögen	590	Verbindlichkeiten	400
	840		840

Abb. 27: Bilanz nach dem Erwerb eigener Aktien und nach Einziehung der Aktien

Das Aktiengesetz lässt den Erwerb eigener Aktien, die eingezogen werden sollen, unbeschränkt zu.[215] **Voraussetzung** ist jedoch, dass die Vorschriften über die Kapitalherabsetzung durch Einziehung von Aktien beachtet werden.[216] Für diesen Fall sind grundsätzlich die Vorschriften über die ordentliche Kapitalherabsetzung anzuwenden, d.h. es muss ein Beschluss der Hauptversammlung mit Dreiviertelmehrheit herbeigeführt werden; außerdem sind die Gläubigerschutzvorschriften, die bei der vereinfachten Kapitalherabsetzung nicht gelten, anzuwenden.

Stellen Aktionäre für Sanierungsmaßnahmen Aktien unentgeltlich zur Einziehung bereit, brauchen die Gläubigerschutzvorschriften nicht beachtet zu werden. Der entstehende Buchgewinn wird mit dem Verlustvortrag verrechnet. Der Herabsetzungsbetrag ist in die Kapitalrücklage einzustellen.

Die Kapitalherabsetzung durch Einziehung von Aktien ist nicht nur auf Sanierungsfälle beschränkt. Sie ist grundsätzlich nach Erwerb eigener Aktien durch die Gesellschaft oder auch zwangsweise möglich. Letzteres muss allerdings durch die ursprüngliche Satzung oder durch eine Satzungsänderung vor Übernahme oder Zeichnung der Aktien gestattet sein.

---

[215] Der Erwerb ist nach §71 Abs. 1 AktG nicht, wie in anderen Fällen des Erwerbs eigener Aktien, auf 10 % des Grundkapitals beschränkt.

[216] Vgl. §§237–239 AktG.

Kontrollfragen
▪ Welche wesentlichen Schritte zur Gründung einer GmbH kennen Sie? ▪ Beschreiben Sie die drei Möglichkeiten zur Beschleunigung der GmbH-Gründung. ▪ Welche Vorteile ergeben sich durch das MoMiG für die GmbH als Rechtsform? ▪ Beschreiben Sie die Maßnahmen zur Bekämpfung von Missbräuchen der GmbH-Rechtsreform. ▪ Nennen Sie die Schritte zur Gründung einer Aktiengesellschaft. ▪ Erläutern Sie die Anlässe und generellen Formen der Kapitalerhöhung. ▪ Welche Möglichkeiten gibt es zur Kapitalerhöhung bei Einzelunternehmen und Personengesellschaften? ▪ Beschreiben Sie die beiden Fälle der Eigenkapitalerhöhung bei der GmbH und die damit verbundenen Schwierigkeiten. ▪ Nennen Sie die drei verschiedenen Wege zur Eigenkapitalbeschaffung durch die ordentliche Kapitalerhöhung bei der Aktiengesellschaft. ▪ Beschreiben Sie das Bezugsrecht und seine beiden wesentlichen Aufgaben. ▪ Welche drei Zwecke der bedingten Kapitalerhöhung kennen Sie? ▪ Erläutern Sie den Sinn der Kapitalerhöhung durch genehmigtes Kapital bei der Aktiengesellschaft. ▪ Wie lässt sich das Nominalkapital von Kapitalgesellschaften auch ohne zusätzliche Einlagen erhöhen? ▪ Wie erfolgt die Kapitalherabsetzung bei Einzelunternehmen und Personengesellschaften? ▪ Nennen Sie die beiden Verfahren zur ordentlichen Kapitalherabsetzung bei der Aktiengesellschaft. ▪ Differenzieren Sie die vereinfachte Kapitalherabsetzung von der ordentlichen. ▪ Beschreiben Sie die Sanierung durch Zuführung neuer Mittel. ▪ Erklären Sie die Sanierung durch Einziehung von Aktien und erläutern Sie, weshalb sie auch die „Sanierung mit Ausschüttung von Mitteln" genannt wird.

6.3 Der Börsengang

Lernziele
▪ Sie verstehen die Anlässe eines Börsengangs. ▪ Sie kennen die quantitativen und qualitativen Kriterien eines Börsengangs. ▪ Sie unterscheiden die verschiedenen Börsensegmente der deutschen Börse. ▪ Sie können die wichtigsten Börsenindizes Deutschlands gegenüberstellen.

- Sie können die fünf Phasen eines Börsengangs und deren Inhalte skizzieren.
- Sie sind mit den Begriffen „Equity-Story", „Due Diligence" und „Corporate Governance" vertraut.
- Sie kennen die wesentlichen Beteiligten eines Börsengangs.
- Sie können die wichtigsten Inhalte eines Börsenprospekts wiedergeben.
- Sie differenzieren zwischen dem Festpreisverfahren und Bookbuilding-Verfahren der Preisfindung.
- Sie wissen, wie die Wertpapiere bei privaten und institutionellen Investoren, Mitarbeitern und dem Unternehmen Nahestehenden platziert werden.
- Sie können Methoden zur Kursstabilisierung aufzeigen.

Der Begriff **Börsengang** oder „**Initial Public Offering**" (IPO) beschreibt die erstmalige öffentliche Ausgabe von Aktien durch ein Unternehmen, die dann an einer **Börse** gehandelt werden. Mittels eines Börsengangs verschafft das Unternehmen sich einen Zugang zum **Kapitalmarkt** und besorgt sich Eigenkapital von einem **breiten Investorenkreis**. Für die ursprünglichen Eigentümer des Unternehmens bedeutet der Börsengang einen Teilverkauf des Unternehmens an neue Eigentümer.

6.3.1 Motive und Voraussetzungen für einen Börsengang

Die Motive für die Börsenzulassung sind vielfältig. An erster Stelle ist die Finanzierung von **Wachstum** zu nennen, zu dem die Altaktionäre nicht mehr in der Lage oder nicht mehr willens sind. Letzteres kann eintreten, wenn Finanzinvestoren (z.B. Beteiligungsgesellschaften), welche die ersten Wachstumsphasen mit finanziert haben, im Laufe der Zeit ihr Engagement beenden wollen. Mit der Börsenzulassung der Aktien erhalten ihre Anteile **Fungibilität** und sind daher später leichter veräußerbar. Dies gilt für alle Altaktionäre. Somit kann der Börsengang neben der Deckung eines Finanzbedarfs auch eine Maßnahme sein, etwaige Veränderungen im Kreise der **Altgesellschafter** vorzubereiten oder überhaupt erst zu ermöglichen sowie Vorsorge für eine **Nachfolgeregelung** zu treffen. Weitere Entscheidungskriterien für einen Börsengang können die **Aufwertung des Unternehmensprofils** sowie die Möglichkeit der **Mitarbeiterbeteiligung** sein.

Der Börsengang setzt voraus, dass das Unternehmen eine „**Börsenreife**" aufweist, d.h. es muss den Qualitätsanforderungen des organisierten Kapitalmarkts und der potenziellen neuen Aktionäre genügen. Zu differenzieren ist zwischen quantitativen und qualitativen Kriterien.

Zu den **quantitativen Kriterien** zählen z.B.:

- Alter des Unternehmens,
- Unternehmensgröße (z.B. Umsatz, Kapitalisierung),
- Unternehmenswachstum,
- Profitabilität bzw. deren Aussichten,
- Cashflow-Generierung,
- Platzierungsvolumen,
- erzielte Ist-Ergebnisse.

Die **qualitativen Kriterien** umfassen vor allem die

- Marktstellung des Unternehmens in seiner Branche,
- Schlüssigkeit seiner Strategie,
- Innovationskraft,
- Produkte, Produktionstechniken,
- Stabilität und Transparenz der Organisationsstruktur,
- Managementstärke,
- Qualität der Informations- und Kontrollsysteme,
- Konsistenz der Ergebnisse.

Die Inhalte dieser Kriterien sind der wesentliche Bestandteil der „**Equity Story**" des Unternehmens, mit der die künftigen Aktionäre angesprochen werden. Es ist wichtig, dass sich Unternehmen, die den Gang an die Börse beabsichtigen, von anderen Emittenten differenzieren können, um ausreichende Nachfrage nach den Aktien zu generieren. Aus Sicht des Kapitalmarkts sollte das Emissionsvolumen so groß sein, dass es auch das Interesse der institutionellen Anleger (z.B. Investmentfonds) findet. Der Umfang der im Umlauf befindlichen Aktien („Float"), muss ausreichen, um die notwendige Liquidität am Kapitalmarkt sicherzustellen. Der Kurs einer Aktie, die wenig Beachtung am Kapitalmarkt findet, wird immer relativ niedrig bleiben, hierdurch die Kapitalkosten erhöhen und damit weiteres Wachstum erschweren.

6.3.2 Die Börsensegmente und Indizes der Frankfurter Wertpapierbörse

6.3.2.1 Börsensegmente der Frankfurter Wertpapierbörse

Wenn ein Unternehmen sich für ein **Listing** an der FWB® Frankfurter Wertpapierbörse entscheidet, kann es zwischen dem **Entry Standard**, dem **General Standard** und dem **Prime Standard** wählen.[217] Während der Prime Standard und der General Standard dem EU-regulierten Markt angehören, ist der Entry Standard ein Segment des Open Markets, also des börsenregulierten Freiverkehrs. Um zum jeweiligen Marktsegment zugelassen zu werden, muss das Unternehmen unterschiedliche Transparenzanforderungen erfüllen.

Entry Standard

Der Entry Standard wurde erst im Jahr 2005 eingeführt; er stellt eine Alternative zum **regulierten Markt** dar und eignet sich besonders für **kleine und mittelständische Unternehmen**, bzw. für diejenigen Unternehmen, die einen raschen, unkomplizierten und vor allem kostengünstigen Börsengang anstreben, der nur mit geringen formalen Pflichten verbunden ist. Da es sich hierbei um einen Teilbereich des **Open Market** handelt, gelten die Freiverkehrsrichtlinien. Hinsichtlich Größe und Alter des Unternehmens stellt der Entry Standard **keine Mindestanforderungen**.

Entry Standard-Unternehmen müssen innerhalb von sechs Monaten nach Ablauf ihres Geschäftsjahres einen **testierten Konzernabschluss inklusive Lagebericht** in Deutsch oder Englisch veröffentlichen. Der Halbjahresbericht muss innerhalb von drei Monaten nach Ende des ersten Halbjahres veröffentlicht werden. Die Abschlüsse

---

[217] Vgl. Deutsche Börse.

können wahlweise nach nationaler Rechnungslegung (z.B. HGB) oder nach IFRS aufgestellt werden. Weitere Erfordernisse umfassen ein **aktuelles Unternehmensportrait** und einen **Unternehmenskalender** auf der Internetseite des Unternehmens sowie die **sofortige (ad hoc) Publizierung** von Unternehmensnachrichten, die für die Entwicklung des Aktienkurses relevant sein könnten.

General Standard

Der Gesetzgeber hat **Mindestanforderungen** definiert, die für ein Listing am EU-regulierten Markt gelten. Eben diese Mindestanforderungen müssen von jedem Unternehmen, das sich für eine Notierung im General Standard entscheidet, erfüllt werden. Die Börsennotierung im General Standard ist gegenüber dem Prime Standard die kostengünstigere Variante. Unternehmen im General Standard müssen innerhalb von vier Monaten nach Ende des Geschäftsjahres einen **Jahresfinanzbericht** nach IFRS veröffentlichen; der Halbjahresfinanzbericht muss innerhalb von zwei Monaten nach Halbjahresende publiziert werden. Für das erste und dritte Quartal jedes Geschäftsjahres ist die Darlegung der allgemeinen Finanzlage sowie wesentlicher Ereignisse, die in diesem Zeitraum stattgefunden haben, erforderlich. Außerdem unterliegt der Emittent der **Ad hoc-Publizitätspflicht**, d.h. es sind umgehend Unternehmensnachrichten, die den Börsenkurs beeinflussen könnten, zu veröffentlichen. Ebenso sind das Erreichen sowie die Über- bzw. Unterschreitung von Meldeschwellen sowie ein Kontrollwechsel mitteilungspflichtig.

Prime Standard

Der Prime Standard stellt hohe, international geltende **Transparenzanforderungen** an die hier gelisteten Unternehmen, die über das Maß des General Standards hinausgehen. Unternehmen im Prime Standard haben oftmals die Absicht, insbesondere **internationale Investoren** anzusprechen, und wollen sich daher von anderen Unternehmen durch ein hohes Maß an Transparenz abheben. Der Prime Standard bietet demnach den Investoren die höchsten Transparenzstandards in Europa. Die über den General Standard hinausgehenden **Publizitätspflichten** umfassen z.B. die Verpflichtung **Quartalsberichte** zu erstellen sowie einen **Unternehmenskalender** zu veröffentlichen, der permanent aktualisiert wird. Prime Standard-Unternehmen müssen sowohl in Deutsch als auch in Englisch berichten und müssen mindestens eine **Analystenkonferenz** pro Jahr veranstalten.

Die Zulassungsvoraussetzungen und Transparenzanforderungen für die einzelnen Börsensegmente der Frankfurter Wertpapierbörse sind im Börsengesetz, in der Börsenzulassungsverordnung, im Wertpapierhandelsgesetz (WpHG), im Wertpapiererwerbs- und Übernahmegesetz (WpÜG) sowie im Wertpapierprospektgesetz (WpPG) festgelegt.

Abb. 28: Börsensegmente der Frankfurter Wertpapierbörse[183]

6.3.2.2 Indizes der Frankfurter Wertpapierbörse

Indizes strukturieren den Aktienmarkt und fokussieren dadurch die Aufmerksamkeit der Investoren. Sie sind Marktbarometer für eine breite Öffentlichkeit und dienen zugleich als Basiswerte für Terminmarktprodukte und als Benchmark* in der Performance-Messung, z.B. für Einzelwerte und für Fonds.

Der **DAX** bildet die 30 nach Marktkapitalisierung und Börsenumsatz größten Werte (Bluechips) ab. Unterhalb des DAX unterscheidet die Deutsche Börse nach klassischen Branchen und Technologiebranchen. Eine Voraussetzung für die Aufnahme von Unternehmen in die Auswahlindizes DAX, MDAX®, SDAX® und TecDAX® ist die Zulassung zum Prime Standard.

Für die Aufnahme von im Prime Standard fortlaufend gehandelten Unternehmen in die Auswahlindizes sowie für Veränderungen der Zusammensetzung gelten eindeutige Regeln, die auf den Kriterien „**Marktkapitalisierung des Streubesitzes**" sowie „**Orderbuchumsatz**" basieren.

Sektorindizes differenzieren die gelisteten Unternehmen und bilden die Entwicklung einzelner Branchen ab. Diese Sektorindizes unterstützen die Vergleichbarkeit der Unternehmensentwicklung von Anbietern gleichartiger Produkte oder Dienstleistungen. Sie sind eingeteilt in 18 Sektoren bzw. weiter zusammengefasst in 9 Supersektoren. Der Sektorenzuteilung eines Unternehmens geht die Zuordnung zu einer von 63 Subsektoren voraus. Alle Unternehmen, die im Prime Standard, General Standard oder Entry Standard zugelassen sind, werden in einen Sektorindex und einen Subsektorindex aufgenommen.

Der Auswahlindex DAX International 100 enthält die liquidesten nationalen und internationalen Unternehmen aus Prime Standard, General Standard und Entry Standard. Kriterium für die Aufnahme in diesen Index sind die Orderbuchumsätze auf Xetra und im Parketthandel der FWB.

Neben den Auswahlindizes bietet die Deutsche Börse eine Reihe von Benchmarkindizes an, die breiter angelegt sind. Hierzu zählen z.B. der Prime All Share-Index, GEX®, General All Share-Index und Entry All Share-Index.

Die Indizes der Deutschen Börse im Überblick:

- **DAX®:** Bluechip-Index. Umfasst die 30 größten Werte des Prime Standard an der FWB Frankfurter Wertpapierbörse.
- **DAX International 100:** Umfasst die 100 liquidesten in- und ausländischen Unternehmen. Auf den DAX International 100 folgt der DAX International Mid 100 mit weiteren 100 Unternehmen.
- **MDAX®:** Midcap-Index. Umfasst die 50 auf den DAX-Index folgenden Werte des Prime Standard aus klassischen Branchen.
- **SDAX®:** Smallcap-Index. Umfasst die 50 größten auf den MDAX-Index folgenden Werte des Prime Standard aus klassischen Branchen.
- **TecDAX®:** Technologie-Index. Umfasst die 30 größten auf den DAX-Index folgenden Werte der Technologiebranchen des Prime Standard.

---

[218] Quelle: www.deutsche-boerse.com.

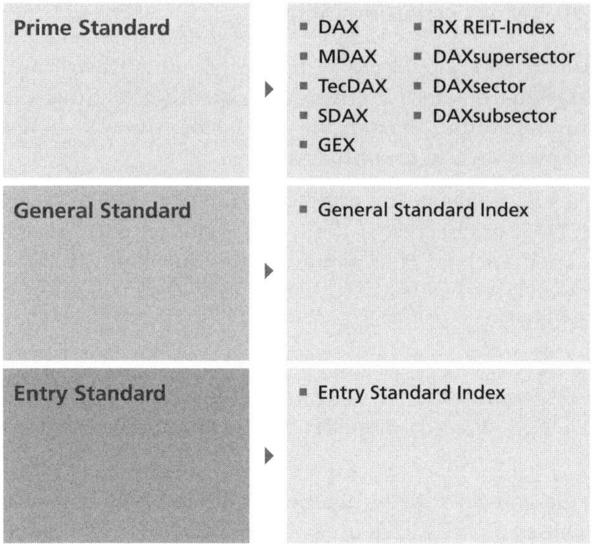

Abb. 29: Indizes der Frankfurter Wertpapierbörse[184]

- **HDAX®:** Umfasst die Werte aller 110 Unternehmen aus den Auswahlindizes DAX, MDAX und TecDAX.
- **CDAX®:** Umfasst alle deutschen Unternehmen aus den Segmenten Prime und General Standard; repräsentiert damit die gesamte Breite des deutschen Aktienmarkts.
- **GEX®:** Enthält alle eigentümergeführten Unternehmen, die im Prime Standard gelistet sind und deren Börsengang nicht länger als zehn Jahre zurückliegt. Eigentümergeführt bedeutet, dass Vorstände, Aufsichtsratsmitglieder oder deren Familien zwischen 25 und 75 Prozent der Stimmrechte besitzen. Damit ist der GEX ein Indikator für die Wertentwicklung mittelständischer Unternehmen an der Börse.
- **Entry Standard Index:** Bildet die Entwicklung der Werte des Open Market ab, die in den Entry Standard aufgenommen wurden.

6.3.3 Der Prozess des Börsengangs

Der IPO-Prozess in Deutschland gliedert sich in fünf Phasen[220]:

- Planung und Vorbereitung,
- Strukturierung,
- Marketing,

---

[219] Quelle: Deutsche Börse.

[220] Vgl. *Ernst, D., Häcker J.*, Applied International Corporate Finance, München 2012, S. 257 ff.; Deutsche Börse.

Abb. 30: Der Prozess des Börsengangs

- Preisfindung, Platzierung und Stabilisierung,
- nach der Handelsaufnahme („Being Public").

6.3.3.1 Phase 1: Planung und Vorbereitung

In der Planungs- und Vorbereitungsphase werden die **Voraussetzungen** für einen erfolgreichen Börsengang geprüft und erfüllt. Die Voraussetzungen für die Börsenreife eines Unternehmens umfassen dessen Rechtsform, angemessene Rechnungslegungsstandards sowie das Vorliegen eines Business Plans. Des Weiteren muss das Unternehmen über eine Equity Story und ein Emissionskonzept verfügen.

Überprüfung der Voraussetzungen

Rechtsform

Die grundlegendste Voraussetzung für die Börsenreife ist, dass das Unternehmen in der Rechtsform einer Aktiengesellschaft (AG) oder einer gleichwertigen internationalen Rechtsform firmiert. Die Aktiengesellschaft wird durch folgende Merkmale charakterisiert: sie verfügt über eine Satzung, einen Vorstand und einen Aufsichtsrat. Des Weiteren hält sie einmal im Jahr eine Hauptversammlung ab. Das Eigenkapital wird in Form von Aktien verbrieft; die Aktie repräsentiert den Anteil eines Aktionärs am Grundkapital der AG.

Rechnungslegung

Die Verwendung einheitlicher Rechnungslegungsstandards macht Unternehmen besser vergleichbar. Um diese Vergleichbarkeit zu gewährleisten, sind börsennotierte Unternehmen je nach Börsensegment verpflichtet, den Jahresabschluss nach internationalen Standards wie IFRS oder US-GAAP aufzustellen. Während die Bilanzierung nach internationalen Standards im Entry Standard optional ist, ist dies im General Standard und Prime Standard obligatorisch.

Business Plan

Der Business Plan erläutert u.a. die Ziele und Strategien des Unternehmens, seine Produkte und Märkte, die Wettbewerbssituation, Chancen und Risiken sowie Kapitalerfordernisse. Des Weiteren enthält er Finanzplanzahlen für die kommenden drei bis fünf Jahre, die realistisch und nachvollziehbar sein müssen. Vom Business Plan leiten sich letztendlich die Strategien und Aufgaben der einzelnen Bereiche des Unternehmens ab, sei es Marketing, Produktentwicklung, Personalpolitik oder der Einkauf; daher stellt der Business Plan das „Schlüsseldokument" für die Unternehmensführung dar. Er dient des Weiteren als Grundlage für die Sorgfaltsprüfung („Due Diligence").

Die Equity Story

Die Equity Story ist eine detaillierte **Unternehmensdarstellung**; sie formuliert die Schlüsselkompetenzen, Erfolgsfaktoren und Perspektiven des Unternehmens in einer für den potenziellen Investor verständlichen Sprache. Die Equity Story ist also eine Übersetzung der Unternehmensstrategie sowie wirtschaftlicher Daten und Fakten in die Sprache der Investoren, Analysten, Kunden, Geschäftspartner, Medien und Mitarbeiter. Sie wird mit Hilfe der Konsortialbank oder des Emissionsberaters nach einer ersten vorläufigen Entscheidung für den Weg an die Börse auf Basis des Businessplans und der Daten, die aus der Due Diligence resultieren, erarbeitet.

Die Equity Story umfasst die folgenden **Aspekte**:

- Definition und Analyse des Marktes,
- Positionierung des Produkts bzw. der Dienstleistung,
- Herausstellung der Alleinstellungsmerkmale,
- Definition von Visionen und strategischen Zielen,
- Dokumentation der Wachstumsperspektiven,
- Aussagen zur langfristigen Profitabilität.

Der Schwerpunkt der Equity Story liegt demnach auf den **Zukunftsperspektiven** des Unternehmens, die für den potenziellen Investor in einer ansprechenden Form dargestellt werden, um diesen zu einer Investition in Aktien des Unternehmens zu bewegen.

Das Emissionskonzept

Nach der grundsätzlichen Entscheidung für den Börsengang entwickeln Konsortialführer und Unternehmen gemeinsam eine Strategie für den Weg an die Börse. Das so genannte Emissionskonzept legt die **Eckpunkte des Börsengangs** fest. Es enthält die Ziele, die Strategie und eine kritische Abwägung möglicher Vor- und Nachteile einer Börsennotierung. **Kernpunkte des Emissionskonzepts** sind:

- Börsenplatz und Transparenzstandards (Entry Standard, General Standard, Prime Standard),
- Aktiengattung (Inhaber- oder Namensaktie),
- Emissionsvolumen und Umfang der Kapitalerhöhung,
- Platzierungsverfahren,

- Notwendige Umstrukturierungen,
- Verwendung des Emissionserlöses,
- Projektplan.

Auch der ungefähre **Zeithorizont** für die Durchführung des Börsengangs wird im Emissionskonzept festgelegt. Im Laufe des IPO-Prozesses wird das Emissionskonzept allerdings permanent auf seine Realisierbarkeit überprüft und wird, wenn dies durch veränderte Marktbedingungen o.ä. notwendig erscheint, an die neuen Gegebenheiten angepasst.

Weitere Punkte, die im Emissionskonzept enthalten sein sollten, sind u.a. der Business Plan, das Konsortium, die Kosten des IPO, die Investorenzielgruppe, Planungen für die Zeit nach dem Börsengang sowie ein IR-Konzept.

6.3.3.2 Phase 2: Strukturierung

In der Strukturierungsphase werden die ersten Schritte zur **Umsetzung des Emissionskonzepts** vorgenommen. Neben der Mandatierung der Konsortialbanken und Berater sind insbesondere die Due Diligence und die Erstellung des Wertpapierprospekts wesentliche Bestandteile dieser Phase.

Mandatierung der Konsortialbanken und Berater

Die Konsortialbanken

Die meisten Börsengänge werden von Bankenkonsortien, d.h. einem Zusammenschluss aus mehreren Banken, durchgeführt. Der **Konsortialführer**, auch **Global Coordinator** oder **Lead Manager** genannt, trägt die Hauptverantwortung für die Durchführung des Börsengangs und fungiert als Buchführer (**Bookrunner**). Weitere Konsortialbanken übernehmen die Rolle des **Co-Lead Arrangers** oder des **Co-Managers** und erfüllen je nach Ausgestaltung des Emissionskonzepts **Übernahme- bzw. Platzierungsfunktionen**.

Ein Konsortium aus erfahrenen Banken erhöht die Chancen, dass die Aktien erfolgreich bei den Investoren platziert werden. Der Konsortialführer stellt das Konsortium in Absprache mit dem Emittenten zusammen; es sollte insgesamt über eine hohe Platzierungskraft verfügen. Der **richtige Mix** des Konsortiums kann auch regionale Banken und Spezialbanken beinhalten. Die Kosten für die Leistungen der Konsortialbanken sind abhängig vom Emissionserlös und vom Leistungsumfang.

Aufgaben des Bankenkonsortiums sind:

- Prüfung der Börsenreife,
- Durchführung der Due Diligence,
- Strukturierung der Emission,
- Bewertung des Unternehmens,
- Research,
- Begleitung des Zulassungsprozesses,
- Vermarktung und Platzierung der Emission,
- Betreuung nach dem Börsengang.

Genauso kritisch wie die Banken den Börsenkandidaten prüfen, sollte auch der Emittent bei der Auswahl seines Bankenkonsortiums vorgehen. Die Unternehmensbewertung, Motivation der Investoren und Festlegung des Emissionspreises liegen in dessen Verantwortung; daher sind erfahrene Banken essentiell für einen erfolgreichen Börsengang. Die folgenden Auswahlkriterien sollte das Unternehmen überprüfen:

- Ruf der Bank,
- Qualität des Research,
- Erfahrung,
- Syndizierungs- und Vertriebskraft,
- Kursunterstützung nach dem Börsengang,
- Referenzen,
- Angebot zusätzlicher Investment-Banking-Leistungen.

Zunächst stellt sich das Unternehmen bei verschiedenen Banken vor; dies geschieht anhand des sogenannten „**Fact Books**", welches Angaben zur Unternehmensstrategie, Organisationsstruktur, zur historischen Entwicklung, zum Markt- und Wettbewerbsumfeld sowie zu Finanzposition, Kapitalbedarf, Ertragslage und zu den Planzahlen enthält. Anschließend bewerben sich die interessierten Banken in einem sogenannten „**Beauty Contest**" beim Unternehmen für ein Mandat im Bankenkonsortium. Grundlage der hier stattfindenden Gespräche zwischen dem Unternehmen und der jeweiligen Bank bilden von der Bank schriftlich ausgearbeitete Vorschläge zur Durchführung des Börsengangs. Letztendlich entscheidet dann das Unternehmen, welche Banken Teil des Konsortiums werden und welche Rolle sie übernehmen.

Emissionsberater

Der Emissionsberater ist der wichtigste Ansprechpartner für das Unternehmen während dessen IPO-Prozess; unterstützt das Management bei den Vorbereitungen auf dem Weg an die Börse und bei der Auswahl des Börsenplatzes. Das Engagement des Emissionsberaters kann sich auf eine Anschubberatung beschränken, er kann aber auch den gesamten Prozess begleiten. Der Emissionsberater steht dem Management als „**Sparringspartner**" zur Verfügung, vertritt die Interessen des Unternehmens und positioniert es gegenüber den Banken. Kriterien für die Auswahl eines Emissionsberaters sind Kompetenz, Erfahrung und Kontakte zu den Marktteilnehmern.

Der Emissionsberater übernimmt die folgenden **Aufgaben** im Rahmen des IPO-Prozesses:

- Prüfung der Börsenreife,
- Unterstützung bei der individuellen Vorbereitung (Aufbau der Investor Relations-Kompetenz und eines kapitalmarktfähigen Rechnungswesens),
- Prüfung der Unternehmensstrategie, der Unternehmensplanung und der Managementprozesse,
- Beratung beim Emissionskonzept und der Unternehmensbewertung,
- Erstellung des Factbooks.

Rechtsanwälte

Die Rechtsanwälte unterstützen das Unternehmen im Vorfeld der Börsennotierung in rechtlichen Fragen; hierbei decken sie insbesondere die folgenden vier Bereiche ab:

Prospekt: In der Regel formulieren Juristen gemeinsam mit dem Konsortialführer den **Wertpapierprospekt** als zentrales Dokument bei öffentlichen Angeboten. Während der Angebotsphase ist die juristische Prüfung der gesamten externen und internen Kommunikation empfehlenswert, um das Risiko von **Prospekthaftungsklagen** zu verringern. Um möglichen Verstößen gegen ausländische Gesetze vorzubeugen, wird mit entsprechenden Disclaimern gearbeitet.

Exposé: Für nicht öffentliche Angebote, so genannte Privatplatzierungen, ermöglicht die Deutsche Börse Unternehmen die Handelsaufnahme von Aktien im Entry Standard über ein **Exposé**. Für den Inhalt des Exposés ist allein das Unternehmen verantwortlich. Weder die Bundesanstalt für Finanzdienstleistungsaufsicht (BaFin) noch die Deutsche Börse prüft das Dokument.

Legal Due Diligence: Juristen prüfen das **rechtliche Umfeld des Unternehmens** (u.a. Verträge, Kapitalerhöhungen, gesellschaftsrechtliche Maßnahmen). Rechtliche Risiken sind offen zu legen und im Prospekt zu dokumentieren.

Gesellschaftsrecht: Für den Weg an die Börse muss das Unternehmen als Aktiengesellschaft (AG) oder in einer entsprechenden internationalen Rechtsform firmieren – oder in eine AG umgewandelt werden. Der Rechtsanwalt berät außerdem bei allen **gesellschaftsrechtlichen Maßnahmen**, wie Aufsichtsratssitzung, Hauptversammlung, Compliance und Ad-hoc-Mitteilungen.

Wirtschaftsprüfer und Steuerberater

Der Weg an die Börse erfordert die Vorlage von **testierten Jahresabschlüssen**; das Testat wird von einem Wirtschaftsprüfer erteilt. Außerdem erstellt der Wirtschaftsprüfer den **Financial Due Diligence-Bericht**. Dieser beinhaltet eine Plausibilitätsprüfung der Planzahlen auf Basis der Marktanalyse, der Wettbewerbssituation, der Produktpositionierung und der Stärken-und-Schwächen-Analyse. Auch nach dem Börsengang bzw. der Handelsaufnahme ist die Mitwirkung eines Wirtschaftsprüfers bei der Aufstellung des Jahresabschlusses notwendig.

Der Steuerberater erstellt den **Tax Due Diligence-Bericht** und berät das Unternehmen hinsichtlich der steuerlichen Auswirkungen des Börsengangs.

Investor Relations/Public Relations Agenturen

Das Spektrum der Dienstleister reicht von Einzelberatern bis zu weltweit tätigen Firmen. Sie positionieren ein Unternehmen im Kapitalmarkt und sind Ansprechpartner für den Finanzplatz. Am Anfang steht die Aufgabendefinition, z.B. die Frage, ob das Unternehmen strategische Beratung, kreative Beratung oder Projektabwicklung benötigt. Kommunikation ist in jeder Phase des Weges an die Börse notwendig. Empfehlenswert sind **Agenturen mit interdisziplinären Teams**, die neben Text- und Grafik-Know-how auch über inhaltliche Kompetenzen und ein gutes Netzwerk verfügen. Bei der Auswahl der IR-Agenturen sollte das Unternehmen auf die folgenden Kriterien achten:

- Welche Erfahrung und Referenzen kann die Agentur vorweisen?
- Welches Leistungsspektrum bietet die Agentur?

- Wie setzt sich das Team der Agentur zusammen?
- Welche zeitliche Verfügbarkeit wird zugesagt?
- Wie hoch ist die Bereitschaft, mit anderen Agenturen zusammenzuarbeiten?
- Kann der Berater auf internationale Expertise zurückgreifen?

Due Diligence

Die Due Diligence ist eine der wesentlichsten Voraussetzungen für einen erfolgreichen Börsengang; wörtlich übersetzt bedeutet sie „**gebührende Sorgfalt**". Sie schafft die Basis für die Equity Story und den Wertpapierprospekt. Im Rahmen dieser Sorgfaltsprüfung werden in einem schriftlich dokumentierten Prozess alle Bereiche des Unternehmens auf ihre Risiken analysiert, und die Plausibilität der Perspektiven wird überprüft.

Die Due Diligence wird je nach Größe und Komplexität des Unternehmens für verschiedene Unternehmensbereiche durchgeführt; die vier wichtigsten Sorgfaltsprüfungen umfassen die Bereiche Finanzen (Financial Due Diligence), Steuern (Tax Due Diligence), Recht (Legal Due Diligence), Wirtschaft (Commercial Due Diligence) und Management.

Financial Due Diligence: Hier werden auf Basis der Daten des Rechnungswesens die historischen Finanzdaten analysiert sowie eine Plausibilisierung der Unternehmensplanung vorgenommen. Insbesondere die hier überprüften Planzahlen spielen eine wichtige Rolle, da sie die Grundlage für die Unternehmensbewertung bilden, von der wiederum der Emissionspreis der Aktie abgeleitet wird. Die Ergebnisse der Financial Due Diligence werden von den Wirtschaftsprüfern und Anwälten durch **Comfort Letters** und **Legal Opinions** abgesichert.

Tax Due Diligence: Hier werden steuerliche Strukturen, Rückstellungen und Steuerbescheide analysiert.

Legal Due Diligence: Die Legal Due Diligence untersucht die rechtlichen Fragestellungen. Die Analyse umfasst einerseits diejenigen Rechtsfragen, die die Unternehmensstruktur betreffen, wie beispielsweise Satzung, Umwandlungsvorgänge und Konzessionen sowie andererseits die Rechtsverhältnisse aus der laufenden Geschäftstätigkeit; hierunter können Produkthaftungen, Liefer- und Abnahmeverträge, laufende Rechtsstreitigkeiten, Miet- und Pachtverhältnisse etc. fallen.

Commercial Due Diligence: Sie umfasst die Prüfung des **Geschäftsmodells** sowie eine **Wettbewerbsanalyse**; hier wird untersucht, wie sich eine Veränderung des wirtschaftlichen Umfeldes auf die Wertentwicklung des Unternehmens auswirken könnte. In Bezug auf das Unternehmen werden dessen Marktstellung, Entwicklungstendenzen, Produkte und seine Innovationskraft untersucht.

Die Due Diligence wird in der Regel von **externen Beratern** durchgeführt; gelegentlich führen Banken die Due Diligence auch selbst durch. Eine standardisierte Vorgehensweise gibt es nicht; der Aufwand variiert je nach Unternehmensgröße und Vorbereitungsgrad. Emittenten sollten mindestens vier Wochen für diesen Prozess kalkulieren. Sinnvoll kann es sein, die Legal Due Diligence vorzuziehen, um Zeit für mögliche Nachbesserungen zu gewinnen. Die Due Diligence ist ausschließlich für den **internen Gebrauch** bestimmt und unterscheidet sich dadurch von einer Due Diligence bei M&A-Transaktionen. Die Due Diligence wird nicht veröffentlicht. Ihre

Ergebnisse dienen ausschließlich, wie bereits zuvor erwähnt, als Grundlage für die Erstellung des **Wertpapierprospekts** oder **Exposés** und die Equity Story für die vorläufige Bewertung durch die Emissionsbanken.

Unternehmensbewertung

Die Unternehmensbewertung resultiert aus den im Rahmen der Due Diligence gewonnenen Finanz- und sonstigen Daten; die Investmentbanker bewerten das Unternehmen und ermitteln daraus einen **angemessenen Preis** für die Aktien des Unternehmens. Dieser Preis dient dann als Grundlage für den **Emissionspreis** der Aktie bzw. die Preisspanne, je nach Preisfindungsverfahren. Die Unternehmensbewertung stellt ein enorm komplexes Verfahren dar; hier fließen alle Erkenntnisse und Erwartungen, die sich beim Unternehmen monetär niederschlagen werden bzw. könnten, in das Zahlenwerk ein.

Die gängigsten Verfahren der Unternehmensbewertung im Falle eines Börsengangs sind **Börsenmultiplikatoren** und die **Discounted-Cashflow-Methode**.[221] Bei den Börsenmultiplikatoren werden Bewertungskennzahlen (z.B. das Kurs-Gewinn-Verhältnis) vergleichbarer Unternehmen, so genannter Peers, auf Kennziffern des zu bewertenden Unternehmens angewandt (z.B. auf den geplanten Gewinn nach Steuern). Bei der Discounted Cashflow-Methode werden die erwarteten künftigen Einzahlungsüberschüsse des Unternehmens mit einem geeigneten Kapitalkostensatz auf den Zeitpunkt der Bewertung abgezinst.

Wertpapierprospekt

Der Prospekt ist das **zentrale Dokument** bei öffentlichen Angeboten im Entry Standard, General Standard und Prime Standard. Klar strukturiert und verständlich formuliert, muss er sämtliche Angaben enthalten, die ein zutreffendes Urteil über die Vermögenswerte und Verbindlichkeiten, die Finanzlage, die Gewinne und Verluste, die Zukunftsaussichten des Unternehmens sowie die mit den Aktien verbundenen Rechte ermöglichen.

Mit Inkrafttreten des Wertpapierprospektgesetzes (WpPG) zum 1. Juli 2005 gibt es nur noch ein Dokument sowohl für das öffentliche Angebot als auch die Zulassung von Wertpapieren. Die bisherige Unterscheidung von Börsenzulassungsprospekt und Verkaufsprospekt ist beseitigt und ein so genannter „**Europäischer Pass**“ für Prospekte eingeführt worden. Er ermöglicht den Antrag auf ein grenzüberschreitendes Angebot und die Zulassung an einem organisierten Markt innerhalb des europäischen Währungsraums. Dieser Wertpapierprospekt wird zentral durch die Bundesanstalt für Finanzdienstleistungsaufsicht (BaFin) gebilligt.

Das **Exposé** ist die Einbeziehungsunterlage für Unternehmen, die sich im Entry Standard für eine private Platzierung ihrer Aktien entscheiden. Eine präzise Definition des öffentlichen Angebots sowie die Ausnahmen für die Privatplatzierung finden sich im WpPG. Details zum Prospektaufbau und zu den genauen Inhalten des Prospekts sind nachzulesen im WpPG in Verbindung mit der Durchführungsverordnung (VO EG Nr. 809/2004);

[221] Eine ausführliche Darstellung der Unternehmensbewertungsmethoden findet sich bei *Ernst, D., Schneider, S., Thielen, B.,* Unternehmensbewertungen erstellen und verstehen, 3. Aufl., München 2008.

Wesentliche Inhalte des Prospekts (je nach Art des Wertpapiers) sind:

- Zusammenfassung in allgemeinverständlicher Sprache; sie muss auch wesentliche Merkmale und Risiken des Angebots enthalten,
- Informationen über den Emittenten (z.B. Geschäftsüberblick und Organe),
- Jahresabschlüsse (inklusive Testat des Abschlussprüfers),
- Quartals- oder Halbjahresabschlüsse,
- Erläuterung der Finanzzahlen,
- Darstellung von Risikofaktoren,
- Pro-forma-Angaben und andere Kennziffern,
- Prognosen (grundsätzlich optional),
- Stellungnahme zum Geschäftskapital,
- Informationen über die anzubietenden Aktien und die Angebotsbedingungen.

Corporate Governance

Corporate Governance – die **Leitungs- und Überwachungsstruktur** eines Unternehmens mit Vorstand und Aufsichtsrat im Zusammenspiel mit der Hauptversammlung – gewinnt national wie international an Bedeutung. Die von der Bundesregierung eingesetzte Corporate Governance-Kommission hat den Deutschen Corporate Governance Kodex entworfen, der die wesentlichen Empfehlungen definiert.

Kernpunkte des Kodex sind:

- Ausrichtung auf Aktionärsinteressen,
- Duale Unternehmensverfassung mit Vorstand und Aufsichtsrat,
- Transparenz der Unternehmensführung,
- Stärkung der Unabhängigkeit der Aufsichtsräte,
- Stärkung der Unabhängigkeit der Abschlussprüfer.

6.3.3.3 Phase 3: Marketing – Investor Relations, Pre-Marketing, und Roadshow

Investor Relations

Investor Relations, oder auch die **Beziehungen zu den Investoren**, um es wörtlich zu übersetzen, stellt einen zentralen und wichtigen Aspekt sowohl während des Börseneinführungsprozesses als auch nach dem Börsengang dar; Investor Relations stellen die Verbindung zwischen dem Unternehmen und dem Kapitalmarkt her und tragen dazu bei, die Liquidität der Aktie des Unternehmens zu fördern. Um seine Investition bewerten bzw. hierzu fundierte Entscheidungen treffen zu können (z.B. Kaufen, Halten oder Verkaufen einer Aktie), möchte der Aktionär auf aktuelle und umfangreiche Informationen des Unternehmens zugreifen können. Der Bereich Investor Relations dient der **öffentlichen Kommunikation** mit den Investoren sowie sonstigen Interessenten, um die Informationsdiskrepanz zwischen dem Vorstand eines Unternehmens und dessen Anteilseignern zu minimieren. Es erfordert vom Unternehmen nicht zu unterschätzende Investitionen in Zeit und Ressourcen, um den Bereich Investor Relations optimal zu gestalten, so dass das Unternehmen davon profitieren kann.

Pre-Marketing

In der Pre-Marketing Phase wird der anstehende Börsengang in der Öffentlichkeit bekannt gemacht. Die **Research-Analysten** des Konsortiums kontaktieren die **institutionellen Schlüsselinvestoren**, um mit diesen detailliert über ihre Ansichten bzgl. des Emittenten, der Branche und des Marktes zu diskutieren. Aus dieser Unterredung beziehen die Analysten wertvolle Informationen von den Zielinvestoren hinsichtlich ihrer Bewertungseinschätzung und wahrscheinlichen Ordergrößen. Das Pre-Marketing spielt generell eine wichtige Rolle bei der Errichtung **angemessener Kursspannen**, vorrangig zum Beginn des Bestandsaufbaus. Die Pre-Marketing Phase endet mit der Veröffentlichung der Preisspanne für den Emissionspreis, sofern das Bookbuilding-Verfahren angewandt wird, bzw. mit der Veröffentlichung des vorgesehenen Emissionspreises beim Festpreisverfahren.

Roadshow

Eine Roadshow umfasst eine Reihe von Veranstaltungen, bei denen das Unternehmen sich den potenziellen Investoren vorstellt. Roadshows stellen eine der letzten Etappen auf dem Weg an die Börse dar. Der Vorstand präsentiert das Unternehmen und die Equity Story vor institutionellen Investoren, wie beispielsweise Vertretern von Investment- oder Pensionsfonds. Ziel ist es, diese potenziellen Investoren von der **Attraktivität der Aktie** zu überzeugen. Die Präsentationen finden in Gruppen oder in Vier-Augen-Gesprächen, so genannten **One-on-Ones**, statt. Die Präsentation, eine Kurzfassung der Equity Story, sollte nicht zu zeitintensiv sein; die Investoren erwarten, dass der Emittent auch ihre zum Teil sehr speziellen Fragen beantwortet.

6.3.3.4 Phase 4: Preisfindung, Zuteilung und Kursstabilisierung

Preisfindung

Der **Verkauf einer Emission** am Markt stellt eine der wichtigsten Aufgaben der Konsortialbanken dar. Investoren wünschen sich eine **Platzierung** von mindestens 25 Prozent des Grundkapitals. Durch die Höhe des Platzierungsvolumens signalisieren die bisherigen Eigentümer des Unternehmens, in welchem Umfang sie bereit sind, ihren neuen Aktionären Einfluss auf das Unternehmen zu gewähren. Je höher die Zahl der handelbaren Aktien, desto höher auch die Liquidität. Eine hohe Liquidität wird vor allem von institutionellen Investoren geschätzt und verlangt. Der Ausgabepreis soll einerseits den **Kapitalwünschen** des Emittenten Rechnung tragen, andererseits **Kurssteigerungspotenzial** enthalten, um die Anlage für den Investor attraktiv zu machen. In Deutschland erfolgt die Preisfindung entweder über das Festpreisverfahren oder über das Bookbuilding; im Wesentlichen hat sich mittlerweile das Bookbuilding etabliert.

Festpreisverfahren

Bei diesem Verfahren werden die Aktien ggf. durch eine **Abnahmeverpflichtung** der Emissionsbank zu einem **festen Preis** platziert, den Emittent und Konsortialbanken zuvor anhand der aktuellen Marktsituation der Unternehmensbewertung usw. bestimmen. Den Anforderungen eines kleinen Emissionsvolumens genügt dieses Vorgehen. Der Nachteil dieses Verfahrens besteht allerdings darin, dass der Emissionspreis nicht über Angebot und Nachfrage bestimmt wird, sondern dass die Nachfrage einem vorgegebenen Preis folgt. Wird das Marktumfeld falsch eingeschätzt und der Ausgabepreis zu hoch oder zu niedrig angesetzt, kann dies dazu führen, dass es nicht zu einer maximal möglichen Zuteilung der Aktien kommt und sich dies auf den Emissionserfolg und zukünftige Kapitalerhöhungen des Unternehmens auswirkt. Des Weiteren trägt ein mögliches Fehlpricing bzw. eine mögliche Fehlallokation eher dazu bei, dass der Aktienkurs bei der Handelsaufnahme einer hohen Volatilität unterliegt.

Bookbuilding-Verfahren

Beim Bookbuilding-Verfahren werden die Investoren in die finale Festlegung des Emissionspreises mit einbezogen. Innerhalb einer **Preisspanne**, die das Konsortium nach Auswertung der Daten der Due Diligence und der Pre-Marketing Phase sorgfältig festlegt, haben alle interessierten Investoren die Möglichkeit, innerhalb einer zwei- bis zehntägigen Zeichnungsphase, auch „**Order Taking Period**" genannt, die Anzahl der Aktien sowie einen Preis, der innerhalb dieser Bookbuilding-Spanne liegt, anzugeben. Auf Roadshows präsentiert sich der Emittent den potenziellen Investoren; die Zeichnungsaufträge werden kontinuierlich in einem **elektronischen Orderbuch** zusammengefasst und ausgewertet. Diese Aufgabe übernimmt der Konsortialführer; er wird daher auch „Bookrunner" genannt. Im Anschluss an die Zeichnungsphase wird aus den eingegangenen **Zeichnungsaufträgen** der endgültige Emissionspreis ermittelt. Das Bookbuilding kommt dem Prinzip eines Angebot und Nachfrage ausgleichenden Emissionspreises sehr nahe und führt demnach eher zu einem stabilen Aktienkurs bei der Handelsaufnahme. Der Nachteil besteht lediglich darin, dass der exakte Emissionserlös bis zum Ende des Bookbuilding offen bleibt.

Zuteilung

Die Zuteilung oder **Platzierung** ist der Prozess der **Akzeptanz von Anlegergeboten**, wobei die Anzahl der verkauften Aktien für jeden Anleger bescheinigt wird. Die Zuteilungen werden dabei generell anhand von verschiedenen vordefinierten Kriterien wie Anlegerqualität, Pünktlichkeit etc. bestimmt.

Ein wichtiges Element des Emissionskonzepts ist die Entscheidung, welchen Anlegergruppen in welchen Ländern die Aktien zugeteilt werden sollen. Eine Hilfe für die Zuteilung von Aktienemissionen an Privatanleger sind die Empfehlungen der Börsensachverständigenkommission beim Bundesministerium der Finanzen; sie sollen die Zuteilung transparenter machen. Die Empfehlungen richten sich an Emittenten und begleitende Banken.

Platzierung bei Institutionellen Investoren

Vor der Determinierung der Zuteilung von Aktien an einen institutionellen Investor werden spezifische Kriterien abgewogen; die Investoren werden in **verschiedene Qualitätskategorien** eingeteilt, welche sich daran orientieren, wie die optimale künftige Aktionärsstruktur aussehen sollte.

Die hierfür relevanten **Kriterien** sind:

- Die Qualität des Instituts,
- Verhalten bei vorhergegangenen Aktienausgaben,
- Order im nachbörslichen Handel,
- Pünktlichkeit der Order,
- Preislimits,
- Umfang im Verhältnis zu den gemanagten Investmentfonds,
- Fondstyp.

Platzierung bei Privatinvestoren

Die Annäherung an die Zuteilungsquote für Privatinvestoren hängt von den **Zielsetzungen** des Verkäufers ab, und zwar im Wesentlichen vom:

- Wunsch, kleine Antragsteller zu favorisieren,
- Wunsch, eine Mindestzuteilung für alle rechtmäßigen Anleger zu garantieren,
- Grad der Flexibilität, die Einzelbanken gegeben wird,
- Bedarf an völliger Transparenz bei der Ausgabe für den Einzelhandel.

Mitarbeiterbeteiligungsprogramm

Zahlreiche Unternehmen beteiligen ihre Mitarbeiter über **Aktien- oder Optionsprogramme** an der Geschäftsentwicklung. Sie gewähren den Mitarbeitern z.B. beim Börsengang eine garantierte Pro-Kopf-Zuteilung der Aktien oder sie koppeln den Bezug von Aktien und Optionen – auch in der Folgezeit – an die Leistung der Mitarbeiter. Mit den Beteiligungsprogrammen verfolgen die Unternehmen die Absicht, Mitarbeiter zu motivieren und an das Unternehmen zu binden. Außerdem erleichtert die Aussicht auf eine Beteiligung am Unternehmenserfolg das Recruiting, insbesondere von hochqualifizierten Managern.

Friends & Family-Programm

Darunter versteht man eine nach Preis oder Menge bevorzugte Zuteilung von Aktien an Personen, die dem Unternehmen nahe stehen.

Kursstabilisierung

Mit der Börseneinführung eines Unternehmens können dessen Aktien bereits am ersten Handelstag an der Börse gehandelt werden. Der unmittelbare nachbörsliche Handel großer Aktienausgaben wird oft durch ein **Angebots- und Nachfrageungleichgewicht** charakterisiert; daher kann der Aktienkurs insbesondere zu Beginn der Börseneinführung **starken Schwankungen** unterliegen. Dieses hängt mit der Tatsache zusammen, dass im Zuteilungsprozess nicht alle kurzfristigen Händler ausgeschaltet werden können.

Die **nachbörsliche Stabilisierung** ist ein Ausdruck, mit dem diejenigen Marktaktivitäten beschrieben werden, die von den Lead Managern und möglicherweise auch anderen Konsortiumsmitgliedern zum Zwecke der Kursstabilisierung durchgeführt werden. Anhand dieser dem Konsortium zur Verfügung stehenden Instrumente wird ein Ungleichgewicht in Aktienangebot und Aktiennachfrage zwecks Unterstützung des Aktienkurses ausgeglichen.

Greenshoe-Option

Die Überzuteilungs- oder Greenshoe-Option stellt das Recht, aber nicht die Verpflichtung der Global Coordinators dar, zusätzliche Aktien vom Emittenten zum Ausgabepreis zu kaufen, und zwar jederzeit vor dem Ablauf von 30 Tagen nach dem Zuteilungsdatum. Üblicherweise fallen darunter bis zu 15% des totalen Ausgabeumfangs. Der Greenshoe kann nur zum Kauf von Aktien genutzt werden, die ursprünglich überbewertet waren und aufgrund eines starken Aktienkursergebnisses und/oder der Abwesenheit von Verkäufern nicht zum Ausgabepreis wiederverkauft werden konnten. Der Greenshoe erhöht die Fähigkeit der Global Coordinators zur Überzuteilung und damit zur Stabilisierung des Marktes, ohne das vom Emissions-Konsortium angenommene Risiko zu erhöhen.

Naked Short/Long Positionen

Weitere Stabilisierung kann im Auftrag des Konsortiums über die Global Coordinators bereitgestellt werden. Dies geschieht im Sekundärmarkt während der Nachzuteilungsphase oder im nachbörslichen Handel.

Naked Short

Die Global Coordinators verteilen im Übermaß Aktien, die den Umfang der Überzuteilungs-Option überschreiten. Dieser Mechanismus kann die Platzierung von Aktien bei langfristigen qualitativ hochstehenden Instituten erleichtern.

Naked Long

Dieses ist keine Überzuteilungstechnik, sondern eine prinzipielle Kauftechnik. Wenn es vorkommt, dass übermäßig zugeteilte Aktien wiederverkauft werden (Greenshoe und Naked Short), können die Global Coordinators wählen, ob sie entweder Aktien hauptsächlich auf dem Markt, oder im Auftrag des Konsortiums zwecks Unterstützung des Aktienkurses erwerben.

Die o.g. Positionen ermöglichen es den Global Coordinators, Aktienblöcke aus dem Markt zu nehmen, die ansonsten einen bedeutenden Einfluss auf das Vertrauen der Anleger hätten und letztlich weitere Verkäufe induzieren würden.

6.3.3.5 Phase 5: Nach der Handelsaufnahme

Börsennotierte Unternehmen unterliegen einer Vielzahl von **gesetzlichen Vorschriften**, beispielsweise hinsichtlich der Offenlegung ihrer wirtschaftlichen Verhältnisse, der Veröffentlichung aktueller kursrelevanter Entwicklungen etc.; dies soll die Transparenz gegenüber interessierten Marktteilnehmern wie den Investoren gewährleisten, so dass diese sich jederzeit ein Bild über die aktuelle Lage beim Unternehmen verschaffen können. Die gesetzliche Grundlage hierfür bilden u.a. das Wertpapierhandelsgesetz, das Transparenzrichtlinie-Umsetzungsgesetz sowie die jeweilige Börsenordnung.

Ad-hoc Publizität

Ad-hoc Meldungen stellen sicher, dass allen Marktteilnehmern **kursrelevante Informationen** möglichst zeitgleich zur Verfügung stehen. Emittenten im General Standard und im Prime Standard sind gesetzlich verpflichtet, ohne Verzögerung alle Unternehmensereignisse zu veröffentlichen, die den Kurs ihrer Wertpapiere beeinflussen können (§ 15 Wertpapierhandelsgesetz, WpHG). Kurs beeinflussende Informationen sind z.B. der Erwerb von Beteiligungen oder die Übernahme von anderen Unternehmen, die der Markt meist positiv aufnimmt. Gewinnwarnungen, also die Herabstufung der eigenen Gewinnprognosen, schlagen sich meist in einem Kursrückgang nieder. Verpackte Werbebotschaften sind unzulässig und können vom Markt mit Kursabschlägen bestraft werden.

Insiderinformationen und Compliance

Mit Beginn der Börsennotierung bzw. der Handelsaufnahme werden die Vorstandsmitglieder und Aufsichtsratsmitglieder zu Insidern. Insiderkenntnisse sind unternehmensinterne Informationen über Vorgänge, die geeignet sind, den Aktienkurs an der Börse signifikant zu beeinflussen. Hierzu gehören Kapitalveränderungen, die Vermögens- und Ertragslage, Änderungen im Kerngeschäft, Übernahme und Fusionen sowie Änderungen der Dividendenpolitik. Mitgliedern von Gesellschaftsorganen ebenso wie anderen Insidern ist es nach § 14 WpHG nicht gestattet, ihren Wissensvorsprung zum eigenen Vorteil zu nutzen oder an Dritte weiterzugeben.

Den Insider-Regelungen unterliegen alle Wertpapiere, die im Entry Standard, General Standard und Prime Standard der Frankfurter Wertpapierbörse gehandelt werden. Der in diesem Zusammenhang häufig zu hörende Begriff „Compliance" bezeichnet den Handel in Übereinstimmung mit geltenden Regelungen.

Transparenz

Auf Transparenz am Kapitalmarkt basiert das **Vertrauen der Investoren**; je nachdem, in welchem Börsensegment ein Unternehmen gelistet ist, variieren die Transparenzregeln zwischen dem Entry Standard, dem General Standard und dem Prime Standard. Um das Investorenvertrauen nachhaltig zu stärken und die Transparenz im Kapitalmarkt zu erhöhen, hat der Gesetzgeber erhöhte Standards für die organisierten Märkte (General Standard und Prime Standard) eingeführt.

Die **Aktionärsstruktur**, d.h. wem wie viele Aktien eines Unternehmens gehören bzw. wem die Stimmrechte zustehen, ist beispielsweise eine wichtige Information für einen transparenten Wertpapierhandel. Haben Investoren Kenntnis von großen Kauf- und Verkaufspositionen im Markt, können sie eigene Anlageentscheidungen fundierter treffen; der mögliche Missbrauch von Insiderwissen wird eingeschränkt. §§ 21 und 22 WpHG regeln deshalb, dass natürliche und juristische Personen verpflichtet sind der BaFin und der börsennotierten Gesellschaft die Höhe ihrer Stimmrechtsanteile mitzuteilen, sobald sie einen der Schwellenwerte von 5, 10, 25, 50 oder 75 Prozent der Stimmrechte erreichen, über- oder unterschreiten.

Aktiengeschäfte von Vorstands- und Aufsichtsratsmitgliedern („**Directors' Dealings**") börsennotierter Unternehmen in eigenen Wertpapieren sind für den Markt Indikatoren der künftigen Geschäftsaussichten. Sie müssen deshalb nach § 15a WpHG unverzüglich bekannt gemacht werden. Die Veröffentlichung dieser Transaktionen ist ein Beitrag zur Prävention von Insidergeschäften.

Jahresabschluss und Quartalsberichte

Der Jahresabschluss hat ein den tatsächlichen Verhältnissen entsprechendes Bild der Finanz- und Ertragslage zu vermitteln. Der Jahresabschluss umfasst mindestens die Bilanz, die Gewinn- und Verlustrechnung und den Anhang. Ebenfalls zu veröffentlichen ist das Testat des gesetzlichen Abschlussprüfers. Für die Vorlage des Jahresabschlusses gelten die handelsrechtlichen bzw. nationalen Vorschriften. Danach haben Unternehmen einen Einzel- und gegebenenfalls einen Konzernabschluss nach den handels- und aktienrechtlichen Bestimmungen aufzustellen und diese nach Maßgabe der börsengesetzlichen Bestimmungen entweder zu veröffentlichen oder bei den Zahlstellen vorzuhalten. Außerdem müssen Unternehmen einen Zwischenbericht erstellen und veröffentlichen sowie der Zulassungsstelle der FWB Frankfurter Wertpapierbörse übermitteln. Emittenten von Aktien, die im General oder Prime Standard zugelassen sind, haben zudem einen Konzernabschluss nach IFRS bzw. Nicht-EU-Unternehmen nach US-GAAP, Canadian GAAP oder Japanese GAAP aufzustellen und innerhalb einer Frist von vier Monaten nach dem Abschlussstichtag zu veröffentlichen sowie der FWB in elektronischer Form zu übermitteln.

Analystenkonferenzen und Research

Die **wichtigsten Multiplikatoren** für börsennotierte Unternehmen sind die Analysten. Analysten sind Meinungsbildner; ihr Eindruck über ein Unternehmen kann sich erheblich auf den Vertrieb der Aktie auswirken. Erstellt ein Analyst eine Studie über ein Unternehmen oder die Branche, ist die Wirkung umso breiter. Damit der Vorstand eines Unternehmens möglichst vielen Analysten Rede und Antwort stehen kann, wird üblicherweise einmal im Jahr eine Analystenkonferenz veranstaltet. Für kleinere und mittlere Unternehmen, die allein keine ausreichende Zahl von Analysten versammeln können, empfiehlt es sich, die Konferenz zusammen mit anderen Unternehmen oder beispielsweise im Rahmen einer Konferenz der Deutschen Vereinigung der Finanzanalysten (DVFA) oder im Rahmen des Deutschen Eigenkapitalforums zu veranstalten.

Unternehmenskalender

Der Unternehmenskalender enthält die **wichtigsten Termine**, insbesondere Zeit und Ort der Hauptversammlung, Bilanzpressekonferenz und Analystenveranstaltungen sowie Angaben über den Zeitpunkt der Veröffentlichung von Kennzahlen. Die Veröffentlichung eines Unternehmenskalenders im Internet und die elektronische Lieferung an die FWB sind für Unternehmen im Prime Standard gemäß Börsenordnung Pflicht. Entry Standard-Unternehmen müssen ihn auf ihrer Website veröffentlichen.

Investor Relations

Den Imagegewinn aus der Börsennotierung nachhaltig zu nutzen ist die Aufgabe von Investor Relations. „Sein ist wahrgenommen werden" – in die Marketingsprache übersetzt heißt das: Nur ein Unternehmen, das seine Produkte, Aktivitäten und Ergebnisse klar kommuniziert, wird das Vertrauen seiner Aktionäre gewinnen. Nur dann kann eine Unternehmensstrategie ihr kurssteigerndes Moment entfalten und nur dann kann sich das Unternehmen im Wettbewerb auf dem Kapitalmarkt langfristig erfolgreich positionieren. Die vorgeschriebene Transparenz stellt nur den Minimalstandard dar; für die „Kür" ist die Investor Relations-Abteilung zuständig.

Kontrollfragen

- Nennen Sie typische Anlässe eines Börsengangs.
- Nennen Sie drei quantitative und qualitative Kriterien, die ein Unternehmen für einen Börsengang erfüllen muss.
- Wie unterscheiden sich die Börsensegmente Entry Standard, General Standard und Prime Standard der Deutschen Börse?
- Wie unterscheiden sich DAX, MDAX, SDAX und TecDAX und was ist deren Kernvoraussetzung für die Aufnahme eines Unternehmens?
- Nennen Sie die fünf Phasen eines Börsengangs.
- Was bedeutet der Begriff „Equity-Story"?
- Nennen Sie die fünf wesentlich Beteiligten eines Börsengangs.
- Erklären Sie den Begriff Due Diligence und dessen vier Arten.
- Welche zwei typischen Unternehmensbewertungsmethoden finden bei einem Börsengang Anwendung?
- Geben Sie fünf Inhalte eines Wertpapierprospekts wieder.
- Definieren Sie den Begriff „Corporate-Governance".
- Beschreiben Sie die Begriffe „Investor Relations", „Pre-Marketing" und „Roadshow" der Marketing-Phase eines Börsengangs.
- Wie unterscheiden sich Festpreisverfahren und Bookbuilding-Verfahren?
- Nennen Sie drei Qualitätskriterien bei der Zuteilung von Wertpapieren an institutionelle Investoren.
- Grenzen Sie im Rahmen der Kursstabilisierung die Greenshoe-Optionen von Naked Short/Long Positionen ab.
- Nennen Sie die Pflichten eines Unternehmens nach der Handelsaufnahme.

6.4 Der Rückzug von der Börse – Delisting

Lernziele

- Sie kennen die Definition und Beweggründe für ein Delisting.
- Sie unterscheiden die verschiedenen Arten des Delisting.
- Sie kennen die auslösende Handlung seitens des Unternehmens für das reguläre Delisting.
- Sie kennen die im Rahmen des regulären Delisting erforderliche Zustimmung und Kompensationsmittel.
- Sie verstehen den Zweck des gesellschaftsrechtlichen Delisting.
- Sie wissen um die Zustimmungsbedingungen und erforderlichen Kompensationsmittel im Rahmen des gesellschaftsrechtlichen Delisting.
- Sie kennen die Delistingmaßnahmen, für die keine börsenrechtlichen Vorschriften zu beachten sind.

6.4.1 Der Begriff des Delisting

Als Delisting wird der **Rückzug einer börsennotierten Aktiengesellschaft** (vgl. §3 Abs.2 AktG) vom Regulierten Markt bezeichnet.[222] Ein solcher Vorgang ist als teilweiser Rückzug des Unternehmens vom nationalen Kapitalmarkt denkbar (Wegfall der Notierung an allen inländischen Börsen, bei gleichzeitiger Aufrechterhaltung der Notierung im Ausland), aber auch als vollständiger Rückzug vom heimischen und internationalen Kapitalmarkt („Going-Private").[223] Denkbar ist auch ein so genanntes „Downgrading" vom Regulierten Markt in den Freiverkehr, wobei umstritten ist, ob auch dies ein Delisting (mit allen gesellschafts- und börsenrechtlichen Konsequenzen) darstellt.[224] Die bloße Aussetzung oder Einstellung der Notierung der Aktien (§25 Abs.1 Nr.1 BörsG i.V.m. §72 Abs.1 Nr.1 BörsO FWB) stellt jedenfalls keinen Rückzug vom Kapitalmarkt im beschriebenen Sinne dar.[225]

6.4.2 Gründe für ein Delisting

Für ein Unternehmen kann ein Börsengang ein probates Mittel sein, um zumindest kurzfristig eine Verbesserung seiner Kapitalausstattung zu erreichen. Eine genügend hohe Eigenkapitalquote ist nicht selten Voraussetzung für die Aufnahme weiterer Fremdmittel, da die Eigenkapitalausstattung als ein wesentlicher Faktor zur Bestimmung des Kreditratings herangezogen wird und damit die Kreditkonditionen beeinflusst.[226] Ferner erhöht ein Börsengang regelmäßig den Bekanntheitsgrad des Unternehmens. Dies, verbunden mit der höheren Transparenz aufgrund kapitalmarktrechtlicher Berichtspflichten, kann Vorteile im Geschäftsverkehr bieten. Den Anteilseignern verschafft der Börsengang einen liquiden Markt für eine Erhöhung oder auch eine Veräußerung ihrer Beteiligung.

Ebenso viele betriebswirtschaftliche, gesellschaftsrechtliche und börsenrechtliche Motivationen können dafür sprechen, den Rückzug vom Regulierten Markt anzutreten. Die **Öffentlichkeit des Unternehmens** und die **hohen Pflichtenstandards**, die das BörsG, die BörsZulV und die verschiedenen BörsO der Regionalbörsen den Emittenten auferlegen sowie gesteigerte **Bilanzierungspflichten** aus dem AktG und HGB[227] sind regelmäßig mit erheblichem Zusatzaufwand verbunden. Dieser Zusatzaufwand steht nicht immer in angemessenem Verhältnis zu den Vorteilen, die der Kapitalmarkt bietet. Zunehmende Bedeutung erlangen in der Praxis auch die

---

[222] Vgl. *Göckeler, S.*, in: Beck'sches Handbuch der AG, §26 Rn.1ff.; *Baumbach, A., Hopt, K.*, (14) BörsG, §39 Rn.2f.

[223] Vgl. zu allen denkbaren Varianten *Eckhold, T.*, in: Handbuch der börsennotierten AG, §61 Rn.23ff.

[224] Bejahend: *Habersack, M.*, in: *Habersack, M., Mülbert, P., Schlitt, M.*, Unternehmensfinanzierung, §35 Rn.3; *Groß, W.*, Kapitalmarktrecht, §39 Rn.16; *Paefgen, W., Hörtig, M.*, WuB I G 7., 1.08; ablehnend hingegen: LG München, Beschluss v.30.08.2007 (5HK O 7195/06), WM 2007, 2154 = BB 2007, 2253ff.; OLG München, Beschluss v.21.05.2008 (31 Wx 62/07), ZIP 2008, 1137ff.; vgl. hierzu die Ausführungen unter S.8ff.

[225] Vgl. *Anders, D.*, NZG 2003, 459.

[226] Vgl. hierzu etwa *Scheffler, E.*, in: *Lutter, M., Scheffler, E., Schneider, U.*, Handbuch der Konzernfinanzierung, Rn.8.29f.; *Meyer, A.*, in: Handbuch der börsennotierten AG, §7 Rn.5.

[227] Vgl. hierzu die Ausführungen von *Nonnemacher, R.* in: Handbuch der börsennotierten AG, §55 Rn.44; außerdem *Anders, D.*, NZG 2003, 459, 460ff.

Regelungen des **Deutschen Corporate Governance Kodex**, wonach die Mitglieder des Vorstands und des Aufsichtsrats einer börsennotierten Gesellschaft sich bestimmten Verhaltens- und Erklärungspflichten unterwerfen. § 161 AktG verpflichtet die Leitungs- und Aufsichtsorgane, sich darüber zu erklären, in welchem Umfang sie den Empfehlungen des Kodex folgen bzw. nicht folgen. Mit der Erfüllung der zusätzlichen Pflichten aufgrund einer Börsennotierung geht außerdem ein nicht zu unterschätzender **finanzieller und personeller Aufwand** zur Erhebung, Auswertung und Veröffentlichung der Daten einher, der häufig insbesondere kleinere und mittelgroße Emittenten zum Rückzug von der Börse bewegt. Dies gilt umso mehr, wenn sich ohnehin ein großer Anteil der Aktien in der Hand eines Aktionärs befindet, so dass die Vorteile der Börsennotierung aufgrund des geringen Freefloats wenig zum Tragen kommen.

Ein Delisting hat schließlich auch zur Folge, dass das Unternehmen weniger stark dem Interesse der Öffentlichkeit ausgesetzt ist und somit beispielsweise unpopuläre Sanierungsmaßnahmen ohne den teilweise erheblichen Öffentlichkeitsdruck vollzogen werden können. Auch die Gefahr von **feindlichen Übernahmen** nimmt deutlich ab, wenn Anteile an dem Unternehmen nicht mehr jederzeit im Wege des Börsenhandels, sondern nur noch individuell oder in Form des öffentlichen Angebots an die Aktionäre abgegeben werden können.[228]

6.4.3 Arten des Delisting

Das Börsen- und Gesellschaftsrecht eröffnet verschiedene Wege, den Rückzug vom Kapitalmarkt anzutreten. Man unterscheidet das

- „**reguläre**" (auch „**echte**" oder „**kapitalmarktrechtliche**") **Delisting,**
- das „**kalte**" (auch „**unechte**" oder „**gesellschaftsrechtliche**") Delisting und
- das Zwangsdelisting.

Das **reguläre Delisting** vollzieht sich in Form des **Widerrufs der Börsenzulassung**. Dabei wird die Geschäftsführung der Börse als teilrechtsfähige Anstalt des öffentlichen Rechts (§§ 2 Abs. 1, 15 BörsG) auf Antrag des Emittenten tätig und erlässt einen entsprechenden Hoheitsakt. Es handelt sich um ein förmliches Marktentlassungsverfahren gemäß § 39 Abs. 2 BörsG und ist stark an das Verwaltungsverfahren angelehnt.

Das **kalte Delisting** hingegen ist weder unmittelbare Folge einer (Willens-)Erklärung des Emittenten gegenüber der Börse noch Folge einer hoheitlichen Rechtshandlung der Börse selbst, sondern das Ergebnis einer **gesellschaftsrechtlichen Umwandlungs- bzw. Umstrukturierungsmaßnahme**. Fallen durch eine solche Maßnahme die Voraussetzungen für die Börsenzulassung weg, weil beispielsweise der übernehmende Rechtsträger eine nicht zum Börsenhandel zugelassene Rechtsform aufweist oder weil nunmehr alle Gesellschaftsanteile in der Hand einer Person vereinigt sind und dadurch ein effektiver Börsenhandel nicht mehr möglich ist, erlischt die Börsenzulassung in der Regel *ipso iure* (von selbst).

Schließlich ist das „unfreiwillige" bzw. das **Zwangsdelisting** von den beiden zuvor genannten Formen zu unterscheiden. Wie die Bezeichnung bereits nahe legt, erfolgt

[228] Vgl. *Streit, G.*, ZIP 2002, 1279, 1280; *Anders, D.*, NZG 2003, 459, 461; *Eckhold, T.*, in: Handbuch der börsennotierten AG, § 61 Rn. 13, 14.

der Rückzug vom Regulierten Markt hier zwangsweise, also unabhängig von einer Entscheidung des Emittenten. Ist beispielsweise ein ordnungsgemäßer Börsenhandel mit den Aktien des betreffenden Unternehmens auf Dauer nicht mehr gewährleistet oder erfüllt der Emittent seine börsenrechtlichen Folgepflichten nicht, kann ein Ausschluss vom Regulierten Markt durch Widerruf der Zulassung nach §39 Abs. 1 BörsG von Amts wegen erfolgen. Auch die Rücknahme einer von Anfang an zu unrecht erteilten Zulassung oder ihr Widerruf gemäß §48, 49 VwVfG sind denkbar. Da das Zwangsdelisting zu einem Wegfall einer begünstigenden Rechtsposition führt, kann sich der Emittent gegen jede zwangsweise Entlassung aus dem Regulierten Markt mit der Anfechtungsklage gemäß §42 Abs. 1 VwGO zur Wehr setzen.

6.4.4 Das kapitalmarktrechtliche Delisting

Die Zulassung zum Handel im Regulierten Markt erfolgt durch den Verwaltungsakt.[229] Das durch diesen hoheitlichen Akt begründete öffentlich-rechtliche Nutzungsverhältnis zwischen Börse und Emittenten kann durch die Börse als Träger öffentlicher Gewalt nur durch einen entsprechenden actus contrarius wieder beendet werden.[230] Gemäß §39 Abs. 2 BörsG bedarf es hierzu – außer bei Vorliegen der Voraussetzungen für ein zwangsweises Delisting – eines Antrags des Emittenten, über den die Geschäftsführung der Börse nach pflichtgemäßem Ermessen entscheidet.

6.4.4.1 Das Verfahren

Der auf Entlassung vom Regulierten Markt gerichtete **Antrag** des Emittenten ist Voraussetzung für ein Tätigwerden der Geschäftsführung der Börse (§22 Satz 2 Nr. 2 (L) VwVfG). Diesen muss das vertretungsberechtigte Organ des Unternehmens stellen. Bei einer AG ist das gemäß §§78, 82 AktG der Vorstand. Bei der KGaA gemäß §278 Abs. 2 AktG i.V.m. §§161 Abs. 2, 114 ff. HGB der geschäftsführende Komplementär. Den (Kommandit-)Aktionären hingegen steht keine Antragsbefugnis zu.[231]

Die Antragsbefugnis fehlt dem Emittenten allerdings dann, wenn eine Einbeziehung seiner Wertpapiere gemäß §33 BörsG auf Antrag eines Handelsteilnehmers (nicht des Emittenten) oder von Amts wegen erfolgt ist.[232] Dem Emittenten ist in diesen Fällen die Möglichkeit genommen, sich eigenverantwortlich von der Börse zurückzuziehen.

---

[229] Vgl. nur *Groß, W.*, Kapitalmarktrecht, §39 Rn. 27.

[230] Vgl. hierzu *Baumbach, A., Hopt, K.*, (14) BörsG, §39 Rn. 12; *Groß, W.*, Kapitalmarktrecht, §39 Rn. 14.

[231] Allgemeine Ansicht: *Göckeler, S.*, in: Beck'sches Handbuch der AG, §26 Rn. 15; *Eckhold, T.*, in: Handbuch der börsennotierten AG, §62 Rn. 17.

[232] Auf diesem Weg ist allerdings nur eine Einbeziehung in den Freiverkehr möglich. Die Börse kann die Aktien auch in den Regulierten Markt einbeziehen, wenn die Aktien bereits im Regulierten Markt einer anderen deutschen Börse, einem Markt in einem Drittstaat mit vergleichbaren Voraussetzungen und Anforderungen oder in einem organisierten Markt eines anderen EU-Mitgliedsstaates oder Vertragsstaates des Abkommens über den Europäischen Wirtschaftsraum zum Handel zugelassen. Der Emittent ist dann zwar nicht den Zulassungsfolgepflichten der einbeziehenden Börse unterworfen, kann aber auch nur von Amts wegen aus dem Regulierten Markt dieser Börse entlassen werden (§§33 Abs. 4 Satz 2, 39 Abs. 1 BörsG).

Bei der Entscheidung über den Widerrufsantrag eines Emittenten hat die Börse zu beachten, dass der Widerruf der Zulassung gemäß §39 Abs. 2 BörsG „nicht dem **Schutz der Anleger** widersprechen" darf. Demnach sind bei der Entscheidung sowohl die Interessen des Emittenten als auch die der Anleger zu berücksichtigen. Auf beiden Seiten spielt der verfassungsrechtliche Eigentumsschutz gemäß Art. 14 GG eine wichtige Rolle. Der Anleger hat einen Anspruch auf Wahrung seiner Desinvestitions- und Vermögenserhaltungsinteressen, wobei er im Hinblick auf die Möglichkeit einer Realisierung des Werts seiner Anteile in einem öffentlich-rechtlich organisierten Verkaufsprozess zu realen Marktpreisen geschützt ist. So ist etwa bei der Abwägung der widerstreitenden Interessen auch die Dauer der Börsenzulassung zu berücksichtigen. Ein Antrag auf Widerruf wäre demnach abzulehnen, wenn er in zeitlicher Nähe zur Zulassung gestellt würde. Andererseits sind die Aktionäre weniger schutzwürdig, wenn beispielsweise der Hauptteil der Aktien von Familienmitgliedern gehalten wird und ein nennenswerter Handel deshalb nicht stattfindet.[233] Der unbestimmte Rechtsbegriff der „Schutzinteressen" der Anleger (§39 Abs. 2 Satz 2 BörsG) wird *unter anderem* durch §61 BörsO der Frankfurter Wertpapierbörse (FWB) näher ausgestaltet. Anlegerinteressen sollen danach einem Widerruf insbesondere dann nicht entgegenstehen, wenn die Aktien der Gesellschaft noch an einer anderen in- oder ausländischen Börse zugelassen sind und gehandelt werden oder aber, wenn den Anlegern bis zum Widerruf der Zulassung genügend Zeit verbleibt, ihre Aktien über die Frankfurter Wertpapierbörse zu verkaufen. §61 Abs. 2 und 3 BörsO FWB sieht hierfür ein gestuftes Fristenmodell vor. Vergleichbares gilt etwa auch für München (§51 Abs. 3 BörsO) und Stuttgart (§79 Abs. 2 BörsO).

Keine Berücksichtigung bei der Entscheidung über die Entlassung aus dem Kapitalmarkt sollen hingegen **kapitalmarktpolitische Erwägungen** oder das Interesse der Börsengeschäftsführung an einem möglichst breit gefächerten Angebot spielen.[234] Einziges Steuerungselement der Börse, den endgültigen Kapitalmarktaustritt zeitlich hinauszuschieben, ist die Wirksamkeit des Widerrufs mit der aufschiebenden Bedingung der Unterbreitung einer Barabfindung an die Aktionäre zu verknüpfen (§36 Abs. 2 Nr. 2 VwVfG) oder für die Wirksamkeit des Widerrufs einen bis zu 2 Jahre in der Zukunft liegenden Zeitpunkt zu bestimmen (§39 Abs. 2 Satz 4 BörsG).[235]

Um sicherzustellen, dass die Anleger davon Kenntnis nehmen können, ist der Widerruf der Zulassung gemäß §39 Abs. 2 Satz 3 BörsG unverzüglich (i.S.d. §121 BGB) **zu veröffentlichen**. Als Medium sieht das Gesetz das Internet vor. Daneben wird wohl wie bisher auch eine Veröffentlichung in den Börsenpflichtblättern erfolgen müssen.[236]

---

[233] Vgl. hierzu insbesondere *Habersack, M.*, in: *Habersack, M., Mülbert, P., Schlitt, M.*, Unternehmensfinanzierung, §35 Rn. 21; *Eckhold, T.*, in: Handbuch der börsennotierten AG, §62 Rn. 22; *Krämer, L., Theiß, S.*, AG 2003, 225, 232 ff.; *Schwark, E., Geiser, F.*, ZHR 161 (1997), 739, 769f.

[234] H.M.: *Schwark, E., Heidelbach, A.*, §38 BörsG Rn. 28; *Baumbach, A., Hopt, K.*, (14) BörsG, §39 Rn. 6; *Eckhold, T.*, in: Handbuch der börsennotierten AG, §62 Rn. 23.

[235] *Baumbach, A., Hopt, K.*, (14) BörsG, §39 Rn. 6.

[236] Vgl. hierzu der Wortlaut der Gesetzesbegründung: Begr. RegE FRUG BR-Drucks. 833/06, S. 205 „...Veröffentlichung, welche nunmehr **zusätzlich** zu erfolgen hat ..."; *Eckhold, T.*, in: Handbuch der börsennotierten AG, §62 Rn. 26 f.; *Schwark, E., Heidelbach, A.*, §31 BörsG Rn. 10 f.

6.4.4.2 *Gesellschaftsrechtliche Erfordernisse*

Der Antrag, die Zulassung zum Wertpapierhandel im Regulierten Markt zu widerrufen, setzt einen internen Entscheidungsfindungsprozess in der Gesellschaft voraus. Welchen Anforderungen dieser Prozess unterliegt, war bis zum Jahre 2003 nicht abschließend geklärt. Während eine Auffassung dafür plädierte, die Entscheidung über den Antrag auf Widerruf der Zulassung als Geschäftsführungsmaßnahme ausschließlich dem Vorstand zu überlassen, hielt die andere Auffassung den Widerruf der Zulassung für eine Maßnahme, die aufgrund ihrer Bedeutung für die Beteiligung der Aktionäre eines Entschlusses der Hauptversammlung bedarf. Die zuletzt genannte Auffassung hat sich durchgesetzt.

Hauptversammlungsbeschluss

Gemäß §76 AktG leitet der Vorstand die Geschäfte der Gesellschaft in eigener Verantwortung. Dies gilt auch für die mittel- und langfristige Unternehmensplanung. In bestimmten Fällen ist allerdings die Hauptversammlung in die Entscheidungsfindung mit einzubeziehen. Allerdings ist der Rückzug von der Börse nicht ausdrücklich im Zuständigkeitskatalog des §119 Abs. 1 AktG genannt. Selbst eine ungeschriebene Zuständigkeit der Aktionärsgesamtheit nach der „Holzmüller-Doktrin“[237], wonach der BGH von einer Reduzierung des Einberufungsermessens des Vorstands gemäß §119 Abs. 2 AktG ausging, liegt hier nicht vor. Durch den Rückzug von der Börse werden weder die Binnenstruktur der Gesellschaft noch die Mitgliedschaftsrechte der Aktionäre als solche berührt, so dass, mit den Worten des BGH, kein schwerwiegender Eingriff in die Struktur vorliegt.[238] Vielmehr entwickelte der BGH in der „Macrotron“-Entscheidung ein „Aktienverfassungsrecht“.[239] Der an einer Börse als Markt gebildete Preis und die jederzeitige Möglichkeit seiner Realisierung sind, so der BGH, Eigenschaften des Aktieneigentums, die von der Eigentumsgarantie des Art. 14 GG erfasst sind.[240] Da dieser Wert für die Aktionäre essentielle Bedeutung habe, die Aktionäre aber nach einem „Delisting“ nur unter erschwerten Bedingungen den Wert ihrer Beteiligung realisieren können, sei die Entscheidung über einen Antrag auf Widerruf der Börsenzulassung derart weitreichend, dass die Hauptversammlung und nicht lediglich die Verwaltung (Vorstand) darüber befinden müsse. Dies gilt, so muss die Entscheidung wohl verstanden werden, aber nur für den vollständigen Rückzug des Unternehmens von der Börse im In- und Ausland. Ob man diese Rechtsprechung auch auf den Fall des vollständigen Rückzugs von allen inländischen Börsen bei gleichzeitiger Aufrechterhaltung der Notierung an mindestens einer ausländischen Börse oder einem vergleichbar organisierten Markt i.S.d. §2 Abs. 5 WpHG anwenden kann, ist bisher ungeklärt.[241]

Der Beschluss der Hauptversammlung zum Delisting wird regelmäßig in Form einer **Vorstandsermächtigung** gefasst. Der Geschäftsleitung wird die Befugnis zur Stellung des Antrags auf Widerruf der Börsenzulassung erteilt.[242] In Betracht kom-

[237] BGHZ 83, 122 ff. = NJW 1982, 1703 ff. = WM 1982, 388 ff.
[238] BGHZ 153, 47 ff. = NJW 2003, 1032 ff. = ZIP 2003, 387 ff. („Macrotron“).
[239] Zu diesem Begriff: *Benecke, D.*, WM 2004, 1122,1124 ff.
[240] BGHZ 153, 47, 55 = NJW 2003, 1032, 1034 = ZIP 2003, 387, 390.
[241] Bejahend: *Baumbach, A., Hopt, K.*, (14) BörsG, §39 Rn. 3.
[242] BGHZ 153, 47, 59 f. = NJW 2003, 1032, 1035 = ZIP 2003, 387, 391; *Eckhold, T.*, in: Handbuch der börsennotierten AG, §62 Rn. 43.

men dabei auch zeitliche Vorgaben für Antragstellung, um die Entscheidungsfreiheit des Vorstands über das „Ob" und das „Wann" der Antragstellung einzugrenzen.

Der BGH lässt für den Hauptversammlungsbeschluss die **einfache Mehrheit** der abgegebenen Stimmen genügen. Dies ist in der Literatur auf Kritik gestoßen. Angesichts der Bedeutung der Entscheidung für die Minderheitsaktionäre sei eine einfache Mehrheit nicht ausreichend. Im Hinblick auf die typischerweise geringen Hauptversammlungspräsenzen, bei denen Aktionäre mit größeren Beteiligungen relativ leicht eine einfache Mehrheit der abgegebenen Stimmen darstellen können, wird der Hauptversammlungsbeschluss mit einfacher Mehrheit bisweilen sogar als „Farce" oder „überflüssige Förmelei" bezeichnet.[243] Angemessener sei eine Mehrheit von 75 % der abgegebenen Stimmen, wie sie der BGH in seiner „Gelatine"-Entscheidung für ungeschriebene Hauptversammlungszuständigkeiten bei strukturrelevanten Maßnahmen angenommen hatte, da das Gesetz in vergleichbaren Konstellationen ein ebensolches Beschlusserfordernis aufstellt.[244] Der BGH belässt es hier jedoch beim Erfordernis einer einfachen Mehrheit, da der Antrag auf Widerruf der Börsenzulassung zwar sehr bedeutsam, jedoch immer noch eine Geschäftsführungsmaßnahme ohne Einfluss auf die Struktur sei.[245]

Für die Einberufung und Durchführung der Hauptversammlung gelten im Übrigen die allgemeinen Regeln. Der geplante Antrag auf Widerruf der Börsenzulassung ist im Wortlaut in die Tagesordnung gemäß § 124 Abs. 2 Satz 2 AktG mit aufzunehmen.

Der Vorstand hat zumindest in der Hauptversammlung über Motive, Umfang und Folgen des Delisting vollständig und umfassend zu berichten[246] oder einen schriftlichen Bericht hierüber mit Einberufung der Hauptversammlung zugänglich zu machen. Die Einzelheiten der Ausgestaltung des Delisting stehen allerdings auch im Ermessen der Börsen und sind damit für den Vorstand nicht vollumfänglich vorhersagbar.[247]

Nach richtiger Auffassung bedarf der Hauptversammlungsbeschluss keiner Eintragung im Handelsregister. Das Registergericht wäre bei der Prüfung der formellen und materiellen Voraussetzungen einer staatlichen Kontrolle des Delisting durch die jeweiligen Börsengeschäftsführungen[248] wohl auch nicht überlegen.[249] Einziges Publizitätsmittel bleibt demnach die Veröffentlichung gemäß § 39 Abs. 2 Satz 3 BörsG.

Abfindungsangebot und Spruchverfahren

Der vom BGH vorgesehene Minderheitenschutz endet aber nicht beim Hauptversammlungsbeschluss. Vielmehr verlangt der BGH zusätzlich, dass die Minder-

---

243 So etwa *Schiessl, M.*, AG 1999, 442, 452; *Krämer, L., Theiß, S.*, AG 2003, 225, 237 ff.; *Eckhold, T.*, in: Handbuch der börsennotierten AG, § 62 Rn. 35.

244 BGH ZIP 2004, 993, 998 = AG 2004, 384, 388 („Gelatine").

245 Im Ergebnis ebenso: *Baumbach, A., Hopt, K.*, (14) BörsG, § 39 Rn. 3; *Hüffer, U.*, AktG, § 119 Rn. 24; *Göckeler, S.*, in: Beck'sches Handbuch der AG, § 26 Rn. 28.

246 BGHZ 153, 47, 59 = NJW 2003, 1032, 1035 = ZIP 2003, 387, 391.

247 Vgl. NJW 2003, 1032, 1035 = ZIP 2003, 387, 391; OLG Frankfurt a.M. DB 1999, 1004 f.; BGH DB 2001, 581 ff.

248 Vgl. etwa *Schwark, E., Heidelbach, A.*, § 38 BörsG Rn. 47 f.; *Pfüller, M., Anders, D.*, NZG 2003, 459, 464; *Göckeler, S.*, in: Beck'sches Handbuch der AG, § 26 Rn. 41; *Eckhold, T.*, in: Handbuch der börsennotierten AG, § 62 Rn. 71.

249 So auch *Land, V., Behnke, D.*, DB 2003, 2531, 2535.

heitsaktionäre ein angemessenes Abfindungsangebot[250] erhalten, so dass sie durch Annahme des Angebots ihre Aktien zum Verkehrswert[251] veräußern können. Anbietender kann die Gesellschaft (Emittentin) sein, soweit der Erwerb eigener Aktien zulässig ist, oder ein Großaktionär, gegebenenfalls auch ein Dritter in Abstimmung mit der Gesellschaft. Das Abfindungsangebot und seine Höhe sind mit Einberufung der Hauptversammlung bekannt zu geben.[252]

Die rechtliche Grundlage für ein derartiges Angebot ist nicht ganz klar. Die wohl h.M. geht davon aus, dass das Abfindungsangebot keine Wirksamkeitsvoraussetzung für den HV-Beschluss ist.[253] Fehlt das Angebot oder ist es unzureichend, wird der Hauptversammlungsbeschluss dadurch weder nichtig noch anfechtbar (vernichtbar); das Delisting kann vollzogen werden. Die Minderheitsaktionäre können – nach Widerruf der Zulassung durch die Börse – ein sog. „Spruchverfahren" einleiten, in dem die Angemessenheit der Abfindung überprüft und, bei Fehlen eines Abfindungsangebots, eine angemessene Abfindung festgesetzt wird (§ 2 SpruchG). Antragsgegner im Spruchverfahren ist derjenige, der das Abfindungsangebot unterbreitet hat.[254] Bei Fehlen eines Abfindungsangebots ist der Antrag nach h.M. gegen den Mehrheitsaktionär zu richten.

Von entscheidender Bedeutung für den wirksamen Minderheitenschutz durch das Abfindungsangebot ist die **Preisbildung**. Der BGH verlangt in seiner „Macrotron"-Entscheidung in Anlehnung an die Ausführungen des BVerfG[255] die Leistung einer vollen Entschädigung für die übertragenen Aktien. Dazu ist der Grenzpreis zu ermitteln, zu dem die Minderheitsaktionäre ohne wirtschaftliche Nachteile aus der Gesellschaft ausscheiden können.[256] Dieser könne jedoch nicht ausschließlich durch eine Anlehnung an den durchschnittlichen Börsenwert der letzten 3 oder 6 Monate bestimmt werden, da dieser durchaus unter dem aktuellen Kurs oder dem anteiligen Ertragswert liegen könne.[257] Der durchschnittliche Börsenkurs im Vorfeld der Bekanntgabe der Entscheidung, die Hauptversammlung über ein Delisting beschließen zu lassen, bildet im Regelfall eine Untergrenze der Abfindung.[258] Das Abfindungsangebot hat sich an einem Wert zu orientieren, der sich entweder nach dem Verkehrswert an der Börse oder nach dem anteiligen, über die Ertragswert- bzw.

[250] Welches nach Auffassung des BGH ein Barangebot sein muss; in der „Macrotron"-Entscheidung BGHZ 153, 47, 59 f. = NJW 2003, 1032, 1035 = ZIP 2003, 387, 391 spricht der BGH von „Betrag" und „Kaufpreis".

[251] Einzelheiten zur Ermittlung des Abfindungsbetrages siehe Preisbildung.

[252] BGHZ 153, 47, 59 = NJW 2003, 1032, 1035 = ZIP 2003, 387, 391.

[253] LG Köln ZIP 2004, 220, 221; LG München DB 2004, 242, 243; *Habersack, M.*, in: *Habersack, M., Mülbert, P., Schlitt, M.*, Unternehmensfinanzierung, § 35 Rn. 10; *Eckhold, T.*, in: Handbuch der börsennotierten AG, § 62 Rn. 48f.

[254] So wohl auch BGHZ 153, 47, 59 f. = NJW 2003, 1032, 1035 = ZIP 2003, 387, 390 („Gesellschaft [...] oder Großaktionär"); *Krieger, G., Mennicke, P.*, in: *Lutter, M.*, UmwG, § 5 SpruchG Rn. 6; *Wasmann, D.*, in: Kölner Kommentar, § 5 SpruchG Rn. 5; a.A. *Drescher, I.*, in: *Spindler, G., Stilz, E.*, AktG, § 5 SpruchG Rn. 8; *Habersack, M.*, in: *Habersack, M., Mülbert, P., Schlitt, M.*, Unternehmensfinanzierung, § 35 Rn. 11.

[255] BVerfG 100, 289 ff. = NJW 1999, 3769 ff. (DAT/Altana); BVerfG 2001, 279 ff. = ZIP 2000, 1670 ff. (Moto Meter).

[256] Vgl. BGHZ 138, 136 (140) = NJW 1998, 1866.

[257] BGHZ 153, 47, 59 f. = NJW 2003, 1032, 1035 = ZIP 2003, 387, 390.

[258] Vgl. BVerfGE 100, 289 (308,309) = NJW 1999, 3769.

DCF-Methode zu ermittelnden Unternehmenswert richtet.[259] Der höhere Wert der beiden ist entscheidend für die Höhe der Abfindung. Der maßgebliche Stichtag zur Ermittlung des Börsenkurses innerhalb einer Referenzperiode ist auf den Zeitpunkt unmittelbar vor Bekanntgabe des Delistingvorhabens zu legen, weil erfahrungsgemäß unmittelbar nach dessen Bekanntwerden Kursveränderungen aufgrund der Bekanntgabe der Maßnahme eintreten.[260] Die Unternehmensbewertung wird regelmäßig am letzten Bilanzstichtag vorgenommen und dann auf das Datum des Hauptversammlungsbeschlusses aufgezinst.

Rechtsschutzfragen

Hauptversammlungsbeschluss

Wie bei jedem anderen Hauptversammlungsbeschluss kann sich ein Aktionär gegen die Entscheidung der Mehrheit der Aktionäre, ein Delisting durchzuführen, durch Anfechtungsklage (innerhalb eines Monats ab Beschlussfassung) oder Nichtigkeitsklage wehren. Die Anfechtungsklage zielt darauf, den Hauptversammlungsbeschluss wegen eines Mangels für ungültig zu erklären. Die Nichtigkeitsklage zielt auf Feststellung der Nichtigkeit des Beschlusses wegen eines besonders schwerwiegenden Mangels. Allerdings können Unzulänglichkeiten des Abfindungsangebots bis hin zum gänzlichen Fehlen eines solchen Angebots nicht im Wege der Anfechtungs- oder Nichtigkeitsklage geltend gemacht werden. Sie sind ausschließlich dem Spruchverfahren vorbehalten, in dem es nicht um die Aufrechterhaltung des Hauptversammlungsbeschlusses geht, sondern ausschließlich darum, welche Abfindung den Aktionären zusteht. Somit bleiben für die Anfechtung und Nichtigkeit des Beschlusses im Wesentlichen formelle Mängel und die allgemeinen Missbrauchskontrolle, wie etwa bei missbräuchlicher Ausübung des Stimmrechts, bei Verletzung des Gleichbehandlungsgrundsatzes oder bei Verfolgung von Sondervorteilen (§ 243 Abs. 2 AktG).

Entscheidung der Börse über den Antrag auf Widerruf der Zulassung

Gegen die ablehnende Entscheidung der Börsengeschäftsführung kann der Emittent im Verwaltungsrechtsweg zunächst Verpflichtungswiderspruch einlegen (§§ 68 ff. VwGO) und anschließend Verpflichtungsklage erheben (§ 42 VwGO), um auf diesem Wege sein subjektiv öffentliches Recht auf ermessenfehlerfreie Entscheidung durchzusetzen. Ferner muss man, angesichts der vom BGH herausgearbeiteten verfassungsrechtlichen Bedeutung der Frage, wohl auch den Minderheitsaktionären ein entsprechendes Klagerecht gegen eine solche die Zulassung widerrufende Entscheidung einräumen.[261] Obwohl sie nicht Adressaten des Bescheids sind, werden sie von der h.M. als zumindest mittelbar Betroffene angesehen und sollen deshalb zur Drittanfechtung gegen eine Entscheidung der Börse berechtigt sein. § 15 Abs. 6 BörsG, wonach die Geschäftsleitung der Börse ihre Aufgaben und Befugnisse nur

[259] Vgl. *Benecke, D.*, WM 2004, 1122,1126; *Eckhold, T.*, in: Handbuch der börsennotierten AG, § 62 Rn. 62; *Land, V., Behnke, D.*, DB 2003, 2531, 2533.

[260] BGHZ 153, 47, 59 f. = NJW 2003, 1032, 1035 = ZIP 2003, 387, 390; ähnlich *Benecke, D.*, WM 2004, 1122,1126.

[261] So auch *Groß, W.*, Kapitalmarktrecht, § 39 Rn. 29 f.; *ders.*, ZHR 165 (2001), 141, 151 f.; *Göckeler, S.*, in: Beck'sches Handbuch der AG, § 26 Rn. 20; *Hüffer, U.*, AktG, § 119 Rn. 22; a.A.: *Schwark, E., Heidelbach, A.*, § 31 BörsG Rn. 14.

im öffentlichen Interesse wahrnimmt, ist deshalb im Lichte der „Macrotron"-Rechtsprechung auszulegen.

6.4.5 Das gesellschaftsrechtliche Delisting

Neben dem „echten" Delisting ist auch ein Delisting außerhalb der börsenrechtlichen Vorgaben möglich. Zu denken ist insbesondere an eine Umwandlungsmaßnahme, etwa einen Wechsel in eine Gesellschaftsform, deren Anteile nicht börsenfähig sind, oder an eine Verschmelzung auf eine nicht börsennotierte andere Gesellschaft (dazu nachfolgend Ziff. 1.). Ferner ist an eine Vereinigung aller Anteile der Gesellschaft in der Hand eines Gesellschafters zu denken, wodurch die Anteile dem Börsenhandel entzogen sind. Eines Antrags des Emittenten an die Börsengeschäftsführung auf Widerruf der Zulassung bedarf es in all diesen Fällen nicht.

Eine börsenrechtlich relevante Umwandlungsmaßnahme setzt voraus, dass nach deren Wirksamwerden der neue oder verbleibende Rechtsträger entweder nicht börsennotiert oder nicht börsenfähig ist und deshalb eine „automatische Marktentlassung" erfolgt.[262]

6.4.5.1 Relevante Umwandlungsvorgänge

Möglich ist zunächst ein **Formwechsel**. Dabei wechselt die börsennotierte Gesellschaft ihre Rechtsform in eine nicht börsenfähige Rechtsform. Zielrechtsformen können insbesondere Personengesellschaften (KG, GmbH & Co. KG, seltener OHG) oder andere Kapitalgesellschaften, insbesondere die GmbH, sein.[263] Ein Formwechsel in eine SE (Societas Europea) kommt dafür allerdings nicht in Betracht, da diese Maßnahme die Börsenzulassung nicht berührt.

Des Weiteren ist es möglich, die börsennotierte Gesellschaft zum Erlöschen zu bringen, indem sie im Wege der **Verschmelzung** ihr Vermögen als Ganzes unter Ausschluss der Liquidation auf eine andere bestehende oder dadurch neu gegründete, nicht börsennotierte Gesellschaft überträgt (so genannter „Going Private Merger"). Mit Erlöschen der Gesellschaft fällt auch ihre Börsenzulassung weg.

Auch eine **Aufspaltung** einer börsennotierten Gesellschaft, bei der ihr Vermögen ohne Abwicklung auf andere, bereits bestehende oder dadurch neu gegründete Gesellschaften übertragen wird, führt zur Auflösung der aufgespalteten Gesellschaft und damit zum Erlöschen ihrer Börsenzulassung.

Der Umwandlungsvorgang ist vollzogen, wenn die jeweilige Maßnahme in das Handelsregister der beteiligten Rechtsträger eingetragen wurde. Im Fall der Verschmelzung und Aufspaltung werden die Anteilinhaber der übertragenden Gesellschaft mit Eintragung der Maßnahme in das Handelsregister Anteilsinhaber der übernehmenden bzw. neu gegründeten Gesellschaft(en); im Fall des Formwechsels bleiben die Inhaber der Anteile auch Anteilsinhaber der formgewechselten Gesellschaft. Sie können in all diesen Fällen ihre Anteile aber nicht mehr über den Regulierten Markt veräußern. Dies ist unmittelbare Folge der Tatsache, dass die Aktien, die zum Handel an der Börse zugelassen sind, nicht mehr existieren. In den Fällen der Verschmelzung

---

[262] Siehe auch *Anders, D.*, NZG 2003, 459, 462.
[263] Vgl. nur *Semler, J., Stengel, A., Ihrig, H.*, § 226 Rn. 10.

und Aufspaltung existiert nicht einmal mehr die Gesellschaft, deren Aktien zum Handel an der Börse zugelassen waren.

Minderheitenschutz

In der weitreichenden „Mactrotron"-Entscheidung des BGH wurden wie oben erörtert strenge Vorgaben aufgestellt, wonach ein echtes Delisting gemäß §39 Abs. 2 BörsG nur dann zulässig ist, wenn zum einen die Hauptversammlung in den Entscheidungsprozess über den Ausstieg aus dem Regulierten Markt mit einbezogen wird und zum anderen den Minderheitsaktionären ein Abfindungsangebot in bar unterbreitet wird, das dem wahren wirtschaftlichen Wert ihres Anteils entspricht.

Für das unechte Delisting durch Umwandlungsmaßnahmen gilt Folgendes:

Soweit es um die Mitwirkungsrechte der Hauptversammlung geht, übertreffen die Voraussetzungen der umwandlungsrechtlichen Vorschriften die vom BGH aufgestellten Anforderungen erheblich. Sämtliche Umwandlungsmaßnahmen verlangen eine Zustimmung der Hauptversammlung mit einer Mehrheit von mindestens 75% der abgegebenen Stimmen. Zudem verlangt jede Umwandlungsmaßnahme umfangreiche Vorbereitungsmaßnahmen für die Hauptversammlung, einschließlich eines umfassenden Berichts der Vertretungsorgane der beteiligten Gesellschaften sowie einen Bericht eines vom Gericht bestellten sachverständigen Prüfers. Auf die – weniger weit gehenden – Vorgaben der „Macrotron"-Entscheidung kommt es deshalb beim unechten Delisting nicht an.

Gleiches gilt für das Erfordernis einer Barabfindung. Eine Barabfindung muss beim Formwechsel jedem Anteilseigner angeboten werden, der dem Beschluss der Hauptversammlung *widerspricht*. Dasselbe gilt bei der Verschmelzung einer börsennotierten Aktiengesellschaft auf eine nicht börsennotierte Aktiengesellschaft oder sonst bei einer Verschmelzung auf eine Gesellschaft anderer Rechtsform; bei der Aufspaltung gilt diese Regelung entsprechend. Angebotsberechtigt sind somit nur diejenigen Aktionäre, die gegen den Hauptversammlungsbeschluss Widerspruch zur Niederschrift des Notars eingelegt haben.

Zweifelsfälle

Auch wenn seit der Reform des Umwandlungsgesetzes im Jahre 2007[264] klargestellt ist, dass bei der Verschmelzung oder Aufspaltung einer börsennotierten Aktiengesellschaft auf eine nicht börsennotierte Aktiengesellschaft ein Barabfindungsangebot erforderlich ist, gilt dies nicht für die Verschmelzung und Aufspaltung einer börsennotierten KGaA in eine nicht börsennotierte KGaA. Ebenfalls noch immer ungeregelt ist die Mischverschmelzung oder -aufspaltung einer am Regulierten Markt gelisteten Aktiengesellschaft oder KGaA in eine nicht gelistete Aktiengesellschaft oder KGaA, weil diese Rechtsträger im Verhältnis zueinander gemäß §78 Satz 4 UmwG gerade nicht als Rechtsträger anderer Rechtsform im Sinne der Barabfindungsvorschriften gelten und der Wortlaut des §29 UmwG ausdrücklich nur die (nicht) börsennotierte AG erfasst.[265] Gleichwohl nimmt die h.M. eine Gleichbehandlung dieser Fälle mit den gesetzlich erfassten Fällen des kalten Delisting an. Es sind keine offensichtlichen Unterschiede erkennbar, die eine abweichende Behandlung rechtfertigen würden. Auch hier wird also ein Barabfindungsangebot als erforderlich angesehen.

---

[264] BGBl. I 2007 Nr. 15 vom 24.04.2007.

[265] Vgl. etwa *Mayer, D., Weiler, S.*, DB 2007, 1235, 1236; *Stratz, R.*, in: *Schmitt, J., Hörtnagel, R., Stratz, R.*, §29 Rn. 9; HeidelbergerKommentar/*Maulbetsch, H.*, §78 Rn. 24.

Ein weiterer Zweifelsfall ist der Formwechsel einer Aktiengesellschaft in eine KGaA. Auch wenn widersprechenden Anteilseignern grundsätzlich bei jedem Formwechsel eine Barabfindung anzubieten ist, gilt dies nach § 250 UmwG ausdrücklich nicht für den Formwechsel von einer Aktiengesellschaft in eine KGaA und umgekehrt. Hintergrund ist die Annahme weitgehender Gleichwertigkeit dieser beiden Rechtsformen. Allerdings würde dies die Möglichkeit eines abfindungsfreien Börsenrückzugs durch einen derartigen Formwechsel eröffnen. Der Umstand, dass dies im Zuge der Reform des Umwandlungsgesetzes im Jahre 2007[266] nicht geändert wurde, wird allgemein als redaktionelles Versehen interpretiert,[267] so dass aus Sicht der Praxis davon ausgegangen werden sollte, dass die Rechtsprechung wohl auch für diese Fälle eine Pflicht zur Unterbreitung eines Barabfindungsangebots annehmen wird.

Rechtsschutz

Gegen einen Hauptversammlungsbeschluss, in dem eine Umwandlungsmaßnahme beschlossen wird, können sich die Aktionäre – wie bei jedem Hauptversammlungsbeschluss – mit der Anfechtungs- oder Nichtigkeitsklage zur Wehr setzen. Bei Umwandlungsmaßnahmen gilt auch für Nichtigkeitsklagen eine Ausschlussfrist von einem Monat ab dem Tag der Beschlussfassung. Die Anfechtungs- oder Nichtigkeitsklage kann nicht mit Mängeln des Abfindungsangebots begründet werden. Die Angemessenheit der Barabfindung kann vielmehr in einem separaten Spruchverfahren vor dem zuständigen Landgericht zur Überprüfung gestellt werden.

6.4.5.2 Delisting durch aktienrechtliche Maßnahmen

Im Aktiengesetz sind verschiedene Strukturmaßnahmen geregelt, die ebenfalls zu einem Rückzug einer Gesellschaft vom Regulierten Markt führen, ohne dass börsenrechtliche Vorschriften zu beachten wären.

Eingliederung und Squeeze-out

Als praxisrelevante Strukturmaßnahmen, die den Wegfall der Börsenzulassung zur Folge haben, kommen die Eingliederung und der Squeeze-out in Betracht:

Die **Eingliederung** einer börsennotierten AG[268] gemäß §§ 319 ff. AktG in eine nicht börsennotierte AG (Hauptgesellschaft) führt dazu, dass das Unternehmen im Gegensatz zur Verschmelzung seine rechtliche Selbständigkeit behält, jedoch in weitergehendem Maße als beim Beherrschungsvertrag Weisungen der Hauptgesellschaft befolgen muss und dieser vermögensrechtlich vollkommen unterstellt ist. Im Gegenzug hat die Hauptgesellschaft die gesamten Verbindlichkeiten der eingegliederten Gesellschaft zu übernehmen. Rechtskonstruktiv ist zwischen einer Eingliederung einer 100 %igen Tochter (§ 319 AktG) und einer Tochter, an der die Hauptgesellschaft mindestens 95 % der Anteile hält (§ 320 AktG) zu differenzieren. Ist die Hauptgesellschaft nicht Alleinaktionärin der Tochter, kann die Hauptversammlung der Tochter mit einer Mehrheit von 75 % (die durch die Stimmen der

---

[266] BGBl. I 2007 Nr. 15 vom 24.04.2007.

[267] *Eckhold, T.*, in: Handbuch der börsennotierten AG, § 63 Rn. 23 m.w.N.

[268] Auf die KGaA sind die Vorschriften der Eingliederung nicht anwendbar: *Spindler, G., Stilz, E., Singhof, B.*, § 319 Rn. 3; *Hüffer, U.*, AktG, § 319 Rn. 4; *Schmidt, K., Lutter, M., Ziemons, H.*, § 319 Rn. 6.

Hauptgesellschaft gesichert ist) die Eingliederung beschließen. Zuvor ist in jedem Fall ein Eingliederungsbeschluss der Hauptversammlung der Hauptgesellschaft herbeizuführen. Die Eingliederung ist in beiden Konstellationen zur Eintragung im Handelsregister der einzugliedernden Gesellschaft anzumelden und wird erst mit dieser Eintragung wirksam.

Der **Squeeze-out** nach **§§327a ff. AktG** setzt ebenfalls die Beteiligung eines Hauptaktionärs an der Gesellschaft von **mindestens 95%** voraus. Die Hauptversammlung kann dann auf Antrag dieses Hauptaktionärs mit einfacher Mehrheit die Übertragung der Aktien der Minderheitsaktionäre auf den Hauptaktionär beschließen. Der Übertragungsbeschluss ist zur Eintragung im Handelsregister der Gesellschaft anzumelden und wird ebenfalls erst mit dieser Eintragung wirksam.

Börsenrechtliche Auswirkungen von Eingliederung und Squeeze-out

Bei der Eingliederung in eine Hauptgesellschaft, die eine Mehrheitsbeteiligung von mindestens 95% hält, führt die Eintragung konstitutiv zur Übertragung aller Anteile und Mitgliedschaftsrechte der Minderheitsaktionäre an der eingegliederten Tochter auf die Hauptgesellschaft. Gleiches gilt für den Squeeze-out. Auch hier führt die Eintragung zur Übertragung aller Anteile und Mitgliedschaftsrechte der Minderheitsaktionäre an der Gesellschaft auf den Hauptaktionär.

In all diesen Fällen ist ein effektiver Börsenhandel nicht mehr gewährleistet. Welche Folgen dies hat, wird nicht ganz einheitlich beantwortet. Teilweise wird darauf abgehoben, dass durch die Zusammenführung aller Aktien in eine Hand der ordnungsgemäße Börsenhandel nicht mehr gewährleistet sei, so dass die Geschäftsführung der Börse die Zulassung widerrufen könne.[269] Die h.M. hingegen geht davon aus, dass – wie bei den Umwandlungsmaßnahmen – mit der Vereinigung aller Anteile beim Hauptgesellschafter von selbst eine Erledigung der Börsenzulassung eintrete und diese damit wirkungslos wird.[270]

Das Erlöschen der Börsenzulassung tritt auf Grundlage der letztgenannten Ansicht dann ein, wenn die Zusammenführung aller Anteile in eine Hand tatsächlich stattgefunden hat. Erst ab diesem Zeitpunkt steht fest, dass ein Handel mit den Aktien dauerhaft nicht mehr gewährleistet sein wird. Soweit für die Zusammenführung der Anteile in eine Hand eine Handelsregistereintragung erforderlich ist, erlischt die Börsenzulassung mit Bewirkung der Handelsregistereintragung.

Minderheitenschutz

Wie bereits beschrieben, erfordert der Squeeze-out einen Beschluss der Hauptversammlung mit einfacher Mehrheit, die allerdings durch die Beteiligung des Hauptaktionärs von mindestens 95% gesichert ist. Zudem sind umfangreiche Vorbereitungsmaßnahmen für die Hauptversammlung erforderlich, einschließlich eines umfassenden Berichts des Hauptaktionärs sowie eines Berichts eines vom Gericht bestellten sachverständigen Prüfers. Das Gesetz sieht die Verpflichtung vor, den ausscheidenden Aktionären eine Abfindung anzubieten. Da der Squeeze-out zum Totalverlust der Mitgliedschaft führt, kann dies nur eine Barabfindung sein. Für die

[269] Vgl. nur *Schwark, E., Heidelbach, A.*, §38 BörsG Rn. 51.
[270] *Groß, W.*, ZHR 165 (2001), 141, 150; *Pluskat, S.*, BKR 2007, 54, 55; *Streit, G.*, ZIP 2002, 1279, 1281; *Eckhold, T.*, in: Handbuch der börsennotierten AG, §63 Rn. 8.

Berechnung dieser Barabfindung gelten die zur „Macrotron"-Entscheidung des BGH dargelegten Grundsätze entsprechend.

Die Eingliederung erfordert einen Beschluss der Hauptversammlung der einzugliedernden Gesellschaft mit einer Mehrheit von mindestens 75%, ferner einen Beschluss der Hauptversammlung der Hauptgesellschaft mit derselben Mehrheit. Auch hier sind umfangreiche Vorbereitungsmaßnahmen erforderlich, einschließlich eines umfassenden Berichts des Hauptaktionärs sowie eines Berichts eines vom Gericht bestellten sachverständigen Prüfers. Das Gesetz gibt den Minderheitsaktionären der eingegliederten Gesellschaft zudem einen Abfindungsanspruch. Hierfür ist jedoch lediglich die Gewährung eigener Aktien der Hauptgesellschaft erforderlich, es sei denn, die Hauptgesellschaft ist selbst eine von einer anderen Gesellschaft i.S.d. § 17 AktG abhängige Gesellschaft (herrschender Einfluss der anderen Gesellschaft, insbes. Mehrheitsbeteiligung). Dies steht dann nicht in Einklang mit den Vorgaben des BGH, wenn die Hauptgesellschaft selbst nicht börsennotiert ist, die Abfindungsberechtigten also keine an einer Börse handelbaren Anteile erhalten (Fungibilitätsverlust). Die wohl h.M. nimmt in solchen Fällen gleichwohl die Pflicht zur Unterbreitung eines Barabfindungsangebots an. Entweder indem sie die Grundsätze für die Eingliederung in eine abhängige Hauptgesellschaft (dazu sogleich) für entsprechend anwendbar hält, oder, um eine unmittelbare Anwendung der Grundsätze des „Macrotron"-Urteils auszugleichen.[271]

Ist die Hauptgesellschaft selbst eine abhängige, in einen Konzern eingebundene Gesellschaft, soll den Aktionären der eingegliederten Gesellschaft bereits kraft Gesetzes eine vollständige Ausstiegsmöglichkeit gegen Gewährung einer Barabfindung zustehen. Sie können dann zwischen Aktien an der Hauptgesellschaft einerseits und einer Barabfindung andererseits wählen. Durch die Eröffnung dieser beiden Alternativen besteht kein Konflikt zu dem von der Rechtsprechung aufgestellten Grundsatz der vollen Kompensation.

Die Aktionäre können, wenn sie von einer Eingliederung oder einem Squeeze-out betroffen sind, die Angemessenheit der ihnen gewährten Abfindung im **Spruchverfahren** vor dem zuständigen Landgericht überprüfen lassen.

Rechtsschutz

Auch gegen Hauptversammlungsbeschlüsse zur Eingliederung oder zum Squeeze-out können sich die Aktionäre mit der Anfechtungs- oder Nichtigkeitsklage zur Wehr setzen. Die Anfechtungs- oder Nichtigkeitsklage kann nicht mit Mängeln des Abfindungsangebots begründet werden. Die Angemessenheit der Barabfindung kann vielmehr in einem separaten Spruchverfahren vor dem zuständigen Landgericht zur Überprüfung gestellt werden.

6.4.6 Der Wechsel des Börsensegments als Fall des Delisting?

Ob auch das so genannte „Downgrading", der Wechsel vom Regulierten Markt in den Freiverkehr wie der vollständige Rückzug von der Börse zu behandeln ist und dementsprechend auch einen Hauptversammlungsbeschluss und ein Abfindungsangebot erfordert, wird bisher noch uneinheitlich beantwortet.

---

[271] So auch *Eckhold, T.*, in: Handbuch der börsennotierten AG, § 63 Rn. 10 f.

Formal könnte man an die Regelung des §3 Abs. 2 AktG anknüpfen. Danach gelten die Aktien einer Gesellschaft solange als börsennotiert, wie sie an einem Markt gehandelt werden, der von staatlich anerkannten Stellen geregelt und überwacht wird.[272] Ein solcher hoheitlich überwachter Markt ist der Regulierte Markt. Der Freiverkehr hingegen nicht. Denn dieser ist nicht öffentlich-rechtlich organisiert und unterliegt auch nicht der Hoheitsgewalt der BaFin.[273]

Ausgangspunkt für die „Macrotron"-Entscheidung des BGH war aber die Erwägung, dass die Fungibilität von börsennotierten Aktien zum Inhalt des Eigentums i.S.d. Art. 14 GG gehöre. Es liegt somit nahe, das Downgrading vom Regulierten Markt in den Freiverkehr an dessen Einfluss auf die Fungibilität der Aktien zu messen. Zwar geht der BGH in seiner „Macrotron"-Entscheidung davon aus, dass der Regulierte Markt (damals amtlicher Handel und geregelter Markt) dem Freiverkehr im Hinblick auf Fungibilität der Aktien nicht ohne weiteres gleich steht.[274] Allerdings haben Änderungen, die der Handel im Freiverkehr seit 2003 erfahren hat, zu einer erheblichen Angleichung seines Charakters an den des Regulierten Markts geführt.[275] Dies gilt insbesondere für die Preisfindung im Freiverkehr, wonach die Handelspreise stets auch Börsenpreise sind und deshalb den börsenrechtlichen Anforderungen nach 24 Abs. 2 BörsG unterliegen. Die Börsenaufsicht kann darüber hinaus einschreiten, sobald ein ordnungsgemäßer Handel nicht mehr gewährleistet sein sollte.

Das OLG München[276] hat im Jahr 2008 entschieden, dass der Wechsel vom Regulierten Markt in den Freiverkehr **nicht mit dem vollständigen Rückzug von der Börse zu vergleichen** sei und kein Hauptversammlungsbeschluss und auch kein Abfindungsangebot erforderlich seien. Die Fungibilität sei durch das Downgrading nicht in einem Art. 14 GG berührenden Maße beeinträchtigt. Viel mehr als das Marktsegment einer Notierung hätten die Anzahl der handelbaren Aktien, die Höhe des Streubesitzes, der Bekanntheitsgrad eines Unternehmens sowie die Branchenzugehörigkeit entscheidenden Einfluss auf den Börsenkurs.[277] Deshalb führe der Wechsel des Börsensegments gerade nicht automatisch zu einem Kursrutsch. Auch die Publizitätspflicht eines Unternehmens, dessen Aktien im Freiverkehr gehandelt werden, hätten durch die Geschäftsbedingungen[278] zur Gewährleistung eines ordnungsgemäßen Handels im Freiverkehr eine Reichweite erhalten, die zwar nicht den Standard des §15 WpHG erreichen, jedoch den Aktionären eine hinreichende Informationsbasis für ihre Investitionsstrategie bieten[279]. Dies gelte zumindest für das im entschiedenen Fall fragliche Marktsegment „M:access" der Münchener Börse (ein privatrechtlich organisiertes Marktsegment mit erhöhten Publizitätspflichten).

[272] Vgl. nur MüKo-AktG/*Heider, K.*, §3 Rn. 40; *Hüffer, U.*, AktG, §3 Rn. 6; *Marsch-Barner, R.*, in: Handbuch der börsennotierten AG, §1 Rn. 10.

[273] Vgl. *Paefgen, W.*, *Hörtig, M.*, WuB I G 7., 1.08.

[274] BGHZ 153, 47, 54 = NJW 2003, 1032, 1034 = ZIP 2003, 387, 389.

[275] Vgl. etwa OLG München, ZIP 2008, 1137, 1138.

[276] OLG München, Beschluss vom 21.05.2008 = ZIP 2008, 1137 ff. (Lindner II); Vorinstanz: LG München I, Beschluss vom 30.08.2007 = BB 2007, 2253 ff.

[277] OLG München, ZIP 2008, 1137, 1139.

[278] Bei den Geschäftsbedingungen für den Freihandel handelt es sich um allgemeine Geschäftsbedingungen im Sinne der §§305 ff. BGB – vgl. etwa *Groß, W.*, Kapitalmarktrecht, §48 Rn. 1a; *Baumbach, A.*, *Hopt, K.*, (14) BörsG, §48 Rn. 3.

[279] Vgl. hierzu auch OLG München, ZIP 2008, 1137, 1139 f.

In der Literatur ist die vorliegende Frage umstritten. Der BGH hat sich mit ihr noch nicht befasst. Es spricht viel dafür, der Auffassung des OLG München zu folgen, zumindest dann, wenn das in Rede stehende Handelssegment – wie im Fall des OLG München – an den Regulierten Markt angenäherte Transparenzstandards bietet. Die Verlagerung des öffentlichen Aktienhandels vom Regulierten Markt in den Freihandel ist dann als Teil der Geschäftsführungskompetenzen des Vorstandes anzusehen.[280] Die Hauptversammlung ist nicht zu beteiligen. Ein Abfindungsanspruch wird ebenfalls nicht ausgelöst.

6.4.7 Zusammenfassung

Sowohl das BörsG als auch das AktG eröffnen verschiedene Möglichkeiten für börsennotierte Gesellschaften den Rückzug vom Regulierten Markt anzutreten. Allen Varianten des Delisting ist gemeinsam, dass, entweder de lege lata oder aufgrund höchstrichterlicher Rechtsfortbildung, ein hohes Maß an Aktionärsschutz gewährleistet wird. Die Aktionärsgesamtheit muss sowohl in den Entscheidungsprozess über das „Ob" des Ausstiegs einbezogen werden, als auch durch Unterbreitung einer Barabfindung von wirtschaftlichen Nachteilen freigehalten werden. Richtigerweise ist das „Downgrading", also der Wechsel des Börsensegments, nicht als Delisting in diesem Sinne anzusehen, sofern der Handel an der jeweiligen Börse in diesem Segment im Hinblick auf Anteilsfungibilität und Transparenz mit dem Handel am Regulierten Markt vergleichbar ist.

Kontrollfragen

- Nennen Sie Wesen und Gründe für ein Delisting.
- Unterscheiden Sie das reguläre, kalte und Zwangsdelisting.
- Durch welche Handlung wird das reguläre Delisting in Gang gesetzt und was hat die Börse bei der Prüfung besonders zu beachten?
- Wessen Erlaubnis hat der Vorstand vor Antragstellung beim regulären Delisting einzuholen und wie hoch ist die gesetzlich geforderte Mindeststimmanzahl?
- An welcher Preisermittlung orientiert sich die Abfindungszahlung des Unternehmens an die Aktionäre im Rahmen des regulären Delisting?
- Beschreiben Sie den Zweck eines gesellschaftsrechtlichen Delisting.
- Nennen Sie die Zustimmungsbedingungen und erforderlichen Kompensationsmittel im Rahmen des gesellschaftsrechtlichen Delisting.
- Erklären Sie zwei Delistingmaßnahmen die ohne Beachtung der börsenrechtlichen Vorschriften durchgeführt werden können.

[280] Zur anderen Ansicht vgl.: *Habersack, M.*, in: *Habersack, M., Mülbert, P., Schlitt, M.*, Unternehmensfinanzierung, §35 Rn. 3; *Groß, W.*, Kapitalmarktrecht, §39 Rn. 16; *Paefgen, W., Hörtig, M.*, WuB I G 7., 1.08.

6.5 Venture Capital

Lernziele

- Sie verstehen die Charakteristik der Zielunternehmen für Venture Capital und können den Begriff definieren.
- Sie unterscheiden die Early-Stage-Finanzierung von der Later-Stage-Finanzierung.
- Sie können die drei Phasen der Early-Stage-Finanzierungen unterscheiden und beschreiben.
- Sie kennen die unterschiedlichen Segmente im Venture-Capital.
- Sie grenzen zwischen der direkten und indirekten Beteiligung ab sowie der projektorientierten und fondsorientierten Beteiligung.

6.5.1 Begriff des Venture-Capital

Unter dem Begriff „Venture Capital (VC)“ ist die Finanzierung **junger, innovativer Unternehmen** mit einem erkennbaren **Wachstums- und Entwicklungspotenzial** zu verstehen.[281] Dabei werden von Venture Capital Gesellschaften haftendes Eigenkapital oder eigenkapitalähnliche Mittel bereitgestellt.

Die Bereitstellung des Kapitals ist **zeitlich unbegrenzt**, die Laufzeit beträgt in der Regel drei bis sieben Jahre. Häufig wird mit der Finanzierung ein vorab definiertes Exit-Szenario angestrebt. Auf die Stellung von Sicherheiten seitens des Kapitalnehmers wird im Gegenzug aber weitestgehend verzichtet. Eine Bereitstellung von Venture Capital wird in erster Linie von der Einschätzung der Realisierbarkeit der Wachstumschancen des Unternehmens und der daraus resultierenden Rendite abhängig gemacht. Venture Capital wird zur Finanzierung früher Unternehmensphasen, Wachstumsphasen sowie zu besonderen Finanzierungsanlässen verwendet.

Neben der finanziellen Komponente beinhaltet Venture Capital ein breites **Betreuungs- und Beratungsangebot** der Venture-Capital-Gesellschaften. Dessen Nutzung ist vom Entwicklungsstand und Anforderungsprofil des Kapital nehmenden Unternehmens abhängig.

Kapitalnehmer sind meist **junge, innovative Unternehmen** aus dem **Technologiebereich**, die nicht börsennotiert sind. Diese i.d.R. kleinen Unternehmen haben basierend auf den Geschäftsmodellen der Gründer ein sehr hohes Wachstumspotenzial, aber gleichzeitig auch ein sehr hohes Ausfallrisiko. Sie stammen primär aus **innovativen Branchen**, u.a. der Mikroelektronik, der Informationstechnologie, der Kommunikationstechnologie und der Biotechnologie.

Junge, innovative Unternehmen mit einem Bedarf an Venture Capital lassen sich wie folgt charakterisieren:

- Innovative, technologisch herausragende und in sich einzigartige Produktideen, bzw. Produkte, welche zumindest laut Business-Plan beträchtliches Potenzial versprechen und i.d.R. noch in der Projektphase sind oder die Produktentwicklung noch nicht abgeschlossen ist.

[281] *Weitnauer, W. (Hrsg.)*, Handbuch Venture Capital, 4. Aufl., München 2011.

- Keine oder nur unzureichende Selbstfinanzierungskraft.
- Begrenzter Marktanteil, i.d.R. noch keine Marktdurchdringung.
- Gewinne oder positive Cashflows sind noch nicht vorhanden.
- Immaterielle Vermögensgegenstände wie Patente, Fabrikationsverfahren und Rezepte stellen oft die wichtigsten Assets des Unternehmens dar.
- Unternehmerischer Erfolg ist insbesondere in der Frühphase von der Person des Unternehmers sowie von seinen persönlichen und fachlichen Eigenschaften abhängig.
- Fehlende Marktmacht gegenüber Lieferanten und Kunden.
- Reputationsproblem durch fehlenden Track-Record.
- Unsicherheit und Risiko bezüglich der technischen Realisierbarkeit, Vermarktungsfähigkeit sowie der Marktakzeptanz der Innovationen und Produkte.

Es gibt mehrere deutsche Begriffe, die synonym für den Begriff Venture Capital verwendet werden. Allerdings trifft keiner davon exakt den Inhalt. Der häufig verwendete Begriff **Wagniskapital** ist eher negativ besetzt und betont die Gefahren der Investition, während die Begriffe Beteiligungskapital und Investitionskapital zu allgemein sind. Auch der Begriff **Risikokapital** wird oftmals gebraucht. Zwar handelt es sich bei Venture Capital um eine Form von Risikokapital, aber es ist eben nicht die einzig mögliche Form davon.

6.5.2 Varianten der Beteiligungsfinanzierung

Nach **zeitlichen Phasen** der Finanzierung werden dem Unternehmenslebenszyklus folgend die Beteiligungsfinanzierungen in:

- Early-Stage-Finanzierungen (Venture-Capital-Finanzierungen) und
- Later-Stage-Finanzierungen (Private-Equity-Finanzierungen)

untergliedert.

6.5.2.1 Early-Stage-Finanzierungen (Venture-Capital-Finanzierungen)

Die Finanzierung des Unternehmens im Frühstadium erfolgt in den drei Phasen:

- Seed-Finanzierung,
- Start-up-Finanzierung,
- First-Stage-Finanzierung.

Seed-Finanzierung

Die Phase der Seed-Finanzierung erstreckt sich auf die Zeit der Vorbereitung der **Unternehmensgründung**. Sie hat zum Gegenstand, das Unternehmenskonzept zu entwickeln (z.B. Geschäftsmodell zu fixieren, Unternehmensziele zu formulieren, anvisierte Märkte mittels Marktforschungsanalysen zu untersuchen) sowie die Unternehmensgründung vorzubereiten.

Nur in wenigen Fällen erfolgt in der Gründungsphase eines Unternehmens eine Beteiligungsfinanzierung durch Venture Capital. Der Unternehmensgründer wird i.d.R. einen bestimmten Betrag an eigenen Mitteln selbst in die Eigenkapitalausstattung des Unternehmens einbringen müssen. Zudem treten in dieser Phase auch häufig sogenannte **Business Angels** (d.h. Privatpersonen, die sich mit Teilen ihres Vermögens an jungen Unternehmen beteiligen) als Kapitalgeber auf. Ergänzend können Finanzmittel von öffentlichen Fördergesellschaften genutzt werden. Das Seed-Money ist dadurch gekennzeichnet, dass es für den Kapitalgeber eine Kapitalanlage mit überdurchschnittlich hoher Rendite und hohem Risiko darstellt.

Start-up-Finanzierung

Der Seed-Finanzierung folgt die Start-up-Finanzierung. Sie ist die **Entwicklungsphase des Geschäftsmodells** und durch die technologische Reifung des Produkts bis zur Herstellung von Prototypen gekennzeichnet. In diesem Zeitraum erfolgt auch die Erstellung eines umfassenden **Business-Plans** mit einer detaillierten Unternehmensplanung, Wettbewerbs- und Produktanalyse sowie Marketingkonzepts. Die Unternehmensgründung wird formaljuristisch zu Beginn dieser Phase durchgeführt.

Die Phase der Start-up-Finanzierung ist durch Business Angel- oder erste Venture-Capital-Finanzierungen gekennzeichnet. Diese setzen einen ausgereiften und profunden Business-Plan voraus. Der Business-Plan ist die Visitenkarte des Unternehmens und des Unternehmers. Anhand des Businessplans werden von Venture-Capital-Gebern zum einen die wirtschaftlichen Erfolgsmöglichkeiten des Geschäftsmodells, zum anderen aber die fachspezifische und betriebswirtschaftliche Kompetenz des Managements beurteilt. Bei der Beurteilung stehen nicht nur die technische Realisierbarkeit, sondern insbesondere auch die Marktchancen im Mittelpunkt der Analyse. In dieser Phase befinden sich Unternehmensgründer in einer großen Konkurrenz mit anderen Venture-Capital-Suchern. Daher ist es für Unternehmensgründer ratsam, sich intensiv mit der Erstellung eines Business-Plans auseinander zu setzen.

First-Stage-Finanzierung

In der Phase der First-Stage-Finanzierung beginnt das gegründete Unternehmen mit der **Produktion** und dem **Vertrieb** seiner Produkte. Grundlage sind vom Markt akzeptierte Prototypen. Die Produkte werden am Markt eingeführt und erste Umsätze damit getätigt. Zum bisherigen Umfang bereitgestellten Beteiligungskapitals aus der ersten und zweiten Finanzierungsphase führt die Produktionsaufnahme von zusätzlichem, teilweise erheblichem Kapitalbedarf für Working Capital Investitionen.

Mit dem Ablauf der ersten drei Phasen ist die Early-Stage-Finanzierung abgeschlossen. Diese kann auch als kritische Durchhaltephase für den Venture-Capital-Geber bezeichnet werden. Üblicherweise ist diese mit Problemen bei der Suche qualifizierter Führungs- und Fachkräfte verbunden. Hier muss sich zeigen, ob die oftmals technologisch orientierten Unternehmensgründer auch für das Management eines expandierenden Unternehmens befähigt sind. Konflikte können entstehen, wenn unterschiedliche Vorstellungen zwischen den Gründerunternehmern und Venture-Capital-Gebern bestehen.

Folgendes **Fazit** kann aus den Phasen der Early-Stage-Finanzierung gezogen werden:

- Seed-Finanzierung: Geringer Kapitalbedarf, geringe Verlustchancen wegen schlanker Strukturen.

- Start-up-Finanzierung: Hoher Kapitalbedarf und hohe Verlustmöglichkeiten, da kein Umsatz erzielt werden kann und höhere Aufwendungen notwendig sind.
- First-Stage-Finanzierung: Hoher Kapitalbedarf jedoch abnehmende Verlustmöglichkeiten, da Umsätze bei gleichbleibenden Aufwendungen erzielbar sind.

6.5.2.2 Later-Stage-Finanzierungen (Private-Equity-Finanzierungen)

Die Thematik „Later-Stage-Finanzierungen" wird in Kapitel 6.6 (Private Equity) ausführlich behandelt.

6.5.3 Segmente und Teilnehmer des Venture Capital Markts

Der Venture-Capital-Markt lässt sich in zwei Segmente gliedern: den informellen und den formellen Venture-Capital-Markt. Die Bezeichnung informell soll in diesem Zusammenhang nicht auf die Abwesenheit vertraglicher Vereinbarungen, sondern vielmehr auf den geringen Organisationsgrad dieses Bereiches hinweisen. Gegensätzlich verhält es sich mit dem formellen Venture-Capital-Markt, der einen hohen Organisationsgrad aufweist.

6.5.3.1 Informelles Venture Capital

Dem informellen Beteiligungskapital wird das Kapital zugerechnet, das von **privaten Venture-Capital-Gebern** zur Verfügung gestellt wird (vgl. Abb. 31). Kennzeichnend für dieses Segment ist, dass es sich um den nichtorganisierten Teil des Venture-Capital-Marktes handelt. Dieser Teil wird auch als der Ursprung der Risikokapitalfinanzierung bezeichnet. Dabei wird Venture Capital abseits der organisierten Märkte in Form einer direkten Beteiligung ohne die Einschaltung eines Intermediären vergeben. Zu den privaten Investoren zählt man im Allgemeinen Business Angels, Familie und Freunde.

Bei den **Business Angels** handelt es sich um vermögende Privatinvestoren, die als „Paten" den innovativen Gründern bzw. jungen, innovativen Unternehmen Kapital und unternehmerisches Know-how zur Verfügung stellen. Business Angels sind weder beruflich noch gewerblich als Kapitalgeber tätig. Der Investitionsfokus liegt vorwiegend in den frühen Lebensphasen eines Unternehmens, in denen der Kapitalbedarf noch relativ gering ist. Da Business Angels meist in Branchen investieren, in denen sie selbst Erfahrungen gesammelt haben, können Sie den Unternehmern mit branchenspezifischem Wissen zur Seite stehen. Aus diesem Grund zählen Business Angels zu den aktiven Privatinvestoren.

Die Gruppe der **Familienangehörigen und Freunde** stellen neben den Business Angels eine zweite nicht zu vernachlässigende Finanzierungsquelle dar. Man zählt diese Gruppe zu den passiven Privatinvestoren, da sie nur Kapital und keine darüber hinausgehenden Leistungen zur Verfügung stellen. In der Regel handelt es sich dabei um geringe Investitionsbeträge.

Im Vergleich zum formellen Venture-Capital-Markt ist der informelle Markt relativ klein, stark **fragmentiert** und **regional beschränkt**. Dies führt zu einem ineffizienten und schwer überschaubaren Markt. Dennoch spielen die Privatinvestoren im Venture-Capital-Markt eine nicht zu vernachlässigende Rolle, da sie maßgeblich an der Gründung der Unternehmen teilhaben und den Zugang zum formellen Markt ermöglichen.

6.5.3.2 Formelles Venture Capital

Der formelle Venture-Capital-Markt ist gekennzeichnet durch **institutionelle Venture Capital-Anbieter**, einen hohen Grad an Professionalisierung und eine effiziente Organisation. Neben den institutionellen Anbietern können aber auch Privatpersonen als Kapitalgeber auftreten. Der Hauptunterschied zwischen dem informellen und dem formellen Venture-Capital-Markt liegt aber in der Existenz von Venture-Capital-Fonds und der daraus resultierenden notwendigen Intermediation zwischen Venture-Capital-Gebern und Venture-Capital-Nehmern. Das Kapital wird nicht mehr direkt, wie auf dem informellen Markt, sondern indirekt in die Gesellschaften investiert. Die Vorteile davon sind zum einen eine Verbesserung der Risikotransformation und zum anderen eine erhöhte Diversifikation. Auf Portfolioebene kommt es dadurch zu einer wesentlichen Erweiterung des Anlegerkreises. Eine effizientere Verteilung der zur Verfügung stehenden Finanzmittel versteht sich von selbst. An diesem Markt treten Venture-Capital-Gesellschaften auf, die sich anhand verschiedener Kriterien unterscheiden lassen.

6.5.3.3 Unterscheidung der Venture-Capital Gesellschaften

Im Prinzip unterscheidet man Venture-Capital-Gesellschaften anhand folgender **Merkmale**:

- die Phase, in der die Gesellschaft in ein Unternehmen investiert,
- die Branche, in die die Gesellschaft investiert,
- die Region, in der eine Gesellschaft investiert,
- die Eigentümer- und Investitionsstruktur.

Des Weiteren wird zwischen **öffentlichen und privaten Venture Capital-Gesellschaften** unterschieden. Private Venture-Capital-Gesellschaften sind vor allem renditeorientiert. Öffentliche Venture-Capital-Gesellschaften, die von Bund, Ländern und Sparkassen getragen werden, verfolgen neben der Rendite vorwiegend strategische Ziele (u.a. die Förderung der regionalen Wirtschaft).

Neben dieser Unterteilung kann man noch zwischen abhängigen (**captive**), teilweise abhängigen (**semi-captive**) und **unabhängigen Gesellschaften** unterscheiden. Während sich die abhängigen Gesellschaften im Besitz eines einzelnen Kapitalgebers befinden, ist das Management einer unabhängigen Gesellschaft, wie der Name impliziert, unabhängig. Teilweise abhängige Gesellschaften stellen eine Zwischenform dar.

Wie aus Abbildung 31 ersichtlich wird, sind vier verschiedene Arten von Beteiligungsunternehmen auf dem formellen Markt aktiv. **Öffentliche Förderinstitute**, in Form der Mittelständischen Beteiligungsgesellschaften (MBG) investieren vorwiegend regional, haben keinen speziellen Branchenfokus und treten vorwiegend als stille Gesellschafter in Verbindung mit einem Lead-Investor auf. Die zweite Art sind die **Corporate-Venture-Capital-Gesellschaften** (CVC) großer Industrieunternehmen, deren Investmentfokus sich meist aus dem Tätigkeitsbereich der Muttergesellschaft ableiten lässt. Vorwiegend werden strategische Ziele („window on technology") verfolgt. Drittens investieren die privaten Venture-Capital-Gesellschaften je nach Investmentansatz in unterschiedliche Branchen und Unternehmensphasen. Die Venture Capital Gesellschaften von Banken, Versicherungen und Sparkassen verfolgen viertens hauptsächlich strategische und regionale Ziele.

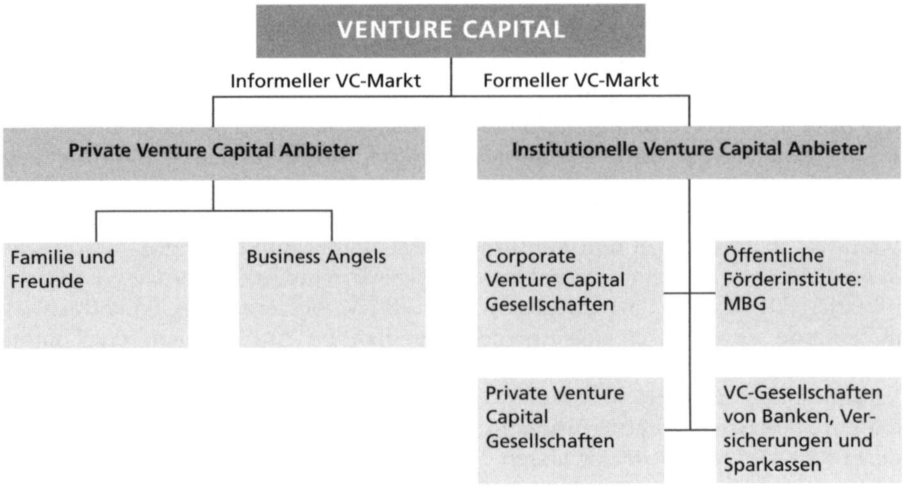

Abb. 31: Verschiedene Kapitalgeber im Venture Capital

Kontrollfragen

- Definieren Sie den Begriff „Venture Capital" und die Charakteristik der Zielunternehmen.
- Welches sind die drei Phasen in der Early-Stage-Finanzierung und wie unterscheiden sie sich?
- Unterscheiden Sie das informelle Venture-Capital vom formellen.
- Nennen Sie fünf Merkmale, nach denen sich Venture-Capital-Gesellschaften kategorisieren lassen.
- Differenzieren Sie zwischen stiller und offener Beteiligung sowie direkter und indirekter Beteiligung.
- Grenzen Sie die projektorientierte von der fondsorientierten Beteiligung ab.

6.6 Private Equity

Lernziele

- Sie kennen die Charakteristika, Ziele und Kapitalbeschaffung von Private-Equity-Gesellschaften.
- Sie verstehen das Grundmodell eines deutschen Private-Equity-Fonds.
- Sie kennen die Anlässe, die sich für die Beteiligung einer Private-Equity-Gesellschaft anbieten, und verstehen, inwiefern Finanzinvestoren die Unternehmen dabei unterstützen.
- Sie unterscheiden Management-Buy-in (MBI), Management-Buy-out (MBO) und Leveraged-Buy-out.
- Sie können zwischen offener und stiller Beteiligung differenzieren.

- Sie verstehen die Methode zur Performancemessung (IRR) von Beteiligungen.
- Sie können Non-Captive und Captive Fonds voneinander unterscheiden und kennen die Sub-Gesellschaften sowie die jeweiligen Ziele.
- Sie kennen die zwei Organisationsformen von Private-Equity-Gesellschaften.
- Sie verstehen den organisatorischen Aspekt von Beteiligungsgesellschaften hinsichtlich Führungs-, Kontroll- und Beratungsorganen sowie der inneren Organisation.
- Sie haben einen Überblick über die organisatorischen und projektbezogenen Maßnahmen innerhalb einer Private-Equity-Gesellschaft und können diese beschreiben.
- Sie sind mit den Begriffen Deal-Flow und Screening vertraut und kennen die Quellen des Deal-Flows.
- Sie kennen die Schritte der Projektprüfung bzw. des Beteiligungsentscheidungsprozesses.
- Sie wissen, welche wesentlichen Inhalte ein Business-Plan vorweisen muss.
- Sie sind mit dem Begriff „Covenants" vertraut und kennen potenzielle Anreizstrukturen.
- Sie können zwischen verschiedenen Betreuungsintensitäten seitens der Beteiligungsgesellschaften differenzieren.
- Sie kennen die potenziellen Exit-Möglichkeiten der Private-Equity-Gesellschaften.

6.6.1 Private-Equity-Finanzierungen

6.6.1.1 Begriffsbestimmung

Private Equity ist der Obergriff für alle Arten von Kapitalbeteiligungen an nicht börsennotierten Unternehmen und damit lediglich eine Abgrenzung zum Public Equity (Anteile an öffentlichen bzw. börsennotierten Unternehmen). Im engeren Sinne werden dem Begriff „Private Equity", Beteiligungen an bereits am Markt etablierten Unternehmen zugeordnet und damit eine Abgrenzung zum Venture Capital gezogen.[282]

Private-Equity-Gesellschaften bzw. **Kapitalbeteiligungsgesellschaften** oder **Finanzinvestoren** sind Unternehmen, die anderen Unternehmen Eigenkapital oder eigenkapitalähnliche Mittel zur Verfügung stellen. Eine Private Equity Gesellschaft ist für die Betreuung des von ihren Investoren zur Verfügung gestellten Kapitals verantwortlich. Zu den zentralen Aufgaben einer Private Equity Gesellschaft zählen:

- Auswahl von Investitionsmöglichkeiten,
- Durchführung der Investition,
- Monitoring der eingegangenen Beteiligungen,
- Desinvestition.

[282] *Ernst, D., Häcker J.*, a.a.O., S. 57 ff.; *Leopold, G., Frommann, H., Kühr, T.*, Private Equity – Venture Capital, 2. Auflage, München 2007.

Im Gegensatz zu strategischen Investoren verfolgen Private Equity Gesellschaften rein finanzielle Ziele. In der Private Equity Praxis lassen sich Gesellschaften unterscheiden, deren Fonds eine **begrenzte Laufzeit** aufweisen (i.d.R. 10 Jahre) und so genannte **Evergreen-Gesellschaften**, deren Fonds von unbegrenzter Dauer sind.

Private Equity Gesellschaften streben bei ihren Investments einen **mittelfristigen Zeithorizont** von drei bis sieben Jahren an. Nach diesem Zeitraum wird ein möglichst guter Verkauf der Beteiligung, auch Exit genannt, angestrebt. Die von den Investoren in Private Equity Fonds im Gegenzug zum Risiko erwartete überdurchschnittliche Branchenrendite wird vom Private-Equity-Fond durch die Unternehmenswertsteigerung zwischen Einstieg und Veräußerung der Beteiligung erwirtschaftet. Daher ist die Orientierung auf die Wertsteigerungsmöglichkeiten der Unternehmen ein wesentlicher Faktor. Laufende Erträge durch Dividenden oder Ähnliches stellen eher die Ausnahme dar.

Die Eigenmittel für die Beteiligungen heben die Private-Equity-Gesellschaften aus einem ihres eigens hierfür aufgelegten **Fonds**. Bei einem Fonds handelt es sich um einen zweckgebundenen Pool von Kapital, der von der Beteiligungsgesellschaft betreut und verwaltet wird. Die Mittel für den Fonds sammeln die Finanzinvestoren im Zuge des Fund-Raisings ein, wobei hierfür überwiegend institutionelle Investoren ihr Kapital bereitstellen.

Für Unternehmen stellen Finanzinvestoren neben der Finanzierung durch den organisierten Kapitalmarkt (Börse) und durch Fremdkapitalgeber (Banken) eine weitere wesentliche Finanzierungsquelle dar. Sie unterstützen Unternehmen vor allem bei Wachstumsfinanzierungen und Gesellschafterwechsel bzw. Nachfolgeregelung. Mit den im Rahmen der Beteiligungsfinanzierung erworbenen Anteilen am Unternehmen erhalten Finanzinvestoren **Kontroll-, Informations- und Mitentscheidungsrechte** bis hin **zu Managementunterstützungsaufgaben**.

6.6.1.2 Grundmodell eines Private-Equity-Fonds

International werden Private-Equity-Gesellschaften in der Regel als **Limited Partnerships** aufgelegt. Die für die Auflage des Fonds verantwortlichen Manager werden dabei als **General Partners** (GP) bezeichnet. Die in die Fonds investierenden Kapitalanleger werden **Limited Partners** (LP) genannt.

In Deutschland werden Beteiligungsfonds meist in der Rechtsform einer vermögensverwaltenden GmbH & Co. KG gegründet (vgl. Abb. 32).[283] Institutionelle und private Anleger (Investoren) sind als Kommanditisten an den Fonds beteiligt. Die Investoren verpflichten sich, einen gezeichneten, nach oben gedeckelten maximalen Kapitalbetrag einzubezahlen. Dieser wird im Bedarfsfall von den verantwortlichen General Partners (Initiatoren) abgerufen. Die Haftung des **Fondsvehikels** ist auf das Gesellschaftsvermögen beschränkt, die Komplementär GmbH selbst ist nicht am Vermögen der KG beteiligt. Die laufende Geschäftsführung wird in der Regel durch die Initiativ GmbH & Co. KG (Carry-KG) wahrgenommen, die wiederum als Kommanditistin an der Fonds GmbH & Co. KG beteiligt ist. Alternativ kann auch die laufende Geschäftsführung durch die Initiatoren, die direkt am Fonds beteiligt

---

[283] Vgl. *Kaserer, C., Achleitner, A.-K., v. Einem, C., Schiereck, D.*, Private Equity in Deutschland: Rahmenbedingungen, ökonomische Bedeutung und Handlungsempfehlungen, Norderstedt 2007, S. 16 f.

sind, erbracht werden. Die Vergütung der Geschäftsführung erfolgt durch eine Management Fee (1,5 bis 3 % des zugesagten Kapitals). Die Initiatoren erhalten zusätzlich zu dieser fixen Vergütung den so genannten **Carried Interest** als zusätzlichen Gewinnanteil, sofern die Fondsrendite eine vorgegebene Rendite, die so genannte **Hurdle Rate**, überschreitet. Die Rendite wird in der Regel nicht aus laufenden Einnahmen (z.B. Dividenden), sondern aus der gewinnbringenden Veräußerung der Beteiligungen erzielt. Die Private Equity Fonds GmbH & Co. KG hat die Funktion, in Zielunternehmen zu investieren. Diese werden nach Eingang der Beteiligung **Portfolio Unternehmen** (PU) genannt.

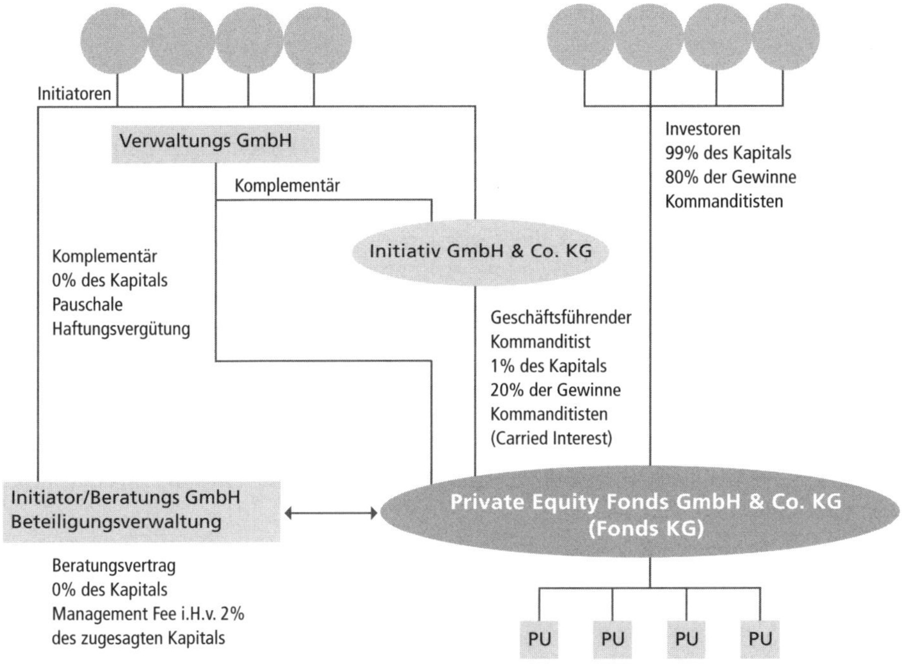

Abb. 32: Grundmodell eines deutschen Private-Equity-Fonds[249]

6.6.1.3 Anlässe der Beteiligungsfinanzierung

Die wesentlichen Anlässe die zu einer Beteiligung durch einen Finanzinvestor führen, lassen sich wie folgt gliedern:

- Expansion,
- Bridge-Finanzierung,
- Public-to-Private,
- Nachfolgeregelung und Ablösung bestehender Gesellschafter,
- Spin-off,
- Private Placement,
- Turn Around,
- Branchenkonzept bzw. Buy and Build Strategy.

[284] Quelle: *Kaserer, C., Achleitner, A.-K., v. Einem, C., Schiereck, D.,* a.a.O., S. 17.

Expansion (Wachstumsfinanzierungen)

Wachstumsfinanzierungen dienen der **Finanzierung der Expansionspläne** über internes Wachstum (zusätzliche Produktionskapazitäten, zusätzliches Working Capital, Marktanteilsausweitung, Produktdiversifikation, etc.) oder Akquisitionen, die nicht durch Fremdkapital finanziert werden können. Beteiligungsgesellschaften finanzieren das Wachstum von Unternehmen in der Regel durch **stille Beteiligungen** oder durch **Minderheitsbeteiligungen**. Im Gegensatz zu den Early-Stage-Finanzierungen liegt dies hauptsächlich an den Altgesellschaftern, die den Einfluss der Beteiligungsgesellschaft begrenzen möchten. Ferner reicht in der Regel der Liquiditätszufluss, der durch eine Minderheitsbeteiligung generiert wird, zur Finanzierung der Expansionspläne aus.

Bridge-Finanzierung

Eine Bridge-Finanzierung dient der **Vorbereitung eines Börsengangs** und stellt eine zielorientierte Form der Expansionsfinanzierung dar. Hierbei wird zusätzliches Eigenkapital zur Überbrückung des Zeitraums bis zur Einführung des Unternehmens an der Börse zur Verfügung gestellt. Bridge-Finanzierungen finden sich auch im **Venture-Capital-Bereich**. Als Bridge-Finanzierung wird hier die Zwischenfinanzierung für den Börsengang junger Technologieunternehmen unmittelbar nach Ablauf der Venture-Capital-Finanzierung bezeichnet. Ein Börsengang bedarf in der Regel einer längerfristigen Vorbereitung, um sowohl die gesetzlichen und börsenrechtlichen Erfordernisse als auch die Erwartungen der potenziellen privaten und institutionellen Anleger zu erfüllen. So kann die Vorbereitungsphase für einen Börsengang, in der die Beteiligungsgesellschaft ein Unternehmen begleitet, selbst bei bereits am Markt etablierten größeren mittelständischen Unternehmen ein bis zwei Jahre in Anspruch nehmen.

Durch eine Bridge-Finanzierung kommt dem Unternehmen vor allem der Vorteil zugute unter Ausschluss der Öffentlichkeit Erfahrungen hinsichtlich der zu erwartenden Besonderheiten und Anforderungen an eine börsennotierte Aktiengesellschaft zu sammeln. Weiter erlangt das Unternehmen durch die Beteiligung des Finanzinvestors eine **größere Flexibilität**, denn durch den vorzeitigen Kapitalzufluss innerhalb der Börsenvorstufe wird das Unternehmen nicht dem finanziellen Druck ausgesetzt auch unter einem schlechten Börsenumfeld einen Börsengang durchführen zu müssen. Eine Bridge-Finanzierung erfolgt in der Regel durch eine offene Beteiligung. Eine Beteiligungsgesellschaft kann dadurch direkt an der Wertsteigerung des Unternehmens partizipieren, die sie teilweise bereits beim Börsengang realisiert.

Public-to-Private (Going Private): „Delisting" von börsennotierten Gesellschaften

Als Delisting wird der Rückzug einer börsennotierten Aktiengesellschaft (vgl. §3 Abs. 2 AktG) vom Regulierten Markt bezeichnet. Ein solcher Vorgang ist als teilweiser Rückzug des Unternehmens vom nationalen Kapitalmarkt denkbar (Wegfall der Notierung an allen inländischen Börsen, bei gleichzeitiger Aufrechterhaltung der Notierung im Ausland), aber auch als vollständiger Rückzug vom heimischen und internationalen Kapitalmarkt („Going-Private"). Denkbar ist auch ein so genanntes „Downgrading" vom Regulierten Markt in den Freiverkehr, wobei umstritten ist, ob auch dies ein Delisting (mit allen gesellschafts- und börsenrechtlichen Konsequenzen) darstellt. Die bloße Aussetzung oder Einstellung der Notierung der Aktien (§25 Abs. 1 Nr. 1 BörsG i.V.m. §72 Abs. 1 Nr. 1 BörsO FWB) stellt jedenfalls keinen Rückzug vom Kapitalmarkt im beschriebenen Sinne dar.

Die Erwerber einer zum Delisting geeigneten und bereiten Aktiengesellschaft, häufig eine Kombination aus Private-Equity-Gesellschaft und Management, zielen darauf ab, die **vollständige Kontrolle** über ein börsennotiertes Unternehmen zu erlangen, um es nach dem Delisting als nicht börsennotierte Unternehmung weiter zu entwickeln. Die Finanzierungsfunktion im Delisting bezieht sich auf die Abfindung der Altaktionäre. Private-Equity-Gesellschaften werden nach dem Börsenrückzug versuchen, das Unternehmen strategisch neu auszurichten und den Wert des Unternehmens zu optimieren. Übergeordnetes Ziel ist der Exit, d.h. das Unternehmen wieder an die Börse zu bringen oder es an einen strategischen oder weiteren Finanzinvestor zu veräußern.

Nachfolgeregelung und Ablösung bestehender Gesellschafter

Generationswechsel in der Unternehmensführung und im Gesellschafterkreis sowie durch andere Ursachen veranlasste Gründe der Umstrukturierung eines Unternehmens – einschließlich der Umstrukturierung oder Auswechselung eines Gesellschafterkreises – sind die häufigsten Anlässe für Lösungen, bei denen das Management des Unternehmens eine aktive Rolle spielt. Von **Management Buy-out (MBO)** wird gesprochen, wenn das existierende Management Unternehmensanteile erwirbt. Bei einem **Management Buy-in (MBI)** kauft ein externes Management Gesellschaftsanteile. MBOs und MBIs werden in aller Regel mit Leverage-, also Fremdfinanzierungskonstruktionen über 50 % verbunden und stellen daher eine Spielart des fremdfinanzierten Unternehmenskaufs dar. In diesem Zusammenhang kommt auch häufig der Begriff **Leveraged Buy-out (LBO)** vor, der den hohen Fremdkapitalanteil (> 50 %) des Transaktionsvolumens kennzeichnet. Dieser Fremdkapitalanteil wird von Banken im Rahmen von Akquisitionsfinanzierungen zur Verfügung gestellt.

Dass MBO- und MBI-Konstruktionen in den Bereich Private Equity fallen, hat mehrere Gründe. Zum einen kommen in den allermeisten Fällen Buy-outs nicht ohne einen risikotragenden, wenn auch in der Regel reduzierten **Eigenkapitalanteil** aus. Weiter werden bei Buy-outs für gewöhnlich eigenkapitalähnliche oder eigenkapitalnahe Finanzierungsmittel (**Mezzanine-Capital**) in unterschiedlichen Spielarten verwendet, die auch im Rahmen des sonstigen Private-Equity-Geschäfts fallweise eingesetzt werden. Außerdem stellt sich die Durchführung von Buy-outs als eine unternehmerische Aufgabe dar, für deren Lösung die Geschäftserfahrung, die analytischen Instrumente sowie die Netzwerke von Private-Equity-Managern die besten Voraussetzungen bieten.

Spin-off

Bei Spin-offs handelt es sich um die **Ausgliederung** oder Verselbständigung einer Abteilung oder eines Unternehmensteils aus einer Unternehmung oder einem Konzern. Ursache für Spin-offs ist häufig eine Änderung der strategischen Ausrichtung des Mutterkonzerns, nach der gewisse Aufgabenstellungen nicht mehr zu deren Kernkompetenzen zählen. Es können aber auch neu entwickelte Aktivitäten und Produkte für einen Spin-off in Betracht kommen, die – nach Ausreifung – auf Entscheidung der Konzernführung nicht weiterverfolgt werden sollen.

In der Regel sind es die für den auszugliedernden Unternehmensbereich bisher verantwortlichen Manager, die zusammen mit ihrem Geschäftsfeld oder Unternehmensteil den bisherigen Unternehmensverbund verlassen. Sie erhalten damit die Chance, ihr bisheriges Aufgabengebiet als selbständige Unternehmer weiterzuführen. Auch in diesem Fall werden die **„Neu-Unternehmer"** in der Regel nicht über ausreichende Mittel verfügen, um den Kaufpreis für den auszugliedernden Bereich aufzubringen. Finanzierungstechnisch kommen dann auch beim Spin-off ähnliche Konstruktionen wie beim MBO/MBI in Betracht. Allerdings enthält die Geschäftsplanung für ein solches Projekt erhöhte Risiken, weil der zu übernehmende Bereich in den meisten Fällen zuvor nicht selbständig bilanziert wurde. Es können daher erhebliche Unsicherheiten bei der Planung der dem Bereich tatsächlich zuzurechnenden Kosten und Erlöse entstehen, sodass ein Spin-off in seiner Risikostruktur einer Neugründung nahe kommen kann. Andererseits enthält er die Chance, dass das selbständig gewordene Management mit seinem Unternehmensprogramm in der neugewonnenen „Konzernfreiheit" erhebliche kreative Impulse entwickelt, die zum Markterfolg führen.

Private Placement

Als Private Placement wird die Platzierung von Unternehmensanteilen bezeichnet, die **außerhalb eines öffentlichen Markts** neue Investoren finden. Private Placement umfasst zum einen die **außerbörsliche Emission** von Aktien, die den Investoren sämtliche im Aktiengesetzt verankerten Rechte gewähren. Zum anderen kann Private Placement aber auch Beteiligungsinstrumente bezeichnen, bei denen Beteiligungskapital von Privatanlegern als **stimmrechtsloses, breit gestreutes Investorenkapital** (= bilanzrechtlicher Eigenkapitalersatz) platziert wird. Private Placement kann beispielsweise zur Restrukturierung bzw. zur Ablösung einer Minderheit im Gesellschafterkreise eingesetzt werden und kann mit einer Leverage-Komponente verbunden werden.

Der Vorteil von insbesondere stimmrechtslosen Private Placements besteht aus Sicht des Unternehmens darin, Einflussnahmen der Kapitalgeber durch vertragliche Vereinbarungen zu begrenzen und entsprechend der Unternehmensphilosophie zu steuern. Das **Spektrum an Beteiligungsmöglichkeiten** im Rahmen einer Privatemission ist sehr viel breiter als eine Wertpapieremission über die Börse und deckt den gesamten Bereich mezzaniner Finanzinstrumente ab. Insbesondere können am außerbörslichen Kapitalmarkt wertpapierlose – und damit kostengünstigere – stimmrechtslose Beteiligungen (zum Teil mit erheblichen **Steuervorteilen** für Unternehmen und Anleger) angeboten werden.

Turn Around

Turn-Around-Finanzierungen dienen der Bereitstellung von Eigenkapital für Unternehmen, die sich in der **Sanierungsphase** oder kurz danach befinden und den Weg zurück in die **Gewinnzone** vollzogen haben. Der vorgezeichnete Übergang zurück in die Gewinnzone ist dabei für Beteiligungsgesellschaften von entscheidender Bedeutung, da sie eine Beteiligungsmöglichkeit nur dann positiv beurteilen werden, wenn das zugeführte Kapital für die zukünftige Entwicklung und nicht zur Finanzierung der Vergangenheit benötigt wird. Insbesondere die Frage der Nachhaltigkeit der erreichten Gewinnzone ist Gegenstand der Prüfung durch die Beteiligungsgesellschaft.

Buy and Build Strategie bzw. Plattformstrategie

Bei einer Buy and Build Strategie werden Unternehmen aus einem polypolistischen Marktumfeld zusammengeführt, um **Synergien** zu nutzen, die sich z.B. durch eine verstärkte Einkaufs- oder Vertriebsmacht oder durch eine Reduktion der Verwaltungskosten ergeben können. Initiator eines Branchenkonzeptes sind häufig die Beteiligungsgesellschaften selbst, die mit eigenen Teams Branchen auf ihre Eignung für ein Branchenkonzept untersuchen und passende Marktteilnehmer in ein bereits im Portfolio befindliches Unternehmen integrieren. Dabei dient ein größerer Marktteilnehmer als Nukleus, der dann, mit entsprechender Finanzkraft ausgestattet, Mitbewerber akquiriert und so die Realisierung von Skaleneffekten ermöglicht. Mit der zunehmenden Unternehmensgröße und der damit verbundenen wachsenden Marktmacht steigt die Attraktivität des Branchenkonzepts für (ausländische) industrielle Investoren, die ihre Marktstellung ausbauen wollen. Dadurch ergibt sich eine Exitalternative für die Beteiligungsgesellschaft und die Möglichkeit der Realisierung des Mehrwertes, der durch die Zusammenführung der Unternehmen entstanden ist.

6.6.1.4 Beteiligungsarten

Als Beteiligungsarten kommen verschiedene gesellschaftsrechtliche Konstruktionen in Betracht. Es werden offene und stille Beteiligungsformen, Kombinationen aus offenen und stillen Beteiligungsformen sowie andere mezzanine Formen unterschieden.

Offene Beteiligungen

Bei offenen Beteiligungen erwirbt die Beteiligungsgesellschaft Anteile am Nominalkapital (also **Haftungskapital**) der Gesellschaft mit allen damit verbundenen Rechten und Pflichten. Offene Beteiligungen sind mit **Informations- sowie mit Stimm- und Mitentscheidungsrechten** verbunden. Sie beteiligen den Inhaber an den stillen Reserven des Unternehmens und damit am Firmenwert. Dadurch eröffnen sie die Chance der Erzielung eines Veräußerungsgewinns. Dieser ergibt sich aus der Differenz zwischen dem Veräußerungserlös und den Anschaffungskosten. Bei bereits bestehenden Gesellschaften erfolgt der Erwerb der Anteile im Rahmen einer Kapitalerhöhung oder durch den Kauf von Anteilen der Altgesellschafter. Der Einstieg über eine **Kapitalerhöhung** kann nur unter Verzicht auf das Bezugsrecht der Altgesellschafter ermöglicht werden. Dieses kann steuerrechtlich relevant sein, falls sich die Altgesellschafter den Verzicht des Bezugsrechtes vergüten lassen. Einzelheiten der Zusammenarbeit zwischen der Beteiligungsgesellschaft und den Mitgesellschaftern werden in einer Gesellschaftervereinbarung geregelt, die jedoch nur im Innenverhältnis rechtswirksam ist. Nach außen tritt die Beteiligungsgesellschaft mit unbeschränkten Rechten und Pflichten eines offenen Gesellschafters auf.

Die **Dauer einer offenen Beteiligung** ist vertraglich nicht begrenzt, sondern bleibt bis zum Verkauf an einen anderen (neuen) Gesellschafter bestehen. Als Finanzinvestor hat eine Beteiligungsgesellschaft jedoch einen begrenzten Investitionshorizont, der in der Regel – je nach Fondstruktur oder Beteiligungszweck – zwischen 3 und 7 Jahren liegen kann. Aufgrund dieser zeitlichen Beschränkung ist für die Beteiligungsgesellschaft eine Verkaufsperspektive schon bei Eingang der Beteiligung ein wichtiges Entscheidungskriterium. Die Veräußerung (der sogenannte Exit) der offenen Beteiligung kann über unterschiedliche Wege erfolgen.

Entscheidend für die Position der Beteiligungsgesellschaft innerhalb des Gesellschafterkreises ist die Höhe des offenen Anteils. Dabei reicht das Spektrum von **Minderheitsbeteiligungen ohne Sperrminorität** bis hin zur **vollständigen Übernahme von Unternehmen**. Häufig lassen sich Beteiligungsgesellschaften, die sich nur minderheitlich an einem Unternehmen beteiligen, vertraglich zusichern, dass sie die Mehrheit des Unternehmens und damit die Führung der Gesellschaft übernehmen, wenn sich die Ertragslage des Unternehmens deutlich negativ entwickelt und damit Risiken für den Fortbestand des Unternehmens verbunden sind.

Stille Beteiligungen

Bei der stillen Beteiligung wird dem Unternehmen Eigenkapital bereitgestellt, ohne dass die Beteiligungsgesellschaft Anteile an dem Unternehmen erwirbt. Daher tritt die Beteiligung im Außenverhältnis nicht auf, d.h. sie wird nicht im Handelsregister eingetragen. Ihre Beteiligung bleibt anonym. Eine Ausnahme bilden Aktiengesellschaften. Die Beteiligungsgesellschaft ist durch die stille Beteiligung verpflichtet, ihre **Einlage** zu leisten. Bei der Beendigung des vertraglich vereinbarten Gesellschafterverhältnisses hat sie einen Anspruch auf **Rückzahlung** der Einlage. Im Gegensatz zu einem Darlehensgeber ist der stille Gesellschafter an dem **Gewinn des Unternehmens** beteiligt.

Gesetzlich geregelt ist die stille Gesellschaft im HGB §230ff. Hinsichtlich der vertraglichen Ausgestaltung, z.B. in Bezug auf eine **Gewinn- und Verlustbeteiligung und die Mitsprache- und Kontrollrechte**, legt das Gesetz keine größeren Auflagen fest. Dies ermöglicht eine große Flexibilität in der Vertragsgestaltung. Die Verlustbeteiligung kann gemäß §231 HGB im Gegensatz zur Gewinnbeteiligung ausgeschlossen werden. Der Vorteil einer stillen Gesellschaft für die Altgesellschafter liegt darin, dass die mit dem stillen Gesellschafter vereinbarten Regelungen unabhängig von den Rechten der Altgesellschafter getroffen werden können. Eine stille Gesellschaft wird mit dem Unternehmen als Gesamtheit abgeschlossen und nicht mit den jeweiligen Gesellschaftern, deren Vertragsverhältnisse untereinander unberührt bleiben. Bei der stillen Beteiligung werden zwei Varianten unterschieden; die typisch und die atypisch stille.

Bei der **atypisch stillen Beteiligung** ist der Kapitalgeber auch an dem Wertzuwachs des Geschäftsvermögens und damit an den stillen Reserven beteiligt. Daraus ergibt sich eine **Mitunternehmerschaft**. Merkmale der Mitunternehmerschaft sind Mitspracherechte (Stimm-, Kontroll- und Widerspruchsrechte) sowie Anspruch auf Anteile am Unternehmensvermögen bei Ausscheiden aus dem Unternehmen. Eine Beteiligungsgesellschaft wird bei einer atypischen stillen Beteiligung i.d.R. einen Platz im Aufsichtsgremium einnehmen bzw. die Einrichtung eines entsprechenden Gremiums (Beirat, Aufsichtsrat) mit entsprechender personeller Berücksichtigung der Beteiligungsgesellschaft vertraglich vereinbaren. Mitunternehmerschaft führt steuerrechtlich dazu, dass der stille Gesellschafter Einkünfte aus Gewerbebetrieb erzielt und nicht Einkünfte aus Kapitalvermögen, wie bei der typisch stillen Beteiligung.

Bei einer **typisch stillen Beteiligung** sind demnach die Entgelte bei dem Unternehmen steuerlich absetzbar. Die typisch stille Beteiligung ähnelt daher eher einem

Nachrangdarlehen. Unabhängig von ihrer Ausprägung ist die Haftung des stillen Gesellschafters auf die Höhe seiner Einlage beschränkt, und er kann im Konkurs seine Einlage, soweit sie seinen eventuell vereinbarten Anteil am Verlust übersteigt, geltend machen. Aufgrund der vertraglich festgelegten Laufzeit einer typisch stillen Beteiligung ergibt sich für die Beteiligungsgesellschaft keine Exit-Problematik, sofern die Rückzahlung durch die Gesellschaft zum vorgesehenen Zeitpunkt möglich ist.

6.6.1.5 Bewertung von Private-Equity-Investments

Performance-Messung: Internal Rate of Return (IRR)

Die in der Beteiligungspraxis am meisten verwandte Methode zur Performance-Messung ist die Berechnung der **internen Rendite**. Diese wird auch als interne Zinsfußmethode bzw. mit dem englischen Begriff Internal Rate of Return (IRR) bezeichnet. Das IRR-Verfahren ist **dynamisch** und kann damit von den statischen Methoden, wie z.B. der Ermittlung der Amortisationsperiode oder Buchwertrendite, unterschieden werden. Gegenüber den einfachen (statischen) Verfahren zur Renditemessung weist der IRR folgende Vorteile auf:

- Der IRR ist ein dynamisches Verfahren, d.h. der Zeitwert des Geldes wird gemessen.
- Der IRR kann über eine Vielzahl von Investitionen berechnet werden, d.h. es kann die Gesamtrendite eines Beteiligungsportfolios berechnet werden.
- Der IRR ermöglicht Renditeberechnungen für Gruppen von Investitionen (z.B. nach Branchen- oder Investmentgrößen), d.h., im Beteiligungscontrolling werden unterschiedliche Investitionen zusammengefasst und verglichen.
- Der IRR ist als Prozentsatz ein einfacher und aussagekräftiger Wert mit Benchmark-Funktion, d.h. die Investoren erhalten eine exakte Zahl über die Rendite des von ihnen zur Verfügung gestellten Kapitals und können ihr Investment mit anderen Anlagealternativen problemlos vergleichen.

Berechnung des IRR

Der IRR ist der Diskontsatz, der den Kapitalwert (Net Present Value – NPV) einer Zahlungsreihe genau Null werden lässt. Definiert man den **Netto Cashflow** (NCF) als Differenz zwischen Ein- und Auszahlungen der jeweiligen Periode (i), lässt sich die Formel vereinfacht wie folgt darstellen:

$$\sum_{i=0}^{N} \frac{NCF_i}{(1 + IRR)^i} = 0$$

Bei Zahlungsreihen mit mehr als zwei Perioden (i > 3), ist für die Ermittlung des IRR eine speziell programmierte Software oder ein Spreadsheet einer Standardsoftware wie z.B. MS Excel notwendig. Das Programm löst die Gleichung dann anhand einer Iteration auf, bei dem durch ein Näherungsverfahren das Ergebnis durch Wiedereinsetzen kontinuierlich verfeinert wird, bis die Gleichung genau oder zumindest annähernd Null entspricht.

TEIL B: AUSSENFINANZIERUNG

Beispiel: Im Folgenden soll der IRR für einen Eigenkapitalinvestor ermittelt werden. Die Beteiligungsphase beträgt 7 Jahre (t_0 bis t_7). Als Eigenkapitalinvestoren sind die Private-Equity-Gesellschaft und das Management aufgetreten. Die Private-Equity-Gesellschaft hatte am 31.12.t_0 14,0 Mio. €, das Management 2,0 Mio. € investiert, was ein Gesamteigenkapitalvolumen von € 16,0 Mio. darstellt. Es wird unterstellt, dass keine Dividendenzahlungen erfolgten und somit die Zahlungen von t_1 bis t_6 jeweils 0,0 Mio. € betragen. Der Exit-Erlös am 31.12.t_7 beträgt 52,1 Mio. €. Hinzugezählt wird noch ein Kassenbestand von 0,9 Mio. €, von dem angenommen wird, dass er ausgeschüttet werden kann.

Somit ergibt sich eine Zahlungsstruktur, die zum 31.12.t_0 Auszahlungen in Höhe von 16,0 Mio. € und zum 31.12.t_7 Einzahlungen in Höhe von 53,0 Mio. € ausweist. Diese Zahlungsstrukturen führen beim gegeben Investitionszeitraum von 7 Jahren zu einem IRR von ca. 18,7 % p.a. Wird unterstellt, dass Private-Equity-Gesellschaften einen IRR zwischen 15,0 % und 25,0 % p.a. erwarten, signalisiert dieser Wert, dass die gewählte Finanzierungsstruktur einen IRR am unteren Ende der Erwartung darstellt.

6.6.1.6 Anbietergruppen von Beteiligungskapital (Kapitalbeteiligungsgesellschaften)

Die Anbietergruppen unterscheiden sich im Wesentlichen durch die Merkmale ihrer Trägerschaft, d.h. durch ihren Gesellschafterhintergrund (vgl. Abb. 33).

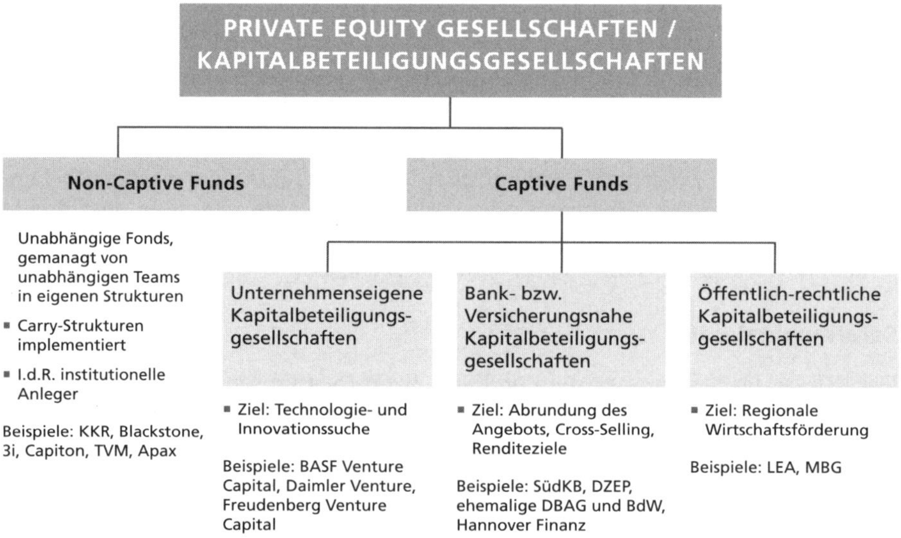

Abb. 33: Anbietergruppen von Beteiligungskapital

Unabhängige Kapitalbeteiligungsgesellschaften

Unabhängige Kapitalbeteiligungsgesellschaften (**Independent Funds** oder **Non-Captive-Funds**) sind Private-Equity-Gesellschaften mit einem „unabhängigen" Gesellschafterkreis. Independent Funds sind in der Regel ausschließlich auf Renditemaximierung ausgerichtet. Dies findet in der spezifischen Ausgestaltung der

Organisation dieser Private-Equity-Gesellschaften Niederschlag, wie z.B. dem Auswahl – und Investmententscheidungsprozess sowie der/dem (Grad der) Beteiligungsbetreuung, -controlling. Das Management der Independent Funds wird in der Regel über **Leistungsanreize** (insbesondere variable und erfolgsabhängige Vergütungsregelungen) gesteuert, während Captive Funds in ihrem Verhältnis zu ihren Investoren – also den Muttergesellschaften – eher durch Einbindung in Konzernentscheidungsprozesse geprägt sind. Aufgrund des Wettbewerbs um qualifiziertes Managementpersonal ist jedoch auch bei Captive Funds eine steigende Bedeutung der erfolgsabhängigen Vergütungs-/Steuerungskomponente zu beobachten.

Zu den abhängigen Kapitalbeteiligungsgesellschaften (Captive Funds) gehören

- unternehmenseigene Kapitalbeteiligungsgesellschaften,
- bank- oder versicherungsnahe Kapitalbeteiligungsgesellschaften,
- öffentliche Kapitalbeteiligungsgesellschaften.

Unternehmenseigene Kapitalbeteiligungsgesellschaften

Unter unternehmenseigenen Kapitalbeteiligungsgesellschaften versteht man Private-Equity-Gesellschaften, deren Träger i.d.R. Konzerne mit spezifischen Technologiekompetenzen sind. Unternehmenseigene Kapitalbeteiligungsgesellschaften fungieren oft als „Window on Technology“ für ihre Muttergesellschaften, um in einzelnen Technologiebereichen frühzeitig neue Trends aufgreifen und für sich nutzen zu können. Captive Funds können neben einer ertragswirtschaftlichen Ausrichtung auch andere Unternehmensziele in einer mehr oder weniger starken Ausprägung verfolgen.

Bank- oder versicherungsnahe Kapitalbeteiligungsgesellschaften

Banknahe Private-Equity-Gesellschaften gehörten aufgrund der traditionellen **Intermediärsrolle** ihrer Muttergesellschaften im Finanzierungsprozess zu den Pionieren der bundesdeutschen Beteiligungsfinanzierung und stellen nach dem Volumen der bereitgestellten Mittel unverändert die stärkste Anbietergruppe.

Banken verfolgen im Beteiligungsfinanzierungsgeschäft im Wesentlichen folgende Ziele:

- **Renditeziele:** Durch Eingehen von Beteiligungen können Renditen erzielt werden, die im klassischen Kreditgeschäft nicht erreichbar sind. Nach BVK-Statistik wurden in der Vergangenheit durchschnittlich IRRs von 15–18 % p.a. erzielt. Laufende Ausschüttungen haben dabei i.d.R. eine untergeordnete Bedeutung. Die Rendite wird hautsächlich durch den beim Verkauf der Gesellschaftsanteile erzielten Kapitalzuwachs (Capital-Gain) erreicht.
- **Kundenbindung:** Beteiligungskapital wird von Universalbanken auch als Finanzierungsbaustein einer „integrierten Corporate-Finance“-Strategie angesehen, um durch Abdeckung des gesamten Finanzierungsportfolios Kundenbindung zu erzielen.

Öffentliche Kapitalbeteiligungsgesellschaften

Öffentliche Private-Equity-Gesellschaften (**Public-Equity-Gesellschaften**) betreiben die Beteiligungsfinanzierung i.d.R. zum Zwecke der Wirtschaftsförderung, um z.B. strukturschwachen Gebieten zur Ansiedlung von jungen Unternehmen zu verhelfen oder um Hochtechnologieunternehmen in einer Region anzusiedeln. Sie haben oft eine regionale oder branchenspezifische Ausrichtung. Träger sind i.d.R. öffentlich-rechtliche Körperschaften.

6.6.1.7 Organisatorische Aspekte

Aufbau von Kapitalbeteiligungsgesellschaften

(a) Organisationsformen

Es haben sich bei Private-Equity-Gesellschaften zwei Organisationsformen herausgebildet, die überwiegend angewandt werden:

- Trennung von Fonds und Management,
- Tochtergesellschaften.

Trennung von Fonds und Management

Die Regel ist eine Trennung von Fonds- und Managementgesellschaft, d.h. das Beteiligungskapital und dessen Management werden in unterschiedlichen Gesellschaften geführt.

- **Fondsgesellschaft:** Es wird eine Fondsgesellschaft gegründet, in die das verfügbare Beteiligungskapital („Investorenkapital“) eingebracht wird. Die Fondsgesellschaft ist das Vehikel, das die Beteiligungen an Unternehmen erwirbt.
- **Management-Gesellschaft:** Zusätzlich wird eine Management-Gesellschaft gegründet, die die Fondsgesellschaft führt und die darin enthaltenen Beteiligungen managt. Sie erhält dafür jährlich ca. 1,5–2,0 % des gezeichneten Fondsvolumens. Sie wird am Erfolg des Fonds beteiligt. Häufig tritt die Erfolgsbeteiligung erst dann ein, wenn eine Mindestverzinsung des Investorenkapitals erreicht ist. Die Mindestverzinsung für eine Erfolgsbeteiligung (Hurdle Rate) liegt i.d.R. zwischen 8 und 10 % p.a IRR (Internal Rate of Return). Die Erfolgsbeteiligung der Management-Gesellschaft liegt zwischen 15 und 20 % (Carried Interest) des erwirtschafteten Ertrags. Eine Management-Gesellschaft kann mehrere (Folge- oder Themen-)Fonds parallel betreuen.

Tochtergesellschaften

Captive Funds werden demgegenüber meist über Stabsabteilungen oder Tochtergesellschaften geführt, d.h. Fonds- und Management-Gesellschaft sind identisch. Die Auslagerung des Beteiligungsfinanzierungsgeschäftes in eigenständige Tochtergesellschaften hat u.a. folgende Gründe:

- **Verlustabschottung:** Abschottung des Trägers von Verlusten, die das Beteiligungsfinanzierungsgeschäft vielleicht mit sich bringt.
- **Partneraufnahme:** Erleichterte Aufnahme von Partnern.
- **Profilbildung**: Etablierung eines eigenständigen Profils der Private-Equity-Gesellschaft unabhängig vom Image und Profil des Trägers.

- **Haftung bei bankeigenen Beteiligungsgesellschaften:** Bei direkter Beteiligungsfinanzierung durch eine Bank besteht die Problematik, dass, wenn sie dem Beteiligungsunternehmen neben dem Beteiligungs(eigen)kapital Fremdkapital zur Verfügung stellt, diesem im Insolvenzfall des Beteiligungsunternehmens von den Gerichten „eigenkapital ersetzender" Charakter zugesprochen werden kann. Dies hätte zur Folge, dass die ursprünglich zur Besicherung des Fremdkapitals dienenden Vermögensgegenstände nicht herangezogen werden können, d.h., das durch die Bank zur Verfügung gestellte Fremdkapital würde wie Eigenkapital (das in der Regel „unbesichert" eingebracht wird) gewertet.

(b) Fondstrukturen

Open End Fund

Der **Open End Fund**, auch **Evergreen-Fond** genannt, stellt ein auf Dauer gerichtetes laufendes Beteiligungsgeschäft dar. Er funktioniert ähnlich wie eine Bank. In einem Open End Fund investieren die Eigenkapitalinvestoren i.d.R. ein Initialinvestment und führen bei erfolgreichem Verlauf Folgeinvestitionen in Form von Kapitalerhöhungen durch. Der Open End Fund investiert das Beteiligungskapital in Beteiligungsunternehmen, veräußert Beteiligungen und reinvestiert das Beteiligungskapital, ohne dabei in seiner Tätigkeit zeitlich beschränkt zu sein. Diese Art von Geschäft lässt sich prinzipiell auch mit der Trennung von Managementgesellschaft und Beteiligungsvermögen vereinbaren. Bei einem Open-End-Geschäft ist diese Trennung jedoch nicht zwingend erforderlich.

Closed End Fund

Der **Closed End Fund** stellt ein zeitlich begrenztes Beteiligungsgeschäft dar. Der Unterschied zum Open End Fund besteht darin, dass bei einem Closed End Fund einmalig eine genau vorgegebene Investitionssumme von den Eigenkapitalinvestoren eingesammelt (Fund Raising) und für eine genau vorgegebene Zeit zur Verfügung gestellt wird. Oftmals ist der Closed End Fund mit einem bestimmten Investitionszweck gekoppelt (z.B. Investitionen in Unternehmen einer bestimmten Branche, Region, Wachstumsphase oder Unternehmensgröße). Der Closed End Fund wird gegenüber seinen Investoren als Ganzes abgerechnet. Ergeben sich neue Marktchancen, werden neue Closed End Funds aufgelegt. Das einzig dauerhafte bei diesem Geschäftsprinzip ist – Erfolge vorausgesetzt – die Managementgesellschaft.

Führungs-, Kontroll- und Beratungsorgane

(a) Führungsorgane

Operatives Führungsorgan einer Beteiligungsgesellschaft ist die **Geschäftsführung** (bei GmbH, GmbH & Co. KG) oder der **Vorstand** (bei AG). Die Geschäftsführung reicht von der Einmann-Geschäftsführung bis zu mehrköpfigen Gremien mit einem Vorsitzenden oder Sprecher – je nach Umfang der Aufgaben und des Geschäftsvolumens. Die Managementaufgabe erstreckt sich hinsichtlich des laufenden Geschäfts im Wesentlichen auf:

- die Akquisition, die laufende Betreuung und die Veräußerung von Beteiligungen,
- die Beschaffung der Finanzierungsmittel,
- die innere Organisation, die Personalführung, das Rechnungswesen,
- die strategische Ausrichtung der Private-Equity-Gesellschaft.

(b) Kontroll- und Beratungsorgane

Die meisten deutschen Private-Equity-Gesellschaften verfügen zusätzlich über ein Kontroll- und Beratungsorgan. Die Einrichtung eines Kontroll- und Beratungsorgans erfolgt unabhängig davon, ob die Rechtsform dieses vorschreibt, wie z.B. den Aufsichtsrat bei der AG. Soweit es sich nicht um Aktiengesellschaften handelt, wird das Gremium meistens nicht als Aufsichtsrat, sondern als **Beirat oder Verwaltungsrat** bezeichnet. Einzelne Aufgaben werden häufig auf eine Art Zwischengremium übertragen (z.B. „Anlageausschuss" oder „Investitionskomitee"), um den Aufsichtsrat zu entlasten sowie weitere unternehmerische Expertise in den Investitionsprozess einzubringen. Dies gilt vor allem für Entscheidungen über Beteiligungen innerhalb festgelegter Betragsgrenzen.

Innere Organisation

Die innere Organisation einer Beteiligungsgesellschaft zeichnet sich durch zwei Funktionseinheiten aus. Diese bestehen zum einen aus den zuständigen Mitarbeitern für das **aktive Beteiligungsgeschäft**, also Projektmanagern (Professionals) und zum anderen aus den Mitarbeitern für die **übrigen Funktionen** wie Risikomanagement, Controlling, Finanz- und Rechnungswesen, Personal, Organisation sowie Verwaltung (insgesamt auch als „Dienste" oder „Services" bezeichnet).

Bei größeren Beteiligungsgesellschaften finden sich als organisierte Strukturen noch folgende Institutionen:

- **Beteiligungscontrolling:** Diesem obliegt die laufende Überwachung der Entwicklung der einzelnen Beteiligungs-(Partner-)Unternehmen, insbesondere durch laufende Vergleiche von Ist- mit Planziffern.
  - ⇒ Werden dabei bestimmte betriebswirtschaftliche Sollgrößen einbezogen (wie Umsatzrendite, Eigenkapitalquote, Verschuldungsgrad, Liquidität etc.), so entwickelt sich das Controlling zum „Frühwarnsystem" für mögliche Fehlentwicklungen des Investments.
- **Projektentscheidungs-Gruppe (Decision Finding Committee):** Diese besteht aus der Geschäftsführung und bestimmten leitenden Mitarbeitern, wie dem Leiter des Beteiligungscontrollings und dem Leiter des Rechnungswesens sowie mit den unmittelbar für ein bestimmtes Beteiligungsprojekt Verantwortlichen.
  - ⇒ Sie erarbeiten Vorschläge betreffend Erwerb oder Veräußerung bestimmter Beteiligungen.
- **Treasury:** Dieses ist eine eigene Organisationseinheit neben dem Finanz- und Rechnungswesen.
  - ⇒ Dieses ist für die Beschaffung von Finanzierungsmitteln (Fund Raising) zuständig.

6.6.1.8 Die Arbeitsweise von Kapitalbeteiligungsgesellschaften

Die Wertschöpfungskette in Abbildung 34 zeigt die Arbeitsweise einer Kapitalbeteiligungsgesellschaft. Sie kann in organisatorische und projektbezogene Maßnahmen gegliedert werden und umfasst folgende Schritte:

Abb. 34: Organisatorische und projektbezogene Maßnahmen[250]

Auf die organisatorischen Maßnahmen soll an dieser Stelle nicht weiter eingegangen werden. Es sei jedoch angemerkt, dass es sich bei Private Equity um ein Beratungsgeschäft handelt und damit den einzelnen Beratern sowie den Management-Teams hinsichtlich des Erfolgs eine zentrale Bedeutung zukommt. Daraus resultieren hohe Anforderungen und ein hohes Maß an Verantwortung für die im Private-Equity-Geschäft tätigen Manager.

Akquisition von Projekten

Wie kann eine Private-Equity-Gesellschaft Projekte („Deal Flow") generieren, die sich zu finanzieren lohnen?

- **Deal-Flow:** Als Deal Flow bezeichnet man den Strom von Projektvorschlägen, die eine Kapitalbeteiligungsgesellschaft erreichen.
- **Screening:** Daraufhin folgt das Screening, d.h. das systematische aktive Eruieren finanzierungswürdiger Projekte.

Der Deal Flow speist sich im Allgemeinen aus folgenden Quellen:

- **Direkte Kontaktaufnahme:** Aufgrund der Reputation der Private-Equity-Gesellschaft kommen Unternehmer und Unternehmen direkt auf die Private-Equity-Gesellschaft zu.
- **Netzwerk:** Indirekte Kontaktaufnahme über das Netzwerk der Private-Equity-Gesellschaft (Multiplikatoren, andere Private-Equity-Gesellschaften, Muttergesellschaft etc.).
- **Akquisition:** Die Kapitalbeteiligungsgesellschaft spricht nach vorherigem Research Unternehmer und Unternehmen an, bei denen ein Kapitalbedarf oder ein Beteiligungsanlass vermutet wird.
- **Auktion:** Teilnahme an „Auktionsverfahren", in denen Beteiligungsprojekte interessierten Private-Equity-Gesellschaften vorgestellt werden und diese (teilweise entsprechend vorgegebener Kriterien, Unternehmensbewertung etc.) Gebote abgeben können.

[285] Quelle: *Ernst, D., Häcker J.*, a.a.O., S. 107 ff.

Der Generierung eines qualitativ hochwertigen Deal Flows kommt unter den **strategischen Erfolgsfaktoren** der Private-Equity-Gesellschaften erhebliche Bedeutung zu, da sich hierdurch der Aufwand für das Screening (Projektauswahl) und die spätere Prüfung (Due Diligence) beteiligungswürdiger Projekte erheblich reduzieren lässt. Weiter weist eine (Branchen-)Spezialisierung gegenüber einer breit auf Diversifikation angelegten Beteiligungsstrategie Wettbewerbsvorteile auf, um interessante Projekte zu akquirieren. Daneben hat es sich bewährt, ein Netzwerk sogenannter „Multiplikatoren" (Unternehmensberater, Wirtschaftsprüfungsgesellschaften, Banken, andere Private-Equity-Gesellschaften etc.) aufzubauen, um vom Deal Flow der Netzwerkteilnehmer zu profitieren.

Private-Equity-Gesellschaften versuchen, den direkten Wettbewerb um Beteiligungsprojekte mit anderen Eigenkapitalgebern (Private-Equity-Gesellschaften etc.) zu vermeiden, da sich der hierdurch ergebende Verhandlungsdruck in der Regel nachteilig auf die Ausgestaltung der Beteiligungskonditionen (Preis, Mitspracherechte etc.) auswirkt. Daher ist es wichtig, durch ein entsprechendes **Signaling** (Image, Herausstellen des Added-Value der Private-Equity-Gesellschaft) frühzeitig, vor anderen Private-Equity-Gesellschaften, in Kontakt mit beteiligungswürdigen Unternehmen zu treten.

Projektprüfung

Nachdem beteiligungswürdige Projekte gefunden wurden, beginnt die Projektprüfung. Sie gehört mit zu den Herzstücken auf dem Weg zur Beteiligungsfinanzierung. Gute Projekte, die durch das Raster fallen, bedeuten entgangene Gewinne. Schlechte Projekte, die unzureichend geprüft werden, schmälern die Rendite. **Intensive Projektprüfungen** haben schließlich erhebliche Kosten zur Folge.

Der **Beteiligungsentscheidungsprozess** muss jedoch nicht immer streng sequenziell angelegt sein. Einzelne Prüfungsschritte können simultan ablaufen, oder es kann erforderlich sein, den Prozess bei Nichterfüllung einzelner Kriterien revolvierend zu gestalten und einzelne Phasen erneut zu durchlaufen. Von der Kontaktaufnahme bis zum Vertragsabschluss können in Abhängigkeit vom Informationsstand, der eine Beteiligungsentscheidung ermöglicht, mehrere Wochen bis Monate vergehen.

Grobanalyse

In der Grobanalysephase werden Beteiligungsprojekte zeitnah hinsichtlich ihrer **Beteiligungswürdigkeit** geprüft. Hierbei spielen die in der Beteiligungsstrategie bzw. -politik der Private-Equity-Gesellschaft determinierenden Auswahlkriterien eine entscheidende Rolle. Die Nichteinhaltung eines Kriteriums (insbesondere Renditeerwartung) kann bereits zu einer Ablehnung des Projektes führen. Typische Kriterien bei der Auswahl von Projekten während der Grobanalyse sind:

- industrie-/branchenspezifische Ausrichtung,
- regional-/landesspezifische Ausrichtung,
- phasenspezifische Ausrichtung (z.B. Spezialisierung auf Frühphasenprojekte),
- angestrebtes Beteiligungsvolumen (absolut und relativ in % des Gesellschaftskapitals, Minder- oder Mehrheitsbeteiligung),
- Beteiligungsart (Direkte/Stille Beteiligung),
- Renditeerwartung,

- wirtschaftliche Entwicklung und Perspektive,
- angestrebte Einflussnahme auf die Geschäftsentwicklung.

Detailanalyse

Im Rahmen der Detailanalyse (**Due Diligence**), die bereits mit erheblichen Kosten verbunden sein kann, wird der Beteiligungsnehmer auch unter Hinzuziehung externer Spezialisten (Anwälte, Berater, Wirtschaftsprüfer, Umweltspezialisten etc.) in den unterschiedlichsten Segmenten der Unternehmensebene untersucht. In der Regel wird der Due-Diligence-Prozess in folgende vier Bereiche unterteilt:

- **Legal Due Diligence:** Analyse der Unternehmensverträge, Patente, mögliche Haftungs-, Gewährleistungsansprüche.
- **Tax Due Diligence:** Analyse der steuerlichen Situation; Steuerbescheide, latente Steuern, Steuerguthaben etc.
- **Financial Due Diligence:** Analyse der Jahresabschlüsse, Geschäfts(plan)-zahlen.
- **Commercial Due Diligence:** Untersuchung des Wettbewerbs- und Marktumfelds.

Fallbezogen werden weitere Themen im Rahmen einer Due Diligence analysiert. Hierbei handelt es sich beispielsweise um:

- **Insurance Due Diligence:** Analyse möglicher versicherungstechnischer Risiken.
- **Management Due Diligence:** Analyse der Beziehung zwischen Organen des Zielunternehmens.
- **Technical Due Diligence:** Untersuchung der technischen Realisierungsfähigkeit der entwickelten Technologie bzw. des entwickelten Produktes.
- **Environmental Due Diligence:** Analyse von Altlasten

Geschäftskonzept: Business-Plan

Um sich einen Eindruck von dem Potenzial des Beteiligungsunternehmens zu bilden, wird der Beteiligungsmanager stets einen Geschäftsplan (Business-Plan) anfordern. Ein Business-Plan sollte Auskunft zu folgenden Themenbereichen geben:

- Unternehmen (Unternehmensgegenstand, Strategie),
- Unternehmer und Management-Team (Transaktionsanlass, Erfahrung),
- Produkte und verwendete Technologie,
- Kunden- und Lieferantenstrukturen,
- Markt und Wettbewerbssituation (Alleinstellungsmerkmale, Marktwachstum) sowie
- wirtschaftliche Entwicklung (Ist/Planung).

Neben verbalen Erläuterungen muss der Business-Plan einen **Zahlenanhang** enthalten, der die Gewinn- und Verlustrechnungen, Bilanzen sowie Cashflow-Projektionen für drei bis fünf Planjahre umfasst. Die Planzahlen des Business-Plans sind die Basis für die Einstiegsbewertung der Private-Equity-Gesellschaft. Die Planungsprämissen werden daher von den Beteiligungsmanagern eingehend hinsichtlich ihrer Plausibilität geprüft. Zur **Unternehmensbewertung** werden in der Praxis vor allem die Multiplikatoren- und Discounted-Cashflow(DCF)-Methode angewendet.[286]

Es sei darauf hingewiesen, dass die erwarteten Verkaufserlöse (bei Exit) den Wert der Beteiligungsunternehmen erheblich beeinflussen. Die detaillierte Überprüfung der **Exitmöglichkeiten** ist daher schon in der frühen Bewertungsphase ein unentbehrlicher Analyseschritt. Um den Unwägbarkeiten der in der Zukunft liegenden Entwicklungsmöglichkeiten Rechnung zu tragen, werden oft

- verschiedene Bewertungsmethoden verwendet (meist verschiedene Multiplikatoren plus DCF) und daraus ein mittlerer Wert berechnet,
- Szenarioanalysen angefertigt und die zugrunde liegenden Planungsprämissen in „Best-Case" (auch Management-Case genannt), „Real-Case" (auch „Investor-Case") und „Worst"-Case-Simulationen verändert.

Beteiligungsverhandlung

Obwohl die Private-Equity-Gesellschaft die Möglichkeit hat, das Beteiligungsunternehmen einer eingehenden Prüfung zu unterziehen, ergeben sich u.a. durch die Unsicherheit über das zukünftige **Verhalten der Unternehmensführung** Unwägbarkeiten, die sich auf die Realisierbarkeit der Planungen auswirken. So besteht beispielsweise für den Unternehmer der Anreiz, sein Unternehmen besser darzustellen als es in Realität ist, bzw. Risiken und Schwächen zu verheimlichen, um einen höheren Kaufpreis zu erzielen (**Informationassymmetrie**). Um diesem Verhalten entgegenzuwirken und damit zumindest subjektiv wahrheitsgemäße Informationen von dem Beteiligungsnehmer zu erhalten, muss die Private-Equity-Gesellschaft Anreize für ein „faires" Verhalten schaffen. Dieses ist insbesondere für die Erstellung einer tragbaren Finanzierungs- bzw. Transaktionsstruktur notwendig, welche durch die geplanten Cashflows des Unternehmens realisierbar sein muss. Um eine möglichst reelle Darstellung des Unternehmens zu erhalten, kann versucht werden, vertragliche Nebenbestimmungen (**Covenants**) zu implementieren, die dazu führen, dass eine absichtliche Benachteiligung der Private-Equity-Gesellschaft durch den Beteiligungsnehmer letztendlich zu dessen eigenen Lasten geht. Folgende Maßnahmen sind üblich:

Performanceabhängige Anteilskorrektur: Hierbei wird festgelegt, dass in Abhängigkeit von der geschäftlichen Entwicklung des Beteiligungsunternehmens eine Anteilskorrektur erfolgt. Übertrifft das Beteiligungsunternehmen die der Unternehmensbewertung der Private-Equity-Gesellschaft zum Einstiegszeitpunkt zugrunde gelegte Geschäftsplanung, erhält der Unternehmer/Mitgesellschafter von der Private-Equity-Gesellschaft (bisweilen unentgeltlich) Geschäftsanteile übertragen. Unterschreitet er die Vorgaben, muss er im Gegenzug Anteile an die Private-Equity-Gesellschaft abgeben. Der Unternehmer wird sich in der Praxis jedoch nur bis zu einem gewissen Schwellenwert auf die Abgabe von Anteilen einlassen. Durch diese Maßnahme besteht für den Unternehmer bereits in der Verhandlungsphase ein Anreiz, möglichst realistisch zu planen, möchte er vermeiden, ex post für zu optimistische Planvorgaben bestraft zu werden. Für den Finanzinvestor ergibt sich

[286] Eine ausführliche Darstellung der Unternehmensbewertungsmethoden findet sich bei *Ernst, D., Schneider, S., Thielen, B.,* Unternehmensbewertungen erstellen und verstehen, 3. Aufl., München 2008.

die Möglichkeit im Falle einer nachteiligen Unternehmensentwicklung ex post zumindest eine teilweise Kompensation für eine möglicherweise überhöhte Einstiegsbewertung zu erhalten.

Stufenweise Mittelbereitstellung (Milestone Financing): Private-Equity-Gesellschaften können entsprechend dem Erreichen von Planvorgaben (Milestones) eine stufenweise Freigabe der Beteiligungsmittel vereinbaren, wobei der Betrag mit jeder Finanzierungsrunde steigt. Der gerade investierte Teilbetrag sollte ausreichen, das Beteiligungsunternehmen in den nächsten Entwicklungsschritt zu führen, bevor es erneut Kapital benötigt. Die Mehrperiodenbetrachtung hat zur Folge, dass opportunistischem Verhalten (u.a. unkontrollierte Investition der gesamten Mittel) vorgebeugt wird.

Kombination von Direktbeteiligung und Mezzanine-Kapital: Es kann vereinbart werden, dass die Private-Equity-Gesellschaft nur einen Teilbetrag direkt in das Kapital des Beteiligungsunternehmens begibt, während die Restsumme als Mezzanine-Kapital zur Verfügung gestellt wird. Als Mezzanine-Kapital werden hybride Finanzierungsmittel bezeichnet, die Fremdkapital- und Eigenkapitalelemente enthalten. Üblich sind stille Beteiligungen oder Convertible Bonds (Wandelanleihen). Mezzanine-Kapital muss laufend verzinst werden. Es kann mit dem Erreichen vereinbarter „Milestones" in Direktkapital gewandelt werden.

Finanzielles Engagement des Managements: Durch den Einsatz „eigener Mittel" im Rahmen von MBOs/MBIs signalisiert der Manager Zuversicht in die Entwicklung seiner Gesellschaft. Eine Private-Equity-Gesellschaft sollte darauf dringen, dass sich der Unternehmer/das Management substanziell – und das heißt bis zur „subjektiven Schmerzgrenze" – finanziell engagiert. Eine übermäßige Belastung kann jedoch auch kontraproduktiv wirken, da sie eine Tendenz zur Risikovermeidung nach sich ziehen kann.

Monitoring und Einflussnahme auf die geschäftliche Entwicklung: Um die Möglichkeit zu haben, Fehlentwicklungen frühzeitig zu erkennen, sollte eine regelmäßige Berichterstattung zur geschäftlichen Entwicklung des Beteiligungsunternehmens etabliert werden (Monitoring). Darüber hinaus kann die Private-Equity-Gesellschaft durch eine Präsenz in den Beiratsgremien des Beteiligungsunternehmens auf strategische Entwicklungen Einfluss nehmen und ist so zeitnah über wichtige geschäftspolitische Entscheidungen informiert.

Beteiligungsbetreuung

Das Beteiligungsfinanzierungskonzept verbindet die Finanzmittelbereitstellung mit der Komponente der Managementunterstützung. Hierdurch setzt sich die Beteiligungskapitalfinanzierung von der klassischen Dienstleistung eines passiven Finanzintermediärs ab.

Nach der Intensität der Betreuungstätigkeit unterscheidet man:

- **Hands-on:** Die Private-Equity-Gesellschaft unterstützt das gesamte Spektrum unternehmerischer Tätigkeit mit Beratung und Know-how-Transfer in sämtlichen Unternehmensbereichen.
- **Hands-off:** Keine Managementunterstützung.
- **Semiactive-Support:** Mittlere Unterstützungsintensität oft nur in einzelnen ausgewählten betriebswirtschaftlichen Funktionen.

- **Integration:** Einbindung des Beteiligungsunternehmens in das Netzwerk der Private-Equity-Gesellschaft.

Der **Intensitätsgrad** hängt von den Problemen und dem Unterstützungsbedarf des Beteiligungsunternehmens ab. Des Weiteren spielen Kosten-Nutzen-Überlegungen eine Rolle. Übergreifendes Ziel der Betreuung ist es, die Unternehmensentwicklung zu beschleunigen, da Kosten und Dauer der Planungsverwirklichung den Kapitalbedarf und das Risiko maßgeblich bestimmen. Über die Betreuung und Begleitung der Beteiligungsunternehmen versucht die Private-Equity-Gesellschaft, das Risiko ihrer Beteiligung durch die Einbindung in den Informationsfluss zu reduzieren und zur Wertsteigerung – z.B. über die Anbahnung von Geschäftskontakten – des Beteiligungsunternehmens beizutragen. Der Umfang der Einbindung und der Einflussnahme reicht entsprechend der strategischen Ausrichtung der Private-Equity-Gesellschaft von der Präsenz in den Beiratsgremien der Gesellschaft bis hin zur aktiven Mitwirkung in der Geschäftsführung des Beteiligungsunternehmens.

Beteiligungsveräußerung

Für die Rendite im Beteiligungsfinanzierungsgeschäft spielt der Veräußerungserlös der Beteiligung die entscheidende Rolle. Grundsätzlich bestehen folgende Exitvarianten:

- **Going Public:** Durch eine Platzierung des Beteiligungsunternehmens am institutionalisierten Kapitalmarkt wird die Fungibilität der zuvor gering liquiden Beteiligung erhöht. Für die Private-Equity-Gesellschaft besteht hierbei die Möglichkeit, im Zuge oder in der Folge des Börsengangs ihre Beteiligung ganz oder teilweise abzuschichten.
- **Trade Sale:** Hier eröffnet sich für die Private-Equity-Gesellschaft im Zuge des Verkaufs von Teilen oder des gesamten Beteiligungsunternehmens an einen Industrie- oder strategischen Investor die Möglichkeit zur Veräußerung ihrer Beteiligung.
- **Buy Back:** Hierunter wird der Verkauf der Beteiligung der Private-Equity-Gesellschaft an die Mitgesellschafter, i.d.R. den Hauptgesellschafter verstanden. Im Vergleich zu den anderen Exitkanälen sind hier aufgrund der in der Regel eingeschränkten Finanzierungsmöglichkeiten der Gesellschafter die relativ niedrigsten Verkaufserlöse zu erwarten.
- **Secondary:** Hierunter wird der Verkauf der Beteiligung der Private-Equity-Gesellschaft an eine andere Private-Equity-Gesellschaft bzw. an einen Finanzinvestor verstanden. So kann etwa eine auf Early-Stage-Finanzierungen spezialisierte Private-Equity-Gesellschaft ein Unternehmen an eine auf Later-Stage-Finanzierungen spezialisierte Private-Equity-Gesellschaft weiterveräußern.
- **Merger:** Verschmelzung mit anderen Gesellschaften gegen Anteile an fusionierter Gesellschaft.

Kontrollfragen

- Beschreiben Sie den Geschäftsgegenstand und die Ziele einer Private-Equity-Gesellschaft.
- Beschreiben Sie das Grundmodell eines deutschen Private-Equity-Fonds.
- Führen Sie fünf Anlässe für die Beteiligungen von Private-Equity-Gesellschaften auf.
- Skizzieren Sie bei folgenden Anlässen die Situation und den Beteiligungsansatz der Private-Equity-Gesellschaft: Expansion, Bridge-Finanzierung, Public-to-Private, Nachfolgeregelung und Ablösung bestehender Gesellschafter, Spin-off, Private Placement, Turn Around, Buy and Build Strategy.
- Erklären Sie den Unterschied zwischen einem Management-Buy-in und Management-Buy-out.
- Differenzieren Sie zwischen offener und stiller Beteiligung im Rahmen eines Private-Equity-Investments.
- Beschreiben Sie, wie Private-Equity-Gesellschaften die Performance eines Investments ermitteln und welche Vorteile diese Methode mit sich bringt.
- Erläutern Sie den Unterschied zwischen Non-Captive und Captive Funds (mit deren Sub-Gesellschaften) und zeigen Sie die Ziele der Anbietergruppen von Beteiligungskapital auf.
- Nennen Sie die zwei Organisationsformen bei Private-Equity-Gesellschaften und differenzieren Sie zwischen ihnen.
- Differenzieren Sie zwischen einem Open-End-Fund und Closed-End-Fund.
- Skizzieren Sie die organisatorischen und projektbezogenen Maßnahmen innerhalb einer Private-Equtiy-Gesellschaft.
- Beschreiben Sie den Begriff Deal-Flow und Screening und nennen Sie die Quellen, die zu einem Deal-Flow führen.
- Erläutern Sie die wesentlichen Schritte einer Projektprüfung bzw. eines Beteiligungsentscheidungsprozesses.
- Zeigen Sie die wesentlichen Inhalte eines Business-Plans auf.
- Definieren Sie den Begriff „Covenants" und beschreiben Sie mögliche Anreizstrukturen bei Zielunternehmen.
- Erläutern Sie die vier verschiedenen Kategorien der Betreuungsintensität.
- Geben Sie die sechs verschiedenen Exit-Möglichkeiten wieder.

7. Kapitel
Die Mezzanine-Finanzierung

Lernziele

- Sie können den Begriff Mezzanine-Kapital definieren und den wesentlichen Vorteil beschreiben.
- Sie kennen die typischen Attribute von Fremd-, Eigen- und Mezzanine-Kapital.
- Sie sind mit den Finanzinstrumenten wie Options- und Wandelanleihe im Zusammenhang mit Mezzanine-Kapital vertraut.
- Sie verstehen den Unterschied von Equity und Debt Mezzanine sowie deren Konsequenzen.
- Sie können die Mezzanine-Finanzierungsinstrumente nach ihrer Platzierbarkeit (Privat- oder Kapitalmarkt) differenzieren.
- Sie können die standardisierten Mezzanine-Produkte Collaterized Debt Obligation (CDO) und Fonds-Struktur gegenüberstellen und deren Transaktionsaufbau skizzieren.
- Sie unterscheiden zwischen standardisiertem und individualisiertem Mezzanine-Kapital.
- Sie wissen, wie Sie eine Mezzanine-Finanzierung über die verschiedenen Elemente der Vergütung strukturieren können.
- Sie kennen die beiden Kostenfaktoren, die eine Mezzanine-Finanzierung bestimmen.
- Sie kennen die Anlässe und Voraussetzungen eines Unternehmens für eine Mezzanine-Finanzierung.
- Sie verstehen die Stärken und Schwächen einer Mezzanine-Finanzierung.

7.1 Begriff des Mezzanine-Kapitals

Der Begriff Mezzanine (italienisch: mezzanino) stammt ursprünglich aus der Architektur und bezeichnet ein **Zwischengeschoss** zwischen zwei Hauptgeschossen. Auf die Bilanz eines Unternehmens übertragen, nimmt Mezzanine-Kapital aus „architektonischer" Sicht eine Position ein, die sich zwischen Eigen- und Fremdkapital befindet.[287]

Abbildung 35 zeigt die bilanzielle Einordnung von Mezzanine-Kapital.

In der betriebswirtschaftlichen Finanzierungstheorie findet sich keine einheitliche Definition für Mezzanine-Kapital. Dies liegt daran, dass Mezzanine selbst **kein ei-**

[287] *Brokamp, J., Ernst, D., Hollasch, K., Lehmann, G., Wiegel, K.,* Mezzanine-Finanzierungen, München 2008.

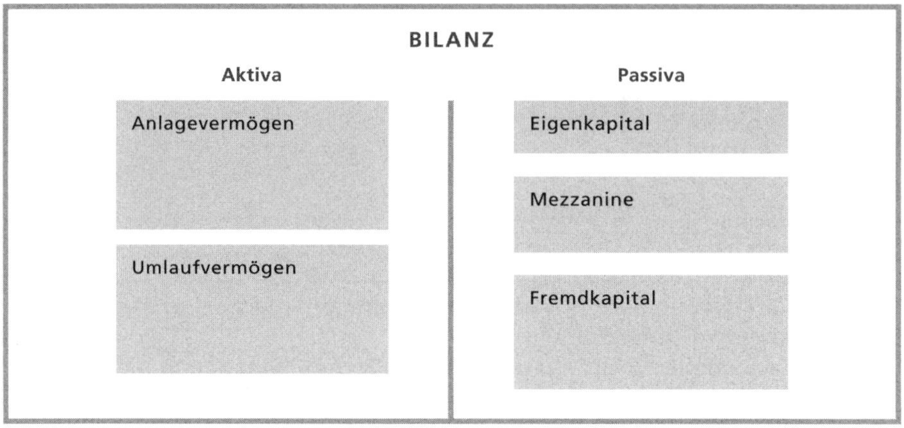

Abb. 35: Bilanzielle Einordnung von Mezzanine-Kapital

genständiges Finanzierungsinstrument ist. Es handelt sich vielmehr um einen **Oberbegriff** für eine Reihe **hybrider Finanzierungsinstrumente** (= von zweierlei Herkunft), die zwischen dem reinen Eigenkapital und dem reinen Fremdkapital einzuordnen sind. Zielsetzung von Mezzanine-Finanzierungen ist es, die Lücke zwischen Eigen- und Fremdkapital zu schließen und von den jeweiligen Vorteilen beider Finanzierungsarten zu profitieren.

Mezzanine-Finanzierungen sind auf Grund ihrer **unterschiedlichen Erscheinungsformen** sehr flexibel gestaltbar und können deshalb sehr gut an die individuellen Bedürfnisse der Kapitalsuchenden angepasst werden. Je nach der vorliegenden Finanzierungssituation und den mit der Mezzanine-Finanzierung verfolgten Zielen, kann eine eher eigenkapitalnahe (**Equity Mezzanine**) oder fremdkapitalnahe (**Debt Mezzanine**) Strukturierung erfolgen. Abbildung 36 zeigt die bilanzielle Einordnung von Equity Mezzanine und Debt Mezzanine.

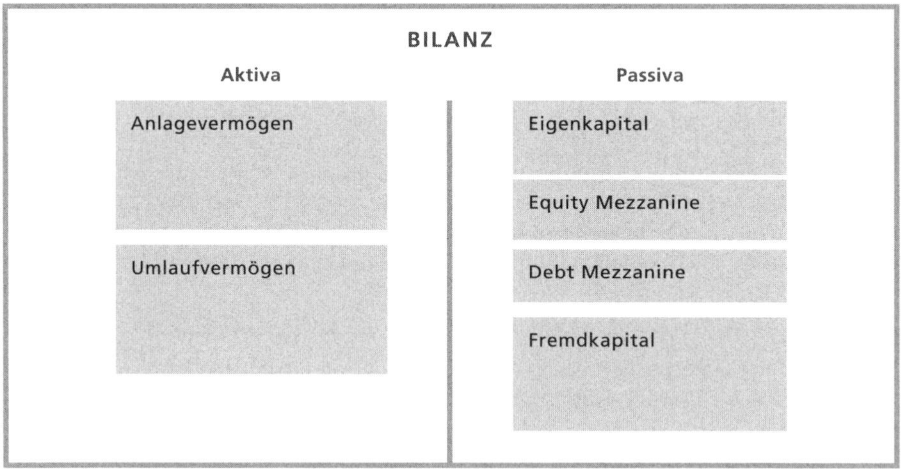

Abb. 36: Bilanzielle Einordnung von Equity und Debt Mezzanine

Die **Flexibilität** von Mezzanine-Kapital kommt dadurch zum Ausdruck, dass durch entsprechende vertragliche Gestaltung Elemente einer Eigenkapital- und Fremdfinanzierung kombiniert werden können.

(1) Es kann Eigenkapital geschaffen werden, das wirtschaftliche Elemente besitzt, die für Fremdkapital typisch sind, wie z.B. feste Zinsen, ein fester Rückzahlungsbetrag oder eine Laufzeitbegrenzung.

(2) Es kann Fremdkapital mit typischen Merkmalen von Eigenkapital versehen werden wie z.B. Kontroll- und Entscheidungsbefugnisse eines Gesellschafters oder gewinnabhängige Auszahlungen.

7.2 Unterschiede zwischen Mezzanine-Kapital, Eigenkapital und Fremdkapital

Mezzanine-Finanzierungen sind hybride Finanzierungsinstrumente, d.h. interessante Mischformen mit Eigenschaften sowohl von Eigenkapital als auch von Fremdkapital. Bevor auf die Besonderheiten des Mezzanine-Kapitals eingegangen wird, sollen die wesentlichen **Merkmale** der reinen Finanzierungsformen dargestellt werden.

Folgende Merkmale sind charakteristisch für Kreditfinanzierungen, bei denen der Kapitalgeber einem Unternehmen **Fremdkapital** zuführt und somit die Rolle eines Gläubigers einnimmt:

(1) Die Kreditgeber erwerben durch die Überlassung von Fremdkapital kein Eigentum.

(2) Die Kreditgeber haften nicht für Verluste und andere Verbindlichkeiten des Unternehmens.

(3) Den Kreditgebern stehen keine unternehmerischen Verwaltungsrechte wie z.B. Stimmrechte zu.

(4) Die Kreditgeber haben Anspruch auf vereinbarte Zinszahlungen, nicht aber auf die Gewinnbeteiligung.

(5) Die Kreditlaufzeit ist befristet. Bis zum Ende der Laufzeit muss der Nominalbetrag getilgt werden.

(6) Die Ansprüche der Gläubiger werden vor denen der Eigenkapitalgeber befriedigt.

Eigenkapitalfinanzierungen haben folgende Merkmale gemeinsam:

(1) Eigenkapitalgeber haben Anspruch auf eine Beteiligung am Gewinn und bei Verkauf oder Liquidation Anspruch auf eine Beteiligung am Unternehmenswert.

(2) Eigenkapitalgeber haben Einfluss auf die Geschäftsleitung.

(3) Eigenkapitalgeber haften für die Verbindlichkeiten des Unternehmens.

(4) Eigenkapitalgeber stellen ihr Kapital unbefristet zur Verfügung.

Trotz der vielfältigen Ausgestaltungsmöglichkeiten von **Mezzanine-Kapital** weisen nahezu alle mezzaninen Finanzierungsformen die folgenden wesentlichen Charakteristika auf. Diese zeigen die Positionierung zwischen Eigen- und Fremdkapital und Überschneidungen mit den einzelnen Finanzierungsarten:

(1) Mezzanine-Kapital ist nachrangig gegenüber „klassischem" Fremdkapital und vorrangig gegenüber „echtem" Eigenkapital.

(2) Mezzanine-Kapitalgeber besitzen kein ausdrückliches Mitspracherecht.

(3) Mezzanine-Kapital wird nur für eine befristete Zeit zur Verfügung gestellt (i.d.R. fünf bis zehn Jahre).

(4) Es wird eine steuerliche Abzugsfähigkeit der Zinszahlungen als Betriebsausgaben angestrebt.

(5) Die Cashflows des Unternehmens werden während der Laufzeit der Mezzanine-Finanzierung geschont, da i.d.R. Tilgungen und Ertragskomponenten größtenteils am Ende der Laufzeit oder sogar außerhalb des Unternehmens abgegolten werden.

(6) Mezzanine-Kapital wird höher vergütet als Fremdkapital, ist jedoch günstiger als Eigenkapital.

Aus den Merkmalen von Mezzanine-Kapital hat sich das so genannte **„magische Fünfeck"** entwickelt, das die Kriterien einer idealtypischen Mezzanine-Finanzierung beschreibt. Das **ideale Mezzanine-Kapital** erlaubt demnach:

(1) eine Pufferfunktion als Haftkapital auf Grund der Nachrangigkeit,

(2) eine Steigerung der handelsbilanziellen Eigenkapitalquote,

(3) eine ergebnisabhängige Verzinsung und,

(4) die steuerliche Abzugsfähigkeit der Ausschüttung als Betriebsausgabe,

(5) während keine oder nur eingeschränkte unternehmerische Mitsprache der Kapitalgeber besteht.

Welche der genannten Kriterien von den Kapitalnehmern und Kapitalgebern bei der Auswahl des jeweiligen Finanzierungsinstruments in den Vordergrund gestellt wird, hängt vom Finanzierungszweck ab.

Abbildung 37 gibt zusammenfassend einen Überblick über die Unterscheidungsmerkmale von Eigen-, Mezzanine- und Fremdkapital.

7.3 Mezzanine-Finanzierungsinstrumente

Mezzanine ist ein Oberbegriff für eine Vielzahl hybrider Finanzierungsinstrumente. Im Folgenden soll eine erste Begriffsbestimmung der unterschiedlichen Finanzierungsinstrumente gegeben werden, bevor die einzelnen Instrumente nach Merkmalen strukturiert werden. Die folgenden zwölf Finanzierungsinstrumente sind nach Ihrem Eigenkapital- bzw. Fremdkapitalcharakter klassifiziert. Begonnen wird mit dem Finanzierungsinstrument, das am eigenkapitalähnlichsten ist.

7.3.1 Vorzugsaktien

Vorzugsaktien gewähren gegenüber Stammaktien dem Inhaber bestimmte **Vorrechte**. Diese können **Stimmrechtsvorzüge** (auf eine Aktie entfällt mehr als ein Stimmrecht), **Dividendenvorzüge** (auf eine Aktie entfällt eine höhere Dividende) oder **Vorzüge bei der Liquidation** (auf eine Aktie entfällt höherer Liquidationserlös) sein.

	Eigenkapital	Mezzanine-Kapital	Fremdkapital
Haftung	Haftung zumindest in Höhe der Einlage; Mitunternehmerschaft	Nur im Ausmaß des gewandelten Anspruchs (Wandeldarlehen)	Keine Haftung; Gläubigerstellung
Erfolgsbeteiligung	Beteiligung an Gewinn und Verlust	Erfolgsabhängige Verzinsungsanteile	Nein; fixer Zinsanspruch erfolgsunabhängig
Vermögensbeteiligung	Ja	Ja; Equity Kicker (Optionen auf Anteile)	Nein; Nominalanspruch in Höhe der Gläubigerforderung
Geschäftsführung	Im Regelfall dazu berechtigt (Mitsprache-, Stimm- und Kontrollrechte)	Stimm- und Kontrollrechte möglich	Nein; ausgeschlossen
Zeitliche Verfügbarkeit	Unbefristet	Befristetes Eigenkapital	In der Regel befristet (Tilgungsplan)
Besicherung	Keine	Keine	Kreditsicherung
Liquiditätsbelastung	Nicht fix; nur bei Gewinnausschüttung	Fix sowie gewinnabhängige Verzinsung i.d.R. mit endfälliger Tilgung	Fix (Zinsen- und Kapitaldienst)
Steuerbelastung	Gewinnbesteuerung	Zinsen steuerlich absetzbar	Zinsen steuerlich absetzbar

Abb. 37: Überblick über die Unterscheidungsmerkmale von Eigen-, Mezzanine- und Fremdkapital

7.3.2 Gesellschafterdarlehen

Zur Verbesserung der Finanzsituation können die Gesellschafter einer Kapitalgesellschaft (GmbH, AG) sowie bei Personengesellschaften die Kommanditisten (GmbH & Co. KG) ihrem Unternehmen ein Darlehen zur Verfügung stellen. Diese Gesellschafterdarlehen sind wie normale Darlehen zu behandeln, d.h. sie erfordern einen **Darlehensvertrag** mit allen erforderlichen Bestandteilen und Konditionen. Das Unternehmen ist der Schuldner, der jeweilige Gesellschafter/Kommanditist der Gläubiger.

7.3.3 Atypisch stille Beteiligung

Eine stille Beteiligung ist eine **Vermögenseinlage** in ein Unternehmen, ohne dass der stille Gesellschafter nach außen als Gesellschafter auftritt. Die stille Beteiligung ist grundsätzlich bei jeder Rechtsform möglich. Bei der atypischen Form ist der Beteiligungsgeber nicht nur bei der **Gewinnerwirtschaftung**, sondern auch bei **Verlusterwirtschaftung** des Beteiligungsnehmers beteiligt. Darüber hinaus ist er auch am **Vermögenszuwachs** und am **Liquiditätsüberschuss** beteiligt. Die atypisch stille Beteiligung ist dem Eigenkapital näher gestellt als eine typisch stille Beteiligung.

7.3.4 Optionsanleihe

Optionsanleihen sind **Unternehmensschuldtitel** (Inhaberschuldverschreibungen), die neben dem Anspruch auf Verzinsung und Tilgung noch ein Bezugsrecht auf Anteile des Unternehmens beinhalten. Diese Finanzierungsform wird häufig bei großen Transaktionsvolumina gewählt, da durch die **Verbriefung** der Schuldverschreibung das benötigte Kapital auf mehrere Mezzanine-Investoren verteilt werden kann.

7.3.5 Wandelanleihe

Die Wandelanleihe ist wie die Optionsanleihe eine **Schuldverschreibung** mit einem Zusatzanreiz. Bei einer Wandelanleihe besitzt der Inhaber **keine Bezugsrechte** auf Unternehmensanteile, sondern das Recht, den Rückzahlungsbetrag in eine bestimmte Anzahl von Unternehmensanteilen (i.d.R. Aktien) umzuwandeln. Wird dieses Recht nicht genutzt, so wird die Anleihe am Ende ihrer Laufzeit vom Unternehmen zurückgezahlt.

7.3.6 Genussrechte/-scheine

Bei dem Genussrecht handelt es sich um ein rein **schuldrechtliches Kapitalüberlassungsverhältnis**. Das Genussrecht stellt gewinnabhängige Gläubigerrechte dar, räumt dem Inhaber jedoch keine Gesellschafterrechte ein. Die Gewährung von Genussrechten ist auf keine Gesellschaftsform beschränkt. Es können sowohl GmbHs als auch Aktiengesellschaften Genussrechte begeben. Zwar ist das Genussrecht auf der einen Seite rein schuldrechtlicher Natur, auf der anderen Seite sind der Umfang und die inhaltliche Ausgestaltung der Genussrechte nicht gesetzlich geregelt. Es kann daher als eigenkapitalnahes oder fremdkapitalnahes Mezzanine-Instrument ausgestaltet werden. In der Praxis sind sowohl standardisierte als auch individuelle Genussscheinprodukte erhältlich.

7.3.7 Typisch stille Beteiligung

Wie bereits ausgeführt wird der stille Gesellschafter bei dieser Finanzierungsform nach außen hin nicht bekannt gegeben. Der Unterschied zur atypisch stillen Beteiligung besteht darin, dass bei der typisch stillen Beteiligung der Beteiligungsgeber von Verlusten ausgenommen werden kann. Die typisch stille Beteiligung besitzt im Gegensatz zur atypisch stillen Beteiligung eher **Fremdkapitalcharakter**.

7.3.8 Partiarisches Darlehen

Bei einem partiarischen Darlehen wird ein bestimmter Anteil des Gewinns oder Umsatzes des Unternehmens vereinbart, um als Verzinsungsgrundlage zu dienen. Bei zweckgebundenen Finanzierungen kann der Anteil auch nur auf diesen Zweck (Projekt) ausgelegt werden. Das partiarische Darlehen ähnelt auf den ersten Blick der stillen Beteiligung. Der Schuldner und der Gläubiger bilden bei dem partiarischen Darlehen jedoch **keine Gesellschaft**. Folglich sind auch Verlustbeteiligungen ausgeschlossen, da diese ein Gesellschafterverhältnis voraussetzen.

7.3.9 Verkäuferdarlehen

Bei dem Verkäuferdarlehen handelt es sich eigentlich um die **Stundung eines Kaufpreises**. Dies wird oftmals bei Akquisitionsfinanzierungen durchgeführt. Dabei stundet der Alteigentümer den Käufern einen Teil des Kaufbetrags über einen bestimmten Zeitraum. Das Verkäuferdarlehen wird in der Regel nicht verzinst, sondern mit einer erfolgsabhängigen Komponente (Kicker) ausgestattet. Durch diesen **Kicker** kann der Verkäufer an zukünftigen Ertragssteigerungen des Unternehmens partizipieren.

7.3.10 Nachrangdarlehen

Das Nachrangdarlehen hat die Besonderheit, dass der Darlehensgeber hinter den Forderungen sämtlicher Fremdkapitalgeber im Rang zurücktritt. Das Darlehen bekommt dadurch eine **eigenkapitalnahe Form** und wird folglich höher verzinst als normales Fremdkapital.

7.3.11 Hochzinsanleihe

Bei der Hochzinsanleihe handelt es sich um eine **festverzinsliche Schuldverschreibung** mit einer **überdurchschnittlichen Rendite** für den Investor. Dieser muss jedoch durch die Nachrangigkeit und die niedrigeren Ratings der Anleihen auch ein höheres Risiko in Kauf nehmen.

7.3.12 Schuldscheindarlehen

Bei einem Schuldscheindarlehen handelt es sich um ein **langfristiges Darlehen**, oftmals **großen Volumens**, das der Darlehensnehmer bei einer Kapitalsammelstelle aufnimmt. Darlehensnehmer sind in erster Linie Industrieunternehmen, öffentliche Stellen oder Kreditinstitute. Um das Darlehen als Mezzanine-Kapital anzuerkennen, muss ganz oder teilweise auf eine Besicherung des Darlehens verzichtet werden. Daraufhin wird das **Adressatenrisiko** dementsprechend stark berücksichtigt, was dazu führt, dass nur bonitätsstarke Unternehmen von diesem unbesicherten Darlehen profitieren können. In letzter Zeit haben sich Finanzierungsmodelle entwickelt, durch die auch kleinere Finanzierungsvolumina durch ein Schuldscheindarlehen abgedeckt werden können. Dabei sammeln die Kapitalgeber zunächst eine bestimmte Anzahl von Schuldscheindarlehen, um diese ab einem bestimmten Volumen in einem Portfolio zu bündeln und über den Kapitalmarkt zu verbriefen. In der Praxis sind sowohl standardisierte als auch individuelle Schuldscheinprodukte erhältlich.

7.4 Klassifizierung mezzaniner Finanzierungsinstrumente

Um die verschiedenen Formen mezzaniner Finanzierungsinstrumente einordnen zu können, müssen diese zunächst strukturiert werden. Mezzanine-Finanzierungsinstrumente können nach folgenden vier Kriterien eingeteilt werden:

(1) Equity Mezzanine (eigenkapitalähnliches Mezzanine),

(2) Debt Mezzanine (fremdkapitalähnliches Mezzanine),

(3) Privatplatzierungsinstrumente und Kapitalmarktinstrumente,

(4) individuelles und standardisiertes Mezzanine-Kapital.

7.4.1 Equity Mezzanine und Debt Mezzanine

Die wichtigste Klassifizierung mezzaniner Instrumente in der Finanzierungspraxis ist die Unterscheidung, ob das jeweilige Finanzierungsinstrument eher dem Eigenkapital oder eher dem Fremdkapital zugerechnet werden kann. Dies hat beispielsweise Konsequenzen für die **steuerliche Behandlung** (ist der Zinsaufwand für Mezzanine steuerlich abzugsfähig oder nicht?) oder die **wirtschaftliche Behandlung** (erkennen Banken Mezzanine als wirtschaftliches Eigenkapital an oder nicht?) des jeweiligen Finanzierungsinstruments. Ausgehend von dem im letzten Kapitel gegebenen Überblick über mezzanine Finanzierungsinstrumente zeigt Abbildung 38 die Zuordnung als Equity Mezzanine und Debt Mezzanine. Da bei den meisten mezzaninen Finanzierungsinstrumenten Vertragsfreiheit in der Gestaltung besteht, hängt die Zuordnung letztlich von den konkreten Vereinbarungen zwischen Mezzanine-Geber und Mezzanine-Nehmer ab.

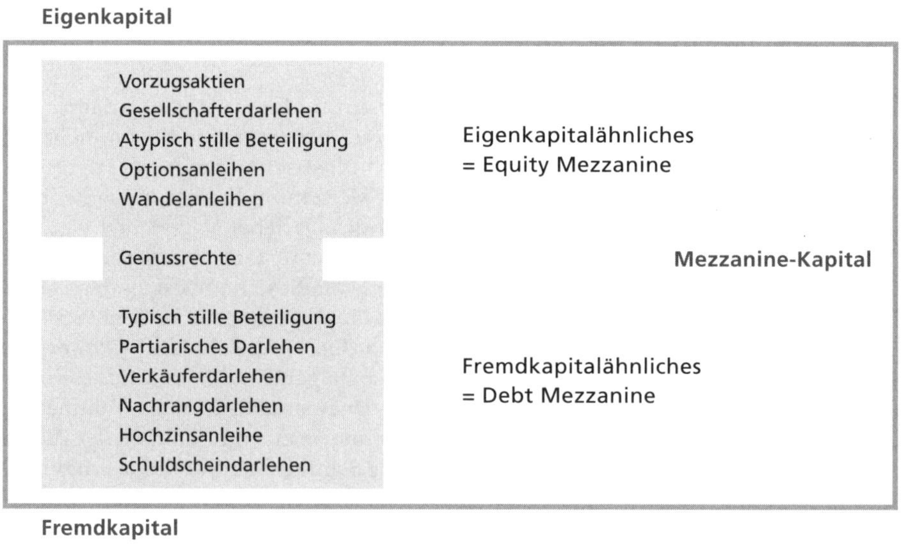

Abb. 38: Klassifizierung mezzaniner Finanzierungsinstrumente in Eigenkapitalähnliches und Fremdkapitalähnliches Mezzanine-Kapital

7.4.2 Privatplatzierungsinstrumente und Kapitalmarktinstrumente

Mezzanine-Finanzierungsinstrumente können ferner danach unterschieden werden, ob sie am **Kapitalmarkt** direkt platziert werden können oder nicht. Diese Unterscheidung ist insbesondere für größere Unternehmen mit Zugang zum Kapitalmarkt relevant, da sie sich direkt über den Kapitalmarkt mit Mezzanine-Kapital versorgen können. Mittelständische Unternehmen können sich in der Regel nicht über den Kapitalmarkt finanzieren. Sie sind auf Privatplatzierungen angewiesen. Über mezzanine Standardprodukte, die über **Collaterized Debt Obligations** (CDO) oder Fonds strukturiert werden, können mittelständische Unternehmen ebenfalls am Kapitalmarkt partizipieren.

Abbildung 39 unterscheidet die oben aufgeführten Mezzanine-Instrumente nach der Platzierbarkeit. Genussrechte/-scheine können sowohl als Privatplatzierungsinstrumente als auch als Kapitalmarktinstrumente strukturiert werden.

MEZZANINE-INSTRUMENTE

Privatplatzierungsinstrumente	Kapitalmarktinstrumente
▪ Gesellschafterdarlehen	▪ Vorzugsaktien
▪ Verkäuferdarlehen	▪ Wandelanleihe
▪ Nachrangdarlehen	▪ Optionsanleihe
▪ Partiarisches Darlehen	▪ Hochzinsanleihe
▪ Typisch stille Beteiligung	▪ Genussrechte/-scheine
▪ Atypisch stille Beteiligung	
▪ Schuldscheindarlehen	
▪ Genussrechte/-scheine	

Abb. 39: Klassifizierung mezzaniner Finanzierungsinstrumente nach der Platzierbarkeit

7.4.3 Individuelles und standardisiertes Mezzanine-Kapital

Eine weitere Klassifizierung mezzaniner Finanzierungsformen ist die Unterscheidung in standardisierte und individuelle Produkte. Der jüngste Boom von Mezzanine-Finanzierungen wurde vor allem von standardisierten Formen ausgelöst, wie sie seit etwa Anfang 2004 auf dem deutschen Markt angeboten werden. Generell lässt sich festhalten, dass diese standardisierten Produkte auch kleineren Unternehmen einen indirekten Zugang zum Kapitalmarkt bieten. Dies geschieht über Collaterized Debt Obligations (CDO)- oder Fonds-Strukturen, welche im Anschluss ausführlich dargestellt werden. Als standardisierte Produkte lassen sich derzeit im Markt vor allem **Genussschein- und Schuldscheinprogramme** finden. Individuelles Mezzanine-Kapital wird von Private Equity Gesellschaften oder Banken zur **Lösung spezifischer Fragestellungen** eingesetzt. Welche der oben vorgestellten Finanzierungsformen eingesetzt wird, hängt vom Finanzierungsanlass und den Zielen der Mezzanine-Nehmer ab. Abbildung 40 verdeutlicht die Unterscheidung von standardisiertem und individuellem Mezzanine-Kapital im Überblick:

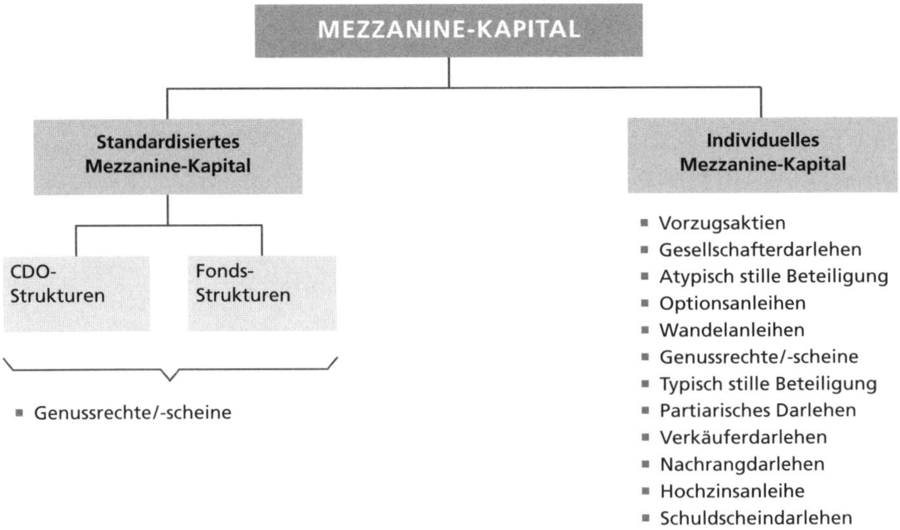

Abb. 40: Klassifizierung mezzaniner Finanzierungsinstrumente nach standardisiertem und individuellem Mezzanine-Kapital

7.4.3.1 Standardisiertes Mezzanine-Kapital

Die standardisierten Mezzanine-Produkte werden unterteilt in:

(1) Collaterized Debt Obligations (CDO) und

(2) Fonds-Strukturen.

Diese haben in den vergangenen Jahren starken Zuwachs verzeichnen können und bilden mittlerweile eine wichtige Säule der Mittelstandsfinanzierung.

Die **Collaterized Debt Obligations (CDO)** Transaktion basiert auf Gründung einer Zweckgesellschaft oder englisch Special Purpose Vehicle (SPV). Um das Mezzanine-Kapital zu finanzieren, begibt die **Zweckgesellschaft** Wertpapiere, sog. **CDO-Notes bzw. Tranchen**. Das Prinzip dieser Ausgabe liegt im **Subordinationsprinzip** (Wasserfallprinzip), bei dem das Gesamtportfolio in verschiedene Tranchen unterteilt wird. Abbildung 41 zeigt den Aufbau einer CDO-Transaktion.

Der **Orginator** verwaltet die CDO-Transaktion. Er separiert und grenzt die zu verbriefenden Forderungen ab. Anschließend verkauft der Orginator gegen Zahlung an die Zweckgesellschaft. Diese wiederum finanziert die Zahlung des Portfolios durch Verbriefung am Kapitalmarkt.

Um die Bandbreite unterschiedlicher Risikoeinstellungen von Investoren am Kapitalmarkt zu treffen und das CDO-Produkt für eine Vielzahl von Investoren interessant zu machen, werden verschiedene **Tranchen mit unterschiedlichem Risikogehalt** am Kapitalmarkt angeboten. In Abbildung 42 ist die Wahrscheinlichkeitsdichtefunktion von Verlusten für unterschiedliche Tranchen am Kapitalmarkt dargestellt.

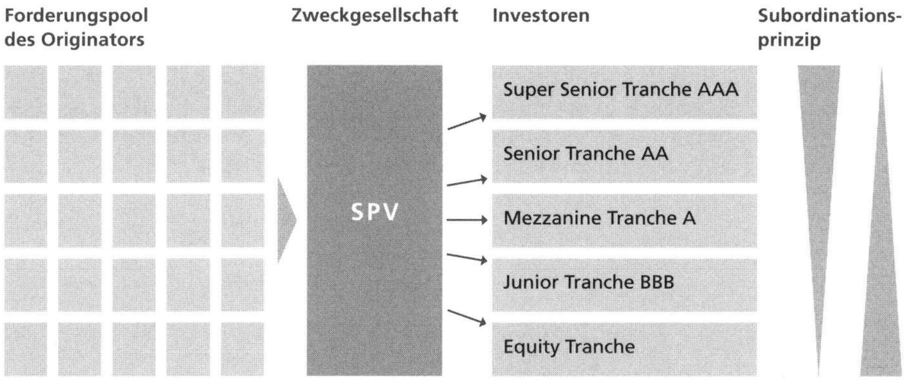

Abb. 41: Aufbau einer CDO-Transaktion

Die Tranche mit dem größten Risiko wird als **Equity Tranche** oder „first loss piece" bezeichnet und beinhaltet die höchste Vergütung. Die Tranchen mit dem geringsten Risiko, d.h. mit dem höchsten Rating (oftmals A.A.-AAA) und entsprechend mit der niedrigsten Vergütung (kleinster Credit Spread – Aufschlag auf Referenzzinssatz z.B.: EURIBOR), wird als (Super) **Senior Tranche** bezeichnet. Die Anzahl der Tranchen lässt sich flexibel gestalten. So lassen sich zwischen der Equity Tranche und der Super Senior Tranche beispielsweise drei weitere Tranchen einbauen: eine Senior Tranche, eine Mezzanine Tranche und eine **Junior Tranche**. Das Rating der entsprechenden Tranchen verschlechtert sich von AAA (Super Senior Tranche) bis zu BBB (Junior Tranche). Abschließend sei noch zu erwähnen, dass die Mittel aus dieser Struktur erst dann ausgezahlt werden, wenn das Portfolio am Kapitalmarkt platziert wurde.

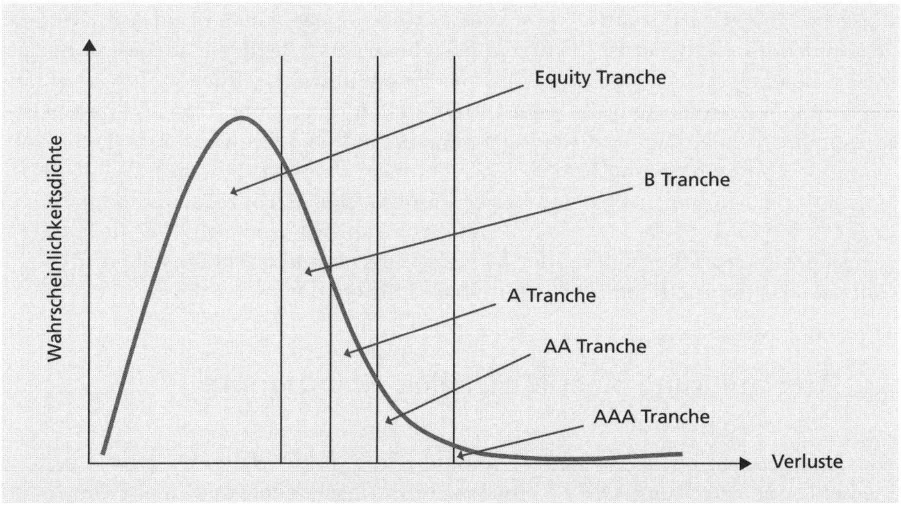

Abb. 42: Wahrscheinlichkeitsdichtefunktion von Verlusten für unterschiedliche Tranchen am Kapitalmarkt

Bei der **Fond-Struktur** wird im Gegensatz zum CDO zunächst von den Investoren Kapital in den Fond eingezahlt. Aus diesem zur Verfügung stehenden Kapital vergibt die Fondgesellschaft die Genussrechte an die Mezzanine-Kapitalnehmer. Durch das bereits eingezahlte Kapital hat die Fondgesellschaft die Möglichkeit, gewisse Vertragsbedingungen (Covenants) individuell anzupassen. Abbildung 43 zeigt den Aufbau einer Fond-Struktur zur Refinanzierung von standardisiertem Mezzanine-Kapital.

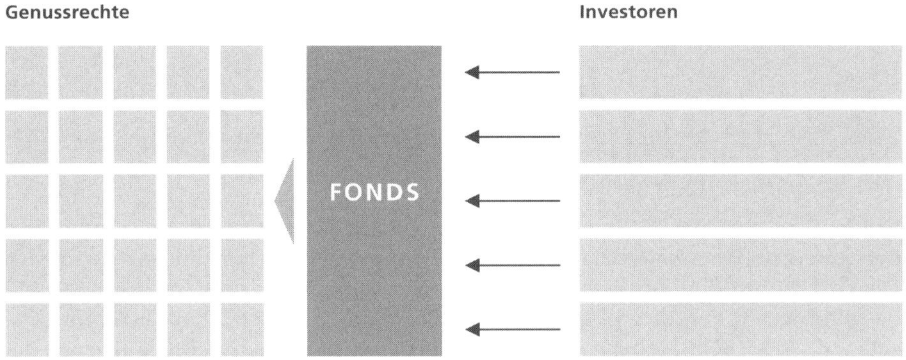

Abb. 43: Aufbau einer Fond-Struktur zur Refinanzierung von standardisiertem Mezzanine-Kapital

7.4.3.2 Individuelles Mezzanine-Kapital

Als individuelles Mezzanine-Kapital bezeichnet man größtenteils kundenspezifische und individuell ausgearbeitete Lösungen. Sie können sich in Ihren Ausgestaltungsformen – wie der erste Überblick über mezzanine Finanzierungsinstrumente gezeigt hat – oftmals stark unterscheiden. Folglich sind die Auswahlprozesse für diese Lösungen relativ aufwendig und kostenintensiv. Der Vorteil individueller gegenüber standardisierter Lösungen besteht in ihrer **flexiblen Ausgestaltung**. So lassen sich beispielsweise Laufzeit, Gewinnbeteiligungen, Rückzahlungsmodalitäten, Vertragsstrafen usw. in einer individuellen Mezzanine-Transaktion flexibel zwischen Unternehmen und Kapitalgeber aushandeln. Dies führt oftmals zu einer passenderen Finanzierung für das Unternehmen. Folglich sollte sich die Wahl der Mezzanine-Form ganz nach deren Verwendung richten. Auch weisen standardisierte Programme in der Regel sehr unflexible Auswahlkriterien auf. Vor allem vorgeschriebene Mindestbonitäten oder Mindestunternehmensgrößen stellen für viele Mittelstandsunternehmen unüberwindbare Hürden dar.

7.5 Strukturierung einer Mezzanine-Finanzierung

Die Strukturierung von Mezzanine-Kapital erfolgt in der Regel über verschiedene Elemente der **Vergütung**. Diese können Vergütungselemente aus einer Fremd- und Eigenkapitalfinanzierung ausweisen und spiegeln den hybriden Charakter von Mezzanine-Finanzierungen wieder. Bei maßgeschneiderten Produkten wird die

Strukturierung in Abhängigkeit vom Finanzierungszweck individuell vorgenommen, bei Standardprodukten ist die Mezzanine-Finanzierung bereits vorstrukturiert.

Folgende **Vergütungselemente** sind bei einer Mezzanine-Finanzierung üblich:

(1) eine laufende und periodisch zu bezahlende Verzinsung (Basiszins plus Marge),

(2) eine auflaufende und endfällig zu bezahlende Verzinsung,

(3) ein Kicker am Laufzeitende.

Die **laufende Verzinsung** ist in Relation zum Risiko, das der Mezzanine-Geber durch die Nachrangigkeit trägt, für den Kapitalnehmer sehr kostengünstig. Eine risikoadäquate Verzinsung wird bei Mezzanine-Finanzierungen oftmals vermieden, da bewusst die Cashflows des Unternehmens (z.B. bei einer Wachstums- oder Akquisitionsfinanzierung) geschont werden sollen. Die laufende Verzinsung stellt einen wichtigen Unterschied von Mezzanine-Finanzierungen gegenüber Eigenkapitalfinanzierungen dar.

Ergänzend wird häufig eine **auflaufende Verzinsung** vereinbart, um zusätzlich die Cashflows des Unternehmens zu schonen. Diese wird am Ende der Laufzeit der Mezzanine-Finanzierung in Form einer Einmalzahlung (aufgelaufene Zinsen und Tilgung) fällig. Bei der Strukturierung ist zu prüfen, ob die Cashflows für diese Einmalzahlung ausreichen und wenn nicht, ob die Mezzanine-Finanzierung durch eine andere Finanzierungsart (in der Regel Fremdfinanzierung) abgelöst werden kann.

Sowohl die laufende als auch die endfällige Verzinsung während der Mezzanine-Laufzeit führen zu erheblichen Steuerersparnissen. Auf Grund dieser Steuerersparnisse und der niedrigen laufenden Verzinsung ist Mezzanine-Kapital in den ersten Jahren eine sehr kostengünstige, aber dennoch eine risikotragende Finanzierungskomponente. Die relativ niedrig laufende Ausschüttungsbelastung ermöglicht die Verwendung der Cashflows für weitere Investitionen (bei Wachstumsfinanzierungen) oder die Rückführung von Darlehen (bei Akquisitionsfinanzierungen). Dadurch werden Investitionen oder Transaktionen ermöglicht, die mit den klassischen Formen der Eigen- und Fremdfinanzierung nicht darstellbar wären.

Schließlich führt ein **Kicker** als dritte Vergütungsart dazu, dass letztlich das Mezzanine-Kapital ein risikogerechtes Pricing und der Mezzanine-Geber eine risikoadäquate Verzinsung erhält.

Der Kicker kann als Equity-Kicker oder Non-Equity-Kicker strukturiert sein:

(1) Beim **Equity-Kicker** kann der Mezzanine-Geber direkt am Unternehmen teilhaben, indem er die Möglichkeit hat, bei entsprechendem Erfolg des Unternehmens über **Options- und Wandlungsrechte** Anteile am Eigenkapital zu erwerben; er kann also selbst zum Gesellschafter bzw. Aktionär werden.

(2) Beim **Non-Equity-Kicker** ist nicht vorgesehen, dass der Mezzanine-Geber Anteile am Unternehmen erwirbt; er partizipiert über **Shadow Warrants** oder **performanceabhängige Zusatzvergütungen** indirekt an der Wertsteigerung des Unternehmens.

Ein Kicker ist eine **variable Vergütungsform**, die bei Erreichen vorab definierter Unternehmensergebnisse die Rendite des Mezzanine-Gebers erhöht. Die Verwendung eines Kickers ist das zentrale Kriterium, ob die Mezzanine-Finanzierung einen Eigenkapitalcharakter erhält und dem Equity-Mezzanine zuzuordnen ist. Durch den Kicker wird der Mezzanine-Geber am wirtschaftlichen Erfolg des Unternehmens beteiligt. Der Vorteil eines Kickers besteht aus Sicht des Kapital aufnehmenden Unternehmens darin, dass die Effektivbelastung über die gesamte Laufzeit des Mezzanine-Kapitals vom Unternehmenserfolg abhängt. Ist die Unternehmensperformance entsprechend der Planung, erhält der Mezzanine-Geber seine erwartete Rendite. Entwickelt sich das Unternehmen besser als geplant, wird der Mezzanine-Geber entsprechend am Unternehmenserfolg partizipieren, wohingegen er bei einer Underperformance Abstriche bei seiner Rendite machen muss.

7.6 Kosten einer Mezzanine-Finanzierung

Die Mezzanine-Kapitalgeber übernehmen durch die **Nachrangigkeit** ein höheres Risiko als klassische Fremdkapitalgeber, aber ein geringeres Risiko als Eigenkapitalgeber. Dies schlägt sich auch in den Kosten für Mezzanine-Kapital nieder. Die Kosten der unterschiedlichen Mezzanine-Formen unterscheiden sich aufgrund der Eigenkapitalnähe bzw. Fremdkapitalnähe. Je mehr die Mezzanine-Finanzierung Eigenschaften von Eigenkapital aufweist, desto höher sind die Kosten und umgekehrt. Abbildung 44 stellt das Verhältnis zwischen den Kosten und der Eigenkapitalnähe bzw. Fremdkapitalnähe dar.

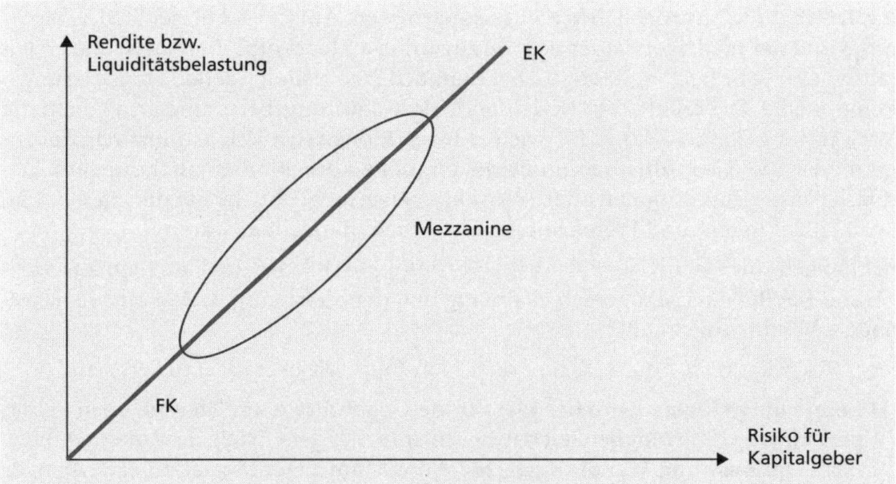

Abb. 44: Kosten einer Mezzanine-Finanzierung

Wie hoch die **tatsächlichen Kosten** von Mezzanine-Kapital für ein Unternehmen sind, hängt neben der Unterscheidung von Eigen- und Fremdkapitalnähe davon ab, ob es sich bei der Mezzanine-Finanzierung um ein Standardprodukt oder ein maßgeschneidertes Produkt handelt. Grundsätzlich sind Standardprodukte günstiger als maßgeschneiderte Lösungen. Es kann folgende grobe Aussage getroffen werden:

(1) Kosten für Standardprodukte: Die Kosten für Standardprodukte belaufen sich auf 7,5–10 % p.a.

(2) Kosten für individuelle Produkte: Die Kosten für individuelle Produkte belaufen sich in Abhängigkeit von der Eigen- bzw. Fremdkapitalnähe auf 10–25 % p.a.

Der Kostenunterschied zwischen den beiden Produktarten erklärt sich dadurch, dass Standardprodukte deutlich höhere **Investitionskriterien** (z.B. Mindest-Rating, Mindest-Größe, Mindest-Rentabilität usw.) als individuelle bzw. maßgeschneiderte Lösungen aufweisen. Durch das geringere Risiko können Standardprodukte entsprechend günstiger angeboten werden. Maßgeschneiderte Lösungen sind höchst flexibel und können auch Unternehmen finanzieren, die die Investitionskriterien von Standardprodukten nicht erfüllen. Ein höheres Risiko der Finanzierung wird dann über höhere Renditeanforderungen abgegolten. Ferner haben Standardprodukte eine vereinheitlichte Vergabemethode, wohingegen der Strukturierungsaufwand bei maßgeschneiderten Produkten deutlich höher ausfällt.

Abbildung 45 ordnet die Kosten von Standard-Mezzanine-Produkten und maßgeschneiderten Mezzanine-Produkten im Verhältnis zu Eigen- und Fremdkapital ein.

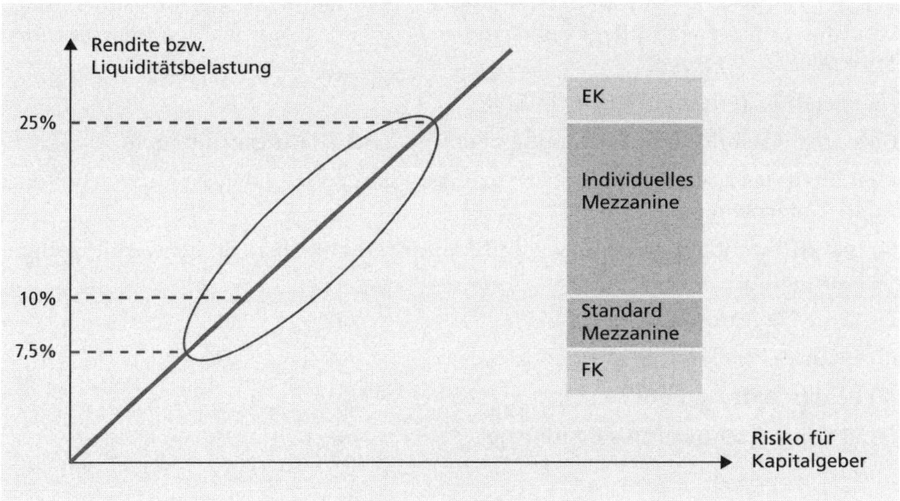

Abb. 45: Kosten von Standard-Mezzanine-Produkten und maßgeschneiderten Mezzanine-Produkten

7.7 Anlässe einer Mezzanine-Finanzierung und Investitionskriterien von Mezzanine-Gebern

In den vergangenen Jahren haben mezzanine Finanzierungsinstrumente, die zuvor bestenfalls ausgewählten Fachleuten bekannt waren, in der Öffentlichkeit eine **starke Aufmerksamkeit** erreicht. Wurde noch bis vor Kurzem Mezzanine fast ausschließlich im Rahmen der Finanzierung von Unternehmenskäufen bzw. Buy-out-Transaktionen eingesetzt, so ist das Anwendungsspektrum heute wesentlich breiter. Insbesondere bei internen und externen Wachstumsfinanzierungen sowie bei der Verbesserung der Eigenkapitalposition haben Mezzanine speziell auch den deutschen Mittelstand erreicht. Neuartige standardisierte Mezzanine-Programmme haben hierbei wesentlich zum Durchbruch geführt.

Die Anlässe einer Mezzanine-Finanzierung unterscheiden sich nicht wesentlich von denen einer Private Equity Finanzierung. Folgende Motive können genannt werden:

(1) Akquisitionsfinanzierung – Buy-outs,

(2) Brückenfinanzierung,

(3) Projektfinanzierung,

(4) Gesellschafterwechsel/Unternehmensnachfolge,

(5) Wachstumsfinanzierungen,

(6) Unternehmensübernahmen,

(7) Bilanzoptimierung/Finanzierungsstrategie – BASEL II.

Aus Sicht der Mezzanine-Geber besteht der Ertrag mezzaniner Finanzierungen zum überwiegenden Teil in den **Zinsinstrumenten**. Wesentlich ist daher die Fähigkeit des Unternehmens, während der Laufzeit der Mezzanine-Finanzierung Zinsen und Tilgungen bedienen zu können. Dies erfordert eine stabile Ausgangsbasis hinsichtlich der Ertragskraft und Marktstellung des Unternehmens. Der Investmentfokus von Mezzanine-Gebern liegt daher in der Regel auf Unternehmen mit folgenden Merkmalen:

(1) operative und finanzielle Stabilität,

(2) starker Cashflow zur Bedienung von Zins- und Tilgungszahlungen,

(3) motiviertes Management mit Erfahrungshintergrund und mehrjähriger Tätigkeit im Unternehmen,

(4) marktführende Position bzw. signifikante Marktanteile in Branchen mit geringer Saisonalität,

(5) keine Neugründung,

(6) Chance-/Risikoprofil ausgewogen,

(7) Bereitschaft zum offenen Dialog,

(8) überdurchschnittliches Renditeziel.

7.8 Vor- und Nachteile von Mezzanine-Kapital für mittelständische Unternehmen

Mezzanine-Kapital ist der Oberbegriff für eine Vielzahl von Finanzierungsinstrumenten, die je nach Ausgestaltung die Vorteile einer Eigenkapital- und Fremdfinanzierung nutzen können. Auf Grund der Flexibilität sind sie für eine Vielzahl von Finanzierungsanlässen einsetzbar. Durch standardisierte Mezzanine-Produkte können sich auch mittelständische Unternehmen über einheitliche Verfahren bei Erreichung definierter Investitionskriterien über den Kapitalmarkt finanzieren. Dies war bislang nur in sehr begrenztem Maße möglich. Durch individuelles Mezzanine-Kapital können komplexe Finanzierungsfragen maßgeschneidert gelöst und die Interessen aller beteiligten Parteien berücksichtigt werden. Individuelle und standardisierte Produkte bieten somit mittelständischen Unternehmen eine große Bandbreite neuer Finanzierungsinstrumente.

Die **Vorteile** von Mezzanine-Kapital lassen sich wie folgt zusammen fassen:

Mezzanine-Kapital stärkt die **Eigenkapitalbasis** eines Unternehmens je nach Ausgestaltung. Die Anerkennung von Mezzanine als wirtschaftliches Eigenkapital führt zu einer Verbesserung der Bilanzstruktur und einer besseren Eigenkapitalquote. Dadurch verbessert sich das von den Banken im Rahmen von Basel II durchzuführende Rating. Ein verbessertes Rating erleichtert die zukünftige Kreditaufnahme und führt zu günstigeren Zinskonditionen.

Mezzanine-Kapital schafft eine **Erweiterung des Kreditspielraums**. Bestehende Kreditlinien können entlastet werden. Ferner schafft Mezzanine-Kapital ein gewisses Maß an Unabhängigkeit von den Kreditgebern.

Mezzanine-Kapital ist mit **keiner Veränderung des Gesellschafterkreises** verbunden. Es müssen keine Gesellschaftsanteile an Dritte veräußert werden. Dies ist besonders für mittelständische Familienunternehmen von Bedeutung, die zusätzliches Eigenkapital benötigen, gleichzeitig aber keine Veränderung des Gesellschafterkreises wünschen.

Der Aufnahme von Mezzanine-Kapital liegt ein **einfacher Prozess** zugrunde. Zusätzliches Eigenkapital für das Unternehmen (z.B. durch einen Finanzinvestor, Private Equity Gesellschaft bedeutet den Verkauf von Gesellschaftsanteilen. Hinter diesem Verkauf steht ein komplexer und langwieriger Veräußerungsprozess von Gesellschaftsanteilen mit Unternehmensbewertung, Due Diligence (genauer Analyse des Unternehmens auf bestehende Risiken) sowie Preis- und Vertragsverhandlungen. Im Gegensatz dazu ist die Aufnahme von Mezzanine-Kapital einfacher. Insbesondere bei standardisierten Produkten sind die Investitionskriterien und der Vergabeprozess klar vorgegeben. Die Vergabe von Mezzanine-Kapital erfolgt bei Erfüllung der Investitionskriterien schnell, mit geringem Aufwand und gleicht häufig einem „aufwändigeren" Kreditvergabeprozess. Auch bei individuellen Produkten ist der Vergabeprozess im Vergleich zum Eigenkapital deutlich einfacher. Hier wird zwar das Mezzanine-Instrument den Bedürfnissen des Unternehmens genau angepasst, dennoch entfallen wesentliche Elemente des Verkaufsprozesses.

Bei Mezzanine-Kapital ist **kein Exit-Druck** vorhanden. Während Eigenkapitalinvestoren in der Regel nach fünf bis sieben Jahren ihre Beteiligung wieder veräußern wollen und dadurch ein Verkaufprozess (entweder an die Altgesellschafter oder an Dritte entsteht), wird die Mezzanine-Finanzierung mit Rückzahlung der aufgenommenen Gelder und der Vergütung beendet.

Mezzanine-Geber haben **weniger Einflussrechte** als Eigenkapitalinvestoren. Da Mezzanine-Investoren keine Gesellschafter sind, verfügen sie über geringere Kontroll- und Informationsrechte. Eine aktive Einflussnahme auf die strategische Ausrichtung des Unternehmens oder eine Einmischung in das operative Geschäft erfolgt bei normaler Unternehmensentwicklung nicht.

Mezzanine-Kapital ist **kostengünstiger** als Eigenkapital. Insbesondere standardisierte Produkte sind äußerst günstig und stellen bei vielen Finanzierungsanlässen eine interessante Alternative zum Eigenkapital dar.

Mezzanine-Kapital kann zu einer **Erhöhung des Unternehmenswerts** führen. Die Expansion eines Unternehmens, das durch Mezzanine-Kapital finanziert wird, kann zu einer signifikanten Steigerung des Unternehmenswerts führen. Über eine Mezzanine-Finanzierung kann eine Optimierung des Unternehmenswerts herbeigeführt werden, bevor das Unternehmen an einen strategischen Investor oder Finanzinvestor veräußert wird.

Mezzanine-Kapital weist **steuerliche Vorteile** auf. Die Zinszahlungen an den Mezzanine-Geber sind in der Regel als Zinsaufwand abziehbar und wirken daher steuermindernd.

Mezzanine-Produkte sind unabhängig von **Branchen und Rechtsformen**. Auf Grund des breiten Spektrums von mezzaninen Finanzierungsinstrumenten sind die meisten Mezzanine-Produkte relativ unabhängig von der Rechtsform, Branche oder Größe des Unternehmens einsetzbar. Dies gilt insbesondere für individuelle Produkte, die die größte Flexibilität aufweisen. Aber auch bei standardisierten Produkten, die zunächst den größeren Mittelstand im Fokus hatten, ist eine Tendenz zur Ausweitung auf den gesamten Mittelstand zu erkennen.

Mezzanine Finanzierungen stellen eine interessante Alternative zu traditionellen Finanzierungsquellen, aber keine Allheilmittel für jedes Finanzierungsproblem dar. Vor allem die unterschiedlichen mezzaninen Formen und Produkte sollten vom Unternehmen auf deren spezifische Eignung in Zusammenhang mit den angestrebten Einsatzmöglichkeiten überprüft werden.

Die **Nachteile** von Mezzanine-Kapital lassen sich wie folgt zusammenfassen:

Mezzanine-Kapital bedeutet **zeitlich befristetes Kapital**. Eine mezzanine Finanzierung ist lediglich eine zeitlich befristete Kapitalüberlassung. Insofern muss das Ziel der Mezzanine-Finanzierung (z.B. Wachstum oder eine Unternehmenskauffinanzierung) innerhalb des Zeitraums der Kapitalüberlassung erreicht sein. Nach Ablauf des Finanzierungszeitraums muss das Geld vollständig zurückgeführt werden. Das kann insbesondere dann ein Problem sein, wenn Teile der Vergütung endfällig werden und zusätzlich noch ein Non-Equity-Kicker ausbezahlt werden muss.

Anschlussfinanzierung ist häufig notwendig. Mezzanine-Kapital muss nach Abschluss des Finanzierungszeitraums durch Anschlussfinanzierungen abgelöst werden. Hier besteht die Möglichkeit der Aufnahme von Eigen- oder Fremdkapital. Bei der Aufnahme von Eigenkapital entstehen die Probleme, die durch eine Mezzanine-Finanzierung eigentlich umgangen werden sollten. Der Verkauf von Gesellschaftsanteilen wurde zeitlich verzögert. Wird durch die Mezzanine-Finanzierung eine Optimierung des Unternehmenswerts angestrebt, ist der Verkauf an Dritte strategisch geplant. Die Anschlussfinanzierung entfällt dadurch automatisch. Anders ist die Lage, wenn das Unternehmen im Familienbesitz bleiben soll bzw. eine Änderung des Gesellschafterkreises nicht gewünscht ist. Hier muss von Anfang an darauf geachtet werden, dass durch die Mezzanine-Finanzierung die Cashflows erhöht werden und die Innenfinanzierung des Unternehmens gestärkt wird. Dadurch kann eine gewisse Unabhängigkeit von externen Finanzierungsquellen erreicht werden. Ist eine Ablösung der Mezzanine-Mittel durch Fremdkapital vorgesehen, ist mit einer Verschlechterung der Eigenkapitalquote, des Ratings und damit der Kreditkonditionen zu rechnen. Auch hier gilt der Hinweis, dass durch die Mezzanine-Finanzierung die Innenfinanzierung und damit die Bilanzstruktur dauerhaft so verbessert werden muss, dass eine Ablösung durch Fremdkapital zu keiner Verschlechterung der Unternehmenssituation führt.

Mezzanine-Kapital ist **kündbar**. Viele Mezzanine-Formen sind beim Brechen gewisser vertraglicher Vereinbarungen (Trigger) von Seiten des Mezzanine-Gebers kündbar. In diesem Punkt weist das Mezzanine-Kapital Ähnlichkeiten zur Kreditfinanzierung auf. Bei Kündigung von Seiten des Mezzanine-Gebers existiert kein „Finanzierungspuffer" für das Unternehmen, und eine Finanzierungskrise mit allen Konsequenzen kann eintreten.

Mezzanine-Kapital ist **teurer** als Bankdarlehen. Mezzanine-Finanzierungen weisen eine Verzinsung auf, die über der Verzinsung vergleichbarer Kredite liegt. Dadurch erhöht sich durch diese Finanzierungsformen die Zinsbelastung des Unternehmens. Dies kann vor allem dann zu einem Problem werden, wenn wider Erwarten das Unternehmen in eine Krise gerät. Unterliegt der Finanzierungsanlass einem höheren Risiko (z.B. Akquisition eines Unternehmens), kann als Alternative ein hoher Anteil erfolgsabhängiger Verzinsungskomponenten vereinbart werden. Grundsätzlich kann festgehalten werden, dass bei standardisiertem Mezzanine-Kapital momentan höchst attraktive Finanzierungskonditionen angeboten werden.

Einflussnahme durch Mezzanine-Geber in der Krise. Sollte der Mezzanine-Nehmer, z.B. auf Grund einer Unternehmenskrise, seinen Verpflichtungen aus dem Finanzierungsvertrag nicht nachkommen können, verfügen die Mezzanine-Geber häufig über gewisse Einflussnahmemöglichkeiten, die das Unternehmen zusätzlich belasten können. Hierzu zählen beispielsweise Strafzahlungen oder das Einschalten von Beratungsunternehmen auf Kosten des Unternehmens. Während bei individuellem Mezzanine-Kapital diese Einflussmöglichkeiten individuell vereinbart werden, sind diese bei standardisiertem Mezzanine-Kapital fest vorgegeben und nicht verhandelbar.

Mezzanine-Kapital bedeutet **Aufwand**. Die Komplexität des Vergabeprozesses von Mezzanine und der laufende Aufwand während der Finanzierung stellt einen Nachteil vieler Mezzanine-Transaktionen dar. In der Regel sind im Vergabeprozess gewisse Rating- und Due-Diligence-Prozesse zu durchlaufen. Später muss das Unternehmen ein Reporting an die Mezzanine-Geber gewährleisten. Eine Mezzanine-Finanzierung bedeutet im Vergleich zur Kreditfinanzierung einen insgesamt erhöhten Aufwand für das Unternehmen. Allerdings muss betont werden, dass die genannten Maßnahmen eine gewisse disziplinierende Wirkung entfalten, Lerneffekte bewirken und damit positiv zum Erfolg der Unternehmen beitragen können.

Mezzanine-Produkte erfordern ein **Rating**. Für die meisten Mezzanine-Produkte bestehen gewisse Rating-Anforderungen. So investieren vor allem standardisierte Genussrechtsanbieter in der Regel nur in Investment Grade Unternehmen. Vor allem bei kapitalmarktplatzierten Genussrechtsportfolien werden diese Ratings bislang oft von externen Ratingagenturen ermittelt. Als Anbieter in diesem Bereich haben sich bislang Moody's KMV RiskCalc™ und EULER HERMES Rating GmbH etabliert. Doch basiert vor allem das am häufigsten eingesetzte Verfahren von Moody's KMV RiskCalc™ ausschließlich auf vergangenheitsabbildenden Finanzkennzahlen. Vor allem qualitative Merkmale sowie Zukunftsrisiken und -chancen werden durch dieses Rating-Verfahren nicht abgebildet. Ferner werden die Qualität des Managements sowie die Geschäftsidee, Strategie und Positionierung des Unternehmens in diesem Rating-Verfahren nicht untersucht. Folglich stellen Rating-Anforderungen oft unüberwindbare Hürden für Mezzanine interessierte Mittelstandsunternehmen dar. Diese Vergabepolitik von Mezzanine-Kapital resultiert in einer Art Schicksalsspirale: Unternehmen mit schlechten Eigenkapitalquoten erhalten aufgrund des Ratings kein Mezzanine-Kapital und sind damit auch nicht in der Lage, ihre Eigenkapitalausstattung zu verbessern. Dies verteuert wiederum ihre Kreditaufnahme und benachteiligt sie im Wettbewerb mit anderen Unternehmen. Empfehlenswert wäre eine stärker qualitativ angelegte Rating-Beurteilung der mittelständischen Unternehmen. Da dies aufwändiger ist, würde es sich allerdings wieder in höheren Kosten niederschlagen.

Die Verfügbarkeit von Mezzanine-Kapital ist von der **Unternehmensgröße** und dem **Finanzierungsvolumina** abhängig. Vor allem die interessanten, standardisierten Mezzanine-Produkte zielen auf Unternehmen mit einer gewissen Mindestgröße. Diese liegt bisher meistens in der Größenordnung 30 bis 50 Mio. EUR Jahresumsatz. Maßgeschneiderte Mezzanine Produkte sind hierbei oft flexibler einsetzbar, dafür aber mit höheren Zins- bzw. Renditeanforderungen versehen. Ähnlich verhält es sich bei der Größe der einzelnen Mezzanine-Engagements. In der Regel werden kaum Finanzierungsvolumina kleiner 2 Mio. EUR angeboten. Dies verdeutlicht einmal mehr, dass der Fokus vieler Mezzanine-Produkte auf größeren Mittelstandsunternehmen liegt. Vorstöße zum Beispiel durch standardisierte Schuldscheinangebote mit Ticket-Größen von EUR 500.000 aufwärts sind derzeit im Markt zu beobachten und könnten zur Lösung dieses Problems beitragen.

Am Mezzanine-Markt ist nur ein **geringes Angebot für kleine Mittelstandsunternehmen** vorhanden. Derzeit besteht aus den oben genannten Gründen nur ein geringes Angebot an Mezzanine-Mitteln für kleinere Mittelstandsunternehmen. Es ist damit zu rechnen, dass sich dies zukünftig ändern wird. Dies wird dann erfolgen, wenn eine gewisse Marktsättigung im Segment des größeren Mittelstandsgeschäfts eingetreten ist und die Margen für die Produktanbieter unattraktiver werden, gleichzeitig aber auch die Anbieter über genügend Erfahrung in der Produktentwicklung und Abwicklung gesammelt haben, um diese weiter zu standardisieren. Momentan sind bereits erste Vorstöße in den Markt kleinerer Mittelständler etwa durch standardisierte Schuldscheinprogramme zu beobachten.

Kontrollfragen

- Definieren Sie den Begriff Mezzanine-Kapital.
- Nennen Sie typische Merkmale von Fremd- und Eigenkapital und zeigen Sie auf, welche wesentlichen Eigenschaften Mezzanine-Kapital von beiden Kapitalformen übernimmt.
- Erklären sie die folgenden Instrumente: Vorzugsaktien, Gesellschafterdarlehen, atypisch und typisch stille Beteiligung, Options- und Wandelanleihe, partiarisches Darlehen.
- Erläutern Sie den Unterschied zwischen Equity und Debt Mezzanine sowie die Konsequenzen der jeweiligen Ausprägung.
- Differenzieren Sie zwischen Privatplatzierungsinstrumenten und Kapitalmarktinstrumenten.
- Zeigen Sie den unterschiedlichen Transaktionsaufbau der standardisierten Mezzanine-Produkte Collaterized Debt Obligation (CDO) und der Fonds-Struktur auf.
- Grenzen Sie das individuelle Mezzanine-Kapital vom standardisierten ab.
- Beschreiben Sie die verschiedenen Vergütungselemente, mit denen Sie eine Mezzanine-Finanzierung strukturieren können.
- Nennen Sie die beiden wesentlichen Kostenfaktoren einer Mezzanine-Finanzierung und erklären Sie diese.
- Geben Sie fünf Anlässe und Unternehmensvoraussetzungen für eine Mezzanine-Finanzierung an.
- Führen Sie fünf Vor- und Nachteile der Mezzanine-Finanzierung auf.

8. Kapitel
Die Fremdfinanzierung

8.1 Charakteristik und Einteilung der Fremdfinanzierung

Lernziele

- Sie können die Fremdfinanzierung im Rahmen der Außenfinanzierung definieren.
- Sie differenzieren Fremd- von Eigenkapital anhand von gegebenen Merkmalen.
- Sie systematisieren Fremdkapital nach vier Einteilungskriterien.
- Sie können Fremdkapital nach der Herkunft kategorisieren.
- Sie unterscheiden Fremdkapital nach Fristigkeiten.
- Sie kennen die wesentlichen Sicherungsmöglichkeiten eines Kredits und können für beide Arten Beispiele aufführen.

Eine Fremdfinanzierung im Rahmen der **Außenfinanzierung**[288] liegt vor, wenn einem Betrieb Kapital durch Gläubiger zugeführt wird, die durch diese Transaktion **kein Eigentum** am Betrieb erwerben, sondern mit ihm auf Zeit **schuldrechtlich** verbunden sind. Aus dieser juristischen Unterscheidung zur Eigenfinanzierung ergeben sich wichtige wirtschaftliche Konsequenzen.

Da keine Beteiligung entsteht, haben die Fremdkapitalgeber keine Mitsprache-, Kontroll- und Entscheidungsbefugnisse. Einschränkend ist jedoch anzumerken, dass im Fall einer starken Abhängigkeit von einem Großkreditgeber dieser auf Vertragsgestaltungen bestehen kann, die ihm eigentümerähnliche Mitsprache- und Kontrollrechte einräumen.

Während die Eigenkapitalgeber an den **stillen Rücklagen** eines Betriebs beteiligt sind, haben die Fremdkapitalgeber nur einen **Anspruch auf Rückzahlung** der vereinbarten Kreditsumme. Ebenso fehlt die **Erfolgsbeteiligung** der Gläubiger.[289] Ihr Entgelt für die Kapitalüberlassung besteht in einer **festen Verzinsung** der Kredite. Diese Zinsen führen zu einer konstanten Liquiditätsbelastung des Betriebs. Sie sind auch dann zu zahlen, wenn die Unternehmen Verluste erleiden. Das **Verlustrisiko** trägt also zunächst das Eigenkapital. Gläubiger erleiden nur dann Verluste, wenn beim Zusammenbruch von Betrieben die noch vorhandenen Vermögenswerte und Sicherheiten zu einer Befriedigung ihrer Ansprüche nicht mehr ausreichen.

---

[288] Zur Fremdfinanzierung zählt beispielsweise auch die Finanzierung durch *Pensionsrückstellungen*. Die finanziellen Mittel werden hierbei aber nicht von außen zugeführt, sondern aus dem betrieblichen Umsatzprozess aufgebracht. Deshalb wird diese Form der Fremdfinanzierung im Zusammenhang mit der Innenfinanzierung behandelt.

[289] Eine Ausnahme bilden die Gewinnschuldverschreibungen.

Ein weiterer wichtiger Unterschied zwischen Eigen- und Fremdkapital besteht in der **steuerlichen Behandlung**. Während Gewinnanteile der Gewerbeertrag-, Körperschaft- und Einkommensteuer unterliegen, sind die Fremdkapitalzinsen im Normalfall als Betriebsausgaben bei der Einkommen- bzw. Körperschaftsteuer abzugsfähig. Zinsen für langfristige Kredite müssen allerdings zur Hälfte als „Hinzurechnung"[290] bei der Gewerbeertragsteuer berücksichtigt werden.

Die Außenfinanzierung mit Fremdkapital kann in **verschiedenen Formen** erfolgen. Für eine Systematik der Arten des Fremdkapitals lassen sich unter anderem die folgenden Einteilungskriterien verwenden:

(1) Legt man die **Herkunft des Kapitals** zugrunde, so unterscheidet man nach Kreditgebern. Dabei sind die Kreditgeber, die über den betrieblichen Leistungsprozess mit dem Betrieb verbunden sind, von jenen zu trennen, die ohne Verbindung zum Leistungsprozess Fremdkapital bereitstellen. Wie aus Abbildung 46 hervorgeht, bestimmt diese Einteilung vielfach auch die Art der Kredite.

(2) Die Zuführung von Fremdkapital ist nicht immer gleichbedeutend mit einer Zufuhr finanzieller Mittel, wie sie beispielsweise bei Kundenanzahlungen oder Darlehen erfolgt. Gliedert man die Fremdfinanzierung nach dem **Gegenstand der Übertragung** auf den Betrieb, so gibt es neben dem **Geldkredit** zwei weitere Kreditformen. Beim Lieferantenkredit bezieht das Unternehmen Waren, Rohstoffe usw., die erst nach Ablauf einer gewissen Frist (z.B. nach 30 Tagen) bezahlt werden müssen; es liegt also der Fall eines **Sachkredits** vor. Durch die dritte

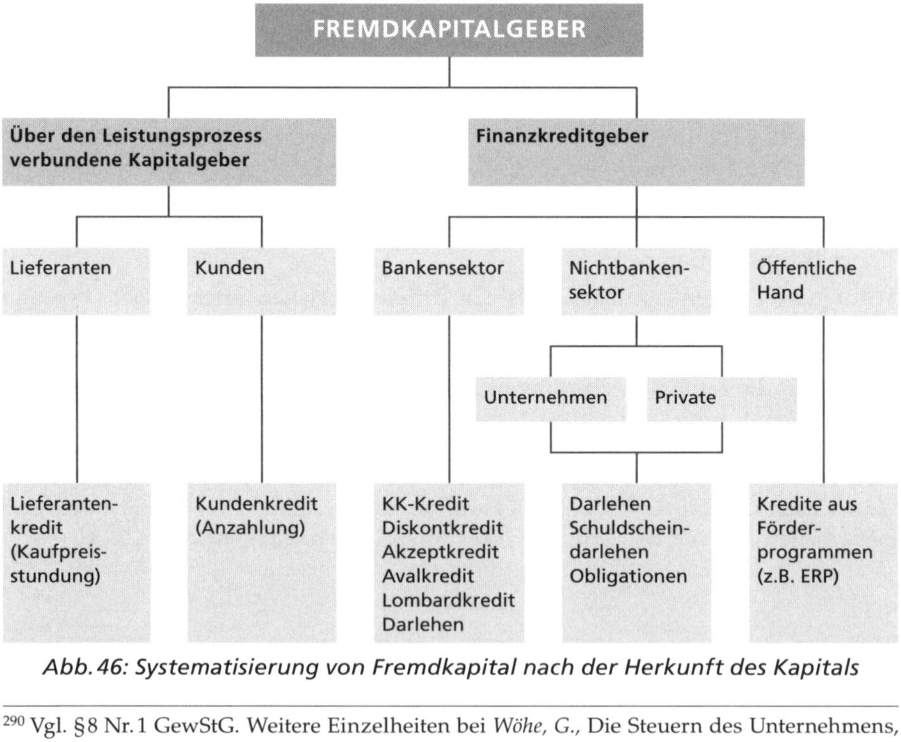

Abb. 46: Systematisierung von Fremdkapital nach der Herkunft des Kapitals

[290] Vgl. §8 Nr. 1 GewStG. Weitere Einzelheiten bei *Wöhe, G.*, Die Steuern des Unternehmens, a.a.O, S. 203 ff.

Form erhält der Betrieb weder Geld noch Sachwerte, sondern **Sicherheiten,** z.B. in Form von Bürgschaften, mit denen Geld- oder Sachkredite aufgenommen werden können. Bei der Kreditleihe tritt die Verpflichtung des Kreditgebers, für Schulden des Kreditnehmers aufzukommen, an die Stelle des Geldes oder der Sachwerte.

(3) Ein weiteres Einteilungskriterium ist die **Dauer der Kapitalüberlassung**, d.h. die Fristigkeit des Fremdkapitals (vgl. Abbildung 2). Die Abgrenzung zwischen kurz-, mittel- und langfristigen Krediten lässt sich oft nur schwer vornehmen. Durch Konvention, rechtliche Vorschriften und Bestimmungen der Deutschen Bundesbank haben sich als Grenzen für kurzfristige Kredite Laufzeiten von 90 Tagen oder auch bis zu einem Jahr und für langfristige Kredite von über vier bzw. fünf Jahren herausgebildet.

Einteilung des Fremdkapitals nach seiner Fristigkeit	Zeitspanne	Beispiele	Vorschrift
Kurzfristig			
enge Fassung	bis 90 Tage	Handelswechsel	
weite Fassung	bis 360 Tage	Kontokorrentkredit	
Mittelfristig	mehr als 90 bzw. 360 Tage bis zu 5 Jahre	Anzahlungen im Großanlagenbau, Darlehen	
Langfristig	über 5 Jahre	Schuldscheindarlehen, Obligationen	§ 285 Nr. 1 HGB

Abb. 47: Einteilung des Fremdkapitals nach seiner Fristigkeit

(4) Kredite lassen sich auch nach ihrer **rechtlichen Sicherung** unterteilen (vgl. Abb. 48). Einen Kredit, der ohne vom Kreditnehmer gestellte Sicherheiten gewährt wird, bezeichnet man als Blankokredit. Lässt der Kreditnehmer auf ein bebautes Grundstück zugunsten des Gläubigers eine Hypothek eintragen, so liegt ein Hypothekarkredit vor. Die rechtliche Sicherung eines Kredites kann in einer schuldrechtlichen und/oder sachenrechtlichen Sicherung bestehen. Ferner kommen vertragliche Zusicherungen des Kreditnehmers in Form von Sicherungsklauseln oder der Einhaltung bestimmter Finanzkennzahlen in Betracht (**Covenants**). Die wesentlichen Formen werden in der folgenden Übersicht aufgeführt.

Kontrollfragen

- Definieren Sie den Begriff Fremdfinanzierung im Rahmen der Außenfinanzierung.
- Grenzen Sie Fremd- von Eigenkapital anhand der gegebenen Kriterien ab.
- Systematisieren Sie Fremdkapital nach vier Einteilungskriterien.
- Nennen Sie mögliche Kategorien, wie Sie Fremdkapital nach der Herkunft einteilen.
- Beschreiben Sie, wie sich Fremdkapital nach der Fristigkeit kategorisieren lässt und nennen Sie Beispiele.
- Nennen Sie die beiden rechtlichen Sicherungsmöglichkeiten und geben Sie drei Beispiele beider Arten.

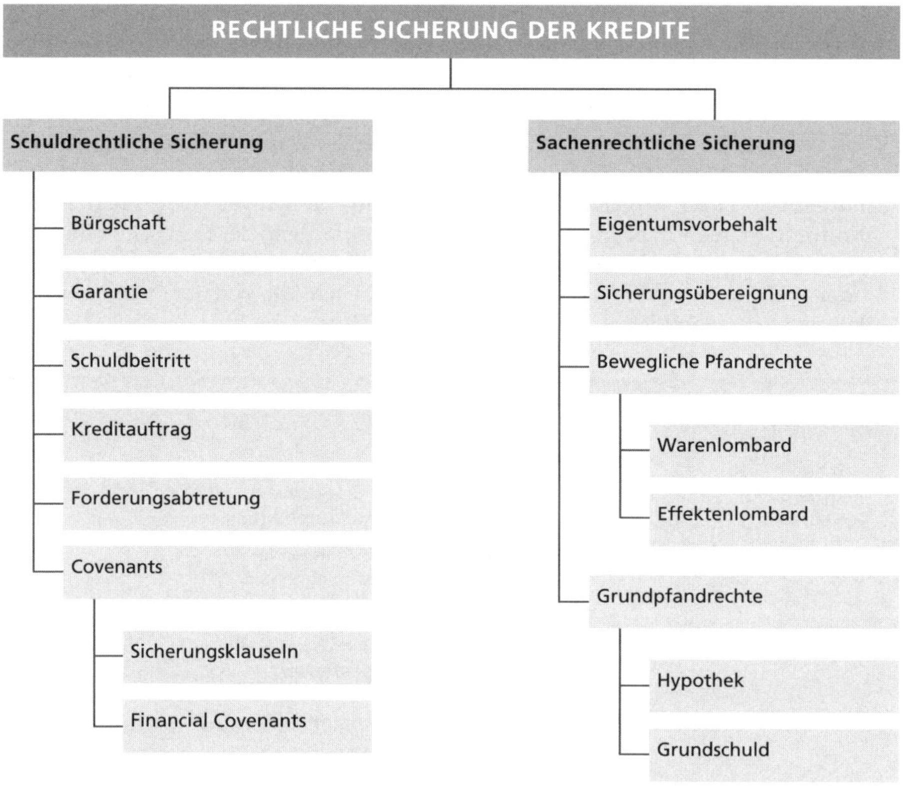

Abb. 48: Einteilung von Krediten nach ihrer rechtlichen Stellung

8.2 Die Grundlagen der Kreditsicherung

Lernziele

- Sie sind mit den Begriffen der Kreditwürdigkeitsprüfung im engeren und weiteren Sinne vertraut.
- Sie kennen die persönlichen sowie sachlichen Bestimmungsfaktoren der Kreditwürdigkeitsprüfung.
- Sie können den Zweck von Ratings beschreiben und kennen in diesem Bereich agierende Agenturen.
- Sie sind sich über die Aussagekraft und Schwächen von Ratings bewusst.
- Sie wissen Methoden anzuwenden, um einen risikogerechten Eigenkapitalbedarf zu ermitteln.
- Sie verstehen den Zweck der Kreditsicherung und können verschiedene Formen kategorisieren.
- Sie kennen die Personalsicherheiten der Kreditsicherung und können die unterschiedlichen Arten wie Bürgschaft, Garantie, Kreditauftrag und Schuldbeitritt voneinander abgrenzen.
- Sie wissen, wie der einfache und erweiterte Eigentumsvorbehalt funktioniert.

- Sie verstehen die Zession und können zwischen ihren Formen unterscheiden.
- Sie können erklären, wann sich das Pfandrecht eignet und wie es funktioniert.
- Sie verstehen die Sicherungsübereignung und kennen die damit verbundenen Vorteile.
- Sie können den Unterschied von Grundschuld und Hypothek aufzeigen und kennen Methoden zur Ermittlung eines Immobilienwerts.
- Sie kennen die Unterschiede der beiden Verfahren der Kreditversicherung.
- Sie verstehen den Zweck von Covenants und können zwischen den beiden Grundtypen differenzieren.
- Sie kennen die anfallenden Kosten einer Kreditversicherung für den Kreditnehmer als auch für den Kreditgeber.

8.2.1 Die Kreditwürdigkeitsprüfung

Mit der Einräumung eines Kredits geht ein Kreditgeber das **Risiko** ein, dass der Kredit nicht fristgerecht, nur teilweise oder überhaupt nicht getilgt wird. Entsprechendes gilt für die Zinszahlungen. Die Einschätzung dieses Risikos wird im Rahmen der **Kreditwürdigkeitsprüfung** vorgenommen, bei der die Kreditfähigkeit des Kreditnehmers und seine Kreditwürdigkeit unter persönlichen und sachlichen Aspekten untersucht werden.

Ist ein Kreditnehmer **kreditfähig,** so bedeutet das, dass keine rechtlichen Gründe in der Person des Kreditnehmers dem Abschluss eines rechtswirksamen Kreditvertrags entgegenstehen. So ist bei natürlichen Personen die unbeschränkte Geschäftsfähigkeit, bei verheirateten Personen zusätzlich die Art des Güterstands[291] und bei Gesellschaften und juristischen Personen die Befugnis der Vertreter zur Kreditaufnahme zu überprüfen.

Bei der Kreditwürdigkeitsprüfung im engeren Sinne sucht der Kreditgeber eine Antwort auf die zentrale Frage, ob der Kreditnehmer in der Lage sein wird, die Verpflichtungen aus dem Kreditvertrag fristgerecht und ohne Komplikationen und Einschränkungen zu erfüllen.[292] Die vermutete Eintrittswahrscheinlichkeit der Zahlungsunfähigkeit und damit das Kreditrisiko bestimmt die Höhe und die Bedingungen des Kreditengagements. Zur Beantwortung der Frage sind Informationen über die **persönlichen** und **sachlichen Bestimmungsfaktoren der Kreditwürdigkeit** zu sammeln und zu analysieren.

Zu den **persönlichen Faktoren** zählen der Charakter, der Ruf, die Familienverhältnisse, die fachliche Qualifikation und unternehmerischen Fähigkeiten usw. des Kreditnehmers, bzw. bei Gesellschaften und juristischen Personen der Mitglieder der Geschäftsführung. Informationen hierzu kann der Kreditgeber durch eigene

[291] Vgl. §§ 1363 ff. und §§ 1408 ff. BGB. In § 1365 Abs. 1 Satz 1 BGB heißt es für den Fall der Zugewinngemeinschaft: „Ein Ehegatte kann sich nur mit Einwilligung des anderen Ehegatten verpflichten, über sein Vermögen im ganzen zu verfügen."

[292] Vgl. *Kayser, G., Kokalj, L.*, Kreditwürdigkeitsprüfung, in: Handwörterbuch des Bank- und Finanzwesens, hrsg. von *Gerke, W., Steiner, M.*, 2. Aufl., Stuttgart 1995, S. 643.

Beobachtungen, Auskünfte von Geschäftsfreunden, Kreditinstituten, Auskunfteien oder auch durch Selbstauskunft des Kreditnehmers erhalten.

Die **sachlichen Voraussetzungen** der Kreditwürdigkeit werden durch die Qualität der Unternehmensorganisation sowie die Vermögens-, Ertrags- und Liquiditätslage des Kredits suchenden Unternehmens bestimmt. Besondere Bedeutung kommt der Einschätzung der Entwicklung der zukünftigen Ertrags- und Liquiditätslage zu, da es von ihr abhängt, ob die Abwicklung des Kredits planmäßig verlaufen kann. Die Sammlung und Analyse der notwendigen Informationen wird durch deren Zukunftsbezogenheit erschwert. Da verwertbare Plandaten oftmals nicht zur Verfügung stehen, wird die Prognose im Wesentlichen auf der Basis von Vergangenheitswerten vorgenommen, die den Bilanzen, Gewinn- und Verlustrechnungen, Lageberichten und anderen Teilen des Rechnungswesens (Umsatz- und Auftragsstatistik usw.) entnommen werden. In die Analyse müssen absehbare Änderungen der Kostenstruktur z.B. aufgrund von Faktorpreiserhöhungen (Energie, Löhne) oder beabsichtigte Investitionen (Rationalisierung) sowie absehbare Änderungen in der Erlösstruktur einbezogen werden.

Wertvolle Erkenntnisse über die Höhe des Kapitalbedarfs und die Rückzahlungsmöglichkeiten lassen sich aus einem sorgfältig aufgestellten **Finanzplan** (ggf. unter Einschluss von Alternativplänen) ziehen. Legt ein Kreditnehmer einen solchen Plan vor, so ist im Rahmen der Kreditwürdigkeitsprüfung auf seine Vollständigkeit und auf den Sicherheitsgrad der terminlich fixierten Ein- und Auszahlungen zu achten.

Informationen über die **Vermögens- und Schuldenlage** sind für den Kreditgeber aus mehreren Gründen von Bedeutung. Zum einen lassen sich die Ansprüche ermitteln, die Dritte gegen die Haftungsmasse haben, zum anderen wird damit der Spielraum sichtbar, der für die Stellung von Sicherheiten in Frage kommt. Daneben steht die Fristigkeit des Vermögens und des Kapitals in engem Zusammenhang mit den Finanzströmen. Als Basis für die Analyse der Vermögenslage dient in der Regel die Steuerbilanz, die unter dem Gesichtspunkt der Kreditwürdigkeitsanalyse aufbereitet wird, oder ein Kreditstatus, d.h. eine Fortschreibung der Bilanz.

Ergänzt werden müssen die betrieblichen Vermögenswerte um solche, die nicht in der Bilanz enthalten sind, aber zur **Haftungsbasis** zählen. Dazu zählt das Privatvermögen der Einzelunternehmer und der persönlich haftenden Gesellschafter der Personengesellschaften. Weiterhin gehört zur Bilanzaufbereitung die Analyse der Bewertungspolitik, die den Bilanzansätzen zugrunde liegt, damit stille Rücklagen sichtbar gemacht werden, die durch die Unterbewertung von Vermögenspositionen bzw. Überbewertung von Passivpositionen (z.B. Rückstellungen) entstanden sein können.

Die **Bilanzaufbereitung** zielt darauf ab, zu zeigen:[293]

- über welche finanziellen Reserven das Unternehmen unter der Annahme, dass es fortgeführt wird, noch verfügt,
- welches Ergebnis bei einer Liquidation des Unternehmens erzielt werden könnte,
- welche Auszahlungen sich aus der Struktur der Passiva ergeben,
- wie hoch das Haftungskapital belastet ist.

[293] Vgl. *Hagenmüller, K. F.*, Kreditwürdigkeitsprüfung, in: Handwörterbuch der Finanzwirtschaft, hrsg. *von H. E. Büschgen*, Stuttgart 1988, Sp. 1229.

Nach der Aufbereitung der Bilanz wird eine auf die Kreditwürdigkeitsprüfung ausgerichtete Gliederung vorgenommen. Ihre Aufgabe ist es, die Bildung betriebswirtschaftlicher Kennzahlen (z.B. Verschuldungsgrad, Eigenkapitalquote, Fremdkapitalquote) zu ermöglichen, die der Analyse der wirtschaftlichen Verhältnisse zugrunde gelegt werden.

Die Kreditwürdigkeitsprüfung wird in der Praxis unterschiedlich intensiv durchgeführt. Bei der Kreditvergabe durch Banken ist es die Regel, dass eine Kreditwürdigkeitsprüfung vorgenommen wird. Nach § 18 KWG sind die Kreditinstitute verpflichtet, die **Offenlegung der wirtschaftlichen Verhältnisse**, insbesondere der Jahresabschlüsse zu verlangen, wenn Kredite an einen Kreditnehmer 750.000 EUR oder 10 % des haftenden Eigenkapitals der Kredit gewährenden Bank überschreiten. Ausgenommen hiervon sind nur die Fälle, in denen die gestellten Sicherheiten oder die Mitverpflichtung Dritter diese Maßnahme offensichtlich als unbegründet erscheinen lassen. Diese Regelung des KWG wird verständlich, wenn man bedenkt, wie hoch die Risiken sind, die die Banken durch das Ausmaß der Kreditvergabe übernehmen, obwohl ihre Eigenkapitalquote in der Regel nur etwa 5 % des Bilanzvolumens beträgt.

Die **Gewährung von Lieferantenkrediten** in Form von Zahlungszielen geht in der Regel weitaus formloser vonstatten. Die Kreditgewährung ist für Lieferanten nur eine Nebenleistung, die zu den Instrumenten der Absatzpolitik (Konditionenpolitik) zählt. Vielfach fehlen daher die organisatorischen Voraussetzungen, systematische Kreditwürdigkeitsprüfungen vorzunehmen. Außerdem haben die Lieferanten nur geringe Möglichkeiten ihre Kunden zur Aufdeckung ihrer wirtschaftlichen Verhältnisse zu veranlassen. Bei der Aufnahme von Geschäftsbeziehungen werden Informationen über die Kreditwürdigkeit häufig durch die Einholung von Auskünften bei Kreditinstituten oder Auskunfteien gesammelt,[294] die später durch eigene Beobachtungen der Zahlungsmoral und der weiteren Entwicklung der Geschäftsbeziehungen ergänzt werden.

8.2.2 Externes Rating

Der Käufer einer Industrieobligation oder eines Commercial Papers geht wie jeder andere Gläubiger ein Bonitätsrisiko ein. Dies drückt sich darin aus, dass sich während der Laufzeit der Anlage die Zahlungsfähigkeit des Schuldners verschlechtern kann und es im ungünstigsten Fall zu Zahlungsausfällen kommt. Im Unterschied zu einem Kreditinstitut, das mit dem Schuldner einen Kreditvertrag abschließt, verfügen die Anleger über weitaus weniger Informationen zur Beurteilung der Anlagemöglichkeit. Diese Lücke füllen sogenannte vornehmlich im angelsächsischen Raum entstandene international tätige **Rating-Agenturen**, die als **unabhängige** Institutionen Aussagen über die **relativen** Ausfallrisiken für bestimmte Emittenten oder auch für einzelne Wertpapiere treffen.

Das Rating erfolgt in der Regel auf Wunsch des Emittenten,[295] welcher der Rating-Agentur die zur Beurteilung notwendigen Informationen quantitativer und qua-

---

[294] Vgl. *Paal, E.*, Entwicklungen und Entwicklungstendenzen in der Kreditsicherung, Wiesbaden 1973, S. 17.

[295] Daneben gibt es auch unbeauftragte Ratings (Unsolicited Ratings), die aber die Ausnahme darstellen.

litativer Natur zur Verfügung stellt und erläutert. Die Einschätzung der Bonität bzw. das Ausfallrisiko wird zu einer einzelnen Bewertungsgröße verdichtet und veröffentlicht. In Abhängigkeit vom Zeithorizont differenzieren die Ratingurteile zwischen mittel- und langfristigen (wichtig bei Industrieanleihen) sowie kurzfristigen Aussagen (wichtig bei Commercial Papers). Die Rating-Skalen der Agenturen stimmen in ihrer Einstufung der relativen Risiken im Grundsatz überein. Dies verdeutlicht Abbildung 49.

RATING-SKALEN von Moody's und Standard & Poor's

	Langfristig		*Erläuterung*
	Moody's	S & P	
Investment Grade	Aaa	AAA	Äußerst starke Zinszahlungs- und Tilgungskraft.
Investment Grade	Aa1 Aa2 Aa3	AA + AA AA –	Sehr starke Zinszahlungs- und Tilgungskraft.
Investment Grade	A1 A2 A3	A + A A –	Gute Zinszahlungs- und Tilgungskraft; allerdings ist der Emittent anfälliger gegen negative Wirtschafts- oder Umfeldentwicklung als andere Emittenten.
Investment Grade	Baa1 Baa2 Baa3	BBB + BBB BBB –	Ausreichende Zinszahlungs- und Tilgungskraft: bei negativer Wirtschafts- und Umfeldentwicklung kann die Zahlungsfähigkeit stärker beeinträchtigt werden als die anderer Emittenten.
Non-Investment Grade	Ba1 Ba2 Ba3	BB + BB BB –	Noch ausreichende Zahlungsfähigkeit; negative Wirtschafts- und Umfeldentwicklung kann zu Schwierigkeiten führen, die Verbindlichkeiten zu erfüllen.
Non-Investment Grade	B1 B2 B3	B + B B –	Noch ausreichende Zahlungsfähigkeit mit starken Gefährdungselementen.
Non-Investment Grade	Caa	CCC + CCC CCC –	Tendenz zu Zahlungschwierigkeiten; Abhängigkeit von gutem Geschäftsverlauf.
Non-Investment Grade	Ca	CC C	Starke Gefährdung, Zahlungsstörungen.
Non-Investment Grade	C	D	Zahlungsunfähigkeit.
	Kurzfristig		
	P(rime) – 1	A – 1 +	Äußerst starke Zahlungsfähigkeit.
		A – 1	Sehr starke Zahlungsfähigkeit.
	P – 2	A – 2	Gute Zahlungsfähigkeit; allerdings anfälliger gegen negative Entwicklung in den Umfeldbedingungen.
	P – 3	A – 3	Gute Absicherung; allerdings Anfälligkeit gegen negative Entwicklung in den Umfeldbedingungen.
	Not prime	B	Bei noch gegebener Zahlungsfähigkeit, hohe spekulative Elemente.
		C	Drohende Zahlungsunfähigkeit.
		D	Zahlungsunfähigkeit.

Beurteilungskriterien für ein Emittentenrating		
Länderrisiko		Wirtschaftliche Stärke Finanzielle Lage Politische Stabilität
Branchenrisiko		Wirtschaftspolitische Relevanz Regulatorisches Umfeld Marktstruktur Wettbewerb
Emittentenrisiko	Geschäftsrisiken	Besitzverhältnisse Management Strategie Technologische Risiken Produkte Servicequalität Kosteneffizienz
	Finanzielle Risiken	Kapitalstruktur Cashflow Investitionsintensität Finanzstrategie Flexibilität

Abb. 49: Rating-Skalen von Moody's und Standard & Poor's[261]

Das Rating ist ein Symbol für die **Ausfallwahrscheinlichkeit** eines Unternehmens aus Sicht eines Kreditinstituts oder einer Rating-Agentur. Bekanntlich ist gerade infolge von Basel II speziell das Rating mittelständischer Unternehmen durch ihre Kreditinstitute im Wesentlichen bestimmt durch **quantitative Faktoren**, wobei hier insbesondere die Finanzkennzahlen mit etwa 60–80 % die größte Bedeutung haben – und wissenschaftliche Untersuchungen zeigen sogar, dass auch die Ratings von Standard & Poor's und Moody's im Wesentlichen durch wenige **Finanzkennzahlen** reproduzierbar sind. Ein Beispiel für ein Rating findet sich in Abbildung 50. Besonders erklärungsstark sind dabei aus dem letzten Jahresabschluss abgeleitete Kennzahlen wie **Eigenkapitalquote** (EKQ), **Gesamtkapitalrendite** (ROCE), aber auch **Betriebsergebnismarge** (EBIT-Marge), **Zinsdeckungsquote** sowie **Liquiditätskennzahlen**.

8.2.3 Die Instrumente der Kreditsicherung

8.2.3.1 Überblick über die Arten von Kreditsicherheiten

Mit Hilfe der Kreditwürdigkeitsprüfung versuchen die Kreditgeber, das Risiko abzuschätzen, das sie eingehen, wenn sie einen Kredit gewähren. Ist ihnen das Risiko zu hoch, einen Blankokredit einzuräumen, so werden sie Sicherheiten verlangen, aus denen notfalls ihre Ansprüche befriedigt werden können.

Für die **Einteilung** der verschiedenen Formen der Kreditsicherheiten bieten sich mehrere Kriterien an. Orientiert man sich an den **rechtlichen Grundlagen**, so ist zwischen schuldrechtlichen und sachenrechtlichen Sicherungen zu unterscheiden.

[296] Quelle: *Achleitner, A.-K.*, Handbuch Investment Banking, 3. Aufl., Wiesbaden 2002, S. 558.
[297] Quelle: HSBC Global Asset Management.

Daneben trennt man gewöhnlich die **Personal-** und die **Sachsicherheit**. Während bei der Personalsicherheit dem Gläubiger neben dem Schuldner eine oder mehrere Personen haften (z.B. durch Bürgschaft), besteht die Sachsicherheit darin, dass neben die persönliche Haftung des Schuldners eine dingliche Haftung tritt (z.B. die Grundschuld). Die Güte einer Personalsicherheit hängt von der Bonität der zusätzlich haftenden Personen, die der Sachsicherheit von ihrer Verwertbarkeit ab.

Weiter kann man die Kreditsicherheiten danach gliedern, ob sie vom Kreditnehmer selbst gestellt werden **(Eigensicherheit)**, oder ob Dritte den Kredit absichern **(Fremdsicherheit)**.[298] Der Fall einer Fremdsicherheit liegt rechtlicht beispielsweise dann vor, wenn eine GmbH ein Darlehen aufnimmt, das durch eine Grundschuld auf das Privatgrundstück eines Gesellschafters gesichert wird.

Große Bedeutung für Gläubiger und Sicherungsgeber hat die Art der Verbindung von Kredit und Sicherheit. Setzt die Verwertung einer Sicherheit nach gesetzlichen Vorschriften eine bestehende Forderung gegen den Kreditnehmer voraus, wie z.B. die Inanspruchnahme eines Bürgen,[299] so handelt es sich um eine **akzessorische Kreditsicherheit**. Mit dem Erlöschen der Forderung erlischt auch die Kreditsicherheit. Kann der Kreditgeber die Sicherheit auch bei nicht mehr bestehender Forderung verwerten, so liegt der Fall einer **fiduziarischen Kreditsicherheit** vor. Der Sicherungsgeber ist gegen eine missbräuchliche Verwertung nicht durch besondere gesetzliche Vorschriften, sondern durch den Sicherungsvertrag geschützt. Der Vorteil dieser Sicherheiten besteht darin, dass sie nicht an Forderungen gebunden sind, die je nach Art des Kredits in ihrer Höhe schwanken oder zeitweilig erlöschen können (z.B. Kontokorrentkredit). Eine neue Kreditvereinbarung kann daher ohne eine erneute Stellung von Sicherheiten getroffen werden.[300]

Bisher sind wir davon ausgegangen, dass der Kreditgeber vom Kreditnehmer verlangt, Sicherheiten zu stellen oder beizubringen. Daneben besteht für die Gläubiger aber auch die Möglichkeit, sich selbst durch Abschluss von **Versicherungen gegen Forderungsausfälle** zu schützen.

Kreditsicherheiten im weiteren Sinne stellen die **Covenants** dar. Hierbei handelt es sich um zusätzliche vertragliche Vereinbarungen zwischen Kreditgeber und Kreditnehmer. Der Kreditgeber kann sich beispielsweise verpflichten, bestimmte Handlungen vorzunehmen bzw. zu unterlassen oder bestimmte im Kreditvertrag definierte Finanzkennzahlen während der Laufzeit des Kredits einzuhalten.

8.2.3.2 Die Personalsicherheiten

Die Bürgschaft

Im Falle der Personalsicherheit wird die Haftung des Schuldners um die **Haftung** einer oder mehrerer anderer Personen **ergänzt**. Durch den Bürgschaftsvertrag verpflichtet sich der Bürge gegenüber dem Kreditgeber des (Haupt-)Schuldners, für die Erfüllung der Ansprüche gegen den Schuldner einzustehen.[301] Bei dem **Bürgschafts-**

---

[298] Vgl. *Paal, E.*, a.a.O., S. 23.

[299] In § 767 Abs. 1 Satz 1 BGB heißt es: „Für die Verpflichtung des Bürgen ist der jeweilige Bestand der Hauptverbindlichkeit maßgebend."

[300] Vgl. *Lwowski, H.J./Gößmann, W.*, Kreditsicherheiten, 7. Aufl., Berlin 1990, S. 25.

[301] Vgl. § 765 Abs. 1 BGB.

vertrag handelt es sich um einen einseitig verpflichtenden Schuldvertrag, der für den Bürgen deshalb besonders gefährlich ist, weil er in der Regel damit rechnet, nicht in Anspruch genommen zu werden. Um ihm die Bedeutung seiner Verpflichtung zum Bewusstsein zu bringen, verlangt das Gesetz die schriftliche Erteilung der Bürgschaftserklärung.[302] Der **Schriftform** bedarf es allerdings dann nicht, wenn der Bürge Kaufmann und die Übernahme für ihn ein Handelsgeschäft ist.[303]

Bevor der Gläubiger sein Recht aus dem Bürgschaftsvertrag geltend machen kann, muss er ohne Erfolg eine Zwangsvollstreckung gegen den Hauptschuldner versucht haben. Ist das nicht geschehen, so kann der Bürge die sog. **Einrede der Vorausklage** geltend machen.[304] Es ist jedoch auch möglich, dass – wie es in der Praxis die Regel ist – der Bürge auf die Einrede der Vorausklage von vornherein verzichtet.[305] Das macht den Bürgschaftsanspruch zur Kreditsicherung tauglicher, weil der Gläubiger seine Ansprüche schneller befriedigen kann. Diese Form der Bürgschaft bezeichnet man als **selbstschuldnerische Bürgschaft**. Kaufleute haften grundsätzlich selbstschuldnerisch, wenn die Bürgschaft für sie ein Handelsgeschäft ist.[306] Nimmt der Gläubiger den Bürgen aus dem Bürgschaftsvertrag in Anspruch, so gehen die Rechte, die dem Gläubiger gegen den Hauptschuldner zustehen, auf den Bürgen über.[307]

Die Bürgschaft ist **akzessorisch**, d.h. die Verpflichtung des Bürgen ist nach Bestand und Umfang von der Hauptschuld abhängig.[308] Stellt sich z.B. heraus, dass ein Kredit an den Hauptschuldner nicht ausbezahlt wurde, so ist auch der Bürge nicht verpflichtet. Mit Erfüllung der Hauptschuld erlischt auch die Bürgschaft. Die Akzessorietät wirkt sich für die Bürgschaft als Kreditsicherheit nicht so gravierend aus, da Bürgschaften auch für künftige oder bedingte Verbindlichkeiten übernommen werden können.[309]

Die Verpflichtung des Bürgen kann sich auf den Teil der Forderung beschränken, der nach Verwertung aller anderen Sicherheiten und nach Zwangsvollstreckung in das Vermögen des Schuldners ungedeckt bleibt. In diesem Fall handelt es sich um eine **Ausfallbürgschaft,** d.h. der Gläubiger muss dem Bürgen den erlittenen Verlust nachweisen. Begrenzt der Bürge seine Verpflichtung auf einen bestimmten Betrag, so liegt eine begrenzte oder **Höchstbetragsbürgschaft** vor. Er kann sich jedoch auch verpflichten, unbegrenzt zu haften.

Die Rechtsbeziehungen bei Vorliegen einer selbstschuldnerischen Bürgschaft lassen sich schematisch wie in Abbildung 50 darstellen.

Die Rechtsbeziehungen erweitern sich, wenn mehrere Bürgen Verpflichtungen eingehen. Einmal besteht die Möglichkeit, dass verschiedene Bürgen sich für dieselbe Verbindlichkeit verbürgen **(Mitbürgschaft)**. Die Bürgen haften dann als Gesamtschuldner, auch wenn sie sich einzeln verpflichtet haben.[310] Derjenige Bürge, der

[302] Vgl. §766 BGB.
[303] Vgl. §350 HGB.
[304] Vgl. §771 BGB.
[305] Vgl. §773 Abs. 1 Nr. 1 BGB.
[306] Vgl. §349 HGB.
[307] Vgl. §774 Abs. 1 BGB.
[308] Vgl. §767 Abs. 1 BGB.
[309] Vgl. §765 Abs. 2 BGB.
[310] Vgl. §769 BGB.

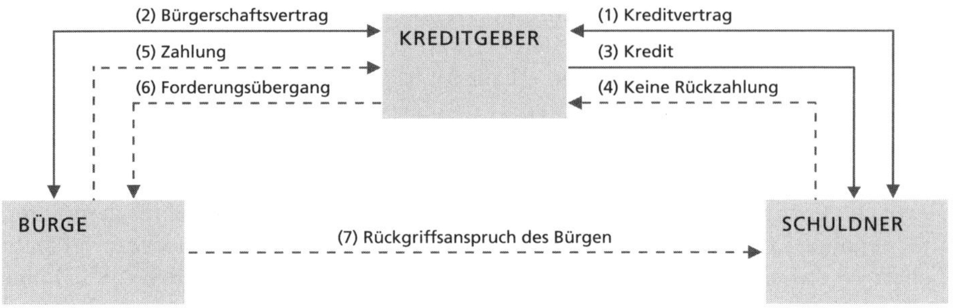

Abb. 50: Rechtsbeziehungen bei Vorliegen einer selbstschuldnerischen Bürgschaft

vom Gläubiger in Anspruch genommen wird, hat gegen die anderen Bürgen aber Ausgleichsansprüche.[311]

Haftet ein weiterer Bürge dem Gläubiger dafür, dass der erste Bürge seinen Verpflichtungen nachkommt, liegt der Fall der **Nachbürgschaft** vor. Befürchtet der Bürge, nach Inanspruchnahme durch den Gläubiger Ausfälle zu erleiden, so kann ein weiterer Bürge die Haftung dafür übernehmen, dass die Rückgriffsansprüche des Bürgen gegenüber dem Hauptschuldner erfüllt werden. Diese Konstruktion bezeichnet man als **Rückbürgschaft**.

Als Bürgen kommen Privatpersonen und Unternehmungen, aber auch die **öffentliche Hand** in Frage. Bund, Länder und andere öffentliche Körperschaften verbürgen sich im Rahmen wirtschaftspolitischer Zielsetzungen (z.B. Strukturpolitik, Investitionsförderung, Mittelstandsförderung, Abdeckung von Risiken aus dem Außenhandelsgeschäft) für solche Kreditnehmer, denen eine Fremdfinanzierung mangels ausreichender anderer Sicherheiten zu banküblichen Konditionen nicht möglich wäre. Da Ausfälle die öffentlichen Haushalte belasten, wird die Vergabe von Bürgschaften an strenge Verwendungsauflagen geknüpft.[312]

Für die gewerbliche Wirtschaft ist daneben die Tätigkeit der **Kreditgarantiegemeinschaften** von Bedeutung. Das sind privatwirtschaftlich geführte Selbsthilfeinstitutionen einzelner Branchen, die, durch Rückbürgschaften der öffentlichen Hand abgesichert, Ausfallbürgschaften für langfristige Kredite übernehmen, die der Existenzgründung, Betriebsvergrößerung, Rationalisierung und Umsiedlung kleinerer und mittlerer Unternehmen dienen.[313]

Garantie, Kreditauftrag und Schuldbeitritt

Zum Katalog der Personalsicherheiten zählen neben der Bürgschaft die Garantie, der Schuldbeitritt und der Kreditauftrag. Wie die Bürgschaft ergibt sich die **Garantie**

[311] Vgl. §§774, 426 BGB.

[312] Vgl. die eingehenden Darstellungen bei *Conrad, E.-A.*, Bürgschaften und Garantien als Mittel der Wirtschaftspolitik, Berlin 1967.

[313] Vgl. *Kayser, G., Kokalj, L.*, Kreditgarantiegemeinschaften, in: Handwörterbuch des Bank- und Finanzwesens, hrsg. von *Gerke, W., Steiner, M.*, 2. Aufl., Stuttgart 1995, S. 644. Eine nach Branchen gegliederte Liste von Kreditgarantiegemeinschaften enthält der Beitrag von *Brandenburg, B.*, Kreditgarantiegemeinschaften, in: Finanzierungs-Handbuch, hrsg. von *H. Janberg*, 2. Aufl., Wiesbaden 1970, S. 599 ff.

aus einem einseitig verpflichtenden Schuldvertrag. Der Garant verpflichtet sich, für einen in der Zukunft liegenden Erfolg einzustehen. Der **Unterschied zur Bürgschaft** besteht darin, dass die Garantie **nicht akzessorisch (fiduziarisch)**, d.h. von der dem Vertragsabschluss zugrundeliegenden Forderung unabhängig ist. Die Verpflichtung des Garanten ist daher größer als die des Bürgen. Besondere Bedeutung kommt der Garantie im Außenhandel und bei öffentlichen Ausschreibungen zu. Die Garantie ist gesetzlich nicht besonders geregelt; daher sind die allgemeinen Grundsätze des Schuldrechts anzuwenden.[314]

In der Sicherungswirkung verwandt mit der Bürgschaft ist der **Kreditauftrag**. Die Krediteinräumung erfolgt nicht auf Antrag des Schuldners, sondern der Gläubiger wird durch eine andere Person beauftragt, im eigenen Namen und für eigene Rechnung dem Schuldner einen Kredit zu gewähren. Führt der Kreditgeber den Auftrag aus, so erwirbt er zwei Ansprüche. Der Kreditnehmer haftet aus dem Kreditvertrag, der Auftraggeber als Bürge für die entstehende Verbindlichkeit.[315]

Eine Vergrößerung der Haftungsbasis tritt auch dann ein, wenn sich eine weitere Person neben dem eigentlichen Kreditnehmer als Gesamtschuldner verpflichtet.[316] Der **Schuldbeitritt** kann sowohl mit dem Gläubiger als auch mit dem Kreditnehmer vereinbart werden. Der Schuldbeitritt kann durch Vertrag zwischen dem Beitretenden und dem Gläubiger vereinbart werden. Möglich ist aber auch ein Vertrag zwischen dem ursprünglichen und dem beitretenden Schuldner. Dann handelt es sich um einen Vertrag zugunsten Dritter. Eine Zustimmung des Gläubigers ist nicht erforderlich, da sich seine Rechtsstellung nur verbessert.

8.2.3.3 Die Sachsicherheiten

Der Eigentumsvorbehalt

Während bei der Personalsicherheit der Kreditgeber sein Risiko dadurch vermindert, dass weitere kreditwürdige Personen für die Verbindlichkeiten des Schuldners haften, erwirbt der Kreditgeber im Falle der Sachsicherheit **Rechte an Vermögensgegenständen**. Die Bestellung und mögliche Verwertung der Sicherheiten vollzieht sich in unterschiedlicher Weise.

Verkauft ein Betrieb Produkte auf Ziel, so läuft er Gefahr, dass der Käufer, der Eigentümer der unbezahlten Ware geworden ist, zahlungsunfähig wird, bevor er die Rechnung beglichen hat.[317] Wird über das Vermögen des Käufers das Insolvenzverfahren eröffnet, dann gehört die Lieferung zur Insolvenzmasse, und der Verkäufer muss wie jeder andere Gläubiger beim Insolvenzverwalter seine Forderung anmelden. Folglich erhält der Verkäufer auf den Wert der gelieferten Waren nur die – recht niedrige – Insolvenzquote. Er ist ferner dadurch gefährdet, dass der Käufer anderen Gläubigern Rechte an der noch unbezahlten Ware einräumen kann. Diese möglichen Nachteile vermeidet der Verkäufer dann, wenn der Kauf unter Eigentumsvorbehalt

[314] Zu den Rechtsgrundlagen vgl. *Fikentscher, W.; Heinemann, A.*, Schuldrecht, 10. Aufl., Berlin 2006, S. 215 ff. Auf die wirtschaftliche Bedeutung wird unten im Zusammenhang mit dem Avalkredit eingegangen.

[315] Vgl. § 778 BGB.

[316] Vgl. §§ 421 ff. BGB.

[317] Vgl. §§ 433, 929 BGB.

erfolgt, d.h. die Ware zwar geliefert wird, die Übertragung des Eigentums aber unter der **aufschiebenden Bedingung** der vollständigen Bezahlung eintritt.[318]

Der Eigentumsvorbehalt ist das wichtigste Sicherungsmittel für Lieferantenkredite. Der Käufer braucht trotz der Nutzung der gekauften Güter den Kaufpreis nicht sofort zu entrichten, der vorleistende Verkäufer andererseits kann die Eigentumsübertragung bis zur vollständigen Bezahlung aussetzen. Wird unter der Voraussetzung des Kaufs unter Eigentumsvorbehalt über das Vermögen des Käufers Insolvenz eröffnet, so kann der Lieferant wegen des fehlenden Eigentums die Aussonderung der gelieferten Ware aus der Insolvenzmasse verlangen.

Diese **Grundform des Eigentumsvorbehalts** ist in der Praxis nicht immer brauchbar, da sich Schwierigkeiten, ergeben können, wenn der Käufer die gekauften Produkte bereits ganz oder teilweise verbraucht hat. Das sei an folgendem Beispiel verdeutlicht. Ein Lackhersteller liefert einer Lackiererei nacheinander weißen und blauen Lack unter Eigentumsvorbehalt. Der weiße Lack wird bezahlt, der blaue nicht. Nach Eröffnung des Insolvenzverfahrens stellt sich heraus, dass der blaue (unbezahlte) Lack verbraucht wurde und nur noch die bezahlte Lieferung vorhanden ist. Der weiße Lack gehört somit zur Insolvenzmasse. Der Lackhersteller kann keine Aussonderung verlangen.

Aus den Zahlungs- und Lieferungsbedingungen einer Seidenstoffweberei:

§ 11 Eigentumsvorbehalt
Das Eigentum an der gelieferten Ware verbleibt uns als Sicherheit für unsere jeweiligen gesamten Ansprüche aus der Geschäftsverbindung. Dieser Eigentumsvorbehalt schließt das Recht des Käufers nicht aus, die gelieferte Ware im Rahmen seines ordnungsmäßigen Geschäftsbetriebs zu verarbeiten und zu veräußern. Er darf sie aber weder zur Sicherung übereignen noch verpfänden. Pfändungen von dritter Seite sind uns unverzüglich anzuzeigen. Die Ware ist alsdann auf unser Verlangen zum Schutze gegen weitere Pfändungen an der von uns bestimmten Stelle auf Kosten des Käufers einzulagern. Gerät der Käufer mit seiner Zahlung ganz oder teilweise in Verzug, so sind wir berechtigt, Rückgabe der Ware bis zu unserer vollständigen Befriedigung zu verlangen, ohne vom Vertrag zurückzutreten.
Der Eigentumsvorbehalt erstreckt sich auf die durch die Verarbeitung entstehenden neuen Erzeugnisse. Diese Verarbeitung erfolgt durch den Käufer für uns. Vorsorglich überträgt der Käufer schon jetzt auf uns das Eigentum an den entstehenden neuen Erzeugnissen unter gleichzeitiger Vereinbarung, dass er dieselben für uns verwahrt. Bei Verarbeitung mit anderen nicht uns gehörigen Waren durch den Käufer gilt Vorstehendes gleichfalls, und zwar, sofern die von uns gelieferte Ware nicht die Hauptsache darstellt, mit der Maßgabe, dass uns das Miteigentum an den neuen Erzeugnissen im Verhältnis des Werts unserer Vorbehaltsware zum Wert der anderen Ware im Zeitpunkt der Verarbeitung zusteht.
Für den Fall der Weiterveräußerung der Ware oder der aus dieser hergestellten neuen Erzeugnisse tritt der Käufer bereits jetzt die ihm aus der Weiterveräußerung zustehenden Forderungen an uns ab. Bei Verarbeitung mit anderen Waren gilt dies, sofern die von uns gelieferte Ware nicht die Hauptsache darstellt, für den unserem Miteigentum entsprechenden Teil der Forderung. Wir nehmen die Abtretung hiermit an. Der Käufer ist verpflichtet, uns auf Erfordern Namen und Adresse der Abnehmer und die Höhe der Forderungen mitzuteilen und uns eine Abschrift seiner Rechnungen zu übermitteln und seine Abnehmer von der erfolgten Abtretung zu benachrichtigen. Kommt der Käufer den Verpflichtungen nicht nach, so sind wir auch durch einen Beauftragten berechtigt, die erforderliche Einsicht in die Bücher des Käufers zu nehmen. Der Käufer ist, solange er seine Verpflichtungen uns gegenüber ordnungsgemäß erfüllt, zur Einziehung der abgetretenen Forderungen berechtigt. Scheck und Wechsel gelten erst mit ihrer Einlösung als Zahlung.

[318] Vgl. § 449 BGB.

Gegen solche Risiken schützt sich die Praxis durch Konstruktion des **erweiterten Eigentumsvorbehalts,** bei dem der Eigentumsübergang auch davon abhängig gemacht wird, dass alle übrigen Verpflichtungen des Käufers aus der Geschäftsverbindung mit dem Lieferanten erfüllt sind.

Der Eigentumsvorbehalt verliert seine Wirkung bei solchen Gütern, die zu neuen Erzeugnissen verarbeitet werden, da der Hersteller Eigentümer dieser Güter ist und die am Ausgangsmaterial bestehenden Rechte erlöschen.[319] Dasselbe gilt für Sachen, die durch Verarbeitung zu einem wesentlichen Bestandteil eines Gebäudes werden.[320] Zu einer neuen Sicherheit kann der Lieferant nur dann kommen, wenn ihm sein Vertragspartner (Hersteller) Rechte an den produzierten Gütern einräumt. Setzt sich der Eigentumsvorbehalt aufgrund einer solchen Abrede an dem neuen Produkt fort, so handelt es sich um einen **verlängerten Eigentumsvorbehalt**.

Der Hersteller bzw. Verkäufer von Waren ist dann nicht mehr durch den normalen Eigentumsvorbehalt gesichert, wenn sein Abnehmer, dem er einen Lieferantenkredit eingeräumt hat, die Produkte gewerbsmäßig weiterveräußert.[321] Liefert der Weiterverkäufer ebenfalls auf Kredit, so erwirbt er Forderungen gegen seine Kunden. Durch entsprechende Abreden können diese Forderungen im Voraus an den Hersteller abgetreten werden. Auch hier liegt ein verlängerter Eigentumsvorbehalt vor.

Die Abtretung von Forderungen

Die Abtretung von Forderungen und Rechten **(Zession)**[322] zur Sicherung von Krediten spielt in der Praxis eine bedeutende Rolle. Für die Dauer des Kreditverhältnisses kann der Schuldner an den Gläubiger Forderungen gegenüber seinen Kunden – auch zukünftige – in bestimmter Höhe, aber z.B. auch Lebensversicherungsansprüche abtreten. An die Stelle des bisherigen Gläubigers **(Zedent)** tritt der neue Gläubiger **(Zessionar)**. Die Zustimmung des Drittschuldners ist nicht erforderlich. **Nicht abgetreten** werden können solche Forderungen, für die ein gesetzliches, vertragliches oder kollektives Abtretungsverbot besteht. Die Abtretung unpfändbarer Forderungen z.B. ist gesetzlich verboten.[323] Großunternehmen und die öffentliche Hand schließen häufig in ihren Auftragsbedingungen die Abtretung von Forderungen generell aus. Die Abtretbarkeit von Lohn- und Gehaltsforderungen kann aufgrund bestehender Betriebsvereinbarungen unzulässig sein. Ebenfalls ist es nicht möglich, dass der Zedent eine bereits abgetretene Forderung erneut wirksam abtritt. Ein **Gutglaubensschutz** existiert für die Forderungsabtretung nicht.

Die Abtretung der Forderung kann dem Drittschuldner angezeigt werden. Geschieht das, so handelt es sich um eine **offene Zession.** Wird von der Anzeige Abstand genommen, so liegt eine **stille Zession** vor. Während bei der stillen Zession der Drittschuldner seine Schuld durch Zahlung an den ursprünglichen Gläubiger tilgen kann, ist bei der offenen Zession eine befreiende Leistung nur an den neu-

---

319 Vgl. § 950 BGB.

320 Vgl. §§ 946, 93, 94 BGB.

321 Obwohl der Abnehmer nicht Eigentümer der Waren ist, darf er sie weiterverkaufen, wenn der Lieferant nach § 185 BGB seine Einwilligung gibt. Außerdem besteht die Möglichkeit des gutgläubigen Erwerbs durch einen Dritten, vgl. § 936 BGB.

322 Vgl. §§ 398 ff. BGB.

323 Vgl. § 400 BGB.

en Gläubiger möglich. Da infolge ihrer Publizitätswirkung die offene Zession das Ansehen des Zedenten im Geschäftsverkehr beeinträchtigen kann, ist in der Praxis die stille Abtretung von Forderungen üblich. Die Kreditgeber versuchen aber in der Regel, das mit der stillen Zession verbundene Risiko dadurch zu verringern, dass sie sich vom Kreditnehmer **Blankoabtretungsanzeigen** aushändigen lassen, mit denen sie notfalls stille in offene Abtretungen umwandeln können.

Abbildung 51 zeigt die Rechtsbeziehungen bei offener und stiller Zession.

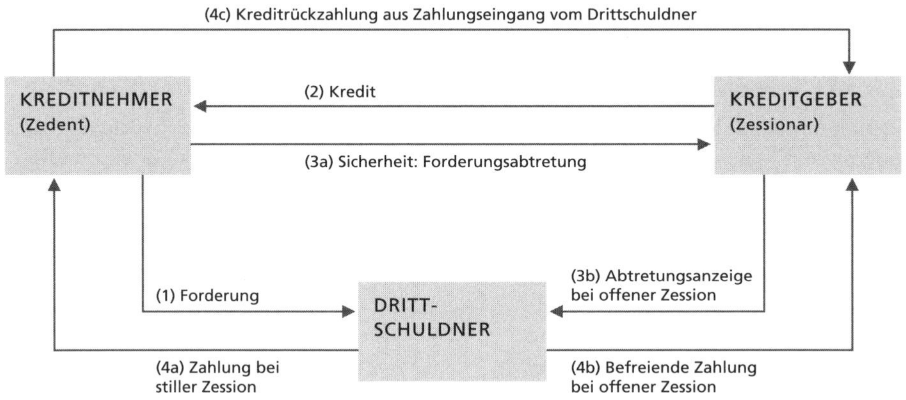

Abb. 51: Rechtsbeziehungen bei offener und stiller Zession

Abtretbar sind Einzelforderungen und Forderungsmehrheiten. Die **Einzelabtretung** ist als Kreditsicherheit nur geeignet, wenn ein einmaliger und kurzfristiger Kredit eingeräumt werden soll oder der Kredit als Vorschuss auf eine besondere Forderung gedacht ist.[324] Bei der Besicherung **laufender Kreditverbindungen** stellt sich das Problem, dass immer dann die Abtretung neuer Forderungen erklärt werden muss, wenn bereits abgetretene Forderungen durch Leistungen des Drittschuldners erlöschen. In diesen Fällen verwendet die Praxis die **Mantel-** und die **Globalzession**. Durch einen **Mantelzessionsvertrag** verpflichtet sich der Kreditnehmer, laufend Forderungen in einer bestimmten Gesamthöhe abzutreten. Die Abtretung wird wirksam, wenn dem Kreditgeber die Forderungen entweder in Form von Rechnungskopien oder durch Debitorenlisten mitgeteilt worden sind. Einer solchen Mitteilung bedarf es bei der **Globalzession** nicht.[325] Hier vereinbaren der Kreditgeber und der Kreditnehmer die Abtretung sämtlicher gegenwärtiger und zukünftiger Forderungen gegen einen bestimmten Kundenkreis, dessen Zusammensetzung namentlich, nach Anfangsbuchstaben oder regional bestimmt werden kann.

Neben der Lauterkeit des Kreditnehmers beeinflusst die Bonität der Drittschuldner die Güte dieser Kreditsicherheit. Bei größeren Forderungen ist es üblich, Bankauskünfte über die Drittschuldner einzuholen. Eine weitere Möglichkeit, sich gegen Bonitätsrisiken zu sichern, besteht in der Vereinbarung, dass die Höhe der abzutretenden Forderungen die Kreditsumme übersteigt.

[324] Vgl. *Breuer, W.*, Der Bankkredit als Instrument kurzfristiger Unternehmensfinanzierung, in: Finanzierungs-Handbuch, hrsg. von *H. Janberg*, 2. Aufl., Wiesbaden 1970, S. 266 f.

[325] Vgl. *Lwowski/Gößmann*, a.a.O., S. 116.

Das Pfandrecht

Verfügt ein Kreditnehmer über wertvolle bewegliche Sachen oder Wertpapiere, so kommt als Sachsicherheit das Pfandrecht in Betracht, das übrigens auch für Forderungen[326] bestellt werden kann. Unter einem Pfandrecht ist ein **dingliches Recht** zu verstehen, das es dem Sicherungsnehmer gestattet, die verpfändete Sache oder das Recht mit Vorrang vor anderen Gläubigern zu verwerten. Wie die Bürgschaft ist das Pfandrecht eine **akzessorische Sicherheit.** Es erlischt also, wenn der Kredit, den es sichern soll, getilgt ist.[327] Das Pfandrecht entsteht durch die Einigung zwischen Sicherungsgeber und Sicherungsnehmer und die **Übergabe** des Pfands an den Sicherungsnehmer bzw. die Anzeige an den Drittschuldner.[328] Ist das Pfand nicht im unmittelbaren Besitz des Sicherungsgebers, sondern z.B. in einem Lagerhaus eingelagert oder in Bankverwahrung, so wird die Übergabe dadurch ersetzt, dass der mittelbare Besitz auf den Pfandgläubiger übertragen und die Verpfändung dem Besitzer (Lagerhausgesellschaft, Bank) angezeigt wird. Die Übergabe ist entbehrlich, wenn dem Pfandgläubiger Mitbesitz an den verpfändeten Gegenständen eingeräumt wird und sich die Gegenstände entweder unter Mitverschluss des Gläubigers befinden oder die Herausgabe durch einen Dritten (z.B. Lagerhausgesellschaft) nur an beide gemeinschaftlich erfolgen kann. Ist der Kreditgeber bereits im Besitz des Pfands, so genügt die Einigung über die Pfandbestellung für das Entstehen des Pfandrechts. Dieser Fall kommt beispielsweise dann vor, wenn ein Kredit bei einer Bank beantragt wird, die für den Kreditnehmer auch ein Wertpapierdepot verwaltet, auf das ein Pfandrecht bestellt werden soll.

Kommt der Kreditnehmer seinen Verpflichtungen nicht nach, so kann der Gläubiger die Pfandsachen veräußern. Er hat jedoch zuvor dem Eigentümer den Verkauf anzudrohen. Der Verkauf findet im Wege der **öffentlichen Versteigerung** statt. Hat das Pfand einen Börsen- oder Marktpreis (z.B. Wertpapiere), so kann der Verkauf auch freihändig durch öffentlich ermächtigte Handelsmakler oder durch eine zur öffentlichen Versteigerung befugte Person (z.B. Notar, Gerichtsvollzieher) zum laufenden Preis erfolgen.[329]

Die Sicherungsübereignung

Die Vorschriften über die Entstehung und Verwertung von Pfandrechten **beschränken** die Anwendung dieser Kreditsicherungsform auf die Fälle, in denen Wertpapiere oder zeitweise nicht benötigte Waren verpfändet werden können. Maschinen und Rohstoffe eignen sich nicht als Pfänder, da mit ihnen dann nicht mehr gearbeitet werden könnte. Die Wirtschaftspraxis hat sich aber in der Weise geholfen, dass sie aus den rechtlichen Figuren des schuldrechtlichen Vertrags und der Übereignung außerhalb des Gesetzes die Sicherungsübereignung als weitere Sachsicherheit entwickelt hat, die es erlaubt, auch laufend benötigte betriebliche Gegenstände (z.B. Maschinen, Kraftfahrzeuge) als Sicherheiten anzubieten.

Die Bestellung einer Sicherheit (z.B. Kraftfahrzeuge) im Rahmen der Sicherungsübereignung erfolgt in der Weise, dass sich der Kreditnehmer und der Gläubiger über den

[326] Vgl. §§ 1273 ff. BGB.
[327] Vgl. § 1204 BGB.
[328] Vgl. §§ 1205, 1274, 1280 BGB.
[329] Vgl. §§ 1228, 1234, 1235, 1221 BGB.

Übergang des Eigentums am Sicherungsgut auf den Gläubiger einigen. Die **Übergabe** des Sicherungsguts wird durch eine besondere Abrede ersetzt,[330] nach der der Sicherungsgeber unmittelbarer Besitzer bleibt und das Sicherungsgut weiter im Unternehmen einsetzen kann. Durch diese Konstruktion wird weiter erreicht, dass der Gläubiger infolge des Sicherungsvertrags nur insoweit von dem ihm zustehenden Eigentum Gebrauch machen darf, als es zur Befriedigung der Forderung notwendig ist. Dann allerdings ist er nicht mehr an die strengen Verwertungsvorschriften für Pfandrechte gebunden. Er kann also das Sicherungsgut freihändig verkaufen.

Trotz dieser unbestrittenen Vorteile der Sicherungsübereignung ergeben sich für den Kreditgeber **Probleme**. Soll beispielsweise eine Maschine übereignet werden, so ist genau zu prüfen, ob sie noch unter Eigentumsvorbehalt steht. Trifft das zu, so kann sie nicht übereignet werden. Wird das Sicherungsgut in gemieteten Räumen eingesetzt oder aufbewahrt, so ist zu beachten, dass dem Vermieter ein gesetzliches Pfandrecht zusteht.[331] Wie bei der Zession spielt auch bei der Sicherungsübereignung die Lauterkeit des Kreditnehmers eine Rolle. Da dieser unmittelbarer Besitzer des Sicherungsguts bleibt, könnte er versuchen, dasselbe Sicherungsgut noch anderen Kreditgebern als Sicherheit anzubieten oder gar zu veräußern. Der Kreditgeber muss deshalb die zur Sicherung übereigneten Gegenstände genau erfassen und kennzeichnen.

Der **Wert der Sicherungsübereignung** hängt von der Art des Sicherungsguts (Spezialmaschinen, Kraftfahrzeuge, börsengängige Waren) ab, nach der sich die Verwertbarkeit richtet. Während börsengängige Waren leicht zu verwerten sind, ist für Spezialmaschinen oft nur der Schrottwert zu erzielen. Die **Verwertungsmöglichkeit** wird daneben durch den Zustand der Sicherungsgüter bestimmt. Der Kreditgeber muss den Sicherungsgeber daher veranlassen, die Sicherungsgüter vorschriftsmäßig zu pflegen oder aufzubewahren. Das Risiko des zufälligen Untergangs ist soweit wie möglich durch Versicherungen abzudecken. Der betriebliche Einsatz und der dadurch eintretende Wertverzehr macht eine laufende Anpassung der Sicherheitenbewertung erforderlich. Die Beleihung der Sicherungsgüter durch Kreditinstitute schwankt in der Regel zwischen 1/3 und 2/3 des Zeitwerts.[332]

Hypothek und Grundschuld

Verfügt ein Kreditnehmer über Grundstücke und Gebäude oder will er einen langfristigen Kredit zur Errichtung eines Geschäftshauses verwenden, kann er dem Kreditgeber Sicherheiten in der Form von **Grundpfandrechten** anbieten. Diese Art der Kreditsicherung ist in der Praxis weit verbreitet, vor allem im Rahmen **langfristiger Fremdfinanzierung**. Während die Entstehung eines Pfandrechts an beweglichen Sachen grundsätzlich die Einigung von Sicherungsgeber und Sicherungsnehmer sowie die Übergabe der Sache voraussetzt, erfordert die Entstehung eines Grundpfandrechts neben der Einigung von Sicherungsgeber und Sicherungsnehmer die Eintragung der Belastung im **Grundbuch** (im Fall der Hypothek muss noch eine Forderung bestehen).

---

[330] Besitzkonstitut nach § 930 BGB.

[331] Vgl. § 562 BGB.

[332] Vgl. *Stannigel, H.*, Kreditrevision bei Banken, Sparkassen und Bausparkassen, 4. Aufl., Frankfurt am Main 1988, S. 104.

Das Grundbuch ist das vom zuständigen Amtsgericht geführte öffentliche Register aller Grundstücke seines Bezirks. Für jedes Grundstück wird ein Grundbuchblatt angelegt, aus dessen Bestandsverzeichnis Art, Lage und Größe des Grundstücks hervorgehen. Die Rechte am Grundstück und deren Veränderungen werden in drei verschiedenen Abteilungen festgehalten. Die dritte Abteilung ist den Grundpfandrechten vorbehalten.

Grundpfandrechte können in Form der Hypothek, der Grundschuld und der Rentenschuld bestellt werden. Der Rentenschuld kommt als Kreditsicherungsmittel keine Bedeutung zu. Wird ein Grundstück in der Weise belastet, dass an den Begünstigten „eine bestimmte Geldsumme zur Befriedigung wegen einer ihm zustehenden Forderung aus dem Grundstück zu zahlen ist",[333] so handelt es sich um eine **Hypothek**. Aus der Gesetzesformulierung ergibt sich die **Akzessorietät** der Hypothek, d.h. sie ist von dem Bestehen und dem Umfang der zugrundeliegenden Forderung abhängig. Sichert der Kreditgeber seine Forderung durch eine Hypothek, so haften für die Rückzahlung des Kredits, die Zinsen und Nebenkosten sowohl der Schuldner persönlich als auch das Grundstück unter Einschluss seiner Bestandteile, seines Zubehörs, seiner Erzeugnisse, Miet- und Pachtforderungen (§ 1123 BGB), Versicherungsforderungen (§ 1127 BGB), Ansprüche auf wiederkehrende Leistungen (§ 1126 BGB).

Die Hypothek entsteht durch Einigung zwischen dem Eigentümer des Grundstücks und dem Hypothekengläubiger sowie die Eintragung ins Grundbuch, die den Namen des Gläubigers, die Höhe der Forderung, des Zinssatzes und der Nebenleistungen enthalten muss.[334] Nach ihrer Ausgestaltung unterscheidet man **verschiedene Arten der Hypothek**. Diese Unterteilung gewinnt hinsichtlich Erwerb, Übertragbarkeit und Verwertung der Rechtsansprüche für den Gläubiger Bedeutung. Die normale Form der Hypothek ist die **Verkehrshypothek**, bei der der Gläubiger die Höhe seiner Forderung nicht gesondert nachweisen muss, wenn er sein Pfandrecht geltend machen will. Sie wird in der Regel durch eine öffentliche Urkunde, den Hypothekenbrief, bestätigt. Der Gläubiger erwirbt in diesem Fall die Hypothek nach erfolgter Einigung mit dem Grundstückseigentümer erst mit dem Entstehen der Forderung und der Übergabe des Briefs. Die Erteilung eines Briefs kann aber auch durch Eintragung ins Grundbuch ausgeschlossen werden. Dann liegt eine **Buchhypothek** vor, die nur aus dem Grundbuch ersichtlich ist. Der Gläubiger erwirbt die Buchhypothek wenn eine Einigung mit dem Grundstückseigentümer über die Bestellung des Grundpfandrechts vorliegt, die zu sichernde Forderung besteht und die Hypothek im Grundbuch eingetragen ist.

Bei einer **Sicherungshypothek** trägt der Gläubiger die Beweislast für das Bestehen der Forderung. Er kann sich nicht auf die Eintragung im Grundbuch berufen. Die Sicherungshypothek ist als solche ins Grundbuch einzutragen. Die Erteilung eines Hypothekenbriefs ist ausgeschlossen.[335] Wird nicht die tatsächliche Höhe der Forderung in das Grundbuch eingetragen, sondern nur der Höchstbetrag, bis zu dem das Grundstück haften soll, so handelt es sich um eine **Höchstbetragshypothek**. Auch hier trägt der Gläubiger die Beweislast für das Bestehen der Forderung. Die Höchstbetragshypothek gilt als Sicherungshypothek und kann nur in Form der Buchhypo-

[333] § 1113 BGB.
[334] Vgl. § 1115 BGB.
[335] Vgl. §§ 1184, 1185 BGB.

thek erteilt werden.[336] Da die Höchstbetragshypothek wie auch die Höchstbetragsbürgschaft nicht an eine in der Höhe feststehende Forderung gebunden ist, kommt sie auch als Sicherheit für betragsmäßig schwankende Kredite in Betracht.

Geeigneter zur Sicherung laufender Kredite als die Höchstbetragshypothek ist die **Grundschuld**. Mit einer Grundschuld wird ein Grundstück in der Weise belastet, dass an den Begünstigten „eine bestimmte Geldsumme aus dem Grundstück zu zahlen ist".[337] Da die Gesetzesformulierung nicht auf eine Forderung Bezug nimmt, fehlt der Grundschuld der akzessorische Charakter der Hypothek. Sie bleibt auch bei vorübergehender Abdeckung des Kreditsaldos in voller Höhe bestehen. Vor einer missbräuchlichen Verwertung der Grundschuld ist der Sicherungsgeber durch den Sicherungsvertrag geschützt. Die Grundschuld unterliegt den Rechtsvorschriften über die Hypothek soweit sich nicht Ausnahmen durch die **fehlende Akzessorietät** ergeben.[338] Fällig wird eine Grundschuld nach vorheriger Kündigung. Die Kündigungsfrist beträgt sechs Monate.

Die Bestellung einer Grundschuld ist neben ihrer Eignung zur Sicherung laufender Verbindlichkeiten oder mehrerer Kredite desselben Kreditgebers für den Sicherungsgeber auch deshalb von **Vorteil,** weil der Grundstückseigentümer eine Grundschuld auch auf seinen Namen eintragen lassen und durch Übergabe des Grundschuldbriefes an den Kreditgeber abtreten kann. Aus dem Grundbuch ist dann nicht ersichtlich, ob und von wem ein Kredit eingeräumt wurde. Nur die dingliche Belastung des Grundstücks in bestimmter Höhe geht aus der Eintragung hervor. Für den Gläubiger ist von Vorteil, dass die Beweislast für das Nichtbestehen einer Forderung im Gegensatz zur Höchstbetragshypothek beim Sicherungsgeber liegt.

Die **Verwertung** von Grundpfandrechten vollzieht sich nach den gesetzlichen Vorschriften im Wege der gerichtlichen Zwangsvollstreckung, zu der das Einklagen eines vollstreckbaren Titels gegen den Eigentümer auf Duldung der Zwangsvollstreckung in das Grundstück erforderlich ist.[339] Zur Beschleunigung des Verfahrens verlangen die Kreditinstitute aber in der Regel, dass sich der Sicherungsgeber der **sofortigen Zwangsvollstreckung** unterwirft. In diesem Falle dient die Bestellungsurkunde als vollstreckbarer Titel. Die Zwangsvollstreckung erfolgt entweder im Wege der **Zwangsversteigerung** oder im Wege der **Zwangsverwaltung**. Bei der Zwangsversteigerung erhält der Gläubiger den Verkaufserlös, bei der Zwangsverwaltung wird der Gläubiger aus den Nutzungsentgelten (z.B. Mieten) des Grundstücks befriedigt.

Da Grundstücke mit mehreren Rechten belastet sein können, hängt die Befriedigung des Gläubigers unter Umständen vom Rang seines Rechts ab. Das **Rangverhältnis zwischen Rechten**, die in der zweiten Abteilung des Grundbuchblatts eingetragen sind (z.B. Wohnrechte) und den Grundpfandrechten der dritten Abteilung richtet sich nach dem Datum der Eintragung. Sind Rechte in derselben Abteilung eingetragen, so wird es durch die Reihenfolge der Eintragung bestimmt.[340] Erlischt eine durch eine Hypothek gesicherte Forderung, so wird aus der Hypothek eine **Eigentümergrundschuld**, sofern sie im Grundbuch nicht gelöscht wird.[341] Hieraus folgt,

[336] Vgl. § 1190 BGB.
[337] § 1191 BGB.
[338] Vgl. § 1192 BGB.
[339] Vgl. *Lwowski, H. J., Gößmann, W.*, a.a.O., S. 146.
[340] Vgl. § 879 BGB.
[341] Vgl. § 1177 BGB.

dass bei Entstehen einer Eigentümergrundschuld aus einer Hypothek die anderen Grundpfandrechte ihren Rang beibehalten und nicht aufrücken.

Die Bedeutung der Rangfolge für die Verwertung von Grundpfandrechten soll an folgendem Beispiel verdeutlicht werden (vgl. auch Abbildung 52):

Beispiel: Ein Geschäftshaus, dessen Verkehrswert ein Gutachter auf 800.000 EUR geschätzt hat, ist der Rangfolge nach mit Grundpfandrechten über 300.000 EUR, 200.000 EUR, 100.000 EUR und 50.000 EUR belastet. Die Zwangsversteigerung erbringt einen Erlös von 550.000 EUR. Während die Grundpfandgläubiger mit dem ersten und zweiten Rang voll befriedigt werden, erhält derjenige mit dem dritten Rang 50 % seiner Forderung und der letzte nichts. Der Grad der Befriedigung hängt also vom Rang des Grundpfandrechts ab.[342]

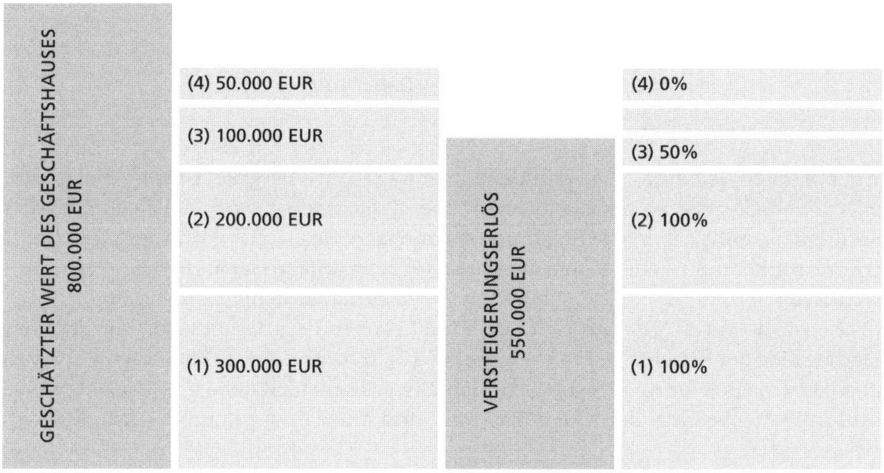

Abb. 52: Beispiel für die Bedeutung der Rangfolge bei der Verwertung von Grundpfandrechten

Von Bedeutung für die Befriedigungsmöglichkeit der Gläubiger ist insbesondere auch die **Verwertbarkeit** des Sicherungsobjekts. Es ist auf den ersten Blick einleuchtend, dass ein verkehrsgünstig gelegenes, vielseitig verwendbares Geschäftshaus leichter zu verwerten ist als ein auf spezielle Verwendungszwecke zugeschnittenes Betriebsgebäude. Das gleiche gilt für neuzeitlichen Ansprüchen genügende Mietwohnhäuser im Vergleich zu luxuriös ausgebauten und nur mit hohem Aufwand zu unterhaltende Villen.

Vor der Beleihung bebauter Grundstücke ist daher der **Beleihungswert** zu ermitteln, d.h. der Wert, der bei einer (Zwangs-)Veräußerung als erzielbar angesehen wird (Verkehrswert). Die Schätzung dieses Werts erfolgt in der Praxis in der Regel durch Bausachverständige. Grundlage für die Ermittlung können Erlöse sein, die beim Verkauf vergleichbarer Objekte erzielt wurden. Liegen solche Vergleichszahlen nicht vor, so muss der Wert aufgrund anderer Größen geschätzt werden. In Frage kommen

[342] Vgl. *Lwowski, H. J., Großmann, W.,* a.a.O, S. 147.

wird hier vor allem der **Sachwert** und der **Ertragswert**, aus deren arithmetischem Mittel sich der rechnerische Wert des Sicherungsobjekts ergibt (vgl. Abbildung 53).[343]

Bodenwert + Gebäudereproduktionswert bzw. -herstellungskosten – Abschreibungen aus bisheriger Nutzung	
= Sachwert	
Mieteinnahmen (= Rohertrag) – Bewirtschaftungskosten – Abschreibungen	$\frac{1}{\text{Kapitalisierungszinsfuß}}$
= Ertragswert	
Rechnerischer (Verkehrs-)Wert =	$\frac{\text{Sachwert + Ertragswert}}{2}$

Abb. 53: Ermittlung des Beleihungswerts

Die geschätzten Beleihungswerte bilden in der Regel die Obergrenze für die Belastung der Grundstücke. Wegen der Unsicherheit über den notfalls tatsächlich zu erzielenden Veräußerungserlös sehen die Beleihungsgrundsätze des Kreditgewerbes nach Laufzeit der Kredite und Art der Sicherungsobjekte (gewerbliche Gebäude, Mietwohnhäuser) differenzierte Sicherheitsabschläge vor, so dass die tatsächliche Beleihungsgrenze zwischen 40 % und 80 % des geschätzten Verkehrswerts liegt. Gesetzliche Vorschriften über die Höhe der Beleihungsgrenze bestehen für Hypothekenbanken. Nach § 11 HypBankG darf die Beleihung 60 % des Grundstückwertes nicht übersteigen. Die Beleihung ist auf inländische Grundstücke beschränkt und muss in der Regel erstrangig sein.

8.2.3.4 Die Kreditversicherung

Waren- und Teilzahlungskreditversicherungsgeschäft

Die bisher beschriebenen Kreditsicherheiten – mit Ausnahme des Eigentumsvorbehalts – werden auf Veranlassung des Kreditgebers vom Kreditnehmer gestellt oder beigebracht. Gegen Risiken aus eingeräumten Krediten kann sich der Kreditgeber aber auch durch den Abschluss von Versicherungsverträgen schützen.[344] Die deutschen Kreditversicherer betreiben das **Waren-, Ausfuhr-** und **Teilzahlungskreditversicherungsgeschäft.** Gegen den Ausfall von Bank- oder Finanzkrediten können sich Kreditgeber bei ihnen nicht versichern.

Forderungen aus inländischen Warenlieferungen und Dienstleistungen werden durch die **Warenkreditversicherungen** erfasst. Ihre Funktionsweise ist in Abbildung 54 schematisch dargestellt. Im Fall der Insolvenz des Kreditnehmers oder auch schon bei Zahlungsverzug tritt der Versicherungsfall ein, d.h. der Versicherer leistet den vereinbarten Betrag. Die Versicherungsleistung entspricht in der Regel nicht der

---

343 Vgl. auch *Breuer, W.*, a.a.O., S. 269.

344 Zu den Einzelheiten des Kreditversicherungsgeschäftes vgl. *Greulich, H.*, Die Kreditversicherung, 2. Aufl., Frankfurt a.M. 1975.

gesamten Forderung, sondern der Kreditgeber trägt im Rahmen der vereinbarten **Selbstbeteiligung** einen Teil des Kreditausfalls. Die Kreditversicherer sind besonders gefährdet, wenn die Versicherten versuchen, nur die stark risikobehafteten Kreditengagements versichern zu lassen oder aber das Risiko einer Geschäftsausweitung auf Basis großzügiger Konditionenpolitik auf den Versicherer abzuwälzen. Aus diesem Grunde sind die Kreditversicherer bestrebt, möglichst alle Kredite eines Unternehmens zu versichern, um eine negative Auslese zu vermeiden. Voraussetzung für den Abschluss eines Kreditversicherungsvertrags ist eine Prüfung der Solidität des Versicherungsnehmers und die Prüfung der einzelnen Forderungen, auf die sich der Versicherungsvertrag bezieht.

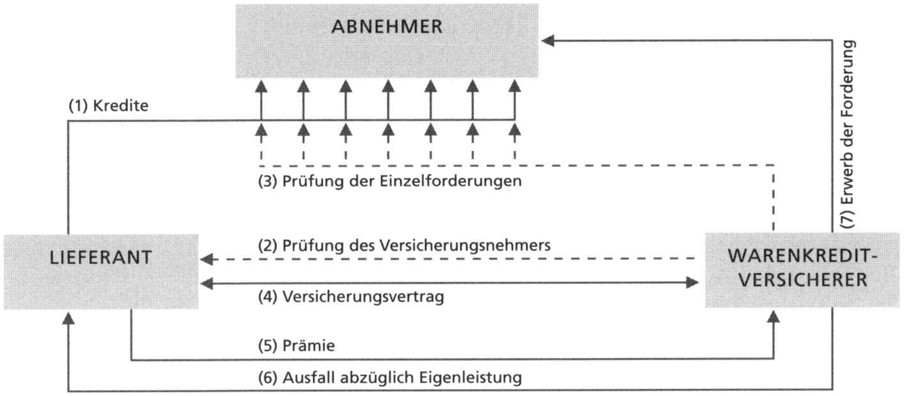

Abb. 54: Funktionsweise einer Warenkreditversicherung

Ausfuhrkreditversicherung

Bei Krediten an ausländische Kunden tritt zu dem wirtschaftlichen noch das **politische Risiko**. Die Sicherung dieser Forderungen kann durch den Abschluss einer Ausfuhrkreditversicherung erfolgen. Während private Kreditversicherer in der Regel nur das wirtschaftliche Risiko übernehmen, schließen staatliche Institutionen auch das politische Risiko in die Versicherungsverträge ein. Da für die Absicherung insbesondere politischer Risiken bei Exporten in Länder außerhalb der OECD kein ausreichendes privatwirtschaftliches Angebot besteht, werden viele Exporte der deutschen Wirtschaft bzw. deren Finanzierung durch Kreditgeber erst durch die staatlichen Ausfuhrgewährleistungen ermöglicht.

Die Bundesrepublik Deutschland hat die Bearbeitung aller staatlichen Ausfuhrgewährleistungen einem privaten Mandatarkonsortium bestehend aus der Hermes Kreditversicherungs-AG (Hermes) und PricewaterhouseCoopers Deutsche Revisions AG (PwC) übertragen. Im Rahmen einer Mandatarermächtigung ist der Entscheidungsspielraum der Mandatare geregelt. Hermes ist federführend ermächtigt, alle die Ausfuhrgewährleistungen betreffenden Erklärungen im Auftrag und für Rechnung des Bundes abzugeben und entgegenzunehmen. Deshalb sind die Ausfuhrgewährleistungen der Bundesrepublik Deutschland im Allgemeinen als **„Hermes-Deckung"** bekannt.

Während der Bund das Risiko trägt, übernehmen die Mandatare die Abwicklung und Organisation der Hermes-Deckungen. Über Grundsatzfragen und die Indeckungnahme großer Exportgeschäfte entscheidet ein Interministerieller Ausschuss (IMA), in dem neben dem Bundesministerium für Wirtschaft und Technologie das Bundesministerium für Finanzen, das Auswärtige Amt und das Ministerium für wirtschaftliche Zusammenarbeit und Entwicklung vertreten sind. Dem IMA gehören außerdem Vertreter der Mandatare sowie – als Sachverständige – Vertreter der Kreditanstalt für Wiederaufbau (KfW), der AKA Ausfuhrkredit-Gesellschaft mbH (AKA), der Exportwirtschaft, des Bundesrechnungshofs und der Kreditinstitute an.

Ausfuhrgewährleistungen werden entweder in Form der **Ausfuhrbürgschaft** oder in der Form der **Ausfuhrgarantie** übernommen. Das Instrument der Ausfuhrbürgschaft wird gewählt, wenn der ausländische Vertragspartner des deutschen Deckungsnehmers oder ein für das Forderungsrisiko voll haftender Garant ein Staat, eine Gebietskörperschaft oder eine vergleichbare Institution ist. Bei diesen Adressen wird unterstellt, dass in einem solchen Fall Insolvenzfähigkeit nicht gegeben ist. Eine Ausfuhrgarantie wird übernommen, wenn es sich um Geschäfte mit privaten ausländischen Institutionen, Unternehmen oder Personen handelt.

Ausfuhrgewährleistungen dürfen nur gegenüber deutschen Exporteuren und deutschen Kreditinstituten als Deckungsnehmer übernommen werden. Dabei gelten im Handelsregister eingetragene Niederlassungen ausländischer Unternehmen in Bezug auf das Ausfuhrgeschäft dieser Niederlassungen als deutsche Exporteure. Zu den deutschen Kreditinstituten zählen alle Unternehmen, die in Deutschland Bankgeschäfte betreiben und hierzu nach dem KWG eine Erlaubnis besitzen oder nach diesem Gesetz einer solchen Erlaubnis nicht bedürfen.

Da die Ausfuhrgewährleistungen der Förderung der deutschen Ausfuhr dienen, sollen sie nur übernommen werden, wenn die zu liefernden Waren oder die zu erbringenden Leistungen ihren Ursprung im Wesentlichen im Inland haben. Ausländische Zulieferungen können bis zu einem Anteil von 10% am Gesamtumfang in die Deckung einbezogen werden. Überschreitende Anteile werden nach Maßgabe internationaler Vereinbarungen auf Gegenseitigkeitsbasis berücksichtigt.

Die Deckung von Ausfuhrgeschäften muss unter Risikogesichtspunkten vertretbar sein. Dies bezieht sich sowohl auf die Kreditwürdigkeit des ausländischen Bestellers oder Kreditnehmers als auch auf die mit dem Ausfuhrgeschäft verbundenen politischen Risiken. Eine Deckung gilt als vertretbar, wenn eine vernünftige Aussicht auf einen schadensfreien Verlauf des Exportgeschäfts besteht.

Ausfuhrgeschäfte werden gewöhnlich nur unter Deckung vorgenommen, wenn die zwischen den Vertragspartnern vereinbarten Konditionen mit den im Außenhandel üblichen Vertragsbedingungen übereinstimmen. Die Bedingungen haben insbesondere den zwischenstaatlichen Vereinbarungen der OECD[345]-Mitgliedsstaaten (OECD-Konsensus) und den international abgestimmten Grundsätzen für Exportgeschäfte (Berner Union) zu entsprechen.

Ausfuhrgewährleistungen können Exporteuren gewährt werden für die Risiken vor Versand (Fabrikationsrisiken) und für die Risiken nach Versand (**Ausfuhrdeckungen**). Die Deckung der Risiken, die Kreditinstitute bei der Finanzierung deutscher Exporte eingehen, erfolgt durch **Finanzkreditgarantien** bzw. **-bürgschaften**.

[345] Organisation for Economic Co-Operation and Development (OECD).

Ein **Fabrikationsrisiko** liegt vor, wenn z.B. ein ausländischer Kunde einen Auftrag erteilt, die Exportgüter auftragsgemäß hergestellt werden, deren Versand aber nicht erfolgen kann, weil politische Ereignisse dies verhindern oder der Abnehmer insolvent geworden ist. Die Fabrikationsrisikodeckung bezieht sich auf die Absicherung der Selbstkosten, die dem Exporteur bis zum vorzeitigen Ende der Produktion durch Eintritt des Deckungsfalls entstehen. Die Deckung erlischt spätestens mit dem Versand der Exportgüter.

Die **Ausfuhrdeckung** schützt den Exporteur ab Versand der Ware oder Beginn der Leistung bis zur vollständigen Bezahlung gegen die Uneinbringlichkeit der Exportforderung aufgrund politischer oder wirtschaftlicher Risiken. Die Deckung umfasst die vereinbarte Gegenleistung einschließlich der Kreditzinsen bis zur Fälligkeit. Die sich aus den Ausfuhrgewährleistungen ergebenden Ansprüche können mit Zustimmung des Bundes zu Refinanzierungszwecken an Kreditinstitute abgetreten werden. Mit der Auszahlung eines dem Besteller oder dessen Bank eingeräumten Finanzkredits an den Exporteur pro rata Lieferung oder Leistung erlischt dessen Forderungsrisiko, während das Kreditrisiko der finanzierenden Bank im gleichen Maße entsteht. Mit einer Finanzkreditdeckung wird die Bank entsprechend geschützt.

Der Deckungsnehmer (Exporteur, Kreditinstitut) ist in jedem Schadensfall mit einer bestimmten Quote am Ausfall selbst beteiligt (Selbstbeteiligung). Je nach Deckungsart gelten unterschiedliche Selbstbeteiligungen. Die Selbstbeteiligung wird in Abbildung 55 dargestellt.

Ausfuhrgarantien	
für die politischen Risiken	5%
für die Insolvenzrisiken	15%
für die Nichtzahlungsrisiken	15%
Ausfuhrbürgschaften	
für die politischen Risiken	5%
für die Nichtzahlungsrisiken	15%
Fabrikationsrisikogarantien/-bürgschaften	
für alle Risiken	5%
Finanzkreditgarantien/-bürgschaften	
für alle Risiken	5%

Abb. 55: Selbstbeteiligung je nach Instrument der Ausfuhrkreditversicherung

Der Deckungsnehmer darf das Risiko aus der Selbstbeteiligung nicht anderweitig absichern. Dies gilt nicht für die Weitergabe des Risikos aus der Selbstbeteiligung an Unterlieferanten des Exporteurs.

Für übernommene Ausfuhrgewährleistungen werden **Versicherungsprämien** entsprechende Entgelte erhoben. Die Höhe dieser Entgelte hängt von verschiedenen Kriterien ab: der Einstufung des spezifischen Länderrisikos, der Zuordnung des Bestellers zu „öffentlich", „privat" sowie „privat mit akzeptierter Bank als Schuldner/ Garant", der Deckungsform, der Höhe der gedeckten Forderung sowie den Zahlungsbedingungen, bei denen vor allem die Dauer der Kreditlaufzeit ein wichtiges

Kriterium ist. Ferner werden für die Bearbeitung der Anträge Bearbeitungsentgelte in Form einer „Antragsgebühr“, einer „Ausfertigungsgebühr“ und einer „Verlängerungsgebühr“ berechnet.[346]

8.2.3.5 Covenants

Unter **Covenants** sind zusätzliche vertragliche Vereinbarungen zwischen Kreditgeber und Kreditnehmer zu verstehen, nach denen sich der Kreditnehmer verpflichtet, bestimmte Handlungen vorzunehmen bzw. zu unterlassen oder bestimmte im Kreditvertrag definierte Finanzkennzahlen während der Laufzeit des Kredits einzuhalten. Die **Nichtbeachtung** solcher Vereinbarungen berechtigt den Kreditgeber, den eingeräumten Kredit vor Fälligkeit zu kündigen und nachzuverhandeln oder bei entsprechenden Vereinbarungen die Kreditkonditionen anzupassen. Die Vereinbarung von Covenants erlaubt es den Kreditgebern, bereits Einfluss geltend zu machen, wenn eine Verschlechterung der Situation eintritt, ohne dass damit schon eine akute Insolvenzgefahr gegeben ist.

Covenants in Kreditverträgen sind vor allem im internationalen **Kreditgeschäft** üblich, während in Deutschland aus rechtlichen Gründen in der Regel von standardisierten Klauseln in den Allgemeinen Geschäftsbedingungen (AGB) und den speziellen Bedingungen für das Kreditgeschäft Gebrauch gemacht wird, die es z.B. erlauben, bei Eintritt bestimmter Bedingungen die Stellung oder Erhöhung von Sicherheiten zu verlangen.

Ziel der Vereinbarung von Convenants ist aus Sicht der Kreditgeber, die Wahrscheinlichkeit oder die Höhe der Kreditrückzahlung zu vergrößern oder sich nach Möglichkeit gegen eine Risikoerhöhung abzusichern, die nach Gewährung des Kredits eintreten kann.[347] Dies kann beispielsweise der Fall sein, wenn anderen Kreditgebern später Sicherheiten eingeräumt werden oder sich die Finanzstruktur in erheblichem Umfang verändert. Zu Veränderungen der Finanzstruktur führen z.B. die Aufnahme weiterer Kredite zur Finanzierung von Investitionen in Sachanlagen oder Beteiligungen sowie die Akquisition stark verschuldeter anderer Unternehmen.

Zu unterscheiden sind zwei Grundtypen von Covenants:

(1) Verpflichtet sich der Kreditnehmer zu bestimmten Handlungen oder Unterlassungen, spricht man von **„Affirmative Covenants“.** Derartige Vertragsklauseln können unterschiedliche Sachverhalte regeln.

    Gebräuchliche Vereinbarungen sind beispielsweise solche, die dem Kreditnehmer Einschränkungen in der Besicherung anderer Gläubiger auferlegen. Die Nichtbesicherungsklausel **(„Negative Pledge“)** verhindert, dass später Kredite anderer Gläubiger zu Lasten des Kreditgebers besichert werden. Dieser Fall würde z.B. eintreten, wenn der erste Kredit unbesichert gewährt und der zweite mit der Eintragung einer Grundschuld besichert würde. Im Insolvenzfall wäre die Risikoposition des zweiten Gläubigers wesentlich günstiger als die des ersten. Zur Vermeidung derartiger Situationen kann sich der Kreditnehmer verpflichten **(Positiverklärung)**, sein Grundvermögen nicht zu belasten oder zu veräußern.

---

[346] Zu Einzelheiten vgl. HERMES, Ausfuhrgewährleistungen der Bundesrepublik Deutschland, Merkblatt Entgelt.

[347] Vgl. *Pfingsten, A.*, in: Obst/Hintner, Geld-, Bank- und Börsenwesen. Handbuch des Finanzsystems, 40. Aufl., Stuttgart 2000, S. 700 ff.

Scheiden Kreditinanspruchnahmen ohne die Stellung von Sicherheiten aus, können Kreditgeber eine Gleichbehandlung verlangen **(pari passu)**. In diesem Fall erhält der Kreditgeber für seine Forderung den gleichen Rang, der anderen Gläubigern für deren Forderungen zugestanden wurde.

Weitere Klausen erstrecken sich z.B. auf die Einschränkung des Verkaufs von Vermögenswerten oder die Zahlung von Dividenden. Die **Cross Default-Klausel** berechtigt den Kreditgeber, den Kredit zu kündigen, wenn ein anderes Unternehmen, das zum Haftungsverbund des Kreditnehmers gehört, seinen Zahlungsverpflichtungen nicht nachkommt. Der Absicherung von Risiken aus dem Verkauf eines Unternehmens, das einen Kredit aufgenommen hat, dient die „Change of Ownership"-Klausel, die dem Kreditnehmer erlaubt, den Kredit zu kündigen oder an die veränderten Verhältnisse – z.B. durch die Vereinbarung von Sicherheiten – anzupassen.

(2) Im Fall von **Financial Covenants** werden bestimmte Finanzkennzahlen festgelegt, deren Über- oder Unterschreitung, bestimmte Handlungen auslösen. Der Kreditgeber kann nach Analyse der Situation entscheiden, keine weiteren Maßnahmen zu ergreifen; er erteilt – ggfs. unter bestimmten Bedingungen – einen sogenannten **„Waiver"**. Möglich ist auch, dass er den Kredit kündigt, was das kreditnehmende Unternehmen unter Umständen in eine schwierige Situation bringt, oder die Konditionen an die veränderte Risikosituation anpasst.

Abbildung 56 gibt einen Überblick über die in der Praxis üblichen Formen von Financial Covenants.

BEZEICHNUNG	DEFINITION	PRAXISBEDEUTUNG
Zinsdeckungsgrad	EBITDA/Zinsaufwand	Sehr hoch
Schulddienstdeckungsgrad	Für Schuldendienst verfügbarer Cashflow/Schuldentilgung und Zinszahlungen	Sehr hoch
Nettoverschuldungsgrad	Net debt/EBITDA	Sehr hoch
Investitionslimit	Absolute kumulierte Obergrenze	Mittel

Abb. 56: Financial Covenants in der Praxis

Die Definition von Financial Covenants kann sich beispielsweise auf die Einhaltung einer bestimmten Eigenkapitalquote erstrecken, die Nettoverschuldung in ein bestimmtes Verhältnis zur Kennziffer EBDIT[348] bzw. EBITDA[349] oder zum Cashflow oder die Kennziffer EBIT[350] ins Verhältnis zum Zinsaufwand setzen. Die Eigenkapitalquote ist eine wesentliche Größe zur Bestimmung der Finanz-

348 Earnings before Depreciation, Interest and Taxes (Ergebnis vor Abschreibungen, Zins(aufwand) und Steuern.

349 Earnings before Interest, Taxes, Depreciation and Amortization (Ergebnis vor Zinsen, Steuern und Abschreibungen).

350 Earnings before Interest and Taxes [Ergebnis vor Zins(aufwand) und Steuern].

struktur. Die beiden anderen Kennzahlen lassen Rückschlüsse zu auf die Kapitaldienstfähigkeit des Unternehmens.

Beispiel: Abbildung 57 zeigt Beispiele für die Anwendung von Financial Covenants.

(1)	Die konsolidierte Netto-Verschuldung im Verhältnis zur Kennziffer EBITDA soll **3,85 : 1** bis zum Ende der Laufzeit der Kredittranche X und danach **3,00 : 1** bis zur Fälligkeit der Kredittranche Y nicht übersteigen.
(2)	Die Zinsdeckung (definiert als Kennziffer EBITDA/Nettozinsaufwand auf konsolidierter Basis) soll gleich oder größer sein als **4,00 : 1** bis zum Ende der Laufzeit der Kredittranche X und **5,00 : 1** danach bis zum 31. Dezember 2007 und **7,00 : 1** danach bis zur Fälligkeit der Kredittranche Y.
(3)	Die konsolidierte Netto-Verschuldung im Verhältnis zum Eigenkapital soll **1,50 : 1** bis zum 31. Dezember 2007 zu keinem Zeitpunkt überschreiten und danach **1,35 : 1** bis zur Fälligkeit der Kredittranche Y.

Abb. 57: Beispiele für Financial Covenants

8.2.3.6 Nutzen und Kosten der Kreditsicherung

Die **Bedeutung der Kreditsicherheiten** besteht für den **Gläubiger** einerseits darin, dass er seine Forderungen einfacher eintreiben kann (z.B. im Falle der Grundschuld mit Vollstreckungsklausel); andererseits wird seine Position im Konkursfall verbessert. Bei der letztgenannten Funktion der Kreditsicherheiten können zwei Fälle unterschieden werden. Erstens gibt es Kreditsicherungsmittel, durch die die Haftungsmasse im Insolvenzfall insgesamt vergrößert wird, so dass alle Gläubiger aus ihrem Bestehen Nutzen ziehen. Ein Beispiel dafür ist die Bürgschaft. Zweitens gibt es Sicherungsmittel, die dem Gläubiger eine Vorzugsstellung gegenüber denjenigen Gläubigern verschaffen, die ihre Forderungen nicht abgesichert haben. Als Beispiele seien der Eigentumsvorbehalt, die Sicherungsübereignung und die Grundpfandrechte genannt.

Diesem **Nutzen** der Kreditsicherung stehen **Kosten** gegenüber, die aber hauptsächlich beim **Kreditnehmer** anfallen und zusammen mit den Zinsen die Kosten der Kreditbeschaffung ergeben. Zu den Kreditsicherungskosten, die dem Kreditnehmer entstehen, zählen beispielsweise die Gebühren, die bei der Bestellung und der Löschung von Grundpfandrechten zu entrichten sind (Notar-, Eintragungsgebühren). Werden zur Ermittlung von Beleihungswerten von Maschinen und Gebäuden Sachverständige herangezogen, so sind deren Honorare zu tragen. Im Fall der Sicherungsübereignung und der Bestellung von Grundpfandrechten verlangen die Gläubiger in der Regel den Abschluss zusätzlicher oder die Erhöhung bereits bestehender Versicherungen. Auch die hierfür anfallenden Prämien gehören zu den Kosten der Kreditsicherung. Zu erwähnen sind ferner die Kosten, die durch die Berichtspflicht des Schuldners gegenüber dem Gläubiger entstehen.

Der **Kreditgeber** wird durch die Annahme von Kreditsicherheiten zur Verringerung des Kreditrisikos mit **Kosten** belastet, die er nicht in jedem Fall auf den Kreditnehmer überwälzen kann.[351] Dazu zählen z.B. Kosten, die durch die Prüfung und Überwachung der Kreditsicherheiten entstehen. Im Fall der Zession z.B. sind die zugrundeliegenden Forderungen zu prüfen, bei der Sicherungsabtretung die Objekte, die übereignet werden sollen. Schließt der Gläubiger Kreditversicherungsverträge ab, so muss er an den Versicherer Prämien zahlen.

Kontrollfragen

- Beschreiben Sie den Begriff der Kreditwürdigkeitsprüfung und der Kreditfähigkeit.
- Grenzen Sie die persönlichen von den sachlichen Bestimmungsfaktoren im Rahmen der Kreditwürdigkeitsprüfung im engeren Sinne ab.
- Beschreiben Sie den Zweck von Ratings und nennen Sie zwei bekannte Rating-Agenturen.
- Erklären Sie die Nachteile, die Ratings mit sich bringen.
- Erläutern Sie Möglichkeiten zur Ermittlung eines risikogerechten Eigenkapitalbedarfs.
- Beschreiben Sie den Zweck der Kreditsicherung und nennen Sie Einteilungskriterien.
- Erklären Sie die Bürgschaft im Rahmen der Personalsicherheiten und erklären Sie die Akzessorietät.
- Grenzen Sie im Rahmen der Personalsicherheiten weiter die Garantie, Kreditauftrag und Schuldbeitritt voneinander ab.
- Differenzieren Sie zwischen dem einfachen und erweiterten Eigentumsvorbehalt im Rahmen der Sachsicherheiten.
- Beschreiben Sie innerhalb der Sachsicherheiten die Zession und unterscheiden Sie die Unterarten wie stille und offene Zession sowie die Global- und Mantelzession.
- Geben Sie wieder, wann sich das Pfandrecht eignet und wie es im Rahmen der Sachsicherheit funktioniert.
- Erklären Sie die Sicherungsübereignung und die damit verbundenen Vorteile.
- Legen Sie den Unterschied von Grundschuld und Hypothek dar und erklären Sie ebenfalls die Rangverhältnisse von Rechten im Grundbuch.
- Welche Verfahren kennen Sie, um den Wert einer Immobilie zu ermitteln?
- Nennen Sie die beiden Methoden der Kreditversicherung.
- Skizzieren Sie die Funktionsweise der Warenkreditversicherung.
- Grenzen Sie die Ausfuhrkreditversicherung von der Waren- und Teilzahlungskreditversicherung ab.
- Beschreiben Sie den Begriff Covenants sowie deren Ziele und Konsequenzen bei Nichteinhaltung.

[351] Vgl. *Pottschmidt, G.*, Kreditsicherheiten, in: Handwörterbuch des Bank- und Finanzwesens, hrsg. von *Gerke, W.*, *Steiner, M.*, 2. Aufl., Stuttgart 1995, S. 1290.

- Unterscheiden Sie zwischen Affirmative und Financial Covenants und geben Sie Beispiele an.
- Nennen Sie Kosten der Kreditsicherung, die der Kreditnehmer und solche die der Kreditgeber zu übernehmen hat.

8.3 Die langfristige Fremdfinanzierung

Lernziele

- Sie verstehen den Unterschied zwischen einem Darlehen und einem Kredit.
- Sie kennen die Charakteristik eines Annuitätendarlehens bzw. der Tilgungshypothek.
- Sie wissen, wie ein Damnum (Disagio) in der Handels- und Steuerbilanz behandelt wird und kennen weiter dessen Auswirkung auf den Effektivzins eines Darlehens.
- Sie unterscheiden zwischen einem syndizierten Kredit und einem Konsortialkredit.
- Sie kennen die beteiligten Parteien und deren Aufgaben bei einer Kreditsyndizierung.
- Sie kennen die Methoden, um dem Platzierungsrisiko von syndizierten Krediten entgegen zu wirken.
- Sie sind mit den Vorteilen der Kreditsyndizierung vertraut.
- Sie verstehen die Syndizierungsstrategien und können diese beschreiben.
- Sie kennen die Kreditarten innerhalb einer Syndizierung.
- Sie wissen, wie sich das Pricing eines syndizierten Kredits zusammensetzt.
- Sie kennen deutsche Anbieter für mittel- und langfristige Außenhandelsfinanzierungen.
- Sie differenzieren zwischen Außenhandels-, Lieferanten- und Bestellerkrediten und kennen deren Anbieter.
- Sie sind mit dem Begriff der Akquisitionsfinanzierung vertraut und kennen das klassische Dilemma von EK- und FK-Geber.
- Sie können zwischen den drei Formen der Akquisitions- bzw. Buy-out-Finanzierungen unterscheiden.
- Sie verstehen die Charakteristik von Leveraged-Buy-out-Finanzierungen, dessen Leverage-Effekt und kennen Methoden zur Erhöhung des Cashflows und Unternehmenswerts.
- Sie kennen die Erfolgsfaktoren einer LBO-Finanzierung.
- Sie können die Grundstruktur einer Akquisitionsfinanzierung skizzieren.
- Sie wissen, welche Instrumente für die Strukturierung einer Akquisitionsfinanzierung notwendig sind.
- Sie kennen den Ablauf und die Phasen einer Akquisitionsfinanzierung.

- Sie verstehen den Begriff der Projektfinanzierung, deren Beteiligte und die Besonderheit hinsichtlich der Kreditwürdigkeit.
- Sie können das Schuldscheindarlehen vom Wertpapier abgrenzen.
- Sie grenzen die direkte von der indirekten Schuldscheindarlehensgewährung ab.
- Sie verstehen die Funktion einer Industrieobligation und differenzieren zwischen Eigen- und Fremdemission sowie zwischen dem Übernahme- und Begebungskonsortium.
- Sie kennen den Unterschied zwischen festverzinslichen Wertpapieren, Floating-Rate-Notes und Zero-Bonds.
- Sie kennen die typisch gestellten Sicherheiten für die Begebung von Industrieobligationen.
- Sie verstehen den wesentlichen Unterschied zwischen einer Industrieobligation und einer Wandelschuldverschreibung.
- Sie können im Rahmen der Wandelschuldverschreibung das Bezugsverhältnis, das Wandlungsverhältnis und den Wandlungspreis unterscheiden.
- Sie kennen den Unterschied einer Wandelschuldverschreibung und Optionsschuldverschreibung.
- Sie wissen, was eine Gewinnschuldverschreibung und ein Genussschein ist.
- Sie verstehen den Unterschied von Miete und Leasing und sind mit den Begriffen des Finance- und Operative Lease vertraut.

8.3.1 Langfristige Darlehen

8.3.1.1 Charakteristik des langfristigen Darlehens

Die **Grundform der langfristigen Fremdfinanzierung** ist das Darlehen. Gemäß **§488 BGB** wird der Darlehensgeber durch den Darlehensvertrag verpflichtet, dem Darlehensnehmer einen Geldbetrag in der vereinbarten Höhe zur Verfügung zu stellen. Der Darlehensnehmer ist verpflichtet, einen geschuldeten Zins zu zahlen und bei Fälligkeit das zur Verfügung gestellte Darlehen zurück zu erstatten.

In der Praxis verwendet man oft, wenn es sich um die Vergabe eines Darlehens handelt, den Begriff „Kredit". Der Begriff des **Kredits**, den das BGB nicht gebraucht, ist weiter als der des Darlehens, das nur eine bestimmte Form des Kredits darstellt. Kredit gewährt jeder, der einem anderen eine Leistung zur Verfügung stellt, ohne auf gleichzeitiger Gegenleistung zu bestehen. Ein Beispiel für einen Kredit ist die Lieferung von Waren auf Ziel. Kredit gewährt auch ein Käufer, der eine Anzahlung auf Waren leistet, die erst später geliefert werden. Auch der Bürge räumt insofern einen Kredit ein, als er damit rechnen muss, aus der Bürgschaft in Anspruch genommen zu werden. Das Wort Kredit leitet sich vom lateinische Credo (ich Glaube) ab und bezeichnet somit eine Vertrauensbeziehung zwischen dem Kreditgeber und dem Kreditnehmer.

Der **Unterschied** zwischen einem Darlehen und anderen Kreditformen besteht darin, dass das Darlehen auf Geld und vertretbare Gegenstände beschränkt ist, die vom Schuldner nach Ablauf der vereinbarten Laufzeit (Nutzungszeit) zurückzugewähren sind. Kann ein Gläubiger seine Leistung jederzeit zurückfordern, so fehlt es am Darlehenscharakter. Wenn ein Kreditinstitut zum Beispiel Überziehungen auf laufenden Konten zulässt, so entstehen keine Darlehen, sondern nur offene Forderungen, da das Kreditinstitut den Ausgleich des Debetsaldos jederzeit verlangen kann, es sei denn, es sind Vereinbarungen über mögliche Kontenüberziehungen getroffen worden. Ein Darlehen liegt also nur dann vor, wenn der Schuldner die geliehenen Geld- oder Sachwerte für eine gewisse Zeit behalten darf.

Wird ein Darlehen auf unbestimmte Zeit gewährt, so hängt seine Fälligkeit von der **Kündigung** durch den Gläubiger oder den Schuldner ab. Die gesetzliche Kündigungsfrist beträgt in solchen Fällen drei Monate. Handelt es sich um ein unverzinsliches Darlehen, so kann es der Schuldner auch ohne Kündigung tilgen.[352]

Als **langfristig** werden solche Darlehen bezeichnet, deren Laufzeit mehr als vier bzw. fünf Jahre beträgt. Wie die anderen Instrumente der langfristigen Fremdfinanzierung wird das langfristige Darlehen im Unternehmensbereich vor allem zur Finanzierung von Investitionen eingesetzt, z.B. zur Beschaffung zusätzlicher oder zum Ersatz veralteter Produktionsanlagen, zum Bau oder Erwerb von Geschäftsgebäuden. Zur Finanzierung von Gegenständen des Umlaufvermögens werden langfristige Mittel in der Regel nur verwendet, wenn zur Aufrechterhaltung der Betriebsbereitschaft ein Vorrat an Gütern des Umlaufvermögens in einer bestimmten Mindesthöhe (Eiserner Bestand) auf Dauer vorhanden sein muss. Daneben dienen langfristige Mittel zur Refinanzierung von langfristigen Lieferantenkrediten, die beispielsweise zur Abwicklung von Exportgeschäften notwendig sein können. Auch in solchen Fällen ist eine Bindung im Umlaufvermögen gegeben.

8.3.1.2 Quellen der langfristigen Darlehensfinanzierung

Langfristige Darlehen werden an Unternehmen vor allem von Kreditinstituten vergeben. Daneben stellen die öffentliche Hand, aber auch private Darlehensgeber und Kapitalsammelstellen (Versicherungen, Pensionskassen) langfristige Fremdmittel zur Verfügung.

Die **Kreditinstitute** sind im langfristigen Kreditgeschäft verschieden stark engagiert. Besonders augenfällig ist der Unterschied zwischen der Gruppe der Kreditbanken einerseits und der Sparkassen- bzw. Hypothekenbankengruppe andererseits. Während bei den Kreditbanken die Vergabe kurz- und mittelfristiger Kredite dominiert, liegt bei Sparkassen und Hypothekenbanken das Schwergewicht auf dem langfristigen Kreditgeschäft.

Diese Unterschiede sind eine Folge unterschiedlicher **Refinanzierungsmöglichkeiten** der einzelnen Institutsgruppen. Wenn auch in den letzten Jahren ein gewisser Ausgleich insbesondere zwischen den Großbanken und dem Sparkassensektor festzustellen war, so refinanzieren sich die Kreditbanken immer noch im Wesentlichen durch kurzfristige Kundeneinlagen. Sparkassen dagegen weisen den größten Anteil an Spareinlagen aus. Die Hauptrefinanzierungsquelle der Hypothekenbanken stellen die ausgegebenen Pfandbriefe dar.

[352] Zur Kündigung des Darlehens vgl. §§488 Abs. 3ff. BGB.

Im Rahmen der langfristigen Fremdfinanzierung kommt den **Kreditinstituten mit Sonderaufgaben** besondere Bedeutung zu. Diese Institute dienen der öffentlichen Hand als Instrument zur Durchführung wirtschaftspolitischer Maßnahmen, soweit diese Maßnahmen direkte Finanzierungshilfen vorsehen. Daneben betreiben sie solche Bankgeschäfte, die die Möglichkeiten einzelner Geschäftsbanken übersteigen. Einen Überblick über die für die Unternehmensfinanzierung wichtigsten Institute und deren **Aufgaben** gibt Abbildung 58.

Charakteristisch für die Tätigkeit der Kreditinstitute mit Sonderaufgaben ist ihr enges Zusammenwirken mit den das gesamte Bankgeschäft betreibenden Instituten. In der Regel werden die eingeräumten Darlehen nicht direkt, sondern über die von den Darlehensnehmern benannten Kreditinstitute – die „Hausbanken" der Kreditnehmer – zur Verfügung gestellt.

Hierbei sind **zwei Arten der Geschäftsbeziehungen** zwischen der Spezialbank und der Hausbank zu unterscheiden. Ist die Hausbank nur als Treuhänder für die ordnungsmäßige Abwicklung des Darlehens verantwortlich, so spricht man von einem durchlaufenden Kredit. Ist die zwischengeschaltete Bank der Spezialbank aus dem Darlehensverhältnis ganz oder teilweise haftbar, so handelt es sich um einen Durchleitungskredit.[353] Während im ersten Fall das Kreditrisiko bei der Spezialbank liegt, trägt es im zweiten Fall zumindest teilweise die Hausbank.

Neben den Kreditinstituten und der öffentlichen Hand, die bei der Darlehensvergabe jedoch in der Regel Kreditinstitute einschaltet, gewähren **Kapitalsammelstellen** – insbesondere Versicherungen – sowie Privatpersonen langfristige Darlehen. Versicherungen müssen infolge gesetzlicher Vorschriften strenge Maßstäbe bei ihrer Vermögensanlage anwenden. Deshalb können Versicherungsgesellschaften Darlehen – meistens in der Form des Schuldscheindarlehens – nur an sogenannte erste Adressen vergeben.

Bei den Darlehen Privater handelt es sich häufig um **Gesellschafterdarlehen.** Sie sind insbesondere bei der GmbH anzutreffen, deren Gesellschafter bei auftretendem Kapitalbedarf ihr Risiko nicht durch Erhöhung des Stammkapitals vergrößern wollen und deshalb ihrer Gesellschaft Darlehen gewähren. Gesellschafterdarlehen erweisen sich steuerlich und insolvenzrechtlich oft als problematisch, wenn sie als sogenanntes „verdecktes Stammkapital" notwendiges Eigenkapital ersetzen.

Im Fall der Gewährung eines Darlehens des Gesellschafters an seine GmbH sieht das **MoMiG**, das am 1. November 2008 in kraft getreten ist, eine grundlegende Neuregelung vor (gleiches gilt für Forderungen aus Rechtshandlungen, die einem Darlehen wirtschaftlich entsprechen).

Nach bisheriger Rechtslage konnte ein Gesellschafterdarlehen den Gläubigern der GmbH nur dann wie Eigenkapital haften und somit im Insolvenzfall gegenüber den Forderungen aller anderen Gläubiger **nachrangig** sein, sofern das Gesellschafterdarlehen **Eigenkapital ersetzend** war. Dies setzte voraus, dass das Gesellschafterdarlehen in einer wirtschaftlichen Krise der GmbH gewährt oder stehen gelassen wurde.

Die Neuregelung differenziert nicht mehr zwischen Eigenkapital ersetzenden und anderen Gesellschafterdarlehen. Folge ist, dass die bislang problematische Feststellung des Vorliegens einer Krise entfällt. Insbesondere aber ist – bei Vorliegen

[353] Vgl. *Jährig, A., Schuck, H.,* Handbuch des Kreditgeschäfts, bearb. von *Rösler, P., Woite, M.,* 5. Aufl., Wiesbaden 1989, S. 323.

Institut	Anteilseigner	Aufgaben	Refinanzierung (Hauptquellen)
KfW Bankengruppe (Anstalt öffentl. Rechts), Frankfurt a.M.	Bund (80%) Länder (20%)	Förderung von Existenzgründern, des Mittelstands und KMU, Wohnbauförderungen, kommunale Infrastrukturförderung, Bildungsfinanzierungen, Export- und Projektfinanzierungen, Förderung der Entwicklungszusammenarbeit und Beratung bei der Privatisierung von Bundesunternehmen	Schuldverschreibungen: Benchmarkanleihen in EUR und USD, öffentliche Anleihen in Fremdwährungen, strukturierte Private Placements, Geldmarktrefinanzierung (Commercial Papers)
Landwirtschaftl. Rentenbank (Anstalt des öffentl. Rechts), Frankfurt a.M.	Stiftungsvermögen	Finanzierung von Agrarvorhaben gemäß Förderauftrag: Wirtschaftsgebäude, Maschinen, erneuerbare Energien, Maßnahmen zur Verbesserung des Umwelt- und Tierschutzes, Investitionen in die Infrastruktur, Schaffung von Arbeitsplätzen im ländlichen Raum	Internationale Kapitalmärkte, Emission von Wertpapieren und Aufnahme von Darlehen
IKBD Deutsche Industriebank (AG), Düsseldorf	Lone Star Europe (90,81%) Streubesitz (6,97%) Stiftung Industrieforschung (1,72%) Sal. Oppenheim jr. & Cie. S.C.A. (0,50%)	Bereitstellung zinsgünstiger Kredite aus Förderprogammen (zweckgebundene Fördermittel), die öffentliche Kreditinstitute auf Landes-, Bundes und supranationaler Ebene bereitstellen	Internationale Kapitalmärkte, Emission von Wertpapieren und Aufnahme von Darlehen
AKA Ausfuhrkredit-Gesellschaft m.b.H., Frankfurt a.M.	Bayerische Hypo-Vereinsbank AG Bayerische Landesbank BHF-Bank AG Bremer Landesbank Kreditanstalt Oldenburg-Girozentrale Commerzbank AG DekaBank Deutsche Girozentrale DZ Bank AG Deutsche Zentral-Genossenschaft Deutsche Postbank AG HSH Nordbank G IKB Deutsche Industriebank AG KBC Bank Deutschland AG Bankhaus Lampe KG Landesbank Baden-Württemberg LBBW Finance-Holding GmbH Landesbank Berlin Landesbank Hessen-Thüringen Girozentrale Norddeutsche Landesbank Girozentrale SEB AG West LB AG	Unterstützung der deutschen und europäischen Exportwirtschaft	Anteilseigner, Geld- und Kapitalmarkt

Abb. 58: Kreditinstitute mit Sonderaufgaben

bestimmter Voraussetzungen – gemäß dem neu formulierten §39 Abs.1 Nr.5 InsO jedes Gesellschafterdarlehen bei Eintritt des Insolvenzfalls gegenüber den Forderungen anderer Gläubiger nachrangig.

Der **Nachrang** gilt gemäß dem neu eingeführten §39 Abs.4 und 5 InsO insbesondere nicht für den Anspruch auf Rückzahlung eines Darlehens von **Sanierungsgesellschaften** oder von nicht geschäftsführenden Kleingesellschaftern, deren Beteiligung 10% des Haftkapitals nicht überschreitet.

Die Neuregelung sieht ferner eine Stärkung der Möglichkeit zur **Insolvenzanfechtung** vor. Der Geschäftsführer der GmbH darf die Rückzahlung eines Gesellschafterdarlehens zukünftig nicht unter Verweis auf das Auszahlungsverbot des §30 GmbHG verweigern. Dies gilt selbst dann, wenn eine wirtschaftliche Krise der Gesellschaft offensichtlich vorliegt, da das Kriterium der Krise zukünftig nicht mehr relevant ist.

Die Rückzahlung eines Gesellschafterdarlehens ist allerdings mit dem Risiko der **Anfechtbarkeit** behaftet. Der Insolvenzverwalter kann die Rückzahlung des Gesellschafterdarlehens gemäß dem neu formulierten §135 Abs.1 Nr.2 InsO anfechten, sofern die Rückzahlung des Gesellschafterdarlehens im letzte Jahr vor Stellung des Insolvenzantrags oder danach erfolgt ist. Im Fall der Anfechtung einer gewährten Sicherheit für Gesellschafterdarlehen beträgt die Frist gemäß dem neu formulierten §135 Abs.1 Nr.1 InsO zehn Jahre.

8.3.1.3 Tilgungsformen langfristiger Darlehen

Im Folgenden wurden vier Fälle dargestellt:

Fall 1: Tilgungsdarlehen

Fall 2: Annuitätendarlehen

Fall 3: Abgerundetes Annuitätendarlehen

Fall 4: Annuitätendarlehen mit Damnum

Der langfristigen Bindung der einem Betriebe als Darlehen zur Verfügung gestellten Finanzierungsmittel entspricht die Art und Weise der Tilgung. Unterstellt man, dass sich die Erwartungen des Betriebs über die Vorteilhaftigkeit einer mit einem Darlehen finanzierten Investition erfüllen, so können die Fremdmittel aus den erzielten Gewinnen und den vom Markt vergüteten Abschreibungsgegenwerten zurückgezahlt werden. Bei der **Aufstellung des Rückzahlungsplans** (Tilgungsplans) ist zu berücksichtigen, dass die allmähliche Freisetzung der investierten Mittel unter Umständen nicht gleich, sondern erst nach einer gewissen Anlaufzeit erfolgt. In solchen Fällen wird vereinbart, dass die Rückzahlung erst nach einigen „Freijahren" beginnt. Im Extremfall erfolgt sie erst am Ende der Laufzeit in einem Betrag.

Fall 1: Tilgungsdarlehen Ein Betrieb nimmt für den Kauf einer Produktionsanlage zu Beginn eines Jahres ein Darlehen in Höhe von 250.000 EUR auf. Der Zinssatz beträgt für die Gesamtlaufzeit von 7 Jahren 10%. Nach zwei Freijahren beginnt die Tilgung mit jährlich 20% des Nennwerts des Darlehens. **Freijahre** sind die Jahre, in denen keine Rückzahlung erfolgt (vgl. Abbildung 59).

Während der Laufzeit des Darlehens schwankt der an den Darlehensgeber zu zahlende Betrag aus Zinsen und Tilgung **(Annuität).** Wären keine Freijahre vereinbart worden, so würde die Annuität von Anfang an von Jahr zu Jahr geringer. Häufig

Jahr	Darlehensschuld am Jahresanfang	Zinsen	Tilgung	Annuität (2 + 3)	Darlehensschuld am Jahresende (1 – 3)
	1	2	3	4	5
1	250.000	25.000	–	25.000	250.000
2	250,000	25.000	–	25.000	250.000
3	250.000	25.000	50.000	75.000	200.000
4	200.000	20.000	50.000	70.000	150.000
5	150.000	15.000	50.000	65.000	100.000
6	100.000	10.000	50.000	60.000	50.000
7	50.000	5.000	50.000	55.000	–
Σ	–	125.000	250.000	375.000	–

Abb. 59: Fall 1: Tildungsdarlehen (hier mit Freijahren)

sind Hypothekendarlehen, die insbesondere von Hypothekenbanken und Sparkassen eingeräumt werden, mit Tilgungsplänen ausgestattet, die eine gleichbleibende Annuität vorsehen. Da sich die Annuität aus Zinsen und Tilgung zusammensetzt, werden infolge der fortschreitenden Tilgung die Zinsanteile geringer; folglich wächst der Tilgungsanteil der Annuität mit der Laufzeit des Darlehens. Darlehen mit einem solchen Tilgungsmodus bezeichnet man auch als **Annuitätendarlehen** oder im Fall des Hypothekendarlehens als **Tilgungshypothek**. Sie haben für den Betrieb den Vorteil, dass jedes Jahr mit den gleichen Auszahlungen für das Darlehen belastet wird.

Fall 2: Annuitätendarlehen Das mit 10 % verzinsliche Darlehen des obigen Beispiels soll nach 7 Jahren zurückgezahlt sein. Darlehensgeber und Darlehensnehmer vereinbaren die Form des **Annuitätendarlehens.** Die Annuität ist jeweils am Jahresende (nachschüssig) zahlbar.

Bei einem Annuitätendarlehen ergeben sich **zwei Probleme.** Erstens ist die **Höhe der Annuität** zu ermitteln und zweitens muss die **Aufteilung der gleichbleibenden Annuität** in Zins- und Tilgungsanteil vorgenommen werden.

Der Darlehensgeber betrachtet die Darlehensgewährung als eine mehrerer Möglichkeiten der Kapitalanlage, also als eine Investition. Durch die Auszahlung der Darlehenssumme erwartet er über die Laufzeit des Darlehens eine gleichbleibende Rente, die Annuität, durch die er den hingegebenen Betrag „wiedergewinnt" und die mit dem Betrieb vereinbarte Verzinsung erzielt. Die Annuität (Rente) muss so bemessen sein, dass ihr Barwert, der sich ergibt, wenn die einzelnen Jahresbeträge auf den Zeitpunkt der Darlehensauszahlung abgezinst werden, gleich dem Darlehensbetrag in Höhe von 250.000 EUR ist.

Der Barwert einer später fälligen Zahlung ist ihr Gegenwartswert zum Abzinsungszeitpunkt. Er wird ermittelt, indem die Zahlung um die vom Abzinsungszeitpunkt bis zur Zahlungsfälligkeit anfallenden Zinsen und Zinseszinsen verringert wird. Die finanzmathematische Formel, auf deren Ableitung in diesem Zusammenhang verzichtet werden muss, lautet für die Ermittlung des Barwerts einer einmaligen Zahlung $K_0 = K_n \cdot (1 + i)^{-n}$, wobei für K_n die Zahlung, für i der Zinssatz und für n die Anzahl der Jahre eingesetzt wird. Auch für regelmäßig wiederkehrende Zahlungen in gleichbleibender Höhe (Renten) lässt sich der Barwert berechnen. Er entspricht dem Betrag, den der Erwerber des Rentenanspruchs im Abzinsungszeitpunkt anlegen müsste, um unter Berücksichtigung von Zinsen und Zinseszinsen in den Genuss der Rente zu kommen. Die finanzmathematische Formel für eine nachschüssige, d.h. am Jahresende zahlbare Rente lautet:

$$K_0 = a \frac{(1 + i)^n - 1}{i(1 + i)^n}$$

Den Ausdruck der Formel, mit dem die Rente (a) multipliziert wird, bezeichnet man auch als „Rentenbarwertfaktor". Die finanzmathematischen Formeln findet man in Zinstabellen bereits für verschiedene Zinssätze und Jahre ausgerechnet. Der Barwert einer Rente ist das Produkt aus der Rente und dem zugehörigen Rentenbarwertfaktor, der durch den Zinssatz und die Laufzeit des Darlehens bestimmt ist:[354]

K_0 = Barwert
i = Zinssatz
n = Anzahl der Jahre

$$\text{Barwert } (K_0) = \text{Rentenbarwertfaktor} \cdot \text{Annuität}$$

oder

$$\text{Annuität (Rente)} = \frac{\text{Barwert } (K_0)}{\text{Rentenbarwertfaktor}}$$

Der reziproke Wert des Rentenbarwertfaktors wird auch als **Wiedergewinnungsfaktor** bezeichnet:

$$\text{Annuität (Rente)} = \text{Barwert } (K_0) \cdot \text{Wiedergewinnungsfaktor}$$

Der Wiedergewinnungsfaktor für i = 10 % und 7 Jahre beträgt 0,2054055. Im Beispiel ergibt sich also eine Annuität von

$$a = 250.000 \text{ EUR} \cdot 0{,}2054055$$
$$a = 51\,351{,}38 \text{ EUR.}$$

Über die Aufteilung der Annuität in Zins- und Tilgungsanteil gibt Abbildung 60 Auskunft.

In Darlehensverträgen wird vielfach die Höhe der Annuität durch den Zinssatz und den Tilgungssatz bezogen auf die ursprüngliche Darlehenssumme als glatter Betrag festgelegt **(abgerundete Annuität)**. In diesem Fall ist die Tilgungsdauer zu berechnen. Handelt es sich um keine glatte Zahl, so muss außerdem noch die **Restzahlung** ermittelt werden.

Fall 3: Abgerundetes Annuitätendarlehen Ein Darlehen von 250.000 EUR ist mit 10 % zu verzinsen und mit 7,5 % zu tilgen. Die ersparten Zinsen werden zur verstärkten Rückzahlung verwendet. Die Zahlung von Zinsen und Tilgung erfolgt jeweils am Jahresende.

---

[354] Zu Einzelheiten vgl. z.B. *Müller-Merbach, H.,* Mathematik für Wirtschaftswissenschaftler I, München 1974, S. 274 ff.; *Kemeny, J. G., Schleifer, A., Snell, J. L., Thompson, G. L.,* Mathematik für die Wirtschaftspraxis, 2. Aufl., Berlin, New York 1972, S. 318 ff. und S. 484 ff. (Zinstafeln); *Wöhe-Kaiser-Döring,* Übungsbuch zur Einführung in die Allgemeine Betriebswirtschaftslehre, 12. Aufl., München 2008, S. 266 ff.

Jahr	Darlehensschuld am Jahresanfang	Zinsen	Tilgung	Annuität (2 + 3)	Darlehensschuld am Jahresende (1 – 3)
	1	2	3	4	5
1	250.000,00	25.000,00	26.351,38	51.351,38	223.648,62
2	223.648,62	22.364,86	28.986,52	51.351,38	194.662,10
3	194.662,10	19.466,21	31.885,17	51.351,38	162.776,93
4	162.776,93	16.277,70	35.073,68	51.351,38	127.703,25
5	127.703,25	12.770,33	38.581,05	51.351,38	89.122,20
6	89.122,20	8.912,22	42.439,16	51.351,38	46.683,04
7	46.683,04	4.668,30	46.683,04	51.351,34	–
Σ	–	109.459,62	250.000,00	359.459,62	–

Abb. 60: Fall 2 – Beispiel eines Annuitätendarlehens

Die Annuität ergibt sich aus:

Darlehenssumme · Tilgungssatz	= 100.000 · 17,5 %
Darlehenssumme · Zinssatz	= 100.000 · 10 %
Annuität	= 17.500

Die Berechnung der Tilgungsdauer erfolgt nach der Formel:

$$\text{Annuität} = \text{Barwert}\ (K_0) \cdot \text{Wiedergewinnungsfaktor}$$

17.500 = 100.000 · Wiedergewinnungsfaktor

Wiedergewinnungsfaktor = 0,175

Für einen Zinssatz von 10 % liegt der errechnete Wert von 0,175 zwischen den Wiedergewinnungsfaktoren für 8 und 9 Jahre.[355] Folglich muss achtmal die volle Annuität entrichtet werden. Außerdem fällt eine Restzahlung an, die am Ende des neunten Jahres entrichtet werden soll. Es besteht auch die Möglichkeit, die Restzahlung auf den ersten Zahlungstermin vorzuziehen und die gleichbleibenden Annuitäten entsprechend zu verschieben.

Der Ermittlung der Restzahlung liegt folgende Überlegung zugrunde. Zinst man die acht gleichbleibenden Annuitäten auf den Zeitpunkt der Darlehensauszahlung ab, so zeigt sich, dass der Darlehensgeber unter Berücksichtigung der Zinsen den hingegebenen Darlehensbetrag in Höhe von 100.000 EUR noch nicht wiedergewonnen hat. Es fehlen vielmehr noch 6.638,79 EUR.

Darlehensbetrag in t_0 ·/. Annuität · Rentenbarwertfaktor (10 %/8 Jahre)	 17.500 · 5,3349262	100.000,–– 93.361,21
Darlehensrestschuld bezogen auf t_0		6.638,79

[355] Wiedergewinnungsfaktor (10 %/8 Jahre): 0,18744.
Wiedergewinnungsfaktor (10 %/9 Jahre): 0,17364.

Da dieser Betrag dem Darlehensnehmer 9 Jahre zur Verfügung stand, sind hierauf für die ganzen Jahre noch Zinsen zu berechnen. Der Endwert unter Verrechnung von 10 % Zinsen p.a. stellt die Restzahlung dar.

$$\text{Restzahlung} = 6638{,}79 \cdot (1 + i)^9$$
$$(1 + 0{,}1)^9 = 2{,}3579477$$
$$\text{Restzahlung} = 15\,653{,}92$$

Wie aus dem Tilgungsplan in Abbildung 61 hervorgeht, gilt der Tilgungssatz von 7,5 % der ursprünglichen Darlehenssumme nur für das erste Jahr. Später erhöhen sich die Tilgungsraten um die ersparten Zinsen. Folglich ist das Darlehen bei dem vereinbarten Tilgungssatz von 7,5 % nicht nach rd. 14, sondern bereits nach 9 Jahren zurückgezahlt.

Jahr	Darlehensschuld am Jahresanfang EUR	Zinsen EUR	Tilgung EUR	Annuität EUR	Darlehensschuld am Jahresende EUR
1	250.000,00	25.000,00	18.750,00	53.500,00	231.250,00
2	231.250,00	23.125,00	30.375,00	53.500,00	200.875,00
3	200.875,00	20.087,50	33.412,50	53.500,00	167.462,50
4	167.462,50	16.745,25	36.753,75	53.500,00	130.708,75
5	130.708,75	13.070,88	40.429,13	53.500,00	90.279,63
6	90.279,63	9.027,96	44.472,04	53.500,00	45.807,59
9	45.807,59	4.580,76	45.807,59	50.388,35	0,0
Σ	–	111.638,35	250.000,00	371.388,35	–

Abb. 61: Fall 3 – Abgerundetes Annuitätendarlehen

Fall 4: Annuitätendarlehen mit Damnum In den bisherigen Beispielen zur Tilgung langfristiger Darlehen wurden über die gesamte Laufzeit der Darlehen **feste Zinssätze** unterstellt. Infolge der Langfristigkeit enthalten die Konditionen oftmals **Zinsgleitklauseln,** die es den Darlehensgebern ermöglichen, sich an veränderte Refinanzierungsbedingungen (Zinsstruktur) anzupassen. Steuerlich stellen die Darlehenszinsen in der Regel **abzugsfähige Betriebsausgaben** bei der Einkommen- bzw. Körperschaftsteuer dar. Bei der Ermittlung der Bemessungsgrundlage der Gewerbesteuer dagegen müssen sie zu einem Viertel als Entgelt für Schulden hinzugerechnet werden, können sich also nicht vollständig steuermindernd auswirken.[356]

Der vereinbarte Zins gibt die **Nominalverzinsung** des Darlehens an. Bei der Ermittlung der Kapitalkosten muss neben den Kosten der Sicherheitenbestellung gegebenenfalls ein **Damnum** (Disagio) berücksichtigt werden. Das ist die Differenz zwischen dem Nominalwert eines Darlehens und dem tatsächlich an den Darlehensnehmer ausbezahlten Betrag, die in Prozent des Nominalwerts ausgedrückt wird.

[356] Vgl. § 8 Nr. 1 GewStG. Danach erfolgt eine Hinzurechnung von 25 %, wenn die Entgelte für Schulden und andere fiktive Zinsen den Freibetrag von 100.000 Euro übersteigen.

Beispiel:

	Nominalwert des Darlehens	100.000
·/.	3 % Damnum (Disagio)	3.000
=	Ausgezahlter Darlehensbetrag	97.000

Mit Auszahlung des Darlehens geht der Darlehensnehmer die Verpflichtung ein, 100.000 EUR vereinbarungsgemäß zurückzuzahlen. Diesen Rückzahlungsbetrag hat er in der Bilanz als Verbindlichkeit auszuweisen (vgl. Abb. 62). Für die bilanzielle Behandlung des Damnums, das der Gläubiger einbehält, hat der Darlehensnehmer in der Handelsbilanz im Jahr der Darlehensaufnahme ein Wahlrecht. Er kann das Damnum entweder sofort gewinnmindernd abschreiben oder es auf der Aktivseite der Bilanz unter die Posten der Rechnungsabgrenzung einstellen und durch planmäßige Abschreibungen tilgen, die auf die gesamte Laufzeit des Darlehens verteilt werden dürfen.[357] Das letztgenannte Verfahren entspricht dem Grundsatz **periodenrichtiger Aufwandsverteilung**.

Aktiva	Bilanz zum ...		Passiva
Sonstige Aktiva	500.000	Sonstige Passiva	500.000
Bank	97.000	Darlehen	100.000
Rechnungsabgrenzungsposten	3.000		
	600.000		600.000

Abb. 62: Bilanzielle Behandlung des Damnums

Für die **Steuerbilanz** besteht dieses Wahlrecht nicht. Hier ist das Damnum zu aktivieren und über die Laufzeit des Darlehens gleichmäßig zu verteilen.

Das Damnum kann als zusätzlicher Zins interpretiert werden. Sehen die Konditionen des Darlehens also ein Damnum vor, so ist die **effektive Verzinsung** des Darlehens höher als der nominelle Zinssatz. Die effektive (reale) Verzinsung entspricht dem Zinssatz, für den der Barwert der Annuitäten (Summe aus Zins- und Tilgungsanteil), bezogen auf den Zeitpunkt der Darlehensauszahlung, gleich dem Auszahlungsbetrag ist. Aus Sicht des Darlehensgebers handelt es sich bei der Effektivverzinsung um den internen Zinsfuß seiner Investition „Darlehensvergabe".

N	= nomineller Darlehensbetrag
d	= Damnumquote
$(1 - d) \cdot N$	= Auszahlungsbetrag
t_n	= Tilgung am Ende von Periode n
Z_n	= Zinszahlung am Ende von Periode n
t	= Gesamtlaufzeit des Darlehens
i_{eff}	= effektiver Zinssatz

$$\sum_{n=0}^{T} \frac{Z_n + t_n}{(1 + i_{eff})^n} = (1 - d) \cdot N$$

[357] Vgl. § 250 Abs. 3 HGB.

TEIL B: AUSSENFINANZIERUNG

Die Berechnung der effektiven Verzinsung ist rechnerisch schwierig, da es sich um Gleichungen T-ten Grades handelt, die für T > 4 algebraisch nicht mehr lösbar sind. Bei längeren Laufzeiten lassen sich die effektiven Zinssätze durch mathematische Näherungsverfahren ermitteln, auf die hier nicht eingegangen werden kann.

Die Auswirkung des Damnums auf die Effektivverzinsung eines Darlehens zeigt das folgende Beispiel eines Annuitätendarlehens.

Beispiel: Wird die Gewährung eines Darlehens von 250.000 EUR zum Nominalzins von 10 % mit einer Laufzeit von 7 Jahren und einem Damnum von 3 % vereinbart, so geht der Darlehensnehmer eine Rückzahlungsverpflichtung über 250.000 EUR ein, kann aber nur über 242.500 EUR verfügen. Die ungekürzte Darlehenssumme muss mit dem Nominalzinssatz verzinst werden. Dadurch ergibt sich eine Effektivverzinsung von 10,93332 %.

Soll die Abwicklung des Darlehens ausgehend vom Verfügungsbetrag unter Berücksichtigung der vereinbarten Tilgungsmodalitäten gezeigt werden, so sind am Ende des ersten Jahres die effektiven (realen) Zinsen zu ermitteln (Verfügungsbetrag · i_{eff}) und mit der Annuität, die sich aus dem Tilgungsplan ergibt, zu verrechnen. Nach Abzug der Differenz (reale Tilgung) vom Verfügungsbetrag am Jahresanfang erhält man die neue reale Darlehensschuld (vgl. Abb. 63).

Jahr	Reale Darlehensschuld am Jahresanfang	Reale Zinsen (10,93332 %)	Vereinbarte Annuität	Reale Tilgung (3 – 2)	Reale Darlehensschuld am Jahresende (1 – 4)
	1	2	3	4	5
1	242.500,00	26.513,30	51.351,38	24.838,08	217.661,92
2	217.661,92	23.797,67	51.351,38	27.553,71	190.108,21
3	190.108,21	20.785,13	51.351,38	30.566,25	159.541,96
4	159.541,96	17.443,23	51.351,38	33.908,15	125.633,81
5	125.633,81	13.735,94	51.351,38	37.615,44	88.018,37
6	88.018,37	9.623,33	51.351,38	41.728,05	46.290,32
7	46.290,32	5.061,06	51.351,38	46.290,32	–
Σ	–	116.959,66	359.459,66	242.500,00	–

Abb. 63: Beispiel eines Annuitätendarlehens

Der Vergleich dieser Ergebnisse mit denen des Tilgungsplans zeigt, dass die Summe der realen Zinsen (116.959 EUR) die Summe der Nominalzinsen (109.459 EUR) übersteigt. Die Differenz von 7.500 EUR entspricht dem vereinbarten Damnum.

Wie lassen sich die realen Zinsen (i_0) von 10,93332 % errechnen? Dazu löst man die folgende Gleichung nach i_0 auf:

$$0 = -242.500 + \frac{51.351,38}{(1+i_0)^1} + \frac{51.351,38}{(1+i_0)^2} + \ldots + \frac{51.351,38}{(1+i_0)^7}$$

Näherungsweise können die realen Zinsen auch mittels Interpolation abgeleitet werden. Aufgrund des Damnums muss der sogenannte effektive Zinssatz höher als 10 % sein. Deshalb wählt man beispielsweise einen Zinssatz i_1 von 10 % und einen

Zinssatz i_2 von 12 %. Setzt man diese beiden Zinssätze in die obige Formel ein, so ergibt sich ein Nettobarwert von $NBW_1 = 7.500$ (was dem Damnum entspricht) und ein NBW2 = –8.144,80. Durch Einsetzen dieser Werte in die Interpolationsformel

$$i_0 = i_1 - NBW_1 \cdot \left(\frac{(i_2 - i_1)}{(NBW_2 - NBW_1)} \right)$$

ergibt sich für i_0 der Wert von 10,95879, was fast den realen Zinsen von 10,9332 % entspricht.

Die **effektive Verzinsung** lässt sich ebenfalls **näherungsweise** ermitteln, indem die Summe aus Nominalzinssatz und Jahresanteil des Damnums in v. H. des Auszahlungsprozentsatzes ausgedrückt wird.

Beispiel:

Darlehen	100
nachschüssig zahlbare Zinsen (i_{nom})	10 % p.a
Damnum (d)	4 %
Festlaufzeit (T)	5 Jahre

$$i_{eff} = \frac{i_{nom} + \frac{d}{T}}{100 - d}$$

$$i_{eff} = \frac{10 + \frac{4}{5}}{100 - 4} = 0{,}1125$$

Bei fünfjähriger Laufzeit beträgt die effektive Zinsbelastung 11,25 %. Es muss ausdrücklich darauf hingewiesen werden, dass die Gleichverteilung des Damnums auf die Jahre der Laufzeit nur dann zu vertretbaren Ergebnissen führt, wenn das Darlehen erst am Ende der Laufzeit vollständig zurückbezahlt wird.

Wird statt einer **Festlaufzeit** eine Rückzahlung in gleichen Tilgungsraten vereinbart, so muss die **mittlere Laufzeit** des Darlehens berechnet werden. Dazu zerlegt man das Darlehen gedanklich in fünf Teilbeträge mit Festlaufzeit.

Die Tilgungsrate, die in t_1 fällig ist, steht dem Darlehensnehmer nur 1 Jahr zur Verfügung, die zweite Tilgungsrate 2 Jahre usw. Die mittlere Laufzeit (M) der einzelnen Tranchen erhält man, indem man die Summe der einzelnen Laufzeiten durch die Zahl der Tranchen dividiert. Unter Verwendung der Summenformel für die arithmetische Folge ergibt sich wie in Abb. 64 dargestellt der Rückzahlungsbetrag in Tilgungsraten:

n = Anzahl der Tranchen
a_1 = Laufzeit von Tranche 1
a_n = Laufzeit von Tranche n
(längste Laufzeit = Tilgungsjahre)

$$M = \frac{\frac{n}{2}(a_1 + a_n)}{n} \qquad M = \frac{a_1 + a_n}{2} \qquad M = \frac{1 + 5}{2} = 3$$

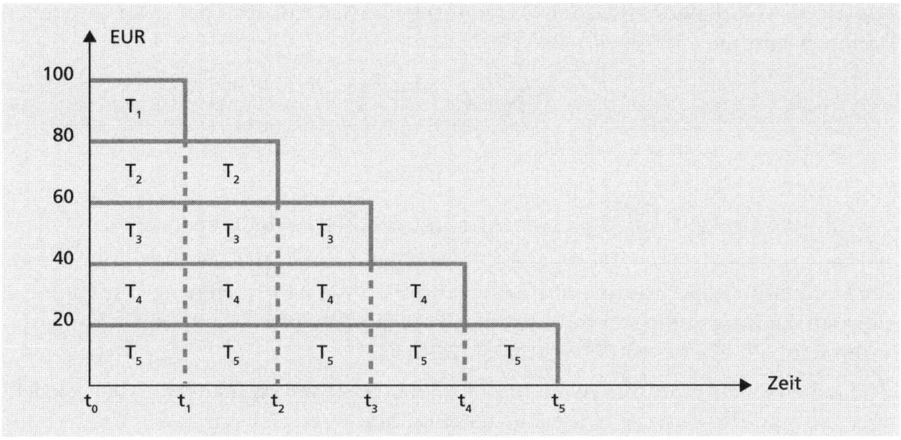

Abb. 64: Rückzahlung in gleichen Tilgungsraten

Die mittlere Laufzeit der Tranchen beträgt 3 Jahre. Folglich hat für den Darlehensgeber der gesamte ausgeliehene Betrag ebenfalls eine mittlere Laufzeit von 3 Jahren (vgl. Abb. 65).

Erfolgt die **Tilgung** eines Darlehens erst **nach einigen Freijahren** in gleichen Raten, so vollzieht sich die Berechnung der mittleren Laufzeit (M) wie folgt:

f = Freijahre
t = Anzahl der Tilgungsjahre

$$M = f + \frac{t+1}{2}$$

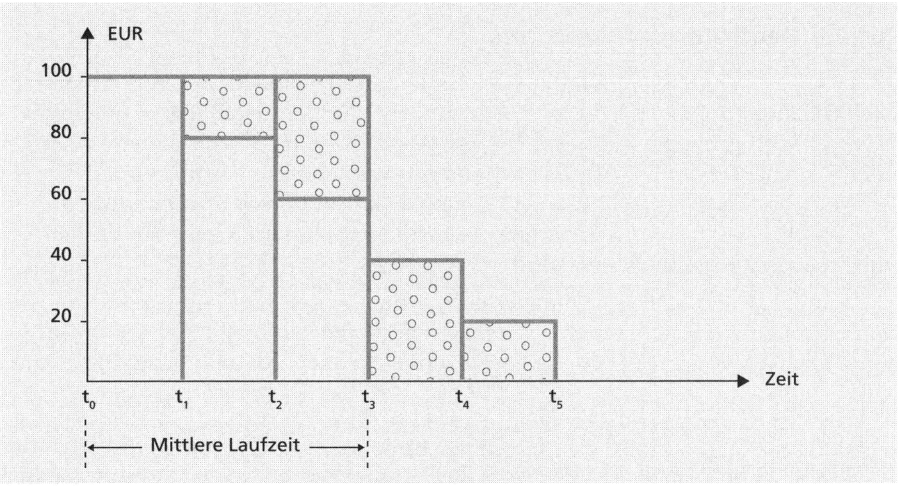

Abb. 65: Mittlere Laufzeit

Beispiel: Ein Darlehen wird nach 2 Freijahren jährlich mit 20 % der ursprünglichen Darlehenssumme getilgt.

$$M = 2 + \frac{5+1}{2}$$

$$M = 5 \text{ Jahre}$$

Die mittlere Laufzeit verlängert sich also um den Betrag der Freijahre.

Die Faustformel zur Berechnung der Effektivverzinsung von Darlehen, die am Ende der Laufzeit in einer Summe zurückbezahlt werden, ist für Tilgungsdarlehen mit gleichen Tilgungsraten am Jahresende so zu modifizieren, dass an die Stelle der festen Laufzeit (T) die mittlere Laufzeit (M) tritt.

Sind neben einem Damnum weitere **Kosten der Darlehensaufnahme** zu berücksichtigen, so sind diese in die obige Formel einzubeziehen. Dabei muss unterschieden werden, ob es sich um einmalige Kosten (z.B. Bearbeitungsgebühren) oder laufende Kosten handelt.

k_e = einmalige Kosten in v. H. des nominellen Darlehensbetrags
k_l = laufende Kosten in v. H. des nominellen Darlehensbetrags

$$i_{eff} = \frac{i_{nom} + k_l + \frac{d + k_e}{M}}{100 - d - k_e}$$

Da in die Berechnung des Effektivzinssatzes außer dem Nominalzinssatz die einzelnen Komponenten der Darlehenskonditionen eingehen, stellt diese Größe eine Maßzahl dar, die den Vergleich von Darlehen mit unterschiedlichen Konditionen erlaubt.

8.3.2 Syndizierte Kredite

8.3.2.1 Begriff und Abgrenzung

Unter einem **syndizierten Kredit** wird ein Kredit verstanden, der von **mindestens zwei Gläubigern** einem Kreditnehmer zu **einheitlichen Bedingungen** für alle Teilnehmer zur Verfügung gestellt wird.[358] Anstelle des Begriffs des syndizierten Kredits wird auch häufig der Begriff **Konsortialkredit** verwendet. Allerdings muss hier ein wesentlicher Unterschied beachtet werden. Während beim Konsortialkredit nur inländische Kreditgeber teilnehmen, ist beim syndizierten Kredit mindestens ein ausländischer Kreditgeber beteiligt.

Die Kapitalgeber bilden bei syndizierten Krediten in der Regel ein **Konsortium**, das von einem oder (meist) mehreren **Arrangeuren (Mandated Lead Arranger)** angeführt wird. Die Arrangeure führen die Kreditverhandlungen mit dem Schuldner. Daran

[358] Zum Thema Syndizierte Kredite vgl. *Laubrecht, K., Heller, S.*, Der syndizierte Kredit, hrsg. von *Hockmann, H.-J., Thießen, F.*, Investment Banking, 2. Auflage, Stuttgart 2007, S. 310 ff.; *Altunbas, Y., Gadanecz, B., Kara, A.*, Syndicated Loans, Houndmills 2006; *Ayasse, L.*, Konsortialgeschäft, Frankfurt/Main 2004; *Rhodes, T.*, Syndicated Lending, 4. Aufl., London 2004; *Trostdorf, S.*, Syndizierter Kredit, in: Enzyklopädisches Lexikon des Geld-, Bank- und Börsenwesens, Frankfurt/Main.

anschließend wird das Kreditvolumen bei anderen, dem Arrangeur bekannten und an der Fazilität teilnahmewilligen Banken platziert. Der Wettbewerb unter den arrangierenden Banken sowie die hohe Markttransparenz durch Veröffentlichung der größeren Transaktionen und deren Bedingungen führen zu marktgerechten Konditionen.

Syndizierte Kredite stellen eine **Finanzierungsalternative** zu Kapitalmarktfinanzierungen in Form von Anleihen dar. Im Vergleich zu den eher standardisierten Möglichkeiten von Anleihen bietet der Kreditmarkt ein höheres Maß an Flexibilität. Der syndizierte Kredit wird insbesondere bei **großvolumigen Finanzierungsvorhaben** wie Projekt-, Akquisitions- und Außenhandelsfinanzierungen eingesetzt. Darüber findet er Anwendung als Liquiditätssicherungslinie für die Begebung von Commercial Paper-Emissionen. Obgleich der syndizierte Kredit auf größere Volumen ausgerichtet ist, kann er grundsätzlich auch für Finanzierungen von Anlage- und Umlaufinvestitionen eingesetzt werden. Die **Volumina von syndizierten Krediten** liegen in der Regel zwischen EUR 50 und 1.000 Mio. Bei Akquisitionsfinanzierung kann das Volumen auch höher liegen.

8.3.2.2 Banken und ihre Aufgaben als Finanzierungsmittler

Die Beteiligten

Banken treten im Geschäft mit syndizierten Krediten in drei Eigenschaften auf. Sie haben die Aufgabe der

- Finanzierungsmittler/Arranger: bis zum Abschluss der Kreditvertrags,
- Garanten/Underwriter: bis zum Abschluss der Kreditvertrags,
- Kreditgeber/Participant: nach Abschluss der Kreditvertrags.

Finanzierungsmittler
Als Finanzierungsmittler organisieren die Banken syndizierte Kredite für die Kreditnehmer. In Abhängigkeit vom Grad der Verantwortung können drei Gruppen von Beteiligten unterschieden werden:

Mandated Lead Arranger
Unter einem Mandated Lead Arranger wird die durch die Transaktion führende Bank verstanden. Sie ist für die „Terms and Conditions" der Fazilität verantwortlich. Ferner fungiert sie als Mittler zwischen dem Kreditnehmer und den Konsortialbanken. Es gibt weltweit nur eine begrenzte Anzahl von Geschäfts- und Investmentbanken, die in der Lage sind, syndizierte Kredite gesamtheitlich zu strukturieren und während der gesamten Laufzeit zu verwalten.

Arranger und Co-Arranger
Arranger und Co-Arranger sind Banken, die im Rang unter dem Mandated Lead Arranger stehen. Arranger und Co-Arranger werden vom Mandated Lead Arranger nach Absprache mit dem Kreditnehmer eingeladen. Arranger und Co-Arranger übernehmen nach dem Mandated Lead Arranger die nächst höheren Beteiligungsquoten und übernehmen die Rolle eines **Underwriters** oder **Sub-Underwriters**. Sie übernehmen einen Teil des **Syndizierungsrisikos**, indem sie Übernahmegarantien für den Fall abgeben, dass eine Syndizierung nicht gelingt (= **Underwriting**). Typische Arranger-Banken kennen den Kreditnehmer sehr gut und haben enge Beziehungen zu diesem.

Aufgaben und Rollen des Arrangeurs sind:

- Arrangierung: Bilden mehrere Banken eine Arrangierungsgruppe, teilen sich die im Folgenden genannten Aufgaben untereinander auf. Bei der Arrangierung kommen nur die Banken zum Zug, die das Mandat zur Arrangierung vom Kreditnehmer erhalten haben.
- Strukturierung: Unter Strukturierung versteht man die Erarbeitung einer Kreditstruktur sowie die Erstellung und Verhandlung eines „Term-Sheets", welches die wichtigsten Vertragsmodalitäten enthält.
- Erstellung eines Informationsmemorandums: Auf Basis der Informationen des Kreditnehmers wird ein Informationsmemorandum für die eingeladenen Banken erstellt. Dieses enthält ausführliche Angaben über den Kreditnehmer, den Kreditzweck und sonstige Kreditbedingungen.
- Dokumentation: Unter Dokumentation wird die Erstellung und Verhandlung des Kreditvertrages verstanden.
- Book Running: Zum Book Running zählt die Durchführung der Syndizierung. Es wird eine Liste der einzuladenden Banken (Buch) erstellt, ein regelmäßiger Kontakt zu den eingeladenen Banken wird aufgebaut und Bericht über den Verlauf der Syndizierung an Kreditnehmer erstattet; ferner werden Zu- bzw. Absagen der Banken entgegen- und die Zuteilung der Beteiligungsquoten vorgenommen.
- Signing: Beim Signing erfolgt die Organisation und Ausrichtung der Vertragsunterzeichnung unter Teilnahme des Kreditnehmers und des Bankensyndikats, falls nicht eine Unterzeichnung durch Bevollmächtigung des Arrangers vereinbart wird.
- Übernahme der Funktion der Verwaltungsstelle („Agent"): Diese Funktion erfolgt nach Unterzeichnung des Kreditvertrags. Der Agent ist wesentlicher Ansprechpartner für Kreditnehmer während der Vertragslaufzeit.
- Publizität: Abschließend erfolgen Presseveröffentlichungen an Presseagenturen, Fachpublikationen und die Erstellung eines „Tombstone".

Garanten

Garanten sind zu meist der **mandatierte Lead-Arranger**. Als Garanten übernehmen die Banken – falls erforderlich oder falls vom Kreditnehmer gewünscht, Garantien dafür, dass unabhängig vom Erfolg der Syndizierung dem Kreditnehmer der Kreditbetrag bereitgestellt wird. Man spricht vom **Underwriting**. Wird eine vom Underwriter übernommene Tranchen weiterveräußert, dann Sub-Underwriting vor.

Kreditgeber

In ihrer Funktion als Kreditgeber übernehmen die Banken Tranchen des gesamten Kreditvolumens. Marktteilnehmer, die lediglich eine Kredittranche übernehmen und keine andere Funktion im Syndikat ausüben, werden „**Manager**" oder „**Participant**" genannt. In der Praxis beteiligt sich die Mehrheit der Banken nur mit einer Quote am Kredit als Kreditgeber, ohne an der Arrangierung selbst beteiligt zu sein. Je nach Beteiligungsquote werden ihnen unterschiedliche Titel zugeordnet (Lead-Manager, Manager, Co-Manager und Participant).

Das Platzierungsrisiko

Aus Sicht des Schuldner weist der syndizierte Kredit ein gravierendes Risiko auf: Ob ein Syndikat wirklich zustande kommt, hängt von vielen Verhandlungen ab, die auch scheitern können. Scheitert die Syndikatsbildung, kann der Kredit nicht platziert werden. Die Behandlung dieses Platzierungsrisikos wird wie im Wertpapiergeschäft durch **Underwriting** gelöst. Das Platzierungsrisiko wird durch Underwriting und Best Efforts behandelt.

Underwriting

Unter Underwriting wird die Übernahme des Platzierungsrisikos durch den Mandated-Lead-Arranger verstanden. Bei diesem Ansatz garantiert der Mandated-Lead-Arranger die Auszahlung des gesamten Kreditbetrags („**Full Underwriting**") oder eines Teils davon („**Partial Underwriting**"), bevor das Syndikat zusammengestellt ist. Die „Underwriter" übernehmen fest vereinbarte Quoten der Kreditsumme. Sie verfolgen die Absicht, die Quote durch eine spätere breite Syndizierung zu reduzieren. Das Risiko der Syndizierung liegt hier vollständig bei den „Underwriter".

Best Efforts

Eine Kreditsyndizierung auf der Basis „Best Efforts" reduziert das Platzierungsrisiko für die Underwriter signifikant. Beim Best-Efforts übernimmt der Mandated-Arranger nur einen Teil des Gesamtkreditbetrags. Die Differenz versucht er mit möglichst großem Erfolg bei den Partizipanten zu platzieren, ohne dass eine Übernahmepflicht für den nicht platzierten Teil besteht. Das Risiko, dass der geplante Kreditbetrag nicht in voller Höhe zustande kommt, liegt hier allein beim Kreditnehmer.

Syndizierung und Interessenlage der Banken

Syndizierte Kredite sind Teil des Kreditgeschäftes der Banken. Sie weisen damit alle Vor- und Nachteile von normalen Krediten auf. Darüber hinaus bietet der syndizierte Kredit vielfältige Vorteile:

- Risikoreduktion: Der Arranger kann volumenmäßig ein Kreditgeschäft übernehmen, für das er alleine das Risiko nicht tragen will. Durch Syndizierung im Primärmarkt gelingt ihm die Risikoentlastung.
- Bilanzentlastung: Der syndizierte Kredit ist ein Kreditgeschäft ohne Niederschlag von Risikoaktiva in der eigenen Bilanz. Bilanzentlastung kann insbesondere durch den Verkauf des Kredits am Sekundärmarkt erreicht werden, sofern dies vertraglich möglich ist und der Sekundärmarkt liquide ist.
- Rendite des Kreditgeschäfts: Erhöhung der Rendite des Kreditgeschäfts durch Verringerung der Eigenkapitalbindung. Wenn Tranchen vom Arranger an die Syndikatsmitglieder abgegeben werden, verdient er Provisionen ohne nennenswert seine Bilanz zu belasten.
- Hebeleffekt: Die Rentabilität aus der Transaktion kann in Abhängigkeit vom Syndizierungserfolg gesteigert werden. Der Hebeleffekt kommt dadurch zustande, dass der Kreditnehmer Einmalprovisionen auf den Gesamtbetrag bezahlt. Nur ein Teilbetrag davon wird an andere Banken weitergegeben. Der Mandated-Lead-Arranger erhält einen Teil der Provision (in Relation zur eigenen endgültigen Kreditbeteiligung), berechnet auf das gesamte Kreditvolumen.

- Kreditportfoliosteuerung: Der Mandated-Lead-Arranger hat die Möglichkeit, sein Kreditportfolio zu steuern, in dem er mehr oder weniger Tranchen selbst übernimmt oder indem er den Sekundärmarkt (s.u.) in Anspruch nimmt.
- Diversifikation der Einkommenstruktur der Banken: Durch syndizierte streben die Banken an, neben Zinserträgen auch Provisionserträge zu erzielen.
- Gewinnung von Neukunden: Die Banken haben die Möglichkeit, über Participations einen neuen Kundenkontakt aufzubauen und sich sukzessive als Hausbank zu profilieren Auf diese Weise können Cross-Selling-Erträge generiert werden.

Primärmarkt und Sekundärmarkt

Bei syndizierten Krediten wird zwischen Primärmarkt und Sekundärmarkt unterschieden. Der Primärmarkt ist dadurch gekennzeichnet, dass Banken sich an einem Konsortialkredit während der Syndizierungsphase beteiligen können. Der Sekundärmarkt bezeichnet den Handel von Kreditbeteiligungen nach Abschluss der Syndizierung (vgl. Abb. 66).

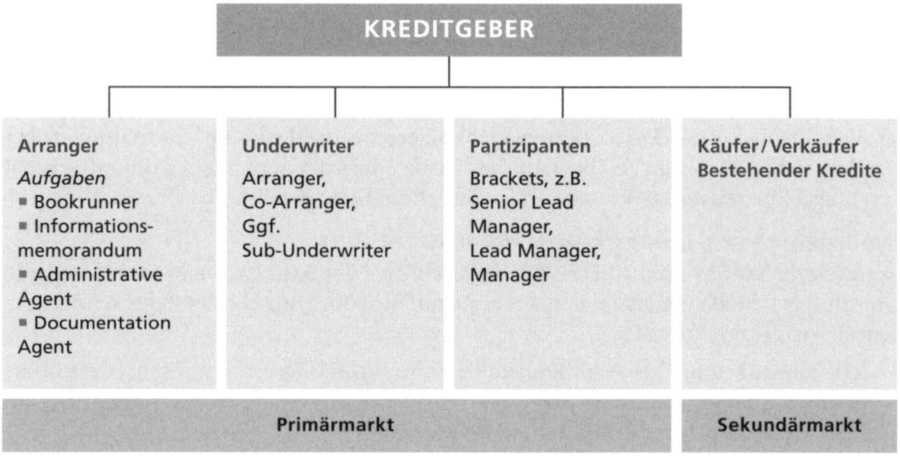

Abb. 66: Primär- und Sekundärmarkt[359]

8.3.2.3 Phasen eines syndizierten Kredits

Die Entwicklung eines syndizierten Kredits vollzieht sich in drei Phasen:

- Origination,
- Structuring und
- Distribution.

Jede Phase erfordert unterschiedliche Erfahrungen von verschiedenen Gruppen. Unterschiedliche externe Stellen werden ebenfalls in den Prozess miteinbezogen.

---

[359] Quelle: *Laubrecht, K., Heller, S.*, Der syndizierte Kredit, hrsg. von *Hockmann, H.-J., Thießen, F.*, Investment Banking, 2. Auflage, Stuttgart 2007, S. 317.

Geldfluss und Rolle der Agenten

Während bei einem klassischen bilateralen Kredit nach Vertragsabschluss die Geldmittel- und Informationsflüsse direkt zwischen dem Kreditnehmer und der Bank stattfinden, fließen sie bei einem syndizierten Kredit über den „**Agent**". Dieser fungiert als **Verwaltungs- und Zahlstelle**.

Wünscht der Kreditnehmer eine Kreditziehung, dann fordert er die Mittel beim Agent an. Dieser fordert seinerseits die Mittel bei den Syndikatsbanken an. Bei Zinsfälligkeit, Fälligkeit oder vorzeitiger Rückzahlung des Kredits zahlt der Kreditnehmer Zinsen und Kapital an den Agent. Dieser leitet die Zinsen an die Partizipanten weiter.

Der Agent steht während der gesamten Laufzeit des syndizierten Kredits als Mittler für die Kommunikation zwischen Kreditnehmer und Partizipanten. Seine Rechte und Pflichten sind im Konsortialkreditvertrag im Einzelnen geregelt.

Syndizierungsstrategien

Es gibt folgende Strategien, um einen syndizierten Kredit zu arangieren:

- Club-Deal,
- breite Syndizierung.

Club-Deal

Bei einem Club-Deal wird nur eine **begrenzte Anzahl** von Banken vom Arrangeur eingeladen, um eine Quote zu übernehmen. Oft gibt es eine Beschränkung auf bestehende und künftige Hausbanken des Schuldners. Die Quoten der Banken sind grundsätzlich identisch. Dasselbe gilt für die Beteiligungsprovisionen.

Die Syndizierung durch einen Club-Deal wird dann gewählt, wenn sich der Kreditnehmer der Unterstützung seiner bestehenden Hausbanken bei der Darstellung des gewünschten Kreditvolumens zu dem vorgegebenen Preis sicher sein kann. Die Verantwortung des Arrangeurs konzentriert sich hier auf die sach- und fachgerechte Koordination bei der Durchführung des Kredits bis zur Vertragsunterzeichnung. Club-Deals werden daher in der Regel auf der Basis „Best Efforts" syndiziert.

Breite Syndizierung

Bei der breiten Syndizierung erhält eine große Anzahl nationaler und internationaler Banken eine Einladung, an einem **Syndikat** mitzuwirken. Die Banken können zwischen verschiedenen Beteiligungsquoten wählen. Die Erstellung von umfassendem Informationsmaterial ist notwendig als Basis für die Kreditentscheidung der Banken, die mit dem Kreditnehmer nicht vertraut sind.

Die breite Syndizierung zielt darauf ab, dem Kreditnehmer neue Banken als Kreditgeber zu erschließen. Da der Syndizierungserfolg nicht im Vorhinein absehbar ist, kann der Kreditnehmer ein „**Underwriting**" des Kreditbetrags durch den Arranger verlangen. Die Syndizierung erfolgt grundsätzlich in **mehreren Phasen**. In einer ersten Phase wird versucht, das Underwriting des Arrangeurs durch das Anbieten von Sub-Underwritings zu reduzieren. Die Zahl der zu einem Sub-Underwriting eingeladenen Bank ist begrenzt und richtet sich nach der Höhe des gesuchten Kreditvolumens. In der zweiten Phase, der allgemeinen Syndizierung wird eine große Anzahl von Banken eingeladen. Durch die Beteiligungszusagen dieser Banken sollen sich die Underwriting- bzw. Sub-Underwriting-Beträge auf die von diesen Banken geplanten endgültigen Kreditbeträge reduzieren.

Kreditarten in einem syndizierten Kredit

Revolvierende Kreditfazilität (Revolving-Credit-Facility)

Die revolvierende Kreditfazilität ist vergleichbar mit dem inländischen **Kontokorrentkredit**. Von diesem Rahmenkredit kann der Kreditnehmer während einer vorher vereinbarten Laufzeit Beträge bis zu einem Höchstbetrag beliebig in Anspruch nehmen, zurückzahlen und erneut in Anspruch nehmen.

Bereitstellungskredit (Standby-Facility bzw. Backup-Linie)

Der Bereitstellungskredit ist eine Variation der „Revolving-Credit-Facility". Es wird für eine bestimmte Laufzeit eine Kreditlinie eingeräumt, obwohl Kreditnehmer und -geber davon ausgehen, dass es zu keiner Inanspruchnahme kommt. Hintergrund ist die Liquiditätssicherung.

Barkredit (Term-Loan-Facility)

Der Barkredit ist eine weitverbreitete Kreditart bei syndizierten Krediten. Es ist ein Darlehen in einer bestimmten Höhe, das innerhalb einer bestimmten Frist gezogen werden muss oder verfällt. Die Tilgung erfolgt in Raten innerhalb einer vereinbarten Frist oder am Ende der Laufzeit in einem Betrag in Form eines „Bullet-Repayment".

Grundsätzlich können auch andere, weniger häufig vorkommende Kreditarten, wie z.B. der Avalkredit, konsortial dargestellt werden.

Pricing

Die Pricing-Komponenten des syndizierten Kredits sind:

- der Basiszinssatz auf das Kreditvolumen,
- die Zinsmarge,
- die Bereitstellungsprovisionen, die Einmalprovisionen, laufende Provisionen und Kostenerstattungen.

Basiszinssatz

Als Basiszinssatz werden meist **EURIBOR** oder **LIBOR** für die gewählte Zinsperiode verwendet. Der Zinssatz ist während der vereinbarten Zinsperiode fest. Grundsätzlich ist die gewählte Zinsperiode im Kreditvertrag festgelegt. Sie kann 1 Monat, 2 Monate, 3 Monate, 6 Monate oder mit Einzelfallgenehmigung der Kreditgeber längstens 12 Monate betragen.

Zinsmarge

Die Zinsmarge wird für die gesamte Laufzeit des Kredits vereinbart. Sie orientiert sich an der **Bonität** des Kreditnehmers bei Krediteinräumung, den Markterwartungen der beteiligten Banken zum Zeitpunkt der Verhandlungen über die Finanzierung und der zugrunde liegenden Risikokapitalbindung der Banken. Eine Vereinbarung über eine Anpassung der Zinsmarge nach oben oder nach unten je nach veränderter Bonität des Kreditnehmers anhand messbarer Kriterien (Einhaltung von vereinbarten Finanzrelationen) ist möglich.

Provisionen

Die Provisionen werden unterschieden in **Einmalprovisionen** (bspw. Arrangement Fee für die Mandated Lead Arranger und Participation Fees für die Participants), die in einer Summe nach Vertragsunterzeichnung oder mit der ersten Ziehung gezahlt werden, und in **Laufende Provisionen** (bspw. Bereitstellungsprovision, die i.d.R. an die Zinsmarge gekoppelt ist), die in festgelegten Intervallen über die gesamte Laufzeit gezahlt werden. Ferner sind **laufende Erträge** (bspw. Agency Gebühren und Kostenerstattungen für externe Dienstleistungen wie Rechtsberatung) üblich.

Nicht alle der genannten Provisionen kommen bei jedem Kredit zur Anwendung. Es gibt eine Vielzahl von Gestaltungsvarianten je nach Art und Verwendungszweck des Kredits.

Sicherheiten

Grundsätzlich werden beim Syndizierten Kredit keine Sicherheiten wie Grundschulden, Abtretungen und Verpfändungen von Vermögensgegenständen und Rechten vereinbart. Es wird unterstellt, dass aufgrund der Bonität des Kreditnehmers Sicherheiten nicht erforderlich sind. In einem besonders schwierigen Marktumfeld wird jedoch eine Besicherung von Konsortialkrediten vorgenommen. Die verschiedenen Gläubigergruppen werden dabei mittels Intercreditor Agreements i.R. der vertraglichen Regelungen berücksichtigt. Ferner sind bei besonderen Finanzierungsformen wie Projektfinanzierungen und Akquisitionsfinanzierungen mit hohem Leverage umfangreiche Sicherheiten obligatorisch.

Dokumentation

Der Kreditvertrag wird jeweils individuell mit dem Kreditnehmer verhandelt. Der Vertrag unterliegt jedoch einer grundsätzlich im Euromarkt etablierten Normierung, die von einer Kredit gebenden Bank als Voraussetzung für ihre Teilnahme in einem Konsortium erwartet wird.

8.3.3 Finanzkredite der Außenhandelsfinanzierung

8.3.3.1 Kreditgeber

Mittel- und langfristige Außenhandelsfinanzierungen (z.B. für den Export von Anlagen) werden von international tätigen Geschäftsbanken im In- und Ausland angeboten, die vielfach als sog. Korrespondenzbanken zusammenarbeiten. In Deutschland ergänzen zwei **Spezialkreditinstitute** das Angebot der Geschäftsbanken. Im Rahmen der Förderung deutscher Exporte nehmen sie im Zusammenwirken mit den Geschäftsbanken und der staatlichen Exportkreditversicherung durch Hermes wichtige Funktionen wahr. Bei diesen Spezialkreditinstituten handelt es sich um die **Kreditanstalt für Wiederaufbau (KfW) und die AKA Ausfuhrkredit-Gesellschaft mbH.**

Gesellschafter der 1952 gegründeten AKA sind 35 namhafte Kreditinstitute aus allen Bereichen der deutschen Kreditwirtschaft. Dieses Spezialinstitut stellt Exportkredite zur Verfügung und bietet weitere mit der Exportfinanzierung verbundene Dienstleistungen an. Die an der AKA beteiligten Kreditinstitute können durch eine Beteiligung der AKA an den von ihnen akquirierten Exportfinanzierungen ihre Kreditportefeuilles entlasten und bestimmte Tätigkeiten, insbesondere der Kreditabwicklung und Kreditverwaltung, auf die AKA übertragen.

Die KfW wurde 1948 als Körperschaft des öffentlichen Rechts in Frankfurt am Main gegründet. Mit ihren vielfältigen Kreditprogrammen und der Export- und Projektfinanzierung nimmt die KfW die bedeutsame Funktion einer Förderbank für die deutsche Wirtschaft wahr. Darüber hinaus bietet die KfW Beratungs- und andere

Dienstleistungen im In- und Ausland an und ist im Auftrag der Bundesregierung als Entwicklungsbank für die Entwicklungsländer tätig.

Im Rahmen ihres gesetzlichen Auftrags zur Förderung des deutschen Exports vergibt die KfW langfristige Kredite für Exporte deutscher Unternehmen und für Projekte im In- und Ausland, an denen deutsches Interesse besteht. Die Allgemeine Exportfinanzierung der KfW erstreckt sich auf Kredite für die Ausfuhr langlebiger Investitionsgüter. Der Bereich Sonderexportfinanzierung konzentriert sich auf die Schiffs- sowie die Flugzeugexportfinanzierung sowie Mischfinanzierungen. Im Auftrag des Bundes verwaltet die KfW auch öffentliche Finanzierungshilfen zur Exportfinanzierung.

8.3.3.2 Lieferantenkredite

Unter **Lieferantenkrediten** werden Kredite verstanden, die Kreditinstitute Exporteuren zur Finanzierung der Exporte und insbesondere der Einräumung von Zahlungszielen für die nach Anzahlungen verbleibenden Restforderungen einräumen.[360] Die vertraglichen Vereinbarungen zwischen Exporteur und Importeur stellen die Grundlagen für die Lieferantenkredite dar. Die Vereinbarungen haben hinsichtlich der Tilgungsmodalitäten internationalen Usancen zu entsprechen.

Lieferantenkredite werden von den Geschäftsbanken und der AKA angeboten. Sie dienen ausschließlich der Finanzierung des Exportgeschäfts und sind auf den tatsächlichen Finanzbedarf des jeweiligen Geschäfts abgestellt. Im Fall von AKA-Finanzierungen sind einige Besonderheiten zu beachten. Die Anträge auf Lieferantenkredite sind ausschließlich über eine zum Gesellschafterkreis der AKA gehörende Hausbank zu stellen. Den Anträgen ist ein Finanzierungsplan beizufügen.[361]

Die Höhe des Kredites ist abhängig von den Aufwendungen des Exporteurs während der Produktionszeit. Zur Berechnung der Kredithöhe werden diese gekürzt um die mit dem Importeur in den Zahlungsbedingungen vereinbarten An- und Zwischenzahlungen sowie einer vom Exporteur zu tragenden Selbstfinanzierungsquote. Die Tilgung erfolgt in gleich hohen Halbjahresraten aus den Exporterlösen, an denen der Exporteur entsprechend seiner Selbstfinanzierungsquote partizipiert. Die Refinanzierung des AKA-Kredits (Plafond A) erfolgt zu 75 % durch die Hausbank und zu 25 % durch die übrigen Gesellschafter der AKA. Der Kreditnehmer kann wählen zwischen einem variablen und einem Festzinssatz. Bei Krediten mit einer Laufzeit von mehr als 24 Monaten soll das Exportgeschäft durch eine Hermes-Deckung abgesichert sein. Ausnahmen sind dann möglich, wenn die Rückführung des Kredits gesichert erscheint. Ein Musterfinanzierungsplan für einen AKA-Kredit aus Plafond A ist in Abb. 67 dargestellt.

Eine besondere Form der Lieferantenkredite aus Plafond A der AKA stellen die **Globalkredite** dar. Diese eröffnen Exporteuren mit einer Vielzahl kleinerer Exportgeschäfte ein flexibles Finanzierungsinstrument mit einem vereinfachten Verfahren. Für Globalkredite werden – in der Regel vierteljährlich – Bestandslisten über Export-

[360] Es handelt sich also um Kredite an den Lieferanten im Unterschied zu der ebenfalls als Lieferantenkredit bezeichneten Einräumung eines Zahlungsziels, das der Exporteur dem Importeur gewährt.

[361] Vgl. Beispiel in Anlehnung an AKA, Lieferantenkredite, Internet-Adresse: www.akabank.de.

Gesamtauftragswert: *1.000.000,00*
Zahlungsbedingungen: *5% Anzahlung bei Vertragsabschluss*
10% gegen Verschiffungsdokumente
85% in 10 gleichen Halbjahresraten, deren erste 6 Monate nach Lieferung fällig wird

Monate ab Genehmigung/ Kreditvertragsabschluss	1	2	6	9	12	18	24	30	36	42	48	54	60	66	72
Aufwendungen	300	200	300	100	100										
– Zahlungseingänge	50				100	85	85	85	85	85	85	85	85	85	85
	250	200	300	100	0										
– 10% Selbstfinanzierungsquote	25	20	30	10	0										
Kredit	225	180	270	90	0										
Tilgung mit 90% der Exporterlöse						77	77	77	77	77	77	77	77	77	77
Kumulativer Kreditbetrag	225	405	675	765	765	689	612	536	459	383	306	230	153	77	–

Abb. 67: Musterfinanzierungsplan für einen AKA-Kredit aus Plafond A (in TEUR)

geschäfte eingereicht, die entsprechende Forderungen im Nennwert von 130% des Kreditbetrags nachweisen. Die Kreditbesicherung erfolgt in Form einer Globalzession. Die Rückzahlung der Kredite erfolgt gewöhnlich in einer Summe zum Ende der vereinbarten Kreditlaufzeit von bis zu fünf Jahren. Es ist möglich, die Globalkredite zu prolongieren.

8.3.3.3 Bestellerkredite

An die Exporteure gerichtete Kreditwünsche ausländischer Besteller stehen nicht immer im Einklang mit den finanziellen Zielen der Exporteure. Gerade bei Geschäften mit hohen Auftragswerten und langen Laufzeiten wird der Exporteur einen Bestellerkredit vorziehen, bei dem nicht der Exporteur, sondern der ausländische Besteller oder ein von ihm eingeschaltetes Kreditinstitut als Kreditnehmer auftritt. Unter einem **Bestellerkredit** ist daher ein Kredit zu verstehen, den die Bank des Exporteurs oder ein Bankenkonsortium zur Finanzierung des nach Abzug von An- und Zwischenzahlungen verbleibenden Restkaufpreises für die Ausfuhrlieferungen und -leistungen pro rata Lieferung und Leistung direkt an den Exporteur auszahlt. Eine Auszahlung an den ausländischen Kreditnehmer erfolgt grundsätzlich nicht. Für diese Konstellation wird auch der Begriff des **gebundenen Finanzkredits** verwendet (vgl. Abb. 68). Anbieter von Bestellerkrediten sind die Geschäftsbanken, vielfach im Zusammenwirken mit der AKA und der KfW.

Bei AKA-Bestellerkrediten bestehen unter bestimmten Voraussetzungen Wahlmöglichkeiten zwischen einem variablen und einem festen Zinssatz. Der Höchstbetrag eines AKA-Bestellerkredits entspricht dem um die An- und Zwischenzahlungen verminderten Auftragswert; dies sind aufgrund der international üblichen Zahlungsbedingungen in der Regel 85% des Auftragswerts. Der maximal mögliche Rückzahlungszeitraum wird maßgeblich von der möglichen Finanzkreditdeckung bestimmt und richtet sich u.a. nach dem Exportgegenstand, dem Geschäftsvolumen und dem Länder-Rating des Importeur-Landes. Die Rückzahlung des Kredits erfolgt in gleichen Halbjahresraten, beginnend sechs Monate nach dem sogenannten **„Starting Point"**. Dieser Zeitpunkt kann der mittlere gewogene Liefertermin sein, die Bestätigung der Betriebsbereitschaft einer Anlage oder der Zugang der letzten wesentlichen Teillieferung. Ein Spätesttermin wird für die Fälle vereinbart, bei denen

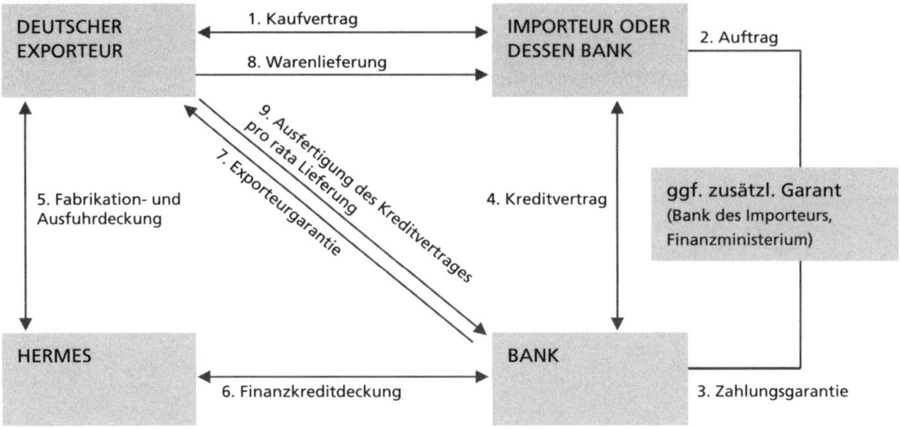

Abb. 68: Der gebundene Finanzkredit

die Voraussetzungen für den Starting Point bis zu diesem Termin nicht geschaffen wurden.

Die gebundenen Finanzkredite werden üblicherweise durch eine Finanzkredit-Gewährleistung von Hermes abgesichert. Von einer Finanzkredit-Gewährleistung des Bundes kann abgesehen werden, wenn die Rückzahlung des Kredits gesichert erscheint.

Zur Beschleunigung der Bearbeitung von Exportfinanzkrediten haben die AKA und auch die übrigen Kreditgeber mit ausländischen Banken oder Importeuren Grundverträge (ohne Betragslimit) bzw. Rahmenverträge (mit betraglichem Limit) abgeschlossen, in denen die grundlegenden Kreditvertragsbedingungen bereits weitestgehend vereinbart sind. Damit kann der Exporteur mit einem schnelleren Eintritt der Auszahlungsvoraussetzungen rechnen.

Eine besondere Rolle kommt dem **ERP-Exportfinanzierungsprogramm** zu, das im Auftrag des Bundes von der KfW verwaltet wird und in das die AKA einbezogen ist. Dieses Programm dient der Gewährung liefergebundener Finanzkredite für die Exporte von Investitionsgütern und damit verbundenen Dienstleistungen aus Deutschland in Entwicklungsländer gemäß der jeweils gültigen Liste des Ausschusses für Entwicklungsländer (DAC) der OECD. Als weitere Voraussetzung für die Gewährung eines Bestellerkredits unter diesem Programm kommt eine Hermes-Deckung hinzu. Die Höhe der in EUR oder US-Dollar zu gewährenden Kredite ist begrenzt.

Sollen, wie in Abb. 69 dargestellt, 85 % des tatsächlichen Auftragswerts über einen Bestellerkredit finanziert werden, kann eine Aufstockung des mit ERP-Mitteln geförderten Kreditbetrags durch ergänzend bereitgestellte Marktmittel erfolgen.

Der Zinssatz für den ERP-Anteil an der Finanzierung entspricht der bei Vertragsabschluss für die jeweilige Währung gültige „Commercial Interest Reference Rate" (CIRR). Diese Zinsbindung unterliegt der Mindestzinsregelung des OECD-Konsensus über öffentlich unterstützte Exportkredite. Die CIRR-Sätze werden zum 15. eines jeden Monats neu festgelegt.

KREDITBEMESSUNG BEI ERP-BESTELLERKREDITEN	
Auftragswert	**Kredithöhe**
Bis EURO 25 Mio.	85% des tatsächlichen Auftragswerts
EURO 25 Mio. bis EURO 50 Mio.	85% von EURO 25 Mio. = EURO 21,25 Mio.
Über EURO 50 Mio.	85% von 50% des tatsächlichen Auftragswerts, in der Regel maximal EURO 85 Mio.

Abb. 69: Kreditbemessung bei ERP-Bestsellerkrediten

8.3.4 Akquisitionsfinanzierung

8.3.4.1 Begriffsbestimmung

Ein wesentliches Element im Rahmen eines **Unternehmenskaufs** (Akquisition) ist die Finanzierung. Unter einer Akquisitionsfinanzierung wird die Finanzierung des Erwerbs eines Unternehmens oder einer Unternehmensgruppe verstanden. Häufig finanziert der Erwerber den Unternehmenskauf sowohl mit Eigenkapital als auch mit Fremdkapital.[362]

Für die Praxis der Akquisitionsfinanzierung ist zu unterscheiden, ob es sich beim Käufer

- um einen **strategischen Investor** (z.B. Wettbewerber oder Investor mit industriellem Hintergrund) oder
- um einen **Finanzinvestor** handelt.

Der wesentliche **Unterschied** zwischen einer Unternehmenskauffinanzierung durch einen strategischen Investor oder einen Finanzinvestor besteht darin, dass die Unternehmenskauffinanzierung des Finanzinvestors in der Regel ausschließlich auf der **zukünftigen Ertragskraft** des zu erwerbenden Unternehmens beruht. Dahingegen verfügt der strategische Investor – häufig als großer Konzern – über mehr Finanzierungsmöglichkeiten und **Synergien** als der Finanzinvestor. Das bedeutet, dass es sich bei den Unternehmenskauffinanzierungen von strategischen Investoren in der Regel um einen **Finanzierungsmix** handelt. Abbildung 70 zeigt die unterschiedlichen Finanzierungsarten im Rahmen von Akquisitionen eines strategischen Investors. Die Akquisitionsfinanzierungsabteilungen einer Bank sind hier in Abhängigkeit von der Strukturierung der Finanzierung ein Bestandteil der Gesamtfinanzierung.

Die Ausführungen in diesem Buch beziehen sich auf die Akquisitionsfinanzierung für einen Finanzinvestor, da diese Finanzierungsart die Besonderheiten von Akquisitionsfinanzierungen am besten aufzeigt. Viele Aussagen und Erkenntnisse dieses Teils können aber auch auf Unternehmenskauffinanzierungen von strategischen Investoren übertragen werden.

[362] Zum Thema Akquisitionsfinanzierung vgl. *Diem, A.*, Akquisitionsfinanzierung, München 2007; *Mittendorfer, R.*, *Fotteler, T.*, Die Kunst der Akquisitionsfinanzierung, S. 236 ff., in: *Stadler, W.* (Hrsg.): Die neue Unternehmensfinanzierung, Frankfurt/Main 2004; *Rodde, C.*, Akquisitionsfinanzierung, hrsg. von *Hockmann, H.-J.*, *Thießen, F.*, Investment Banking, 2. Auflage, Stuttgart 2007, S. 270 ff.

Akquisition durch Brückenkredit	Refinanzierung am Kapitalmarkt	Innenfinanzierung
▪ Revolvierende Kreditlinie	▪ Unternehmensanleihen	▪ Free Cash-flow aus Bestand
▪ Liquiditätslinien	▪ **Syndizierte Kredite**	▪ **Free Cash-flow aus Akquisitionsobjekt**
▪ Garantien/Bürgschaften	▪ Commercial Paper Programme	▪ Erträge aus Desinvestments
	▪ Medium Term Note Programme	
	▪ Wandel-/Optionsanleihen	
	▪ Kapitalerhöhungen	
	▪ Asset Securitisation	

Abb. 70: Finanzierungsarten im Rahmen von Akquisitionen aus Sicht eines strategischen Investors[363]

Akquisitionsfinanzierungen zeichnen sich durch ein **hohes Fremdkapital** in der Gesamtfinanzierung aus. Das Fremdkapital bei einer Akquisitionsfinanzierung wird in der Regel durch **Bankkredite** zur Verfügung gestellt, bei größeren Unternehmenstransaktionen kommt auch eine Fremdfinanzierung über die Begebung **hochverzinslicher Anleihen** am Kapitalmarkt (High Yield Bonds) in Betracht.

Das Verhältnis zwischen Eigenkapital und Fremdkapital beträgt bei Akquisitionsfinanzierungen in der Regel zwischen 30:70 und 50:50. Akquisitionsfinanzierungen mit einem hohen Fremdkapitalanteil werden auch **Leveraged Buy-out** genannt. Beide Begriffe werden hier synonym verwendet.

Das für eine Akquisitionsfinanzierung erforderliche Fremdkapital kann von großem Umfang sein. Bei großen Akquisitionsfinanzierungen ist es üblich, dass das **Underwriting** zunächst durch eine Bank erfolgt. Anschließend erfolgt die **Syndizierung**, d.h. der Kredit wird nicht von einer Bank, sondern von einem **Bankenkonsortium** zur Verfügung gestellt. Es wird daher auch von einem **Konsortialkredit** oder „Syndicated Loan" gesprochen.

Akquisitionsfinanzierungen haben sich zu einem interessanten und lukrativen Spezialprodukt innerhalb des **Corporate Finance** entwickelt. Akquisitionsfinanzierungen sind im Vergleich zu Standardkreditprodukten der Unternehmensfinanzierung durch eine große Komplexität und einen höheren Risikograd gekennzeichnet. Sie bedürfen eines hohen Know-hows der Mitarbeiter in Finanzierungs-, Planungs-, Bewertungs-, Steuer- und Rechtsfragen. Akquisitionsfinanzierungen werden daher in Spezialabteilungen innerhalb des Corporate Finance behandelt. Abteilungen, die sich mit dem Themengebiet „Akquisitionsfinanzierungen" beschäftigen, sind häufig im Bereich **Structured Finance** (Strukturierte Finanzierungen) einer Bank angesiedelt.

Mit einer Akquisitionsfinanzierung ist in der Regel eine bedeutende Erhöhung des **Verschuldungsgrads** des Kreditnehmers verbunden. Die Ziele der beteiligten Par-

[363] Quelle: *Schulte, C.*, Corporate Finance, München 2006, S. 248.

teien – des Eigenkapitalgebers und des Fremdkapitalgebers – befinden sich dabei in einem **Konfliktverhältnis**.

- Der **Eigenkapitalgeber** strebt einen möglichst hohen Anteil an Fremdfinanzierung an.
- Die **Bank** fordert zur Minimierung des Kreditrisikos einen hohen Eigenkapitalanteil an der Finanzierung.

Um die persönliche Haftung des Erwerbers zu minimieren wird in der Regel zur Akquisition des **Zielunternehmens** (Target) eine **Einzweckgesellschaft** (Special Purpose Company oder NewCo) gegründet. Dadurch kann die **Haftung** des Erwerbers auf die Eigenkapitaleinlage in der Einzweckgesellschaft begrenzt werden. Da das Volumen einer Akquisitionsfinanzierung i.d.R. das volle **Sicherheitenpaket** des Zielunternehmens übersteigt, kommt dem **Cashflow** des zu erwerbenden Unternehmens eine zentrale Bedeutung zu.

Ziel der Akquisitionsfinanzierung ist die wirtschaftliche und rechtliche **Separierung** eines Cashflow-Stroms zur ausschließlichen Nutzung für eine Bankfinanzierung sowie die **steuerliche Optimierung** der Finanzierungsstruktur zur Erhöhung des **Netto-Cashflows**.

Dies führt zu **Konsequenzen**, die für Akquisitionsfinanzierungen kennzeichnend sind:

- Eine Akquisitionsfinanzierung stellt im Wesentlichen auf die zukünftigen Cashflows der erworbenen Gesellschaft ab, da der **Schuldendienst** der Akquisitionsfinanzierung bei einer Transaktionsstruktur mit einer Einzweckgesellschaft von der erworbenen Gesellschaft erbracht werden muss.
- Eine Akquisitionsfinanzierung ist rechtlich so zu strukturieren, dass sowohl die Interessen der Eigenkapitalgeber als auch die der Banken berücksichtigt werden und gleichzeitig eine **steuerliche Optimierung** erfolgt.

Akquisitionsfinanzierung kann somit als eine Cashflow orientierte, strukturierte Finanzierung definiert werden, die unter Einsatz maßgeschneiderter Finanzierungsinstrumente und unter Einbeziehung von rechtlichen und steuerlichen Fragestellungen eine für Investoren und Banken optimale Finanzierung des vereinbarten Kaufpreises ermöglicht.

8.3.4.2 Formen von Akquisitions- und Buy-out-Finanzierungen

Akquisitionsfinanzierungen und Buy-outs stehen in einer engen Beziehung zueinander und weisen in vielen Fällen Überschneidungen auf. Konkret: Die von den Banken angebotenen Akquisitionsfinanzierungen sind Buy-out-Finanzierungen. Im Wesentlichen unterscheidet man zwischen den drei Typen **Management Buy-out (MBO)**, Management Buy-in (MBI) und **Leveraged Buy-out (LBO)**.

Management Buy-out (MBO)

Das wesentliche Merkmal eines Management Buy-out (MBO) ist, dass ein bereits im Unternehmen tätiges Management (**internes Management**) mit einem Finanzinvestor Anteile erwirbt. Anlässe eines MBO können dabei eine **Nachfolgeregelung** oder auch die **Ausgliederung** eines Unternehmensbereichs (Spin-off) aus einem Konzern in eine meist neu gegründete Tochtergesellschaft sein. Oftmals wird im Rahmen einer frühzeitigen Nachfolgeregelung ein Management aufgebaut, das zunehmend Führungsaufgaben vom Alt-Gesellschafter übernimmt und später im Rahmen eines MBO auch Gesellschaftsanteile erwirbt.

Der **MBO** ist in der Praxis die häufigste Form von Buy-out-Transaktionen. Der Grund hierfür ist die Möglichkeit einer geordneten Firmenübergabe und die mit einem MBO verbundenen Vorteile. Zu den **Vorteilen** zählen u.a., dass ein bestehendes Management die Strukturen des Unternehmens kennt, Kontakte zu Lieferanten und Kunden besitzt, das Wettbewerbsumfeld einschätzen kann und die Akzeptanz der Belegschaft erfährt.

Management Buy-in (MBI)

Im Gegensatz zum MBO beabsichtigt bei einem Management Buy-in (MBI) ein bisher **externes Management**, das Unternehmen von den bestehenden Gesellschaftern zu erwerben. Häufig ist bei einem MBI im ersten Schritt ein Eigenkapitalinvestor an der Akquisition des Zielunternehmens interessiert. Stehen geeignete Führungspersonen im Unternehmen nicht zur Verfügung, wird der Finanzinvestor gemeinsam mit dem Alt-Gesellschafter ein externes Management ansprechen.

In der Vergangenheit sind eine Vielzahl von MBIs, darunter auch große MBI-Transaktionen, **gescheitert**. **Ursachen** waren eine fehlende Akzeptanz der Mitarbeiter gegenüber dem neuen Management, das Fehlen einer qualifizierten zweiten Führungsebene, mangelnde Branchenkenntnisse des Managements und eine ambitionierte Akquisitionsfinanzierung, die keine, wenn auch nur kurzfristigen Schwächen in der Unternehmensentwicklung erlaubt. Aufgrund der Erfahrung mit MBIs stehen sowohl Eigenkapital- als auch Fremdkapitalgeber MBI-Projekten in der Regel kritischer gegenüber.

Leveraged Buy-out (LBO)

Unter einem LBO wird der Erwerb eines Unternehmens (oder von Unternehmensteilen) mit überwiegend (i.d.R. **50 % oder mehr**) Fremdkapitalfinanzierung verstanden. Manche Banken definieren Leverage auch über den **Verschuldungsgrad** gemäß der Formel (Debt/EBITDA > 2,5–3,0). Der Begriff „Leveraged Buy-out" ist auf die **Hebelwirkung** von Fremdkapital zurückzuführen. Diese entsteht dadurch, dass die Erwerber mit einem vergleichsweise geringen Eigenkapitaleinsatz große Unternehmenstransaktionen vornehmen und hohe Unternehmenswerte finanzieren können. Gleichzeitig steigt die Eigenkapitalrendite mit zunehmendem Fremdkapitaleinsatz bei einer über dem Zinssatz des Fremdkapitals liegenden Gesamtkapitalrentabilität überproportional. Dieser Gesichtspunkt hat nicht unwesentlich zur Entwicklung von LBOs geführt.

Als Eigenkapitalgeber treten in erster Linie **Finanzinvestoren** (Private-Equity-Investoren) auf, die sich nach einem Zeitraum von vier bis sieben Jahren von der Beteiligung mit einem deutlichen Veräußerungsgewinn wieder trennen wollen. Neben Private-Equity-Gebern beteiligt sich regelmäßig auch das Management an dem Unternehmen. Die Beteiligung des Managements ist weniger auf eine quantitative Reduzierung des **Investitionsrisikos** des Private-Equity-Gebers zurückzuführen, als vielmehr auf eine hohe Identifikation des Managements mit dem Unternehmen und damit eine höhere Erfolgswahrscheinlichkeit auf die Realisierung der angestrebten

Wertsteigerung. Innerhalb von LBO-Transaktionen lassen sich gemäß obiger Unterscheidung nach der Art des Käufer-Managements zwei Hauptformen unterscheiden:

- Leveraged Management Buy-out (LMBO) und
- Leveraged Management Buy-in (LMBI).

Bei größeren Buy-out-Transaktionen findet häufig auch eine Mischung der beiden Formen (MBO und MBI) statt, indem das bestehende Management in spezifischen Aufgabengebieten durch externes Management ergänzt wird und das komplette Management sich dann am Unternehmen beteiligt.

8.3.4.3 Funktionsweise eines Leveraged Buy-outs

Die grundsätzliche Vorgehensweise eines Leveraged Buy-out besteht darin, die **NewCo**, die die Zielgesellschaft erwirbt, mit einem **hohen Fremdkapitalanteil** (50 bis 70 %) auszustatten und diesen in einem relativ kurzen Zeitraum zurückzuführen. Der Einsatz des unten beschriebenen **Leverage-Effekts** ermöglicht bereits allein durch die Entschuldung für die Eigenkapitalinvestoren eine gute Verzinsung des eingesetzten Kapitals. **LBO-Kandidaten** stehen typischerweise weitere Ansätze zur Wertsteigerung zur Verfügung. Finanzinvestoren achten besonders darauf, alle Möglichkeiten zur Wertsteigerung zu nutzen. Die Möglichkeiten der Wertsteigerungen sollen im Folgenden vorgestellt werden:

Ausschöpfung des Leverage-Effekts

Bei einem LBO macht sich der Käufer die **Hebelwirkung** des Fremdkapitals für die Rendite seines eingesetzten Eigenkapitals zunutze (engl. Leverage = Hebel). Dem **Leverage-Effekt** liegt folgender Mechanismus zugrunde: Die **Eigenkapitalrendite** (Return on Equity – ROE) bzw. die **interne Rendite** (Internal Rate of Return – IRR) wird durch eine Erhöhung des **Verschuldungsgrads** (Gearing = Fremdkapital/Eigenkapital) solange verbessert, wie die **Gesamtrentabilität** (Return on Assets – ROA) höher ist als die **Fremdkapitalzinsen** (nach Steuern). Bei Unternehmen mit geringem **operativen Leverage** (hohem Fixkostenanteil) wird vor allem die steuerliche Abzugsfähigkeit von Fremdkapitalzinsen in Verbindung mit der sicheren Bedienbarkeit des Fremdkapitals über die disziplinierende und damit konstruktive Wirkung hoher Schulden zur Steigerung der Eigenkapitalrendite genutzt.

Die Wirkung des Leverage-Effekts soll an folgendem **Beispiel** deutlich werden: Der Finanzinvestor erwirbt mit dem Management die Zielgesellschaft zum Kaufpreis von 100. Das eingesetzte Eigenkapital beträgt 30, das Fremdkapital 70 mit einem Zinssatz von 5 % p.a. Der Investor tilgt im ersten Jahr aus dem erwirtschafteten Cashflow der Zielgesellschaft 10. Bei einer schuldenfreien Veräußerung der Zielgesellschaft (Equity Value) zum Preis von 100 ergibt sich damit, nach Tilgung der Kredite von 60 und Abzug der Zinsen von 3,5, ein Wert des Eigenkapitals von 36,5. Es ergibt sich damit eine Eigenkapitalrendite (IRR) von 21,67 %. Bei einer einhundertprozentigen Eigenkapitalfinanzierung ergäbe sich demgegenüber ein IRR von lediglich 13,5 %.

Trotz der unbestrittenen Vorteile des Leverage-Effekts gilt es zu bedenken, dass die Steigerung der Eigenkapitalrentabilität um den Preis eines höheren Risikos erzielt wird. Dieses **höhere Risiko** schlägt sich in höheren Zinssätzen seitens der Akquisitionsfinanzierung nieder. Ferner wird auch insbesondere vor dem Hintergrund von

Basel II die **Betriebsmittelfinanzierung** verteuert. In der Praxis findet der Leverage-Effekt seine **Grenzen** dort, wo seine übertriebene Nutzung zur Abhängigkeit von externen Liquiditätsquellen oder – bei Abweichungen im operativen Ergebnis des Unternehmens – sogar zu Liquiditätskrisen führt.

Verbesserung des Cashflows

Im Rahmen eines LBO werden Maßnahmen unternommen, um eine Verbesserung der Cashflows zu erreichen. Dies ist nicht zwingend mit einer Verbesserung der Ertragskraft verbunden. Folgende Maßnahmen kommen hierbei in Betracht:

Strategische Neuausrichtung des Unternehmens
Cashflow-Verbesserungen können dadurch erzielt werden, dass im Rahmen eines LBO das Unternehmen so aufgestellt wird, dass es seine strategischen Ziele besser erreichen kann. Hierbei sind unterschiedlichste Konstellationen möglich: Bei einem Spin-off aus einem Konzern kann beispielsweise das LBO-Unternehmen einen **eigenständigen Marktauftritt** erhalten, sich von Konzernumlagen befreien und flexibel Beschaffungs- und Vertriebskanäle nutzen. Andererseits können im Rahmen von **Buy-and-Build-Strategien**, die gelegentlich von Private-Equity-Gebern angestrebt werden, Synergiepotenziale und Größenvorteile genutzt werden. Denkbar ist auch die Erschließung neuer Märkte (z.B. im Ausland).

Abbau von Underperformance im Unternehmen
Da die maximale Wertsteigerung des Unternehmens oberstes Ziel von LBOs ist, können im Zuge von LBOs häufig all jene Ineffizienzen abgebaut werden, die bei typischen LBO-Kandidaten infolge des Phänomens der **„Illusion of Satisfactory Underperformance“** entstanden sind. Daher werden alle Maßnahmen ergriffen, um Kostensenkungspotenziale zu realisieren. Als weitere Quellen einer Cashflow-Steigerung kommt die Ausnutzung von steuerlichen und regulativen Vorteilen in Betracht.

Optimierung des Anlagevermögens und des Working Capital
Als Maßnahme zur Cashflow-Verbesserung eignet sich insbesondere eine Free Cashflow-Optimierung durch verbessertes Management des Anlagevermögens (z.B. Leasing von Anlagen, Sale and Lease back von Immobilien) und des Working Capitals (z.B. Optimierung der Forderungsmanagements und Ausnutzung gegebener Zahlungsziele).

Effiziente Kapitalallokation
Die empirisch nachgewiesene disziplinierende Wirkung der Verschuldung (**Debt Control Hypothesis**) trägt dazu bei, die suboptimale Allokation knapper Finanzmittel zu verhindern und Kapital nur in (risikobereinigt) hoch profitable Bereiche zu investieren. Ferner führt die Beteiligung des bestehenden (LMBO) oder des neuen (LMBI) Managements und u.U. weiterer führender Mitarbeiter am Eigentum des Unternehmens zu positiven Anreizeffekten, die aus der (teilweisen) Identität von Eigentümer und Management und der damit verbundenen Aufhebung des **Principal-Agent-Problems** resultieren.

Know-how-Transfer von Finanzinvestoren
Die Einbeziehung eines Finanzinvestors in LBOs kann zu einer Verstärkung bzw. Unterstützung des Managements durch neue Manager bzw. Aufsichts- oder Beiräte, die vom Finanzinvestor gestellt werden, führen. Ferner kann die von Finanzin-

vestoren geforderte verbesserte Unternehmenslenkung und -kontrolle (**Corporate Governance und Corporate Control**) eine verstärkte Transparenz und Effizienz von Prozessen bewirken und damit ebenfalls zu einer Ergebnisverbesserung beitragen.

Asset Stripping
Eine klassische Quelle der zusätzlichen Liquiditätsgewinnung ist das Asset Stripping: Dabei handelt es sich um den Verkauf von **nicht betriebsnotwendigem Vermögen** und schlecht performenden Geschäftsbereichen, die nicht zum Kerngeschäft gehören (**Non-Core Business**). Die Verkaufserlöse werden sowohl zur Entschuldung als auch für Investitionen in das rentablere Core Business eingesetzt.

Verbesserung der Bewertung des Unternehmens

Wichtige Quelle zur Wertsteigerung und für spätere Kapitalgewinne von Private-Equity-Investoren in LBOs ist die Verbesserung des **Unternehmenswerts**. Dies wird in Private-Equity-Kreisen über die Verbesserung des **Kaufpreis-Multiples** (EBITDA- bzw. EBIT-Multiple) gemessen.

Die Messung der Erhöhung des Unternehmenswerts kann auf zwei Wegen erreicht werden:

- Steigerung des Kaufpreis-Multiples aufgrund einer verbesserte Ertragskraft,
- Steigerung des Kaufpreis-Multiples aufgrund einer neuen Unternehmensgröße.

Steigerung des Kaufpreis-Multiples aufgrund einer verbesserten Ertragskraft
Gelingt es den Investoren gemeinsam mit dem Management die Ertragskraft des Unternehmens zu verbessern, kann sich dies bei der Unternehmenswertberechnung (z.B. EBIT · EBIT-Multiple) nicht nur über ein höheres EBIT, sondern auch über einen verbesserten EBIT-Multiple erhöhend niederschlagen. Die dahinter liegende Annahme ist, dass sich die Ertragskraft des Unternehmens so positiv entwickelt, dass diese nun über dem Branchendurchschnitt liegt und daher auch mit einem höheren, über dem Branchendurchschnitt liegenden Kaufpreis-Multiple zu bewerten ist.

Steigerung des Kaufpreis-Multiples aufgrund einer neuen Unternehmensgröße
Die Größe des Unternehmens spielt bei der Bewertung eines Unternehmens ebenfalls eine wichtige Rolle, die sich im Kaufpreis-Multiple zeigt. Es gibt **kritische Unternehmensgrößen**, ab denen erst ein Investitionsinteresse von Finanz- oder strategischen Investoren gegeben ist. Bei Private-Equity-Investoren gilt als **Daumenregel** eine Umsatzgröße von ca. € 50 Mio. Bei Unternehmen ab dieser Größenordnung wird eine gewisse Marktposition und Mindestmaß an Reportingstrukturen unterstellt. Erstes spielt für den angestrebten Exit und zweites für das operative Handling der Beteiligung eine wichtige Rolle. Mit steigender Unternehmensgröße steigt ceteris paribus der Kaufpreis-Multiple.

Mit steigender Unternehmensgröße wird auch angenommen, dass sich die Stabilität des Unternehmens und das damit verbundene Rating des Unternehmens verbessern. Die Chance auf Bewertungsverbesserungen durch ein größenbedingtes Rating ist ein wesentlicher Grund für den Aufbau von größeren Unternehmensgruppierungen durch sogenannte **Leveraged-Build-up-Strategien**. Neben einer Ratingverbesserung ist mit dieser Strategie das Ziel verbunden, die Marktführerschaft in bestimmten Nischenmärkten und das Erreichen einer kritischen Größe für einen späteren Börsengang oder attraktiven Verkauf an einen strategischen Investor (Trade Sale) oder Finanzinvestor (Secondary Buy-out) zu erlangen.

8.3.4.4 Erfolgsfaktoren einer LBO-Finanzierung

Neben den positiven Erfahrungen mit Buy-out-Finanzierungen gibt es auch eine nicht unbeachtliche Anzahl von weniger erfolgreichen bzw. gescheiterten Leveraged Buy-outs und Akquisitionsfinanzierungen. Die Herausforderung der Akquisitionsfinanzierung liegt darin, die beiden in einem gegenseitigen Verhältnis stehenden Risikoarten: **finanzielles Risiko** und **operatives Risiko**, zu managen. Unter dem finanziellen Risiko versteht man einen zu hohen (dynamischen) Verschuldungsgrad. Das operative Risiko besteht darin, die für den Schuldendienst notwendigen hohen Cashflows zu erzielen.

Um diese Risiken zu begrenzen, sollten bei LBO-Transaktionen folgende Erfolgsfaktoren erfüllt sein:

Attraktiver Markt

Ein für eine LBO-Finanzierung attraktiver Markt ist dann gegeben, wenn es sich um wirtschaftlich wie technologisch ausgereifte, stabile Märkte handelt, auf denen sich nur wenige Wettbewerber durchgesetzt haben (oligopolistische Märkte). Typischerweise sind dies Märkte, die eine starke Wachstumsphase durchlaufen haben und in denen sich die stärksten Unternehmen durchgesetzt haben. Aufgrund bestehender Markteintrittsbarrieren, geringer Substitutionsmöglichkeiten und nicht vorhandener Abhängigkeiten auf der Kunden- bzw. Lieferantenseite sind Unternehmen auf solchen Märkten in der Lage, die für eine LBO-Finanzierung notwendigen hohen und nachhaltig stabilen Cashflows zu erzielen. Im Idealfall handelt es sich darüber hinaus um weitgehend konjunkturunabhängige Märkte sowie Märkte, die keinen wesentlichen regulativen Risiken – wie etwa einem Liberalisierungsdruck in bisher stark reglementierten Märkten – ausgesetzt sind. Was von Investoren jedoch häufig kritisch gesehen wird, ist eine nahezu monopolistische Marktposition, da in diesem Fall die Exit-Möglichkeiten als schwierig eingeschätzt werden.

Neben oligopolistischen Märkten sind aber auch Märkte für LBOs attraktiv, bei denen der Marktführer in ansonsten polypolistischen Strukturen finanziert wird oder das zu finanzierende Unternehmen Gewinner einer Marktkonsolidierung sein wird.

LBO-fähiges Unternehmen

Innerhalb eines attraktiven Markts sollte das Unternehmen idealtypischerweise der **Marktführer** mit hervorragendem Namen (**Branding**) sein. Die Marktführerschaft sollte in Alleinstellungsmerkmalen gegenüber den Mitwettbewerbern begründet sein. Ferner sollte das Unternehmen über eine moderne Geschäftsausstattung bzw. Anlagen verfügen, sodass im Planungszeitraum keine bedeutsamen Neuinvestitionen die Cashflows belasten.

Von großer Bedeutung ist auch ein geringer operativer Leverage, d.h. geringe Auswirkungen von Umsatzrückgängen auf das Betriebsergebnis. Dies ist dann gegeben, wenn der Anteil der Fixkosten an den Gesamtkosten relativ niedrig ist. In diesem Zusammenhang wird häufig die Frage eines Outsourcings von nicht strategisch relevanten Aufgaben aufgeworfen.

Wertsteigerungs- und Exit-Potenzial

Ein wesentlicher Anteil der Renditeforderungen der Investoren bei einer LBO-Finanzierung wird durch die Wertsteigerung und das Exitpotenzial generiert. Da während der Beteiligungslaufzeit die Cashflows überwiegend zur Schuldentilgung und nicht für Dividenden verwandt werden sollen, kommt der **Exit-Betrachtung** bei der Investitionsentscheidung eine entscheidende Rolle zu. Erst durch den erfolgreichen Verkauf des Unternehmens nach Jahren erfolgreicher Wertsteigerung können die Finanzinvestoren und das Management eine risikoangemessene Rendite auf ihr eingesetztes Kapital erzielen.

Ein Zielunternehmen für einen LBO sollte daher für eine Vielzahl potenzieller Investoren (strategische und Finanzinvestoren) interessant sein und gegebenenfalls durch die Weiterentwicklung nach Einstieg des Investors an Attraktivität gewinnen. Die Möglichkeit eines künftigen Börsengangs wird von Investoren hoch geschätzt. Zudem sollte das Unternehmen Ansätze für die oben diskutierten wertsteigernden Maßnahmen aufweisen, um den Exit-Erlös zu maximieren.

Erfahrenes, kompetentes und motiviertes Management

Ein zentraler Erfolgsfaktor für einen LBO sind die Manager, die das Unternehmen leiten. Sie müssen nach erfolgter LBO-Finanzierung dafür sorgen, dass die geplanten Cashflows erzielt werden, um den hohen Schuldendienst leisten zu können. Dabei müssen sie auch in der Lage sein, in kritischen Situationen schwierige und für das Unternehmen einschneidende Entscheidungen treffen zu können.

Track Record und Unternehmensphilosophie des Finanzinvestors

Erfahrene und erfolgreiche Finanzinvestoren sind typischerweise geeignete Partner für das Management. Gemeinsam mit dem Management sollen sie die Entwicklung des Unternehmens positiv unterstützen, indem sie ihr Know-how, ihre Erfahrungen und Netzwerke zum Nutzen des Unternehmens einbringen. Ferner stehen sie dem Management als **Sparrings-Partner** zu Verfügung. Vor allem beim Auftreten von Problemen und Krisen sowie bei der Strukturierung von M&A-Transaktionen, aber auch bei der Realisierung des Exits können Finanzinvestoren das Management unterstützen und einen wichtigen Mehrwert beisteuern. Ein wichtiger Faktor für das Gelingen eines MBOs ist die **„Chemie"** zwischen den Parteien und ein partnerschaftlicher Umgang miteinander.

Angemessener Kaufpreis

Der faire Wert eines Unternehmens ist das Ergebnis einer Unternehmensbewertung, der Preis eines Unternehmens ist das Ergebnis eines Verhandlungsprozesses. Die Angemessenheit eines Kaufpreises zeigt sich oftmals darin, ob er finanzierbar ist oder nicht. Es zeigt sich in der M&A-Praxis, dass die Banken hier häufig ein **korrektives Element** bei der Preisfindung darstellen. Nicht wenige M&A-Transaktionen sind daran gescheitert, dass trotz Kaufpreiseinigung zwischen Käufer und Verkäufer keine finanzierende Bank gefunden werden kann. Deshalb kommt der Angemessenheit des Kaufpreises und damit zusammenhängend der Finanzierungsstruktur eine große Bedeutung für den Erfolg eines jeden LBOs zu.

Der Zusammenhang zwischen Unternehmensbewertung und der Bedienbarkeit besteht darin, dass beide aus den zukünftig erwirtschaftbaren Cashflows abgeleitet werden. Zur eigenen Absicherung entwickeln Banken aus vorgelegten Unternehmensplanungen stets ihre eigenen Planungsrechnungen. Mittels **Szenarioanalysen** ermitteln dann die Banken gemeinsam mit dem Finanzinvestor und dem Management die Fremdkapitalstruktur, die zur ergänzenden Kaufpreisfinanzierung herangezogen wird. Hierbei muss ein Ausgleich zwischen den Interessen der Beteiligten gefunden werden. Eine zu hohe Verschuldung würde für das Unternehmen eine hohe, im Extremfall auch Existenz bedrohende Zukunftsbürde bedeuten und den Schuldendienst für die finanzierenden Banken gefährden. Ein zu hoher Eigenkapitalanteil würde wiederum den Finanzinvestoren die Realisierung ihrer Renditeerwartung (IRR) von 20%–30% p.a. erschweren.

Aus den Finanzierungsprämissen folgen klare **Grenzen**, die im Regelfall nicht überschritten werden sollten. So sollte bei guten LBO-Kandidaten das **Senior Debt** nicht mehr als das 3,5 bis 4-fache des EBITDA betragen und die gesamte Fremdmittelbelastung (**Total Debt**) nicht mehr als das 5- bis 5,5-fache des EBITDA betragen. Die Finanzierungsprämissen hängen jedoch im Einzelfall von den Wachstumschancen des Zielunternehmens und der Cash-Conversion (Wandlung EBITDA in Cashflows) ab.

Steueroptimierung

Folgende Elemente sind aus steuerlicher Sicht bei der Gestaltung der LBO-Struktur von zentraler Bedeutung:

- Verrechenbarkeit des Zinsaufwands mit den Erträgen des gekauften Unternehmens (**Beherrschungs- und Ergebnisabführungsvertrag** in Verbindung mit einer **steuerlichen Organschaft**).
- Nutzung von nutzbaren **Verlustvorträgen** des Zielunternehmens (Targets). Zu beachten ist jedoch, dass Verlustvorträge bei Übertragung von mehr als 50% der Anteile untergehen.
- Umsetzung von Anschaffungskosten in ertragsteuerlich wirksamen Aufwand (**Goodwill** und **Asset Step-up**).
- Optimierung der steuerlichen Abzugsfähigkeit von Eigenmitteldarlehen (Gesellschafterdarlehen) bis an die Grenze der steuerlichen Zulässigkeit (**Thin Capitalisation Rules**).
- Beseitigung der Nachteile einer **strukturellen Nachrangigkeit**.

Tragfähige Finanzierungsstruktur

Ziel einer tragfähigen Finanzierungsstruktur ist es, einen Chancen-Risiken-Ausgleich zwischen Eigen- und Fremdkapitalgebern zu gewährleisten. Das letztendlich umgesetzte Fremdkapital- zu Eigenkapital-Verhältnis bestimmt sich aus dem Spannungsfeld der verschiedenen Interessenschwerpunkte der involvierten Parteien. In der Regel sollte jedoch der Eigenmittelanteil der Kaufgesellschaft (New-Co) mindestens 30% des Kaufpreises, bei kleineren LBOs mindestens 45% bis 50% betragen. Der freie Cashflow, bzw. als Näherungsgröße das EBIT, sollte mindestens 25% der Bankschulden bzw. mindestens 20% der gesamten verzinslichen Verschuldung (inkl. Mezzanine) sein. Generell gilt, desto höher der Risikogehalt des LBOs, desto höher auch die geforderte Eigenmittelquote.

Bei der Verwendung von **Finanzierungs-Multiples** stellt sich stets die Frage, auf welche Größen diese bezogen werden sollen. Es sollte von einem konservativen Ansatz ausgegangen werden. Es empfiehlt sich als Größen EBIT oder EBITA zu verwenden. In der Praxis wird jedoch von den Eigenkapitalinvestoren und den Banken auf das Ergebnis vor Zinsen, Steuern und Sachanlage- und Firmenwert-Abschreibungen (EBITDA = Earnings Before Interests, Taxes, Depreciation und Amortisation) abgestellt. Die Problematik bei dieser Vorgehensweise besteht darin, dass der **Schuldendienst** der Akquisitionsfinanzierung aus den freien Cashflows bedient werden soll und Ertragsgrößen wie EBIT(A) oder EBITDA nur Hilfsgrößen für einen ersten Strukturierungsansatz darstellen. Wird nun EBITDA als Bezugsgröße verwandt, besteht die Gefahr, dass ein zu hoher Fremdfinanzierungsanteil für die Akquisitionsfinanzierung ermittelt wird, der nachher durch die tatsächlichen Cashflows jedoch nicht ausreichend bedient werden kann.

Da der Schuldendienst durch freie Cashflows bedient werden soll, sollten diese auch die Grundlage für die abschließende Finanzierungsstruktur bilden. Dies erfordert jedoch eine integrierte GuV- und Bilanzplanung, die den Finanzierungszeitraum komplett abdeckt. Nur bei Vorlage einer integrierten GuV- und Bilanzplanung können die freien Cashflows auch tatsächlich abgeleitet werden. Der Vorteil von Cashflows gegenüber Ertragsgrößen aus der Bilanz besteht darin, dass diese den Kapitalbedarf für Investitionen ins Netto-Umlaufvermögen (Working Capital) und für Investitionen ins Anlagevermögen (Capital Expenditures – CAPEX) berücksichtigen. Ferner werden bei der Cashflow-Ermittlung weder Non-Cash-Effekte aus Abschreibungen noch aus Rückstellungen erfasst. Zu erwähnen ist ferner, dass das EBITDA eines Unternehmens durch Bilanzpolitik leicht manipulierbar ist.

In Abhängigkeit der Unternehmensgröße, sollte sich die Finanzierungstruktur an den folgenden **Obergrenzen** orientieren:

- **Kleinere Unternehmen** (Small Cap LBOs mit Unternehmenswerten bis € 20 Mio.) und **mittelgroße Unternehmen** (Smaller Mid Cap LBOs mit Unternehmenswerten bis € 100 Mio.): 4 für das Verhältnis Senior Debt/Cash-EBIT und 5 für das Verhältnis Total Debt/Cash-EBIT
- **Größere Unternehmen** (Larger Mid Cap und Large Cap LBOs mit Unternehmenswerten größer € 100 Mio.): 5,5 für das Verhältnis Senior Debt/Cash-EBIT und 6 für das Verhältnis Total Debt/Cash-EBIT

8.3.4.5 Grundstruktur einer Akquisitionsfinanzierung

In der Praxis findet sich am häufigsten eine dreistufige Struktur aus Erwerbergesellschaft, Zielgesellschaft und den daran angegliederten operativen Gesellschaften. Die Strukturierung erfolgt in den folgenden sechs Schritten:

1. Gründung einer Erwerbergesellschaft
   Die Investoren (Käufer = Finanzinvestor und Management) gründen oder erwerben eine Erwerbergesellschaft. Diese wird häufig als NewCo oder Special Purpose Vehicle (SPV) bezeichnet. Diese Gesellschaft besitzt zumeist die Rechtsform einer GmbH oder GmbH & Co. KG. Sie dient als reines Übernahmevehikel und betreibt kein operatives Geschäft.

2. Ausstattung der Erwerbergesellschaft mit Finanzmitteln
Die NewCo wird vom Finanzinvestor und dem Management mit Eigenkapital ausgestattet. Die Eigenmittel zusammen mit dem Akquisitionsdarlehen decken das Transaktionsvolumen (Kaufpreis + Transaktionskosten) ab.
3. Ausstattung der Zielgesellschaft mit Finanzmitteln
Die Zielgesellschaft erhält von den akquisitionsfinanzierenden Banken einen Betriebsmittelkredit (Revolving Credit Facility). Dieser wird zur Finanzierung des Umlaufvermögens der Zielgesellschaft verwendet.
4. Erwerb der Zielgesellschaft durch die Erwerbergesellschaft
Die NewCo erwirbt die Anteile der Zielgesellschaft, die wiederum die Anteile an den operativen Gesellschaften der Gruppe hält. Die Erwerbergesellschaft weist somit auf der Aktivseite nur die Beteiligung an der Zielgesellschaft auf. Auf der Passivseite stehen die eingebrachten Eigenmittel und die zur Kaufpreisfinanzierung aufgenommenen Darlehen.
5. Verschmelzung der Zielgesellschaft mit der Erwerbergesellschaft
Häufig wird abschließend die NewCo mit der Zielgesellschaft verschmolzen, um eine organschaftliche Einheit zu bilden und damit die steuerliche Abzugsfähigkeit der von der NewCo in Anspruch genommenen Akquisitionsdarlehen zu sichern. Ferner kann eine Verschmelzung aus gesellschaftsrechtlichen Gründen notwendig sein, um einen strukturellen Nachrang zu vermeiden.
6. Abschluss des Ergebnis-Abführungsvertrags (EAV)
Damit die Erwerbergesellschaft Zins und Tilgung der Akquisitionsfinanzierung leisten kann, wird zwischen Zielgesellschaft und Erwerbergesellschaft sowie der Zielgesellschaft und ihren Tochterunternehmen ein Ergebnis-Abführungsvertrag (EAV) abgeschlossen. Durch den Vertrag fließen erwirtschaftete Cashflows der Zielgesellschaft direkt an die NewCo.

Abbildung 71 zeigt den Überblick über die gesellschaftsrechtliche Erwerberstruktur:

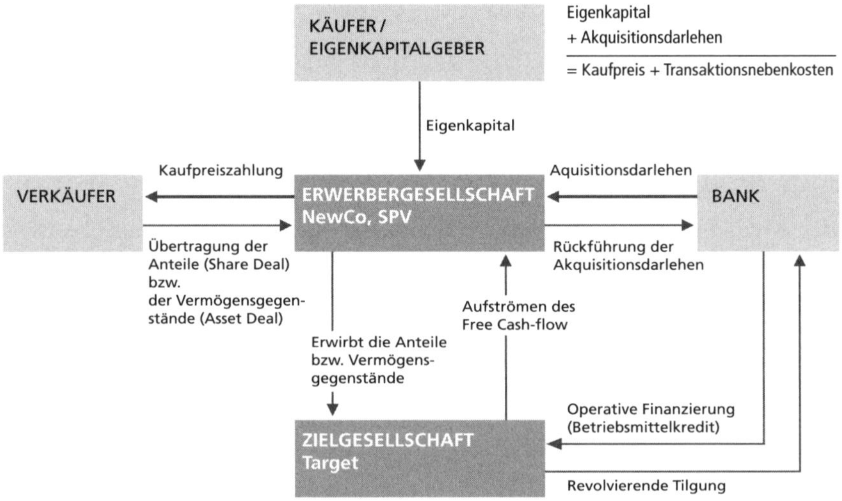

Abb. 71: Gesellschaftsrechtliche Erwerbsstruktur[364]

[364] Quelle: *Mittendorfer, R., Fotteler, T.,* a.a.O., S. 247.

Durch die aufgezeigte Finanzierungsstruktur ergeben sich für den Finanzinvestor drei **wesentliche Vorteile**:

- Der Finanzinvestor kann die **Haftung** auf das von ihm eingebrachte Eigenkapital beschränken (Non Recourse), da die NewCo den Kauf- als auch die Kreditverträge abschließt.
- Durch die Einbringung von Eigenmitteln in Form von **Gesellschafterdarlehen**, kann der Finanzinvestor (unter Beachtung der Grenze der steuerlichen Zulässigkeit) die Abzugsfähigkeit der Zinsen auf diese Gesellschafterdarlehen erreichen.
- Die Fremdkapitalzinsen für die Akquisitionsdarlehen können ebenfalls **steuerlich in Abzug** gebracht werden. Dies erfolgt durch Beherrschungs- und Ergebnisabführungsverträge der Organschaften, sowie über Verschmelzungen von Erwerbergesellschaft und Zielgesellschaft.

8.3.4.6 Strukturierung der Instrumente einer Akquisitionsfinanzierung

Bei einer Akquisitionsfinanzierung wird das Transaktionsvolumen grundsätzlich durch haftendes Eigenkapital und Fremdkapital (**Senior Loans**) dargestellt. Sollte das zur Verfügung gestellte Fremd- und Eigenkapital das Transaktionsvolumen nicht decken und eine Finanzierungslücke bestehen, werden häufig auch noch Mischformen bzw. **hybride Kapitalformen** wie z.B. Mezzanine-Finanzierungen oder Verkäuferdarlehen (Vendor Loans) hinzugezogen. Das **Transaktionsvolumen** setzt sich aus dem Unternehmenskaufpreis und den Transaktionsnebenkosten zusammen. Zu den Transaktionsnebenkosten zählen u.a. die Due-Diligence-Kosten, die Arrangement Fees und die Legal Fees. Typischerweise betragen die Transaktionsnebenkosten 3,5 % bis 5,0 % des Kaufpreises.

Schuldendienstfähigkeit

Die richtige Bestimmung der Gewichtung des Fremdkapitals im Verhältnis zum Eigenkapital ist ein entscheidender Erfolgsfaktor bei einer Akquisitionsfinanzierung. Eine Finanzierungsstruktur, die nicht gewährleistet, dass das Unternehmen seinem Schuldendienst nachkommen kann, gefährdet den Erfolg der gesamten Transaktion und letztendlich den Bestand des Unternehmens. Um die Schuldendienstfähigkeit zu ermitteln, werden von den Banken Finanzierungsmodelle erstellt, die mit Bilanz- und GuV-bezogenen Annahmen die voraussichtlichen zur Bedienung des Schuldendienstes zur Verfügung stehenden Cashflows (= Free Cashflow) ermitteln. Hierin fließen sämtliche den Banken zur Verfügung stehende Informationen ein, z.B. die Management-Planung, die Ergebnisse der Financial Due Diligence und die Market Due Diligence sowie eigene Einschätzungen. Das von den Banken erarbeitete und der Akquisitionsfinanzierung zugrunde liegende Szenario wird **Bank Case** genannt.

Da es sich bei Akquisitionsdarlehen um langfristige Darlehen mit einer Laufzeit von fünf bis neun Jahren handelt, ist neben der absoluten Höhe die Stabilität und die **Planbarkeit der künftigen Free Cashflows** von entscheidender Bedeutung. Dies führt in der Praxis im Allgemeinen zu Finanzierungsstrukturen, bei denen nicht nur ein einziges Darlehen vergeben wird, sondern sich das Akquisitionsdarlehen aus mehreren **Tranchen** mit verschiedenen Laufzeiten, Tilgungsstrukturen und Konditionen zusammensetzt. Die Cashflow-basierte Strukturierung der Akquisitionsfinanzierung führt dazu, dass der realistisch bezahlbare Kaufpreis maßgeblich von der Schuldendienstfähigkeit des Unternehmens abhängt. Vorhandene werthaltige Assets zur **Besicherung** werden in die Strukturierung der Finanzierung einbezogen und erleichtern die Darstellbarkeit des verhandelten Kaufpreises, nehmen jedoch im Unterschied zum traditionellen Kreditgeschäft keine dominierende Rolle ein.

Eigenkapital

Die Investitionen ins Eigenkapital setzen sich im Allgemeinen aus Einzahlungen in das Stammkapital (GmbH) bzw. Grundkapital (AG) und Gesellschafterdarlehen zusammen. Eigenkapitalinvestoren sind Finanzinvestoren (Private-Equity-Investoren) und das Management. In der Regel verlangen die Finanzinvestoren ein **finanzielles Commitment** des Managements, das sich typischerweise in Höhe des ein- bis zweifachen Jahresgehalts einer Führungskraft bewegt. Das Management investiert dabei in der Regel nur in das Stammkapital (bzw. Grundkapital). Aufgrund der Tatsache, dass nur Beteiligungen in das Stammkapital über die Anteile am Unternehmen entscheiden, führt dies in Hinsicht auf die Beteiligungsstruktur zu einer Besserstellung des Managements. Das Management erhält somit, im Vergleich zum gesamten Eigenkapitalfinanzierungsaufwand, mit weniger Kapitalbeitrag einen relativ größeren Anteil (**Sweet Equity**). Das Verhältnis zwischen dem Kaufpreis, den das Management bei einem MBO/MBI bezahlt, und dem Kaufpreis, den die Finanzinvestoren für ihren Anteil zahlen, wird als Envy Ratio bezeichnet.

Der Anteil des für die Akquisitionsfinanzierung notwendigen Eigenkapitals besteht aus **Stammkapital** und **Gesellschafterdarlehen**. Der Anteil des Stammkapitals der NewCo GmbH an den insgesamt aufzubringenden Eigenmitteln wird aus steuerlichen Gründen und auf Grund erschwerter Rückzahlbarkeit von Stammkapital (**Kapitalerhaltungsvorschriften**) bewusst gering gehalten. Das restliche notwendige Eigenkapital decken die Finanzinvestoren in Form von Gesellschafterdarlehen ab. Bei Gesellschafterdarlehen kann zwischen eigen- und fremdkapitalnahen Darlehen unterschieden werden. Bei nachrangigen eigenkapitalnahen Gesellschafterdarlehen werden die Zinsen i.d.R. vollständig kapitalisiert (**Payment in Kind** – PIK). Tilgung und Zinsen werden erst nach vollständiger Tilgung des Fremdkapitals zurückgeführt. Bei fremdkapitalnahen Gesellschafterdarlehen können Zinsen, die für ein Gesellschafterdarlehen zu entrichten sind, grundsätzlich als Aufwand abgezogen werden und damit das zu versteuernde Einkommen senken. Daher besteht bei der Strukturierung der Finanzierung aus Sicht der Eigenkapitalgeber ein Anreiz darin, ihnen einen möglichst hohen Anteil am Gewinn in Form von Zinsen und nicht als Dividenden auszuzahlen. Hierbei sind jedoch gesetzliche Beschränkungen zu berücksichtigen. Ferner gilt zu erwähnen, dass eine Bedienung von Gesellschafterdarlehen von den Banken erst nach Bedienung des Fremdkapitals akzeptiert wird.

Fremdkapital

Das Fremdkapital bei einer Akquisitionsfinanzierung setzt sich größtenteils aus **vorrangigen Darlehen** (Senior-Tranchen) zusammen. Dabei handelt es sich um eine langfristige Finanzierungsform mit einer **typischen Laufzeit** von fünf bis neun Jahren. Die **Vorrangigkeit** bezieht sich zum einen auf die Rangfolge der Gläubigeransprüche im Verhältnis zu nachrangigen Ansprüchen aus Mezzanine-Kapital, Vendor Loans, Gesellschafterdarlehen usw., zum anderen aber auch auf die vorrangige Besicherung der Senior-Tranchen.

Eine vorrangige und umfassende **Besicherung** bedeutet, dass alle wesentlichen Assets aller wichtigen Gesellschaften des Zielunternehmens und deren Töchterunternehmen als Besicherungsgrundlage dienen. Dabei bietet sich als Sicherheit zunächst die Verpfändung der Anteile an der Zielgesellschaft (Sicherheit der NewCo) an. Diese sind von den Banken i.d.R. am besten zu verwenden, da sie ein gewisses Druckmittel gegenüber den Eigenkapitalgebern darstellen. Weitere Sicherheiten sind Personalsicherheiten und Sachsicherheiten bezüglich aller wesentlichen Assets der Zielgesellschaft und deren operativen Tochterunternehmen. Dazu zählen erstrangige Grundschulden, Verpfändung des sonstigen Anlagevermögens, Abtretung von Forderungen aus Lieferungen und Leistungen, Verpfändung der Vorräte und Verpfändung bzw. Abtretung wesentlicher sonstiger Assets des Umlaufvermögens, Abtretung wichtiger Ansprüche des Käufers gegenüber dem Verkäufer aus dem Kaufvertrag usw.

Der **Senior-Akquisitionskredit** wird häufig in mehreren Tranchen zur Verfügung gestellt. Allgemein unterscheidet man bei den Senior Loans zwischen:

- Senior-A-Tranchen (Tilgungskredit, mit halb- oder vierteljährigen Tilgungen),
- Senior-B-Tranchen (endfälliger Kredit) und gegebenenfalls,
- Senior-C-, D- usw. -Tranchen (ebenfalls endfällige Kredite),
- Revolving Credit Facility (Betriebsmittellinie).

Die **endfälligen Senior-Tranchen** (B, C, D usw.) werden in der Praxis auch als institutionelle Tranchen bezeichnet, da sie bei größeren LBOs im Rahmen der Syndizierung primär für institutionelle Investoren (z.B. Fonds) und nicht primär für die akquisitionsfinanzierenden Banken vorgesehen werden. Im Unterschied zur Senior-Tranche A weisen sie jeweils eine um ein Jahr längere Laufzeit auf. Besitzt Tranche A eine siebenjährige Laufzeit, beträgt diese für eine B-Tranche acht Jahre und für die C-Tranche neun Jahre etc. Im Pricing steigt die Zinsmarge für diese auch als **Alphabet Loans** bezeichneten Senior-Loan-Tranchen von Tranche zu Tranche üblicherweise um 50 Basispunkte (bp). Abbildung 72 zeigt die typischen Ausgestaltungsmerkmale für Senior-Loan-Tranchen.

Kreditlinie	Laufzeit	Tilgung	Zinsmarge
Senior Loan A	7	Halbjährig	225 bp
Senior Loan B	8	Endfällig	275 bp
Senior Loan C	9	Endfällig	325 bp
Revolver (Betriebsmittel)	7	Endfällig	225 bp

Abb. 72: Typische Ausgestaltungsmerkmale für Senior-Loan-Tranchen[365]

Hinsichtlich der Strukturierung des Verhältnisses zwischen **Amortisationskrediten** und endfälligen Tranchen, kann bei großen angloamerikanisch geprägten LBOs (Large Cap LBOs mit einem Transaktionsvolumen über € 250 Mio.) häufig ein Überwiegen der endfälligen Tranchen vorgefunden werden. Ursache für die aggressiven

[365] Quelle: *Mittendorfer, R., Fotteler, T.,* a.a.O., S. 253.

Strukturen ist, dass durch Auktionen die Kaufpreise bis an die Grenze der Finanzierbarkeit ausgereizt sind.

Bei **mittelständischen Akquisitionsfinanzierungen** (Mid-Cap-LBO-Markt mit einem Transaktionsvolumen zwischen € 20 Mio. und € 250 Mio.) sind eher konservative Finanzierungsstrukturen anzutreffen, da in diesem Marktsegment das Risikoprofil von Akquisitionsfinanzierungen im Durchschnitt höher ist.

Bei der Strukturierung ist stets darauf zu achten, dass das LBO-Unternehmen bei planmäßiger Tilgung nach spätestens fünf Jahren einen marktüblichen Verschuldungsgrad aufweist und der Anteil der Tilgungskredite bei der Senior-Lohn-Ausgestaltung eindeutig dominiert.

Mezzanine-Kapital

In der Praxis hat sich der Begriff Mezzanine als Oberbegriff für verschiedene hybride Finanzierungsformen etabliert. Mezzanine-Kapital nimmt dabei eine Stellung zwischen Eigen- und Fremdkapital ein und vereint je nach Ausgestaltung Eigenschaften von beiden. Aufgrund der Vielzahl verschiedener Gestaltungsmöglichkeiten ist Mezzanine-Kapital ein äußerst **flexibles Finanzierungsinstrument** und hat in den letzten Jahren auch bei der Strukturierung von LBOs stark an Bedeutung gewonnen. Die Anzahl der LBOs, die mit Mezzanine-Finanzierungen verbunden sind, liegt bereits bei etwa einem Drittel der Transaktionen. Im Rahmen von Akquisitionsfinanzierungen wird Mezzanine-Kapital als Sammelbegriff für verschiedene Finanzierungsformen verwendet, denen gemeinsam ist, dass sie gegenüber den vorrangigen Akquisitionsdarlehen (Senior Darlehen) nachrangig sind. Die **Nachrangigkeit** bezieht sich sowohl auf die Hierarchie der Gläubigeransprüche als auch regelmäßig auf die Hierarchie bei der Besicherung. Mezzanine-Finanzierungen sind, wenn überhaupt, nur nachrangig besichert. Der interessante Aspekt von Mezzanine-Kapital bei Akquisitionsfinanzierungen besteht darin, dass es ergänzend zum vorrangigen Senior Darlehen und dem haftenden Eigenkapital bereitgestellt werden kann. Dadurch gelingt es, den unterschiedlichen Interessen der Verkäufer, der finanzierenden Banken und der Käufer gerecht zu werden und in vielen Fällen die Transaktion überhaupt erst zu ermöglichen.

Der Charakter von Mezzanine-Kapital als Zwischenform zwischen Eigen- und Fremdkapital wird deutlich, wenn man die Betrachtungsweise der Fremd- und Eigenkapitalgeber einnimmt.

Mezzanine-Kapital aus Sicht der Banken

Die Mezzanine-Tranche hat – wirtschaftlich betrachtet – einen **eigenkapitalähnlichen Charakter**. Im Insolvenzfall werden die vorrangig besicherten Darlehen (Senior Darlehen) zuerst befriedigt. Durch die Nachrangigkeit der mezzaninen Ansprüche gegenüber dem Kreditnehmer werden die Anteile (Quoten) der Senior Lender an den Liquidationserlösen erhöht. Die Nachrangigkeit des Mezzanine-Kapitals gegenüber der Senior Darlehen bezieht sich zumeist nicht nur auf die Besicherung (besonders relevant im Insolvenzfall), sondern wird in den Kreditverträgen auch auf die Rückzahlung der Akquisitionsdarlehen und auf die laufenden Zinszahlungen erweitert.

Mezzanine-Kapital aus Sicht des Finanzinvestors und des Managements

Gegenüber dem vom Finanzinvestor und dem Management aufgebrachten Eigenkapital nehmen Mezzanins-Darlehen einen **Fremdkapitalcharakter** an. Sie begründen einen Rückzahlungsanspruch, werden vorrangig bedient und führen zudem zur steuerlichen Abzugsfähigkeit der darauf entfallenden Zinsen. In dem Ausmaß, in dem die Mezzanins-Darlehen zweitrangig besichert sind, tritt eine – oft übersehene – Vorrangigkeit in der Anspruchsbefriedigung aus den Erlösen der besicherten Assets gegenüber allen sonstigen unbesicherten Gläubigern ein. Es wird daher auch bei dieser (für Akquisitionsfinanzierungen standardgemäßen) Art von Mezzanine von Senior Subordinated Debt gesprochen. Die Rückführung des zeitlich befristeten, endfälligen Mezzanine-Kapitals erfolgt typischerweise erst dann, wenn alle Senior-Darlehen vollständig getilgt wurden. Die Laufzeit des Mezzanine-Darlehens ist daher so gut wie immer um ein Jahr länger als die der längst laufenden Senior-Loan-Tranche.

Renditeerwartung der Mezzanine-Geber

Das aufgrund der vielschichtigen Nachrangigkeit erhöhte Ausfallrisiko der Mezzanine- gegenüber den Senior-Kapitalgebern spiegelt sich im Renditeanspruch wider. In der Praxis liegt die Internal-Rate-of-Return (IRR) Erwartung für das eingesetzte Kapital bei rund 15 % bis 20 %.

Um auf derart hohe Renditen zu kommen, lässt sich der Mezzanine-Kapitalgeber oft das Recht einräumen, über einen sogenannten Equity Kicker an der Wertsteigerung des Unternehmens teilzunehmen. Dabei handelt es sich um das Recht, eine Beteiligung an dem Unternehmen zu festgelegten Bedingungen (häufig erst zum Zeitpunkt des Exit) zu erwerben.

Um dabei die Liquidität des Unternehmens zu schonen, werden die Zinszahlungen häufig in einen laufend Cash-wirksamen (EURIBOR + laufende Cash-Zinsmarge) und einen kapitalisierten Anteil (= Payment in Kind) aufgeteilt. Der kapitalisierte Zinsbetrag wird erst am Ende der Laufzeit mit der Rückführung der gesamten Linie ausbezahlt. Bei zyklischen Unternehmen sind zudem auch „Pay-if-you-can"-Konstruktionen anzutreffen.

Mezzanine Finanzierungen die keine Equity-Komponente beinhalten, werden auch als **High-Yield-Variante des Mezzanine** bezeichnet. Zur Kompensation für den Wegfall des Equity Kickers weisen sie eine höhere Verzinsung auf. Aufgrund der steigenden Bedeutung institutioneller Investoren und dem Vorteil des Wegfalls der Verwässerung (Dilution) des Eigenkapitals sind diese so genannten Warrantless Mezzanine heute von zunehmender Bedeutung. Das Pendant der High-Yield-Variante des Mezzanines sind auf dem Kapitalmarkt High Yield Bonds (HYB). Diese aus den USA stammende Finanzierung findet in Deutschland seit einigen Jahren ab einem Finanzierungsbedarf (im Regelfall) ab 100 Mio. € statt. Diese Hochzinsanleihen gelten als relativ günstige, wenn auch etwas unflexible Finanzierungsform anstelle von Mezzanine und eignen sich nur wenn kein rascher Exit bzw. Refinanzierung (innerhalb der ersten drei Jahre) angestrebt ist, da die HYB in dieser Zeit unkündbar sind.

Strukturierung der Nachrangigkeit bei Mezzanine

Da die Nachrangigkeit mezzaniner Finanzierungselemente gesetzlich nicht geregelt ist, muss sie vertraglich oder strukturell festgelegt werden (vgl. Abbildung 73). Aus der typischen dreistufigen Akquisitionsstruktur wird durch den **strukturellen Nachrang** eine vierstufige Akquisitionsstruktur. Die strukturelle Nachrangigkeit zeigt sich für Gläubiger einer Mutter- bzw. Holdinggesellschaft gegenüber den anspruchsberechtigten Gläubigern der operativen Gesellschaft darin, dass Erstere nur

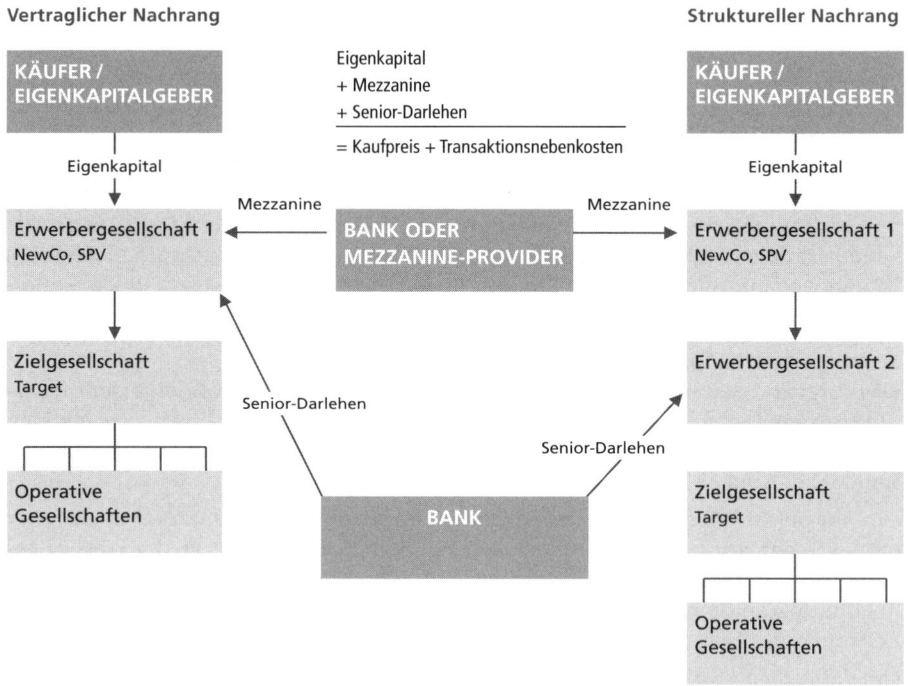

Abb.73: Unterschied zwischen struktureller und vertraglicher Nachrangigkeit in der Akquisitionsstruktur[366]

Ansprüche auf ein (im Insolvenzfall regelmäßig wertloses) Beteiligungsvermögen haben, während Letzteren Ansprüche gegenüber dem auch im Insolvenzfall noch werthaltigen Betriebsvermögen zukommen.

Damit sind die Gläubiger der Mutter- bzw. Holdinggesellschaft gegenüber den anspruchsberechtigten Gläubigern einer Tochtergesellschaft wirtschaftlich so ähnlich gestellt, als hätten sie auf der Ebene der Tochtergesellschaft **vorrangige Eigenkapitalansprüche** (Preferred Equity) begründet. In eigenen Intercreditor Agreements wird die Nachrangigkeit (unabhängig von vertraglicher oder struktureller Nachrangigkeit) bzw. ganz allgemein das Verhältnis zwischen Senior-Debt-Banken und Mezzanine-Investoren gesondert und umfassend geregelt.

8.3.4.7 Ablauf einer Akquisitionsfinanzierung

Der Ablauf einer Akquisitionsfinanzierung hängt in erster Linie von der **Komplexität der geplanten Transaktion** ab. Entscheidend für einen erfolgreichen Abschluss sind die Qualität der Vorbereitung und die Professionalität der involvierten Partner. In der Praxis ist ungeachtet der unterschiedlichen Interessen zwischen Eigen- und Fremdkapitalgebern eine **Arbeitsteilung** bei der Erstellung einer Finanzierungsstruktur zu beobachten.

[366] Quelle: *Mittendorfer, R., Fotteler, T.*, a.a.O., S. 254.

Jede Transaktion weist regelmäßig Besonderheiten auf, die im Ablauf und der Gestaltung der Akquisitionsfinanzierung zu berücksichtigen sind. Dennoch versuchen sich die Partner an dem unten dargestellten Ablaufschema zu orientieren. Bei einem **„idealen" Ablauf** beträgt der Zeitraum zwischen Erstkontakt und der Kaufpreiszahlung drei bis vier Monate.

Die folgende Betrachtung geht von der des Verkäufers aus. Dies ist in der Regel der idealtypische Fall für eine MBO/LBO-Finanzierung. Üblich ist eine Vorgehensweise in fünf Schritten:

1. Management Case
   In der ersten Phase legen die potenziellen Investoren einen Business-Plan des Akquisitionsobjekts (Management Case) vor und bitten die Fremdkapitalgeber um eine erste Einschätzung zur Finanzierbarkeit der Transaktion.
2. Due Diligence
   In der anschließenden Due Diligence überprüfen die Eigen- und Fremdkapitalinvestoren das gesamte Unternehmen auf mögliche Risiken. Ein wesentlicher Untersuchungsgegenstand ist der Business-Plan des Unternehmens. Dieser wird auf Plausibilität hinsichtlich der Planungstechnik und der getroffenen Annahmen durchleuchtet.
3. Financing Case
   Auf der Grundlage der Ergebnisse der Due Diligence erstellen die Eigen- und Fremdkapitalgeber einen eigenen Business-Plan für das Akquisitionsobjekt. Ziel ist die Ermittlung eines möglichst wahrscheinlichen Szenarios, das die Grundlage für die Unternehmensbewertung und Preisindikation werden soll. Die revidierte Fassung des Business-Plans bildet die Basis für die Finanzierungsstruktur der Transaktion (Financing Case).
4. Financial Structure
   Aus dem Financing Case wird die endgültige Finanzierungsstruktur abgeleitet. Diese zeigt die Höhe der Mittel der Eigen-, Mezzanine- und Fremdkapitalgeber auf, die für die Realisierung der Transaktion notwendig sind.
5. Signing und Closing
   Abschließend wird der Kreditvertrag und andere Verträge unterzeichnet (Signing). Nach Einholung von weiteren Genehmigungen erfolgt die Kaufpreiszahlung (Closing).

8.3.5 Projektfinanzierung

Bei Großprojekten – z.B. beim Bau eines Kraftwerks, einer petrochemischen Anlage, bei der Realisierung von Infrastrukturvorhaben oder der Erschließung von Rohstoffvorkommen – wird die Gesamtfinanzierung üblicherweise von mehreren nationalen und internationalen Finanzinstituten gemeinsam bereitgestellt. In Abhängigkeit von den Vorhaben kann die Finanzierung auch in Form einer **Projektfinanzierung** arrangiert werden.[367] Hierunter sind langfristige Kredite zur Finanzierung in sich ge-

[367] Zum Thema Projektfinanzierung vgl. *Arnold, G.*, Corporate Financial Management, 4. Aufl., London u.a.O.; *Bock, T., Schniewind, H.*, Projektfinanzierung, hrsg. von *Hockmann, H.-J., Thießen, F.*, Investment Banking, 2. Auflage, Stuttgart 2007, S. 290 ff.; *Prautzsch, W.-A.*, Projektfi-

schlossener und selbsttragender Großprojekte zu verstehen, die von einer zu diesem Zweck gegründeten Projektgesellschaft realisiert und betrieben werden. **Grundlage für die Kreditwürdigkeit** sind hier nicht (nur) die Bonität des Kreditnehmers oder der Garanten, sondern **die künftigen Erträge aus dem Projekt selbst**.

Die Kreditgeber beleihen also den Zahlungsstrom, den das Projekt voraussichtlich in Zukunft erwirtschaftet. Als Voraussetzung für seine Deckung dient der Nachweis des wirtschaftlichen Nutzens des Projekts, z.B. seine Durchführbarkeit, seine Fertigstellung, seine Absatzmöglichkeiten und sein erwarteter Cashflow. Ein Rückgriff der finanzierenden Banken auf die Projektträger (Sponsoren) oder evt. Garanten ist entweder betraglich begrenzt **(limited recourse)** oder auch vollständig ausgeschlossen **(non recourse)**.

Durch eine **Verteilung des Risikos** auf alle am Projekt beteiligten Parteien (vgl. Abb. 74) und die damit einhergehende Begrenzung des Risikos für eine einzelne Projektpartei wird die Finanzierung ermöglicht. Wird ein Teil der Lieferung oder Leistung durch eine oder – im Falle eines Financial Multi-Sourcing – mehrere Exportkreditversicherungen abgesichert, reduziert sich die erforderliche Risikoübernahme der verbleibenden Projektparteien.

Mit Projektfinanzierungen wird eine geringere Bilanzbelastung für die Sponsoren, die Reduktion und eine Umverteilung von Risiken erreicht. Durch eine umfassende Wirtschaftlichkeitsprüfung des Projekts und maßgeschneiderte Vertragsstrukturen werden Finanzierungsstrukturen entwickelt, die an die erwarteten Zahlungsströme des Projekts angepasst sind. Aufgrund ihrer Komplexität kommen Projektfinanzierungen in der Regel nur bei Großprojekten in Frage, wobei die Größenkriterien der Projekte vom jeweiligen Industriezweig und der Art der zu finanzierenden Anlage abhängen.

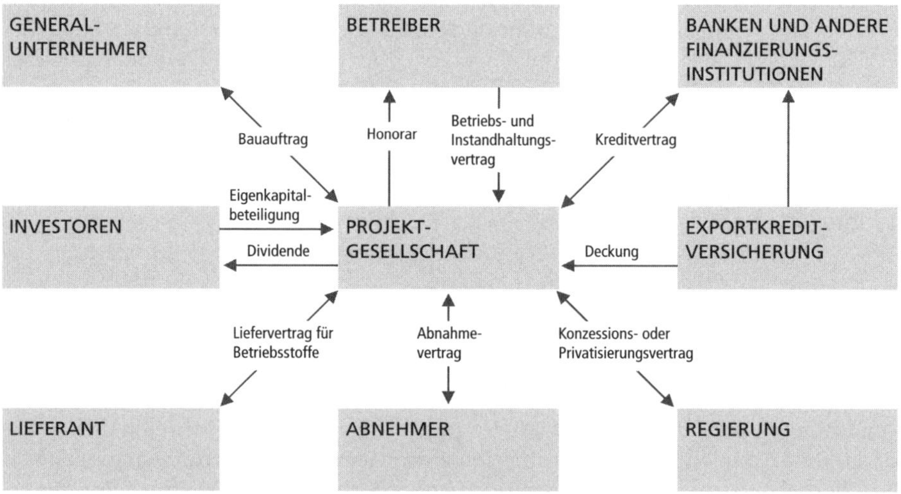

Abb. 74: Beteiligte der Projektfinanzierung

---

nanzierung, in: Enzyklopädisches Lexikon des Geld-, Bank- und Börsenwesens, Frankfurt.; *Tytko, D.*, Grundlagen der Projektfinanzierung, Stuttgart.

8.3.6 Schuldscheindarlehen

8.3.6.1 Begriff und Ausstattung von Schuldscheindarlehen

Eine **besondere Form des Darlehens** stellt das Schuldscheindarlehen dar, dem als Mittel der langfristigen Investitionsfinanzierung im industriellen Bereich besondere Bedeutung zukommt. Neben Industrieunternehmen greifen insbesondere die öffentliche Hand und Kreditinstitute mit Sonderaufgaben auf dieses Finanzierungsinstrument zurück.

Durch den **Schuldschein** bestätigt der Darlehensnehmer, den Darlehensbetrag empfangen zu haben. Damit wird die Beweislast über das Bestehen der Forderung vom Gläubiger auf den Schuldner verlagert. Der Schuldschein ist also eine **Beweisurkunde.** Von einem Wertpapier unterscheidet er sich dadurch, dass bei Verlust des Schuldscheins der Gläubiger sein Recht anderweitig beweisen kann, während es bei Wertpapieren unmöglich ist, das Recht ohne das Wertpapier geltend zu machen („Das Recht aus dem Papier folgt dem Recht am Papier"). Ein weiterer Unterschied besteht in der Übertragung der Papiere. Während Obligationen als Inhaberpapiere durch Einigung und Übergabe übertragen werden können, erfolgt bei Schuldscheinen die Übertragung durch **Zession**, die häufig an die Zustimmung des Schuldners gebunden ist.

In der Praxis wird vielfach auf die Ausstellung eines Schuldscheins im Sinne einer einseitig verpflichtenden Urkunde verzichtet. An ihre Stelle tritt der Darlehensvertrag.[368] Trotz dieser Abweichung vom Schuldscheindarlehen i.e.S. wurde die Bezeichnung für solche Großdarlehen beibehalten, die bei Kapitalsammelstellen aufgenommen werden.

Die langfristige Finanzierung durch Schuldscheindarlehen ist in Deutschland seit Mitte der dreißiger Jahre verbreitet.[369] Starken Aufschwung nahm die Anwendung dieses Finanzierungsinstruments in den ersten Jahren nach dem 2. Weltkrieg solange der Kapitalmarkt noch nicht wieder voll funktionsfähig war. An die Stelle privater Sparer, die über die Zeichnung von Industrieobligationen langfristiges Fremdkapital zur Verfügung stellten, traten insbesondere Versicherungsunternehmen, Pensionskassen usw., die das bei ihnen angesparte Kapital in großen Beträgen ausleihen und die noch darzulegenden Vorteile der Anlage in Schuldscheindarlehen ausnutzen.

Wie aus den Statistiken über die Vermögensanlage der Versicherungsunternehmen hervorgeht, entfällt auf die Lebensversicherungsgesellschaften der größte Teil der vom **Versicherungssektor** gewährten Schuldscheindarlehen. Es folgen die Schaden- und Unfallversicherungsunternehmen, deren Anlagen in Schuldscheindarlehen aber ein weitaus geringeres Volumen aufweisen.

Das starke Engagement der Lebensversicherer ist mit dem typischen Verlauf der Ein- und Auszahlungsströme dieses Versicherungszweigs zu erklären. Ein großer Teil des hohen laufenden Prämienaufkommens kann langfristig angelegt werden, da sich der Eintritt der Versicherungsfälle und damit die Höhe und der Zeitpunkt der Auszahlungen mit Hilfe der Wahrscheinlichkeitsrechnung genügend genau vorausbestimmen lässt.

---

[368] Vgl. *Gisteren, R.*, Schuldscheindarlehen, in: Handwörterbuch des Bank- und Finanzwesens, hrsg. von *Gerke, W., Steiner, M.*, 2. Aufl., Stuttgart 1995, S. 1687.

[369] Vgl. *Rittershausen, H.*, Industrielle Finanzierungen, a.a.O, S. 235.

Die starke Stellung der Versicherungsgesellschaften als Kapitalgeber beeinflusst die Zusammensetzung des Kreises von Unternehmen, für die die Aufnahme von Schuldscheindarlehen in Frage kommt. Der Grund hierfür liegt in den rechtlichen Bestimmungen, die Versicherungen zum Schutz der Versicherungsnehmer bei Anlage von Beständen des **Deckungsstocks** und des übrigen durch gesetzliche Vorschriften gebundenen Vermögens zu beachten haben.

Der Deckungsstock stellt den vermögensmäßigen Gegenposten zum Deckungskapital dar, das durch die Ansammlung eines Teils der jährlichen Prämien gebildet wird. Der Deckungsstock steht nicht im Eigentum der Versicherungsgesellschaften, sondern diese verwalten ihn treuhänderisch für ihre Versicherungsnehmer. Zum übrigen gebundenen Vermögen zählen Vermögenswerte im Gegenwert der versicherungstechnischen Rückstellungen und der aus Versicherungsverhältnissen entstandenen Verbindlichkeiten und Rechnungsabgrenzungsposten.

Für die Vermögensanlage von Versicherungsunternehmen gilt grundsätzlich, dass unter Wahrung jederzeitiger Liquidität und angemessener Mischung und Streuung der Anlagen eine möglichst große Sicherheit und Rentabilität erreicht wird.[370] Gesetzlich zugelassen ist die Anlage gebundenen Vermögens in der Form von Schuldscheindarlehen dann, wenn die folgenden **Bedingungen** erfüllt sind:

(1) Aufgrund der bisherigen und zu erwartenden künftigen Entwicklung der Ertrags- und Vermögenslage des Darlehensnehmers muss die vertraglich vereinbarte Verzinsung und Rückzahlung als gewährleistet erscheinen.

(2) Das Darlehen muss durch erstrangige Grundpfandrechte oder verpfändete oder zur Sicherung übertragene Forderungen oder zum amtlichen Handel zugelassene bzw. in einen organisierten Markt einbezogene Wertpapiere oder in vergleichbarer Weise gesichert sein. Unter gewissen Umständen reicht auch eine Negativerklärung.[371]

Sind diese Voraussetzungen nicht erfüllt, so kann ein Schuldscheindarlehen nur gewährt werden, wenn die Bundesanstalt für Finanzdienstleistungsaufsicht (BaFin) dieser Anlage nach eingehender Prüfung der Bonität des Darlehensnehmers zustimmt.[372]

Der Kreis der Unternehmen, die langfristiges Fremdkapital mit Hilfe von Schuldscheindarlehen beschaffen können, ist somit auf **Unternehmen allerersster Bonität** beschränkt. Hierzu gehören die Unternehmen, die aufgrund ihrer Größe und der Höhe der benötigten Mittel Fremdkapital durch die Ausgabe von Obligationen aufbringen könnten, aber auch solche, die keinen Zugang zum Anleihemarkt haben, weil das benötigte Kapital für die Unterbringung einer Anleihe zu gering ist. Da die Kapitalsammelstellen vorzugsweise Großunternehmen Schuldscheindarlehen gewähren, sind kleinere und mittlere Unternehmen nicht immer in der Lage, sich über die Aufnahme von Schuldscheindarlehen zu finanzieren.[373]

---

[370] Vgl. § 54 Abs. 1 VAG.

[371] Vgl. § 54 Abs. 3 VAG, § 2 Abs. 1 Nr. 4 AnlV.

[372] Vgl. § 54 Abs. 3 VAG, § 2 Abs. 3 AnlV.

[373] Vgl. *Reinboth, H.*, a.a.O., Sp. 1597; *Büschgen, H. E.; Christoph, J. B.*, Bankbetriebslehre, 4. Aufl., Stuttgart 1991, S. 138.

Die durch **erststellige Grundpfandrechte** gesicherten Schuldscheindarlehen haben gewöhnlich eine Laufzeit bis zu 15 Jahren. Die Tilgung setzt in der Regel erst nach einigen Freijahren ein. Die gebräuchlichste Tilgungsform ist die in gleichen Raten.

Wenn auch Anlagen in Schuldscheindarlehen durch Abtretung (Zession) übertragbar sind, so fehlt es ihnen doch an der Fungibilität von Wertpapieren. Dieser Nachteil schlägt sich in der **Verzinsung** der Darlehen nieder, die sich zwar an der Kapitalmarktlage orientiert, in der Regel aber die Verzinsung von Obligationen um ¼ bis ½ % übersteigt. Wie bei allen anderen Instrumenten der langfristigen Fremdfinanzierung hängt die Effektivverzinsung neben dem Nominalzinssatz, dem Damnum, der Laufzeit und den Tilgungsmodalitäten von der Höhe der Nebenkosten ab. Dazu zählen z.B. die Kosten der Sicherheitenbestellung und Provisionen. Da im Gegensatz zur Anleihe keine Wertpapiere zu drucken und an der Börse einzuführen sind, sind die einmaligen und laufenden Nebenkosten geringer als bei der Begebung einer Anleihe.

Neben der Flexibilität des Instruments ist für das Unternehmen von Vorteil, dass die Publizitätspflichten entfallen, die mit der Börsenzulassung von Anleihen verbunden sind. Für den Darlehensgeber ist es vorteilhaft, dass seine Anlage keinen Kursschwankungen ausgesetzt ist und insoweit keine Abschreibungen erforderlich werden.

8.3.6.2 Die Vergabe von Schuldscheindarlehen

Will ein Betrieb langfristiges Fremdkapital in Form des Schuldscheindarlehens aufnehmen, so stehen ihm mehrere **Beschaffungsmöglichkeiten** zur Verfügung, die sich in den Rechtsbeziehungen zwischen den Darlehensnehmern und den Kapitalgebern unterscheiden. Wird der Darlehensvertrag zwischen dem Kapitalgeber und dem Betrieb (Darlehensnehmer) geschlossen, so liegt eine **direkte Darlehensgewährung** vor (vgl. Abbildung 75). Das ist dann der Fall, wenn sich der Betrieb unmittelbar mit Erfolg an eine Kapitalsammelstelle wendet. Da es sich bei Schuldscheindarlehen vorwiegend um Großkredite handelt, sind in der Regel mehrere Kapitalgeber zu suchen, die Teilbeträge des Gesamtdarlehens übernehmen. Mit dieser Aufgabe werden überwiegend Kreditinstitute und Finanzmakler betraut. Nach Platzierung der Teilbeträge bei mehreren Kapitalsammelstellen schließt der Betrieb mit jedem Kapitalgeber einen Einzelvertrag ab. Auch hier liegt also eine direkte Darlehensgewährung vor, die allerdings erst durch die Tätigkeit des Vermittlers zustande kommt.

In der Regel ist in die Abwicklung des Darlehens ein Kreditinstitut eingeschaltet, das für die Kapitalgeber dann auch die Sicherheiten treuhänderisch verwaltet. Es werden nicht für jeden einzelnen Darlehensgeber Grundpfandrechte ins Grundbuch eingetragen, sondern nur in Höhe des Gesamtbetrags zu Gunsten des Treuhänders. Damit wird die Abwicklung vereinfacht und verbilligt. Bei der Fremdkapitalbeschaffung durch Vermittlung muss unter Umständen damit gerechnet werden, dass für Teile des Schuldscheindarlehens keine Übernehmer gefunden werden. Dieses Risiko schließt der Betrieb (Darlehensnehmer) dann aus, wenn er mit dem Vermittler (Kreditinstitut) eine Festübernahme vereinbart. In diesem Fall schließen das Kreditinstitut und der Betrieb den Darlehensvertrag zu bestimmten Konditionen ab. Das Kreditinstitut seinerseits versucht, sich bei Kapitalsammelstellen zu refinanzieren, indem es Teilbeträge des Darlehens an diese abtritt.

Das Risiko, dass das Darlehen nicht vollständig untergebracht werden kann sowie das Kreditausfallrisiko, trägt das Kreditinstitut. Da zwischen den eigentlichen

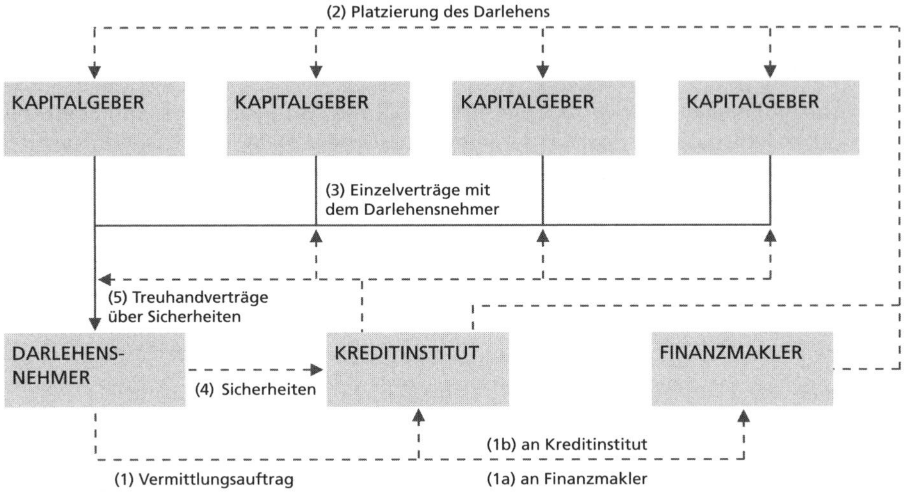

Abb. 75: Direkte Darlehensgewährung

Kapitalgebern (z.B. Versicherungen) und dem Betrieb keine direkten Vertragsbeziehungen bestehen, handelt es sich um eine **indirekte Darlehensgewährung** (vgl. Abbildung 76).

Bisher wurde unterstellt, dass die von den Kapitalgebern gewährten Beträge für die Gesamtlaufzeit des Darlehens zur Verfügung stehen, dem Vermittler also eine **laufzeitkongruente Placierung** bzw. dem festübernehmenden Kreditinstitut eine **laufzeitkongruente Refinanzierung** gelungen ist. Stimmen die Wünsche der Gläubiger und des Schuldners über die Fristigkeit des Darlehens nicht überein, so sind die Schuldscheindarlehen mehrerer Kreditgeber zeitlich so aneinanderzureihen, dass die gewünschte langfristige Finanzierung zustande kommt **(Revolving-System).** Die Übernahme des **Fristentransformationsrisikos,** d.h. des Risikos bei Fälligkeit von Teil-

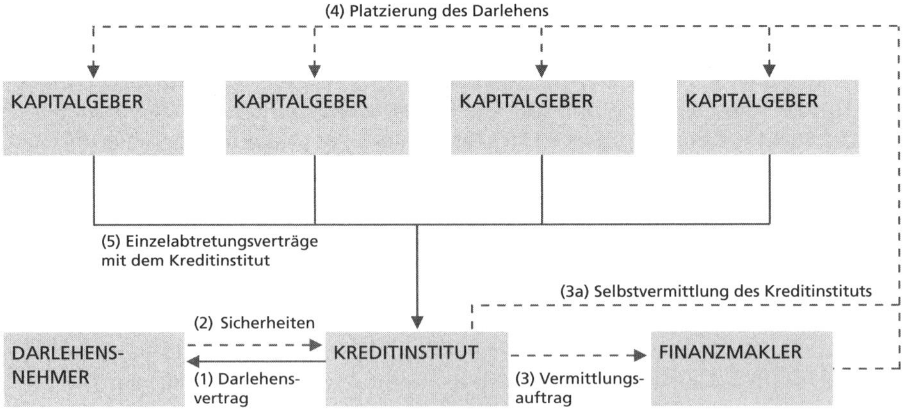

Abb. 76: Indirekte Darlehensgewährung

beträgen mit einer kürzeren Laufzeit als der des Gesamtdarlehens keine Anschlussfinanzierung zu erhalten, richtet sich nach der **Art der Darlehensabwicklung.**

(1) Bei der **direkten Darlehensgewährung** trägt das Unternehmen als Darlehensnehmer das Risiko, da es nur einen Vermittlungsauftrag erteilt. Die Zinsen für jedes Teildarlehen werden gesondert vereinbart. Folglich ist die effektive Zinsbelastung einer mit dem Gesamtdarlehen finanzierten Investition im Voraus nicht zu berechnen. Neben dem Fristentransformationsrisiko trägt der Darlehensnehmer also auch das Zinsänderungsrisiko.

(2) Bei der **indirekten Darlehensgewährung** geht das Fristentransformationsrisiko auf das Kreditinstitut über, das mit dem Unternehmen eine Festübernahme des Schuldscheindarlehens vereinbart hat. Wer das Zinsänderungsrisiko trägt, hängt von der Ausgestaltung des Darlehensvertrags ab. Wenn eine Zinsanpassungsklausel vereinbart wird, liegt es beim Unternehmen.

(3) Verpflichtet sich der Makler gegenüber dem Betrieb, für eine **termingerechte Anschlussfinanzierung** und gegenüber dem Kapitalgeber, für die termingerechte Rückzahlung zu sorgen, so trägt der Makler das Fristentransformationsrisiko.[374] Da derartige revolvierende Schuldscheindarlehen in den Kreis der Bankgeschäfte einbezogen worden sind, dürfen sie nur noch von Banken gewährt werden.[375] Besonders risikoreich für den Finanzmakler sind Revolving-Darlehen dann, wenn er dem Betrieb eine feste Zinsbelastung zugesagt hat, die Anschlussfinanzierung durch kurzfristige Mittel aber nur zu höheren Zinsen möglich ist. An der Unterschätzung dieses Zinsänderungsrisikos ist das von dem Finanzmakler Münemann entwickelte 7-M-System letztlich gescheitert.

8.3.7 Industrieobligationen

8.3.7.1 Allgemeine Charakteristik der Industrieobligationen

Bereits beim Schuldscheindarlehen wurde darauf hingewiesen, dass Großbetriebe zur Finanzierung von Investitionen unter Umständen Fremdkapital in einer Höhe aufnehmen müssen, die die Möglichkeiten eines einzelnen Kapitalgebers übersteigt. Außerdem ergeben sich vielfach Probleme bei der Abstimmung der Überlassungsdauer. Ein Finanzierungsinstrument, das beide Probleme lösen kann, ist die Emission von Teilschuldverschreibungen (Obligationen).

Eine **Schuldverschreibung** ist eine Urkunde, in der ein Schuldner dem Gläubiger eine Leistung verspricht.[376] Diese Leistung besteht bei der Fremdfinanzierung in der termingerechten Rückzahlung des aufgenommenen Kapitals und der Zahlung der vereinbarten Zinsen. Verpflichtet sich der Aussteller der Schuldverschreibung zur Leistung an den jeweiligen Inhaber der Urkunde, so liegt ein **Inhaberpapier** vor. Inhaberpapiere und damit die Rechte, die sie verbriefen, werden nach sachenrechtlichen Vorschriften (Einigung und Übergabe) übertragen. Das Recht aus dem Papier folgt dem Recht am Papier. Während bei der Abtretung von normalen Forderungen der Erwerber über die Existenz der Forderung getäuscht werden kann, kann der

[374] Ein Beispiel hierfür war das von dem Finanzmakler *Münemann* entwickelte sog. 7-M-System.
[375] Vgl. §1 Abs.1 Nr.4 KWG.
[376] Vgl. §793 Abs.1 BGB.

Inhaber der Urkunde vom Schuldner die Leistung verlangen. Bei der Inhaberschuldverschreibung besteht also ein Schutz des guten Glaubens zu Gunsten ihres Inhabers. Leistet der Aussteller der Urkunde an einen zur Verfügung nicht berechtigten Inhaber, so wird er von seiner Schuld befreit.[377]

Die **Bedeutung der Inhaberschuldverschreibung** für die Finanzierung des Betriebs liegt in erster Linie darin, dass er große Kreditsummen, die eine einzelne Bank einzuräumen nicht bereit oder in der Lage wäre, von vielen einzelnen Gläubigern (Obligationären) aufnehmen kann. Von Seiten der Gläubiger kann die Obligation nicht gekündigt werden, jedoch hat jeder Obligationär die Möglichkeit, das Kreditverhältnis für sich persönlich durch Verkauf seiner Schuldverschreibung zu beenden.

Die **Unterbringungs- und Übertragungsmöglichkeit** von Schuldverschreibungen ist abhängig von der Höhe der verbrieften Forderung. Aus diesem Grund werden Anleihen in viele gleiche Teilforderungen aufgespalten („gestückelt"), für die Teilschuldverschreibungen ausgestellt werden. Üblich sind Papiere zum Nennwert von 100 EUR, 500 EUR, 1.000 EUR, 5.000 EUR und 10.000 EUR. Durch die **Stückelung** wird erreicht, dass die benötigten Mittel auch in sehr kleinen Beträgen bereitgestellt werden können.

Anleihen, die von Unternehmen der gewerblichen Wirtschaft aufgenommen werden, bezeichnet man als **Industrieobligationen,** auch wenn sie nicht nur von Industriebetrieben, sondern z.B. auch von Handelsbetrieben oder Verkehrsunternehmen begeben werden. Nach den Ausstellern kann man weitere Anleihegruppen unterscheiden: Obligationen der öffentlichen Hand (Anleihen des Bundes, der Länder und der Gemeinden), Bankschuldverschreibungen und Pfandbriefe[378] von Realkreditinstituten (z.B. Hypothekenbanken). Bei Anleihen handelt es sich um Obligationen mit längerer Laufzeit.

Die Aufnahme von Fremdkapital durch Emission von Teilschuldverschreibungen mit einem Anleihevolumen ab 100 Mio. EUR ist die klassische Form langfristiger Fremdfinanzierung von großen Aktiengesellschaften. Die Ausgabe von Obligationen ist zwar nicht auf Unternehmen einer bestimmten Rechtsform beschränkt, in der Praxis können aber nur Großunternehmen, also in den meisten Fällen Aktiengesellschaften, diese Form der Fremdfinanzierung wählen, da die **Ausgabekosten** von Obligationen erheblich sind und sich erst bei Anleihebeträgen von mehreren hundert Millionen rentieren. Ein weiterer Grund für die Beschränkung des Emittentenkreises liegt in den **Bonitätsanforderungen,** die von den Börsen und aufgrund gesetzlicher Vorschriften sowie eigener Anlagekriterien von institutionellen Kapitalanlegern (Versicherungen) an die Schuldner gestellt werden.

Wenn auch einzelne Anleihen über deutlich mehr als 100 Millionen EUR lauten, so spielten insgesamt gesehen die Industrieobligationen auf dem deutschen Kapitalmarkt keine bedeutende Rolle. Allerdings hat sich in der jüngeren Vergangenheit die Emission von Unternehmensanleihen belebt. Wie die Statistiken über den Umlauf festverzinslicher Wertpapiere zeigen, wird der deutsche Kapitalmarkt im Wesentlichen durch die Emission der Realkreditinstitute (Pfandbriefe und Kom-

[377] Vgl. §793 Abs. 1 Satz 2 BGB.

[378] Pfandbriefe sind Schuldverschreibungen der Realkreditinstitute (Hypothekenbanken), die nach den Grundsätzen des Hypothekenbankengesetzes i.d.R. durch Hypotheken und Grundschulden gedeckt sein müssen.

munalobligationen[379]) und der öffentlichen Hand ausgeschöpft. Außerdem greifen auch emissionsfähige Unternehmen in den letzten Jahren verstärkt auf das Instrument der Schuldscheindarlehen zurück, bei dem zwar der Kreis der Kapitalgeber beschränkt ist, die entstehenden Kosten und Publizitätspflichten aber geringer als bei Industrieobligationen sind.

Große Unternehmen, die internationales Ansehen genießen und über ein entsprechendes externes Rating verfügen, können auch auf **ausländischen Kapitalmärkten** Anleihen aufnehmen. Hierbei sind **mehrere Konstruktionen** möglich. Legt ein deutsches Unternehmen in einem anderen Land in dessen Währung eine Anleihe auf, so handelt es sich um eine **normale Auslandsanleihe.** Wird eine Anleihe in der Währung eines anderen Landes (z.B. US Dollar) von einem internationalen Bankenkonsortium in Drittländern (z.B. Ländern der EU) platziert, so liegt eine **internationale Anleihe** vor.[380] Wegen der Währungsrisiken, denen eine internationale Anleihe ausgesetzt ist, kommt der Wahl der Emissionswährung besondere Bedeutung zu.

8.3.7.2 Genehmigungspflicht für Industrieobligationen

Die Emission von Industrieobligationen im Inland war bis zum 31.12.1990 an die **Genehmigung des Bundesministers der Finanzen** gebunden, der sie im Einvernehmen mit der obersten Behörde (Wirtschaftsminister bzw. -senatoren) des Landes erteilte, in dem das Unternehmen seinen Sitz oder seine gewerbliche Niederlassung hat.[381] Der Gesetzgeber wollte mit der Genehmigungspflicht erstens die Gläubiger schützen, zweitens den Staatskredit sichern und drittens die Funktionsfähigkeit des Kapitalmarktes erhalten.[382] Die Genehmigungspflicht für die Emission von Industrieobligationen war einer der Gründe, warum deutsche Industrieunternehmen ihre Anleihen seit Jahren überwiegend im Ausland auflegten. Mit der Aufhebung der Genehmigungspflicht wurde die Deregulierung des deutschen Finanzmarktes gefördert und die Anziehungskraft der Bundesrepublik Deutschland als internationaler Finanzplatz gestärkt. Dem Anlegerschutz wird durch das Wertpapierprospektgesetz[383] Rechnung getragen. Danach müssen Anbieter für Wertpapiere, die im Inland öffentlich angeboten werden, einen Prospekt veröffentlichen.[384]

Mit generellen Fragen der Inanspruchnahme des Kapitalmarkts befasst sich der **Zentrale Kapitalmarktausschuss.** Dieses Gremium, dem elf Vertreter des privaten und öffentlichen Kreditgewerbes angehören, hat u.a. die Aufgabe, durch Empfehlungen über die Höhe, die Ausstattung und den Emissionszeitpunkt von Anleihen den Kapitalmarkt vor Überforderungen zu bewahren. Der Zeitplan für die einzelnen Emissionen, den der zentrale Kapitalmarktausschuss aufstellt, ist bisher immer eingehalten worden, obwohl es sich nur um Empfehlungen handelt. Dies liegt daran,

---

379 Unter Kommunalobligationen versteht man solche Anleihen von Realkreditinstituten, deren Gegenwerte zur Finanzierung öffentlicher Vorhaben von Gemeinden und anderen regionalen Gebietskörperschaften dienen.

380 Vgl. *Büschgen, H. E.*, Grundlagen betrieblicher Finanzwirtschaft, 3. Aufl., Frankfurt a.M. 1991, S. 53 f.

381 Vgl. §§ 795, 808 a.F. BGB; Gesetz über die staatliche Genehmigung der Ausgabe von Inhaber- und Orderschuldverschreibungen vom 26. 6. 1954, BGBl. I, S. 147.

382 Vgl. *Ungnade, D.*, Die Zulässigkeit der staatlichen Einflussnahme auf den primären Rentenmarkt speziell im Hinblick auf § 795 BGB, München 1972, S. 92.

383 Vgl. Wertpapierprospektgesetz (WpPG).

384 Vgl. § 3 WpPG.

dass das im Ausschuss vertretene Kreditgewerbe sich erstens freiwillig an die Empfehlungen bindet und zweitens bei der Platzierung der Anleihen von den Emittenten eingeschaltet wird. Der Umlauf festverzinslicher Wertpapiere von Emittenten mit Sitz in Deutschland wird in Abb. 77 ersichtlich.

Wird die **Zulassung** einer Industrieobligation **zum Handel und zur amtlichen Notierung** bzw. zur Einbeziehung in den geregelten Markt **an deutschen Wertpapierbörsen** beantragt, so ist dies mit einer Prüfung durch Börsengremien verbunden. Sie erfolgt aufgrund gesetzlicher Vorschriften[385] und der Börsenordnungen mit dem Ziel, die Anleger vor Anleihen zweifelhafter Bonität zu schützen. Der Antrag auf Zulassung ist von einem Kreditinstitut zu stellen, das Mitglied der betreffenden Börse ist. Die wichtigste, dem Zulassungsantrag beizufügende Unterlage ist der **Börseneinführungsprospekt,** der vor Zulassung der Anleihe zum amtlichen Handel in den Gesellschaftsblättern und einem Börsenpflichtblatt zu veröffentlichen ist. Durch ihn sollen die Kapitalanleger in die Lage versetzt werden, sich ein umfassendes Urteil über den Emittenten zu bilden. Wesentlicher Bestandteil des Prospekts ist der erläuterte Jahresabschluss des Unternehmens. Stellt sich nach der Zulassung der Wertpapiere heraus, dass für die Beurteilung des Werts erhebliche Angaben unrichtig sind, so haften der Emittent und das Antrag stellende Kreditinstitut gesamtschuldnerisch für den dadurch entstehenden Schaden, wenn sie die Unrichtigkeit gekannt haben oder ohne grobes Verschulden hätten kennen müssen.[386]

Es ist nicht nur möglich, eine einzelne Anleihe zum Handel zuzulassen, sondern im Rahmen eines **„Debt Issuance Programmes"** mehrere Anleihen, die darüber hinaus nicht sofort begeben werden müssen. Das Programm kann vielmehr innerhalb einer bestimmten Frist durch die Begebung unterschiedlicher Anleihen ausgenutzt werden. Der Vorteil für die Emittenten liegt vor allem in der Flexibilität, unter der bereits vorhandenen Dokumentation des Programms bestimmte Kapitalmarktsituationen nutzen zu können. In der Dokumentation des Programms wird im Detail die mögliche Ausgestaltung der Anleihen (Anleihebedingungen) festgelegt. Die spezifischen Konditionen (Laufzeiten, Währungen, Verzinsung) für die einzelnen Anleihen werden dann abhängig vom Finanzierungsbedarf und der Situation am Kapitalmarkt zeitnah festgelegt.

Beispiel: Das Debt Issuance Programme (DIP) der Deutschen Telekom in Höhe von 25 Mrd. EUR stellt einen standardisierten Rahmenvertrag für die wiederkehrende Begebung von Schuldverschreibungen in Form von Privatplatzierungen und öffentlichen Anleihen dar (Medium Term Notes) (vgl. Abb. 78).

Die Deutsche Telekom AG sowie deren Finanzierungstochter Deutsche Telekom International Finance B.V. in Amsterdam haben mit diesem Programm die Möglichkeit, sich regelmäßig an den internationalen Kapitalmärkten zu finanzieren und kurzfristig sich bietende günstige Marktverhältnisse auszunutzen.

Emissionen, die durch die Deutsche Telekom International Finance B.V. durchgeführt werden, sind von der Deutschen Telekom AG garantiert.

TEIL B: AUSSENFINANZIERUNG

[385] Vgl. § 3 Abs. 3 WpPG.
[386] Vgl. § 45 Abs. 1 BörsG.

Jahr	**1999**		**2000**		**2001**		**2002**		**2003**		**2004**		**2005**		**2006**		**2007**	
Hypotheken-pfandbriefe	134.814	6,43%	140.751	6,21%	147.684	6,29%	155.620	6,27%	158.321	6,08%	159360	5,75%	157.209	5,39%	144.397	4,74%	133.501	4,26%
Öffentl. Pfandbriefe	655.024	31,22%	685.122	30,25%	675.868	28,77%	649.061	26,26%	606.541	23,28%	553.927	19,97%	519.674	17,83%	499.525	16,41%	452.896	14,47%
Schuld-verschreibungen von Spezial-Kreditinstituten	163.284	7,78%	157.374	6,95%	201.721	8,59%	222.427	8,96%	266.602	10,23%	316.745	11,42%	323.587	11,10%	368.476	12,10%	411.041	13,13%
Sonstige Bankschuld-verschreibungen	369.741	17,62%	461.488	20,42%	481.366	20,29%	535.925	21,60%	572.442	21,97%	655.734	23,65%	751.093	25,77%	797.502	26,20%	870.629	27,81%
Industrie-obligationen	6.280	0,30%	13.599	0,60%	22.339	0,95%	36.646	1,48%	55.076	2,11%	73.844	2,66%	83.942	2,88%	99.545	3,27%	95.863	3,06%
Anleihen der öffentl. Hand	768.783	36,64%	805.786	35,57%	820.264	34,92%	881.541	35,53%	946.793	36,33%	1.013.397	36,55%	1.079.218	37,03%	1.134.701	37,27%	1.166.794	37,27%
Insgesamt	2.097.026	100%	2.265.120	100%	2.349.242	100%	2.481.220	100%	2.605.775	100%	2.773.007	100%	2.914.723	100%	3.044.146	100%	3.130.724	100%

Abb. 77: Umlauf festverzinslicher Wertpapiere von Emittenten mit Sitz in Deutschland (Mio. EUR Nominalwert)[387]

[387] Quelle: Monatsberichte der Deutschen Bundesbank.

Gesamtvolumen: 25 Mrd. Euro				
Begebene Anleihen durch die Deutsche Telekom International Finance B.V. unter Garantie der Deutschen Telekom AG				
ISIN Code	**Nominalbetrag**	**Währung**	**Kupon**	**Laufzeitende**
XS0242840345	500.000.000	EUR	3%	02.02.2009
XS0231521773	500.000.000	EUR	3 Monats-Euribor + 0,15%	05.03.2009
XS0217817112	500.000.000	EUR	3%	22.04.2009
XS0244500236	500.000.000	EUR	3 Monats-Euribor + 0,20%	17.08.2009
XS0155788150	500.000.000	EUR	6,5%	07.10.2009
XS0206307018	500.000.000	EUR	3 Monats-Euribor + 0,25%	23.11.2009
XS0207605329	500.000.000	EUR	3 Monats-Euribor + 0,25%	08.12.2009
XS0166575067	250.000.000	GBP	6,25%	09.12.2010
XS0313096892	6.000.000.000	JPY	6 Monats JPY LIBOR + 0,19%	02.02.2011
DE000A0GQZ74	750.000.000	EUR	4%	13.04.2011
XS0293632260	500.000.000	EUR	3 Monats-Euribor + 0,28%	28.03.2012
XS0276898417	500.000.000	EUR	3 Monats-Euribor + 0,44%	23.05.2012
XS0155312829	500.000.000	GBP	7,125%	26.09.2012
XS0341655305	750.000.000	CZK	3 Monats-PRIBOR + 0,66%	22.01.2013
XS0261792039	250.000.000	GBP	5,625%	19.07.2013
DE000A0TWHZ4	500.000.000	EUR	5,75%	10.01.2014
DE000A0T1GC4	750.000.000	EUR	5,875%	10.09.2014
XS0230363805	250.000.000	GBP	4,875%	23.09.2014
DE000A0GTCB9	500.000.000	EUR	4,75%	31.05.2016
XS0166179381	500.000.000	EUR	6,625%	29.03.2018
XS0158739739	250.000.000	GBP	7,375%	04.12.2019
XS0351489579	200.000.000	EUR	5,851%	17.03.2023
XS0401016919	250.000.000	GBP	8,875%	27.11.2028
XS0161488498	500.000.000	EUR	7,5%	24.01.2033

Abb. 78: Debt Issuance Programm der Deutschen Telekom 2009[388]

8.3.7.3 Formen der Begebung von Industrieobligationen

Die Emission von Industrieobligationen kann in unterschiedlicher Weise organisiert werden. Wendet sich der Betrieb direkt an die potenziellen Käufer der Anleihe, so beschreitet er den Weg der **Selbstemission,** der aber aus folgenden Gründen für Industrieobligationen in der Regel nicht gangbar ist. Eine schnelle Unterbringung von Anleihen über viele Millionen EUR setzt ein gut funktionierendes Vertriebssystem voraus, über das ein Unternehmen der gewerblichen Wirtschaft in der Regel nicht verfügt. Erforderlich sind ferner genaue Kenntnisse der Kapitalmarktsituation, damit die Konditionen und der Emissionszeitpunkt bestimmt werden können. Mängel im Vertriebssystem und eine falsche Einschätzung der Kapitalmarktlage würden für den Betrieb das Risiko erheblich vergrößern, dass Teile der Anleihe nicht oder nicht zum gewünschten Zeitpunkt abgesetzt werden können.

Es ist deshalb zweckmäßig, Kreditinstitute in die Emission einzuschalten, die aufgrund ihrer Spezialkenntnisse und ihrer Kontakte zu Kapitalanlegern die Vorbereitung und die Unterbringung der Anleihe übernehmen. Dieses Verfahren wird auch als **Fremdemission** bezeichnet. Neben der Beratungs- und Vertriebsfunktion können die Kreditinstitute auch das Unterbringungsrisiko der Anleihe übernehmen (Risikofunktion),

[388] Quelle: Deutsche Telekom AG.

indem sie die gesamte Anleihe eines Betriebs auf eigene Rechnung fest übernehmen und nach und nach an Kapitalanleger veräußern. Für den Betrieb erwächst daraus der Vorteil, dass er sofort über den gesamten Anleihebetrag – abzüglich der von den Kreditinstituten berechneten Provisionen – verfügen kann. Das Risiko des Absatzes liegt somit bei der Bank, welche jedoch auch einen Teil im Eigenbestand behalten kann.

Wenn die Übernahme einer Anleihe die finanziellen Möglichkeiten eines einzelnen Kreditinstituts übersteigt, können sich mehrere Kreditinstitute zu einem **Konsortium** – meist in Form einer BGB-Gesellschaft – zusammenschließen und die Anleihe gemeinsam übernehmen. Übernimmt das Konsortium die Anleihe fest, so handelt es sich um ein **Übernahmekonsortium.** Tritt es als Kommissionär ohne Einsatz eigener Mittel auf und besorgt lediglich den Vertrieb, so spricht man von einem **Begebungskonsortium.** Der Vertrieb der Teilschuldverschreibungen vollzieht sich entweder in der Form der öffentlichen Zeichnung; dann werden die Stücke nach Ablauf der festgelegten Zeichnungsfrist zugeteilt; oder es erfolgt ein freihändiger Verkauf; dann wird nur der erste Verkaufstag angegeben.

Ein oder – bei großen Anleihen – auch mehrere Mitglieder des Konsortiums übernehmen die **Konsortialführung** („Lead" oder „Joint Lead Manager"). Ihre Aufgabe besteht zunächst in der Beratung des Unternehmens über die Konditionen und den Zeitpunkt der Anleihebegebung sowie über die Abfassung der Verträge (Dokumentation). Daneben übernimmt es die Konsortialführung gewöhnlich, die für die Börseneinführung notwendigen Genehmigungen einzuholen. Eine für die Abwicklung wichtige Funktion der Konsortialführung besteht ferner darin, dass sie die Treuhänderschaft für die zu bestellenden Sicherheiten der Anleihe übernimmt. Bei der weiten Streuung der Teilschuldverschreibungen und der notwendigen leichten Übertragbarkeit der Papiere wäre es unmöglich, für jede einzelne Teilschuldverschreibung Sicherheiten zu bestellen. Daher tritt die Konsortialführung für die Anleihegläubiger als Treuhänder und Verwalter der Sicherheiten auf.

Nach Abschluss der Verhandlungen werden den Konsortialmitgliedern die Anleihequoten zugeteilt, die sie entweder unter eigenem Risiko fest übernehmen oder nur vertreiben. Den potenziellen Anlegern wird die Emission der Anleihe, ihre Bedingungen und der Verkaufsbeginn bzw. die Zeichnungsfrist durch Verkaufsangebote in überregionalen Zeitungen, Umdrucken usw. angezeigt. Nach der Platzierung der Anleihe übernehmen die Konsortialbanken die Einlösung und Gutschrift der Zinsscheine und nach Ablauf der Laufzeit die Rückzahlung an die Gläubiger.

Die **Begebungskosten einer Anleihe** sind in Abhängigkeit vom Volumen, der Laufzeit und dem Platzierungsrisiko mit etwa 0,275 %–0,35 % des Nennwerts der Anleihe anzusetzen. Während der Laufzeit entstehen neben den Zinsen weitere laufende Kosten durch die Sicherheitenverwaltung, die Zinsscheineinlösung usw., die insgesamt etwa 2 % des Nennwerts betragen.[389]

Als **Beispiel** sind weiter unten die Konditionen von Teilschuldverschreibungen der Südzucker International Finance B. V. in ihren wesentlichen Teilen aufgeführt. Die typischen Ausstattungsmerkmale einer Anleihe werden im folgenden Abschnitt besprochen.

[389] Vgl. *Kollar, A.*, Industrieanleihen, in: Handwörterbuch des Bank- und Finanzwesens, hrsg. von *Gerke, W.*, *Steiner, M.*, 2. Aufl., Stuttgart 1995, S. 508.

8.3.7.4 Ausstattung von Industrieobligationen

Höhe, Stückelung, Verzinsung

Mit dem Begriff „Ausstattung einer Anleihe" bezeichnet man in erster Linie die Teile der **Anleihebedingungen,** die die **Höhe der Anleihe,** ihre **Verzinsung,** die **Ausgabe-** und **Rückzahlungsmodalitäten** sowie die **Besicherung** der Anleihe regeln. Die Anleihebedingungen werden – sofern effektive Stücke gedruckt werden – auf der Teilschuldverschreibungsurkunde, dem sog. „Mantel" abgedruckt. Zusätzlich zum Mantel erhält der Gläubiger einen Zinsscheinbogen, der für jeden Zinszahlungstermin einen Zinsschein enthält. Bei Fälligkeit der Zinsen sind dem Unternehmen (Schuldner) die entsprechenden Zinsscheine und zum Rückzahlungstermin der Anleihe der Mantel vorzulegen. Die Einlösung der Urkunden gehört zur Tätigkeit der Konsortialmitglieder.

Die Höhe der Anleihe wird in erster Linie durch den betrieblichen Verwendungszweck bestimmt. Daneben spielt allerdings auch die jeweilige Kapitalmarktsituation eine Rolle, vor allem dann, wenn Teilschuldverschreibungen von mehr als 100 Mio. EUR untergebracht werden sollen.

Die Zinsen sind in der Regel nachschüssig, und zwar entweder jährlich oder halbjährlich zu zahlen.[390] Die Wahl der Zahlungsweise hat Auswirkungen auf die Höhe der **effektiven Verzinsung.** Das zeigt das folgende Beispiel in Abb. 79 in dem zwei Anleihen mit einer Nominalverzinsung von 10% verglichen werden, die sich bei sonst gleichen Bedingungen in den Zinsterminen unterscheiden.

Beispiel: Der Inhaber der Teilschuldverschreibung vom Typ A erhält am 1. März für das zurückliegende halbe Jahr je 100 EUR Nennwert 5 EUR Zinsen. Unterstellt man, dass er diese 5 EUR bis zum nächsten Zinstermin zu 10% anlegen kann, so erzielt er zusammen mit den Anleihezinsen für ein Jahr eine Gesamtverzinsung von

	Anleihe A Zinstermin M/S		**Anleihe B** Zinstermin 1. Sept.	
	Anleihezinsen je 100 EUR	Zusatzzinsen (10%)	Anleihezinsen je 100 EUR	Zusatzzinsen (10%)
1. März				
A: Zinsgutschrift für 1/2 Jahr	5,00 EUR			
B: –			0,00 EUR	
1. September				
A: Zinsgutschrift für 1/2 Jahr	5,00 EUR	0,25 EUR		
B: Zinsgutschrift für 1 Jahr			10,00 EUR	
Gesamtverzinsung	10,25 EUR		10,00 EUR	

Abb. 79: Vergleich zweier Anleihen mit unterschiedlichen Zinszahlungszeitpunkten[391]

[390] Bei halbjährlicher Zahlung sind die gebräuchlichsten Zahlungstermine folgende:

J/J	– 2. Januar/1. Juli	A/O	– 1. April/1. Oktober
F/A	– 1. Februar/1. August	M/N	– 2. Mai/1. November
M/S	– 1. März/1. September	J/D	– 1. Juni/1. Dezember

[391] Es muss darauf hingewiesen werden, dass diese Faustformeln einen möglichen Halbjahres-Kupon ebensowenig berücksichtigen wie den Zinseffekt des Disagios.

10,25 EUR, während der Inhaber der Teilschuldverschreibung vom Typ B nur über 10 EUR verfügt.

Für das Unternehmen stellt sich das Problem mit umgekehrtem Vorzeichen. Bei Typ A muss es die Hälfte der jährlichen Zinsen bereits am 1. März zahlen. Gegenüber Typ B erleidet er also einen Zinsverlust von 0,25 % je Jahr durch die frühere Zahlung, wenn man unterstellt, dass auch er die am 1. März gezahlten Zinsen für ein halbes Jahr zu 10 % hätte anlegen können.

Der effektive Jahreszinssatz errechnet sich nach folgender Formel, wenn die Zinsabrechnungsperioden geringer sind als ein Jahr (unterjährige Verzinsung):

$$i_{eff} = (1 + \frac{i}{m})^m - 1$$

Dabei bedeutet:

i = Nominalzinssatz p.a.
i_{eff} = effektiver Zinssatz p.a.
m = Anzahl der unterjährigen Perioden

Setzt man die Werte des Beispiels ein, so ergibt sich:

$$i_{eff} = (1 + \frac{0{,}1}{2})^2 - 1$$

$$i_{eff} = 0{,}1025$$

$$i_{eff} = 10{,}25\ \%$$

Nach den in den Anleihebedingungen festgelegten **Zinsterminen** erfolgt eine Vergütung von Zinsen beim Verkauf von Teilschuldverschreibungen. Diese Zinsverrechnung berührt jedoch nicht den Betrieb, sondern muss zwischen Käufer und Verkäufer des Wertpapiers durchgeführt werden, weil die Zinsansprüche im Kurs der Anleihen nicht berücksichtigt werden. Bei Aktien dagegen führt die zu erwartende Dividende zu einem entsprechenden Kursanstieg.

Der Käufer einer Obligation erwirbt mit dem Papier den Zinsanspruch für den gesamten Abrechnungszeitraum. Folglich muss er dem Verkäufer die Zinsen für den Teil des Abrechnungszeitraums vergüten, in dem dieser Eigentümer war, also vom letzten Zinstermin bis zum Verkaufstag. Diesen Ausgleichsbetrag bezeichnet man als **„Stückzinsen"**.

Aus den Anleihebedingungen:

Südzucker International Finance B. V.
Oud-Beijerland
The Netherlands
EUR 300.000.000,–
6,25 % Inhaber-Teilschuldverschreibungen von 2000/2010
– Wertpapier-Kenn-Nummer 178080 –
eingeteilt in
300.000 Inhaber-Teilschuldverschreibungen zu je EUR 1.000,––
Amtlicher Handel
Frankfurter Wertpapierbörse

Ausstattung der Teilschuldverschreibungen

Zinssatz:	6,25 %
Verkaufskurs:	98,56 %
Zinszahlung:	Jährlich nachträglich am 8. Juni eines jeden Jahres, erstmals am 8. Juni 2001.
Laufzeit und Tilgung:	Die Laufzeit der Anleihe beträgt 10 Jahre. Die Anleihe wird am 8. Juni 2010 zum Nennwert zurückgezahlt.
Verbriefung:	Global-Inhaber-Schuldverschreibung (Globalurkunde). Einzelne Schuldverschreibungen oder Zinsscheine werden nicht ausgegeben.
Sicherstellung:	Negativerklärung der Emittentin und Garantie der Südzucker AG einschließlich in der Garantie enthaltener eigener Negativerklärung, d.h. Verpflichtung, für andere Schuldverschreibungen oder ähnliche verbriefte Schuldtitel oder Schuldscheindarlehen keine Sicherheiten durch Belastung des Vermögens zu bestellen ohne die Anleihegläubiger zur gleichen Zeit und im gleichen Rang an solchen oder anderen gleichwertigen Sicherheiten teilnehmen zu lassen. Abgabe der Garantie gegenüber der Deutschen Bank AG zu Gunsten der Anleihegläubiger mit der Folge, dass diese das Recht erwerben, unmittelbar von der Garantin die Erfüllung der übernommenen Verpflichtungen zu verlangen.
Kündigung:	
Anleihegläubiger:	Nur bei definierten Zahlungsstörungen der Emittentin und der Garantin, Insolvenz und Liquidation, es sei denn die Liquidation steht unter gewissen Voraussetzungen im Zusammenhang mit einer Verschmelzung oder Umwandlung.
Emittentin:	Bei bestimmten steuerlichen Veränderungen nach dem 6. Juni 2000.

[392] Quelle: Offering Circular vom 14. Juni 2000.

Beispiel: Am 15. 7. werden 20. 000 EUR einer 10 %-igen Industrieanleihe mit Zinstermin M/S verkauft. Die Stückzinsen errechnen sich wie folgt:

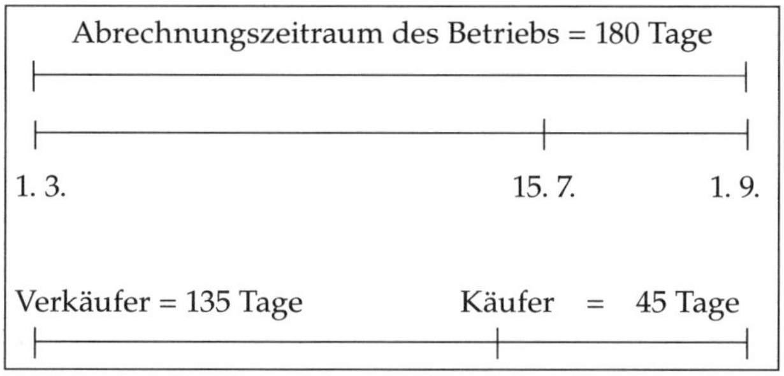

Das Unternehmen vergütet dem Käufer, wenn er am 1. 9. den Zinsschein vorlegt, Zinsen für 180 Tage, obwohl er erst seit 45 Tagen Inhaber der Teilschuldverschreibung ist. Beim Kauf der Obligation muss es folglich dem Verkäufer Zinsen für 135 Tage erstatten.

	Zinsgutschrift des Betriebs am 1. 9. auf 20.000 EUR Nennwert an den Käufer		1.000 EUR
·/.	Stückzinsen für 135 Tage =	$\frac{1.000 \cdot 135}{180}$	750 EUR
	Zinsertrag des Käufers		250 EUR

Bereits bei der Emission von Industrieobligationen kann es zur Verrechnung von Stückzinsen kommen, wenn der Emissionstag nicht mit dem Beginn des ersten Zins-Abrechnungszeitraums übereinstimmt.

Unter den Anleihebedingungen wird nur die Nominalverzinsung ausgewiesen, die entweder auf volle, halbe oder viertel Prozent lautet. Die **Nominalverzinsung** stimmt aber – wie schon bei der Wahl der Zinsabrechnungsperiode deutlich wurde – weder mit der effektiven Zinsbelastung des Unternehmens, noch der effektiven Verzinsung überein, die der Gläubiger erzielt. Folgende Faktoren beeinflussen die Höhe der Effektivverzinsung:

(a) der Nominalzinssatz,

(b) der Ausgabekurs der Anleihe,

(c) der Rückzahlungskurs der Anleihe,

(d) die (mittlere) Laufzeit der Anleihe,

(e) die Wahl der Zinsabrechnungsperiode.

Wie aus der Bezeichnung „festverzinsliche Wertpapiere", zu denen die Industrieobligationen zu zählen sind, hervorgeht, erhalten die Gläubiger für die Kapitalüberlassung während der gesamten Laufzeit einen **festen Nominalzins.** Hierbei gibt es allerdings Ausnahmen. So gibt es z.B. Fälle, in denen eine Konversion der Anleihe, d.h. eine Veränderung des Zinssatzes vorgenommen wird. Eine Senkung des Nominalzinssatzes ist nur möglich, wenn die Anleihe durch den Schuldner gekündigt werden kann. Dem Gläubiger werden dann an Stelle der alten Stücke solche einer neuen, niedriger verzinslichen Anleihe angeboten.

Eine Erhöhung der Zinsen erfordert keine Kündigung. Eine Konvertierung nach unten setzt voraus, dass das Zinsniveau am Kapitalmarkt erheblich und voraussichtlich längere Zeit gesunken ist.[393]

Eine weitere Ausnahme bilden die sogenannten **Floating Rate Notes.** Bei diesem Anleihetyp ist der Zinssatz variabel und in der Regel abhängig von der London Interbank Offered Rate **(LIBOR),** dem Zinssatz für Geldaufnahmen im internationalen Interbankgeschäft. Er wird für die großen und gängigen Währungen wie USD, CHF, JPY ermittelt. Ein entsprechender Zinssatz wird mit der European Interbank Offered Rate **(EURIBOR)** auch für den Euro-Wirtschaftsraum festgestellt. Es gilt hier noch kurz zu erwähnen, dass es auch einen EURO-LIBOR Satz gibt. Dieser wird mit einer anderen Zinsrechnung für den Euro-Raum berechnet, nimmt aber eine untergeordnete Rolle gegenüber dem EURIBOR ein. Dem Anleger wird bei Floating Rate Notes manchmal ein Mindestzinssatz garantiert oder die Papiere können mit einer Zinsobergrenze ausgestattet sein. Der Vorteil für den Emittenten liegt darin, gegebenenfalls von einem fallenden Zinsniveau zu profitieren. Er wird dann eine Floating Rate Anleihe auflegen, wenn das Zinsniveau hoch liegt und relativ starken Schwankungen ausgesetzt ist.

Schließlich gibt es Anleihen ohne Nominalverzinsung **(Zero-Bonds).** In diesen Fällen erhält der Kapitalgeber seine Verzinsung dadurch, dass die Anleihe deutlich unter Pari begeben (Abzinsungsanleihe) oder über Pari zurückgezahlt (Aufzinsungsanleihe) wird.

Im Gegensatz zu den klassischen festverzinslichen Anleihen führen Null-Kupon-Anleihen nicht zu kontinuierlichen Zinszahlungen. Deshalb sind sie auch nicht mit Zinskupons ausgestattet. Die Zinsen werden vielmehr gestundet und dadurch wieder verzinst. Dem Anleger werden die Zinsen und Zinseszinsen erst **am Ende der Laufzeit** zusammen mit dem ursprünglich aufgenommenen Kapitalbetrag ausbezahlt.

Das folgende Beispiel (vgl. Abb. 80 und 81) für eine Null-Kupon-Anleihe mit einer Laufzeit von sieben Jahren zeigt, wie sich der ursprünglich aufgenommene Kapitalbetrag zusammen mit den Zinsen im Zeitablauf auf den Rückzahlungsbetrag aufbaut.

Im Fall der Abzinsungsanleihe baut sich der ursprüngliche Kapitalbetrag von 60.275,49 EUR auf 100.000 EUR auf.

In der Handelsbilanz sind Null-Kupon-Anleihen beim Emittenten mit dem jeweiligen Emissionsbetrag zuzüglich der bis zum Bilanzstichtag aufgelaufenen rechnerischen Zinsen zu passivieren **(Nettoausweis).**[394] Den gleichen Betrag hat der Anleihegläubiger zu aktivieren, sofern er die Anleihe im Betriebsvermögen hält.

Für den Emittenten ist die Begebung einer Null-Kupon-Anleihe von Vorteil, weil seine Liquidität nicht durch laufende Zinszahlungen belastet wird. Er wird sich vor allem dann für diese Anleiheform entscheiden, wenn er nicht damit rechnet, dass die Zinsen weiter nachgeben, er umgekehrt aber davon ausgeht, dass sich während der vorgesehenen Laufzeit der Anleihe das Zinsniveau wieder erhöht. Unterstellt man, dass der Emittent einer festverzinslichen Anleihe die laufenden Zinszahlungen

[393] Vgl. *Rittershausen, H.*, Industrielle Finanzierungen, a.a.O, S. 215 ff.

[394] Vgl. Hauptfachausschuss (HFA) des IdW 1/1986, Zur Bilanzierung von Zerobonds, S. 143; BMF-Schreiben vom 5. 3. 1987, BStBl I, S. 394.

Fall		*Abzinsung*	*Aufzinsung*
Einlösungsbetrag		*100.000,00*	*165.905*
Laufzeit in Jahren		*7*	*7*
Zinssatz		*7,50%*	*7,50%*
BWF / ZWF 7,5% / 7 Jahre		*0,6027549*	*1,6590491*
Ausgabetrag		*60.275,49*	*100.000*
Jahr	**Schuld am Anfang des Jahres**	**Zinsen**	**Schuld am Ende des Jahres**
1	60.275,49	4.520,66	64.796,15
2	64.796,15	4.859,71	69.655,86
3	69.655,86	5.224,19	74.880,05
4	74.880,05	5.616,00	80.496,06
5	80.496,06	6.037,20	86.533,26
6	86.533,26	6.489,99	93.023,26
7	93.023,26	6.976,74	100.000,00

Abb. 80: Beispiel für ein Null-Kupon-Anleihe

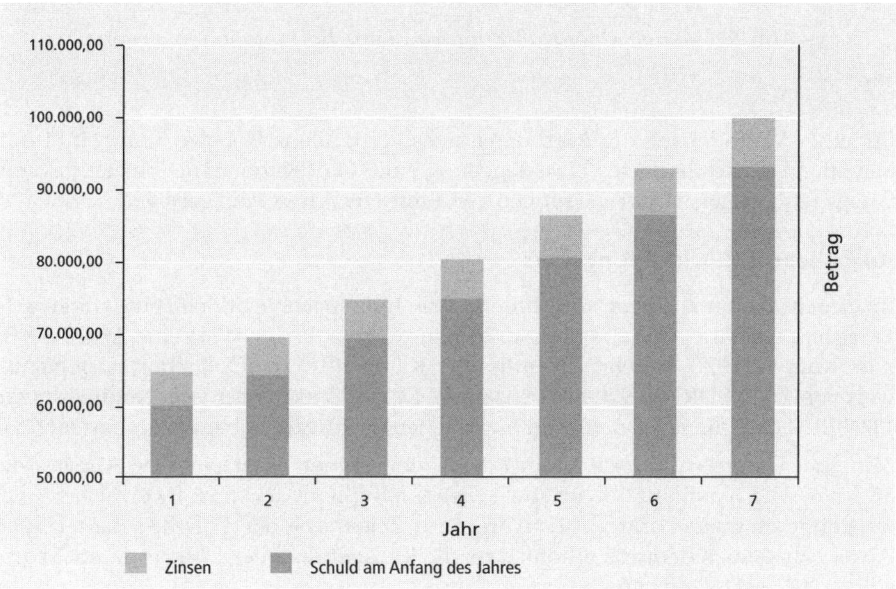

Abb. 81: Anwachsen des Zero-Bonds im Zeitablauf

durch kurzfristige Kreditaufnahmen finanziert, zeigt das in Abb. 82 dargestellte Beispiel bei steigenden Zinsen den Vorteil einer Null-Kupon-Anleihe.

Das gewählte Beispiel zeigt, dass bei Zwischenfinanzierung der laufenden Zinsen für die festverzinsliche Anleihe bei Fälligkeit 173.703 EUR statt 165.904,91 EUR zurückzuzahlen sind.

Die Anleger haben beim Erwerb von Null-Kupon-Anleihen zu berücksichtigen, dass mit steigenden Marktzinsen der Kurs der Null-Kupon-Anleihe sinkt und mit sinkenden Marktzinsen steigt, wobei diese Effekte stärker sind als bei festverzinslichen Anleihen, weil außer dem Kapitalbetrag auch die Zinsen mitverzinst werden. Die

Fall	*Aufzinsungsanleihe*
Einlösungsbetrag	*165.905*
Laufzeit	*7 Jahre*
Zinssatz	*7,50%*
ZWF 7,5% / 7 Jahre	*1,659049*
Ausgabebetrag	*100.00*

Jahr	Schuld Jahresanf.	Zinsen	Schuld Jahresende
1	100.000,00	7.500,00	107.500,00
2	107.500,00	8.062,50	115.562,50
3	115.562,50	8.667,19	124.229,69
4	124.229,69	9.317,23	133.546,91
5	133.546,91	10.016,02	143.562,93
6	143.562,93	10.767,22	154.330,15
7	154.330,15	11.574,76	165.904,91

Fall	*Festverzinsliche Anleihe*
Anleihebetrag	*100.000*
Laufzeit	*7 Jahre*
Zinssatz	*7,50% p.a.*
	zahlbar am Jahresende

Jahr	Kurzfr. Zinsen	Anleihe-zinsen	Zinsschuld Jahresanf.	Zinses-zinsen	Zinsschuld Jahresende
1	7,50%	7.500	0	0	7.500
2	8,00%	7.500	7.500	600	15.600
3	8,50%	7.500	15.600	1.326	24.426
4	9,00%	7.500	31.926	2.873	34.799
5	9,50%	7.500	42.299	4.018	46.318
6	10,00%	7.500	53.818	5.382	59.200
7	10,50%	7.500	66.700	7.003	73.703
		52.500		21.203	
					73.703
			Anleihebetrag		100.000
					173.703

Abb. 82: Vorteil einer Null-Kupon-Anleihe bei steigenden Zinsen

mit einer Veränderung des Marktzinssatzes verbundene Hebelwirkung sinkt mit abnehmender Restlaufzeit.[395] Die Begebung einer Null-Kupon-Anleihe hängt somit von gegenläufigen Zinserwartungen von Emittenten und Anlegern ab.

Ausgabekurs, Rückzahlungskurs

Im Gegensatz zur Ausgabe von Aktien ist bei Industrieobligationen eine **Unterpari-Emission,** d.h. eine Ausgabe unter dem Nennwert, zulässig. Wird eine Anleihe z.B. zum Kurs von 97% begeben, so muss der Käufer für eine Obligation zum Nennwert von 1.000 EUR nur 970 EUR bezahlen. Da die Zinsen aber vom Nennwert von 1.000 EUR berechnet werden, liegt folglich der Effektivzins über dem Nominalzins.

Mit einer Unterpari-Emission kann das Unternehmen einerseits eine Anpassung an einen vom Nominalzinssatz abweichenden Kapitalmarktzinssatz erreichen und zum anderen einen zusätzlichen Anreiz zur Zeichnung der Anleihe schaffen. Der Anreiz wird noch dadurch erhöht, dass die **Rückzahlung** der Obligation über pari, z.B. zu 102% erfolgen kann.

Für das Unternehmen führen die Unter-pari-Ausgabe und die Über-pari-Rückzahlung zu einem Verlust **(Disagio),** denn für je 1.000 EUR Nennwert erhält er nur 970 EUR und muss 1.020 EUR zurückzahlen. In der Handelsbilanz müssen Obligationen zum Rückzahlungskurs bilanziert werden. Der Disagiobetrag darf entweder sofort abgeschrieben oder unter die Posten der Rechnungsabgrenzung eingestellt und über die Laufzeit der Anleihe durch planmäßige Abschreibung getilgt werden.[396]

[395] Vgl. *Büschgen, H. E.,* Finanzinnovationen, Neuerungen und Entwicklungen an nationalen und internationalen Finanzmärkten, ZfB 1986, S. 307 f.

[396] Vgl. § 250 Abs. 3 HGB.

Die **Auswirkungen des Disagios auf die Effektivverzinsung** werden im folgenden **Beispiel** anhand der in Abb. 83 angegebenen Angaben verdeutlicht. In die Betrachtung wird sowohl die Sphäre der Gesellschaft als auch die der Käufer einbezogen.

Der Emittent einer Industrieobligation mit einer Laufzeit von 10 Jahren geht bei der Begebung von einem Kapitalmarktzins in Höhe von 7,5 % aus. Er wählt daher einen Nominalzinssatz von 7,5 % und einen Ausgabe- und Rückzahlungskurs. Die effektive Zinsbelastung der Gesellschaft erreicht unter den getroffenen Annahmen 7,81 %. Das ist eine Folge davon, dass neben dem Disagio die einmaligen und die laufenden Kosten der Anleihe zu berücksichtigen sind. Die Effektivverzinsung des Käufers vor Steuern beträgt 7,54 %, ist also höher als der Nominalzinssatz.

Industrieobligation zu 7½%
Ausgabekurs 99 ¾%
Rückzahlung nach 10 Jahren zum Nennwert
Zinszahlung jeweils am 2. Januar nachschüssig

Effektive Zinsbelastung des Unternehmens (vor Steuern)		*Effektiver Zinsertrag des Käufers (vor Steuern)*	
Ausgabekurs	99,75	Kaufpreis (K)	99,75
Rückzahlungskurs	100,00	Rückzahlungskurs	100,00
Disagio	0,25	Disagio	0,25
Einmalige Begebungskosten (geschätzt): 4% des Nennwerts	0,35		
Laufende Kosten (geschätzt): 0,2% des Nennwerts	0,20		

Effektive Zinsbelastung des Unternehmens (vor Steuern)

Faustformel zur Berechnung:

$$i_{eff} = \frac{i_{nom} + k_l + \frac{d + k_e}{T}}{100 - d - k_e}$$

$$i_{eff} = \frac{7{,}5 + 0{,}2 + \frac{0{,}25 + 0{,}35}{10}}{100 - 0{,}25 - 4} = 0{,}0781$$

$$i_{eff} = 7{,}81\%$$

Effektiver Zinsertrag des Käufers (vor Steuern)

Faustformel zur Berechnung:

$$i_{eff} = \frac{i_{nom} + \frac{d}{T}}{K}$$

$$i_{eff} = \frac{7{,}5 + \frac{0{,}25}{10}}{99{,}75} = 0{,}0754$$

$$i_{eff} = 7{,}54\%$$

Abb. 83: Die Auswirkungen des Disagios auf die Effektivverzinsung

Die Anleihe wird an der **Börse** mit 99,75 % notiert, solange der Kapitalmarktzins 7,54 % beträgt. Steigt dieser Satz auf 8 %, so werden die Anleger nicht mehr bereit sein, 99,75 EUR je 100 EUR Nennwert für die Anleihe zu entrichten, ihr Kurs wird also fallen. Der mögliche Kursabschlag lässt sich mit Hilfe finanzmathematischer Methoden berechnen. Das sei an einem **einfachen Beispiel** gezeigt. Der Kurs der Anleihe entspricht dem Barwert der zehn Zinszahlungen (7,50 EUR je 100 EUR Nennwert) zuzüglich dem Barwert der Rückzahlung in 10 Jahren (vgl. Abb. 84).

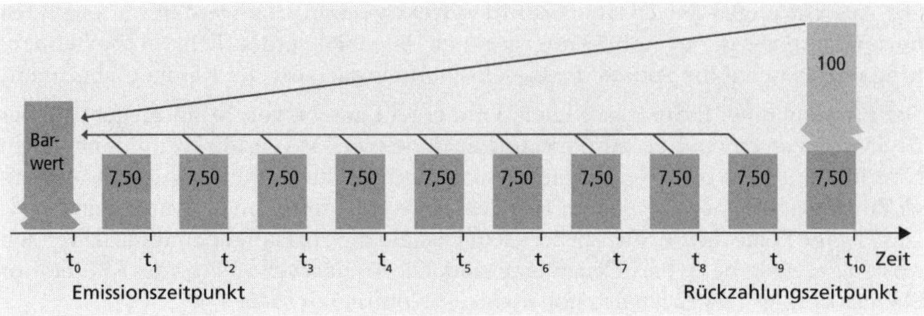

Abb. 84: Berechnung des Kurses einer Anleihe

Berechnung der Barwerte:

Rentenbarwertfaktor	(7,5 %/10 Jahre)	·	Zinszahlung:	6,86408 · 7,50	=	51,48
Abzinsungsfaktor	(7,5 %/10 Jahre)	·	Rückzahlung:	0,48519 · 100	=	48,52
Barwert der Anleihe im Emissionszeitpunkt						100,–

Bei richtiger Einschätzung der Kapitalmarktsituation wird die Anleihe nach der Emission also zum Nennwert notiert. Zeigt sich unmittelbar nach der Emission, dass der tatsächliche Kapitalmarktzinssatz 8 % statt 7,5 % beträgt, so wird der Kurs sinken, weil andere Anlagemöglichkeiten eine höhere Verzinsung bieten.

Rentenbarwertfaktor	(8 %/10 Jahre)	·	Zinszahlung:	6,71008 · 7,50	=	50,33
Abzinsungsfaktor	(8 %/10 Jahre)	·	Rückzahlung:	0,46319 · 100	=	46,32
Barwert der Anleihe im Emissionszeitpunkt						96,65

Bei dieser Situation kann die Anleihe also nur mit einem Kursabschlag eingeführt werden. Hier wird deutlich, welches Risiko Übernahmekonsortien bei einer falschen Einschätzung der Kapitalmarktsituation eingehen. Wie hoch der **tatsächliche Kursabschlag** sein wird, ist im Voraus nicht bestimmbar, da er durch Kurspflegemaßnahmen (Stützungskäufe) des Konsortiums beeinflusst werden kann.

Laufzeit, Kündigung

Bei der **Bemessung der Laufzeit von Industrieobligationen** muss ein Ausgleich zwischen den Bedürfnissen des Unternehmens und der Kapitalmarktsituation getroffen werden. Die Laufzeit beträgt im Allgemeinen 10 bis 20 Jahre. Bei fortschreitender Geldentwertung und steigenden Zinsen am Kapitalmarkt nimmt das Interesse potenzieller Anleger an Anleihen mit langen Laufzeiten ab, denn ein Steigen des Kapitalmarktzinses führt zu Kursverlusten, die beim Verkauf niedriger verzinslicher Teilschuldverschreibungen realisiert würden. Eine vorzeitige Rückzahlung zum Nennwert kann der Gläubiger nicht verlangen, da für ihn das Kündigungsrecht i.d.R. ausgeschlossen ist.[397] Er hat nur die Möglichkeit, das Schuldverhältnis durch Verkauf

[397] Eine der seltenen Ausnahmen war die 5 %-ige Anleihe der Gewerkschaft Wintershall (heute BASF) von 1959, die ein Kündigungsrecht der Gläubiger zum Nennwert frühestens zum 2. 5. 1980 vorsah. Vgl. Bundesanzeiger vom 23. 4. 1959, Nr. 77, S. 7.

seiner Obligationen zu beenden, ebenso wie ein Aktionär sein Beteiligungsverhältnis nur durch Veräußerung seiner Anteile lösen kann.

Das Unternehmen (Emittentin) dagegen kann sich in den Anleihebedingungen eine vorzeitige Kündigung vorbehalten. Ein **Beispiel** hierfür bieten die 8%-igen Teilschuldverschreibungen der August Thyssen Hütte AG, deren Anleihebedingungen eine Kündigungsmöglichkeit nach fünf Freijahren vorsahen.[398] Von seinem Kündigungsrecht wird der Betrieb dann Gebrauch machen, wenn das Zinsniveau stark und voraussichtlich für längere Zeit gesunken ist. Als Gegenleistung für die Kündigungsmöglichkeit kann der Betrieb seinen Gläubigern höhere nach dem Rückzahlungstermin **gestaffelte Rückzahlungskurse** einräumen.

Beispiel: [399]Die Anleihebedingungen der $6^1/_2$%-igen Teilschuldverschreibungen der Esso AG von 1968 sahen wie in Abb. 85 dargestellt folgendes vor:

Kündigung möglich ab	zum Rückzahlungskurs von
02.05.1974	103%
02.05.1975	102½%
02.05.1976	102%
02.05.1977	101½%
02.05.1978 oder später	101%

Abb. 85: Die Anleihebedingungen der $6^1/_2$%-igen Teilschuldverschreibungen der Esso AG von 1968

Tilgung

Die Tilgung von Anleihen kann in unterschiedlicher Weise vollzogen werden:

(1) Die Anleihe wird in **einem Betrag** am Ende der Laufzeit getilgt.

(2) Die Tilgung erfolgt **ratenweise.** Der ersten Rate gehen gewöhnlich mehrere Freijahre (oftmals 5 Jahre) voraus, in denen keine Rückzahlung erfolgt. Die Tilgungsraten sind in der Regel gleich hoch, was dazu führt, dass die Summe aus Tilgungsraten und Zinsen je Jahr im Laufe der Zeit abnimmt. Die Form der Annuitätentilgung, bei der die Tilgungsraten jeweils um den Betrag zunehmen, um den die Zinsen abnehmen, ist bei Industrieobligationen selten anzutreffen.

(3) Der Schuldner tilgt, indem er Teilschuldverschreibungen unter Verwendung eines Tilgungsfonds **an der Börse zurückkauft.** Das ist für ihn dann von Vorteil, wenn die Anleihe unter pari notiert wird. In diesem Fall erreicht er eine entsprechend höhere Tilgung. Außerdem wirken sich seine Kaufaufträge positiv auf den Kurs der Anleihe aus. Kurssteigerungen aber sind vorteilhaft für die Anleger, die sich vor Rückzahlung ihrer Anleiheteile von ihnen trennen wollen.[400]

Bei der am häufigsten vorkommenden Tilgung in gleichen Raten werden die Teilschuldverschreibungen, die zurückzuzahlen sind, durch **Auslosung unter notarieller**

[398] Vgl. Bundesanzeiger vom 24.8.1972, Nr. 158, S. 6.
[399] Vgl. Bundesanzeiger vom 8.5.1968, Nr. 86, S. 9.
[400] Vgl. *Rittershausen, H.*, a.a.O., S. 200.

Aufsicht ermittelt. Das setzt voraus, dass die Teilschuldverschreibungen in Serien oder Reihen eingeteilt sind. Sehen die Anleihebedingungen neben der Auslosung, die gegebenenfalls verstärkt werden kann, auch einen Rückkauf an der Börse vor, so erfolgt in der Regel eine Anrechnung des Rückkaufs auf die planmäßigen Tilgungsraten erst dann, wenn die zurückgekauften Stücke später ausgelost werden.

Die Ratentilgung bringt bei hohem Emissionsdisagio und Rückzahlungsagio den Obligationären einen Zinsvorteil, deren Stücke frühzeitig ausgelost werden, da Disagio bzw. Agio die **effektive Verzinsung** um so mehr erhöhen, je kürzer die tatsächliche Laufzeit ist. Umgekehrt erhöht sich natürlich auch die effektive Zinsbelastung des Betriebs. Während der Betrieb jedoch in der Lage ist, seine Effektivbelastung im voraus zu ermitteln, ist für die Obligationäre die tatsächlich eintretende Verzinsung im voraus nicht zu bestimmen, da sie infolge des Auslosungsverfahrens vom Zufall abhängig ist. Der Anlagenentscheidung wird daher in der Regel ein Mittelwert zugrunde gelegt.

Erfolgt die Rückzahlung im Wege der Tilgung in gleichen Raten, so muss für die Berechnung der Effektivverzinsung die mittlere Laufzeit der Anleihe ermittelt werden.

Die mittlere Laufzeit der Anleihe beträgt:

$$M = \frac{t+1}{2} + f$$

$$M = \frac{5+1}{2} + 5 = 8 \text{ Jahre}$$

f = Freijahre
t = Anzahl der Tilgungsjahre (Gesamtlaufzeit der Anleihe-Freijahre)

Beispiel: Eine Anleihe wird am 2. 1. 2014 wie in Abb. 86 dargestellt emittiert. Nach fünf Freijahren erfolgt die Rückzahlung in fünf gleichen nachschüssigen Raten (20 %). Die erste Auslosung kann also 2019 zum 2. 1. 2020 durchgeführt werden.

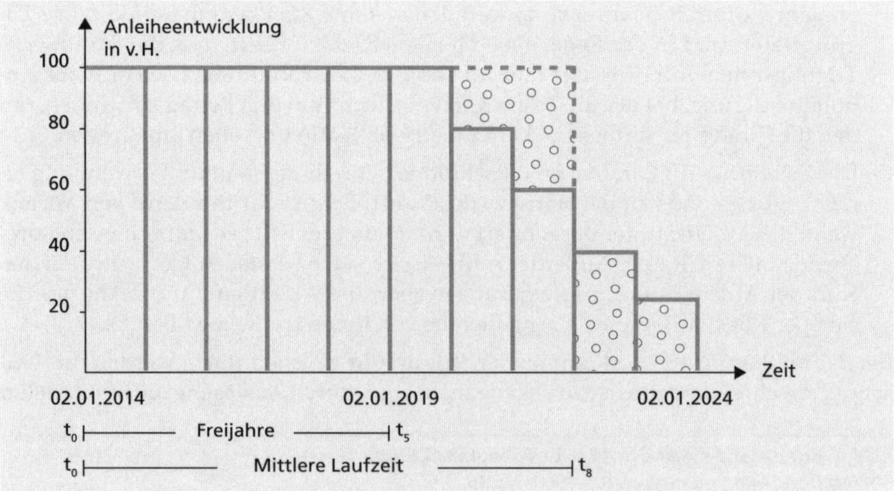

Abb. 86: Anleiheentwicklung für das gegebene Beispiel

Effektive Zinsbelastung des Unternehmens (vor Steuern)	*Effektiver Zinsertrag des Käufers (vor Steuern)*
M = mittlere Laufzeit	M = mittlere Laufzeit
$i_{eff} = \frac{i_{nom} + k_l + \frac{d + k_e}{M}}{100 - d - k_e}$	$i_{eff} = \frac{i_{nom} + \frac{d}{M}}{K}$
$i_{eff} = \frac{7{,}5 + 0{,}2 + \frac{0{,}25 + 0{,}35}{8}}{100 - 0{,}25 - 0{,}35} = 0{,}0782$	$i_{eff} = \frac{7{,}5 + \frac{0{,}25}{8}}{99{,}75} = 0{,}0755$
$i_{eff} = 7{,}82\%$	$i_{eff} = 7{,}55\%$

Abb. 87: Berechnung der Effektivverzinsung für das gegebene Beispiel

Unterstellt man, dass die Anleihe des Beispiels nicht nach 10 Jahren in einem Betrag, sondern in der hier beschriebenen Weise getilgt wird, so erhöht sich die Effektivverzinsung, weil die mittlere Laufzeit der Anleihe geringer ist als 10 Jahre.

Sicherheiten

Zur Ausstattung von Industrieobligationen gehört ferner die Art ihrer Sicherstellung. **Typische Formen** sind die Sicherung durch **Grundpfandrechte** (Grundschulden), **Garantien** – insbesondere der öffentlichen Hand oder von Konzernobergesellschaften – und **Sicherungsklauseln,** mit denen sich die Anleiheschuldner zu einem bestimmten Verhalten verpflichten.

Eine Sicherungsform sind **erstrangige Grundpfandrechte** auf die betrieblichen Grundstücke und Anlagen. Die Beleihungsgrenze liegt in der Regel bei höchstens 40 % des Beleihungswerts, weil das Risiko der Verwertung der Sicherheiten gewöhnlich sehr groß ist. Als Sicherungsinstrument wird im Allgemeinen die Grundschuld gewählt, da sie im Vergleich zur Hypothek eine größere Elastizität besitzt. Die Grundschuld wird i.d.R. treuhänderisch auf das Kreditinstitut eingetragen, das mit der Konsortialführung betraut ist. Vielfach werden in diese Grundschuld neben der Obligation auch noch andere Schulden einbezogen (Schuldenblock), weil sich die Verschuldung der Unternehmen laufend ändert und eine Anpassung der Grundschuld an die jeweiligen Gegebenheiten bei relativ geringen Kosten leicht möglich ist.[401]

Daneben kommt vor allem die Sicherung durch **Garantien** und **Sicherungsklauseln** in Betracht. Bei den Sicherungsklauseln handelt es sich in der Regel um **Negativklauseln,** durch die den Anleihegläubigern verbindlich zugesagt wird, sie im Hinblick auf die Sicherheiten nicht schlechter zu stellen als die Gläubiger später ausgegebener Anleihen.

[401] Zur dinglichen Sicherung von Industrieobligationen vgl. besonders *Rittershausen, H.,* a.a.O., S. 209 ff.

Beispiel:

> Aus dem Börsenzulassungsprospekt gemäß § 44 BörsZulV des 2 Mrd. EUR Debt Issuance Programms der Robert Bosch GmbH und der Robert Bosch Finance Corporation vom 23. März 2001
>
> „Negativverpflichtung: Die Emittentin verpflichtet sich solange eine Schuldverschreibung noch aussteht . . . ihre Vermögenswerte nicht mit Grundpfandrechten, Pfandrechten oder sonstigen Sicherungsrechten zur Besicherung einer Kapitalmarktverbindlichkeit zu belasten, ohne gleichzeitig oder vorher die Schuldverschreibungen auf gleiche Weise und anteilig damit zu besichern . . ."

Zusammenfassende Übersicht

In der folgenden Übersicht werden die Ausstattungsmerkmale von Industrieobligationen noch einmal zusammengefasst.

ELEMENTE VON ANLEIHEKONDITIONEN	
1. Höhe der Anleihe	Mindestens mehrere Millionen Euro
2. Stückelung	100 EUR, 500 EUR, 1.000 EUR, 5.000 EUR, 10.000 EUR
3. Verzinsung	a) Fester Nominalzins über die gesamte Laufzeit b) Konversion bei Zinsänderungen möglich c) Variabel mit oder ohne Mindestverzinsung bei Floating Rate Notes d) Zahl der jährlichen Zinszahlungstermine (jährlich/halbjährlich) e) Kein Nominalzins (Zero-Bonds)
4. Ausgabekurs	a) Nennwert b) Unter Nennwert (Disagio) c) Über Nennwert (Agio)
5. Rückzahlungskurs	a) Nennwert b) Über Nennwert (Agio)
6. Laufzeit	a) Festlaufzeit für die gesamte Anleihe b) Rückzahlung in Teilen mit festen Rückzahlungsterminen
7. Kündigung durch den Emittenten	a) Für die Gesamtlaufzeit ausgeschlossen b) Nach Freijahren oder Einhaltung von Kündigungsfristen möglich
8. Tilgung	a) Volle Rückzahlung am Ende der Laufzeit b) Rückzahlung in gleichen Raten c) Annuitätentilgung d) Tilgung durch Rückkauf
9. Sicherheiten	a) Grundpfandrechte b) Bürgschaften der öffentlichen Hand c) Negativklauseln

Abb. 88: Ausstattungsmerkmale von Industrieobligationen

8.3.8 Wandelschuldverschreibungen

8.3.8.1 Allgemeine Charakteristik und Begebung von Wandelschuldverschreibungen

Industrieobligationen können mit verschiedenen **Sonderrechten** ausgestattet sein. Dürfen sie nach einer bestimmten Sperrfrist in Aktien umgetauscht werden, so handelt es sich um Wandelschuldverschreibungen (Convertible Bonds). Die Möglichkeit, das **Gläubigerverhältnis** später in ein **Beteiligungsverhältnis** umwandeln zu können, bietet gegenüber den normalen Schuldverschreibungen einen besonderen Anreiz für potenzielle Anleger.

Zunächst hat der Gläubiger wie bei jeder normalen Obligation Anspruch auf feste Verzinsung und Rückzahlung. Zusätzlich hat er das Recht, seinen Forderungstitel gegen einen Beteiligungstitel einzutauschen. Davon wird er bei guter Ertrags- und Kursentwicklung Gebrauch machen.

Diese Form der Fremdfinanzierung hat aber auch für die Gesellschaft Vorteile. Sie zeigen sich insbesondere bei außergewöhnlichen Verhältnissen auf dem Kapitalmarkt. Wandelschuldverschreibungen haben in Deutschland als Finanzierungsinstrument vor allem in den Jahren der Kapitalknappheit nach den beiden Weltkriegen größere Bedeutung erlangt. Nach der Währungsreform des Jahres 1948 waren viele Aktiengesellschaften jahrelang nicht in der Lage, Dividenden auszuschütten und Kapitalerhöhungen durch Ausgabe junger Aktien durchzuführen. Viele Gesellschaften verzögerten die Neufestsetzung ihrer Kapitalverhältnisse in der DM-Eröffnungsbilanz wegen des erwarteten Lastenausgleichsgesetzes (1952). Bei den Sparern wiederum bestand wenig Interesse am Erwerb festverzinslicher Gläubigerpapiere, die gerade auf ein Zehntel ihres Werts abgewertet worden waren. In dieser Situation stellte die Wandelschuldverschreibung das geeignetste Finanzierungsmittel dar. Sie bot den Gläubigern die Möglichkeit, das Gläubigerpapier nach einigen Jahren, nach denen sich die Ertragslage der Gesellschaft und die Kursentwicklung ihrer Aktien wieder überblicken ließen, in ein Anteilspapier umzuwandeln.

Abgesehen von derartigen Ausnahmesituationen wird ein Unternehmen, das langfristiges Kapital benötigt, in folgenden Fällen die Auflegung einer Wandelanleihe erwägen:

(1) Auf dem Kapitalmarkt herrscht ein hohes Zinsniveau, und Aktien werden niedrig bewertet.

(2) Die Aktien des Unternehmens werden aufgrund – vorübergehend – geringer Erträge niedrig bewertet.

In beiden Fällen ist die Durchführung einer Kapitalerhöhung durch Ausgabe junger Aktien äußerst schwierig. Die Begebung einer Wandelanleihe dagegen hat den **Vorteil,** dass wegen der späteren Umtauschmöglichkeit in Aktien die Gesellschaft eine unter dem Kapitalmarktzins liegende Verzinsung anbieten kann. Ein weiterer Vorteil ist die schon bei der Ausgabe mögliche Fixierung der zukünftigen Kapitalerhöhung. Über die Umtauschbedingungen wird in Erwartung späterer Kurssteigerungen ein Ausgabekurs für die beim Umtausch auszugebenden Aktien festgelegt, der zum Zeitpunkt der Begebung der Wandelanleihe nicht realisierbar wäre.[402]

Bei der Begebung von Wandelschuldverschreibungen werden durch das Sonderrecht der Umtauschmöglichkeit in Aktien die Rechte der bisherigen Aktionäre der Gesellschaft berührt. Daher sind **spezielle aktienrechtliche Vorschriften** zu beachten. Da die Erhöhung des Aktienkapitals durch Umtausch der Wandelschuldverschreibungen zu einer Veränderung des Aktienkurses und einer Verwässerung der Aktionärsrechte (Dividendenanteil, Anteil am Liquidationserlös) führen kann, darf die Ausgabe nur aufgrund eines mindestens mit Dreiviertelmehrheit gefassten **Hauptversammlungsbeschlusses** erfolgen. Wie beim genehmigten Kapital kann die Hauptversammlung auch den Vorstand für (höchstens) fünf Jahre ermächtigen, Wandelschuldverschreibungen auszugeben.[403] Die Aktionäre haben auf die Wandelschuldverschreibungen ebenso ein **Bezugsrecht** wie auf junge Aktien.[404]

Da die Unterpari-Emission von Aktien unzulässig ist, muss sichergestellt sein, dass diese Vorschrift nicht durch den Umtausch von Wandelschuldverschreibungen unterlaufen werden kann. Die Ausgabe der Bezugsaktien darf nur erfolgen, wenn die Differenz zwischen dem Ausgabebetrag der zum Umtausch eingereichten Schuldverschreibungen und dem höheren geringsten Ausgabebetrag der für sie auszugebenden Bezugsaktien durch Zuzahlung des Obligationärs oder aus einer anderen Gewinnrücklage, die zu diesem Zweck verwendet werden kann, gedeckt ist. Das gilt nicht, wenn der Nennbetrag der Wandelanleihe den geringsten Ausgabebetrag der Bezugsaktien erreicht oder übersteigt.[405] Das Umtauschverhältnis und eine eventuelle Zuzahlung werden von vornherein in den Anleihebedingungen festgelegt.

Das Umtauschrecht der Gläubiger der Wandelanleihe wird durch eine **bedingte Kapitalerhöhung**[406] gesichert, d.h. durch eine Kapitalerhöhung, „die nur soweit durchgeführt werden soll, wie von einem Umtausch- oder Bezugsrecht Gebrauch gemacht wird, das die Gesellschaft auf die neuen Aktien (Bezugsaktien) einräumt."[407] Der Nennbetrag der bedingten Kapitalerhöhung darf die Hälfte des Grundkapitals nicht übersteigen.[408]

8.3.8.2 Die Ausstattung von Wandelschuldverschreibungen

Das Bezugsverhältnis

In der Ausstattung unterscheiden sich die Wandelschuldverschreibungen im Wesentlichen durch die **Bezugs-** und **Wandelbedingungen** von normalen Industrieobligationen. Neben dem Emissionsvolumen, dem Ausgabe- und Rückzahlungskurs (für den Fall, dass die Anleihe gekündigt oder nicht umgewandelt wird), der Laufzeit, der Verzinsung, den Zinsterminen und der Besicherung der Anleihe müssen das Bezugs- und das Wandlungsverhältnis sowie eine mögliche Zuzahlung festgelegt

[402] Vgl. auch *Süchting, J.*, Finanzmanagement, Theorie und Politik der Unternehmensfinanzierung, 6. Aufl., Wiesbaden 1995, S. 130 ff.
[403] Vgl. § 221 Abs. 1 u. 2 AktG.
[404] Vgl. § 221 Abs. 4 AktG.
[405] Vgl. § 199 Abs. 2 AktG.
[406] Vgl. § 192 Abs. 2 Nr. 1 AktG.
[407] § 192 Abs. 1 AktG.
[408] Vgl. § 192 Abs. 3 AktG.

werden. Ferner sind Regelungen für den Fall zu treffen, dass während der Laufzeit der Wandelanleihe Kapitalerhöhungen durchgeführt und/oder weitere Wandelanleihen begeben werden.

Da den Aktionären einer Aktiengesellschaft auf die Wandelschuldverschreibungen ein Bezugsrecht einzuräumen ist, ergibt sich das **nominelle Bezugsverhältnis** aus dem Verhältnis von Grundkapital zum Nennwert der Anleihe.

$$\text{Nominelles Bezugsverhältnis} = \frac{\text{Grundkapital}}{\text{Nennwert der Anleihe}}$$

Beispiel: Legt eine Aktiengesellschaft mit einem Grundkapital (GK) von 180 Mio. EUR eine Wandelanleihe (W) mit einem Nennwert von 30 Mio. EUR auf, so ergibt sich ein Bezugsverhältnis von 6:1.

$$\frac{GK}{W} = \frac{180}{30} = \frac{6}{1}$$

Ein Aktionär, der Aktien im Nominalwert oder mit einem rechnerischen Anteil am Grundkapital von 600 EUR besitzt, kann eine Wandelschuldverschreibung im Nennwert von 100 EUR beziehen. Will er weitere Schuldverschreibungen kaufen, so muss er über entsprechend mehr Aktien verfügen oder an der Börse Bezugsrechte von solchen Aktionären hinzukaufen, die auf den Bezug der Wandelanleihe verzichten.

Stimmen die Stückelung der Aktien und der Wandelanleihe überein, so entspricht das nominelle Bezugsverhältnis dem **stückmäßigen Bezugsverhältnis.** Dies wird nach Einführung der Stückaktie nur noch der Ausnahmefall sein. Im Beispiel wären also 6 Aktien zu 100 EUR Nennwert für den Bezug einer Wandelschuldverschreibung zu 100 EUR Nennwert notwendig. Bei unterschiedlichen Nennbeträgen der Stücke muss zur Umrechnung des nominellen auf das stückmäßige Bezugsverhältnis durch die Nennbeträge der jeweiligen Stücke dividiert werden.

Beispiel: Der Nennbetrag oder der rechnerische Anteil am Grundkapital einer Aktie beträgt 5 EUR, der einer Wandelschuldverschreibung 100 EUR.

Grundkapital	:	Nennbetrag einer Aktie	=	Zahl der Aktien	=	stückmäßiges
Nennwert der Wandelanleihe	:	Nennbetrag einer Wandelschuldverschreibung		Zahl der Wandelschuldverschreibungen		Bezugsverhältnis

$$\frac{180.000.000 / 5}{30.000.000 / 100} = \frac{36.000.000}{300.000} = \frac{120}{1}$$

120 Aktien zu 5 EUR Nominalwert berechtigten also zum Bezug einer Wandelschuldverschreibung mit einem Nennwert zu 100 EUR. Wertmäßig hat sich gegenüber dem vorangegangenen Beispiel nichts verändert, da 120 Aktien zu 5 EUR einen Nennwert von 600 EUR verkörpern.

Wandlungsverhältnis und Wandlungspreis

Während das **Bezugsverhältnis** zum Ausdruck bringt, wie viel Aktien zum Bezug einer Wandelschuldverschreibung erforderlich sind, gibt das **Wandlungsverhältnis** an, wie viele Wandelschuldverschreibungen für eine Aktie aus der bedingten Kapitalerhöhung eingetauscht werden müssen. Ein Wandlungsverhältnis von 4:1 besagt, dass für vier Wandelobligationen eine Aktie bezogen werden kann. Auch hier ist zu unterscheiden, ob es sich um ein **nominelles** oder **stückmäßiges Verhältnis** handelt.

$$\text{Nominelles Wandlungsverhältnis} = \frac{\text{Nennwert der Wandelanleihe}}{\text{Bedingte Kapitalerhöhung}}$$

Bei einem nominellen Wandlungsverhältnis von 1:1 entspricht der Ausgabekurs der jungen Aktien ihrem Nennwert. Über den Ansatz des Wandlungsverhältnisses kann also der Ausgabekurs der jungen Aktien und damit der Umfang der Grundkapitalerhöhung und der Rücklagenzuführung im Fall der Überpari-Emission beeinflusst werden. Ein weiterer Einflussfaktor ist die mögliche Vereinbarung von **Zuzahlungen** beim Eintausch der Wandelobligationen.

Die **Umtauschfrist** erstreckt sich gewöhnlich über mehrere Jahre. Die Gesellschaft kann auf den Zeitpunkt der Umwandlung der Anleihe in Aktien einen gewissen Einfluss durch eine zeitliche Staffelung der Zuzahlungsbeträge ausüben. Folgende Gestaltungsformen sind denkbar:

Es erfolgt:

(1) **keine Zuzahlung**; dann wird der Ausgabekurs der jungen Aktien durch das Wandlungsverhältnis bestimmt

(2) **eine konstante Zuzahlung**; dann wird der Ausgabekurs der jungen Aktien durch das Wandlungsverhältnis und die Zuzahlung bestimmt

(3) **eine steigende Zuzahlung**; dann steigt der Ausgabekurs der Aktien mit der Laufzeit der Wandelanleihe

(4) **eine sinkende Zuzahlung**; dann sinkt der Ausgabekurs der jungen Aktien mit der Laufzeit der Wandelanleihe

(5) **eine dividendenabhängige Zuzahlung**; dann liegt der Ausgabekurs der jungen Aktien im Voraus nicht fest. Durch die Art der Koppelung an die Dividende und den Einbau von Mindestbeträgen kann ein steigender oder fallender Zuzahlungsverlauf erreicht werden

(6) **eine Rückzahlung**; dann erhält der Obligationär beim Umtausch zuzüglich zur Aktie eine Barausschüttung. Das Wandlungsverhältnis muss so bemessen sein, dass eine Unterpari-Emission nicht möglich ist.

Will die Gesellschaft den Wandlungstermin möglichst lange hinauszögern, so wird sie die Zuzahlung anfangs hoch und später immer niedriger festsetzen. Die Finanzierung über Wandelschuldverschreibungen statt über Aktien bietet während der Laufzeit der Anleihe den Vorteil, dass die Fremdkapitalzinsen als Betriebsausgabe den steuerpflichtigen Gewinn und folglich die Körperschaftsteuer mindern, während Dividenden aus dem versteuerten Gewinn zu zahlen sind. Wünscht die Gesellschaft nach einer Sperrfrist, in der nicht umgetauscht werden kann, einen schnellen Umtausch, so wird die Zuzahlung anfangs niedrig und später immer höher festgesetzt.

Die **Kursnotierung** von Wandelanleihen weist gegenüber Industrieobligationen die Besonderheit auf, dass sie einerseits nicht unter die Notierung von in der Rendite vergleichbaren Anleihen fällt **(erste Kursuntergrenze)**, andererseits aber weitgehend mit dem Kurs der Aktie, in die sie getauscht werden kann, über die Umtauschbedingungen verbunden ist. Dadurch ergibt sich eine **zweite Kursuntergrenze**.

Beispiel:

- Nominalwert der Wandelanleihe: 100 Mio. EUR
- Stückelung: 100.000 Stück zu nominal 1.000 EUR
- Umtausch in 10 Mio. B-Aktien mit einem rechnerischen Betrag am Grundkapital von 5 EUR
- Nominelles Wandlungsverhältnis: 2:1
- Stückmäßiges Wandlungsverhältnis: 1:100
- Zuzahlung: 250 EUR je Wandelteilschuldverschreibung bzw. 2,50 EUR je gewandelter Aktie

Ein Anleger, der B-Aktien kaufen möchte, hat zwei Möglichkeiten, sein Vorhaben zu realisieren:

(1) Er kauft B-Aktien an der Börse. Beträgt der Kurs 14,00 EUR, so muss er für 100 Aktien 1.400 EUR bezahlen.

(2) Er kann aber zunächst auch Wandelschuldverschreibungen erwerben und diese in B-Aktien umtauschen.

Um 100 Aktien zu erhalten, ist der Kauf von nominal 1.000 EUR Wandelanleihe notwendig:

Würde der Anleger die eingetauschten Aktien sofort verkaufen, hätte er pro Stück einen Gewinn von 1,50 EUR erzielt (vgl. Abb. 89).

Kurswert der Wandelanleihe	1.000,00
Zuzahlung bei Wandlung	250,00
Mitteleinsatz für 100 Aktien bei Erwerb über Wandelanleihe	1.250,00
Kurswert der Aktien	1.400,00
Vorteil	150,00
Vorteil je Aktie	1,50

Abb. 89: Beispiel einer Wandelanleihe

Aus dem Beispiel ergibt sich, dass der Kurs der Wandelanleihe mindestens den Wert annehmen wird, für den gilt:

Kurswert der einzutauschenden Wandelschuldverschreibung	+	Zuzahlung	=	Kurswert der Bezugsaktien

oder:

$$K_W = \frac{a \cdot K_A - Z}{w}$$

Es bedeuten:

K_w = Kurs der Wandelanleihe
K_A = Kurs der Aktie
a = Anzahl der Aktien
w = Anzahl der Wandelschuldverschreibungen
Z = Zuzahlung

Der tatsächliche Börsenkurs wird im Allgemeinen über der zweiten Kursuntergrenze liegen, weil Kurssteigerungen der zugehörigen Aktien gegenüber Industrieobligationen für den Gläubiger einer Wandelschuldverschreibung zusätzliche Gewinne ermöglichen. Bei Aktienkurssenkungen hingegen wird der Kurs der Wandelanleihe nicht unter den Kurs von im Zins vergleichbaren Industrieobligationen fallen.[409]

8.3.8.3 Sicherung der Rechte von Wandelobligationären bei Kapitalerhöhungen (Verwässerungsschutzklauseln)

Kapitalerhöhung aus Gesellschaftsmitteln

Anleger, die Wandelobligationen kaufen, erwarten von dieser Anlageentscheidung eine günstige Bezugsmöglichkeit der entsprechenden Aktien, d.h. sie hoffen, dass im Zeitpunkt des Umtauschs der Kurswert der Aktie höher ist als ihre Anschaffungskosten für die Wandelschuldverschreibungen zuzüglich einer Zuzahlung. Das Umtauschrecht hat für die Anleger also einen **eigenen Wert.** Die Erwartungen der Anleger können jedoch auch enttäuscht werden, wenn ein starker Kursverfall eintritt und dadurch der Wert des Umtauschrechts gemindert wird. Die Kurse von Aktien werden jedoch nicht nur durch Angebot und Nachfrage an der Börse, sondern auch durch Finanzierungsmaßnahmen bestimmt, die die Gesellschaft durchführt. Eine Kapitalerhöhung zu einem Ausgabekurs der jungen Aktien, der unter dem Börsenkurs liegt, führt ebenso zu einer Kurssenkung wie eine Kapitalerhöhung aus Gesellschaftsmitteln.

Der Wert des Umtauschrechts vermindert sich also im Zuge dieser Maßnahmen, es sei denn, es erfolgt eine **Anpassung der Wandlungsbedingungen** an die neue Situation.[410]

Wird während der Laufzeit der Wandelanleihe eine **Kapitalerhöhung aus Gesellschaftsmitteln** durchgeführt, so erhöht sich die Anzahl der Aktien, der Kurs sinkt, aber das Produkt aus Nominalwert und Kurs bleibt (theoretisch, wenn man von Einflüssen der Börse absieht) unverändert. Die Vermögenslage der Aktionäre ändert sich also nicht. Anders ist die Lage der Wandelobligationäre.

Beispiel: Grundkapital 120 Mio. EUR, eingeteilt in 24 Mio. Aktien mit einem rechnerischen Anteil am Grundkapital von 5 EUR/Stück, Rücklagen 240 Mio. EUR, bilan-

---

[409] Vgl. *Süchting, J.*, Finanzmanagement, Theorie und Politik der Unternehmensfinanzierung, 6. Aufl., Wiesbaden 1995, S. 134.

[410] Zu Bestimmungen zur Sicherung des wirtschaftlichen Werts von Umtauschrechten vgl. *Welcker, J.*, Wandelobligationen, ZfbF 1968, S. 798 ff., insbes. S. 818 ff.

ziertes Eigenkapital also 360 Mill EUR. Folglich beträgt der Bilanzkurs einer Aktie vor der Kapitalerhöhung aus Gesellschaftsmitteln 300 %; dies sind 15 EUR/Stück.

$$\text{Bilanzkurs} = \frac{\text{Bilanziertes Eigenkapital}}{\text{Grundkapital}} \cdot 100$$

$$\text{Bilanzkurs} = \frac{\text{360 Mio. EUR}}{\text{120 Mio. EUR}} \cdot 100 = 300\,\%$$

Wird nun eine Kapitalerhöhung aus Gesellschaftsmitteln in Höhe von 40 Mio. EUR durchgeführt, so sinkt der Bilanzkurs auf 225 % oder 11,25 EUR/Stück:

$$\text{Bilanzkurs} = \frac{\text{360 Mio. EUR}}{\text{120 Mio. EUR} + \text{40 Mio. EUR}} \cdot 100 = 225\,\%$$

Sehen die Bedingungen der Wandelanleihe ein nominelles Wandlungsverhältnis von 2 : 1 bzw. ein stückemäßiges Wandlungsverhältnis von 1 : 100 vor, so beträgt der durch das Umtauschrecht bedingte Vorteil für einen Obligationär, der nominal 1.000 EUR Wandelanleihe zum Nennwert bezogen hat:

In EUR	Vor Kapitalerhöhung	Nach Kapitalerhöhung
Kurswert 100 Aktien	1.500	1.125
– Nennwert der Wandelschuldverschreibung	1.000	1.000
Vorteil aus Wandlungsrecht je 1.000 EUR Nennwert der Wandelanleihe	500	125

Bei unveränderten Wandlungsbedingungen nimmt infolge der Kapitalerhöhung aus Gesellschaftsmitteln also der Vorteil aus dem Umtauschrecht für den Gläubiger der Wandelanleihe ab. Der Vorteil bleibt dann unverändert, wenn im Rahmen einer derartigen Kapitalerhöhung die Zahl der Bezugsaktien im gleichen Verhältnis erhöht wird wie das bisherige Grundkapital.

Im vorangegangenen Beispiel wurde das Grundkapital von 120 Mio. EUR um 40 Mio. EUR auf 160 Mio. EUR, also im Verhältnis 3 : 1 erhöht. Erfolgt eine entsprechende Erhöhung des bedingten Kapitals, d.h. wird auch das bedingte Kapital um ein Drittel erhöht, so verändert sich das Wandlungsverhältnis, da der Gesamtnennwert der Wandelanleihe unverändert bleibt. Der bisherige Vorteil aus dem Wandlungsrecht bleibt dann erhalten.

$$\begin{matrix}\text{Wandlungsverhältnis}\\ \text{nach Kapitalerhöhung}\end{matrix} = \frac{\text{Nennwert der Wandelanleihe}}{\text{Bedingtes Kapital + Erhöhung}}$$

$$\begin{matrix}\text{Wandlungsverhältnis}\\ \text{nach Kapitalerhöhung}\end{matrix} \quad \frac{2}{1 + 1/3} = \frac{3}{2}$$

Ein Obligationär kann nun 3 Wandelschuldverschreibungen zum Nennwert von je 1.000 EUR in 400 Aktien mit einem rechnerischen Anteil am Grundkapital von insgesamt 2.000 EUR eintauschen. Der bisherige Vorteil aus dem Wandlungsrecht von 500 EUR je 1.000 EUR Nennwert der Anleihe bleibt – wie die folgende Rechnung in Abb. 90 zeigt – erhalten.

In EUR	**Vor Kapitalerhöhung**	**Nach Kapitalerhöhung**
Kurswert der Bezugsaktien	1.500	4.500
– Nennwert Wandelschuldverschreibung	1.000	3.000
Differenz	500	1.500
Vorteil aus Wandlungsrecht je 1.000 EUR Nennwert der Wandelanleihe	500	500

Abb. 90: Kapitalerhöhung aus Gesellschaftsmitteln während der Laufzeit der Wandelanleihe

Die Beispiele zeigen, dass die Obligationäre durch eine Kapitalerhöhung aus Gesellschaftsmitteln vermögensmäßige Nachteile erleiden können, wenn das bedingte Kapital nicht im gleichen Verhältnis wie das Grundkapital erhöht wird. Deshalb schreibt §218 AktG vor, dass sich das bedingte Kapital „im gleichen Verhältnis wie das Grundkapital" erhöht.

Vermögensmäßige Nachteile für die Obligationäre können aber dann eintreten, wenn eine Zuzahlung beim Umtausch vorgesehen ist. Wird nur das Wandlungsverhältnis verändert, nicht aber auch die Zuzahlung entsprechend dem Kapitalerhöhungsverhältnis reduziert, so bleibt ein leichter Nachteil erhalten. Unterstellt man im Beispiel eine Zuzahlung von 1,80 EUR je Aktie, so ergibt sich (vgl. Abb. 91):

	In Euro	**Vor Kapitalerhöhung**	**Nach Kapitalerhöhung**	
			Ursprüngliche Zuzahlung	**Reduzierte Zuzahlung**
1	Bezugsaktien (Stück)	100	400	400
2	Rechnerischer Anteil am Grundkapital (insgesamt)	500,00	2.000,00	2.000,00
3	Kurswert der Bezugsaktien	1.500,00	4.500,00	4.500,00
4	Nennwert der Wandelschuldverschreibung	1.000,00	3.000,00	3.000,00
5	Zuzahlung je Aktie	1,80	1,80	1,35
6	Zuzahlung insgesamt	180,00	720,00	540,00
7	Differenz (3 – 4 – 6)	320,00	780,00	960,00
8	Vorteil aus Wandlungsrecht je 1.000 Euro Nennwert der Wandelanleihe	320,00	260,00	320,00

Abb. 91: Vermögensmäßiger Nachteil durch Zuzahlung beim Umtausch

Wenn die Höhe der Zuzahlung je Aktie beibehalten wird, steigt der Gesamtausgabebetrag der jungen Aktien, weil durch die Kapitalerhöhung aus Gesellschaftsmitteln auch die Zahl der Bezugsaktien im gleichen Verhältnis zunimmt. Soll der Gesamtzuzahlungsbetrag konstant bleiben, so muss bei höherer Zahl der Bezugsaktien die Zuzahlung je Aktie abnehmen. Der verminderte Zuzahlungsbetrag ergibt sich durch folgende Rechnung:

$$a \cdot Z = (a + n) \cdot \hat{Z}$$

$$a \cdot \hat{Z} = \frac{a}{a + n} \cdot Z$$

a = Zahl der ursprünglichen Bezugsaktien
n = Zahl der zusätzlichen Bezugsaktien
Z = ursprüngliche Zuzahlung
$\hat{Z}$ = reduzierte Zuzahlung

Setzt man die Zahlen des Beispiels ein, so ergibt sich:

$$a \cdot \hat{Z} = \frac{3}{3 + 1} \cdot 1{,}80$$

$$a \cdot \hat{Z} = 1{,}35 \text{ EUR}$$

Während die Anleihebedingungen von Wandelschuldverschreibungen bei Kapitalerhöhungen aus Gesellschaftsmitteln eine Verbesserung des Wandlungsverhältnisses aufgrund der Vorschrift des § 218 AktG vorsehen müssen, wird das gesetzlich nicht geregelte Problem der erforderlichen Zuzahlungsverringerung in der Praxis vernachlässigt.[411]

Kapitalerhöhung gegen Einlagen

Wird während der Laufzeit der Wandelanleihe eine Kapitalerhöhung gegen Einlagen (ordentliche Kapitalerhöhung)[412] durchgeführt, so sind **zwei Fälle** zu unterscheiden. Eine Kapitalerhöhung zum Börsenkurs berührt den Wert des Wandlungsrechts nicht, da der Börsenkurs infolge dieser Maßnahme in der Regel nicht sinken wird. Liegt der Ausgabekurs der jungen Aktien jedoch zwischen dem Nennwert und dem Börsenkurs, so sinkt der Kurs der Aktien nach Durchführung der Kapitalerhöhung. Die Differenz zwischen dem alten und dem neuen Kurs entspricht (theoretisch, wenn man von Sonderbewegungen an der Börse absieht) dem Bezugsrecht für die jungen Aktien.

Die **erste Möglichkeit**, die Position des Gläubigers der Wandelanleihe nicht zu verschlechtern, besteht darin, ihm ein **Bezugsrecht einzuräumen**, das dem Bezugsrecht der Aktionäre entspricht. Die Einräumung dieses Rechts kann aber gem. § 187 Abs. 2 AktG erst mit der Beschlussfassung über die Kapitalerhöhung erfolgen, da Zusicherungen von Rechten auf den Bezug neuer Aktien vor dem Beschluss der Gesellschaft gegenüber unwirksam sind. Aus diesem Grund sehen die Anleihebedingungen andere **Verwässerungsschutzklauseln** vor.

[411] Vgl. z.B. § 3 Abs. 6 der Anleihebedingungen der 61/2%-igen Wandelanleihe von 1969 der AEG-Telefunken, Bundesanzeiger vom 8. Juli 1969, Nr. 121, S. 11; § 7 Abs. 2 der Anleihebedingungen der 6%-igen Inhaber-Wandelschuldverschreibungen von 1969 der Didier-Werke AG, Bundesanzeiger vom 19. August 1969, Nr. 151, S. 8.

[412] Vgl. §§ 182 ff. AktG, sowie S. 84 ff.

Den in der Praxis angewendeten Klauseln ist gemeinsam, dass sie im Fall der Kapitalerhöhung gegen Einlagen zu einer Verminderung des Wandlungspreises der Bezugsaktien führen. Im Allgemeinen wird der Wandlungspreis durch eine Kürzung der Zuzahlung in Höhe des Bezugsrechts herabgesetzt. Bezeichnet man den ursprünglichen Wandlungspreis mit pA; den ermäßigten Wandlungspreis mit pE und das Bezugsrecht mit BR, so gilt:

$$p_E = p_A - BR$$

Der Wert des Bezugsrechts wird entweder rechnerisch festgestellt oder aufgrund der Börsennotierung ermittelt.

Soll der rechnerische Wert des Bezugsrechts zur Kürzung des Wandlungspreises verwendet werden, so ist der Ausdruck für das Bezugsrecht (BR) in der vor-

$$p_E = p_A - (K_a - K_n)$$

angegangenen Formel durch die Differenz zwischen dem alten (K_a) und dem neuen (rechnerischen) Kurs der Aktie (K_n) zu ersetzen.

Eine **dritte Möglichkeit,** die Gläubiger der Wandelanleihe vor einer Verwässerung ihrer Rechte zu schützen, besteht in der **Veränderung des Umtauschverhältnisses,** das neben der Zuzahlung die Hauptkomponente des Wandlungspreises darstellt.

Werden während der Laufzeit der Wandelanleihe weitere Wandelanleihen begeben und folglich das bedingte Kapital erhöht, so treten für die Gläubiger der bisherigen Anleihe die gleichen Probleme auf, wie bei einer ordentlichen Kapitalerhöhung. Daher erfassen die Verwässerungsschutzklauseln auch diesen Fall.

8.3.8.4 Neuere Entwicklungen am Markt für Wandelschuldverschreibungen

Das Vordringen derivativer Finanzierungselemente (im Wesentlichen Optionen und Futures) und verändertes Anlegerverhalten sind nicht ohne Folgen für die Bestimmungsmerkmale der Wandelschuldverschreibungen geblieben. Ist bei den traditionellen Formen der Wandelschuldverschreibung das Verlustpotenzial der Anleger durch die (erste) Kursuntergrenze begrenzt, die durch den Kurs von im Zins und Risiko vergleichbaren Industrieobligationen bestimmt wird, lässt sich durch andere Vereinbarungen über die Wandlung eine andere Risiko- bzw. Chancenverteilung erreichen. Dies kommt dann zum Tragen, wenn statt des Wandlungsrechts am Ende der Laufzeit eine **Wandlungspflicht** vereinbart wird. In diesem Fall spricht man von einem **„Mandatory Convertible"**. Das sich hierdurch verändernde Risikoprofil wird bestimmt von den Verzinsungs- und Wandlungskonditionen.

Beispiel:

Emittentin der Anleihe	Bayer Capital Corporation B. V., Mijdrecht/Niederlande ISIN: DE000A0GQN60
Art der Anleihe	Nachrangige Wandelschuldverschreibungen mit Pflichtwandlung unter nachrangiger Garantie der Bayer AG, Leverkusen

Währung	EUR
Aktuelles Volumen	2.300.000.000
Ausgabejahr	2006
Fälligkeit	2006-09-01
Verzinsung	6,625 % p.a. ab 6. April 2006, jährlich Die Zinsen sind vorbehaltlich der Ausübung des Zinsaufschubsrechts (wie nachfolgend definiert) jährlich nachträglich am 1. Juni eines jeden Jahres (jeweils ein „Zinszahlungstag"), erstmals am 1. Juni 2006 (kurze erste Zinsperiode), zahlbar. Die Emittentin ist berechtigt (das „Zinsaufschubrecht"), die an den auf den 1. Juni 2006, 1. Juni 2007 und 1. Juni 2008 fallenden Zinszahlungstagen fällige Zinszahlung (jeweils eine „Ausgesetzte Zinszahlung") zu verschieben.
Wandlungsoptionen	– Pflichtwandlung am Endfälligkeitstag – Vorzeitige Wandlung nach Wahl der Emittentin – Vorgezogenes Pflichtwandlungsereignis – Wahlweise Wandlung nach Wahl des Gläubigers – Wahlweise Wandlung des Gläubigers im Fall eines Übernahmeangebots
Pflichtwandlung	Soweit eine Schuldverschreibung nicht vorzeitig gewandelt oder zurückgekauft und entwertet worden ist, wird jede am 1. Juni 2009 (Abschließender Wandlungstag") ausstehende Schuldverschreibung zwingend am Abschließenden Wandlungstag in eine dem Pflichtwandlungsverhältnis am Endfälligkeitstag entsprechende Zahl von Aktien gewandelt. – Das Pflichtwandelverhältnis entspricht dem Durchschnitt der Wandlungsverhältnisse, ermittelt auf Basis der Schlusskurse der Aktien der Garantin an jedem der 20 aufeinanderfolgenden Handelstage, endend am dritten Handelstag vor dem Abschließenden Wandlungstag

Im Gegensatz zu einer traditionellen Wandelanleihe weist diese Emission insbesondere folgende Besonderheiten auf:

(1) Verzinsung über der marktüblichen Rendite anderer Papiere der Emittentin,

(2) Pflichtwandlung am Ende der Laufzeit in Aktien der Emittentin,

(3) variables Wandlungsverhältnis bei Pflichtwandlung in Abhängigkeit vom zum Zeitpunkt der Wandlung gegebenen Aktienkurs.

Wandelschuldverschreibungen zur Wandlung in Aktien des emittierenden Unternehmens werden im angelsächsischen Raum als **„Convertibles"** bezeichnet. Daneben gibt es noch eine weitere Form von Wandelanleihen, die zur Unternehmensfinanzierung eingesetzt werden kann. An Stelle der Aktien der Emittentin treten Aktien einer anderen Gesellschaft, in die entsprechend den Anleihebedingungen gewandelt werden kann. Hierbei handelt es sich um **„Exchangeables"**.

Anwendungsfälle sind beispielsweise die geplante Reduktion der Beteiligung an einer börsennotierten Tochtergesellschaft oder der Abbau einer Vermögensanlage in Aktien, die mit einer Finanzierungsmaßnahme gekoppelt werden. Der erste Fall liegt z.B. der EUR 280 Mio. Wandelanleihe 2001/2004 der Franz Haniel & Cie. GmbH zugrunde, die in Aktien der Gehe AG getauscht werden kann. Den zweiten Fall beschreibt eine Wandelanleihe von Sal. Oppenheim auf Aktien der Deutschen Bank AG.[413]

Ausstattung im Überblick	
Emittentin/Lead Manager:	Sal. Oppenheim jr. & Cie. KGaA, Köln
Typ:	Inhaberschuldverschreibung mit Wandlungsrecht in Aktien (Ausgabe 1.729)
Beginn Laufzeit/Valuta:	28. Apr. 04
Verzinsung:	0,75 % p.a., zahlbar nachträglich jeweils am 28. April eines jeden Jahres während der Laufzeit, erstmals am 28. April 2005, letztmals am 28. April 2009 (nach genauer Maßgabe der Anleihebedingungen). Der Zinslauf endet am 27. April 2009. Zinsberechnung: engl.; Tage genau; 1 Jahr = 365 bzw. 366 Tage.
Rückzahlung:	100 % vorbehaltlich einer vorzeitigen Wandlung oder Kündigung
Basiswert:	Deutsche Bank AG (ISIN Code DE 000 514 000 8)
Wandlungsrechte:	Die Emittentin gewährt dem Inhaber einer Umtauschanleihe das Recht, diese ab dem 03. Mai 2004 bis einschließlich 21. April 2009 pro EUR 10.000,– Nominalbetrag zu dem festgelegten Wandlungspreis, im Ganzen und nicht in Teilen, in 102,9336 Aktien der Deutsche Bank AG zu wandeln. Bruchteile von Aktien werden dem Inhaber nach Maßgabe der Anleihebedingungen in bar vergütet.
Wandlungspreis:	EUR 97,15 (entspricht einer Wandlungsprämie von 36,50 %
Anzahl Aktien bei Wandlung:	102,9336 Aktien des Basiswerts
Vorzeitiges Kündigungsrecht:	Die Emittentin ist berechtigt, die Umtauschanleihe ab dem 23. April 2007 bis einschließlich 21. April 2009 zu kündigen, sofern der Schlusskurs des Basiswerts im maßgeblichen Handelssystem über der Kündigungspreisschwelle festgestellt wird.

[413] Quelle: Sal. Oppenheim jr. & Cie. KGaA.

Kündigungspreisschwelle:	EUR 116,58 (Schwelle von 20 % über dem Wandlungspreis)
Emissionsvolumen:	EUR 100.000.000,–
Stückelung:	EUR 10.000,–
Verkaufsbeginn:	22. April 04
Anfänglicher Verkaufskurs:	99,9 % (freibleibend)
Börseneinführung:	26. April 2004 bis 20. April 2009 (letzter Börsenhandelstag)
Börsennotierung:	Freiverkehr Düsseldorf, Frankfurt und Stuttgart
WKN/ISIN Code / Valor:	SAL 0XD/DE 000 SAL 0XD 9/184 489 3

Gemeinsam ist den „Exchangeable-Bonds", dass sich die Emittenten für den Fall der Wandlung einen Aktien-Verkaufspreis sichern, der über dem Preis bei Auflegung der Anleihe liegt. Das Finanzierungsinstrument bietet sich für den Fall gesunkener Zinsen und erwarteten Aktienkurssteigerungen an.

8.3.8.5 Zusammenfassende Übersicht

AUSSTATTUNGSMERKMALE VON WANDELSCHULDVERSCHREIBUNGEN	
Charakter	Teilschuldverschreibung (Forderungspapiere) mit Recht auf Umtausch von Aktien (Anteilspapiere), daneben auch Pflichtwandlung am Ende der Laufzeit möglich
Stückelung	100 EUR, 500 EUR, 1.000 EUR, 10.000 EUR
Verzinsung	Feste Verzinsung, die i.d.R. etwas unter dem Kapitalmarktzins liegt
Bezugsrecht und Bezugsverhältnis	Die Aktionäre haben ein Bezugsrecht und können entweder entsprechend ihrem Beteiligungsverhältnis Wandelschuldverschreibungen beziehen oder ihr Bezugsrecht verkaufen
Wandlungsverhältnis	Verhältnis zwischen dem Nennwert der Anleihe und dem Nennwert des bedingten Kapitals
Wandlungspreis	Nennwert der eingetauschten Wandelschuldverschreibung je Aktie, ggf. erhöht um Zuzahlungen oder vermindert um Rückzahlungen
Zuzahlungen/ Rückzahlungen	Einflussfaktor des Wandlungspreises und je nach Gestaltungsform auch des Wandlungstermins
Verwässerungsschutzklauseln	Sicherung der Rechte von Wandelobligationären bei Kapitalerhöhungen und bei der Begebung weiterer Wandelanleihen durch Änderung a) des Wandlungsverhältnisses b) der Zuzahlungen

Abb. 92: Ausstattungsmerkmale von Wandelschuldverschreibungen

8.3.9 Optionsschuldverschreibungen

Zwischen Optionsschuldverschreibungen und Wandelanleihen besteht eine Verwandtschaft. Beide Finanzierungsinstrumente sind festverzinsliche Forderungspapiere, die mit dem Sonderrecht auf Aktienbezug ausgestattet sind. Im Gegensatz zu den Wandelschuldverschreibungen werden Optionsanleihen beim Aktienbezug aber nicht in Zahlung gegeben, sondern das Anteilspapier (Aktie) tritt **neben** das Forderungspapier (Teilschuldverschreibung). Die Aktien können also zusätzlich zur Obligation zu einem in den Anleihebedingungen im Voraus festgesetzten Kurs erworben werden. Während bei den Wandelschuldverschreibungen Fremdkapital in Eigenkapital umgewandelt wird und aus den Gläubigern Anteilseigner werden, tritt bei den Optionsanleihen zum vorhandenen Fremdkapital weiteres Eigenkapital hinzu. Die Inhaber der Optionsanleihen sind nach Ausübung ihres Bezugsrechts Gläubiger und Anteilseigner zugleich.

Beispiel: Legt eine Gesellschaft eine Wandelanleihe in Höhe von 400 Mio. EUR auf, die im nominellen Verhältnis 2:1 umgetauscht werden kann, so verändert sich – wenn alle Obligationäre vom Umtauschrecht Gebrauch machen – die Kapitalstruktur wie folgt (vgl. Abb. 93):

A		Bilanz der X-AG zum Zeitpunkt t_0 in Mill. EUR	P
Versch. Aktiva	2.000	Gezeichnetes Kapital	1.000
		Kapitalrücklage	50
		Gewinnrücklagen	50
		Wandelschuldverschreibungen	400
		Sonstige Passiva	500
	2.000		2.000

A		Bilanz der X-AG zum Zeitpunkt t_n in Mill. EUR	P
Versch. Aktiva	2.000	Gezeichnetes Kapital	1.200
		Kapitalrücklage	250
		Gewinnrücklagen	50
		Sonstige Passiva	500
	2.000		2.000

Abb. 93: Funktionsweise einer Wandelanleihe ohne Optionskomponente

Wird statt dessen eine Optionsanleihe in Höhe von 400 Mio. EUR mit einem Optionsverhältnis von nominal 2:1 und einem Optionspreis von 10 EUR je Aktie mit einem rechnerischen Anteil am Grundkapital von 5 EUR begeben, ergibt sich – ebenfalls unter der Voraussetzung, dass alle Obligationäre ihr Optionsrecht ausüben – folgende Kapitalstruktur (vgl. Abb. 94):

A	Bilanz der X-AG zum Zeitpunkt t_0 in Mill. EUR		P
Versch. Aktiva	2.000	Gezeichnetes Kapital	1.000
		Kapitalrücklage	50
		Gewinnrücklagen	50
		Optionsanleihe	400
		Sonstige Passiva	500
	2.000		2.000

A	Bilanz der X-AG zum Zeitpunkt t_n in Mill. EUR		P
Versch. Aktiva	2.000	Gezeichnetes Kapital	1.200
Bank	400	Kapitalrücklage	250
		Gewinnrücklagen	50
		Anleihe	400
		Sonstige Passiva	500
	2.400		2.400

Abb. 94: Funktionsweise einer Wandelanleihe mit Optionskomponente

Das Aktiengesetz bezieht die Optionsanleihen in den Begriff der Wandelschuldverschreibungen ein, denn es bezeichnet als Wandelschuldverschreibung „Schuldverschreibungen, bei denen dem Gläubiger ein Umtausch- oder Bezugsrecht auf Aktien eingeräumt wird."[414] Folglich sind bei der Begebung von Optionsschuldverschreibungen dieselben aktienrechtlichen Vorschriften wie bei der Emission von Wandelschuldverschreibungen zu beachten.

Für den ausgebenden Betrieb ist die Optionsanleihe ein reizvolles Finanzierungsinstrument. Der Anleihezins kann deutlich unter der marktüblichen Verzinsung für normale Anleihen liegen. Bereits zum Ausgabezeitpunkt werden über die Ausgestaltung der Optionsrechte die Bedingungen für die Kapitalerhöhung festgelegt, die sich oftmals am Börsenkurs zum Zeitpunkt der Anleiheemission orientieren.

Bereits zum Zeitpunkt der Beschlussfassung über die Möglichkeit, eine Optionsanleihe zu begeben (Schaffung des erforderlichen bedingten Kapitals), werden i.d.R. über die Ausgestaltung der Optionsrechte die Bedingungen für die Kapitalerhöhung festgelegt. Diese orientieren sich oftmals am Börsenkurs zum Zeitpunkt der Anleiheemission. So kann beispielsweise der Beschluss der Hauptversammlung die Maßgabe enthalten, dass der Optionspreis höchstens dem Durchschnittswert der Aktienkurse für einen bestimmten Referenzzeitraum, mindestens aber 80 % dieses Durchschnittswerts zu entsprechen hat.

Ferner ist es möglich, bei Begebung der Optionsanleihe einen Optionspreis festzulegen (ursprünglicher Optionspreis), der ab einem bestimmten Stichtag in Abhängigkeit von der Kursentwicklung innerhalb eines Referenzzeitraums ermäßigt wird

414 § 221 Abs. 1 AktG.

(ermäßigter Optionspreis). Solche Gestaltungen kommen vor, wenn die Laufzeit des Optionsrechts länger ist als die der Anleihe.[415]

Die Wahl des Börsenkurses zum Zeitpunkt der Anleihebegebung kommt vor allem dann in Betracht, wenn das gesetzliche Bezugsrecht ausgeschlossen werden soll. Hiervon wird Gebrauch gemacht, wenn zum Beispiel aus steuerlichen Gründen Emittentin der Anleihe eine ausländische Finanzierungstochter sein soll und die inländische Muttergesellschaft die Aktien aus einem bedingten Kapital zur Verfügung stellt.

Wie im Fall der Wandelanleihe müssen auch die Optionsbedingungen von Optionsanleihen Vorkehrungen für Kapitalveränderungen treffen, damit die Inhaber der Optionen vor Verwässerungen geschützt sind. In der Regel erfolgt dies über die Anpassung, d.h. Ermäßigung des Optionspreises. Wird eine Barkapitalerhöhung zu einem Bezugspreis durchgeführt, der unter dem festgesetzten Optionspreis liegt, kann den Inhabern der Optionsscheine auch ein Bezugsrecht an Stelle der Optionspreisermäßigung eingeräumt werden.

Beispiel: Die Optionsbedingungen für die Optionsscheine aus den 6% Optionsschuldverschreibungen von 2001/2006 der Pongs & Zahn AG sehen eine Ermäßigung des Optionspreises vor, wenn die Gesellschaft während der Ausübungsfrist für die Optionsscheine

(1) ihr Kapital im Wege einer Bezugsrechtskapitalerhöhung durch die Ausgabe neuer Aktien erhöht, deren Bezugspreis unter dem festgesetzten oder gegebenenfalls schon ermäßigten Optionspreis liegt,

(2) ihr Kapital durch eine Kapitalerhöhung aus Gesellschaftsmitteln erhöht,

(3) Options- oder Wandelschuldverschreibungen begibt und der niedrigste jeweils festgesetzte Wandlungs- oder Optionspreis je Aktie unter dem Optionspreis liegt.

Der Optionspreis wird nicht ermäßigt, wenn den Inhabern der Optionsscheine ein Bezugsrecht eingeräumt wird, das dem Bezugsrecht der Aktionäre entspricht.

Der ermäßigte Optionspreis wird wie folgt berechnet:

$$P = \frac{(W \cdot K) + (k \cdot w)}{K + k}$$

Legende:

P = ermäßigter Optionspreis
W = jeweiliger Optionspreis vor der Kapitalerhöhung oder der Schaffung neuen bedingten Kapitals.
K = Nennbetrag des Grundkapitals, der am Tag vor der Beschlussfassung über eine Kapitalerhöhung oder über eine bedingte Kapitalerhöhung als Grundkapital im Handelsregister eingetragen ist.
k = Nennbetrag der Kapitalerhöhung oder des neuen bedingten Kapitals.
w = Bezugspreis für aus der Kapitalerhöhung hervorgehende Aktien oder jeweils niedrigster Wandlungs-/Optionspreis je Aktie, die aufgrund eines neuen bedingten Kapitals bezogen werden kann.

[415] Vgl. z.B. Optionsbedingungen der Optionsanleihe 2000/2005 der STADA Arzneimittel AG.

Wird bei einer Kapitalerhöhung aus Gesellschaftsmitteln der Optionspreis nicht ermäßigt, erhöht sich das bedingte Kapital im gleichen Verhältnis wie das Grundkapital.[416] Damit werden die Inhaber der Optionsscheine so gestellt, als hätten sie ihr Optionsrecht zum Zeitpunkt der Kapitalerhöhung aus Gesellschaftsmitteln bereits ausgeübt.

Bei einer Kapitalherabsetzung bleiben der Optionspreis und das Bezugsverhältnis unverändert, wenn die Kapitalherabsetzung durch Herabsetzung des Nennbetrags oder des rechnerischen Anteils der Aktie am Grundkapital erfolgt. Wird die Kapitalherabsetzung im Wege der Zusammenlegung der Aktien vorgenommen, ermäßigt sich das Bezugsverhältnis im Verhältnis der Kapitalherabsetzung. Der Optionspreis bleibt in diesem Fall unverändert.

Von Vorteil für die Anleger ist, dass im Gegensatz zur Wandelanleihe das Sonderrecht auf Aktienbezug nach Ablauf einer Sperrfrist, in der die Ausübung des Rechts nicht möglich ist, von der Obligation getrennt und veräußert werden kann. Die Optionsschuldverschreibung umfasst deshalb zwei Papiere: die Schuldverschreibung und den **Optionsschein („Warrant")**. An den Börsen werden daher **drei Notierungen** für Optionsschuldverschreibungen vorgenommen:

(1) Anleihe mit Optionsschein (cum),

(2) Anleihe ohne Optionsschein (ex),

(3) Optionsschein.

Nach der Trennung werden die Optionsscheine üblicherweise in der Form gehandelt, dass sich das damit verbundene Optionsrecht auf genau eine Aktie bezieht. Bei Begebung der Optionsanleihe entspricht der Wert des Optionsrechts der kapitalisierten Minderverzinsung der Anleihe.

Beispiel: Ein Unternehmen mit einem Grundkapital von 1 Mrd. EUR, eingeteilt in 200 Mio. Aktien, begibt eine 3,25 % Optionsanleihe von 200 Mio. EUR mit einer Laufzeit von 10 Jahren. Den Aktionären wird ein Bezugsrecht eingeräumt. Das Bezugsverhältnis (Nennbetragsverhältnis) beträgt 5:1. Jeder Optionsschuldverschreibung über 1.000 EUR Nennwert sind Optionsscheine mit Berechtigung zum Bezug von 50 Aktien beigefügt. Dies entspricht einem Optionsverhältnis von 4:1, d.h., die Begebung der Anleihe setzt ein bedingtes Kapital von 50 Mio. EUR voraus. Als Optionspreis je Aktie (rechnerischer Anteil am Grundkapital 5 EUR) werden 22,50 EUR festgesetzt. Zum Zeitpunkt der Beschlussfassung wird die Aktie mit 25 EUR an der Börse notiert. Der Marktzinssatz für Industrie-Anleihen mit 10 jähriger Laufzeit beträgt 6 %.

Das Optionsrecht, das dem Ausgleich der Minderverzinsung dient, hat folgenden Wert (siehe Abb. 95):

Rentenbarwertfaktor (6 %/10 Jahre) · Zinszahlung:		
7,36009 · 3,25 % von 1.000	=	239,20
Abzinsungsfaktor (6 %/10 Jahre) · Rückzahlung:		
0,55839 · 100	=	558,40
Barwert der Optionsanleihe im Emissionszeitpunkt		797,60
Barwert der Minderverzinsung		202,40
Nennwert der Anleihe		1.000,00

Abb. 95: Wert des Optionsrechts

[416] Vgl. § 218 AktG.

Nach den Anleihebedingungen müssen nominal 1.000 EUR der Anleihe erworben werden, um 50 Optionsrechte zu erhalten, d.h., je Optionsaktie beträgt die Minderverzinsung kapitalisiert 4,05 EUR. Der Gesamtbetrag von 40,5 Mio. EUR ist gemäß §272 Abs. 2 Nr. 2 HGB in die Kapitalrücklage einzustellen.

Der Bezug von nominal 1.000 EUR der Anleihe mit 50 Optionsscheinen auf eine Aktie erfordert bei dem unterstellten nominellen Bezugsverhältnis von 5:1 den Besitz von 800 Aktien. Hieraus ergibt sich bei einem Börsenkurs der Aktie von 25 EUR der folgende rechnerische Wert für das Bezugsrecht (vgl. Abb. 96):

Börsenbewertung von 800 alten Aktien	EUR	20.000,00
Optionspreis für 50 neue Aktien	EUR	1.125,00
Gesamtwert für 850 Aktien	EUR	21.125,00
Mischkurs	EUR	24,85
Bezugsrecht (Kurs der alten Aktie abzüglich Mischkurs)	EUR	0,15

Abb. 96: Wert des Bezugsrechts

Der rechnerische Mitteleinsatz für eine Aktie aus der Optionsanleihe beträgt demnach wie in Abb. 97 dargestellt:

Optionspreis für 50 Aktien	EUR	1.125,00
Optionsrecht (2,75%-Punkte Minderverzinsung bezogen auf 50 Aktien)	EUR	202,50
800 Bezugsrechte für Bezug nominal. 1.000 EUR Optionsanleihe	EUR	120,00
Rechnerischer Mitteleinsatz für 50 Optionsaktien	EUR	1.447,50
Rechnerischer Mitteleinsatz für 1 Optionsaktie	EUR	28,95

Abb. 97: Rechnerischer Mitteleinsatz für eine Aktie aus der Optionsanleihe

Gegenüber dem unmittelbaren Kauf einer weiteren Aktie über die Börse (24,85 EUR ex Bezugsrecht) hat der Aktionär, der ein Optionsrecht ausübt, rechnerisch 16,5% höhere Mittel einzusetzen. Dafür können die Zeichner der Anleihe jedoch mit wesentlich geringerem Mitteileinsatz über einen längeren Zeitraum an der Kursentwicklung der Aktie teilnehmen, vor allem, wenn sie nach Trennung des Optionsscheins die Anleihe (ex) verkaufen. Bei Emission von Optionsanleihen sind Aufgelder bzw. **Prämien** in der Größenordnung von 20% üblich.

Je höher die Prämie ist, die ein Unternehmen bei Emission einer Optionsanleihe am Kapitalmarkt durchsetzen kann, desto günstiger werden für ihn die Finanzierungskonditionen. Dies zeigt sich, wenn bei sonst gleichen Annahmen des obigen Beispiels der Nominalzinssatz auf 2,75% und der Optionspreis auf 23 EUR je Aktie festgesetzt wird.

Bei Ausübung der Optionsrechte fließen dem Unternehmen gegenüber dem Ausgangsfall (Optionspreis 22,50 EUR) 5 Mio. EUR mehr Eigenmittel zu, die in die Kapitalrücklage einzustellen sind. Über die Laufzeit der Anleihe von 10 Jahren ergibt sich insgesamt ein um 10 Mio. EUR geringerer Zinsaufwand (Minderverzinsung 3,25 % p.a. statt 2,75 % p.a. gegenüber den geltenden Marktkonditionen) (vgl. Abb. 98).

Optionspreis für 50 Aktien	EUR	1.150,00
Optionsrecht (3,25%-Punkte Minderverzinsung bezogen auf 50 Aktien)	EUR	239,20
800 Bezugsrechte für Bezug nominal 1.000 EUR Optionsanleihe	EUR	94,12
Rechnerischer Mitteleinsatz für 50 Optionsaktien	EUR	1.483,32
Rechnerischer Mitteleinsatz für 1 Optionsaktie	EUR	29,67
Prämie bei Kurs 24,85 EUR ex Bezugsrecht	EUR	19,38%

Abb. 98: Finanzierungskonditionen in Abhängigkeit von der Prämie

Optionsscheine werden nach Trennung von Anlegern dann gekauft, wenn diese erwarten, dass der Kurs der zugehörigen Aktie über den Bezugskurs steigen wird. Von dieser Kurserwartung und der Länge der Bezugszeit hängt der Kurs des Optionsscheins ab. Erreicht der Aktienkurs den Bezugskurs nicht, so wird der Optionsschein wertlos. Der rechnerische Wert („innerer Wert" oder Intrinsic Value) des Optionsscheins entspricht der Differenz zwischen dem jeweiligen Kurs der Aktie und dem Ausgabekurs der Bezugsaktie. Die tatsächlichen Kurse der Optionsscheine liegen aber infolge der Kurserwartungen der Anleger in der Regel über dem rechnerischen Wert. Wie oben dargestellt, berücksichtigen die Emittenten die Kurseinschätzung schon in den Begebungskonditionen. Der Erwerb einer Aktie auf dem Weg über den Kauf eines Optionsscheins kostet daher mehr als der direkte Kauf einer Aktie an der Börse.

Die Differenz zwischen dem Marktpreis der Option und dem inneren Wert, der nur positiv oder Null sein kann, wird als Zeitwert (Time Value) oder Prämie im engeren Sinne der Option bezeichnet. Die Summe aus Zeitwert und innerem Wert entspricht der Prämie im weiteren Sinne. [417]

Die Prämie im weiteren Sinne gibt unter Vernachlässigung von Kosten und Zinsen an, um wie viel der Aktienkurs steigen muss, damit der Optionskäufer keinen vermögensmäßigen Nachteil erleidet.

$$\text{Prämie} = \frac{\text{Bezugskurs} + \text{Kurs des Optionsscheins/jeweiliger Aktienkurs}}{\text{jeweiliger Aktienkurs}}$$

Ist der innere Wert der Option positiv, ist die Option „im Geld" bzw. „in the money". Entspricht der Börsenkurs dem Ausübungspreis ist sie „am Geld" bzw. „at the money", und liegt der Ausübungspreis über dem Börsenkurs, ist die Option „im Geld" bzw. „in the money". Dies soll anhand folgenden Beispiels dargestellt werden (vgl. Abb. 99):

[417] Vgl. *Bloss, M., Ernst, D. , Häcker, J.*, Derivatives, München 2008, S. 33 ff.

TEIL B: AUSSENFINANZIERUNG

Beispiel:

Aktienkurs	Ausübungs-preis	Options-preis	Prämie i. w. S.	Innerer Wert	Zeit-prämie	Status der Option
27,50	22,50	10,50	20,00%	5,00	5,50	im Geld
25,00	22,50	8,50	24,00%	2,50	6,00	im Geld
22,50	22,50	6,30	28,00%	–	6,30	am Geld
20,00	22,50	4,00	32,50%	–	4,00	aus dem Geld
17,50	22,50	2,00	40,00%	–	2,00	aus dem Geld

Abb. 99: Der innere Wert einer Option

Die Höhe der Prämie i.w.S. ist von verschiedenen Faktoren abhängig. Dies sind der Börsenkurs und der Ausübungspreis der Aktie, die Volatilität des Aktienkurses, d.h. dessen Streuung um den Mittelwert, die Restlaufzeit der Option sowie das Zinsniveau und die Dividende.

Zwischen dem Kurs der Aktie und dem Kurs des Optionsscheins besteht insofern eine Verbindung, als der Kurs des Optionsscheins bei Schwankungen des Aktienkurses prozentual stärker schwanken kann als der Kurs der Aktie selbst (Hebelwirkung). Ausgehend von den Prämissen des vorstehenden Beispiels führt die Steigerung des Aktienkurses von 17,50 EUR auf 27,50 EUR zu einer Vermögensmehrung um 57%. Der Wert des Optionsscheins hingegen steigt um 425%. Bei einer Kapitalanlage in Optionsscheinen statt in Aktien werden Chance und Risiko verstärkt. Wird der Optionsschein wertlos, verliert der Anleger das gesamte angelegte Kapital. In der Praxis schwanken die Prämien mit den Aktienkursen und zwar entgegengesetzt, so dass die Hebelwirkung zumindest gemildert wird.[418]

8.3.10 Gewinnschuldverschreibungen

Eine weitere Form der Schuldverschreibungen mit Sonderrechten sind die Gewinnschuldverschreibungen. Das Aktiengesetz bezeichnet sie als Schuldverschreibungen, „bei denen die Rechte der Gläubiger mit Gewinnanteilen von Aktionären in Verbindung gebracht werden."[419] Das kann wie folgt geschehen:

(1) Der Gläubiger erhält eine feste Verzinsung (Mindestverzinsung), daneben einen Gewinnanspruch in einem bestimmten Verhältnis zur Dividende (Zusatzzins).

(2) Der Gläubiger erhält nur eine gewinnabhängige Verzinsung, die im Allgemeinen nach oben begrenzt ist.

Gewinnobligationen sind also **risikobehaftet**. Während sie in Verlustjahren leer ausgehen bzw. nur die Mindestverzinsung erzielen, haben sie in Jahren hoher Gewinne die Chance, weit über dem normalen Zins verzinst zu werden.

[418] Vgl. *Süchting, J.*, Finanzmanagement, Theorie und Politik der Unternehmensfinanzierung, 6. Aufl., Wiesbaden 1995, S. 140.

[419] § 221 Abs. 1 AktG.

Da durch die Gewinnbeteiligung der Obligationäre die Gewinnansprüche der Aktionäre berührt werden, dürfen Gewinnschuldverschreibungen nur ausgegeben werden, wenn zuvor die Hauptversammlung mit mindestens Dreiviertelmehrheit zugestimmt hat.[420] Die Aktionäre haben auf die Gewinnschuldverschreibungen ein **Bezugsrecht**.[421]

Hinsichtlich der laufenden Erträge für den Anleger und der laufenden Belastung für die Gesellschaft ähneln Gewinnschuldverschreibungen also dem Eigenkapital, wenn sie auch in ihren sonstigen Rechten Fremdkapital sind.

Von den **limitierten Vorzugsaktien** unterscheiden sie sich durch ihren festen Rückzahlungstermin und durch ihre Rechtsstellung im Konkursfall. Weitere Unterschiede bestehen darin, dass Gewinnschuldverschreibungen, soweit sie mit einer festen Grundverzinsung ausgestattet sind, auch in Verlustjahren verzinst werden müssen, während auf Vorzugsaktien dann keine Dividende ausgeschüttet wird. Es kann allerdings unter Umständen ein Nachzahlungsanspruch bestehen (kumulative Vorzugsaktien). Die Liquidität des Unternehmens wird durch die verglichenen Finanzierungsinstrumente unterschiedlich beeinflusst.

Werden auf stimmrechtslose Vorzugsaktien zwei Jahre lang keine Dividenden bezahlt, so wächst ihnen das Stimmrecht zu, während Gewinnschuldverschreibungen auch in Verlustjahren reine Gläubigerpapiere bleiben. Wenn die Gesellschaft einen großen Teil des Gewinns zur Selbstfinanzierung verwendet, ihn also den Rücklagen zuführt, statt ihn als Dividende auszuschütten, sind Gewinnschuldverschreibungen mit dem Risiko einer wirtschaftlichen Benachteiligung behaftet. Eine Zunahme der Rücklagen wird sich zwar in der Regel positiv auf den Aktienkurs auswirken, aber auf den Kurs der Gewinnschuldverschreibungen keinen Einfluss haben.

Reine Gewinnschuldverschreibungen sind in der Bundesrepublik Deutschland zurzeit nicht im Umlauf. Lediglich die 5%ige Wandelanleihe der Bayer AG von 1969 enthielt eine dividendenabhängige Zusatzverzinsung zur Verbesserung der Anleihekonditionen.[422] In diesem Fall handelt es sich also um Schuldverschreibungen, die mit zwei Sonderrechten ausgestattet sind: mit der dividendenabhängigen Verzinsung und dem Wandlungsrecht.

8.3.11 Genussscheine

Genussscheine sind Wertpapiere, die bestimmte Vermögensrechte, jedoch keine darüber hinausgehenden Mitgliedschaftsrechte verbriefen. Sie sind im Einzelnen gesetzlich nicht geregelt; das Aktiengesetz setzt sie jedoch als zulässig voraus. Genussscheine gehören in den Bereich von Mezzanine Finanzierungsformen. Der **Anwendungsbereich** der Genussscheine ist vielfältiger Natur. Sie können als Entschädigung für besondere Leistungen im Zusammenhang mit der Gründung, Sanierung oder Verschmelzung von Unternehmen begeben werden. Sie eignen sich als Instrument der Erfolgsbeteiligung der Arbeitnehmer. Schließlich sind sie als

---

[420] § 221 Abs. 1 AktG.

[421] § 221 Abs. 4 AktG.

[422] Die Zusatzverzinsung beider Anleihen beträgt 1/4 % für jedes Mehrprozent, wenn mehr als 11 % Dividende ausgeschüttet werden. Vgl. Bundesanzeiger vom 19. Juni 1969, Nr. 108, S. 16 u. 17.

eigenständiges Finanzierungsinstrument einsetzbar, das in Abhängigkeit von der Ausstattung Fremd- oder Eigenkapitalcharakter annehmen kann.

Eigenkapitalcharakter ist dann gegeben, wenn die Genussscheine eine unbegrenzte Laufzeit haben und der Genussrechtsinhaber außer am Gewinn und Verlust auch an den stillen Rücklagen des Betriebs beteiligt ist.

Fremdkapitalcharakter nimmt der Genussschein dann an, wenn er nach einer bestimmten Laufzeit zurückgezahlt wird. Hier fehlt es somit am Merkmal der dauerhaften Kapitalüberlassung. Die Grenzen sind jedoch fließend. So werden Genussscheine von Kreditinstituten gem. § 10 Abs. 5 KWG als Eigenmittelsurrogat anerkannt, wenn die zur Verfügung gestellten Mittel u.a. mindestens für 5 Jahre, d.h. aber befristet, zur Verfügung gestellt worden sind.

Aus Sicht der Unternehmen kann die Ausgabe von Genussscheinen vorteilhaft erscheinen, wenn sie sich den Kapitalmarkt als Finanzierungsquelle für langfristige Mittel, die im Fall der Teilnahme am Gewinn **und** Verlust auch Risiken mittragen, erschließen können, ohne jedoch die Beteiligungsstruktur zu verändern. Hinzu kommt, dass es über die Ausstattung der Genussscheine möglich wird, diese steuerlich wie Fremdkapital zu behandeln. Auf der anderen Seite ist es für die Anleger gegenüber Aktien oder Schuldverschreibungen schwieriger, sich angesichts der vielfältigen Gestaltungsmöglichkeiten ein Urteil über die Anlage in Genussscheinen zu bilden.

Die Begebung von Genussscheinen ist an keine bestimmte Rechtsform gebunden. Bei Aktiengesellschaften bedarf nach § 221 Abs. 3 AktG die Ausgabe von Genussscheinen jedoch einer Dreiviertelmehrheit der Hauptversammlung. Gemäß § 221 Abs. 4 AktG steht den Aktionären ein Bezugsrecht zu.

Die wesentlichen **Ausstattungsmerkmale** von Genussscheinen sind:

Gewinn und Verlustbeteiligung

Die gebräuchlichste Form der **Gewinnbeteiligung** ist die Koppelung an die Dividende, wobei eine Mindestverzinsung eingeräumt werden kann.

Beispiel: Ein Genussschein der **Allianz AG**[423] im Nennbetrag von 5,12 EUR gewährt einen dem Gewinnanteil der Aktionäre vorgehenden Anspruch auf eine jährliche Ausschüttung, welche 240 % der von der Gesellschaft auf eine Stückaktie für das abgelaufene Geschäftsjahr ausgeschütteten Dividende entspricht, mindestens jedoch 5 % p.a. vom Nennbetrag des Genussscheins. Der Anspruch auf die jährliche Mindestausschüttung in Höhe von 5 % des Nennbetrags besteht unabhängig vom Bilanzgewinn der Gesellschaft.

Der Genussschein der **Bertelsmann AG**[424] sieht dagegen eine feste Verzinsung von 15 % p.a. des Grundbetrags (Nennbetrags) vor, die allerdings unter den Vorbehalt eines ausreichenden Konzernjahresüberschusses (gemindert um die Anteile anderer Gesellschafter gemäß § 307 Abs. 2 AktG) gestellt wird. Tritt dieser Fall ein, wird die Ausschüttung auf den Genussschein ratierlich gekürzt. Die verminderten Gewinnanteile werden auch in den Folgejahren nicht ausgeglichen. Eine Nachzahlungsverpflichtung besteht aber insoweit, als bei ausreichendem Konzernjahresüberschuss

---

[423] Vgl. § 2 Genussscheinbedingungen der Allianz AG in der Fassung vom Mai 2000.
[424] Vgl. § 4 Genussscheinbedingungen der Bertelsmann AG in der Fassung vom Januar 2001.

der Jahresüberschuss der als Emittentin verpflichteten Bertelsmann AG die Zahlung der Ausschüttungssumme nicht erlaubt.

Eine **Nachzahlungsregelung,** die der von kumulativen Vorzugsaktien entspricht, enthält der Genussschein der **Drägerwerk AG.**[425] Vereinbart wird eine jährliche Ausschüttung, die das Zehnfache der Dividende der Gesellschaft auf eine Vorzugsaktie für das abgelaufene Geschäftsjahr beträgt.[426] Sofern die Ausschüttung in einem Jahr diesen Betrag nicht erreicht, werden in den Folgejahren Nachzahlungen gewährt, die dem Zehnfachen der jeweiligen Dividendennachzahlungen auf Vorzugsaktien entsprechen.

Auch die **Beteiligung am Verlust** wird in der Praxis differenziert gehandhabt. Während die Genussscheinbedingungen der Bertelsmann AG und der Drägerwerk AG eine Beteiligung am Verlust vorsehen, ist dies beim Genussschein der Allianz AG nicht der Fall. Hier besteht der Mindestverzinsungsanspruch auch bei Verlusten. In den Fällen, in denen die Genussscheine am Verlust beteiligt werden, sehen die Bedingungen die spätere Wiederauffüllung aus Gewinnen vor. Bei der Drägerwerk AG beispielsweise entstand im Jahr 2000 ein Verlust (Konzern) von 58,6 Mio. EUR,[427] von dem das Genussscheinkapital 27,6 Mio. EUR zu tragen hatte. In den Folgejahren sind nach den Bedingungen 50 % des in bestimmter Weise zu adjustierenden Jahresüberschusses bis zum Ausgleich des anteiligen Verlusts dem Genusskapital zuzurechnen.

Kündigung und Rückzahlung

Der Emittent kann eine unbegrenzte Laufzeit, allenfalls mit Kündigungsrecht für das Unternehmen, oder auch nur eine begrenzte Laufzeit vorsehen. Zurückgezahlt werden kann der Grundbetrag des Genussscheins (Nennwert) oder bei börsennotierten Genussscheinen der Börsenwert zum Zeitpunkt der Rückzahlung des Genusskapitals. Möglich ist auch eine Orientierung am Durchschnitt aller Ausgabekurse.

Beispiel: Die **Bertelsmann AG** kann die Genussscheine nicht kündigen. Den Genussscheininhabern steht erstmals ein Kündigungsrecht zum 30. Juni 2017 zu. Danach kann mit Wirkung zum Ende jedes fünften Geschäftsjahres gekündigt werden. Die Kündigungsfrist beträgt zwei Jahre. Der Rückzahlungsbetrag ist definiert als das gewogene Mittel der Ausgabekurse aller Emissionen von Genusskapital, erhöht um ausstehende Nachzahlungsbeträge von Ausschüttungen und gemindert um noch nicht ausgeglichene Verlustanteile.

Der Genussschein der **Drägerwerk AG** kann vom Genussscheininhaber mit einer Kündigungsfrist von fünf Jahren alle fünf Jahre zum Jahresende, erstmals zum 31. Dezember 2026 gekündigt werden. Die Gesellschaft selbst dagegen kann die Genussscheine unter Einhaltung einer zweijährigen Kündigungsfrist zum Ende eines jeden Kalenderjahres ablösen, soweit nicht das Genusskapital durch Verluste gemindert ist. Kündigt der Genussscheininhaber, so entspricht der Rückzahlungsbetrag dem durchschnittlichen Genussschein-Börsenkurs der letzten drei Monate

---

[425] Vgl. § 2 Genussscheinbedingungen (Serie D) der Drägerwerk AG in der Fassung vom Dezember 1999.

[426] Der Multiplikator resultiert aus dem Verhältnis von Grundbetrag des Genussscheins (25,56 Euro) und dem rechnerischen Anteil der Aktie am Grundkapital (2,56 Euro).

[427] 114,6 Mio. DM in Euro umgerechnet.

vor Beginn der Kündigungsfrist, höchstens aber dem gewogenen Mittel der Ausgabekurse der entsprechenden Tranche. Ein im Zeitpunkt der Rückzahlung auf den Genussschein verrechneter Verlust wird vom Rückzahlungsbetrag abgezogen. Bei Kündigung durch die Gesellschaft, bemisst sich der Rückzahlungsbetrag nach dem Zehnfachen des durchschnittlichen Börsenkurses der Vorzugsaktie für einen dreimonatigen Zeitraum vor Bekanntmachung der Kündigung. Er beträgt aber mindestens dem durchschnittlichen Ausgabebetrag der entsprechenden Tranche. Mit Zustimmung der Hauptversammlung kann die Ablösung an Stelle einer Barzahlung auch ganz oder teilweise durch Umwandlung in Stamm- oder Vorzugsaktien im Verhältnis 1 : 10 erfolgen.

Die Inhaber der **Allianz-Genussscheine** können mit einjähriger Kündigungsfrist alle 5 Jahre, erstmals zum 31. Dezember 2001 kündigen. Die Gesellschaft selbst hat sich ein jährliches Kündigungsrecht mit einer Frist von sechs Monaten zum Ablauf eines Geschäftsjahres, erstmals zum 31. Dezember 2006 vorbehalten. Kündigt der Genussscheininhaber, so garantieren die Bedingungen einen Rückzahlungspreis, der dem gewogenen Mittel aller Genussscheinemissionen entspricht. Dieser beträgt nach der letzten Emission im März 1998 einheitlich 78,54 EUR. Bei Kündigung durch die Gesellschaft würde der Ablösungsbetrag je Genussschein 122,90 % des durchschnittlichen Kurses der Allianz-Aktie während der letzten drei Monate vor Beendigung des Genussrechtsverhältnisses, mindestens aber 78,54 EUR betragen. An Stelle der Barabgeltung kann die Gesellschaft auch einen Umtausch in Aktien im Verhältnis 10 Stückaktien zu 8 Genussscheinen im Nennbetrag von 5,12 EUR vornehmen.[428]

Verwässerungsschutz

Nach den aktienrechtlichen Vorschriften ist bei Ausgabe von Genussscheinen den Aktionären ein Bezugsrecht einzuräumen. Ein Verwässerungsschutz der Genussscheininhaber bei Ausgabe weiterer Genussscheine ist jedoch gesetzlich nicht vorgesehen. Ein entsprechendes Bezugsrecht auf weitere Genussscheine kann nicht zugesagt werden, da sonst in die Rechte der Hauptversammlung eingegriffen würde. Die Genussscheinbedingungen enthalten daher Klauseln, wonach den Genussscheininhabern vorbehaltlich eines entsprechenden Beschlusses der Hauptversammlung ein Bezugsrecht auf neue Genussscheine zusteht und eine Ausgleichszahlung geleistet wird, wenn das Bezugsrecht nicht gewährt werden sollte. Entsprechende Klauseln finden sich in den Bedingungen der Beispielfälle **Allianz AG** und **Drägerwerk AG.**

Umtauschrecht in Aktien und Optionsrecht auf den Bezug von Aktien

Die Genussscheinbedingungen können anstelle oder zusätzlich zur Rückzahlung die Möglichkeit vorsehen, die Genussscheine nach einer bestimmten Frist in Aktien umzutauschen oder zu bestimmten Bedingungen junge Aktien zu beziehen. Hierfür ist ein bedingtes Kapital erforderlich. In § 192 Abs. 2 AktG sind Genussscheine im Gegensatz zu Wandelanleihen nicht ausdrücklich erwähnt. Da die Begebung der Genussscheine jedoch einen Beschluss der Hauptversammlung erfordert, wird die analoge Anwendung von § 192 Abs. 2 AktG für zulässig erachtet.

[428] Die Bedingungen enthalten weitere Kündigungsrechte, z.B. im Zusammenhang mit der Änderung der steuerlichen Beurteilung oder Veränderungen im Gesellschafterkreis, auf die hier nicht eingegangen wird.

Von besonderer Bedeutung bei der Festlegung der Ausstattungsmerkmale ist die **steuerliche Behandlung** der Genussscheine. Nach §8 Abs. 3 Satz 2 KStG dürfen Ausschüttungen auf Genussrechte, mit denen das Recht auf Beteiligung am Gewinn **und** am Liquidationserlös einer Kapitalgesellschaft verbunden ist, nicht als Betriebsausgaben angesetzt werden. Ist dieser Fall gegeben, werden Genussscheine steuerlich wie Aktien behandelt. Entsprechendes gilt für die Gewerbesteuer. Diese Situation versuchen die Emittenten in der Regel dadurch zu vermeiden, dass sie die Rechte der Genussscheininhaber auf eine Gewinnbeteiligung beschränken und **keine Beteiligung an den stillen Rücklagen** einräumen. Allerdings ist inzwischen eine gewisse Rechtsunsicherheit eingetreten, nachdem die Finanzverwaltung die steuerliche Beurteilung nicht ausschließlich auf die Kriterien des §8 Abs. 3 Satz 2 KStG abstellt, sondern zusätzlich auf den Eigen- oder Fremdkapitalcharakter der Genussscheine. Eigenkapitalcharakter soll dann gegeben sein, wenn die Genussscheine nicht rückzahlbar sind, eine unbegrenzte oder „unüblich lange Laufzeit" aufweisen und vom Inhaber nicht gekündigt werden können. Fremdkapitalcharakter dagegen wird angenommen, wenn entweder die Laufzeit begrenzt ist oder ein beiderseitiges Kündigungsrecht besteht.

Genussschein der Allianz AG	
Emittentin	Allianz AG
Nennbetrag je Stück	5,12 EUR
Ausgegebene Stück	5.723.512
Börsenhandel	Amtliche Notiz an allen deutschen Börsen
WKN	840405
Ausschüttung	2,4-fache Dividende bezogen auf eine Stückaktie der Allianz AG.
Mindestausschüttung	5% des Nennbetrags
Rechte bei Erhöhung des Grundkapitals mit Bezugsrecht der Aktionäre	Das Genusskapital ist im gleichen Verhältnis und zu vergleichbaren Bedingungen zu erhöhen. Genussscheininhaber haben ein Bezugsrecht auf neue Genussscheine. Kann dies nicht gewährt werden, Nachteilsausgleich durch Barabfindung oder Gewährung eines Umtauschrechts in Allianz-Aktien im Verhältnis 8 zu 10.
Rechte bei Erhöhung des Genusskapitals	Inhabern der Genussscheine steht ein Bezugsrecht auf den Teil der neu ausgegebenen Genussscheine zu, der dem Verhältnis des Gesamtnennbetrags des bisherigen Genusskapitals zum Grundkapital entspricht. Können Bezugsrechte nicht erfüllt werden, Nachteilsausgleich wie oben.
Garantierter Rückzahlungspreis	Derzeit 78,54 EUR, d.h. Gesamtvolumen 449,5 Mrd. EUR. Eine Anpassung erfolgt jeweils nach Kapitalerhöhungen.

Kündigung durch den Genussscheininhaber	Erstmals unter Einhaltung einer Kündigungsfrist von 12 Monaten zum 31. Dezember 2001 möglich. Der Genussscheininhaber erhält den garantierten Rückzahlungspreis von derzeit 78,54 EUR.
Kündigung durch die Allianz	Erstmals zum Ende des Jahres 2006 möglich. Der Genussscheininhaber erhält bei Kündigung durch die Gesellschaft eine Abfindung in Höhe von 122,9% des Kurses der Allianz-Stückaktie. (Drei-Monats-Durchschnitt). Alternativ kann die Gesellschaft auch einen Umtausch im Verhältnis 8 Genussscheine zu 10 Allianz-Aktien anbieten. Der Genussscheininhaber erhält aber immer mindestens den garantierten Rückzahlungspreis.

8.3.12 Leasing

8.3.12.1 Historie und Begriff des Leasings

Bei der Beschaffung von Investitionsgütern muss der Betrieb/Unternehmer nicht nur entscheiden, ob er mit Eigen- oder Fremdkapital finanzieren will, sondern er muss auch prüfen, ob es vorteilhafter ist, Investitionsgüter **zu mieten oder zu leasen, statt sie zu kaufen**. Die Idee, Anlagegüter zu mieten, wurde bereits Ende des 19. Jahrhunderts in den USA entwickelt,[429] konnte sich in Deutschland aber erst seit ca. 1960 durchsetzen.[430] Die Grundidee des eigentumslosen Gebrauchs von Wirtschaftsgütern geht allerdings viel weiter zurück, schon ca. 350 v. Chr. stellte Aristoteles fest: „Der Reichtum besteht vielmehr im Gebrauch als im Eigentum".

Der Begriff „Leasing" stammt aus dem Englischen und bedeutet übersetzt „**Miete**", also die „Gebrauchsüberlassung eines Wirtschaftsgutes auf Zeit gegen Entgelt". Es gibt für Leasing in Deutschland weder einen speziellen Rechtsrahmen noch gibt es eine gesetzliche Definition. Maßgebliche Regeln für das Leasing-Geschäft finden sich im Bürgerlichen Gesetzbuch, im Gesetz zur Regelung des Rechts der Allgemeinen Geschäftsbedingungen, im Verbraucherkreditgesetz, im Haustürwiderrufsgesetz, im Produkthaftungsgesetz, in der Insolvenzordnung, im Handelsgesetz, in der Abgabenordnung, im Gewerbesteuergesetz, im Einkommensteuer- und Körperschaftssteuergesetz, im Geldwäsche-Gesetz sowie in der EU-Kaufrechtsrichtlinie.[431] Daneben gibt es Erlasse von Bund und Ländern, wie den Teilamortisations-Erlass und den Vollamortisations-Erlass für das Mobilien-Leasing.

[429] 1877 entschloss sich die Bell Telephon Company, ihre Telefone nicht zu verkaufen, sondern zu vermieten. Vgl. *Falk, B.G.,* Leasing in den USA, in: Der Betrieb, Heft 11, S. 351.

[430] Als erste deutsche Leasinggesellschaft wurde 1962 die Deutsche Leasing GmbH gegründet, die heutige Deutsche Leasing AG mit Sitz in Bad Homburg. Das erste Leasingobjekt war eine Registrierkasse.

[431] Aufzählung beispielhaft.

8.3.12.2 Leasing-Markt und Leasing-Güter

In Deutschland sind über 2200 Leasing-Gesellschaften tätig, doch nur etwa 200 teilen sich rund 90 % des Marktes.[432] Die Bedeutung des Leasing wird an der **Leasing-Quote** deutlich. Als Leasing-Quote wird der Anteil der Leasing-Investitionen eines Jahres an den gesamten Bruttoanlageinvestitionen der Wirtschaft ohne den Wohnungsbau bezeichnet. Entsprechend kann man Quoten für das **Mobilien-Leasing** (gemessen an den gesamtwirtschaftlichen Ausrüstungsinvestitionen), das **Immobilien-Leasing**, das **EDV-Leasing** etc. bilden. Die Mobilienleasing-Quote lag im Jahr 2011 bei rund 22 % (nach 15 % Mitte der Achtziger Jahre, bzw. 5 % im Jahr 1975), Tendenz grundsätzlich weiter steigend, jedoch derzeit etwas eingebrochen und bedingt durch die gestiegene Unsicherheit im Euroraum im Moment eher verhalten. In den USA, wo das Leasing schon früher eingeführt wurde, lag die Gesamtleasingquote bis ca. 2005 in einer Größenordnung von über 30 %. Sie brach im Zuge der Finanzkrise jedoch ebenfalls ein und liegt derzeit bei knapp 20 %, Tendenz wieder steigend.[433]

Im Jahr 2011 wurden mit 53 % über die Hälfte aller außenfinanzierten (d.h., nicht mit Eigenmitteln oder aus Abschreibungsrückflüssen finanzierten) Ausrüstungsinvestitionen durch Leasing realisiert. Das entspricht einem Neugeschäftsvolumen mit Mobilien von 46,5 Mrd. €. Zum Vergleich: das Neugeschäftsvolumen mit Immobilien betrug 2,5 Mrd. €. Leasing ist damit bedeutender geworden als der klassische Bankkredit.[434]

Die **Palette der Leasing-Güter** reicht vom Kopiergerät über Getränkeabfüllanlagen und Straßenbahnen bis zum Kraftwerk. Die gängigsten Leasing-Güter im Mobilien-Leasing sind PKW, Nutzfahrzeuge, Produktionsmaschinen und Büromaschinen einschließlich EDV-Ausrüstung (vgl. Abb. 100). Gängige Leasing-Objekte im Bereich Immobilien-Leasing sind Produktionsgebäude und Lagerhallen.

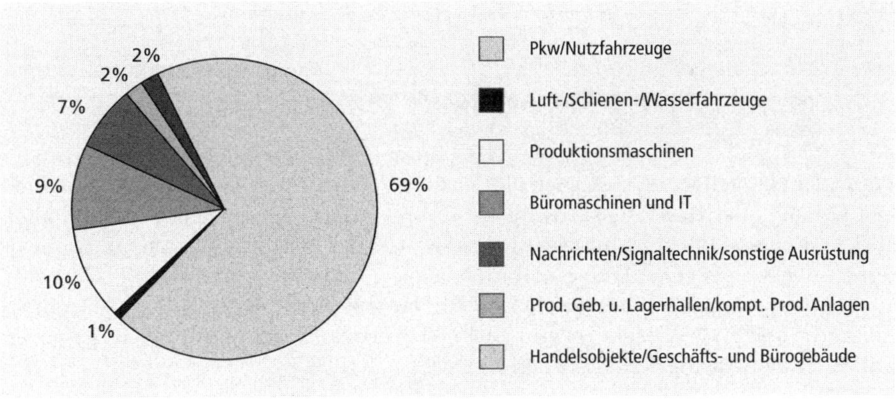

Abb. 100: Objektgruppen im Mobilien-Leasing (Anteile am Mobilien-Neugeschäft 2012 in Prozent)[435]

[432] Vgl. Bundesverband Deutscher Leasing-Unternehmen e.V., Pressemitteilung vom 03.08.2012 und Leasing-Datenbank Wassermann

[433] Quelle: ifo Investitionstest, Statistisches Bundesamt und Bundesverband Deutscher Leasing-Unternehmen, Homepage

[434] Quelle: ifo Institut für Wirtschaftsforschung

[435] Quelle: BDL, Stand November 2012

8.3.12.3 Die Beteiligten eines Leasing-Geschäfts

Die klassische Vertragskonstellation im Leasing ist das in Abbildung 101 dargestellte Dreiecksgeschäft. Jeder der drei Beteiligten – **Lieferant, Leasing-Nehmer** und **Leasing-Geber** – steht mit den anderen Vertragspartnern in vertraglicher Beziehung.

Es gibt zwei übliche Wege, wie das **Leasing-Objekt** beschafft werden kann:

(1) Lieferant und Kunde (= **Leasing-Nehmer**) schließen einen Kaufvertrag. Die Leasing-Gesellschaft tritt in die Bedingungen des Kaufvertrags ein. Diese Vorgehensweise wird üblicherweise bei Maschinen gewählt, um den Unternehmer die für ihn wichtigen Vertragsdetails selbst aushandeln zu lassen (Maschinenkonfiguration, Lieferbedingungen, Gewährleistung etc.).

(2) Die Leasing-Gesellschaft (= **Leasing-Geber**) bestellt das Leasing-Objekt im Auftrag und nach den Wünschen des Leasing-Nehmers. Dies ist häufig bei Autos der Fall. Die Leasing-Gesellschaft erzielt als Großkunde regulär höhere Rabatte beim Autokauf als der einzelne Kunde.

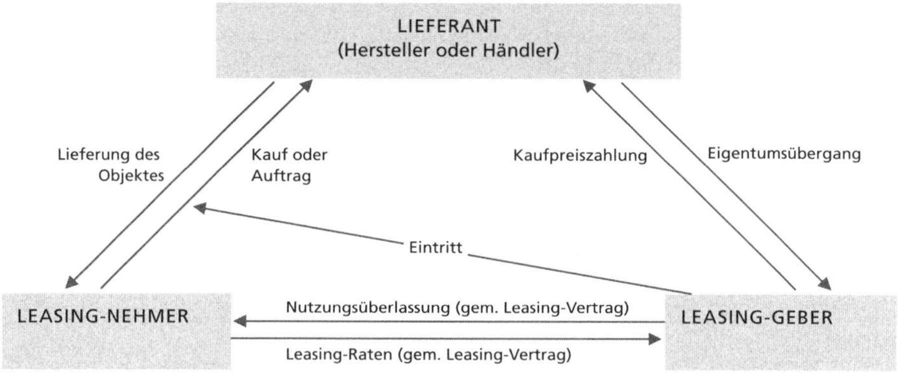

Abb. 101: Vertragskonstellation im Leasing

Wenn der Hersteller zugleich auch als Leasing-Geber auftritt, spricht man von **direktem Leasing** oder **Hersteller-Leasing**. Wird eine Leasing-Gesellschaft eingeschaltet, spricht man von indirektem Leasing. Und wurde der Leasing-Gegenstand vom Unternehmer bereits gekauft und soll im Nachgang über Leasing finanziert werden, spricht man von **Sale-and-lease-back (SLB)**. Dann verkauft der Unternehmer sein im Eigentum stehendes Objekt an die Leasing-Gesellschaft, um es im Anschluss gegen Zahlung von Leasing-Raten zurück zu leasen.

8.3.12.4 Leasingerlasse/Steuerliche Zurechnung

Wesentlicher Inhalt der Leasingerlasse[436] ist die Frage nach der **steuerlichen Zurechnung**. Es werden die Voraussetzungen festgelegt, unter denen eine Bilanzierung des Leasing-Objektes beim Leasing-Geber bzw. beim Leasing-Nehmer zu erfolgen hat.

---

436 Mobilien-Leasingerlass/Vollamortisationsverträge; BdF vom 19.04.1971, IV B/2 – S 2170 – 31/71 und Mobilien-Leasingerlass/Teilamortisationsverträge; BdF vom 22.12.1975, IV B 2 – S 2170 – 161/75.

Wird aufgrund der Vertragsgestaltung das Objekt **dem Leasing-Geber zugerechnet** (der zu favorisierende Regelfall), so hat dieser den Gegenstand mit seinen Anschaffungs- oder Herstellungskosten beim Anlagevermögen zu aktivieren und über die betriebsgewöhnliche Nutzungsdauer abzuschreiben. Die Leasing-Raten sind für den Leasing-Geber in voller Höhe Betriebseinnahmen. Korrespondierend zu dieser Regelung bilanziert der Leasing-Nehmer den Gegenstand nicht und setzt die Leasing-Raten (mindestens anteilig) als Betriebsausgabe[437] ab.

Erfolgt die **Zurechnung beim Leasing-Nehmer** (die zu vermeidende Ausnahme), so hat dieser den Leasing-Gegenstand zu aktivieren. Und zwar mit dem Betrag, der als Anschaffungs- oder Herstellungskosten der Kalkulation der Leasing-Raten zu Grunde gelegt worden ist, zuzüglich weiterer Nebenkosten (Transport-, Versicherungs- und Montagekosten). Diese Nebenkosten sind in den Leasingraten nicht enthalten, weil sie regulär vom Leasing-Nehmer zu tragen sind. Gegenüber dem Leasing-Geber ist in Höhe der aktivierten Anschaffungs- oder Herstellungskosten, ohne die vom Leasing-Nehmer direkt getragenen Nebenkosten, eine Verbindlichkeit zu passivieren. Die Leasing-Raten sind in diesem Fall in einen Zins- und Kostenanteil sowie in einen Tilgungsanteil aufzuspalten. Der Zins- und Kostenanteil vermindert sich mit fortschreitender Tilgung, der Tilgungsanteil erhöht sich entsprechend. Für den Leasing-Nehmer sind die nach der betriebsgewöhnlichen Nutzungsdauer zu bemessenden steuerlichen Abschreibungen (AfA) sowie der Zins- und Kostenanteil der Leasing-Raten als Betriebsausgabe abzugsfähig. Der Tilgungsanteil wird erfolgsneutral mit der Verbindlichkeit verrechnet.

Aus den Zurechnungsvorschriften folgt, dass es für den Unternehmer vorteilhafter ist, wenn die Zurechnung beim Leasing-Geber erfolgt. Siehe hierzu auch Abschnitt gg) Aspekte Steuervorteil und Bilanzneutralität. Zu beachten ist hierbei, dass durch die Leasingerlasse der Grundleasingzeit, dem Anschlusskaufpreis bzw. der Anschlussleasingrate nach unten Grenzen gesetzt sind. Extreme Vertragsgestaltungen und dadurch bedingte Vorteile in Form von Steuerstundungen sind nicht möglich.

Wichtige Voraussetzungen für die Zurechnung beim Leasing-Geber sind:

(1) Die feste **Grundleasingzeit** muss mindestens 40 % und darf höchstens 90 % der betriebsgewöhnlichen Nutzungsdauer (BGN) gemäß der amtlichen AfA-Tabelle betragen (AfA = Absetzung für Abnutzung).

(2) Der im Falle eines **Verkaufs an den Leasing-Nehmer** nach Ablauf der Grundleasingzeit vom Leasing-Nehmer zu zahlende Kaufpreis muss mindestens dem unter Anwendung der linearen AfA nach amtlicher Tabelle ermittelten Restbuchwert oder dem niedrigeren gemeinen Wert zum Zeitpunkt der Veräußerung entsprechen. Der gemeine Wert ist der im Markt von einem Dritten mutmaßlich erzielbare Veräußerungspreis des einzelnen Gegenstands.

(3) Im Fall der **Verlängerung** muss die Verlängerungsleasingrate den Werteverzehr der zuvor genannten Grundsätze decken. (In der Praxis haben sich seit einigen Jahren – steuerunschädlich – pauschalierte Verlängerungsraten durchgesetzt, die sich nicht an den Restwerten des Einzelobjektes, sondern an Erfahrungen über den durchschnittlichen Restwert orientieren.)

---

[437] Unter Beachtung der individuellen steuerlichen Situation und der aktuellen Steuergesetzgebung.

Wenn ein Leasing-Objekt so auf die speziellen Erfordernisse eines einzigen Leasing-Nehmers zugeschnitten ist, dass es nur von diesem wirtschaftlich sinnvoll genutzt werden kann, liegt **Spezial-Leasing** vor. In diesen Fällen erfolgt die steuerliche Zurechnung des Leasing-Objektes beim Leasing-Nehmer. In Einzelfällen kann Spezial-Leasing vermieden werden (mit dem Ziel der Zurechnung beim Leasing-Geber), wenn für das Leasing-Objekt die Möglichkeit der Nutzung durch Dritte nach Ablauf der Grundleasing-Laufzeit garantiert wird. In diesem Fall ist es wichtig, dass alle Nutzungsrechte über die Grundleasing-Laufzeit hinaus für den Leasing-Geber bestehen bleiben.

8.3.12.5 Leasingerlasse/Voll- und Teilamortisationsverträge

In den Leasingerlassen wird zur steuerlichen Behandlung sogenannter **Finanzierungs-Leasing-Verträge** über bewegliche Wirtschaftsgüter Stellung genommen. Gemäß der Leasingerlasse werden Voll- und Teilamortisationsverträge unterschieden:

Beim **Vollamortisationsvertrag** decken die vom Leasing-Nehmer während der Grundleasinglaufzeit zu entrichtenden Leasing-Raten die Anschaffungskosten, die Zinsen für die Kapitalbeschaffung und die sonstigen Kosten des Leasing-Gebers inklusive der Gewinnmarge. Der Vertrag ist während der Grundleasinglaufzeit unkündbar. Der Vollamortisationsvertrag verfügt über drei Varianten:

(1) **Kaufoption:** der Leasing-Nehmer kann das Leasing-Objekt nach Ablauf der Grundleasinglaufzeit kaufen. Der Kaufpreis steht bei Vertragsabschluss nicht genau fest; er liegt mindestens beim Restbuchwert nach linearer AfA-Methode oder beim niedrigeren gemeinen Wert (Marktwert).

(2) **Mietverlängerungsoption:** der Leasing-Nehmer kann den Leasingvertrag verlängern. Die Anschlussrate deckt den Rest-Werteverzehr, bezogen auf den Restbuchwert oder den niedrigeren gemeinen Wert.

(3) **Rückgabe:** der Leasing-Nehmer kann das Objekt an die Leasing-Gesellschaft zurückgeben.

Üblicherweise verfügt der Leasing-Nehmer am Ende der Laufzeit über alle drei Optionen.

Beim **Teilamortisationsvertrag** sind die Anschaffungskosten inklusive der Neben- und Finanzierungskosten nur zum Teil durch die in der Grundleasinglaufzeit zu zahlenden Leasing-Raten gedeckt. Es verbleibt ein Restwert, der durch die anschließende Verwertung ausgeglichen werden muss. Der Vertrag ist während der Grundleasinglaufzeit unkündbar.

Der Teilamortisationsvertrag (TA) verfügt auch über verschiedene Varianten:

(1) **Vertrag mit Andienungsrecht des Leasing-Gebers:** nach Ablauf der Grundleasinglaufzeit kann der Leasing-Geber das Objekt an den Leasing-Nehmer zum kalkulierten Restwert andienen. Der Leasing-Nehmer hat kein Optionsrecht, er alleine trägt das Risiko der Wertminderung, denn er muss auf Verlangen des Leasing-Gebers das Objekt zum kalkulierten Restwert kaufen. Der Leasing-Geber wird vor allem dann andienen, wenn der bei Dritten zu erzielende Verkaufspreis unter dem kalkulierten Restwert/vereinbarten Andienungspreis liegt. Weil der wirtschaftliche Einfluss – hier die Chance aus der Objektverwertung – bei dem Leasing-Geber liegt, erfolgt auch dort die Bilanzierung.

(2) **Vertrag mit Aufteilung des Mehrerlöses:** Sofern kein Anschlussleasingvertrag zustande kommt, verwertet die Leasing-Gesellschaft das Objekt bestmöglich. Liegt der Verkaufspreis unter dem Restwert, hat der Leasing-Nehmer die Differenz zur Vollamortisation zu tragen, er trägt das Risiko der Wertminderung. Liegt der Verkaufserlös über dem Restwert, so wird der Mehrerlös zu 75 % an den Leasing-Nehmer und zu 25 % an den Leasing-Geber verteilt. Die 25 %ige Beteiligung des Leasing-Gebers am Mehrerlös ist notwendig, um die gewollte Bilanzierung beim Leasing-Geber zu erreichen. Sofern der Leasing-Nehmer einen höheren Anteil an dem Mehrerlös für sich beansprucht, ist dies steuerlich nur möglich, wenn dieser Anteil als Bonus auf einen neuen, gleichwertigen Leasing-Vertrag angerechnet wird.

(3) **Kündbarer Vertrag:** der kündbare Vertrag ist ein zeitlich gestaffelter Teilamortisations-Vertrag; er wird auf unbestimmte Zeit geschlossen und kann vom Leasing-Nehmer erstmals nach Erreichen der 40 %-Grenze (= nach Ablauf von 40 % der betriebsgewöhnlichen Nutzungsdauer des Leasing-Objekts) gekündigt werden. Nach Ablauf dieser Grundleasingzeit hat der Leasing-Nehmer ein einseitiges Kündigungsrecht zu vorgegebenen Terminen (regulär alle sechs Monate unter Einhaltung von drei Monaten Kündigungsfrist). Zu dem jeweiligen Kündigungstermin wird eine Abschlusszahlung fällig, deren Höhe sich nach den zur Amortisation noch offenen, abgezinsten Leasing-Raten berechnet. Im Fall der Kündigung veräußert der Leasing-Geber das Leasing-Objekt bestmöglich. Bis zu 90 % des Veräußerungserlöses (maximal aber bis zur Höhe der vereinbarten Abschlusszahlung) werden auf die Abschlusszahlung angerechnet, die Differenz verbleibt beim Leasing-Geber als Verwertungserlös. Die Abschlusszahlung ist nicht als Kaufpreis zu verstehen; sie ist notwendig, um die Vollamortisation zu erreichen und wird bei Vertragsabschluss fest vereinbart. Wenn der Leasing-Nehmer zum Zeitpunkt der Amortisation kündigt (kalkulatorische Laufzeit), fällt keine Abschlusszahlung mehr an, es wird aber auch kein Veräußerungserlös verteilt. Wenn er gar nicht kündigt, läuft der Vertrag über den Amortisationszeitpunkt hinaus auf Basis der bisherigen Ratenzahlung weiter (unbestimmte Laufzeit). Für den Unternehmer ist ein kündbarer Vertrag sinnvoll, wenn Objekte geleast werden sollen, die einem schnellen technologischen Wandel unterliegen. Die vielfachen Kündigungsmöglichkeiten erlauben einen flexiblen Austausch zu einer für den Betrieb sinnvollen Zeit – zum Beispiel bei EDV-Geräten.

(4) **Kilometervertrag:** Der Kilometervertrag ist ein häufig verwendeter Vertrag aus dem Bereich des Fahrzeugleasings und wird insbesondere von Hersteller-Leasinggesellschaften eingesetzt. Er enthält Komponenten des Teilamortisations-Vertrags (kalkulierter Restwert) und des Operate-Lease-Vertrages (kalkulierter Restwert ist „offen", das heißt, er ist nicht durch den Leasingnehmer zu amortisieren). Der Leasing-Nehmer erhält keine Optionsrechte.

Im Kilometervertrag werden eine bestimmte Laufzeit, eine während der Laufzeit geltende Leasingrate und eine bestimmte kalkulatorische Gesamtlaufleistung vereinbart. Wird die Gesamtlaufleistung unterschritten, erhält der Leasing-Nehmer eine Vergütung. Ist die Laufleistung höher, hat der Leasingnehmer eine nachträgliche Korrekturzahlung zu entrichten (in der Praxis wird innerhalb eines Toleranzrahmens von wenigen Tausend Kilometern auf eine Vergütung oder Nachzahlung verzichtet). Zum Ende der Leasingvertragslaufzeit wird das Fahrzeug an die Leasing-Gesellschaft zurückgegeben, die es zu verwerten hat. Das

Fahrzeug muss einen der Laufleistung und dem Alter angemessenen Zustand aufweisen. Obwohl der Kilometervertrag nicht erlasskonform ist, wird das Objekt bei der Leasing-Gesellschaft bilanziert. Die Leasing-Gesellschaft trägt das Restwertrisiko (= Wertverlustrisiko oder Wertsteigerungschance) und gilt damit als wirtschaftlicher Eigentümer.

8.3.12.6 Weitere Vertragsarten/Leasingformen: Finance Lease und Operate-Lease

International – aber zunehmend auch in Deutschland – sind insbesondere im Zusammenhang mit neuen Bilanzierungsvorschriften wie IAS/IFRS oder US-GAAP die Begriffe „Finance- Lease“ und „Operate-Lease“ (bzw. „Operating-Lease“) gebräuchlich. Ersterer entspricht in etwa der Vollamortisation (muss aber beim Leasing-Nehmer bilanziert werden) und der zweite der Teilamortisation. Kennzeichnend für „Operate-Lease“ ist zusätzlich, dass es sich in der Regel um sehr kurze Vertragslaufzeiten handelt und die Leasinggesellschaft das volle Verwertungsrisiko für die nach Vertragsende zurückgegebenen Leasingobjekte übernimmt. Operate-Lease-Verträge führen bei richtiger Ausgestaltung nicht zur Aktivierung in der Bilanz des Leasing-Nehmers.

Der Operate-Vertrag ist ein Leasing-Vertrag mit „offenem“ Restwert, das heißt, die Amortisation des Objekts ist nicht durch den Leasing-Nehmer zu gewährleisten, während der Vertragslaufzeit erfolgt eine Teilamortisation. Der Operate-Vertrag ist inhaltlich sehr nah an der Vermietung. Der Operate-Vertrag ist nicht erlasskonform. Weil aber der Leasing-Geber das Restwertrisiko/Verwertungsrisiko trägt (und damit auch die Wertsteigerungschance nutzen kann), bilanziert – bei Einhaltung weiterer Kriterien für die Vertragsgestaltung – der Leasing-Geber. Solche Kriterien beziehen sich zum Beispiel auf die Regelungen zum Vertragsende, auf die Vertragslaufzeit, auf den Barwert des Vertrages in Relation zum Kaufpreis des Leasing-Objekts. Die Zurechnungskriterien sind in Abhängigkeit der gewählten Rechnungslegung (US-GAAP oder IAS/IFRS) und auf Basis der jeweils aktuellen Rechtsprechung in jedem Einzelfall zu überprüfen.

Der Operate-Vertrag wird insbesondere bei Leasinglaufzeiten kleiner 40 % der betriebsgewöhnlichen Nutzungsdauer eingesetzt. Typische Operate-Lease-Objekte sind Flugzeuge, Schiffe oder universal einsetzbare Standardmaschinen. Ferner werden Operate-Verträge eingesetzt bei Unternehmern/Gesellschaften, die nach IFRS bilanzieren und eine „off-balance“-Lösung wünschen. (Wobei mehrjährige Verpflichtungen aus Leasing-Verträgen, wenn sie für die Beurteilung der Finanzlage von Bedeutung sind, je nach Rechnungslegungsvorschrift im Anhang der Bilanz anzugeben sind). Operate-Lease erfordert von Seiten der Leasing-Gesellschaft gute Objektkenntnisse. Teilweise werden offene Restwerte über sogenannte Restwertversicherer abgesichert.

8.3.12.7 Besonderheiten des Leasings in Abgrenzung zum Kauf

Die unternehmerische Entscheidung zur Wahl der Finanzierungsart wird neben liquiditätswirksamen oder kostenrechnerischen Faktoren auch von qualitativen Motiven beeinflusst, die jeder Unternehmer in Abhängigkeit des individuellen Bedarfs und der wirtschaftlichen und steuerlichen Rahmenbedingungen für sich abwägen muss.

Der **Liquiditätsvergleich** zwischen Leasing und Kauf ist eindeutig und im Ergebnis unabhängig von individuellen Prämissen. Die Leasinginvestition erfolgt regulär ohne Einsatz von Eigenkapital – als 100 %ige Fremdfinanzierung. Es wird kein Kapital des Unternehmers gebunden. Beim Kauf werden zum Investitionszeitpunkt Mittel in Höhe des Anschaffungswerts gebunden (Eigenkapital und aufgenommenes Fremdkapital) und erst sukzessive freigesetzt (über die verdiente Abschreibung und später, wenn das gebrauchte Objekt gegebenenfalls wieder verkauft wird).

Ein **Wirtschaftlichkeitsvergleich** zwischen Leasing und Kauf ist in der Darstellung nicht zielführend, weil er von zahlreichen Prämissen abhängt und im Ergebnis stark variieren kann. Einflussfaktoren sind z.B.:

(1) die Vertragsgestaltung und Konditionen des Leasings, welche die steuerliche Zurechnung zum Leasingnehmer oder Leasinggeber bestimmen;

(2) die Art und Nutzungsintensität des Objektes im jeweiligen Marktumfeld mit ihrem Einfluss auf die mögliche Vertragslaufzeit und auf die Höhe des zu kalkulierenden Restwerts;

(3) der Zahlungszeitpunkt sowie die Höhe der Leasingraten, welche in der Regel wie nachstehend von der Leasing-Gesellschaft kalkuliert werden:

1) Anschaffungs-/Herstellungskosten (AW/HK)
2) + Refinanzierungskosten (Refinanzierungszins p.a. · Leasinglaufzeit · AW/HK)
3) + Bearbeitungs-/Verwaltungs-/Vertriebskosten
4) + Risikokosten (abhängig von: Objektwerthaltigkeit, Leasingnehmerbonität, Zusatzsicherheiten)
5) + Gewinn (Gewinnmarge in % p.a. · AW/HK · Vertragslaufzeit)

= Summe aller Leasingraten (bei Vollamortisation; ohne MwSt., auf die Vertragslaufzeit zu verteilen, z.B. degressiv oder linear)

(4) die Refinanzierungsmöglichkeiten am Kapitalmarkt, welche die Leasingkonditionen beeinflussen;

(5) die Höhe des individuellen Ertragsteuersatzes sowie die steuerlichen Rahmenbedingungen generell (Gewerbesteuerbelastung);

(6) die Kreditkonditionen (Zins, Laufzeit und Tilgungsmodalitäten (Tilgungsdarlehen, Endfälligkeit oder Annuitätendarlehen));

(7) das gewählte Abschreibungsverfahren beim Kauf;

(8) die Notwendigkeit, Art und Höhe der Anschlussfinanzierung;

(9) die Höhe des Kalkulationszinses, den das Unternehmen ansetzt.

Weitere Aspekte aus Sicht des Unternehmers sind zum Beispiel (in beliebiger Reihenfolge):

(1) **Investieren ohne Kapitaleinsatz:**

Regulär erfolgt die Leasing-Investition ohne Einsatz von Eigenkapital – als 100 %ige Fremdfinanzierung. Kreditlinien und Sicherheiten bleiben unberührt, die eigene Liquidität wird geschont (im Gegensatz zum Kauf). In Einzelfällen ist ein anteiliger Einsatz von Eigenmitteln erforderlich und/oder die Stellung zusätzlicher Sicherheiten.

(2) **Pay-as-you-earn-Prinzip**:
Leasing-Raten sind periodisch wiederkehrende Zahlungen, die parallel zur Objektnutzung anfallen. Weil der Ertrag aus der laufenden Produktion/Arbeit mit dem Leasing-Objekt in der Regel höher ist als die Leasing-Rate, finanziert sich das Investitionsgut aus den damit erwirtschafteten Erträgen.

(3) **Feste Kalkulationsgrundlage:**
Leasing-Raten sind über die vereinbarte Grundleasingdauer hinweg fest, Veränderungen sind grundsätzlich ausgeschlossen. (Ausnahme: Zinsanpassungen werden explizit vereinbart). Die monatlichen Zahlungen bieten eine klare Planungs- und Kostengrundlage, die innerbetriebliche Kalkulation wird erleichtert. (Beim Kauf sind Anschaffungskosten, Finanzierungskosten und deren Nebenkosten sowie kalkulatorische Eigenkapitalkosten zu berücksichtigen – beim Leasing nur eine Rate).

(4) **Steuervorteil:**
In Abhängigkeit von den aktuellen steuerlichen Rahmenbedingungen kann Leasing steuerlich vorteilhaft sein. Nachdem lange Jahre die Leasing-Rate in voller Höhe als Betriebsausgabe absetzbar war, während bei der Kreditaufnahme nur der Zinsanteil abgesetzt werden konnte, sieht das im Mai 2007 in Kraft getretene Gesetz zur Unternehmenssteuerreform eine anteilige Hinzurechnung[438] des Finanzierungsanteils der Leasing-Rate zum Gewerbeertrag vor. Es wird ein Freibetrag in Höhe von 100.000 € gewährt.

(5) **AfA-orientierte Laufzeit:**
Die Laufzeit der Leasing-Verträge orientiert sich an steuerlichen AfA-Zeiten und an der Nutzungsintensität der Objekte (z. b. Mehrschichtnutzung von Maschinen führt zu einer Verkürzung der Vertragslaufzeit). Es können Optionen auf die weitere Nutzung des Leasing-Objekts nach Ablauf der Vertragslaufzeit eingeräumt werden. Die Konditionen entsprechen den wirtschaftlichen und steuerlichen Gegebenheiten. Die Kredit-Tilgung erfolgt teils in kürzeren Zeiträumen, dementsprechend wäre die monatliche Ratenbelastung höher.

(6) **Bilanzneutralität:**
Durch den fehlenden Einsatz von Eigen- oder Fremdkapital ist Leasing „bilanzneutral". Der Leasing-Geber ist wirtschaftlicher Eigentümer. Er erwirbt und aktiviert das Objekt, so dass die Bilanzrelationen des Leasing-Nehmers unverändert bleiben. Dies hat positive Auswirkungen auf die Eigenkapitalquote, was unter Rating- und Basel II- Gesichtspunkten wesentlich ist. Durch die je nach Rechnungslegung erforderliche Angabe der Leasing-Verpflichtungen im Anhang des Jahresabschlusses tritt das Argument der Bilanzneutralität jedoch etwas in den Hintergrund. Die Verpflichtungen sind für die Bilanzanalysten erkennbar und somit auch Bestandteil von Kreditwürdigkeitsprüfungen.

(7) **Flexibilität:**
Die Vertragsgestaltung im Leasing wird an den Bedürfnissen des Unternehmens sowie der Wertentwicklung des Objekts ausgerichtet. Denkbar sind neben gleichbleibenden Leasing-Raten auch degressive Raten, erhöhte Erstraten, Saisonraten oder Leasing-Sonderzahlungen. Für das Vertragsende können vereinbart werden: Kauf-

[438] Hinzurechnung der Finanzierungsanteile von Leasingraten bei der Ermittlung des Gewerbeertrags: in Höhe von 20 % für bewegliche Wirtschaftsgüter. Vgl. Gesetz zur Unternehmenssteuerreform von Mai 2007, welches zum 1.1.2008 in Kraft getreten ist.

und Mietverlängerungsoptionen oder eine Beteiligung am Erfolg der Verwertung des Leasing-Objekts nach Beendigung des Leasing-Vertrags.

(8) **Beschaffungsindividualität:**

Der Unternehmer entscheidet über den Anschaffungszeitpunkt, die Beschaffenheit und den Lieferanten des Investitionsguts. Er tritt – in Abstimmung mit der Leasing-Gesellschaft – selbst wie ein Käufer auf und übernimmt Kauf- und Vertragsverhandlungen und die Übernahme des Objekts. Er kann die Aufgaben auch teilweise auf die Leasing-Gesellschaft übertragen. Er muss in Abgrenzung zur Miete in Bezug auf Objektdetails und Lieferantenauswahl keine Kompromisse eingehen.

(9) **Innovationseffekt:**

Durch die weitgehend flexible Gestaltung der Leasingvertragslaufzeiten kann der Unternehmer den Austausch seiner Maschinen, EDV-Anlagen etc. so steuern, wie es die betrieblichen Belange oder technologischen Veränderungen erfordern. Das Risiko der Überalterung ist dadurch geringer als beim Kauf.

(10) **Umweltgerechte Entsorgung:**

Die Leasing-Gesellschaft als Eigentümerin muss sich um die umweltgerechte Entsorgung und professionelle Verwertung kümmern. Der Leasing-Nehmer hat damit keinen Aufwand, das Verwertungsrisiko für die gebrauchten Güter übernimmt zu einem erheblichen Teil der Leasing-Geber. (Dieses Argument greift besonders bei schnelllebigen Objekten).

(11) **Begleitende Serviceleistungen:**

Leasing in Verbindung mit zusätzlichen Dienst- und Serviceleistungen ist bequem und spart Fixkosten. Unternehmen können Verwaltungsarbeiten ausgliedern, Personal einsparen oder für die Kernprozesse einsetzen. Häufige Extras sind z.B. Versicherungsleistungen, Wartungsarbeiten, Übernahme des kompletten Fuhrpark- oder IT-Managements.

(12) **Begleitung ins Ausland:**

Viele Leasing-Gesellschaften sind im Ausland mit Tochtergesellschaften, Niederlassungen oder Kooperationspartnerschaften vertreten. Sie sind damit in der Lage, ihre Kunden bei deren internationalen Expansionsvorhaben in Vertrieb und Produktion zu begleiten. Die Unternehmer profitieren von einer länderübergreifenden Betreuung (inkl. Fachwissen zu Recht und Steuern).

(13) **Situation im Insolvenzfall:**

Im Insolvenzfall des Unternehmers hat die Leasing-Gesellschaft ein Aussonderungsrecht in Bezug auf das Objekt, dessen wirtschaftlicher Eigentümer sie ist. Weil eine Fortführung des Leasing-Vertrages für Unternehmer und Leasing-Gesellschaft in den meisten Fällen die sinnvollste Lösung ist (oft handelt es sich um für die Aufrechterhaltung der Produktion wichtige Maschinen oder EDV), kommt es häufig zu einer Fortführung des Leasing-Vertrags durch den Insolvenzverwalter oder durch einen Übernehmer.

Zusammenfassend lässt sich festhalten, dass Leasing eine flexible Finanzierungsalternative darstellt, die sich wachsender Beliebtheit erfüllt und in der Ausgestaltung sehr vielfältig ist. Neben den beschriebenen Vertragsformen haben die Leasing-Gesellschaften – in Abstimmung mit ihren Betriebsfinanzämtern – weitere unternehmensindividuelle Vertragsformen geschaffen, die sich neben der Vertragsbezeichnung vorwiegend im Bereich der Vertragslaufzeiten und Regelungen zum Vertragsende unterscheiden.

Kontrollfragen

- Differenzieren Sie zwischen einem Kredit und einem Darlehen.
- Welche Laufzeit muss ein Kredit vorweisen um als langfristig zu gelten?
- Beschreiben Sie die Charakteristik eines Annuitätendarlehens bzw. der Tilgungshypothek.
- Erklären Sie den Umgang mit einem Damnum (Disagio) in der Handels- und Steuerbilanz. Wie wirkt sich ein Damnum auf den Effektivzins des Darlehens aus?
- Unterscheiden Sie zwischen einem syndizierten Kredit und einem Konsortialkredit.
- Nennen Sie die Beteiligten eines syndizierten Kredits und kurz deren jeweilige Aufgabe.
- Beschreiben Sie, wie mit dem Underwriting und Best Efforts dem Platzierungsrisiko bei syndizierten Krediten entgegengewirkt werden kann.
- Nennen Sie drei Vorteile der Kreditsyndizierung.
- Differenzieren Sie zwischen den Syndizierungsstrategien Club-Deal und Breite Syndizierung.
- Beschreiben Sie innerhalb der Syndizierung die unterschiedlichen Kreditarten, Revolvierende Kreditfazilität, Bereitstellungskredit, Barkredit.
- Erläutern Sie die Pricing-Komponenten eines syndizierten Kredits.
- Nennen Sie deutsche Spezialkreditinstitute, die mittel- und langfristige Außenhandelsfinanzierungen anbieten.
- Erläutern Sie das Prinzip und Anbieter des Lieferantenkredits.
- Skizzieren Sie die Funktionsweise eines Bestellerkredits und nennen Sie Anbieter.
- Erklären Sie den Begriff Akquisitionsfinanzierung, das Dilemma zwischen EK- und FK-Geber und nennen Sie ein typisches Verhältnis von Fremd- und Eigenkapital.
- Unterscheiden Sie zwischen den drei Formen der Akquisitions- bzw. Buy-out-Finanzierungen.
- Erläutern Sie die Charakteristik einer Leveraged-Buy-out-Finanzierung und erklären Sie im Rahmen dessen den Leverage-Effekt und Methoden zur Erhöhung des Cashflows und Unternehmenswerts.
- Beschreiben Sie die acht Erfolgsfaktoren, die für eine erfolgreiche LBO-Finanzierung gegeben sein sollten.
- Skizzieren Sie die Grundstruktur einer Akquisitionsfinanzierung.
- Nennen Sie die vier wesentlichen Instrumente, mit der Sie eine Akquisitionsfinanzierung strukturieren können und erklären Sie die Besonderheit von Mezzanine.
- Beschreiben Sie den Ablauf und die unterschiedlichen Phasen einer Akquisitionsfinanzierung.
- Nennen Sie die Besonderheit bzgl. der Kreditwürdigkeit bei einer Projektfinanzierung und skizzieren Sie die Struktur der beteiligten Parteien.

- Erläutern Sie die Charakteristik eines Schuldscheindarlehens und grenzen Sie es von einem Wertpapier ab.
- Grenzen Sie die direkte von der indirekten Schuldscheindarlehensgewährung ab.
- Grenzen Sie im Rahmen der Industrieobligation die Eigen- von der Fremdemission ab sowie das Übernahme- vom Begebungskonsortium.
- Differenzieren Sie zwischen dem festverzinslichen Wertpapier, der Floating-Rate-Note und dem Zero-Bond.
- Nennen Sie die im Rahmen einer Industrieobligation typisch gestellten Sicherheiten.
- Beschreiben Sie den wesentlichen Unterschied zwischen der Industrieobligation und der Wandelschuldverschreibung. In welchen zwei Situationen wird ein Unternehmen die Emission einer Wandelschuldverschreibung bevorzugen?
- Unterscheiden Sie im Rahmen der Wandelschuldverschreibung das Bezugsverhältnis, Wandlungsverhältnis und den Wandlungspreis.
- Nennen Sie den wesentlichen Unterschied zwischen der Optionsschuldverschreibung und der Wandelschuldverschreibung. Was bedeuten die Begriffe „in the money", „at the money" und „out the money"?
- Grenzen Sie die Gewinnschuldverschreibung vom Genussschein ab.
- Worin liegt der Unterschied zwischen der Miete und dem Leasing? Was verstehen Sie unter dem Finance- und Operative Lease?

8.4 Die kurzfristige Fremdfinanzierung

Lernziele

- Sie wissen, wann es sich lohnt einen Lieferantenkredit in Anspruch zu nehmen und wie sie den Zins errechnen können.
- Sie kennen die Vor- und Nachteile von Kundenanzahlungen und wissen, in welchen Branchen sie typisch sind.
- Sie sind mit dem Factoring-Verfahren vertraut und können zwischen den verschiedenen Ausprägungen unterscheiden.
- Sie differenzieren im Rahmen von Asset Backed Securities zwischen klassischen und synthetischen Verbriefungen und sind mit Formen der ABS i.w.S. vertraut.
- Sie können den Ablauf einer ABS-Transaktion skizzieren inkl. beteiligter Parteien und unterschiedlicher Phasen.
- Sie verstehen den Sinn des Credit Enhancements und kennen dessen Methoden bei ABS.
- Sie kennen die üblichen Tranchen bei ABS und kennen die Vorteile einer Tranchenbildung.
- Sie sind sich über die Voraussetzungen, Vorteile und Risiken im Rahmen einer ABS-Transaktion bewusst.

- Sie verstehen die Zweckmäßigkeit eines Kontokorrentkredits und dessen Kostenfaktoren.
- Sie können den Lombardkredit vom Kontokorrentkredit unterscheiden.
- Sie verstehen den Wechselkredit und differenzieren zwischen gezogenem und eigenem Wechsel.
- Sie wissen den Diskontkredit vom Wechselkredit abzugrenzen und kennen die Kosten eines Diskontkredits.
- Sie verstehen das Prinzip des Akzeptkredits und können weiter die Verwendung von Rembours- und Negoziationskredit erklären.
- Sie können den Ablauf einer Forfaitierung skizzieren und unterscheiden zwischen echter und unechter Forfaitierung.
- Sie kennen das Prinzip eines Avalkredits und dessen verschiedene Anwendungsformen.
- Sie differenzieren zwischen einem Commercial Paper und Medium Term Note.
- Sie verstehen den Zweck von Cash-Pooling.
- Sie sind mit den Vor- und Nachteilen des Cash-Pooling vertraut.
- Sie kennen die Konzeption der beiden Cash-Pooling-Arten sowie deren Vor- und Nachteile.
- Sie unterscheiden zwischen den Cash-Pooling-Varianten Domestic Pooling und Cross Border Pooling und kennen deren Vor- und Nachteile.

8.4.1 Lieferantenkredit

Erhält ein Betrieb Lieferungen oder Leistungen von einem anderen Betrieb, so entsteht zwischen den Beteiligten dann eine Kreditbeziehung, wenn der Abnehmer der Lieferungen oder Leistungen seine Schulden nicht umgehend begleicht. Ein derartiger Lieferantenkredit kann entweder durch die Vereinbarung eines Zahlungsziels vom Lieferanten ausdrücklich gewährt werden, so z.B., wenn die Rechnung erst nach einer bestimmten Frist, z.B. nach 30 oder 60 Tagen, beglichen werden muss, oder er kann unfreiwillig eingeräumt, m. a. W. erzwungen werden, wenn ein Abnehmer seine Rechnungen nur schleppend bezahlt und der Lieferant keine wirksamen Gegenmaßnahmen ergreifen kann, weil der Kunde für ihn auch in Zukunft von großer Bedeutung ist.

Der Lieferantenkredit ist seinem Wesen nach ein **Mittel der Absatzförderung.** Der Lieferant ist im Gegensatz zu einem Kreditinstitut nicht wegen des Kreditgeschäfts, sondern zur Steigerung seines Umsatzes an der Einräumung des Kredits interessiert, d.h., er finanziert den Absatz seiner Produkte. Der Lieferant ermöglicht es dem Abnehmer, seine Lieferungen aus den Umsatzerlösen der verkauften Waren zu bezahlen, so dass der sonstige Kapitalbedarf des Abnehmers wesentlich geringer ist.

Der Lieferantenkredit ist eine besonders bequeme Form der kurzfristigen Fremdfinanzierung. Er wird ohne jede Formalität, insbesondere ohne eine systematische Kreditwürdigkeitsprüfung, gewissermaßen „nebenbei" bei Abschluss eines Kaufvertrags gewährt. Der Kreditnehmer selbst stellt in der Regel keine Sicherheiten. Zur Sicherung seiner Forderung behält sich der Lieferant das Eigentum an den gelieferten Sachen vor (Eigentumsvorbehalt). Auch der Abschluss einer Kreditversicherung ist ein Mittel zur – teilweisen – Absicherung der Forderungsbestände, die sich durch die Einräumung von Lieferantenkrediten aufbauen.

Für den Lieferantenkredit wird zwar kein Zins gezahlt, dennoch wird er nicht umsonst gewährt, weil bei Barzahlung vom Rechnungspreis ein **Skonto** abgesetzt werden kann. Da bei der Ermittlung des Preisangebots der Skontobetrag einkalkuliert wird, ist in der Regel die Verzinsung des Lieferantenkredits im Kaufpreis bereits enthalten, m. a. W. der Rechnungspreis setzt sich aus dem Preis für die gelieferten Wirtschaftsgüter und dem Zins für die Kreditinanspruchnahme („Ziel") zusammen. Wird innerhalb der Skontofrist gezahlt, so hat der Lieferant den Vorteil, dass die Kaufverträge schneller und ohne Mahnungen und Beitreibungen abgewickelt werden. Der Anreiz zum Skontoabzug wird verständlich, wenn aus den Zahlungsbedingungen der vergleichbare Jahreszinssatz errechnet wird.

Sehen die einheitlichen Zahlungsbedingungen eines Wirtschaftszweigs ein **Zahlungsziel** von 30 Tagen und einen Skontoabzug von 3 % bei sofortiger Barzahlung vor, so entspricht das einer monatlichen Verzinsung von 3 % und einer jährlichen Verzinsung von 36 %. Tatsächlich ist diese Verzinsung noch höher, wenn man berücksichtigt, dass vom Lieferanten in der Regel eine gewisse Frist – oft bis zu 10 Tagen – eingeräumt wird, innerhalb derer der Skontoabzug gewährt wird **(Skontofrist)**. Beträgt diese Frist bei einem Ziel von 30 Tagen z.B. 10 Tage und der Skontoabzug 3 %, so wird der Lieferantenkredit für 10 Tage zinslos gewährt, und der im Preis eingerechnete Skontobetrag bildet die Zinskosten für 20 Tage **(Skontobezugsspanne)**.[439] Der Jahreszins beträgt dann nicht 36 %, sondern sogar 54 %. Zur Berechnung des Jahreszinses dient die folgende Formel, die allerdings nicht berücksichtigt, dass es sich um eine unterjährige Verzinsung handelt.

$$p = \frac{S}{z - s} \cdot 360$$

Es bedeuten:

z = Zahlungsziel
s = Skontofrist
S = Skontosatz

Der Jahreszinssatz steigt mit zunehmendem Skontosatz und abnehmender Skontobezugsspanne (z – s).

Es wird deutlich, dass die Barzahlung innerhalb der Skontofrist auch bei Aufnahme eines kurzfristigen Bankkredits gewöhnlich wirtschaftlicher ist als die Inanspruchnahme des Lieferantenkredits, da den Bankzinsen entsprechende Jahreszinssätze nur bei sehr niedrigen Skontosätzen und ungewöhnlich langen Skontobezugsspannen erreicht werden.

Lieferantenkredite sind für solche Betriebe von besonderer Bedeutung, deren **Kapitalausstattung** und **Liquidität** gering sind, und die nicht über genügend **Sicherheiten** verfügen, um Bankkredite aufnehmen zu können. Der Lieferantenkredit ermöglicht ihnen eine zumindest teilweise Finanzierung ihrer Lagerbestände. In den Fällen, in denen die durchschnittliche Lagerdauer kürzer ist als die Kreditzeit, sind sie in der

---

[439] Vgl. hierzu und den folgenden Formeln *Hahn, O.*, Der Skonto in der Wirtschaftspraxis, Frankfurt a.M. 1962, S. 22.

Lage, sogar ihrerseits einen Lieferantenkredit zu gewähren, der – wenn er und die durchschnittliche Lagerdauer zusammen nicht länger als der in Anspruch genommene Lieferantenkredit sind – die Liquiditätslage des Betriebs nicht verschlechtert und außerdem eine „Überwälzung" eines Teils des nicht in Anspruch genommenen Skontos ermöglicht.

Ein Betrieb erhält z.B. von seinem Lieferanten 30 Tage Ziel oder 3 % Skonto. Die durchschnittliche Lagerdauer betrage 10 Tage. Räumt er selbst seinem Abnehmer ein Zahlungsziel von 20 Tagen oder 2 % Skonto ein, so kann er seinen Lieferanten aus den Umsatzerlösen bezahlen, d.h., er braucht seine Lagerbestände nicht vorzufinanzieren. Nimmt der Abnehmer das gewährte Ziel in Anspruch, so stehen den selbst zu tragenden Kreditkosten in Höhe von 3 % des Einkaufspreises Erlöse in Höhe von 2 % des Absatzpreises aus der eigenen Kreditgewährung gegenüber.

Bei der Ermittlung des rechnerischen Jahreszinses von Lieferantenkrediten sind wir bisher davon ausgegangen, dass sich die Abnehmer an die Zahlungsbedingungen halten. Das muss jedoch nicht der Fall sein. Lauten die Zahlungsbedingungen 2 % Skonto bei Zahlung innerhalb 10 Tagen oder 30 Tage nach Rechnungsdatum „rein netto", so ergibt sich ein Jahreszins von 36 %. Zahlt der Abnehmer aber erst nach 90 Tagen, so sinkt der Zinssatz auf 9 % p.a. Der Lieferant könnte in solchen Fällen seinen Abnehmer in Verzug setzen, so dass dieser dann Verzugszinsen zu zahlen und für entstehende Schäden (z.B. Zinsen für erhöhte Kreditaufnahme, Mahngebühren) aufzukommen hat.[440] Ob der Lieferant aber diesen Weg beschreitet, hängt von der Stärke der Marktposition des Abnehmers und der eigenen Marktstellung ab. Ist der Lieferant vom Abnehmer abhängig, so kann dieser die Zahlungsziele oft weit überschreiten und dadurch den Lieferantenkredit erheblich verbilligen,

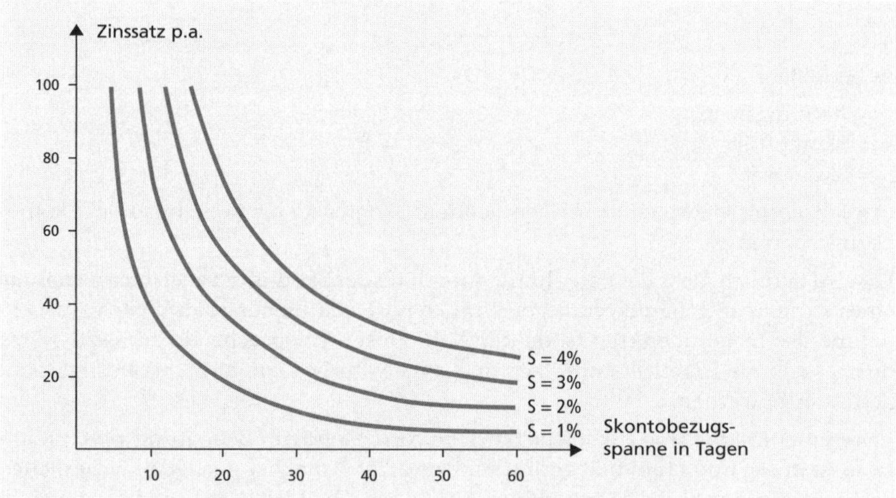

Abb. 102: Jahreszins von Lieferantenkrediten

[440] Vgl. § 288 BGB. Die Höhe der Verzugszinsen entspricht dem Basiszinssatz gemäß § 247 BGB zuzüglich 5 Prozentpunkte. Der Basiszinssatz wird halbjährlich von der Deutschen Bundesbank bekanntgegeben. Er leitet sich ab aus dem Hauptrefinanzierungssatz der EZB. Die Zahlungsbedingungen sehen gewöhnlich höhere Sätze vor.

so dass eine Skontierung uninteressant wird. Eine starke Stellung gegenüber dem Lieferanten kann unter Umständen sogar zu einer längerfristigen Kreditierung von Mitteln führen, die für andere Finanzierungsvorhaben eingesetzt werden können.

Beispiel: [441] Ein Betrieb bezieht an jedem Monatsersten Rohstoffe im Wert von 100.000 EUR. Die Zahlungsbedingungen räumen ein Zahlungsziel von 30 Tagen bzw. bei sofortiger Zahlung einen Skontoabzug von 1,5 % ein. Ist der Lieferant von seinem Abnehmer abhängig, so kann dieser das Zahlungsziel überschreiten, ohne Verzugszinsen entrichten zu müssen. Wenn das vertraglich vereinbarte Zahlungsziel jeweils um zwei Monate überschritten wird, entwickelt sich zwischen dem Lieferanten und dem Abnehmer folgende Kreditbeziehung (vgl. Abb. 103):

Kredit aus dem Einkauf des	**Kredit im**				
	1. Monat	**2. Monat**	**3. Monat**	**4. Monat**	**5. Monat**
1. Monats	100.000	100.000	100.000		
2. Monats		100.000	100.000	100.000	
3. Monats			100.000	100.000	100.000
4. Monats				100.000	100.000
5. Monats					100.000
Kredit zusammen	100.000	200.000	300.000	300.000	300.000

Abb. 103: Kreditbeziehung bei Lieferantenkrediten

Der Abnehmer begleicht erst nach Ablauf des dritten Monats die erste Rechnung. Inzwischen hat er aber zwei weitere Lieferungen bezogen, so dass während des dritten Monats die Lieferantenverbindlichkeiten 300.000 EUR betragen. Wird von nun an im Abstand von je einem Monat regelmäßig ein Betrag von 100.000 EUR bezahlt, so beträgt bei weiterem monatlichem Bezug von Rohstoffen im Wert von 100.000 EUR der Kredit des Abnehmers auch in den Folgemonaten 300.000 EUR. Er setzt sich zusammen aus einem Kredit von 100.000 EUR, der laut Zahlungsbedingungen jeweils unter Verzicht auf Skontoabzug für einen Monat eingeräumt wird sowie aus zwei weiteren, nicht mehr vertragsgemäßen, sondern durch die Stärke der Marktstellung erzwungenen (zinslosen) Krediten von je 100.000 EUR, die nicht mehr zu Skontoeinbußen für den Abnehmer führen. Unterstellt man beim Abnehmer eine durchschnittliche Verarbeitungs- und Lagerdauer von einem Monat, so dienen 100.000 EUR des Lieferantenkredits zur Rohstoffvorfinanzierung. Die restlichen 200.000 EUR, die dem Abnehmer aus Umsatzerlösen zugeflossen sind, können zur Erweiterung des Geschäftsumfangs eingesetzt werden. Dieser erzwungene Teil des Kredits steht dem Abnehmer so lange zur Verfügung, wie die Geschäftsbeziehungen zum Lieferanten in der beschriebenen Weise bestehen. Durch die Verschleppung der Zahlung um zwei Monate sinkt unter den Annahmen des Beispiels der Jahreszins von 18 % auf 6 %.

[441] Beispiel in Anlehnung an *Wöhe-Kaiser-Döring*, Übungsbuch zur Einführung in die Allgemeine Betriebswirtschaftslehre, 12. Aufl., München 2008, S. 321.

Im letzten Beispiel sind wir davon ausgegangen, dass der Lieferant vom Abnehmer abhängig ist. Durch die laufende Inanspruchnahme und Überziehung von Lieferantenkrediten können sich aber auch Abhängigkeiten vom Lieferanten entwickeln. Dieser Punkt ist erreicht, wenn der Lieferant seinen Abnehmer durch Beitreibung seiner Forderungen in Zahlungsschwierigkeiten bringen würde. Die Abhängigkeit drückt sich dann darin aus, dass der Abnehmer nicht mehr frei in der Wahl seiner Lieferanten ist.

8.4.2 Kundenanzahlungen

Eine weitere Quelle kurzfristiger, teilweise mittelfristiger (jedoch seltener) Fremdkapitalbeschaffung stellen die **Anzahlungen** von Abnehmern dar. Die Leistung von Anzahlungen ist in bestimmten Wirtschaftszweigen, z.B. Schiffbau, Großmaschinenbau, Baugewerbe u.a. üblich, da die alleinige Finanzierung des Objekts infolge der langen Produktionszeiten durch den Hersteller in der Regel nicht durchführbar ist. Die Anzahlungen werden entweder vor Beginn des Produktionsprozesses oder nach teilweiser Fertigstellung gewährt. Im Maschinenbau ist es branchenüblich, dass ein Drittel des Kaufpreises bei Auftragserteilung, das zweite Drittel bei Lieferung und der Rest mit vereinbartem Ziel fällig wird.

Durch die Anzahlung erreicht der Hersteller eine **stärkere Bindung** des Kunden an seinen Auftrag. Das ist insbesondere bei Spezialanfertigungen von Vorteil, die auf die Bedürfnisse des Kunden zugeschnitten und daher nur schwer anderweitig veräußerbar sind. Ein weiterer Vorteil liegt in der Verbesserung der Liquiditätslage des Herstellers. Ob die Anzahlungen aber zinslos zur Verfügung stehen, hängt von der Stärke der Marktstellung des Betriebs und seiner Abnehmer ab.

Der Auftraggeber geht bei der Gewährung von Anzahlungen das **Risiko** ein, dass der Lieferant seinen Verpflichtungen nicht nachkommt oder nicht mehr nachkommen kann. Aus diesem Grunde wird er – wenn dem Hersteller an der Auftragserteilung gelegen ist – durchsetzen können, dass der Hersteller eine Bankgarantie zur Sicherheit beibringt. Die Gebühren hierfür sind indirekt Kosten des Kundenkredits. Ist die Konkurrenz groß und die Auftragslage schlecht, so werden die Hersteller entweder bei unveränderten Anzahlungsquoten Preisnachlässe einräumen müssen oder wesentlich weniger Anzahlungen fordern können, als wenn im gesamten Wirtschaftszweig lange Lieferzeiten bestehen und der Abnehmer froh ist, einen einigermaßen günstigen Liefertermin vereinbaren zu können. Die Differenz zwischen dem ohne Anzahlungen erzielbaren Preis und dem Preis, den man nach der Vereinbarung von Anzahlungen noch durchsetzen kann, stellt zusammen mit den Kosten der Sicherheitenbestellung die Kosten des Kredits auf Basis von Kundenanzahlungen dar.

8.4.3 Factoring

Einem Unternehmen, das seinen Kunden Zahlungsziele einräumt, entstehen dadurch zusätzliche Aufwendungen. So sind **Rechnungen** zu schreiben, die **Debitorenbuchhaltung** ist zu führen und die Zahlungseingänge sind zu überwachen. Gegebenenfalls sind Außenstände anzumahnen und beizutreiben. Bis zum Eingang der Forderungen finanziert das Unternehmen seine Kunden, indem es eigene Mittel in diesen Forderungen bindet. Da bei Zielverkäufen Forderungsausfälle nie ganz auszuschließen sind, übernimmt der Betrieb schließlich auch noch das Ausfallrisiko. Jede dieser Funktionen könnte der Betrieb zumindest zum Teil verlagern: die Dienstleistungsfunktion des Rechnungswesens teilweise auf Inkassobüros, die Finanzierungsfunktion auf Kreditinstitute bei Refinanzierung gegen Forderungsabtretungen, das Delkredererisiko auf Kreditversicherungen.

Unter Factoring ist ein Finanzierungsgeschäft zu verstehen, bei dem ein Finanzierungsinstitut (**Factor**)

(1) die Forderungen seines Klienten (Anschlusskunden) ankauft und sie bis zur Fälligkeit bevorschusst (**Finanzierungsfunktion**),

(2) das Risiko des Forderungsausfalls übernimmt (**Delkrederefunktion**) und

(3) für seinen Klienten die Debitorenbuchhaltung und das Mahnwesen führt sowie das Inkasso betreibt (**Dienstleistungs- oder Servicefunktion**[442]). Die Dienstleistung kann zusätzlich auch in der Fakturierung für den Klienten, in der Anfertigung von Statistiken und einer Beratung des Betriebs bestehen.

Das Factoring-Finanzierungssystem gewinnt in Deutschland zunehmend an Bedeutung. Die zum Deutschen Factoring-Verband e. V. gehörenden Factoringinstitute verzeichnen in den vergangenen Jahren deutliche Zuwächse. [443]

Echtes Factoring liegt vor, wenn der Factor alle drei Funktionen, insbesondere die Delkrederefunktion übernimmt. Verbleibt diese beim Klienten, handelt es sich um sog. **unechtes Factoring.** Beim Ankauf der Forderungen durch den Factor tritt der Klient diese nach § 398 BGB ab. Da die Abtretung offen oder still erfolgen kann, ergibt sich eine weitere Unterteilung des Factoring-Systems. Beim **offenen (notifizierten) Factoring** enthalten die Rechnungen des Vertragspartners den Hinweis, dass die Forderung im Rahmen eines Factoring-Vertrags abgetreten wird und dass folglich mit befreiender Wirkung nur unmittelbar an das Factoring-Institut zu zahlen ist.[444]

Beim stillen System **(nichtnotifiziertes Factoring)** dagegen zahlen die Kunden weiter an ihren Lieferanten, da ihnen die Factoring-Beziehung nicht bekannt ist. Der Klient leitet die eingegangenen Zahlungen an das Institut weiter. Eine Zwischenstellung nimmt das sogenannte **halboffene Verfahren** ein. Der Klient zeigt durch einen Zahlungsvermerk auf den Rechnungen zuvor die Zusammenarbeit mit dem Factor an, verzichtet aber auf eine ausdrückliche Abtretungserklärung. Der Kunde kann in diesem Fall mit befreiender Wirkung auch an seinen Lieferanten zahlen. In der Praxis wird echtes Factoring, also die Übernahme von Finanzierungs-, Delkredere- und Servicefunktion, in der Regel in der Form des offenen Verfahrens betrieben. Die sich hierbei ergebenden Beziehungen zwischen den Beteiligten sollen mit Hilfe der Abbildung 104 verdeutlicht werden.

Factoring-Gesellschaften kaufen keine Einzelforderungen, sondern nur **Forderungsgesamtheiten** (alle Forderungen oder bestimmte Forderungsgruppen). Dadurch soll verhindert werden, dass im Fall der Delkredereübernahme der Klient nur die seiner Ansicht nach risikobehafteten Forderungen abtritt. Da die Forderungen in der Regel vor Fälligkeit erworben werden, entsteht zwischen dem Factor und dem Klienten eine laufende Kreditbeziehung. Das Risiko, das der Factor mit Abschluss des Facto-

[442] Vgl. *Horbach, J.*, Das Factoring-Finanzierungssystem, in: Finanzierungs-Handbuch, hrsg. Von *H. Janberg*, 2. Aufl., Wiesbaden 1970, S. 544.

[443] Quelle: Deutsche Factoring Verband e.V.: Pressemitteilung sowie Handelsblatt online.

[444] Vgl. § 407 BGB.

TEIL B: AUSSENFINANZIERUNG

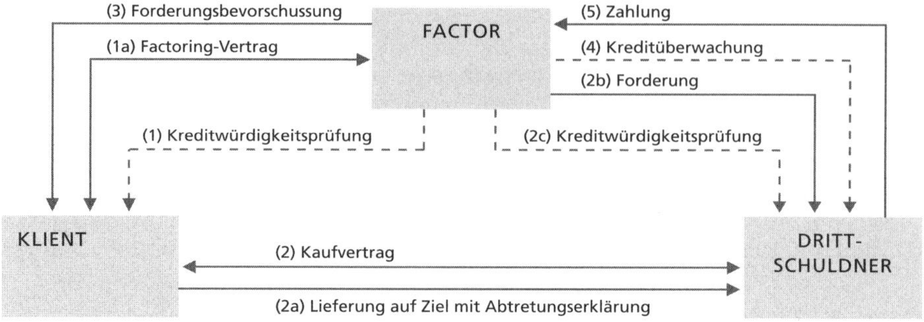

Abb. 104: Beteiligt und Beziehungen im offenen Factoring

ring-Vertrags eingeht, wird einerseits durch die Bonität des Klienten, zum anderen durch die des Drittschuldners bestimmt. Folglich wird der Faktor für beide eine Kreditwürdigkeitsprüfung durchführen, für die aufgrund der Beziehungen aber unterschiedliche Informationsmöglichkeiten bestehen. Während sich die Prüfung des Klienten wegen der direkten Vertragsbeziehung als vergleichsweise unproblematisch erweist, ergeben sich für die Prüfung der Drittschuldner insoweit Schwierigkeiten, als man hier häufig auf eigene Beobachtungen und Fremdauskünfte (z.B. von Kreditinstituten) angewiesen ist. Forderungen, die den Maßstäben der Factoring-Gesellschaft nicht entsprechen, werden nicht angekauft, sondern gegebenenfalls nur treuhänderisch übernommen.

Für jeden Drittschuldner des Klienten wird ein **Höchstbetrag** festgesetzt, bis zu dem der Factor Forderungen kauft und das **Delkredererisiko** übernimmt. Wegen der Möglichkeit, dass die Forderung mit vorher nicht erkennbaren Rechtsmängeln behaftet sein kann, gegen den Klienten beispielsweise Mängelrügen geltend gemacht werden, behält sich der Factor ein Rückbelastungsrecht vor. Bis zur Fälligkeit bzw. bis zur Zahlung des Drittschuldners leistet der Factor einen Vorschuss, für den banküblich Zinsen zu entrichten sind. Zur Sicherung gegen Reklamationen und Zahlungsausfälle, die zu Lasten des Klienten gehen, wird nicht der gesamte Forderungsbetrag bevorschusst. Ein Teil der angekauften Forderungen – ca. 10–15 % – wird einem Sperrkonto gutgeschrieben, bis die Rechnungen bezahlt sind.

In der **Bilanz** schlägt sich der Abschluss eines Factoring-Vertrags in Form eines Aktivtauschs nieder.[445] An die Stelle der verkauften Forderungen aus Lieferungen und Leistungen treten nunmehr Forderungen gegenüber dem Factor, die, wenn es sich bei diesem um ein Kreditinstitut handelt, unter der Position „Guthaben bei Kreditinstituten" ausgewiesen werden. Die Beträge des Sperrkontos sind in einer Fußnote anzugeben oder getrennt auszuweisen. Werden diese Mittel verwendet, um – gegebenenfalls unter Skontoausnutzung – Lieferantenverbindlichkeiten abzubauen oder andere Schulden zu tilgen, so tritt eine Bilanzverkürzung ein.

Beispiel: Die Bilanz eines Betriebs hat vor Abschluss des Factoring-Vertrags folgendes Aussehen (vgl. Abb. 105):

[445] Vgl. zur Bilanzierung, *Adler-Düring-Schmaltz,* Rechnungslegung und Prüfung der Unternehmen, Bd. I, 5. Aufl. Erl. zu § 266 HGB, Anm. 123.

A	Bilanz zum .... in 1.000 EUR		P
Versch. Aktiva	1.500	Versch. Passiva	1.350
Forderungen aus Lieferungen und Leistungen	1.000	Lieferantenverbindlichkeiten	1.200
Bankguthaben	50		
	2.550		2.550

Abb. 105: Bilanz vor Abschluss des Factoring-Vertrages

Übernimmt die Factoring-Gesellschaft den gesamten Forderungsbestand unter der Vereinbarung einer 10%igen Sperre, so treten an Stelle der Forderungen aus Lieferungen und Leistungen eine Erhöhung der Bankguthaben um 900.000 EUR und der Ausweis sonstiger Forderungen in Höhe von 100.000 EUR. Werden Lieferantenverbindlichkeiten in Höhe von 900.000 EUR abgebaut, so ergibt sich eine entsprechende Bilanzverkürzung (vgl. Abb. 106).

A	Bilanz zum .... in 1.000 EUR		P
Versch. Aktiva	1.500	Versch. Passiva	1.350
Sonstige Forderungen	100	Lieferantenverbindlichkeiten	1.200
Bankguthaben	950		
	2.550		2.550

A	Bilanz zum .... in 1.000 EUR		P
Versch. Aktiva	1.500	Versch. Passiva	1.350
Sonstige Forderungen	100	Lieferantenverbindlichkeiten	300
Bankguthaben	50		
	1.650		1.650

Abb. 106: Bilanz nach Abschluss des Factoring-Vertrages

Die **Bedeutung des Factoring-Verfahrens** für den Klienten liegt darin, dass er als Verkäufer in die Lage versetzt wird, seinen Kunden Zahlungsziele einzuräumen, ohne dass er – mit Ausnahme der einbehaltenen Beträge auf dem Sperrkonto – liquiditätsmäßige Belastungen eingeht und ohne dass er ein Kreditrisiko tragen muss. Die Übernahme der Debitorenbuchhaltung durch den Factor führt ebenfalls zu Vorteilen. Diese äußern sich in geringeren laufenden Kosten, niedrigeren Investitionen im Verwaltungsbereich und je nach Dienstleistungsprogramm des Factors in einer besseren statistischen Auswertung des Buchungsmaterials.

Diese Vorteile werden durch **Kosten** vermindert, die durch die Inanspruchnahme des Factors entstehen. Wie bereits erwähnt, verlangt die Factoring-Gesellschaft für die Bevorschussung der Forderungen Zinsen, die etwa denen für Kontokorrentkredite entsprechen. Für die Ausübung der Verwaltungsfunktion und die Übernahme des Delkredererisikos werden je nach Arbeitsaufwand und Risiko ca. 0,8 % bis 2,5 % des Forderungsumsatzes einbehalten.

Probleme durch den Abschluss von Factoring-Verträgen können sich dann ergeben, wenn eine längerfristige vertragliche Bindung (mehrere Jahre) vereinbart wird. Will der Klient nach Ablauf des Vertrags insbesondere die Dienstleistungsfunktion wieder selbst übernehmen, so muss er entsprechende personelle und organisatorische Vorkehrungen treffen. Auch wenn die Factoring-Gesellschaft die Debitorenbuchhaltung noch einige Zeit nach Vertragsablauf führt,[446] sind Anpassungsschwierigkeiten nicht auszuschließen. Größere Unternehmen nützen daher oftmals nur die Finanzierung und die Risikoabsicherung durch den Factor, verzichten aber auf weitergehende Dienstleistungen. Sie führen die Debitorenbuchhaltung – treuhänderisch für das Factoring-Institut – selbst weiter (sog. Bulk-Factoring).

Andere Probleme können sich unter Umständen ergeben, wenn Kunden die Abtretungsanzeige auf der Rechnung als Zeichen wirtschaftlicher Schwäche werten. Weitere Schwierigkeiten stellen sich gegebenenfalls bei solchen Kunden ein, die dem Lieferanten so wichtig sind, dass er auch Zielüberschreitungen in Kauf nehmen würde. Im offenen System mahnt das Finanzierungsinstitut die säumigen Drittschuldner unmittelbar. Dadurch kann es zu Konflikten zwischen den Vertragspartnern kommen. Anders ist die Situation beim stillen System. Auch hier wird die Mahnung zwar im Rahmen des Dienstleistungsprogramms von der Factoring-Gesellschaft ausgestellt; sie wird jedoch über den Klienten geleitet, der auf diese Weise die Möglichkeit hat, einzelne Mahnungen zurückzubehalten.

8.4.4 Asset-Backed-Finanzierungen

8.4.4.1 Begriffsbestimmung

Unter dem Begriff **Asset Backed Securities (ABS)** versteht man wörtlich übersetzt „durch Vermögensmasse gesicherte" Wertpapiere bzw. Schuldverschreibungen. Dabei werden grundsätzlich im Rahmen einer **Verbriefungstransaktion** (engl. „Asset Securitization") einzelne Zahlungsansprüche (Forderungen) eines Unternehmens gebündelt und an eine für diese Transaktion gegründete Zweckgesellschaft abgetreten.[447] Die **Zweckgesellschaft** platziert diese Forderungen wiederum in Form von handelbaren Wertpapieren am Kapitalmarkt und finanziert, durch den so generierten Mittelzufluss, den an das Unternehmen gezahlten Kaufpreis der Forderungen. Als Beispiel für solch verbriefte Forderungen können unterschiedlichste Vermögenswerte sein, wie Forderungen aus Lieferungen und Leistungen, Leasingforderungen oder auch Kreditkartenforderungen genannt werden.

8.4.4.2 Einordnung und Abgrenzung

Wenn von Verbriefungen gesprochen wird, kann grundsätzlich zwischen der **klassischen** und der **synthetischen Verbriefung** unterschieden werden. Unter der klassischen Verbriefung versteht man die Asset Backed Securities im weiteren Sinne (i.w.S.), wohingegen man unter der synthetischen Verbriefung **Kreditderivate** versteht. Das Entscheidungskriterium liegt dabei beim Risikotransfer. So findet bei der klassischen Verbriefung bzw. den ABS i.w.S. ein Risikotransfer vom Verkäufer zum Käufer statt, womit die Vermögenspositionen nicht mehr Bilanzbestandteil beim Verkäufer sind. Man spricht hierbei auch von einem **„True-Sale"**. Bei der

---

[446] Vgl. *Bette, K.*, Das Factoringgeschäft in Deutschland, Stuttgart 1999, S. 107.

[447] Zum Thema Asset Backed Securities vgl. *Bloss, M., Eil, N., Ernst, D., Häcker, J.*, Von der Wall Street zur Main Street, München 2009; *Neumüller, M., Hochgatterer, R.*, Die Kunst der Akquisitionsfinanzierung, S. 263 ff., in: *Stadler, W.* (Hrsg.), Die neue Unternehmensfinanzierung, Frankfurt/Main 2004; *Piossek, I., Wölfle, P.*, ABS-Transaktionen, hrsg. von *Hockmann, H.-J., Thießen, F.*, Investment Banking, 2. Auflage, Stuttgart 2007, S. 329 ff.

synthetischen Verbriefung bzw. den Kreditderivaten wie **Credit-Linked-Note** und Credit-Default-Swap verbleiben Vermögenspositionen in der Bilanz des Verkäufers. Er überträgt lediglich das Ausfallrisiko eines eindeutig bestimmten Portfolios auf den Sicherungsgeber.

Abbildung 107 veranschaulicht die Abgrenzung:

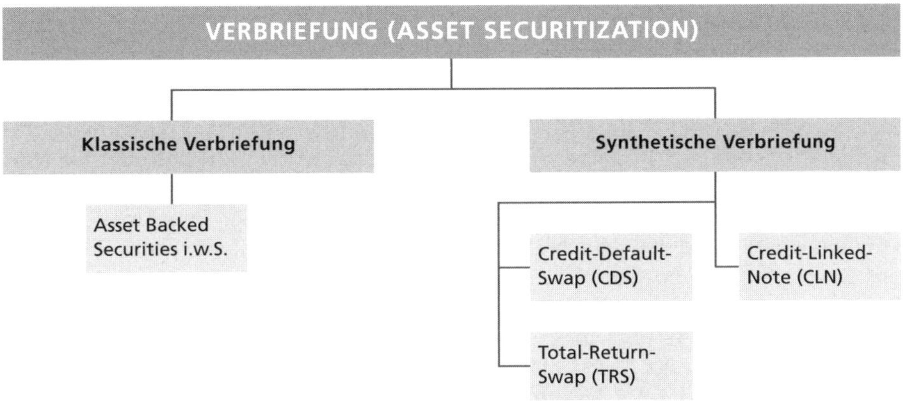

Abb. 107: Abgrenzung der Asset Backed Securities i.w.S.

Da der Begriff „Asset Backed Securities" lediglich für die Besicherung von Wertpapieren durch Vermögen steht, verstecken sich hinter dem Obergriff inzwischen verschiedene Formen der Forderungsverbriefung, wie Abbildung 108 zeigt:

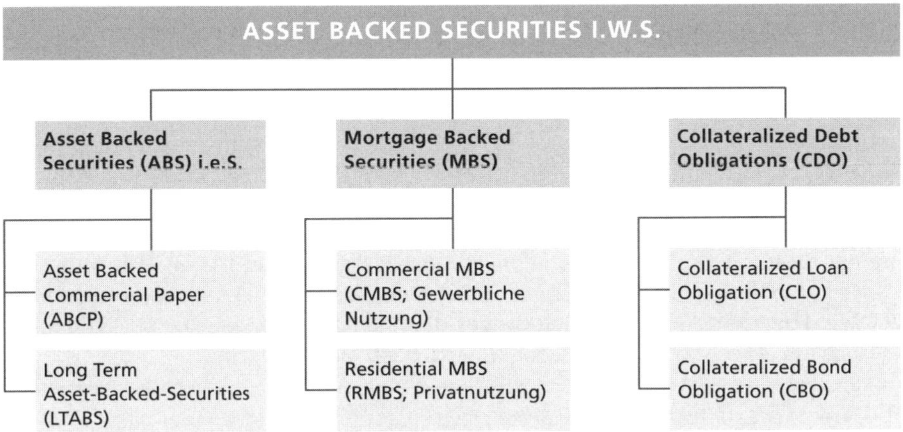

Abb. 108: Formen von Asset Backed Securities

Wertpapiere die unter den Begriff ABS i.w.S. fallen, haben grundsätzlich die Gemeinsamkeit, zum einen durch Zahlungsansprüche besichert, sowie zum anderen in verschiedenen **Tranchen** strukturiert zu sein. Es kann innerhalb der Klasse ABS i.w.S. im Wesentlichen zwischen ABS im engeren Sinne (i.e.S.), Mortgage Backed Securities (MBS) und Collateralized Debt Obligations (CDO) unterschieden werden.

ABS i.e.S. unterscheiden sich davon, dass sie speziell durch Unternehmensforderung gedeckt sind. Dazu zählen beispielsweise Kreditkartenforderungen, Forderungen aus Lieferungen und Leistungen, KfZ-Finanzierungen oder auch Leasing. Es kann hierbei weiter zwischen Wertpapieren mit kurzfristiger Laufzeit (**Asset Backed Commercial Paper**) und langfristiger Laufzeit (**Long Term Asset-Backed-Securities/Bonds**) differenziert werden.

Bei **Mortage Backed Securities** handelt es sich dagegen um Wertpapiere die durch Zahlungsansprüche aus Hypotheken gedeckt sind. Es kann unterschieden werden, zwischen Wertpapieren die durch Hypotheken der gewerblichen Nutzung (Commercial MBS) oder der privaten Nutzung (Residential MBS) gedeckt sind. MBS sind nicht zu verwechseln mit Pfandbriefen die häufig ein weiteres Refinanzierungsmittel bei Hypothekengeschäften darstellen. Wesentliche Unterschiede sind vor allem, dass zum einen aufgrund der Tranchierung den MBS bestimmte Kreditportfolien zugeordnet werden, wohingegen Pfandbriefe durch alle Hypothekenkredite gedeckt sind. Weiter werden MBS durch die gegründete Zweckgesellschaft begeben, wodurch der eigentliche Forderungsabtreter die Kredite und Wertpapiere nicht mehr in der Unternehmensbilanz trägt. MBS unterliegen außerdem weniger strengen gesetzlichen Bestimmungen als das bei der Emission von Pfandbriefen der Fall ist.

Neben den aufgeführten ABS i.e.S. und MBS können auch **Collateralized Debt Obligations** der Form von **ABS i.w.S.** zugeordnet werden. Die Wertpapiere sind hier durch Unternehmens-/Industriekredite und -anleihen oder wiederum durch andere Asset Backed Securities gedeckt. Sind die Wertpapiere ausschließlich durch Kredite besichert, spricht man von Collateralized Loan Obligations (CLO). Bei einer Deckung durch längerfristige Anleihen spricht man hingegen von Collateralized Bond Obligation.

8.4.4.3 Entstehung und Entwicklung

Der heutige Markt von Asset Backed Securities entwickelte sich aus dem 1970 in den USA entstandenen Markt für Mortgage Backed Securities. Die erste ABS-Transaktion fand in den USA 1985 durch ein 200 Mio. US-Dollar schweres Leasingforderungspaket statt. Fünf Jahre später, im Jahr 1990 folgte die erste ABS-Transaktion in Deutschland, bei der von der KKB-Bank Kleinkundenkreditforderungen verbrieft wurden. Zwar ist der ABS-Markt der USA immer der am stärksten entwickelte, andere Märkte wie Europa haben aber in den vergangenen Jahren ebenfalls eine signifikante Entwicklung im Markt für forderungsbesicherte Wertpapiere erfahren. 2008 sind bereits deutliche Auswirkungen der Finanzkrise erkennbar (vgl. Abb. 109). Ob sich der ABS-Markt davon erholen wird, bleibt abzuwarten.

8.4.4.4 Ablauf einer ABS-Transaktion

Im Folgenden sollen nun die Schritte einer ABS-Transaktion erläutert werden. Dabei wird die Verbriefung von ABS zunächst in ihrer einfachsten und grundsätzlichen Form beschrieben bevor darauffolgend weitere Gestaltungsmöglichkeiten erklärt werden.

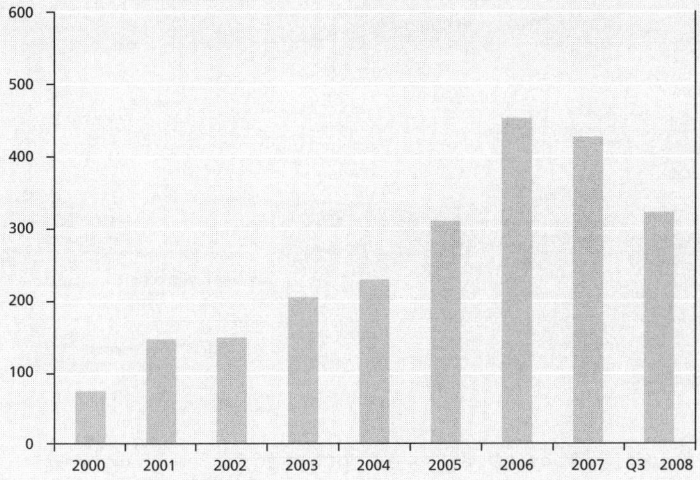

Abb. 109: ABS-Neuemissionen in Europa in Mrd. EUR[448]

Grundstrukturen einer ABS-Transaktion

Grundsätzlich kann die Begebung von Asset Backed Securities in drei wesentliche **Phasen der Verbriefung** untergliedert werden:

(1) der Verkauf der Forderungen,

(2) Emission der Wertpapiere und

(3) die nachhaltige Berichterstattung des Forderungsverkäufers (= Posttransaktionsphase).

Neben den Phasen der Verbriefung kann weiter zwischen den **Akteuren** unterschieden werden. So zählen zu den beteiligten Parteien im engeren Sinne:

(1) der Forderungsverkäufer (Originator),

(2) die Zweckgesellschaft (Special Purpose Vehicle) und

(3) die Investoren (Käufer von ABS).

Im weiteren Sinne nehmen auch:

(4) der Arrangeur (i.d.R. Bank bzw. Bankkonsortium),

(5) der Service-Agent,

(6) der Treuhänder,

(7) das Bankenkonsortium und

(8) die Rating-Agentur in der ABS-Transaktion eine entscheidende Rolle ein.

Abbildung 110 veranschaulicht den Prozess und die Beteiligten der ABS-Verbriefungstransaktion.

[448] Quelle: LBBW.

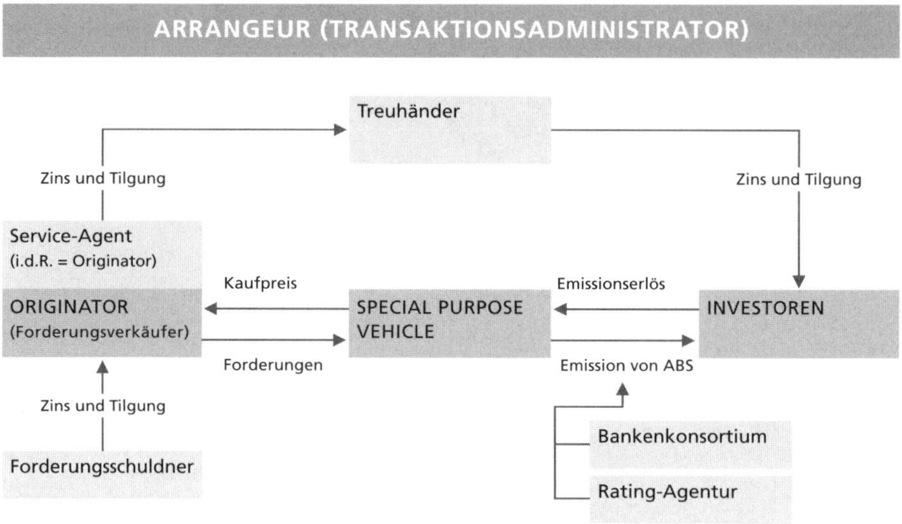

Abb. 110: Transaktionsprozess von Asset Backed Securities

Vor dem eigentlichen Transaktionsbeginn, mandatiert der Forderungsverkäufer (Originator) zunächst eine Bank, welche im Rahmen der ABS-Verbriefung als Arrangeur agiert. Dieser Transaktions- bzw. Programmadministrator prüft die zu verbriefenden Forderungen, erstellt eine detaillierte Transaktionsplanung und integriert die zu beteiligenden Parteien.

Verkauf der Forderungen

Nach der Mandatierung des Arrangeurs wird nach der Auswahl eines bestimmten Forderungsportfolios, dieses an eine hierfür gegründete Special Purpose Vehicle (SPV) verkauft. Es kann hierbei zwischen der **vollen Ausgliederung** (Pass Through) und der lediglichen **Abtretung von Zahlungsansprüchen** (Pay Through) unterschieden werden:

(1.) **Pass Through:** die Vermögensgegenstände gehen rechts- und steuerwirksam auf die Zweckgesellschaft über und sind damit nicht mehr in der Bilanz des Originators.

(2.) **Pay Through:** die Vermögensgegenstände bleiben Eigentum und Bilanzbestandteil des Originators. Aus den Vermögensgegenständen resultierende Zahlungen werden an die Zweckgesellschaft weitergeleitet.

Für die weitere Beschreibung des Transaktionsprozesses wird die volle Ausgliederung an die Zweckgesellschaft unterstellt. Die Zweckgesellschaft selbst befindet sich typischerweise im Eigentum von Dritten („**Sponsoren)**“ errichteten **Stiftungen** („Trust“), so wird eine Konsolidierung durch den Forderungsverkäufer vermieden und der Forderungsbestand vom wirtschaftlichen Schicksal (bspw. im Insolvenzfall) des Originators getrennt.

Emission am Kapitalmarkt

Im Gegenzug zur Forderungsabtretung an das SPV erhält der Originator den **Kaufpreis** (Nominalwert abzgl. Sicherungseinbehalte) der Forderungen abzüglich **Transaktionskosten**. Die Zweckgesellschaft refinanziert den gezahlten Kaufpreis indem sie mit Hilfe eines **Bankenkonsortiums** die Asset Backed Securities am Kapitalmarkt emittiert. Da die meisten Investoren keine Möglichkeit haben, die den Asset Backed Securities zugrundeliegenden Forderungsbestände selbst zu beurteilen, verlassen sich die Investoren (häufig Kapitalanlagegesellschaften und Versicherungen) in einem hohen Grad bei ihren Investition auf **Rating-Agenturen**. Die Rating-Agenturen bewerten die Risiken der ABS zu einem bestimmten Zeitpunkt und überprüfen dabei im Wesentlichen, ob die in einem Portfolio steckenden Risiken korrekt berücksichtigt wurden, eine rechtlich einwandfreie Forderungsübertragung („Legal True Sale") stattfand und die rechtzeitige Rückzahlung der Wertpapiere vorgenommen werden kann. Auf Basis dieser Bewertungen erfolgt für das jeweilige Wertpapier und den zugrundeliegenden Risiken ein entsprechendes Rating. Es sei jedoch an dieser Stelle bereits gesagt, dass durch die Einbringung zusätzlicher Sicherheiten eine erhebliche Ratingverbesserung erreicht werden kann. Der Einsatz von Rating-Agenturen ist heute für Forderungsverkäufer (inkl. Zweckgesellschaften) eine Voraussetzung für eine erfolgreiche Platzierung von ABS am Kapitalmarkt. Außerdem dient das Rating für die Investoren als Basis zur Einschätzung der Renditeerwartung.

Posttransaktionsphase

Sind die Asset Backed Securities am Kapitalmarkt platziert, finden Funktionen von **Service-Agent** und **Treuhänder** ihren Einsatz. Dem Service-Agent kommt dabei die Aufgabe des Forderungsinkasso und Forderungsverwaltung zu (festgelegt in einer Inkasso- und Verwaltungsvereinbarung) sowie die Koordination der Zahlungsströme zwischen Forderungsschuldner und Treuhänder zu. Dies bedeutet im Näheren insbesondere die Durchführung der Kreditüberwachung, des Mahnwesens, der Einziehung der Forderungen von Schuldnern, der Berichterstattung (von Forderungseinzug, Überfälligkeiten, Ausfälle) sowie die Durchleitung von Zins und Tilgung aus den Forderungen an den Treuhänder zu einem bestimmten Stichtag. Für die Inkasso- und Verwaltungstätigkeit erhält der Service-Agent eine angemessene Vergütung. Häufig ist der Service-Agent der Originator selbst, dies hat den Vorteil, dass für Kunden der Forderungsverkauf nicht ersichtlich ist und damit der Ansprechpartner das Unternehmen bleibt. Alternativ kann die Rolle des Service-Agents aber auch von einem Ersatz-Servicer (Inkassos-Spezialist) übernommen werden.

Der Treuhänder ist der Vermittler zwischen Service-Agent und Investoren. Das Aufgabenspektrum umfasst die Vertretung der Interessen seitens der Investoren, die Verwaltung bestehender Sicherheiten, die Überprüfung von Berichten vom Service-Agent sowie insbesondere die Weiterleitung von Zins- und Tilgungszahlung vom Originator an die Investoren. Die Funktion des Treuhänders wird häufig von Wirtschaftsprüfungsgesellschaften und Banken übernommen.

Weitere Gestaltungsmöglichkeiten

Wie bereits erwähnt stellt der oben beschriebene Ablauf die Grundstruktur einer ABS-Transaktion dar. Anhand weiterer Optionen kann die Begebung von forderungsbesicherten Wertpapieren den Wünschen des Originators angepasst und damit individualisiert werden.

Nach Häufigkeit des Forderungsankaufs

Bei der Verbriefung von Asset Backed Securities kann zwischen einem **ein- oder mehrmaligen Ankauf** der Forderungen vom Originator durch die (gleiche) Zweckgesellschaft unterschieden werden. Bei einem einmaligen Forderungsankauf nimmt der Forderungsbestand im Maße der Rückzahlungen ab. Aus der gesammelten Liquidität können die Asset Backed Securities sofort oder bei Fälligkeit getilgt werden (z.B. Leasingtransaktionen).

Beim mehrmaligen (revolvierenden) Forderungsankauf werden für zurückgeführte Forderungen, neue erworben. Dies führt dazu, dass der Forderungsbestand auf einem konstanten Level gehalten wird. Eine Abnahme des Forderungsbestands im Maße der Rückzahlungen erfolgt erst gegen Ende der revolvierenden Phase (z.B. für Forderungen aus Lieferungen und Leistungen).

Nach Anzahl der Originatoren

Eine weitere Gestaltungsmöglichkeit bei der Verbriefung von ABS ist die Anzahl der Forderungsverkäufer. So kann die Zweckgesellschaft Forderungen von ausschließlich einem oder von mehreren Originatoren beziehen.

Bei der **Single-Seller-Transaktion** kauft, verbrieft und refinanziert die Zweckgesellschaft Forderungen von lediglich einem Forderungsverkäufer. Dadurch ist die gesamte Transaktion individuell, sehr transparent und bietet eine leicht nachvollziehbare Zusammensetzung des Forderungsportfolios. Die Individualität wirkt sich dabei auch im Rating aus, da dieses keinen negativen Einflüssen anderer Forderungsportfolios unterliegt. Als Nachteil kann das selbstaufzubringende Transaktionsvolumen und die eigene Kostentragung gesehen werden.

Bei der **Multi-Seller-Transaktion** (Conduit) kauft die Zweckgesellschaft dagegen Forderungen von mehreren Originatoren. Eine Differenzierung der Forderungsbestände erfolgt anhand unterschiedlicher insolvenzfest voneinander getrennter Buchungskreise. Die verschiedenen Zahlungsansprüche werden gebündelt und am Kapitalmarkt platziert. Zwar sind bei dieser Art von Transaktion die Kosten der Durchführung höher, jedoch können diese auf mehrere Originatoren verteilt werden und sind damit im Vergleich zur Single-Seller-Transaktion geringer. Zusätzlich kann eine weitere Senkung der Transaktionskosten durch einen revolvierenden Forderungsankauf erreicht werden. Aufgrund der Tatsache, dass das Transaktionsvolumen von mehreren Forderungsverkäufern eingebracht wird, bietet sich die ABS-Verbriefung auch für kleinere Unternehmen an. Für den Investor ergibt sich der Nachteil der verlorenen Transparenz und die einzige Möglichkeit sich nur am Rating, nicht aber am Originator orientieren zu können.

Transaktionskosten

Die Kosten einer ABS-Transaktion sind i.d.R. vom Verkäufer zu tragen. Sie setzen sich im Wesentlichen aus laufenden und Einmalkosten zusammen. Die **Einmalkosten** umfassen im einfachen Fall (einmaliger Forderungsankauf und ein Originator) die Strukturierungsgebühr für die Arrangierung der Verbriefung, die Rating-Kosten, die Rechtsberatungskosten für Transaktionsdokumente und die Emissionskosten. Zu den **laufenden Kosten** zählen die Zinsaufwendungen der Wertpapiere, Kosten der Kreditsicherung, Liquiditätsfazilitäten und Verwaltungskosten. Die Höhe der Kosten richtet sich nach dem Grad der Standardisierung, dem Transaktionsvolumen und der Bonitäts- und Liquiditätshilfen.

8.4.4.5 Besicherungstechniken (Credit Enhancement)

Wie bereits erwähnt, werden neben den als Haftungsmasse geltenden Forderungen zusätzliche Sicherheiten in die ABS-Verbriefung eingebracht. Hierdurch kann die Bonität des Forderungsbestands signifikant erhöht werden und damit, unabhängig von der Qualität der verkauften Forderungen, ein gewünschtes Rating erzielt werden. Dies hat den Vorteil, dass die Investoren dadurch erstklassige Wertpapiere erwerben können und damit die zu entrichtende Risikoprämie der Wertpapiere sinkt. Im Folgenden sollen die wichtigsten Sicherungsinstrumente kurz vorgestellt werden:

Übersicherung (Overcollateralization)

Bei der Übersicherung handelt es sich um die gängigste Form der Besicherung. Hierbei wird vom angekauften Forderungsvolumen ein Abschlag zur Deckung eventueller Forderungsausfälle vorgenommen. Der Abschlag orientiert sich dabei an den historischen Ausfall- und Verwässerungsquoten, liegt aber i.d.R. deutlich darüber. Das Emissionsvolumen der Wertpapiere ist um den Abschlagsbetrag gemindert. Am Ende der Transaktion erhält der Originator eine Rückzahlung in Höhe des verbleibenden Abschlagbetrags.

Bardepot

Das Bardepot, als weitere Besicherungsmöglichkeit, wird zu Beginn oder im Laufe der Transaktion aus dem Vermögen des Originators gebildet und von einer Bank verwaltet. Kommt es zu Forderungsausfällen kann auf das Depot zurückgegriffen werden.

Garantien (Avale)

Die Stellung von Garantien oder Avale erfolgt meistens durch Banken. Diese Art der Besicherung findet häufig Anwendung wenn Übersicherung und Bardepot nicht für das geplante Rating ausreichen. Avale bzw. Garantien stellen Höchstbetrags- und Ausfallbürgschaften für die Zweckgesellschaft dar. Das Rating des Garantiegebers fließt in die Bewertung des Forderungspools mit ein.

Versicherung (Monoliner)

Eine weitere Besicherungsmöglichkeit besteht durch das Hinzuziehen von spezialisierten Anleiheversicherern, so genannte Monoliner. Diese verfügen über ein Top-Rating (z.B. AAA) und „verleihen" dieses an die Zweckgesellschaft durch eine Garantieabgabe für Zins- und Rückzahlungen. Voraussetzung ist allerdings, dass das Forderungsportfolio bereits über ein gewisses Mindestrating (z.B. BBB) verfügt.

Nachrangdarlehen

Die Bereitstellung eines Nachrangdarlehens einer verbundenen Gesellschaft bedeutet, dass im Fall von Forderungsausfällen, dieses erst nach der Bedienung der Investoren erfolgt. Da die begebende Gesellschaft des Nachrangdarlehens i.d.R. sich im Konsolidierungskreis befindet kann dadurch das „True-Sale"-Kriterium verletzt werden.

Liquiditätsfazilitäten

Hierbei räumt eine Bank die Inanspruchnahme eines kurzfristigen Kredits innerhalb festgelegter Grenzen ein.

8.4.4.6 Tranchenbildung

Ein weiteres zentrales Element der Verbriefung von Asset Backed Securities (gilt nicht für ABCPs) stellt die Tranchierung der Wertpapiere dar. Dies bedeutet, dass der Gesamtbestand der angekauften Forderungen nach Risiken in verschiedene Schichten (Tranchen) eingeteilt wird. Es hat zur Folge, dass Wertpapiere im Insolvenzfall unterschiedlich bedient werden und eine Ansprache verschiedener Investoren mit unterschiedlichen Ertrags-Risikoprofilen möglich wird. So können Wertpapiere für risikoaverse oder riskofreudige Investoren emittiert werden. Je nach Tranche erhalten diese eine niedrigere (risikoavers) oder höhere (risikofreudig) Verzinsung.

Es können folgende **Grundtypen** von Tranchen unterschieden werden:

First Loss Piece (Equity Piece)

Hierbei handelt es sich um die risikoreichste Tranche, denn im Falle von Forderungsverlusten trägt diese den Ausfall zuerst, während nachgeordnete Tranchen noch voll bedient werden. Bei Forderungsausfällen verlieren Investoren zunächst ihre Verzinsung und dann, in Höhe der Ausfälle, ihr eingesetztes Kapital. Häufig übernimmt der Originator die First-Loss-Piece-Tranche selbst, um hier möglichst viele Risiken zu lagern und damit die anderen beiden Tranchen sicherer zu gestalten, was folglich auch zu einer geringeren Verzinsung (Risikoprämie) der Wertpapiere aus den beiden anderen Tranchen führt.

Mezzanine Piece (Junior Piece)

Sind die Verluste aus Forderungsausfällen höher als das Volumen der First Loss Piece, werden sie der Mezzanine-Piece-Tranche zugeordnet. Übersteigen die Ausfälle auch dieses Volumen werden die Verluste der nächsten Tranche zugeordnet.

Senior Piece

Investoren der Senior-Piece-Tranche müssen zuletzt Forderungsausfälle auffangen, erhalten allerdings aufgrund des geringeren Risikos auch die niedrigste Verzinsung innerhalb des Verbriefungsprozesses.

8.4.4.7 Voraussetzungen

Für Asset-Backed-Finanzierungen eignen sich grundsätzlich alle Arten von Forderungen, sofern folgende Kriterien gegeben sind:

Losgröße bzw. Transaktionsvolumen: Damit die Begebung von ABS unter hohen Fixkosten den Aspekt der Rentabilität beibehält, sollte ein Mindestvolumen erreicht sein. Große internationale Investmentbanken führen ABS-Transaktionen etwa ab einem Volumen von 80 Mio. EUR – 100 Mio. EUR durch. Mittelstandorientierte Banken bieten dagegen Transaktionen bereits ab einem Volumen von rund 20 Mio. EUR an.

Berechenbarkeit und Homogenität: Um Einzelprüfungen der Forderungsbestände und daraus resultierende hohe Kosten zu vermeiden, ist es notwendig, dass die Gesamtheit der Forderungen einen berechenbaren Cashflow aufweist und die Forderungen homogen (mit standardisierten Verträgen) sind.

Diversifikationsaspekt: Eine hohe Diversifikation wird erreicht, indem der Forderungsbestand gegenüber einer großen Anzahl von Schuldnern besteht und die Forderungsschuldner aus unterschiedlichen Branchen stammen. Ansonsten Einbindung einer ABS CE Police, mit der ein Kreditversicherer Portfoliokonzentrationen mit seinem Rating absichert.

Niedrige Ausfallraten: Um den Einsatz von Besicherungsinstrumenten im Maße zu halten und auf eine breite Investorenbasis zu stoßen, sollten die Forderungsausfallquoten sich als historisch gering erweisen.

Ökonomische und juristische Bestimmbarkeit: Stellt die Bedingung für einen regresslosen Forderungsverkauf dar.

8.4.4.8 Vorteile

Mit der Verbriefung von Asset Backed Securities lässt sich eine Reihe von Vorteilen für den Forderungsverkäufer realisieren. Dazu zählen insbesondere Folgende:

Liquiditätszufluss: Durch den Verkauf der Forderungen an die Zweckgesellschaft, fließen dem Originator unmittelbar liquide Mittel zu. Dies führt zu einer Minderung von Liquiditätsrisiken und zur Bereitstellung von Kapital, welches der Forderungsverkäufer sofort wiederverwenden kann, beispielsweise für die Generierung von Neugeschäften.

Bonitätsunabhängige Kapitalbeschaffung: Aufgrund der Tatsache, dass der Forderungspool und nicht das Unternehmen für das ABS-Rating maßgeblich ist, kommt insbesondere Unternehmen mit einer schwächeren Bonität der Vorteil zugute, sich günstiger durch ein unternehmensunabhängiges und damit besseres Rating zu finanzieren.

Verbesserung der Bilanzstruktur: Die Teilausgliederung des Forderungsbestands und der daraus resultierende Mittelzufluss, zieht außerdem strukturelle Verbesserungen in der Bilanz mit sich. So kann vor allem durch den Liquiditätszufluss, unter der Annahme, dass das Kapital zur Tilgung von Fremdkapital verwendet wird, eine verbesserte Eigen- und Fremdkapitalquote realisiert werden. Dies kann unter Umständen auch zu einem verbesserten Rating des Forderungsverkäufers/Originators führen.

8.4.4.9 Risiken

Durch den Forderungsverkauf des Originators an die Zweckgesellschaft und der darauffolgenden Emission der ABS am Kapitalmarkt ergibt sich im Zuge des Vorgangs ebenfalls eine Transferierung der Risiken. Die Investoren sind letztlich die Risikoträger und nur bereit diese zu übernehmen, wenn diese entsprechend strukturiert und minimiert sind. Zu den wichtigsten Risiken zählen folgende:

Forderungsausfall: Das Hauptrisiko innerhalb der ABS-Verbriefung ist der Forderungsausfall. Insbesondere bei Forderungen aus Lieferungen und Leistungen besteht tendenziell keine weitere Verwertungsmöglichkeit zugrunde liegender Vermögensgegenstände, wie dies bei Zahlungsansprüchen aus Hypothekenkrediten oder Leasingvereinbarungen der Fall ist.

Überfällige Forderungen: Zwar ist die Erfüllung einer Forderung in einem gewissen Maße planbar, jedoch entscheiden Faktoren wie Brachen- oder Produktspezifika, Marktstärke- und Wettbewerbsfähigkeit sowie Bonität und Zahlungsdisziplin über den tatsächlichen Zeitpunkt der Zahlung.

Verwässerung: Im Rahmen von Gewährleistungen oder Leistungsanfechtungen können Forderungsminderungen durch Skonti, Rabatte oder sonstige Preisnachlässe auftreten.

Debitorenkonzentration: Verfügt der Originator nicht über ein ausreichend diversifiziertes Kundenportfolio, kann innerhalb des abgetretenen Forderungsbestands eine Konzentration entstehen, die andere Risiken wie Ausfälle, Überfälligkeit oder Verwässerung zusätzlich erhöht.

Debitorenmanagement: Insbesondere wenn die Aufgabe des Service-Agens vom Forderungsverkäufer selbst durchgeführt wird, kommt der wirtschaftlichen Lage des Originators, trotz nichterforderlichem Rating, eine entsprechende Bedeutung zu, da die Insolvenz des Forderungsverkäufers sich signifikant auf das Debitorenmanagement auswirken kann. Aus diesem Grunde kommen eher bonitätsstarke Unternehmen (investmentgrade-äquivalente Ratingeinstufung) für eine ABS-Transaktion in Frage. Ein weiterer Lösungsansatz bei schlechter werdender Qualität des Debitorenmanagments wäre der Einsatz eines Ersatzservicers.

8.4.5 Kontokorrentkredit

8.4.5.1 Begriff und Aufgaben des Kontokorrentkredits

Das am weitesten verbreitete Instrument der kurzfristigen Fremdfinanzierung ist der von Kreditinstituten eingeräumte Kontokorrentkredit. Wohl jedes Unternehmen verfügt über eine Bankverbindung, also ein Konto bei einem Kreditinstitut, auf dem Zahlungen der Kunden eingehen, aus dem Lieferanten bezahlt oder von dem Beträge in bar z.B. zur Zahlung von kleineren Auslagen abgehoben werden. Gestattet das Kreditinstitut Verfügungen über ein Konto auch dann, wenn das Guthaben zur Regulierung von Verbindlichkeiten nicht ausreicht, so entsteht bei der Abwicklung des Zahlungsverkehrs ein Kredit. Dieser Kredit wird bis zu einer bestimmten Höhe eingeräumt, d.h., das Unternehmen kann sein Konto bis zu einem bestimmten Betrag überziehen.

Durch die Abwicklung des Zahlungsverkehrs im Rahmen der Geschäftsverbindung mit dem Kreditinstitut entsteht eine laufende Rechnung in Form eines wechselseitigen Schuld- und Guthabenverhältnisses **(Kontokorrent)**, die in regelmäßigen Zeitabständen durch die Feststellung des Überschusses (Saldo) abgeschlossen wird.[449] Mit der Feststellung des Saldos gehen die Einzelforderungen unter, nur der Saldo besteht als Forderung bzw. Verbindlichkeit weiter. Jede über das Konto laufende Zahlung ändert den Saldo, der entweder ein Guthaben oder eine Kreditinanspruchnahme zeigt. Ein **Kontokorrentkredit** ist also ein Kredit, der vom Kreditnehmer je nach Be-

---

[449] Zu den rechtlichen Voraussetzungen des Kontokorrent vgl. § 355 Abs. 1 HGB.

darf, d.h. in der Höhe schwankend, bis zum vertraglich vereinbarten Maximalbetrag **(Kreditlinie)** in Anspruch genommen werden kann.

Formal werden Kontokorrentkredite nur kurzfristig gewährt, de facto stehen sie jedoch aufgrund der Geschäftsverbindung mit dem Kreditinstitut langfristig zur Verfügung, da in der Regel eine Prolongation der Kreditlinie vorgenommen wird, wenn der Kreditnehmer keinen Anlass zur Auflösung oder Änderung des Kreditengagements gibt. Der Kontokorrentkredit soll **kurzfristigen Finanzierungsaufgaben** dienen. Eine mittel- oder gar langfristige Bindung der Mittel, z.B. durch die Finanzierung von Anlagekäufen, birgt die Gefahr in sich, dass der Kredit „einfriert" und folglich im Falle der Kündigung durch den Kreditgeber Zahlungsschwierigkeiten auftreten. Dieser Gefahr wird der Kreditgeber in der Regel durch eine laufende Kreditkontrolle entgegenwirken. Der Kontokorrentkredit gewährt den Kreditinstituten einen guten Einblick in die wirtschaftliche Lage des Betriebs und bildet damit zugleich eine wertvolle Unterlage für die Kreditkontrolle und die Prüfung der Kreditwürdigkeit, die der Gewährung weiterer Bankkredite an den Betrieb vorausgeht. Aus der Beobachtung des Kontokorrentkontos ergeben sich z.B. Aufschlüsse über den Kundenkreis des Kreditnehmers, über seine Umsätze mit Lieferanten und Abnehmern, über regelmäßig wiederkehrende Zahlungsverpflichtungen usw.

Kontokorrentkredite dienen der **Sicherung der Zahlungsbereitschaft,** insbesondere der Finanzierung von Spitzenbelastungen **(Saisonkredit)**. Für Lohnzahlungen und die Ausnutzung von Skonti sind sie von großer Bedeutung. In erster Linie aber werden sie aufgenommen, um die Produktion und den Warenumschlag zu finanzieren. Deshalb bezeichnet man sie auch als **Betriebsmittel-, Produktions-** und **Umsatzkredite**. Ist der Kapitalbedarf einmaliger Natur, so handelt es sich um einen **Überbrückungskredit**. Ein Überbrückungskredit liegt vor, wenn ein Kontokorrentkredit zur Vorfinanzierung von Projekten dient, für die langfristige Mittel bereits verbindlich zugesagt worden sind, über die aber noch nicht verfügt werden kann.

8.4.5.2 Die Kosten des Kontokorrentkredits

Die durch die Aufnahme eines Kontokorrentkredits entstehenden Kosten sind verhältnismäßig hoch. Sie setzen sich in der Regel aus den folgenden Komponenten zusammen.

Sollzinsen für den in Anspruch genommenen Kredit

Die Sollzinsen für den Kreditsaldo sind weitaus höher als die Habenzinsen für den Guthabensaldo. Zu verzinsen ist der jeweils in Anspruch genommene Kredit bzw. das bei der Abwicklung des Zahlungsverkehrs sich ergebende Guthaben. Die sich oft täglich ändernde Kreditinanspruchnahme wird mit Hilfe einer Zinsstaffelrechnung berücksichtigt. Der Sollzins wird von den Kreditinstituten in Abhängigkeit von der Marktlage für die kurzfristigen Einstandssätze für Banken ermittelt. Er enthält eine Marge, die zur Deckung der Kosten einschließlich der Risikokosten dient sowie einen Gewinnzuschlag umfasst. Möglich ist auch, den Sollzinssatz ausgehend von einem Referenzzinssatz, z.B. dem Hauptrefinanzierungssatz der Europäischen Zentralbank, zu ermitteln, z.B. Referenzzins + 41/2 %. Bei einem Hauptrefinanzierungssatz von z.B. 3,75 % ergibt sich folglich ein Sollzinssatz von 8,25 %. Im Einzelfall wird die Höhe des Sollzinses auch vom Verhandlungsgeschick und von der Verhandlungsposition des Kreditnehmers mitbestimmt.

Kreditprovision

Je nach der Berechnungsweise handelt es sich bei der Kreditprovision um einen **Zuschlag zum Sollzins** oder um ein Entgelt für die Einräumung der Kreditlinie **(Bereitstellungsprovision)**. Letzteres wird damit begründet, dass die zugesagten Mittel nicht an andere Kreditnehmer vergeben werden können. Werden Sollzins und Kreditprovision im Kreditvertrag nicht getrennt, sondern wird nur ein Satz angegeben, so handelt es sich um einen Nettozinssatz.

Beispiel 1: [450] **Kreditprovision als Zinszuschlag** (vgl. Abb. 111):

Sollzinsen	▶	8% p.a. vom in Anspruch genommenen Kredit
Kreditprovision	▶	¼ % je Monat von der jeweilig höchsten Inanspruchnahme eines Monats im Rahmen der Kreditzusage

Abb. 111: Kreditprovision als Zinszuschlag

Wenn der Kreditnehmer die Kreditlinie immer voll in Anspruch nimmt, ergibt sich eine Zinsbelastung von 11 % p.a. Sie setzt sich zusammen aus Sollzinsen von 8 % und der Kreditprovision (Zinszuschlag) von 3 %. Bei starken Schwankungen in der Inanspruchnahme des Kredits verteuert sich der Kontokorrentkredit, da als Bemessungsgrundlage für die Berechnung der Kreditprovision der höchste Sollsaldo der einzelnen Monate herangezogen wird.

Beispiel 2: Eine **Bereitstellungsprovision** liegt vor, wenn eine der folgenden Konditionen vereinbart wird (vgl. Abb. 112):

FALL 1		
Sollzinsen	▶	11% p.a. vom in Anspruch genommenen Kredit
Kreditprovision	▶	3% p.a. vom zugesagten Kredit, soweit er nicht in Anspruch genommen wird

FALL 2		
Sollzinsen	▶	8% p.a. vom in Anspruch genommenen Kredit
Kreditprovision	▶	3% p.a. vom zugesagten Kredit

Abb. 112: Bereitstellungsprovision

[450] Zu den folgenden Beispielen vgl. *Hagenmüller, K. F., Diepen, G.,* Der Bankbetrieb, 15. Aufl., Wiesbaden 2000, S. 752 ff.

TEIL B: AUSSENFINANZIERUNG

Beide Vereinbarungen führen zum gleichen Ergebnis. Zu beachten ist aber auch hier, dass die Nichtausnutzung der Kreditlinie zu einer Erhöhung der Effektivbelastung führt.

Die auftretenden Unterschiede zwischen den aufgeführten Konditionsvereinbarungen verdeutlicht das folgende Zahlenbeispiel:

Beispiel 3: Zugesagte Kreditlinie: 100.000 EUR (vgl. Abb. 113):

Fall	Nettozinssatz p.a. auf Kreditinanspruchnahme	Sollzinssatz p.a. auf Kreditinanspruchnahme	Kreditprovision		
			je Monat nach der höchsten Inanspruchnahme	p.a. von nicht in Anspruch genommener Kreditzusage	p.a. von Kreditzusage
1	11%	–	–	–	–
2	–	8%	¼%	–	–
3	–	11%	–	3%	–
4	–	8%	–	–	3%

Abb. 113: Konditionen

Abrechnungszeitraum: 1. 7.–30. 9. = 90 Tage

Wird der Kredit während des gesamten Abrechnungszeitraums voll ausgenutzt, beträgt die Belastung mit Zinsen und Kreditprovision zusammen für alle vier Fälle 2.750 EUR (vgl. Abb. 114). Das sind 11 % p.a. nominell und wegen des unterjährigen Abrechnungszeitraums 11,46 % p.a. effektiv.

Fall	Zinsen	Kreditprovision	Summe
1	2.750	–	2.750
2	2.000	750	2.750
3	2.750	–	2.750
4	2.000	750	2.750

Abb. 114: Belastung mit Zinsen und Kreditprovision

Schwankt der Kreditsaldo während des Abrechnungszeitraums (vgl. Abb. 115), so führen die verschiedenen Konditionsvereinbarungen nicht mehr zum gleichen Ergebnis.

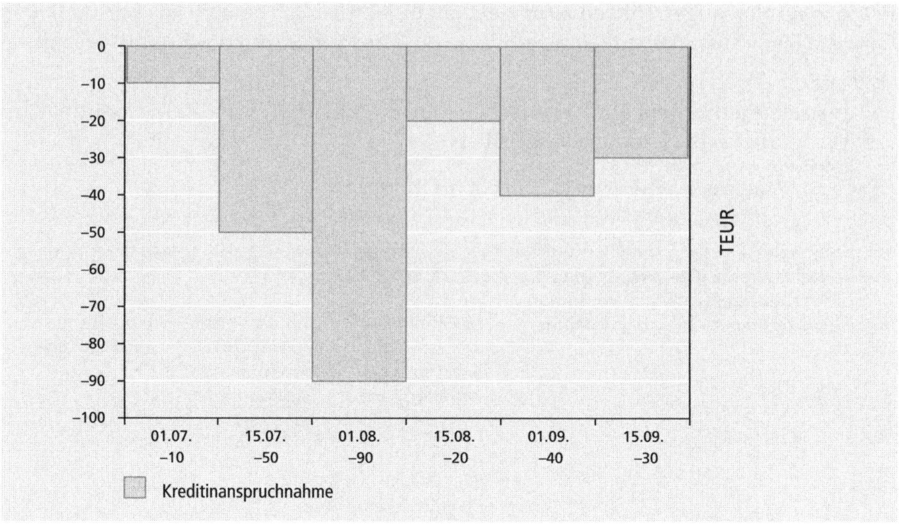

Abb. 115: Kreditinanspruchnahme

Die hier unterstellte Kreditinanspruchnahme ergibt folgende Abschlussrechnung (vgl. Abb. 116, 117 und 118):

I. BERECHNUNG DER ZINSZAHLEN

Tag	Kreditinanspruchnahme EUR	Nichtausgenutzte Kreditlinie EUR	Tage	Zinszahlen für Kreditinanspruchnahme	Zinszahlen für nicht ausgenutzte Kreditlinie
01.07.	10.000	90.000	15	1.500	13.500
15.07.	50.000	50.000	15	7.500	7.500
01.08.	90.000	10.000	15	13.500	1.500
15.08.	20.000	80.000	15	3.000	12.000
01.09.	40.000	60.000	15	6.000	9.000
15.09.	30.000	70.000	15	4.500	10.500
Σ			90	36.000	54.000

Abb. 116: Abschlussrechnung[451]

[451] Die Berechnung der Zinsen erfolgt nach der Formel

$$Z = \frac{K \cdot p \cdot t}{100 \cdot 360}$$

Bei häufigen Saldenänderungen erweist es sich als zweckmäßig, die Formel in zwei Ausdrücke aufzuspalten:

in die Zinszahl $\frac{K \cdot t}{100}$ und den Zinsdivisor $\frac{360}{p}$

Die Zinsen für den Abrechnungszeitraum ergeben sich dann als Summe der Zinszahlung dividiert durch den Zinsdivisor.

II. BERECHNUNG DER ZINSEN (EUR)				
	Fall 1	Fall 2	Fall 3	Fall 4
Zinszahlen	36.000	36.000	36.000	36.000
Zinsdivisor	32,72	45,00	32,73	45,00
Zinsen	1.100	800	1.100	800

Abb. 117: Berechnung der Zinsen[452]

III. BERECHNUNG DER KREDITPROVISION (EUR)				
Berechnungsweise	Keine Provision, da Nettozinssatz	Höchste Inanspruchnahme jeden Monats · ¼% 50.000 90.000 · ¼% = 40.000	Zinszahlen 54.000 Zinsdivisor für 3% = 120	3% auf 100.000 EUR für 90 Tage
Kreditprovision	–	450	450	750
Gesamtbelastung (Zinsen + Kreditprovision)	1.100	1.250	1.550	1.550

Abb. 118: Berechnung der Kreditprovision

Dividiert man die Zinszahlen der Kreditinanspruchnahme (36.000) durch die Anzahl der Tage des Abrechnungszeitraums (90 Tage), so gibt das mit 100 multiplizierte Ergebnis die durchschnittliche Kreditaufnahme bzw. die Ausnutzung der Kreditlinie an (40.000 EUR). Auf die 40%-ige Ausnutzung der Kreditlinie wird die Gesamtbelastung für die verschiedenen Fälle bezogen und der Belastung der Vollausnutzung gegenübergestellt.

Als **Ergebnis** ist festzuhalten: Die Kosten des Kontokorrentkredits werden wesentlich von dem Verfahren der Kreditprovisionsberechnung und dem Verhältnis von Kreditlinie und tatsächlicher Inanspruchnahme beeinflusst. Außerdem wirkt sich die Länge der Abrechnungsperiode auf die Effektivverzinsung aus (vgl. Abb. 119). In der Praxis schließen Kreditinstitute Kontokorrentkonten gewöhnlich halbjährlich, debitorische Konten mit hohen Umsätzen auch vierteljährlich ab.

Überziehungsprovision

Mit einer Überziehungsprovision werden neben den Sollzinsen solche Beträge belegt, die ein Kreditnehmer über die eingeräumte Kreditlinie oder die Kreditlaufzeit hinaus in Anspruch nimmt. Sie beträgt gewöhnlich ca. 3–4 % p.a. Ist der Sollzinssatz infolge der Berechnung einer Kreditprovision vom in Anspruch genommenen (Beispiel 3, Fall 2) oder zugesagten Kredit (Beispiel 3, Fall 4) gekürzt worden, so erhöht sich die Überziehungsprovision um die Differenz.

---

[452] Zinsdivisor für 11 %: $\frac{360}{11} = 32{,}73$ Zinsdivisor für 8 %: $\frac{360}{8} = 45$

Fall	Voll ausgenutzte Kreditlinie			Ausnutzung der Kreditlinie zu durchschnittlich 40%		
	Zinsen u. Kreditprovision	Nominalzins p.a.	Effektivzins p.a.	Zinsen u. Kreditprovision	Nominalzins p.a.	Effektivzins p.a.
1	2.750	11%	11,46%	1.100	11,00%	11,46%
2	2.750	11%	11,46%	1.250	12,50%	13,25%
3	2.750	11%	11,46%	1.550	15,50%	16,68%
4	2.750	11%	11,46%	1.550	15,50%	16,68%

Abb. 119: Kosten des Kontokorrentkredits

Umsatzprovision und Gebühren

Für die Führung des Kontokorrentkontos berechnen die Kreditinstitute ein Entgelt, das entweder als Umsatzprovision von der Kontoseite (Soll oder Haben) mit dem höheren Umsatz (ca. 0,125%–1%) oder als Postengebühren nach der Anzahl der Buchungsposten (ca. 0,15–0,35 EUR) berechnet wird. Barauslagen wie z.B. Porti, Eilauftragsgebühren etc. werden gesondert in Rechnung gestellt.

8.4.6 Lombardkredit

Zur Deckung kurzfristigen Kapitalbedarfs wird neben dem Kontokorrentkredit der Lombardkredit als Instrument der Fremdfinanzierung verwendet. Bei ihm handelt es sich um einen Kredit, der durch die **Verpfändung** von Wertpapieren, Wechseln und Waren gesichert ist. Beliehen wird nur ein Teil des Sicherungsguts. Die Beleihungsgrenzen schwanken je nach Art des Pfands zwischen 50% (Waren) und 80% (mündelsichere festverzinsliche Wertpapiere).

Voraussetzung der Lombardierung ist, dass das Sicherungsgut wertbeständig und schnell verwertbar ist. Folglich ist der Warenlombard auf solche Waren beschränkt, die eine bestimmte Zeit haltbar und marktgängig sind sowie möglichst an einer Warenbörse gehandelt werden. Die verpfändete Ware muss dem Kreditinstitut übergeben werden, was meistens – da die Kreditinstitute nicht über entsprechende Lagerräume verfügen – in der Weise erfolgt, dass sie bei einem Spediteur oder in einem Lagerhaus eingelagert wird. Der über die eingelagerte Ware ausgestellte Lagerschein wird dem Kreditinstitut übergeben und der Herausgabeanspruch ihm abgetreten. Ist der Lagerschein als Orderpapier ausgestellt, so genügt die Übertragung durch Indossament und die Übergabe des Scheins.

Einfacher ist die Lombardierung von Wertpapieren, da diese in der Regel ohnehin von den Kreditinstituten verwahrt werden. Hinzu kommt, dass die Wertentwicklung leicht verfolgt werden kann, weil üblicherweise nur in den Börsenhandel einbezogene Wertpapiere beliehen werden.

Für den Betrieb erweist sich der Lombardkredit als vorteilhaft, da er ihm die kurzfristige Beschaffung finanzieller Mittel ermöglicht, ohne dass er Vermögensgegenstände verwerten muss. Dieser Vorteil besteht natürlich nur dann, wenn der Betrieb auf die Nutzung der Sicherungsgüter während der Kreditlaufzeit verzichten kann.

Da das häufig nicht der Fall ist, hat in der Praxis der Kontokorrentkredit als Überbrückungskredit eine größere Bedeutung erlangt als der Lombardkredit. An die Stelle der Verpfändung ist die Sicherungsübereignung von Vermögensgegenständen getreten, die die Nutzung der Sicherungsgüter durch den Kreditnehmer ermöglicht.

Von besonderer Bedeutung ist der Lombardkredit für die **Refinanzierungsmöglichkeit von Kreditinstituten** bei der Europäischen Zentralbank im Rahmen einer Spitzenrefinanzierungsfaziliät mit besonderem Zinssatz. Die beleihbaren Wertpapiere und deren Anforderungen werden von der Europäischen Zentralbank und den nationalen Notenbanken in Listen ausgewiesen.

Für Unternehmen der gewerblichen Wirtschaft, die Lombardkredite bei Kreditinstituten aufnehmen, entspricht die Zinsbelastung in etwa dem Nettozinssatz eines Kontokorrentkredits.[453] Hinzu kommen etwaige Nebenkosten aus der Verwahrung und Verwaltung der Pfandobjekte sowie ggfs. Versicherungsprämien.

8.4.7 Wechselkredit

8.4.7.1 Rechtsgrundlagen und Funktionen des Wechsels

Ein Kunde, der von seinem Lieferanten Waren bezogen hat, kann diesem an Stelle der Barzahlung oder der Ausnutzung eines Zahlungsziels die Akzeptierung eines Wechsels anbieten. Ein Beispiel für einen Wechsel wird in Abb. 120 auf Seite 379 dargestellt. Der Wechsel ist ein **Wertpapier,** das strengen gesetzlichen Vorschriften unterliegt. Zu unterscheiden sind zwei Formen:

(1) **Der gezogene Wechsel (Tratte)** enthält die unbedingte Anweisung des Ausstellers an den Bezogenen (Wechselschuldner), bei Fälligkeit des Wechsels eine bestimmte Geldsumme an eine im Wechsel genannte Person oder Firma (den Remittenten) oder deren Order zu zahlen.

(2) **Der eigene Wechsel (Solawechsel)** enthält das Versprechen des Ausstellers, selbst an den im Wechsel genannten Wechselnehmer oder dessen Order bei Fälligkeit des Wechsels eine bestimmte Geldsumme zu zahlen.

Beim **Solawechsel** ist also der Aussteller selbst der Schuldner; beim **gezogenen Wechsel** ist dagegen der Bezogene Schuldner der Wechselsumme. Er zahlt aber nicht an den Gläubiger (Aussteller), sondern auf Anweisung des Gläubigers an einen Dritten, dem der Gläubiger seinerseits den im Wechsel genannten Betrag schuldet. Kommt der Bezogene jedoch seinen Verpflichtungen nicht nach, so wird die Forderung des Dritten (Remittenten) gegen den Aussteller nicht ausgeglichen. Folglich haftet der Aussteller des Wechsels als Rückgriffsschuldner.[454]

Der Wechsel ist ein geborenes **Orderpapier**. Seine **Übertragung** erfolgt durch Einigung und Übergabe der indossierten Urkunde. Mit dem Indossament übernimmt der Indossant die Haftung für die Annahme und Einlösung des Wechsels.[455] Ein gezogener Wechsel muss folgende **gesetzliche Bestandteile** enthalten:

(1) die Bezeichnung „Wechsel" im Text der Urkunde (Wechselklausel),

---

[453] Vgl. *Hielscher, U., Laubscher, H.-D.*, a.a.O., S. 108.
[454] Vgl. Art. 47 WG.
[455] Vgl. Art. 15 Abs. 1 WG.

(2) die unbedingte Anweisung, eine bestimmte Geldsumme zu zahlen (Zahlungsklausel),

(3) den Namen der Person oder Firma, die zahlen soll (Bezogener),

(4) die Angabe der Verfallzeit,

(5) die Angabe des Zahlungsortes,

(6) den Namen der Person oder Firma, an die oder an deren Order gezahlt werden soll (Remittent),

(7) den Ausstellungstag und -ort,

(8) die Unterschrift des Ausstellers (Trassant).

Neben den gesetzlichen sind noch sogenannte **kaufmännische Bestandteile** in den Wechseltext aufzunehmen, auf die hier aber nicht weiter eingegangen werden soll. Diese dienen der Erleichterung des Wechselverkehrs.

Wird ein gezogener Wechsel, d.h. die Zahlungsanweisung des Ausstellers, vom Bezogenen angenommen (akzeptiert), so wird der Wechsel nicht mehr als „Tratte“, sondern als **„Akzept“** bezeichnet.

Da der Bezogene erst bei Fälligkeit des Wechsels zahlen muss, entsteht eine **Kreditbeziehung** zwischen dem Aussteller des Wechsels und dem Bezogenen. Weitere Kreditbeziehungen ergeben sich, wenn der Aussteller das Akzept vor Fälligkeit mit seinem Indossament weitergibt. Bis zur Einlösung bleiben er und alle weiteren Indossanten aus dem Wechsel verpflichtet. Mit der **Kreditfunktion** des Wechsels ist dessen **Sicherungsfunktion** eng verbunden. Der Wechsel ist wegen der strengen gesetzlichen Formvorschriften (Prinzip der Wechselstrenge) sowie der Loslösung von dem zugrunde liegenden Rechtsgeschäft (z.B. Kaufvertrag) ein ausgezeichnetes Sicherungsmittel, da er im Falle der Nichtzahlung bei Fälligkeit dem Wechselgläubiger Prozessvorteile verschafft.

Löst ein bezogener bei Fälligkeit den Wechsel nicht ein, so ist das von einem Notar oder Gerichtsbeamten (z.B. Gerichtsvollzieher) in einer öffentlichen Urkunde festzuhalten **(Wechselprotest)**.[456]

Der Wechselgläubiger hat innerhalb von vier Werktagen den Vorbesitzer und den Aussteller des Wechsels, jeder Indossant innerhalb von zwei Werktagen seinen unmittelbaren Vorbesitzer, von der Protesterhebung zu unterrichten.[457] Der Aussteller und alle Indossanten haften dem jeweiligen Wechselgläubiger gesamtschuldnerisch. Nach der **Art des Rückgriffs** unterscheidet man zwischen **Reihenregress** – es wird jeweils auf den unmittelbaren Vorbesitzer Rückgriff genommen – und **Sprungregress**, d.h. ein oder mehrere Indossanten werden übersprungen.

Jeder Wechselgläubiger kann seine Rechte aus dem Wechsel in einem sog. Urkundenprozess durch Vorlage des protestierten Wechsels geltend machen. Die Fristen zwischen Klagezustellung und Verhandlung sind hier sehr kurz bemessen. Sie betragen je nach Wohnsitz des Beklagten zwischen 24 Stunden und 7 Tagen.[458] Zweck des Wechselprozesses ist es, möglichst schnell einen vollstreckbaren Titel gegen den Beklagten zu erwirken.

[456] Vgl. Art. 44 WG.
[457] Vgl. Art. 45 WG.
[458] Vgl. § 604 Abs. 2 ZPO.

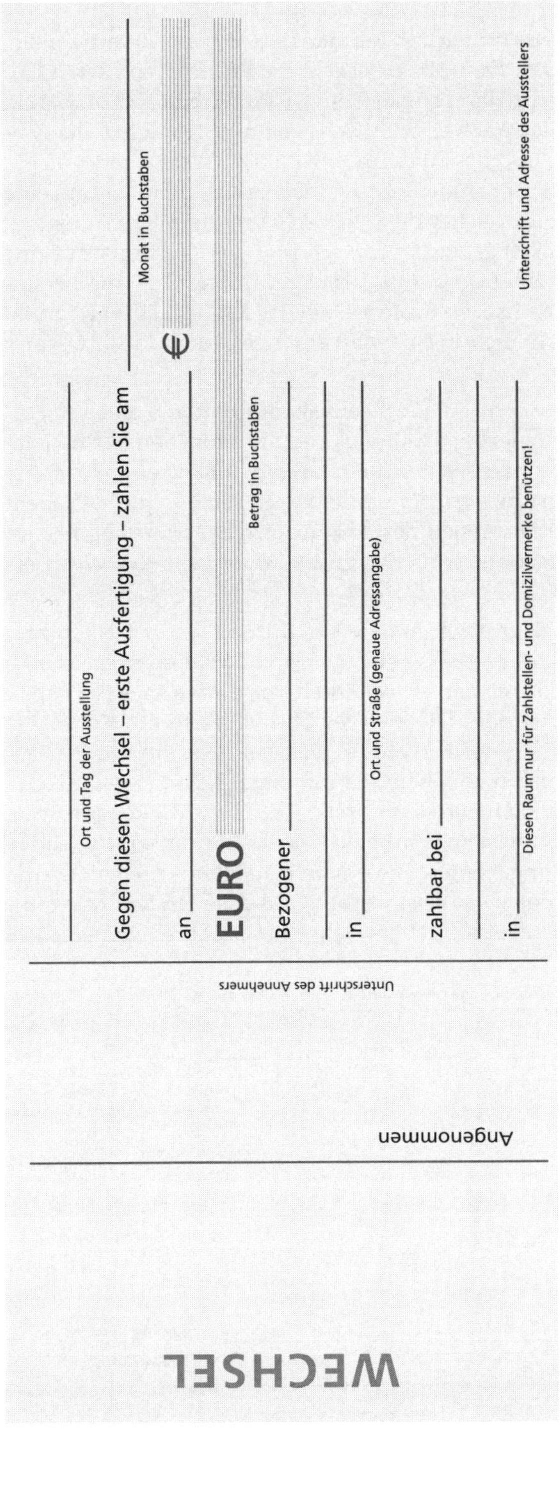

Ort und Tag der Ausstellung

Gegen diesen Wechsel – erste Ausfertigung – zahlen Sie am ____ Monat in Buchstaben

an ____ €

EURO ____ Betrag in Buchstaben

Bezogener ____

in ____ Ort und Straße (genaue Adressangabe)

zahlbar bei ____

in ____ Diesen Raum nur für Zahlstellen- und Domizilvermerke benützen!

Unterschrift und Adresse des Ausstellers

Unterschrift des Annehmers

Angenommen

WECHSEL

Abb. 120: Beispiel eines Wechsels

TEIL B: AUSSENFINANZIERUNG

8.4.7.2 Diskontkredit

Wechselkredite treten in **mehreren Formen** auf. Refinanziert sich ein Unternehmen, das Wechsel seiner Kunden besitzt, dadurch, dass es diese Wechsel vor deren Fälligkeit an ein Kreditinstitut verkauft, dann entsteht ein **Diskontkredit** (vgl. Abb. 121). Das Kreditinstitut vergütet für den Wechsel die Wechselsumme abzüglich der Zinsen für die Restlaufzeit (Diskont) und der Spesen. Obwohl dem Wechseldiskont ein Kaufvertrag über das Wertpapier zugrunde liegt, handelt es sich dennoch um eine Kreditbeziehung zwischen dem Einreicher des Wechsels und dem Kreditinstitut. Da der Wechsel vor dessen Fälligkeit gekauft wird, erbringt das Kreditinstitut eine Vorleistung. Dass der Kredit von einem anderen zurückgezahlt wird, ist hierbei unerheblich. Geht der angekaufte Wechsel zu Protest, stellt das Kreditinstitut Regressansprüche gegen den Einreicher. In diesem Fall zahlt also der Diskontkreditnehmer den Kredit zurück.

Der wesentliche **Unterschied** zwischen dem Wechseldiskontkredit und anderen Formen der kurzfristigen Fremdfinanzierung liegt in der relativ einfachen Refinanzierungsmöglichkeit der Wechselnehmer. Verkauft ein Unternehmen seine Produkte auf Ziel, so belastet diese Gewährung von Lieferantenkredit seine Liquidität. Zieht er dagegen einen Wechsel auf seinen Abnehmer, so kann sich das Unternehmen im Rahmen eines eingeräumten Diskontkredits durch die Weitergabe des Wechsels unmittelbar refinanzieren.

Wegen nicht auszuschließender Regresse legen die Kreditinstitute für Diskontkreditnehmer fest, bis zu welchem Gesamtbetrag sie Wechsel diskontieren. Es ist eine Kreditwürdigkeitsprüfung des Einreichers erforderlich, die in den meisten Fällen bereits durchgeführt ist, da neben dem Diskont gewöhnlich auch ein Kontokorrentkredit in Anspruch genommen wird. Wenn es sich bei dem Bezogenen, der der eigentliche Hauptschuldner ist, nicht ebenfalls um einen Kunden des Kreditinstituts handelt, kann für diesen keine systematische Kreditwürdigkeitsprüfung durchgeführt werden. In diesem Fall ist das Einholen von Auskünften eine wichtige Quelle der Informationsbeschaffung. Weitere Informationsmöglichkeiten bieten die Protestlisten, in denen Wechselproteste erfasst werden und das vom Kreditinstitut geführte Bezogenenobligo, aus dem hervorgeht, welche noch nicht fälligen Wechsel

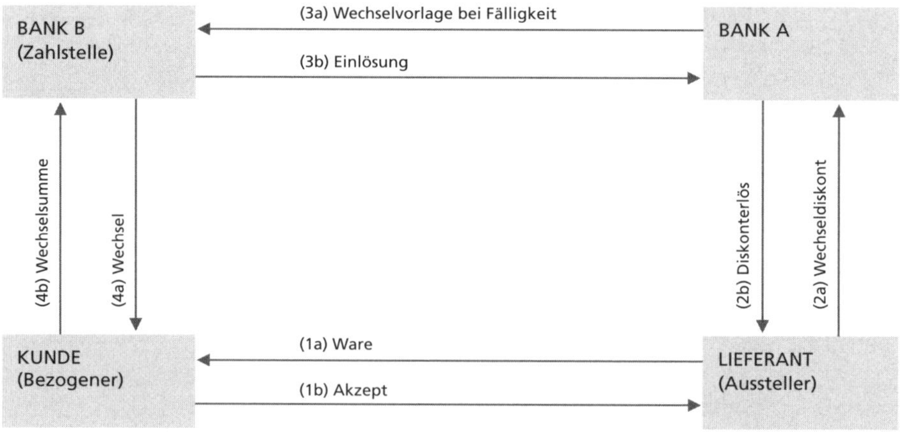

Abb. 121: Beteiligte und Beziehungen bei einem Diskontkredit

des Bezogenen bereits diskontiert wurden. Geben die Ermittlungen über die Bonität des Bezogenen zu Bedenken Anlass, wird in der Regel die Diskontierung des Wechsels abgelehnt.

Der Lieferant liefert Waren an seinen Kunden (1 a) und zieht einen Wechsel, den der Kunde akzeptiert (1 b). Der Lieferant refinanziert sich durch Weitergabe des Wechsels an seine Bank A (2 a, b). Bei Fälligkeit legt diese den Wechsel der im Wechsel bezeichneten Zahlstelle (Bank B) vor (3 a), die ihn einlöst (3 b). Die Bank B präsentiert den Wechsel dem Bezogenen (4 a), der ihn bezahlt (4 b).

Eine andere Form der Refinanzierung des Diskontkreditgeschäfts durch Banken ist der Ankauf der Wechsel für Rechnung einer Asset-Backed-Zweckgesellschaft, die sich ihrerseits fristenkongruent durch die Ausgabe von Commercial Paper refinanziert.

Die **Kosten des Diskontkredits** bestehen im Wesentlichen aus dem Diskont, der von der Bank einbehalten wird.

Ferner entstehen Kosten durch Bankspesen für das Einholen von Auskünften, das Wechselinkasso etc.

Beispiel: Ein am 1. April fälliger Wechsel über 40.000 EUR wird am 15. Februar diskontiert. Der Diskont beträgt 6 %. An Spesen werden 5 EUR in Rechnung gestellt (vgl. Abb. 122).

Wechseldiskontierung am 16. Februar 20 ....

Wechselbetrag	Verfall	Tage	Zinszahlen	Zinsdivisor für 6%	Diskont
40.000	01.04.20 ...	45	18.000	60	300
			– Wechselbetrag		40.000
			– Diskont		300
			– Spesen		5
			– Gutschrift Wert 17.02.		39.695

Abb. 122: Wechseldiskontierung

Bezieht man die Summe aus Diskont und Spesen auf den Gutschriftsbetrag über den der Diskontkreditnehmer verfügen kann, so ergibt sich ein Jahreszinssatz von 6,15 %.

$$\frac{305 \cdot 360}{39.695 \cdot 45} = 6{,}15\,\%$$

Diese von der Praxis verwendete Rechnung vernachlässigt allerdings, dass es sich wegen der Laufzeit von maximal 90 Tagen um eine unterjährige vorschüssige Verzinsung handelt.[459]

Der Aussteller des Wechsels kann versuchen, die beim Diskont entstehenden Kosten zu vermeiden, indem er dem Bezogenen die Kosten in Rechnung stellt. Hat ein

[459] Vgl. *Hielscher, U., Laubscher, H.-D.,* a.a.O., S. 102 f.

Kunde Waren bezogen, so wird vom Lieferanten über den Rechnungsbetrag ein Wechsel ausgestellt, den dieser wie ein Kreditinstitut diskontiert. Die Differenz zum Wechselbetrag gleicht der Kunde durch Banküberweisung aus. Inwieweit dieses Verfahren möglich ist, hängt von der Marktstellung der Beteiligten ab.

Erwirbt ein Unternehmen Waren auf Kredit, so wird es die Kosten eines Lieferantenkredits, eines Kontokorrentkredits oder – wenn es Wechsel von Kunden besitzt – eines Wechseldiskontkredits miteinander vergleichen. Am teuersten ist in der Regel der Lieferantenkredit, am billigsten der Wechseldiskontkredit. Infolge des höheren Liquiditätsgrades (Refinanzierungsmöglichkeit) und der größeren Sicherheit (Wechselstrenge) fordert der Kreditgeber bei letzterem im Allgemeinen einen geringeren Zinssatz als beim Kontokorrentkredit. Dies zeigt die folgende Übersicht über die Durchschnittssätze und Streubreite der Sollzinsen von Kontokorrent- und Diskontkrediten (vgl. Abb. 123).

8.4.7.3 Akzeptkredit

Eine andere Art des Wechselkredits ist der Akzeptkredit. Bei dieser Kreditform akzeptiert eine Bank gegen Berechnung einer Akzeptprovision den auf sie gezogenen Wechsel eines Kunden, der sich verpflichtet, einige Tage vor Fälligkeit den Gegenwert bereitzustellen. Wenn auch die Bank als Bezogener wechselrechtlich Hauptschuldner ist, so liegt wirtschaftlich nur eine Kreditleihe vor, d.h. der Aussteller des Wechsels nutzt die Kreditfähigkeit der Bank, die eine Eventualverbindlichkeit eingeht.

Dem Akzeptkreditnehmer bieten sich mehrere **Verwendungsmöglichkeiten für das Akzept.** Er kann es an Lieferanten weitergeben, um Verbindlichkeiten zu begleichen, er kann es aber auch zu Refinanzierungszwecken diskontieren lassen. In den meisten Fällen wird die Diskontierung von dem bezogenen Institut vorgenommen, das dann aber infolge der Diskontkreditgewährung eigene Mittel einsetzen muss.

Wegen der Risiken, die mit der Akzeptierung des Wechsels verbunden sind, räumen die Banken nur erstklassigen Kreditnehmern Akzeptkredite ein. Daraus ergibt sich, dass Akzeptkredite gewöhnlich zur Finanzierung von Warengeschäften – insbesondere mit dem Ausland – eingeräumt werden.

8.4.8 Rembours- und Negoziationskredit

Durch die räumlichen Entfernungen und die damit oft verbundenen Informationslücken über den Geschäftspartner erwachsen aus Auslandsgeschäften besondere Risiken, zu deren Verringerung Wechsel verwendet werden.

Die erste **Schwierigkeit im Außenhandel** ergibt sich daraus, dass die Importeure bestrebt sind, erst zu leisten, wenn sie über die Ware verfügen. Sie wollen also das **Zug-Umzug-Prinzip** aufrecht erhalten. Da in diesem Fall der Exporteur frühestens nach Ablauf der Transportzeit den Kaufpreis erhält, ist von der Praxis das Akkreditiv entwickelt worden, das unter Wahrung der Interessen des Importeurs eine frühere Bezahlung des Exporteurs ermöglicht. Unter einem **Akkreditiv** ist ein Auftrag an ein Kreditinstitut zu verstehen, einem Dritten (dem Akkreditierten) einen bestimmten

Erhebungszeitpunkt	2002-01	2002-02	2002-03	2002-04	2002-05	2002-06	2002-07	2002-08	2002-09	2002-10	2002-11	2002-12	2003-01	2003-02	2003-03	2003-04	2003-05	2003-06
Sollzinsen Banken / Kontokorrentkredite unter 100.000 EUR, Untergrenze der Streubreite (% p.a.)	6	6	6,45	6	6	6,3	6	6	5,5	5,5	5,5	5,5	6,5	5,65	5	6	5,5	5
Sollzinsen Banken / Kontokorrentkredite unter 100.000 EUR, Obergrenze der Streubreite (% p.a.)	13	13	13	13	13	13	13	13	13	13	13	13	13	13	13	13	13	13
Sollzinsen Banken / Kontokorrentkredite unter 100.000 EUR, Durchschnittssatz (% p.a.)	10,86	10,84	10,88	10,9	10,93	10,88	10,99	11	10,86	10,92	10,97	10,88	10,92	10,84	10,77	10,81	10,74	10,69
Sollzinsen Banken / Kontokorrentkredite von 100.000 EUR bis unter 500.000 EUR, Untergrenze der Streubreite (% p.a.)	5,5	6	6	6	5,5	6	5,5	5,5	6	5,4	5,5	5	5,5	5,12	4,75	5	5	4,5
Sollzinsen Banken / Kontokorrentkredite von 100.000 EUR bis unter 500.000 EUR, Obergrenze der Streubreite (% p.a.)	12,75	12,75	12,6	12,75	12,75	12,75	12,75	12,75	12,75	12,75	12,5	12,75	12,75	12,75	12,5	12,5	12,5	12,5
Sollzinsen Banken / Kontokorrentkredite von 100.000 EUR bis unter 500.000 EUR, Durchschnittssatz (% p.a.)	9,62	9,58	9,64	9,69	9,69	9,76	9,7	9,72	9,78	9,77	9,73	9,69	9,68	9,72	9,58	9,63	9,6	9,48
Sollzinsen Banken / Kontokorrentkredite von 500.000 EUR bis unter 2,5 Mio., Untergrenze der Streubreite (% p.a.)	4,5	5,5	4,5	5	4,5	4,5	4,5	4,5	4,5	4,5	4,5	4	4,5	4	4	3,84	4	3,5
Sollzinsen Banken / Kontokorrentkredite von 500.000 EUR bis unter 2,5 Mio., Obergrenze der Streubreite (% p.a.)	12	12	12	12	12	12	12	12	12	12	12	12	12	12	12	12	12	12
Sollzinsen Banken / Kontokorrentkredite von 500.000 EUR bis unter 2,5 Mio., Durchschnittssatz (% p.a.)	8,4	8,42	8,39	8,49	8,55	8,48	8,57	8,57	8,54	8,58	8,55	8,56	8,55	8,55	8,47	8,42	8,32	8,27
Sollzinsen Banken / Wechseldiskontkredite, bundesbankfähige Abschnitte bis unter 50.000 EUR, Untergrenze der Streubreite (% p.a.)	4,3	4,35	4,25	4,3	4,35	4,45	4,38	4,34	4,3	4,26	4,1	3,93	3,83	3,69	3,56	3,55	3,4	3,14
Sollzinsen Banken / Wechseldiskontkredite, bundesbankfähige Abschnitte bis unter 50.000 EUR, Obergrenze der Streubreite (% p.a.)	10,25	10,25	10	10,25	10,25	10,25	10	10,25	10,25	10,25	10,25	10,25	10,25	10	10	10	10	10
Sollzinsen Banken / Wechseldiskontkredite, bundesbankfähige Abschnitte bis unter 50.000 EUR, Durchschnittssatz (% p.a.)	6,34	6,36	6,28	6,34	6,36	6,42	6,4	6,41	6,37	6,36	6,29	6,19	6,12	6,14	6,03	6,05	5,96	5,79

Abb. 123: Durchschnittssätze und Streubreite der Sollzinsen von Kontokorrent- und Diskontkrediten[460]

[460] Quelle: Deutsche Bundesbank

Geldbetrag zur Verfügung zu stellen und unter bestimmten Bedingungen auszuzahlen.[461]

Um dem Exporteur eine Sicherheit zu geben, dass er das Geld auch tatsächlich erhält, gibt das Kreditinstitut eine Verpflichtungserklärung ab, zu zahlen, wenn der Exporteur den Nachweis erbringt, dass die Lieferung erfolgt ist. Dieser Nachweis wird mit Dokumenten (z.B. Konnossement (auch Seefrachtschein genannt),[462] Versicherungspolicen, Rechnungen) geführt **(Dokumenten-Akkreditiv)**. Gewöhnlich enthalten die Akkreditive die Vereinbarung, dass das Kreditinstitut gegen Vorlage der Dokumente zahlt. Bei Vorlage der Dokumente werden diese sehr genau von den Banken geprüft. Bereits bei kleineren Abweichungen vom Akkreditiv wird nicht gezahlt.

Für den Exporteur hat das Akkreditiv-Verfahren zwei **Vorteile:**

(1) Er erhält bereits gegen die Dokumente sein Geld, unabhängig davon, dass die Güter sich noch auf dem Transport befinden.

(2) Durch die Verpflichtung des Kreditinstituts hat er einen (weiteren) potenten Schuldner gewonnen, der für die Bezahlung garantiert.

In der Praxis ist das Verfahren jedoch nicht ganz so einfach, weil meist außer der Akkreditivbank noch ein weiteres Kreditinstitut (im Land des Exporteurs) als Zahlstelle tätig wird.

Die zweite Schwierigkeit bei Auslandsgeschäften liegt in der **Absicherung von Zahlungszielen**. Auch hier bietet sich die Unterlegung der Exportforderung durch einen Wechsel an, der es dem Exporteur ermöglicht, sich bei Bedarf durch Diskontierung des Wechsels zu refinanzieren.

Will z.B. ein deutscher Importeur von einem brasilianischen Exporteur Kaffee auf Ziel beziehen, ist der deutsche Importeur aber auf dem Weltmarkt unbekannt, so wird der brasilianische Exporteur darauf bestehen, dass zu seinen Gunsten ein Dokumenten-Akkreditiv eröffnet wird. An Stelle sofortiger Zahlung bei Vorlage der Dokumente tritt jedoch die Aushändigung des Akzeptes einer deutschen Bank oder auch einer ausländischen Bank (Korrespondenzbank), wenn hierfür die deutsche Bank die Haftung übernimmt. Wechselrechtlich ist also nicht der Importeur, sondern ein bekanntes Kreditinstitut Hauptschuldner. Diese Art des Akzeptkredits wird als **Rembourskredit** bezeichnet.

Das Geschäft wird folgendermaßen abgewickelt (vgl. Abbildung 124):

Der Importeur schließt einen Kaufvertrag mit dem Exporteur ab (1) und beauftragt seine Bank (2), bei der Bank des Exporteurs zu seinen Gunsten ein Dokumentenakkreditiv zu eröffnen und eine Akzeptzusage zu geben (3). Die Bank des Exporteurs benachrichtigt diesen davon (4), der daraufhin die Ware an den Importeur absendet (5). Der Exporteur übergibt die Versanddokumente (Konossement, Versicherungsschein, Rechnung) und einen Wechsel (Tratte) auf die Akzeptbank an seine Bank (6), die diese Unterlagen an die Bank des Importeurs weiterleitet (7). Diese akzeptiert den Wechsel (8) und gewährt dem Importeur einen Akzeptkredit (9). Das Akzept wird über die Bank des Exporteurs an den Exporteur weitergeleitet (10), der den

---

[461] Zu Einzelheiten zum Akkreditiv vgl. *Schuster, L.*, Akkreditiv, in: Handwörterbuch des Bank- und Finanzwesens, hrsg. von *Gerke, W., Steiner, M.*, 2. Aufl., Stuttgart 1995, S. 1285.

[462] Das Konnossement ist ein im Seefrachtgeschäft ausgestelltes Wertpapier (Seefrachtschein) über den Empfang der Güter mit der Verpflichtung, diese an den legitimierten Inhaber des Konnossements abzuliefern.

Wechsel bei seiner Bank diskontieren lassen kann (10 a, b). Die Dokumente werden dem Importeur von seiner Bank ausgehändigt (11), damit er die Ware bei Eingang in Empfang nehmen kann. Bei Fälligkeit stellt er die Wechselsumme seiner Bank zur Verfügung (12), die wiederum diese Summe bei der Bank des Exporteurs bereitstellt (13), wenn diese den Wechsel vorlegt (14).

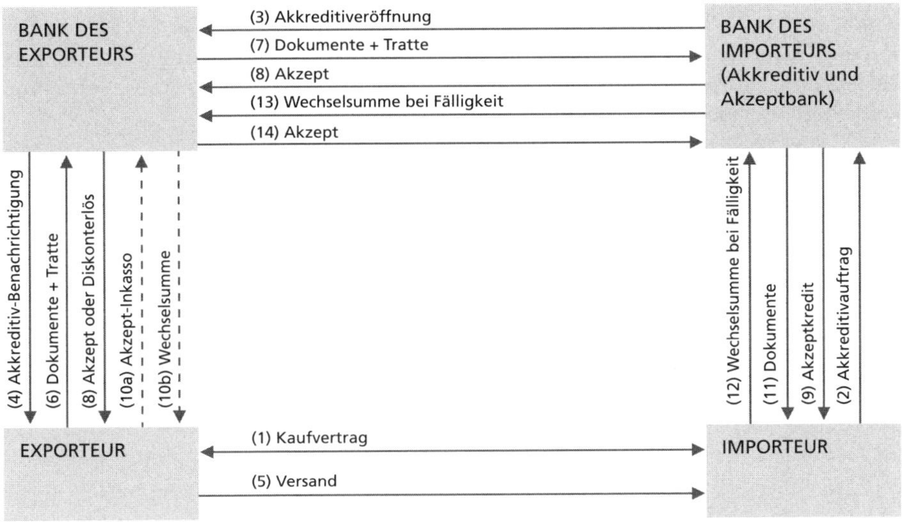

Abb. 124: Beteiligte und Beziehungen bei einem Rembourskredit

In dieser Form stellt der Rembourskredit eine **Koppelung von Akzeptkredit (Importeur) und Diskontkredit (Exporteur)** dar. In der Praxis gibt es eine Vielzahl von Abarten des dargestellten Falls. Wenn es auch nicht notwendig ist, dass zur Abwicklung des Rembourskredits ein Akkreditiv gestellt wird, so ist seine Koppelung mit einem Akkreditiv in der Praxis jedoch der häufigere Fall.[463]

Eine weitere Kreditform im Auslandsgeschäft, die mit dem Rembourskredit eng verwandt ist, ist der **Negoziationskredit**. Vom Rembourskredit unterscheidet er sich dadurch, dass bei diesem der Exporteur ein Bankakzept erhält, das er bei seiner Bank diskontieren kann, während beim Negoziationskredit die Bank des Exporteurs von der des Importeurs ermächtigt wird, zu ihren Lasten einen vom Exporteur auf den Importeur oder eine Bank gezogenen Wechsel gegen Vorlage der Dokumente anzukaufen oder zu bevorschussen (zu negoziieren), und zwar bevor der Wechsel vom Importeur oder der Bank akzeptiert worden ist. Infolgedessen kann der Exporteur bereits bei Vorlage der Versanddokumente über den Gegenwert verfügen, während er beim Rembourskredit die Postlaufzeit der Dokumente und des Wechsels bzw. des Akzepts überbrücken muss.

[463] Vgl. *Schuster, L.*, Rembourskredit, in: Handwörterbuch des Bank- und Finanzwesens, hrsg. von *Gerke, W., Steiner, M.*, 2. Aufl., Stuttgart 1995, S. 1285.

8.4.9 Forfaitierung

Für Exporteure, die ein Interesse an einem möglichst unverzüglichen und vollständigen Rückfluss ihrer Forderungen gegenüber den Importeuren haben, steht das Instrument der Forfaitierung zur Verfügung (vgl. Abb. 125). Hierunter ist der im Allgemeinen regresslose Verkauf einzelner mittel- bis langfristiger Exportforderungen zu verstehen. Käufer sind Forfaitierungsgesellschaften oder Kreditinstitute. Kreditinstitute können diese Forderungen für eigene Rechnung oder zur Weiterplatzierung erwerben. Vom Factoring unterscheidet sich die Forfaitierung dadurch, dass bei letzterer die Veräußerung einzelner Forderungen möglich ist und die Übernahme besonderer Serviceleistungen nicht erfolgt.

Bei vorbehaltloser Übernahme aller mit der Forderung verbundenen wirtschaftlichen und politischen Risiken liegt eine **echte** Forfaitierung vor. Wenn unter gewissen Voraussetzungen Rückgriffsmöglichkeiten auf den Forderungsverkäufer bestehen, handelt es sich um eine **unechte** Forfaitierung.

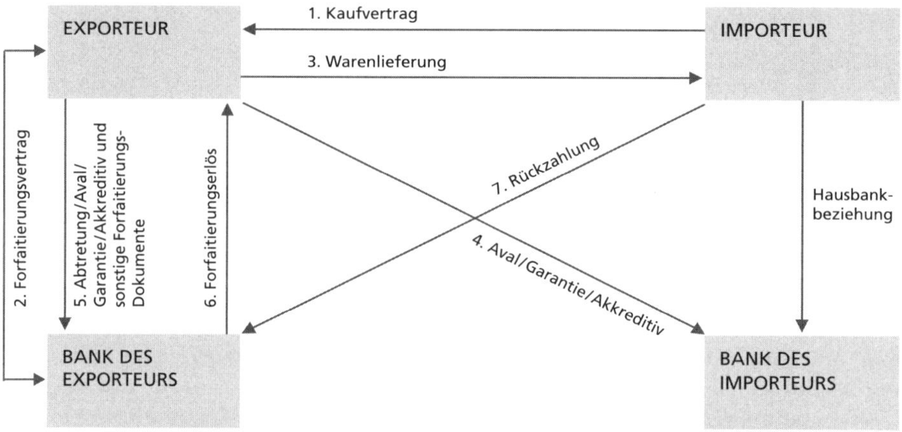

Abb. 125: Beteiligte und Beziehungen bei einer Forfaitierung

Durch die Forfaitierung wird ein Geschäft, bei dem ein Zahlungsziel vereinbart wurde, zu einem Bargeschäft, da der Erlös sofort nach erfolgter Lieferung oder erbrachter Leistung gekürzt um den mit dem Käufer zu vereinbarenden Diskont ausgezahlt wird. In der Regel werden die Exportforderungen einschließlich der den Importeuren in Rechnung gestellten Zinsen angekauft. Die Forfaitierungserlöse entsprechen damit mehr oder weniger den Exporterlösen, so dass eine Vollfinanzierung erreicht wird. Forfaitierungen versetzen somit Exporteure in die Lage, ihre liquiden Mittel und ihre Kreditlinien zu schonen und ihre Bilanz zu entlasten. Ferner erfolgt der Ankauf einer Festzinsbasis für die gesamte Laufzeit, und auch das Währungsrisiko wird von dem Käufer übernommen.

Als Basis für Forfaitierungsgeschäfte eignen sich vor allem Wechselforderungen (Solawechsel und Akzepte der Importeure) und durch Nachsichtakkreditive verbriefte Buchforderungen. Bei der Forfaitierung ist in der Regel eine Bankbesicherung erforderlich, von der Abstand genommen werden kann, wenn es sich beim Importeur um einen Schuldner mit sehr guter Bonität handelt. In aller Regel können Forderungen mit Laufzeiten von einem Monat bis fünf Jahren forfaitiert werden, sofern die Exportforderung rechtswirksam entstanden sowie im rechtlichen Sinne unbedingt, unwiderruflich, einredefrei und abtretbar ist.

Die Kosten der Forfaitierung werden bestimmt durch den einbehaltenen Diskont, die Bereitstellungsprovision und die angesetzten Respekttage. Unter Respekttagen versteht man den Zeitraum, um den die Zahlungen erfahrungsgemäß verspätet eingehen und welcher daher der Forderungslaufzeit hinzugerechnet wird. Die Höhe des Diskontsatzes (Forfaitierungssatz) ist abhängig vom

- Zinsniveau der Währung, auf die die Forderung lautet,
- der Laufzeit der zu forfaitierenden Forderung,
- der Höhe sowie der Stückelung der zu forfaitierenden Forderung,
- dem politischen Risiko des Schuldnerlandes,
- der Kreditwürdigkeit des Importeurs und
- der Bonität der ggf. mithaftenden Bank.

Auch der Ankauf Hermes-gedeckter Exportforderungen durch Forfaitierungsgesellschaften oder Kreditinstitute ist möglich, da die Exporteure die Deckungsansprüche mit Zustimmung des Bundes abtreten können (vgl. Abb. 126). Anders als bei der echten Forfaitierung haben die Käufer der Forderungen jedoch unter bestimmten Umständen ein begrenztes Rückgriffsrecht auf den Verkäufer der Forderung (Quasi-Forfaitierung).

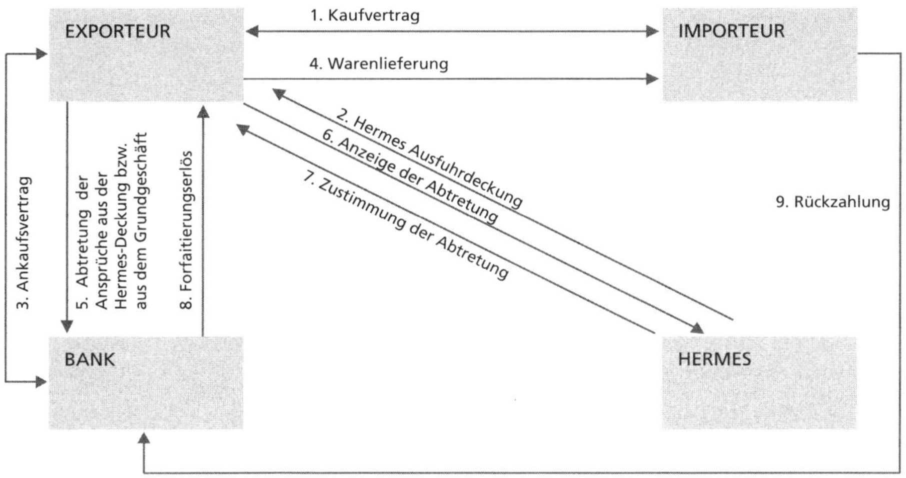

Abb. 126: Beteiligte und Beziehungen bei einer Forfaitierung mit Hermes-Deckung

Die Forfaitierung von Forderungen mit Hermes-Deckung stellt immer dann eine Alternative zur echten Forfaitierung dar, wenn der Importeur nicht bereit ist, eine Banksicherheit zu stellen, seine Bonität aber für eine positive Deckungsentscheidung durch Hermes ausreichend ist. Zudem kann durch die Hermes-Deckung u.U. eine längere Finanzierungslaufzeit erreicht werden. Durch die Hermes-Deckung wird auch die Forfaitierung solcher Forderungen ermöglicht, bei denen Forfaiteure nicht bereit sind, politische Risiken zu tragen.

8.4.10 Avalkredit

Ein Unternehmen nimmt einen Avalkredit in Anspruch, wenn ein Kreditinstitut gegenüber einem Gläubiger des Unternehmens ein bedingtes Zahlungsversprechen entweder in Form einer Bürgschaft oder einer Garantie abgibt. Der Avalkredit ist also wie der Akzeptkredit eine **Form der Kreditleihe.** Es werden keine liquiden Mittel direkt zur Verfügung gestellt, sondern aufgrund der zusätzlichen Haftung des bonitätsmäßig erstklassigen Avalkreditgebers kann sich der Kreditnehmer bei dem durch Aval Begünstigten Kredite beschaffen. Erst wenn der Kreditnehmer seinen Hauptverbindlichkeiten nicht nachkommt, wird aus der Eventualverbindlichkeit des Avalkreditgebers eine echte Verbindlichkeit.

Die **Bedeutung des Avalkredits** liegt darin, dass der begünstigte Dritte ohne eigene Kreditwürdigkeitsprüfung Kredite einräumen oder Aufträge erteilen kann, ohne dass er selbst das Kreditrisiko übernehmen oder um den Eintritt des gewünschten Erfolges fürchten muss. Zu den wichtigsten Anwendungsformen des Avalkredits zählen:[464]

(1) **Die Zollbürgschaft:** Verbürgt sich ein Kreditinstitut gegenüber der Finanzverwaltung für einen Importeur oder Spediteur, so räumt die Zollverwaltung diesem einen Zahlungsaufschub für Zölle ein, der den Umschlag der Waren bzw. die Einziehung der Frachten vor Abführung der Zölle ermöglicht.

(2) **Das Frachtstundungsaval:** Betrieben, die regelmäßig Güter von der Bundesbahn transportieren lassen, werden die anfallenden Gebühren gestundet, wenn Kreditinstitute gegenüber der Deutschen Verkehrs-Kredit-Bank AG, die die Abrechnung für die Bundesbahn übernimmt, eine entsprechende Bürgschaft leisten.

(3) **Die Bietungsgarantie:** Werden Lieferungen und Leistungen ausgeschrieben, so läuft der Auftraggeber Gefahr, dass der Betrieb, dem der Zuschlag erteilt wird, die Verträge schließlich doch nicht abschließt. Für diesen Fall werden Konventionalstrafen vorgesehen, die ein Kreditinstitut durch eine sog. Bietungsgarantie absichert.

(4) **Die Anzahlungsgarantie:** Durch eine Anzahlungsgarantie wird sichergestellt, dass der Auftraggeber die Anzahlung zurückerhält, wenn die Leistung nicht oder nicht fristgerecht erfolgt.

(5) **Die Lieferungs- und Leistungsgarantie:** Der Avalkreditgeber verpflichtet sich zur Zahlung von Konventionalstrafen, wenn der abgeschlossene Vertrag nicht ordnungsmäßig erfüllt wird.

(6) **Die Gewährleistungsgarantie:** Der Avalkreditgeber übernimmt die Verpflichtung, dafür einzustehen, dass der Lieferant die Gewährleistung für die von ihm erbrachten Lieferungen und Leistungen übernimmt. Gewährleistungsavale sind häufig im Baugewerbe anzutreffen. Bringt der Bauunternehmer die Gewährleis-

[464] Zu den Einzelheiten über die verschiedenen Arten von Avalkrediten vgl. *Jährig, A.; Schuck, H.*, Handbuch des Kreditgeschäfts, bearb. von *Rösler, P., Woite, M.*, 5. Aufl., Wiesbaden 1989, S. 157 ff.

TEIL B: AUSSENFINANZIERUNG

tungsgarantie eines Kreditinstituts bei, so entfällt für den Bauherrn die Notwendigkeit, einen Teil der Bausumme als Sicherheit für die Beseitigung auftretender Mängel einzubehalten, d.h. die flüssigen Mittel des Bauunternehmens erhöhen sich.[465]

Für die Bereitstellung von Avalkrediten berechnen die Kreditinstitute im Voraus entrichtende **Avalprovisionen**. Ihre Höhe ist abhängig von der Art und der Höhe der eingegangenen Eventualverbindlichkeit, ihrer Laufzeit und der Einschätzung des Risikos unter Berücksichtigung vorhandener Sicherheiten. Sie beträgt etwa 0,5 %–2 % p.a.

8.4.11 Commercial Paper und Medium Term Notes

Die Deckung kurz- und mittelfristigen Mittelbedarfs kann neben der Nutzung der klassischen Kreditinstrumente auch durch die Ausgabe von Schuldverschreibungen mit entsprechender Laufzeit erfolgen. Dieser in den USA seit langem und auf den Euro-Märkten seit Mitte der achtziger Jahre bekannte Weg wurde deutschen Unternehmen auch im Inland mit Aufhebung des Genehmigungsverfahrens für die Begebung inländischer Schuldverschreibungen sowie der Abschaffung der Börsenumsatzsteuer zum 1. Januar 1991 eröffnet.

Commercial Paper sind unbesicherte Inhaberschuldverschreibungen mit einer **Laufzeit zwischen sieben Tagen und maximal zwei Jahren** (minus einen Tag), die im Rahmen eines Programms je nach Mittelbedarf revolvierend begeben werden können. Als Anleger am Markt treten vornehmlich große internationale Kapitalsammelstellen sowie in zunehmendem Maße auch in- und ausländische Industrieunternehmen auf, die bei der Anlage ihrer flüssigen Mittel aus Renditeüberlegungen dazu übergehen, neben traditionellen Bankeinlagen den Erwerb von Notes erstklassiger Emittenten in die Anlageentscheidung einzubeziehen.

Die Laufzeitobergrenze der Teilschuldverschreibungen von zwei Jahren (minus einen Tag) steht in engem Zusammenhang mit den bereits seit einigen Jahren existierenden **Medium-Term-Note-Programmen**, unter denen flexible Ziehungen von Teilschuldverschreibungen mit einer Laufzeit ab zwei Jahren erfolgen können. Somit ist die Emission von Teilschuldverschreibungen über alle Laufzeiten möglich.

Ein Commercial Paper Programm ist eine **Rahmenvereinbarung**, die zwischen der Emittentin und den als Arrangeure und Plazeure benannten Banken geschlossen wird. Diese Vereinbarung berechtigt den Emittenten, verpflichtet ihn aber nicht, jederzeit Teilschuldverschreibungen (Notes) zu begeben. Ein derartiges Programm hat den Charakter einer **Daueremission,** da die Notes in mehreren Tranchen und über einen längeren Zeitraum hinweg emittiert werden können. Weder die arrangierenden noch die platzierenden Banken übernehmen gegenüber dem Emittenten eine Platzierungsverpflichtung, sondern sagen nur größtes Bemühen zu, d.h. sie werden auf „Best-effort-Basis" tätig. Daraus folgt zugleich, dass Commercial Paper „Schönwetter-Papiere" sind. Von großer Bedeutung ist daher, dass der Emittent stets über genügend alternative Finanzquellen verfügt, damit eine fristgerechte Rückzahlung fälliger Notes sichergestellt ist.

---

[465] Vgl. *Breuer, W.*, a.a.O., S. 258.

Die Notes werden in aller Regel nicht an der Börse eingeführt, sondern im Wege der sog. **Privatplatzierung (Private Placement)** einem begrenzten Anlegerkreis angeboten. Wie im Kapitalmarkt üblich, sehen die Anleihebedingungen sowohl eine **Negativerklärung** der Emittentin, d.h. die Verpflichtung, Dritten keine Sicherheiten zu bestellen, als auch eine **Cross-Default-Klausel** vor, die bei vertragswidrigem Verhalten gegenüber anderen Gläubigern auch unmittelbare Wirkung für das Commercial-Paper-Programm erhält.

Für Commercial-Paper-Programme haben sich am Markt Standards entwickelt, die für relativ hohe Marktzugangsschranken sorgen und den Emittentenkreis auf sogenannte „erste Adressen" begrenzen. Als Untergrenze für CP-Programme hat sich – schon aus Kostengründen – ein Volumen von 50–100 Mio. EUR herausgebildet. Dabei darf der Gesamtnennbetrag aller ausstehenden Notes das Gesamtvolumen des Programms zu keinem Zeitpunkt überschreiten. Der Nennbetrag einer einzelnen Tranche beträgt in der Regel abhängig vom individuellen Programm mindestens 2,5 Mio. EUR.

Commercial Paper sind Diskontpapiere, d.h. der Auszahlungsbetrag liegt unter dem Nennwert der Notes, der bei Fälligkeit anzuschaffen ist. Der Auszahlungsbetrag berechnet sich nach folgender Formel.

$$AB = \frac{NB}{(1 + Z)^{\frac{T}{360}}}$$

AB = Auszahlungsbetrag
NB = Nennbetrag
ZB = Zinssatz p.a. einschließlich der Platzierungsprovision in v.H.
TZ = Laufzeit der Note in Tagen (einschließlich des Valutierungstages, jedoch ohne Berücksichtigung des Rückzahlungstages)

Die Zinsberechnung erfolgt auf Eurobasis, d.h. auf Basis der effektiven Tage dividiert durch 360 Tage. Die Platzierungsrendite und damit die Kapitalkosten des Emittenten orientieren sich an Geldmarktsätzen. Als Referenzzinssätze stehen dazu der jeweilige LIBOR bzw. EURIBOR für den in Frage kommenden Laufzeitenbereich zur Verfügung. Je nach Bonität des Emittenten wird die erforderliche Platzierungsrendite einen Auf- oder Abschlag zum entsprechenden Referenzzinssatz aufweisen.

Beispiel: Ein Unternehmen begibt im Rahmen eines CP-Programms eine Tranche von 20 Millionen EUR mit einer Laufzeit von genau 39 Tagen (vgl. Abb. 127).

Nennbetrag	20.000.000 EUR
Aufnahme	09. Juli 2009
Rückzahlung	17. August 2009
Tage	39
Zins	7,49%
Auszahlungsbetrag	19.844.117 EUR

Abb. 127: Commercial Paper

Ein Emittent, der ein CP-Programm auflegen möchte, beauftragt, eine Bank als Arrangeur mit der Auflegung der Fazilität und ernennt ggfs. weitere Banken zu Plazeuren. Der Arrangeur bereitet die notwendige Dokumentation einschließlich eines Informationsmemorandums vor, das er mit dem Emittenten abstimmt. In der Platzierungsvereinbarung werden die Beziehungen des Emittenten, dem Arrangeur und den Plazeuren geregelt. Darüber hinaus wird mit der als Emissions- und Zahlstelle fungierenden Bank ein Vertrag geschlossen, der die technische Abwicklung bei der Begebung der Notes sowie die Ausführung des Zahlstellendienstes zum Inhalt hat.

Für emissionsfähige Adressen stellt ein CP-Programm eine kostengünstige Finanzierungsmöglichkeit dar. Dieses Finanzierungsinstrument ist sehr flexibel, da Laufzeiten und Volumen je nach den Bedürfnissen des Emittenten festgelegt werden können. Dies ermöglicht eine fristenkongruente Refinanzierung kurzfristiger Aktiva, z.B. von Betriebsmitteln im Fall saisonaler Spitzen. Die Inanspruchnahme des Geldmarkts ist diskret möglich, da die konkrete Mittelaufnahme mit keiner Publizität verbunden ist.

8.5 Cash Pooling

8.5.1 Konzeption des Cash Pooling

Das Pooling verpflichtet (**Andienungspflicht**) oder hält Konzerngesellschaften an (**Andienungswahlrecht**), nicht benötigte kurzfristige Mittel an einen zentralen Pool abzuführen (sogenanntes **Sweeping**). Gesellschaften mit Sollbestand bekommen dafür eine Ausgleichszahlung (so genanntes **Topping**). Durch Cash Pooling wird verhindert, dass ein Tochterunternehmen einen Kredit aufnimmt und hohe Zinskosten begleichen muss, während andere Gesellschaften Guthaben auf ihren Konten besitzen und vergleichsweise niedrige Zinsen erhalten.[466]

8.5.1.1 Aufbau und Ziele eines Cash Pool

Abbildung 128 stellt einen Cash Pool-Cycle bzw. Pooling-Kreis dar, der zumeist bei einer Bank angesiedelt ist. Die zentrale Stelle bildet der **Master Account**, der von der Muttergesellschaft oder einem Treasury Center gehalten wird. Er ist verbunden mit den **Sub Accounts**, die die Konten der Tochtergesellschaften (bzw. einer hierarchisch

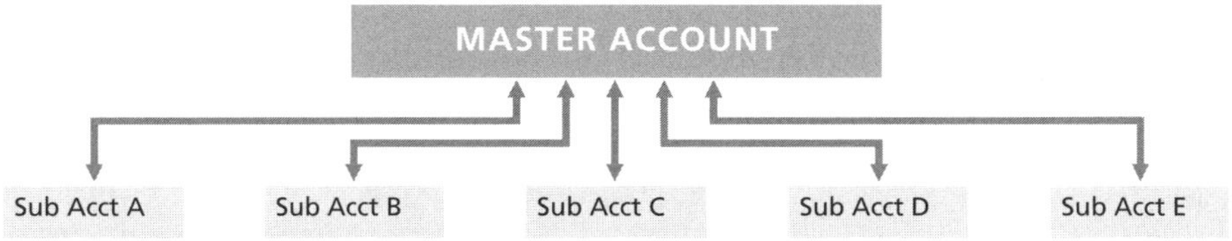

Abb. 128: Commercial Paper

[466] Zum Thema Cash Pooling vgl. *Cooper, R.*, Corporate Treasury and Cash Management, New York, London 2004; *Seethaler, P., Steitz, M.*, Praxishandbuch Treasury Management: Leitfaden für die Praxis des Finanzmanagements, Wiesbaden 2007.

niedrigeren Gesellschaft) abbilden. Die Muttergesellschaft oder das Treasury Center bildet die Substanz des Cash Pools und steuert ihn.

Die primären **Ziele** eines Cash Pools sind eindeutig definiert: **Liquiditäts- und Zinsoptimierung.** Die Signifikanz eines optimalen Liquiditätsmanagements wird durch die Tatsache deutlich, dass in Deutschland die meisten Insolvenzen durch Zahlungsunfähigkeit (d.h. mangelnde Liquidität) hervorgerufen werden. Ein Cash Pool vermeidet die uneffektive Haltung kostenintensiver kurzfristiger Mittel einzelner Tochtergesellschaften und zeitgleicher Liquiditätsaufnahme der Schwestern. Die Vermehrung der Guthabenüberschüsse und die Verminderung der kurzfristigen Kreditaufnahmen bewirkt automatisch einen Teil der Zinsoptimierung, da weniger oder keine Sollzinsen anfallen. Der andere Teil der Zinsoptimierung kann durch Verhandlung mit dem Kreditinstitut erreicht werden – viele Banken sind in Kombination mit einem Cash Pool bereit, günstigere Zinskonditionen anzubieten.

Der **Ablauf** des Cash Pooling ist automatisiert und läuft über eine Software ab, die zumeist vom Cash Pooling-Anbieter (dem Kreditinstitut) gestellt wird. Sie transferiert automatisch meist am Tagesende nach Kontenabschluss das Guthaben auf den Master Account (Sweeping) bzw. gleicht den Sollbestand aus (Topping). Durch die Schnittstelle mit dem Treasury-System des Unternehmens können bisherige Arbeitsweisen beibehalten werden.

8.5.1.2 Overlay Structure vs. One-Bank Solution

Bisher wurde der Cash Pool als **einstufiges Modell** betrachtet. Oftmals wird die Struktur jedoch um eine weitere Stufe erweitert und bildet einen so genannten **zweistufigen Cash Pool**, wie Abbildung 129 verdeutlicht.

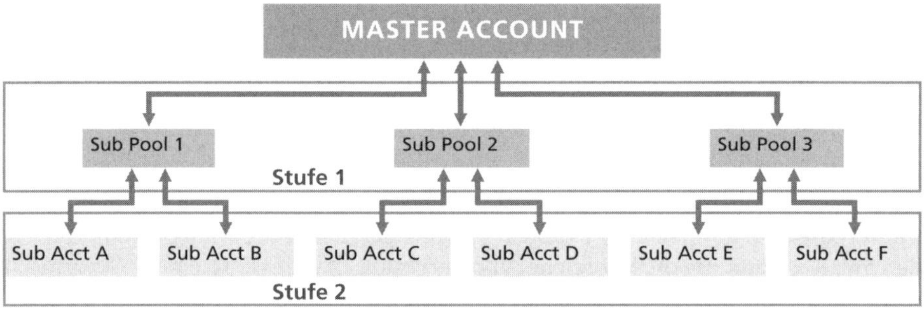

Abb. 129: Zweistufiger Cash Pool

In einem großen Konzern ist es durch die Geschäftsbeziehungen zu verschiedenen Kreditinstituten und durch heterogene Währungen, Länder und Tochtergesellschaften kaum möglich, einen einstufigen Cash Pool zu erstellen. Deshalb wird in der sogenannten Overlay Structure die Stufe 1 genutzt, die Sub Accounts im Sub Pool pro Bank, Währung und/oder Tochtergesellschaft zu poolen, um diese anschließend zentral auf den Master Account zu transferieren.

Der **Vorteil** dieser Struktur liegt in der Möglichkeit, die bestehenden regionalen Bankbeziehungen aufrechterhalten zu können. Dennoch gelingt es, die Konten zuzentralisieren. Dadurch kann die Liquiditätsübersicht erhöht und die Zinsoptimierung garantiert werden. Der **Nachteil** der Overlay Structure liegt in ihrem komplexen Aufbau. Die daraus resultierende Administration und die zahlreichen Transaktionen zwischen den Banken sind kostenintensiv. Die Disposition der Konten ist bei dieser Struktur nur suboptimal, da bei Involvierung unterschiedlicher Banken meist ein zusätzlicher Tag für das Settlement verloren geht. Um dieses Problem zu vermeiden, gibt es in der Praxis vielfach Absprachen zwischen den Banken z.B. in Form von valutenkompensierten Pooling-Varianten. Die Alternative zur Overlay Structure liegt in der One Bank Solution, bzw. im One Bank Approach. Wird für den gesamten Cash Pool ausschließlich eine Bank ausgewählt und alle beteiligten Konten dorthin transferiert, entfällt der zusätzliche Settlement-Tag und die Transaktionen sind günstiger. Dies ist jedoch nur eine theoretische Annahme, da keine Bank in so vielen Ländern vertreten ist, dass insbesondere für multinationale Konzerne ein One Bank Approach möglich ist.

8.5.1.3 Rechtliche und steuerrechtliche Implikationen des Cash Pooling

Um einen reibungslosen Ablauf eines Cash Pools zu gewährleisten, muss bereits bei der Cash-Pool-Implementierung ein umfassender und rechtlich einwandfreier Vertrag zwischen der Muttergesellschaft und dem Kreditinstitut abgeschlossen werden, der die Rahmenbedingungen eindeutig definiert. Bei der Ausarbeitung des Vertrages müssen zudem alle Rechtsgrundlagen (Gesellschafts- und Konzernrecht, Vertragsrecht und Bankenaufsichtsrecht) berücksichtigt werden.

Eine größere Herausforderung stellen die **steuerrechlichten Regularien** dar. Die Steuergesetze unterscheiden sich von Land zu Land grundlegend und verändern sich in unregelmäßigen Abständen.

Die zu beachtenden Vorschriften hängen von der angewandten Cash-Pooling-Art ab, die bedeutendsten und bekanntesten Richtlinien sind jedoch weitestgehend konform:

Hinter der **„Thin Cap Rule"** verbirgt sich die Beschränkung der Fremdfinanzierung durch andere Konzerngesellschaften. Sie schreibt ein bestimmtes Verhältnis zwischen geliehenem Kapitel der Mutter oder der Schwester und dem Eigenkapital der Gesellschaft vor. Alle Transaktionen die über die Fremdkapitalgrenze hinaus gehen, gelten als verdeckte Gewinnausschüttungen und sind steuerpflichtig. Bei innerbetrieblichen Krediten auf internationaler Ebene, bei denen die Tochtergesellschaft in einem anderen Land als die Mutter liegt, gilt das Länderrecht des Zinszahlenden.

Das **„at arm's length principle"** schreibt die marktübliche Verzinsung der Forderungen und Verbindlichkeiten zwischen den Gesellschaften vor. Sollten die Darlehensvergütungen den Drittvergleich nicht bestehen, kann eine verdeckte Gewinnausschüttung im Sinne des §8 Abs.3 Satz 2 KStG vermutet werden, welche ebenfalls der Steuerpflicht unterliegt.

In Deutschland bildet das „at arm's length principle" zusammen mit der Thin Capitalisation Rule die Bestandteile des Standortsicherungsgesetztes, welches in §8a KStG geregelt ist.

Unter **Withholding Tax (Quellensteuer)** versteht man eine Steuer auf Zinsen und Dividenden aus Kapitalvermögen, die gleich an der „Quelle" abgezogen wird. Zwischenzeitlich bestehen zwischen vielen Ländern sogenannte Doppelbesteuerungsabkommen, durch die die Steuer reduziert oder abgeschafft wurde. Diese Abkommen verhindern, dass die Zinsen nicht direkt bei Ausbezahlung und zusätzlich über den Abschluss der Konzernmutter versteuert werden.

8.5.1.4 Kritische Reflexion des Cash Pooling

Cash Pooling beeinflusst das **Working Capital** eines Unternehmens positiv, welches sich wiederum auf das Rating auswirken kann. Diese Tatsache ist signifikant, da das **Rating** die Kosten der Mittelaufnahme bei Kreditinstituten beeinflusst. Dieser idealtypischen Vorstellung steht jedoch folgende Erfahrung aus der Cash Pooling-Praxis gegenüber. Cash Pooling führt maximal bei der Bank zu einer Rating-Verbesserung, auf die sämtliche Guthaben gepoolt werden. Umgekehrt ist eine deutliche Ratingverschlechterung bei den Banken zu erwarten, deren Guthaben abdipsoniert werden. Bei einem Single-Bank-Aproach führt ein Cash Pooling zu keiner Veränderung des Ratings, da sich der Liquiditätsstatus über den gesamten Konzern hinweg nicht ändert. Ein unbestritten positiver Effekt von Cash Pooling Modellen ist eine Verbesserung des **Risikomanagements**. Dank Cash Pooling reduziert sich die Volatilität- der kurzfristigen Guthaben und Verbindlichkeiten bei den Banken. Weiterhin wirkt sich die **Stabilität der flüssigen Mittel** und deren zentrale Verwaltung positiv auf die Liquiditätsübersicht und -planung aus. Es ist zwar erschwert zu erkennen, wie viel Liquidität speziell eine Tochtergesellschaft aufweist, entscheidend ist jedoch die komprimierte Konzernübersicht, die durch den Master Account gewährleistet ist. Bezüglich der Liquiditätsplanung gilt zu beachten, dass durch Cash Pooling die Konzerngesellschaften nicht von der Pflicht der Liquiditätsplanung befreit werden. Jede einzelne Konzerngesellschaft ist per Gesetz gezwungen, eine eigene Liquiditätsplanung vorzunehmen. Es bestehen hier nach §43 I, II GmbHG sowie §93 I, II AktG entsprechende Sorgfaltspflichten. Falls beispielsweise der Mutterkonzern Insolvenz anmelden muss und die Tochtergesellschaften nicht das Cash Pooling zuvor eingestellt haben, dann haften die Geschäftsführer bzw. die Vorstände persönlich für geleistete Zahlungen an den Mutterkonzern (§64 GmbHG sowie §92 AktG).

Neben den primären Vorteilen und zugleich Zielen des Cash Pooling, die Verbesserung der Liquiditätsplanung und Zinsoptimierung, bietet es noch weitere **vorteilhafte Nebeneffekte**, die hauptsächlich aus der Reduzierung der Bankverbindungen und -konten resultieren können:

- Vereinheitlichung der Electronic-Banking-Systeme,
- Reduktion der Konten-Administration,
- Konzentration auf einen oder wenige Relationship Manager (gilt nur für den Single-Bank-Approach),
- erhöhte Transparenz der einzelnen Liquiditätspositionen,
- Optimierung der Cashflow-Planung durch eine zentrale Hand.

Der signifikanteste **Nachteil** des Cash Pooling liegt in der rechtlichen Problemstellung. Die Informationsgenerierung über die betreffenden Gesetze und deren Einhaltung verursacht hohe **administrative Kosten**. Die gesetzlichen Vorschriften stellen außerdem Begrenzungen bei der Optimierung des Cash Pools dar. Die vollständige Zielerreichung kann z.B. durch die **Thin Capitalization Rule** nicht gewährleistet werden, wodurch erneut Kosten entstehen.

Der Verwaltungsaufwand eines Cash Pools und der damit verbundene **Personalaufwand** sind nicht zu unterschätzen. Es werden kompetente Angestellte für eine verlässliche Cashflow-Planung beansprucht, auf der die Cash-Pool-Planung basiert. Die Schnittstelle zur Buchhaltung kann außerdem Probleme aufwerfen. Oftmals verwenden die Treasury- und Buchhaltungsabteilungen eine unterschiedliche Software. Bei einer Verbindung der beiden Programme fällt ein weiterer Aufwand an, um zu gewährleisten, dass die Transaktionen automatisch in das Buchhaltungssystem weitergeleitet werden.

Je größer und internationaler ein Cash Pool ist, desto höher sind die Kosten der Transaktionen und Administration. Diese Kosten dürfen die Einsparungen nicht übertreffen, was eine detaillierte Kosten-Nutzen-Analyse während der Konzeptionsphase erfordert.

8.5.2 Arten des Cash Pooling

Innerhalb des Cash Pooling können zwei Arten unterschieden werden:

- Cash Concentration,
- Notional Pooling.

8.5.2.1 Cash Concentration

Konzeption des Cash Concentration

Beim Cash Concentration werden die Salden auf den Bankkonten jeder Tochtergesellschaft periodisch (täglich, wöchentlich oder monatlich) auf den Master Account transferiert. Das Guthaben wird dort dazu benutzt, die negativen Salden der anderen partizipierenden Konten auszugleichen. Dabei wird zwischen zwei Cash-Concentration-Varianten unterschieden:

- Zero Balance Pooling und
- Target Balance Pooling.

Beim **Zero Balance Pooling** wird, wie der Name bereits aussagt, der Saldo jedes Sub Accounts durch die Transaktion auf Null gesetzt. Dies geschieht durch die Übertragung der positiven Salden auf den Master Account (so genanntes Sweeping) und den Ausgleich der negativen Kontobestände durch den Master Account (sogenanntes Covering oder Topping).

Beim **Target Balance Pooling** hingegen besteht zum einen die Möglichkeit, einen bestimmten Endsaldo der Unterkonten im Vorhinein festzulegen. Zum anderen kann die Höhe des Sweeps zwischen Sub Account und Master Account zuvor festgelegt werden.

Bei beiden Varianten besteht außerdem die Option, ein Limit zu setzen, welches den Transfer kleiner Beträge verhindert, um Transaktionskosten zu vermeiden.

Beurteilung des Cash Concentration

Cash Concentration bietet, neben den primären Cash Pool-Zielen, weitere Vorteile. Ein wesentlicher Vorteil liegt in der **Reduzierung des Working Capitals**. Die Verringerung resultiert aus der Konsolidierung, wodurch die dezentralen Kontobestände verringert werden können. Zu beachten gilt jedoch, dass der Effekt nur beim Mutterkonzern durch steigende liquide Mittel eintritt. Im Gesamtkonzern hat das Cash Pooling keine Effekte auf das Working Capital.

Die **Zentralisierung** wirkt sich weiterhin positiv auf eventuelle Liquiditätsengpässe aus. Sie müssen nicht mehr wie bisher teuer extern finanziert werden, sondern können intern ausgeglichen werden.

Als häufig genanntes Argument für Cash Concentration wird aufgeführt, dass durch die Konsolidierung der Sub Accounts bei Zero Balance Pooling außerdem die Kreditlinien der Sub Accounts gekündigt werden können und dadurch positive Kosteneffekte eintreten. Dieses Argument ist nicht korrekt. Insbesondere bei Pooling-Varianten zwischen mehreren Banken verlangen die Banken, deren Konten abdisponiert werden, Sicherheiten. Bei Target Balance Pooling hingegen ist die Kündigung nicht möglich, da diese Pooling-Art keinen negativen Endsaldo der Unterkonten ausschließen kann.

Es gibt auch zahlreiche **Nachteile** von Cash Concentration. Einen der größten Nachteile stellt die Entstehung von innerbetrieblichen Krediten zwischen der Muttergesellschaft und den partizipierenden Tochtergesellschaften dar. Dadurch besteht die Gefahr der **Anschlussinsolvenz**: Sollte eine Tochtergesellschaft Insolvenz anmelden müssen, kann sie ihre Schwesterunternehmen sowie ihre Konzernmutter mit in die Krise reißen. Dies sollte jedoch nicht passieren, da Tochtergesellschaften qua Gesetz dazu angehalten werden, die Werthaltigkeit der an die Mutter geleisteten Zahlungen/Kredite zu überprüfen (vgl. § 30 I S. 2. GmbHG).

Dem Nutzen des Cash Concentrations stehen **hohe Kosten** entgegen, welche die Wirtschaftlichkeit des Cash Pools vermindern. Der zusätzliche Aufwand muss jedoch mit dem Bisherigen ins Verhältnis gesetzt werden, der durch die Betreuung der diversen Banken und Konten entstand. Vor allem müssen die Kosten mit den positiven Zinseffekten verglichen werden. Die Kosten des Cash Pools setzen sich aus den Transaktions- und den Cash Pool-Gebühren zusammen. Deren Höhe hängt ab von der Anzahl der internationalen Überweisungen, bzw. der Größe des Cash Pools.

8.5.2.2 Notional Pooling

Konzeption des Notional Pooling

Der Unterschied zwischen Notional Pooling und Cash Concentration besteht darin, dass die Transaktionen bei Notional Pooling **rein fiktiver Art** sind. Die Kontosalden werden lediglich aufsummiert, um die Zinshöhe zu berechnen, wobei das Guthaben auf dem jeweiligen Sub Account verbleibt. Der Master Account stellt hier somit ein Konto dar, auf das die Guthaben der Unterkonten rein hypothetisch übertragen werden. Zudem werden (zumeist) die Zinsen, wie bei Cash Concentration, über den Master Account verrechnet.

Beurteilung des Notional Pooling

Einer der bedeutendsten **Vorteile** des Notional Pooling liegt in der Beibehaltung der **Eigenständigkeit** der Tochtergesellschaften. Trotzdem ist es der Muttergesellschaft möglich, eine Kostenersparnis herbeizuführen und eine Übersicht über alle Unterkonten zu behalten. Die Kostenersparnis resultiert, im Gegensatz zu Cash Concentration, vor allem aus dem **Wegfall der Transaktionskosten**, lediglich die Cash Pool-Gebühr wird berechnet. Die fiktiven Transaktionen haben zudem den Vorteil, dass keine innerbetrieblichen Kredite entstehen und das Guthaben im Eigentum der jeweiligen Tochtergesellschaft verbleibt.

So attraktiv das Notional Pooling auf den ersten Blick erscheint, birgt es doch einige Schwächen. Der größte **Nachteil** stellt das **Verfehlen der Liquiditätsoptimierung** dar. Durch die rein fiktive Konsolidierung der Sub Accounts wird der effektive Ausgleich verhindert, welcher die Basis für die Sicherung und Generierung der Konzern-Liquidität darstellt.

Eine aus praktischer Sicht bedeutende Beeinträchtigung bringt die **Bilanzverlängerung**. Die Banken können (bzw. dürfen) die selbstständigen Konten der Tochtergesellschaft nicht untereinander verrechnen, sondern müssen alle gesondert in der Bilanz ausweisen. Um die Unmöglichkeit der Kontoverrechnung zu umgehen, verlangt manches Kreditinstitut bei Notional Pooling nach einer **Haftungsgarantie** (Sicherheitenbestellung) zwischen den am Cash Pool partizipierenden Gesellschaften.

Aus Sicht der Banken besitzt eine Sicherheitenbestellung noch einen weiteren Vorteil. Durch die rein fiktive Übertragung der Unterkonten bleiben die Sollbestände erhalten, aus Sicht der Bank sogenannte **Risk Weighted Assets** (RWA). Nach § 10 KWG muss ein Kreditinstitut diese Forderungen mit 100 % Eigenkapital unterlegen, durch eine Bankenbürgschaft kann die Unterlegung auf 20 % der Forderung reduziert werden. Diesen Kostenvorteil kann das Kreditinstitut evtl. durch günstigeren Service (Konditionen) weitergeben.

Ein weiteres Problem stellen **staatliche Regularien** dar, die die Ausweitung eines Notional Pools erheblich einschränken können. In manchen Ländern ist Notional Pooling gesetzlich verboten, was die Teilnahme der Gesellschaften in diesen Ländern unmöglich macht.

8.5.3 Varianten des Cash Pooling

Innerhalb des Cash Pooling können zwei Varianten unterschieden werden:

- Domestic Pooling,
- Cross Border Pooling.

8.5.3.1 Domestic Pooling

Konzeption des Domestic Pooling

Das Domestic Currency Pooling, bzw. Single Currency Pooling stellt die einfachste, älteste und populärste Form des Cash Pooling dar. Wie der Name bereits aussagt, umschließt ein Domestic Cash Pool ausschließlich eine Währung. Es kann von Unternehmen betrieben werden die mehrere Töchter in einem Land unterhalten. Ebenso bietet sich Domestic Pooling großen Tochtergesellschaften an, die ihre dezentralen inländischen Konten konsolidieren möchten.

Rechtliche Grundlagen des Domestic Pooling

Die gesetzlichen Vorschriften bei Domestic Pooling hängen von der Cash Pooling-Art ab, weshalb differenziert darauf eingegangen wird:

- rechtliche Grundlagen des Domestic Cash Concentrations,
- rechtliche Grundlagen des Domestic Notional Pooling.

Die gesetzlichen Vorschriften vermindern sich bei **Domestic Cash Concentration** kaum, trotz des einheitlichen Standorts und der Einbeziehung von nur einer Währung. Seit der Neuerung der Gesellschafterfremdfinanzierung nach § 8a KStG unterstehen dem Gesetz auch Inlandssachverhalte. Das bedeutet, dass sowohl die Thin Capitalization Rule als auch das „at arm's length principle" beachtet werden müssen. Werden die Vorschriften nicht eingehalten, droht der Verdacht einer verdeckten Gewinnausschüttung, die der Steuerpflicht unterliegt.

Bei **Domestic Notional Pooling** muss generell die Bestellung der Sicherheiten (Cross-Guarantee) beachtet werden. In Deutschland stellt dies keine staatliche Vorschrift dar, wird jedoch von den meisten Banken gefordert.

Daraus resultierend ist Domestic Notional Pooling hinsichtlich des gesetzlichen Aspekts die einfachste Pooling-Variante.

Beurteilung des Domestic Pooling

Der Vorteil des Domestic Cash Pooling liegt definitiv in der uniformen Rechtslage. Es gelten für alle Beteiligten die gleichen Ländervorschriften. Der analoge Standort der Partizipanten vereinfacht zudem die Kommunikation. Die Erreichbarkeit zwischen den Teilnehmern wird durch den Wegfall bzw. die Reduzierung der Zeitverschiebung erleichtert. Eventuelle Sprachbarrieren entfallen.

8.5.3.2 Cross Border Pooling

Konzeption des Cross Border Pooling

Cross Border Pooling (bzw. International Pooling) wurde mit der Einführung des EUR von den Banken verstärkt angeboten. Im Gegensatz zu Domestic Pooling ermöglicht diese Variante die Verrechnung internationaler Konten in einer Währung. Den Unternehmen steht dazu eine breite Produktpalette bereit. Neben der Entscheidung, welche Cash-Pooling-Art (Cash Concentration oder Notional Pooling) betrieben werden soll, muss der Treasurer die Basis der Cross Border Cash Pools bestimmen. Ihm stehen dabei zwei Optionen zur Verfügung:

- Pooling nach Tochtergesellschaft,
- Pooling nach Land.

Beim **Pooling nach Tochtergesellschaft** werden zunächst alle Konten einer Tochtergesellschaft zentriert und im Anschluss auf den ultimativen Master Account transferiert. Diese Version bietet sich Konzerntöchtern an, die mehrere Konten unterhalten und trotzdem einen zentralen Überblick ihrer liquiden Mittel bevorzugen.

Beim **Pooling nach Land** werden primär alle Konten pro Staat zentriert und sekundär auf den ultimativen Master Account transferiert. Die Sub Pools in den jeweiligen Staaten werden von der zentralen Treasury-Stelle verwaltet und deren Beträge mit dem Master Account im Land des Hauptstandortes verrechnet. Der Vorteil gegenüber der ersten Variante liegt in einem geringeren Kostenaufwand – durch das nationale Pooling werden die teuren internationalen Transaktionen vermindert.

Zudem ist eine Kombination beider Optionen möglich: Es kann beispielsweise zuerst pro Land auf einem Sub Pool gepoolt werden und im zweiten Schritt pro Tochtergesellschaft.

Varianten des Cross Border Pooling

Beim Cross Border Pooling wird theoretisch zwischen zwei verschiedenen Pooling Varianten differenziert.

Beim **Single Currency Pooling** divergiert der Standort der Partizipanten, die Währung ist jedoch uniform. Diese Variante ermöglicht z.B. den Tochterunternehmen ihre internationalen Euro-Konten zu konsolidieren. Dadurch ist ein gesamter Überblick über die liquiden Mittel pro Währung realisierbar und die Liquiditätsplanung entlastet.

Ein **Cross Border Cross Currency Cash Pool** vereint diverse Währungen in einem Pool. Dabei werden die Guthaben der Unterkonten für den Sweep in die Währung des Master Accounts gewechselt. Für ein Topping werden die EUR des Master Accounts in die entsprechende Währung des Sub Accounts konvertiert.

Rechtliche Grundlagen des Cross Border Pooling

Ein Cross Border Pool kann speziellen länderspezifischen Reglements unterliegen. Das Unternehmen muss sich bei der Aufstellung eines länderübergreifenden Pools über die jeweiligen lokalen Vorschriften informieren. Außerdem hängen die gesetzlichen Vorschriften von der Cash Pooling-Art ab, weshalb differenziert darauf eingegangen wird.

Sind in einem **Cash Concentration Cash Pool** mehrere Länder involviert, sind die internationalen Zahlungsströme über 12.500 EUR den Zentralbanken zu melden. Nicht alle Staaten schreiben diese Meldepflicht vor. Muss sie jedoch eingehalten werden (z.B. in Dänemark), vermindert sich durch die erhöhten Transaktionskosten der wirtschaftliche Nutzen des Cash Pools. Die Thin Capitalization Rule, das „at arm's length principle" sowie die Quellensteuer müssen außerdem beachtet werden.

Das internationale **Notional Pooling** unterliegt zum einen der Erlaubnispflichtigkeit. Sie betitelt die staatliche Erlaubnis einen Notional Pool betreiben zu dürfen (in manchen Ländern bestehen generelle Verbote). Zum anderen muss teilweise gesetzlich (z.B. in Dänemark) eine Haftungsübernahmeerklärung (Cross Guarantee) unterschrieben werden. Das heißt, die Tochterunternehmen sind gezwungen, eine Garantie für die Verbindlichkeiten ihrer Schwestern und des Master Accounts zu leisten. Dabei darf jedoch nicht gegen das „at arm's length principle" verstoßen werden, welches auch bei Cross Border Notional Pooling Anwendung findet.

Die Problemstellung der Gesellschafterfremdfinanzierung kann selbst Notional Pooling betreffen. In einigen Ländern, wie z.B. in Japan gilt ein Cross Guarantee bereits als innerbetrieblicher Kredit der bekanntlich der Thin Capitalization Rule unterliegt.

Beurteilung des Cross Border Pooling

Der wesentliche **Vorteil** eines Cross Border Pools und das primäre Ziel dieser Variante liegen darin, alle **internationalen Unterkonten zu konsolidieren**. Die damit verbundenen positiven Resultate wie Optimierung der Zinsen und des Liquiditätsmanagements sind äußerst signifikant.

Trotz der positiven Erscheinung birgt auch Cross Border Pooling beachtliche **Nachteile**. Die Internationalität des Pools beinhaltet Problemstellungen wie z.B. diverse **gesetzliche Vorschriften, Zeitverschiebung sowie Devisenwechsel**. Letzteres verursacht speziell bei Cash Concentration extrem hohe Kosten, weshalb diese Variante ein rein theoretisches Modell darstellt.

Eine Perspektive der Kostenersparnis liegt in der Standortauswahl des Master Accounts. Durch die diversen Steuer- und Rechtsysteme kann ein Staat durch günstige Abkommen zwischen den involvierten Ländern dem Konzern einen beachtlichen Nutzen verschaffen.

8.5.4 Cash Pooling in der Praxis

8.5.4.1 Cash-Pooling-Modelle in der Praxis

In der Praxis werden **Kombinationen und Variationen** der originären Cash Pooling-Produkte angeboten. Sie wurden von Banken entwickelt, um den aktuellen Anforderungen des Markts zu entsprechen und den Ansprüchen der Unternehmen nachzukommen. Die populärsten und zugleich grundlegenden Modelle sollen hier vorgestellt werden.

Domestic Cash Concentration in Kombination mit Cross Border Cross Currency Cash Concentration

Diese Variante vereint Domestic Cash Concentration (oder Cross Border Single Currency Pooling) mit Cross Border Cross Currency Cash Concentration. Zunächst werden durch Domestic Cash Concentration die Sub Accounts auf Währungsebene zentriert. Anschließend wird Cross Border Cross Currency Cash Concentration angewandt, um die diversen Währungen auf die des Master Accounts zu konvertierten. Zur Konvertierung werden Swaps gekauft, deren Höhe und Laufzeit von den anstehenden Cashflows abhängen. Sollte ein Unternehmen nur über eine ungenügende Cashflow-Planung verfügen, die zur Berechnung der Swaps untauglich ist, sollte auf dieses Modell verzichtet werden. Abbildung 130 stellt den Ablauf des Modells grafisch dar.

Die **Attraktivität** des Modells liegt in der Kostenersparnis, da durch das primäre Domestic Cash Concentration die kostenintensiven grenzüberschreitenden Transaktionen reduziert werden können. Zudem ermöglicht dieses Modell die Einbeziehung diverser Kreditinstitute, indem jeder Bank ein Sub Pool anvertraut wird. Für Unternehmen stellt die Perspektive, mehrere Banken an einem Pool beteiligen zu können, einen großen Mehrwert dar. Sie geraten nur ungern in die Abhängigkeitssituation durch die Kooperation mit lediglich einer Bank. Um diese Strategie verwirklichen zu können, wird dieses Modell von vielen großen Unternehmen gewählt.

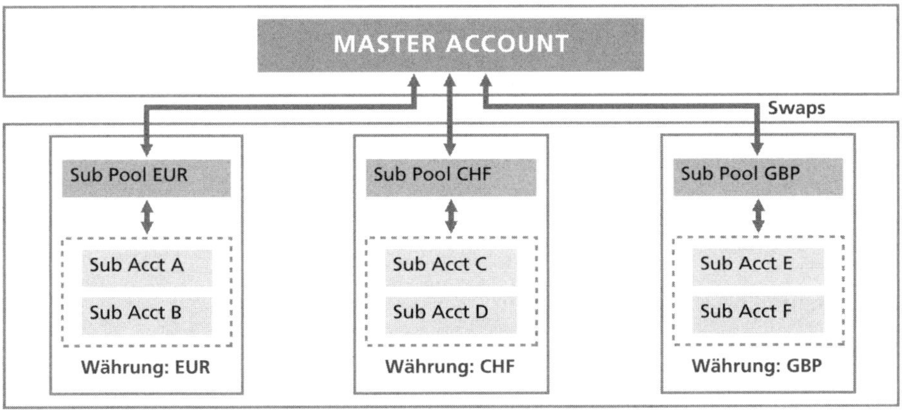

Abb. 130: Domestic Cash Concentration in Kombination mit Cross Border Cross Currency Cash Concentration

Domestic Cash Concentration in Kombination mit Cross Border Cross Currency Notional Pooling

Bei diesem Modell werden primär alle dezentralen Konten mit Domestic (oder Cross Border Single Currency) Cash Concentration pro Währung zentriert. Um die Währungs-Pools weiter zu konsolidieren, wird Cross Border Cross Currency Notional Pooling angewandt – das sogenannte Fine Tuning. Dabei werden die Sub Pools fiktiv in die Währung des Master Accounts konvertiert und zur Zinsermittlung verrechnet. Abbildung 131 zeigt den Zusammenhang grafisch.

Dieses Modell eignet sich speziell für Unternehmen, deren Cashflow-Planung nur unzureichend funktioniert. Das Notional Pooling verlangt nämlich keine fixierten Werte, die auf den Master Account überwiesen werden. Durch die rein fiktive Übertragung müssen keine Werte zum Transfer auf den Master Account zuvor fixiert werden.

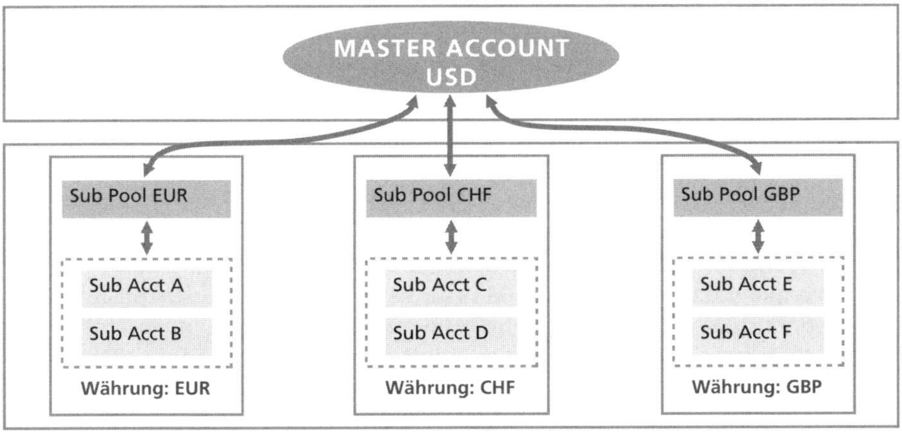

Abb. 131: Cross Border Single Currency Cash Concentration in Kombination mit Cross Currency Notional Pooling

8.5.4.2 Entscheidungskriterien für das Cash-Pooling-Modell

Zentralisierungsgrad des Cash Pools

Die Auswahl des Cash-Pooling-Modells wird stark von der **Zentralisierung des Treasury Managements** beeinflusst. Die Zentralität des Managements korreliert positiv mit der Größe des Cash Pools. Die Zentralisierung ermöglicht den Unternehmen weitere Kostenersparnisse sowie einen optimalen Überblick über die aktuelle finanzielle Situation.

Allgemeine Entscheidungskriterien

Bei der Selektion der Cash-Pooling-Art muss ein Unternehmen primär seine Anforderungen an den Cash Pool definieren. Verallgemeinernd können hier die Ziele des Cash Pools genannt werden, die Zins- und Liquiditätsoptimierung. Weitere Erwartungen sind individuell vom Unternehmen abhängig. Durch die Ansprüche lässt sich zumeist eine Vorentscheidung treffen, ob Cash Concentration oder Notional Pooling angewendet werden soll. In der Praxis entscheiden sich etwa 90 % der Unernehmen für Cash Conentration. Notional Pooling wird zumeist nur angewendet, wenn Cash Concentration wegen Regularien nicht möglich ist. Die Nachteile dieser Cash-Pooling-Art, speziell der Verlust der Liquiditätsoptimierung, sind zu signifikant.

Wurde eine Cash Pooling-Art ausgewählt, wird mit der Selektion des Modells begonnen. Dies erfolgt durch die internen Rahmenbedingungen in Verbindung mit den primär gestellten Anforderungen, woraus sich folgende **Entscheidungskriterien** ergeben:

- Cross Currency (Wie viele und welche Währungen sollen in den Cash Pool integriert werden?)
- Cross Border (In wie vielen und welchen Ländern wird der Cash Pool implementiert?)
- Anzahl der Tochtergesellschaften (Welche Tochtergesellschaften sollen in den Cash Pool integriert werden?)
- Liquiditätsstruktur (Die Kontobestände – Haben- und Sollbestände – der Unterkonten müssen differieren, um einen Nutzen durch die Verrechnung erzielen zu können.).

Wurde ein Cash-Pooling-Modell ausgewählt, muss die Problemstellung der **Bankenkontakte** geklärt werden. Fällt die Entscheidung auf eine One Bank Solution, können alle Modelle in ihrer optimalen Form angewendet werden. Bei einer Overlay Structure hingegen bilden sich oftmals Komplikationen in der Koordination der Banken. Letzteres bietet einerseits für die Unternehmen den Vorteil, nicht in die Abhängigkeit zu geraten. Andererseits müssen jedoch Einschränkungen wie z.B. bei der Liquiditätsoptimierung hingenommen werden. Es ist möglich, die Präferenz der Bankenkontakte als fünften Punkt in die Entscheidungskriterien mit einfließen zu lassen. Wird die Kooperation mehrerer Banken gewünscht, kann beispielsweise Notional Pooling weitestgehend ausgeschlossen werden. Kein Kreditinstitut wird anbieten, Zinsen auf Guthaben zu bezahlen die bei einem anderen Kreditinstitut gehalten werden.

Kontrollfragen

- Erklären Sie, wann sich die Inanspruchnahme eines Lieferantenkredits eignet und wie sich die jährliche Verzinsung ausrechnen lässt.
- In welchen Branchen sind Kundenanzahlungen besonders üblich und welche Vor- und Nachteile ergeben sich daraus?
- Erläutern Sie den Begriff Factoring und unterscheiden Sie dabei zwischen echtem und unechtem sowie offenem und nichtnotifiziertem Factoring.
- Differenzieren Sie im Rahmen von Asset Backed Securities (ABS) zwischen der klassischen und synthetischen Verbriefung sowie den Ausprägungen der ABS i.w.S.
- Skizzieren Sie den Ablauf einer ABS-Transaktion inkl. der beteiligten Parteien und der unterschiedlichen Phasen. Differenzieren Sie weiter zwischen Pass & Pay Through.
- Beschreiben Sie den Sinn des Credit Enhancements und nennen Sie die Methoden.
- Erklären Sie den Vorteil einer Tranchenbildung und beschreiben Sie die drei Tranchen.
- Gehen Sie auf die Voraussetzungen, Vorteile und Risiken einer ABS-Transaktion ein.
- Beschreiben sie den eigentlichen Zweck eines Kontokorrentkredits und nennen Sie die Kostenfaktoren.
- Unterscheiden Sie den Lombardkredit vom Kontokorrentkredit und nennen Sie dessen Voraussetzungen.
- Erklären Sie den Wechselkredit und unterscheiden Sie zwischen gezogenen und eigenen Wechseln.
- Grenzen Sie den Diskontkredit vom Wechselkredit ab und nennen Sie die Kosten eines Diskontkredits.
- Erläutern Sie das Prinzip des Akzeptkredits und gehen Sie weiter auf den Einsatz von Rembours- und Negoziationskredit ein.
- Skizzieren Sie den Ablauf einer Forfaitierung und unterscheiden Sie zwischen echter und unechter Forfaitierung.
- Beschreiben Sie das Prinzip des Avalkredits und nennen Sie Anwendungsformen.
- Unterscheiden Sie zwischen Commercial Paper und Medium Term Note.
- Erklären Sie den Zweck von Cash-Pooling und differenzieren Sie zwischen ein- und mehrstufigem Modell.
- Erläutern Sie die Vor- und Nachteile des Cash-Pooling.
- Nennen Sie die beiden Arten von Cash-Pooling und erläutern Sie deren Konzeption sowie Vor- und Nachteile.
- Unterscheiden Sie die Cash-Pooling-Varianten Domestic Pooling und Cross Border Pooling und nennen Sie Vor- und Nachteile.

8.6 Instrumente zur Begrenzung von Zinsänderungs- und Währungsrisiken

Lernziele

- Sie können das Zinsänderungs- und Währungsrisiko erklären.
- Sie verstehen die Funktionen von Cap, Floor und Collar und wissen, in welchen Marktsituationen Sie welches Absicherungsinstrument verwenden.
- Sie kennen den Zweck von Forward Rate Agreements und können diese von Interest Rate Guarantees abgrenzen.
- Sie verstehen das Prinzip eines Swaps und können im Rahmen dessen die Funktion eines Zinsswaps skizzieren sowie die Vorteile erläutern.
- Sie kennen die Aufgabe eines Währungsswap und können den Transaktionsablauf skizzieren.
- Sie verstehen den Zins- und Währungsswap und kennen die Beteiligten und deren Beziehungen.
- Sie differenzieren zwischen der American, European und Bermuda Swaption.

8.6.1 Überblick

Die Bedingungen, die zum Zeitpunkt einer Fremdmittelaufnahme an den Geld- und Kapitalmärkten herrschen, ändern sich im Zeitablauf. Folglich fließen in den Entscheidungsprozess, welche Fremdmittelformen und Laufzeiten zur Finanzierung einer Maßnahme gewählt werden sollen, **Erwartungen über die weitere Zinsentwicklung** ein. Rechnet ein Unternehmen, das eine Investition mit einer wirtschaftlichen Nutzungsdauer von zehn Jahren zu finanzieren hat, mit fallenden Zinsen, könnte es zunächst für zwei Jahre einen kurzfristigen Kredit zu variablen Zinsen aufnehmen, der – sollte sich das Zinsniveau tatsächlich ermäßigen – später durch einen Festsatzkredit mit einer Laufzeit von acht Jahren abgelöst wird. Erfüllen sich die Erwartungen nicht, sondern kommt es stattdessen zu Zinssteigerungen, hat das Unternehmen einen gegenüber seiner Planung höheren Zinsaufwand, der die ursprünglich kalkulierte Rendite vermindert oder zu Verlusten führt.

Ähnliches gilt für den Fall, dass in absehbarer Zeit ein Finanzierungsbedarf auftritt, dessen Kosten im Voraus zu kalkulieren sind. Sollten in der Zwischenzeit die Zinsen steigen, stimmt die Kalkulationsbasis nicht mehr. Auch für bereits laufende Finanzierungen mit variablen Zinssätzen besteht das Risiko nicht oder nicht in dem Umfang erwarteter Zinssteigerungen.

Bei Unternehmen mit Auslandsaktivitäten tritt neben das Zinsänderungs- das **Währungsrisiko**[467], wenn auf in Fremdwährung dotierende Finanzierungen zurückzugreifen ist. Hinzu kommt, dass die Aufnahme von Fremdwährungskrediten im

[467] *Bloss, M., Eil, N., Ernst, D., Fritsche, H., Häcker, J.*, Währungderivate. Praxisleitfaden für ein effizientes Management von Währungsrisikien, München 2009.

Ausland für das Unternehmen vielfach nur zu ungünstigeren Sätzen möglich ist als in der heimischen Währung im Inland.

In den zurückliegenden 20 Jahren ist eine Reihe von Instrumenten **(„Finanzinnovationen")** entwickelt worden, mit denen unter Ausnutzung der an den Geld- und Kapitalmärkten anzutreffenden **unterschiedlichen Erwartungen** der einzelnen Marktteilnehmer Zinsänderungs- und Währungsrisiken abgesichert werden können. Wie bei Versicherungen allgemein üblich, sind für die Risikoabsicherung Prämien zu entrichten. Instrumente zur Absicherung von Zinsänderungsrisiken sind Zinsbindungsabsprachen in Form von **Caps, Floors** sowie **Collars** als Kombination der beiden erstgenannten Formen, ferner der Abschluss von **Forward Rate Agreements (FRA).**

Abweichungen bestehen nicht nur in der Einschätzung von Zinsentwicklungen. Auch die Bonität der Marktteilnehmer wird nicht einheitlich beurteilt. Hieraus resultieren **Unterschiede in den erzielbaren Konditionen,** die sich als Vor- und Nachteile in den Finanzierungskosten bemerkbar machen. Ferner gibt es Marktungleichgewichte aufgrund unterschiedlicher Rahmenbedingungen (z.B. Unterschiede in der Besteuerung, Marktzutrittsbeschränkungen usw.) auf den nationalen Kapitalmärkten. Nach dem von David Ricardo 1817 zur Erklärung des internationalen Handels formulierten Theorem der komparativen Kostenvorteile lassen sich derartige Unterschiede auch für finanzielle Transaktionen nutzbar machen. Dies erfolgt durch den Austausch **(Swap)** von Zahlungsforderungen und -verbindlichkeiten. Neben der Nutzung komparativer Kostenvorteile dienen Swaps auch der **Absicherung von Zinsänderungs- und Währungsrisiken.**[468]

8.6.2 Vereinbarung von Zinsgrenzen (Zins-Cap, Zins-Floor)

Caps (Deckel) dienen zur Begrenzung von Risiken aus Zinssteigerungen, eröffnen aber die Chance, an fallenden Zinsen zu partizipieren. Dieses Instrument wurde ursprünglich für Anleihen mit variablem Zins **(Floating Rate Notes)** entwickelt, bei denen in festgelegten Zeitabständen der Zinssatz dem Marktzinssatz (i.d.R. **LIBOR** oder **EURIBOR**) angepasst wird. Inzwischen werden Caps aber auch im klassischen Kreditgeschäft eingesetzt. Kauft ein Unternehmen, das einen variabel zu verzinsenden Kredit aufgenommen hat, einen Cap, begrenzt es das Risiko aus steigenden Zinsen auf einen **Höchstsatz.** Immer wenn während der Laufzeit des Cap die vereinbarte Zinsobergrenze überschritten wird, erhält das Unternehmen eine **Ausgleichszahlung.** Dafür zahlt es allerdings eine **Prämie,** um die sich die Kosten der variablen Finanzierung erhöhen. Die **Bestimmungsfaktoren** für die Prämie sind das Ausgangszinsniveau, der festgelegte Höchstzinssatz, die Laufzeit des Vertrages und die erwartete Schwankungsbreite des Referenzzinssatzes (i.d.R. LIBOR).

Beispiel: Ein Unternehmen benötigt zur Finanzierung einer Investition einen Kredit von 1 Million EUR mit einer Laufzeit von drei Jahren. Es kann zwischen folgenden Angeboten auswählen:

(1) Festsatzkredit über drei Jahre zu 9,85 % p.a.

---

[468] Aus der Fülle der zu den sog. Finanzinnovationen erschienenen Literatur vgl. u.a.: *Bloss, M., Ernst, D., Häcker, J.*, Derivatives, München 2008; *Hull, J. C.*, Optionen, Futures und andere Derivate, 6. Auflage, München 2006.

(2) Kredit mit variabler Verzinsung auf Basis 6-Monats-LIBOR (z.B. 8,81 % p.a.) zuzüglich einer Marge von 0,75 % p.a. für die Bank. Prolongation nach sechs Monaten auf Basis des dann geltenden LIBOR.

(3) Kombination einer variablen Verzinsung auf 6-Monats-LIBOR-Basis von 8,81 % p.a. zuzüglich 0,75 % p.a. Marge für die Bank mit einem Cap, der eine Zinsobergrenze für den LIBOR von 9,5 % p.a. bietet. Die Prämie für den Cap beträgt für drei Jahre einmalig 1,04 % des Kreditbetrags bzw. bei jährlicher Zahlung 0,41 %.

Die Zinsbelastung der Alternativen verändert sich bei Zinsanpassungen wie folgt (vgl. Abb. 132):

Zinsveränderung	Zinsbelastung			Zinsvorteil Cap (+) Zinsnachteil Cap (–)	
	Festsatzkredit	Variabler Kredit	Cap	Festsatzkredit	Variabler Kredit
– 3,00%	98.500	65.600	69.700	28.800	– 4.100
– 2,00%	98.500	75.600	79.700	18.800	– 4.100
– 1,00%	98.500	85.600	89.700	8.800	– 4.100
– 0,50%	98.500	90.600	94.700	3.800	– 4.100
– 0,12%	98.500	94.400	98.500	0	– 4.100
– 0,00%	98.500	95.600	99.700	– 1.200	– 4.100
– 0,50%	98.500	100.600	104.700	– 6.200	– 4.100
– 1,00%	98.500	105.600	106.600	– 8.100	– 1.000
– 1,10%	98.500	106.600	106.600	– 8.100	0
– 2,00%	98.500	115.600	106.600	– 8.100	– 9.000
– 3,00%	98.500	125.600	106.600	– 8.100	–19.000

Abb. 132: Zinsbelastung unterschiedlicher Finanzierungsformen

Wählt das Unternehmen die Kombination aus variablem Kredit und Cap, so beträgt die aktuelle Zinsbelastung 9,97 % p.a. (6-Monats-Kredit zu 8,81 % + Marge von 0,75 % p.a. + jährliche Cap-Prämie von 0,41 %). Maximal kann die Belastung auf 10,66 % p.a. ansteigen (Zinsobergrenze 9,50 % p.a. + mit der Bank vereinbarter Marge von 0,75 % p.a. + jährliche Cap-Prämie von 0,41 %). Für das Unternehmen kann diese Finanzierung bei steigenden Zinsen zwar bis zu maximal 0,81 % p.a. teuerer sein als der Festsatzkredit (10,66 %–9,85 %), ab einem Rückgang des 6-Monats-LIBOR um 0,12 %-Punkte p.a. wird sie jedoch bereits günstiger als der Festsatzkredit.

Im Vergleich zum Kredit mit variabler Verzinsung ohne Cap ist die Vereinbarung eines Cap bei deutlichen Zinssteigerungen (im Beispiel über 1,10 % p.a. = Zinssteigerung von 0,69 % p.a., die das Unternehmen tragen muss, zuzüglich Cap-Prämie von 0,41 % p.a.) günstiger. Dabei ist allerdings zu berücksichtigen, dass auch die Dauer eines Zinsanstiegs ungewiss ist. Abbildung 138 gibt die Entwicklung der effektiven Zinssätze für die beschriebenen Alternativen in Abhängigkeit von der Veränderung der Marktzinsen wieder.

Ein Markt für Caps in EUR existiert für **Laufzeiten** von drei bis zehn Jahren. Verkäufer von Caps sind z.B. Anleger mit zinsvariablen Anlagen im Portefeuille, die ihren Ertrag hieraus um die Prämie aus dem Verkauf des Zinscap erhöhen wollen. Im Falle tatsächlich steigender Zinsen begrenzen sie allerdings ihr Anlageergebnis, da

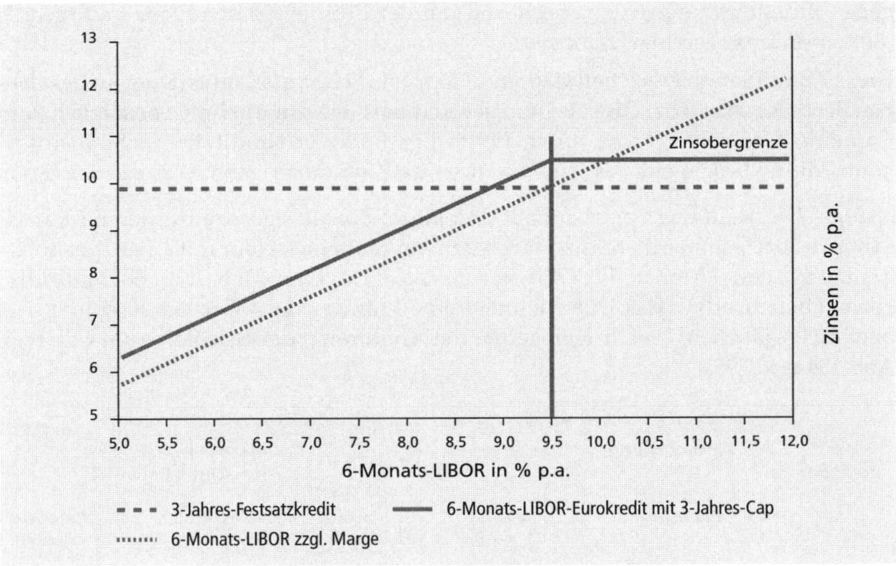

Abb. 133: Entwicklung der effektiven Zinssätze

sie über den Cap hinausgehende Zinsen an den Käufer des Cap abzuführen haben. Maximal können sie also den Cap-Satz zuzüglich Cap-Prämie erzielen.

In folgenden Situationen erweist sich ein Cap als **Ergänzung zu einer traditionellen Finanzierung** von Vorteil:

(1) Es werden zwar mittel- oder langfristig steigende Zinsen erwartet, fallende Zinsen jedoch nicht gänzlich ausgeschlossen.

(2) Im kurzfristigen Bereich werden zwar fallende Zinsen erwartet, das eventuelle Risiko einer anschließenden Zinssteigerung soll jedoch begrenzt werden.

Der Kreditvertrag und der Vertrag über den Kauf eines Cap sind in der Regel voneinander unabhängig. Im Falle vorzeitiger Rückführung des Kredits kann der Cap je nach Marktsituation mit einem Aufschlag oder Abschlag zurückgegeben werden oder zur Absicherung einer anderen variabel verzinslichen Verbindlichkeit (mit entsprechender Restlaufzeit) eingesetzt werden.

Der Verkäufer eines Cap muss damit rechnen, je nach Zinsverlauf gegebenenfalls über mehrere Jahre in Anspruch genommen zu werden. Das hieraus für den Käufer des Cap möglicherweise resultierende Ausfallrisiko übernehmen in der Regel Kreditinstitute im Zuge einer **Intermediary-Funktion,** d.h. sie führen auf eigene Rechnung den Kauf und den Verkauf des Cap durch, so dass der Kreditnehmer nur mit dem Kreditinstitut, nicht aber mit dem eigentlichen Verkäufer kontrahiert.

Das Gegenstück zum Cap ist der **Floor** (Boden), mit dem ein Anleger für seine Geldanlage eine **Zinsuntergrenze** sichern kann. Der Verkäufer eines Floors erstattet dem Anleger gegen Zahlung einer Prämie die Differenz zwischen dem Referenzzins und der vereinbarten Zinsuntergrenze bezogen auf einen vereinbarten Kapitalbetrag. Verkäufer eines Floor kann somit ein Unternehmen sein, das sich mit einem Cap gegen Zinssteigerungen absichern und mit der Prämie für den Floor im Ergebnis die Cap-Prämie verringern möchte.

Diese Kombination zwischen Cap und Floor wird auch als **Collar** (Kragen) bezeichnet. Bei dieser Form der Zinsabsprache vereinbart das Unternehmen zusätzlich zum Cap eine Zinsuntergrenze, unter die im Ergebnis der Kreditzins nicht absinken kann. Mithin beschneidet es seine Chancen, an Zinssenkungen voll zu partizipieren.

Beispiel: Der Kauf des Cap (Laufzeit drei Jahre, Zinsobergrenze für den 6-Monats-LIBOR 9,50 % p.a.) wird ergänzt durch den Verkauf eines Floor mit einer Zinsuntergrenze für den 6-Monats-LIBOR von 8,00 % p.a. Die Laufzeit beträgt ebenfalls drei Jahre. Hierfür erhält das Unternehmen eine Prämie von 0,35 % des Kreditbetrags bzw. 0,14 % jährlich. Im Übrigen gelten die Annahmen des Beispiels zum Cap (vgl. Abb. 134 und 135).

Zins-veränderung	Zinsbelastung			Zinsvorteil Collar (+) Zinsnachteil Collar (–)	
	Festsatzkredit	Variabler Kredit	Collar	Festsatzkredit	Variabler Kredit
– 3,00 %	98.500	65.600	90.200	– 8.300	– 24.600
– 2,00 %	98.500	75.600	90.200	– 8.300	– 14.600
– 1,00 %	98.500	85.600	90.200	– 8.300	– 4.600
– 0,81 %	98.500	87.500	90.200	– 8.300	– 2.700
– 0,50 %	98.500	90.600	93.300	– 5.200	– 2.700
– 0,00 %	98.500	95.600	98.300	– 200	– 2.700
– 0,50 %	98.500	100.600	103.300	– 4.800	– 2.700
– 0,69 %	98.500	102.500	105.200	– 6.700	– 2.700
– 1,00 %	98.500	105.600	105.200	– 6.700	– 400
– 1,21 %	98.500	107.700	105.200	– 6.700	– 2.500
– 2,00 %	98.500	115.600	105.200	– 6.700	– 10.400
– 3,00 %	98.500	125.600	105.200	– 6.700	– 20.400

Abb. 134: Zinsbelastung unterschiedlicher Finanzierungsformen

Die mit den Alternativen verbundenen Zinsbelastungen verändern sich bei Zinsanpassungen wie folgt:

Je nach Entwicklung des 6-Monats-LIBOR beträgt die Zinsbelastung zwischen 9,02 % p.a. (Zinsuntergrenze des 6-Monats-LIBOR + Marge + Cap-Prämie – Floor-Prämie) und 10,52 % (Zinsobergrenze des 6-Monats-LIBOR + Marge + Cap-Prämie – Floor-Prämie). Sinkt der LIBOR um 0,81 % p.a. auf die vereinbarte Untergrenze von 8,00 % p.a., führt der Collar gegenüber dem Festsatzkredit zu einer um 0,83 % p.a. günstigeren Finanzierung. Steigt er auf 9,50 % p.a., ist der Collar gegenüber der Festsatzfinanzierung um 0,67 % p.a. ungünstiger. Im Vergleich zum Eurokredit ohne Collar ist die Absicherung mit einem Collar bei sinkenden Zinsen immer ungünstiger, bei steigenden Zinsen jedoch günstiger. Verglichen mit einer Cap-Absicherung machen sich die niedrigeren Absicherungskosten bemerkbar.

Die graphische Darstellung gibt die Entwicklung der effektiven Zinssätze für die beschriebenen Alternativen in Abhängigkeit von der Veränderung der Marktzinsen wieder.

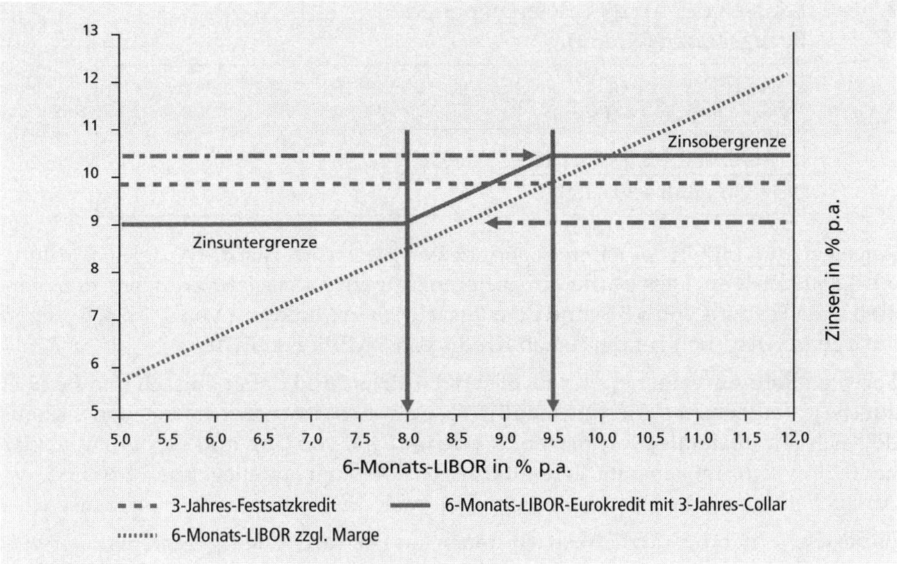

Abb.135: Entwicklung der effektiven Zinssätze

8.6.3 Forward Rate Agreement

Mit dem Abschluss eines Forward Rate Agreement (FRA) kann sich ein Unternehmen gegen **kurzfristige Zinsschwankungen absichern**, indem zum Zeitpunkt des Abschlusses der Festzinssatz für eine in der Zukunft liegende Zinsperiode festgelegt wird. Liegt am Ende der Vorlaufzeit der dann geltende Marktzinssatz (i.d.R. LIBOR oder EURIBOR) über oder unter dem zuvor vereinbarten Festzinssatz, werden **Zinsausgleichszahlungen** fällig, die dem Barwert der Zinsdifferenz entsprechen. Liegt der Marktzinssatz über dem Festzinssatz, so hat der Verkäufer des Forward Rate Agreement – in der Regel die Kredit gewährende Bank – die Ausgleichszahlung zu leisten. Im umgekehrten Fall kann der Verkäufer einen Ausgleich beanspruchen.

Beispiel: Ein Unternehmen benötigt in einem halben Jahr zur Abwicklung eines Auftrags für eine Laufzeit von sechs Monaten einen Kredit von 5 Millionen EUR. Es rechnet mit kurzfristig steigenden Zinsen, so dass es im Hinblick auf die Kalkulation des Auftrags den Zinssatz schon sechs Monate vor Inanspruchnahme des Kredits absichern möchte.

Das Unternehmen schließt ein Forward Rate Agreement ab („kauft einen FRA 6 Monate gegen 12 Monate") mit einer Vorlaufzeit bzw. Kontraktperiode von sechs Monaten und einer Referenzperiode von ebenfalls sechs Monaten und einem Festzinssatz von z.B. 6-Monats-LIBOR von 8,5 % p.a. Beträgt nach der Vorlaufzeit der LIBOR 9 % p.a., so ergibt sich eine Zinsdifferenz von 0,5 % p.a. für sechs Monate auf den Kreditbetrag von 5 Millionen EUR zugunsten des Unternehmens. Die einmalige Ausgleichzahlung wird wie folgt ermittelt:

A = Ausgleichszahlung
FRA = Festzins aus dem Forward Rate Agreement
L = Aktueller 6-Monats-LIBOR zu Beginn der Referenzperiode

TEIL B: AUSSENFINANZIERUNG

T = Laufzeit des Kredits/Referenzperiode
K = Bezugsbetrag (Kredit)

$$\frac{K \cdot (FRA - L) \cdot T}{(360 \cdot 100) + (L \cdot T)} = A$$

$$\frac{5.000.000 \cdot (8{,}5 - 9{,}0) \cdot 180}{(360 \cdot 100) + (9 \cdot 180)} = -\ 11.961{,}72$$

Angelegt zum LIBOR der Referenzperiode von 9 % p.a., wächst die Ausgleichzahlung auf 12 500 EUR an. Dies ist die Zinsdifferenz für ein halbes Jahr zwischen dem vereinbarten Festzins von 8,5 % und dem tatsächlichen Marktzins von 9 % p.a. bezogen auf den in Anspruch genommenen Kredit von 5 Millionen EUR.

Forward Rate Agreements sind **nicht standardisiert** und daher einfach und flexibel auf die jeweiligen Absicherungsbedürfnisse der Kreditnehmer abzustellen. Es handelt sich um bilaterale Absprachen.[469] Wie im Falle von Cap und Floor bzw. Collar handelt es sich um **separate Vereinbarungen**. Die zugrundeliegenden Kredit- bzw. Anlagebeträge dienen nur als Berechnungsbasis. Sie werden nicht ausgetauscht.

Es besteht ferner die Möglichkeit, **Optionen** auf Forward Rate Agreements zu erwerben. Dieses Instrument ist unter dem Namen **Interest Rate Guarantees** bekannt. Eine Interest Rate Guarantee (IRG) ist eine Option auf ein Forward Rate Agreement, bei dem der Käufer das Recht hat, am Ende der Optionslaufzeit einen vorher festgelegten Zinssatz zu kaufen, d.h. zu zahlen, bzw. zu verkaufen, d.h. zu empfangen. Bei Abschluss einer IRG hat der Käufer dem Verkäufer eine Prämie zu zahlen, die in Basispunkten angegeben wird. Die Auszahlung bei Ausübung der Option berechnet sich wie beim FRA.

Die Ausübungsmöglichkeit der Option besteht nur am Ende der Optionslaufzeit (Option europäischen Stils). Der Einsatz dieses Instruments kommt vor allem für die Zinssicherung von Geschäften in Betracht, deren Zustandekommen noch ungewiss ist. Kommt das Geschäft nicht zustande, kann die IRG-Position z.B. durch Verkauf der IRG glatt gestellt werden.[470]

8.6.4 Swaps

Unter einem Swap wird im folgenden der **Austausch von Zahlungsforderungen oder -verbindlichkeiten** mit dem Ziel verstanden, relative Finanzierungsvorteile, die ein Unternehmen gegenüber einem anderen Unternehmen aufweist, im beiderseitigen Interesse auszunutzen. Nicht zu verwechseln sind diese **„Financial Swaps"** mit Swap-Geschäften, bei denen gleichzeitig Devisenkassa- und Devisentermingeschäfte zur Ausschaltung von Währungsrisiken abgeschlossen werden.

Folgende drei **Grundformen von Swaps** sind zu unterscheiden:

(1) Beim **Zinsswap** vereinbaren zwei Parteien für eine bestimmte Laufzeit den **Austausch von Zinszahlungsverpflichtungen in einer Währung.** Die Zinszahlungsverpflichtungen unterliegen **unterschiedlichen** Zinsberechnungen, z.B. Austausch eines EUR-Festzinssatzes gegen einen variablen EUR-Zinssatz. Wesentlich ist,

[469] Quelle: *Bloss, M., Ernst, D., Häcker, J.*, Derivatives, München 2008.
[470] Vgl. *Bloss, M., Ernst, D., Häcker, J.*, Derivatives, München 2008.

dass die Zinsen auf einen gleich hohen Kapitalbetrag zu leisten sind, der jedoch nicht ausgetauscht wird. Die Partner transferieren daher lediglich die Zins- bzw. Ausgleichzahlungen in Höhe der jeweiligen Differenz. Für den Festzinszahler ist es ein Payerswap, für den Empfänger des Festzinses ein Reciever Swap. In die Transaktionen werden in der Regel Kreditinstitute als Mittler (Intermediary) eingeschaltet, die mit den einzelnen Parteien gesonderte Verträge abschließen und damit gegen ein entsprechendes Entgelt die Ausfallrisiken aus den Geschäften tragen. Zwischen den Parteien eines Zinsswap bestehen die in Abb. 136 dargestellten Beziehungen.

Abb. 136: Beteiligte und Beziehungen bei einem Zinsswap

Beispiel: Das Unternehmen B möchte im Ergebnis einen variabel verzinslichen Eurokredit von z.B. 50 Millionen Euro in eine Euro-Festsatzverbindlichkeit mit einer Laufzeit von vier Jahren tauschen. Unternehmen A will für die gleiche Laufzeit und den gleichen Betrag eine aus einer Anleiheemission vorhandene Euro-Festsatzverbindlichkeit in eine variabel verzinsliche Euro-Verbindlichkeit umwandeln. Für die Unternehmen gelten die in Abb. 137 dargestellten Finanzierungskonditionen.

In % p.a.	**Unternehmen A**	**Unternehmen B**	*Zinsdifferenz*
4-Jahres-Festzins	10,25	11,75	1,5
4-Jahres-Kredit variabel	6-Monats-LIBOR + 0,5	6-Monats-LIBOR + 1,0	0,5

Abb. 137: Finanzierungskonditionen

Obwohl Unternehmen A aus Bonitätsgründen sowohl für einen Festsatzkredit als auch für einen variablen Kredit günstigere Konditionen erzielen kann als Unternehmen B, ist für beide der Zinsswap von Vorteil. Unternehmen A bietet Unternehmen B an, für 4 Jahre auf den Kapitalbetrag den 6-Monats-LIBOR zu vergüten, wenn Unternehmen B die Festsatzzinsen von A (10,25% p.a.) trägt. Die jeweilige Zinsbelastung der Unternehmen verändert sich durch die Swapvereinbarung wie in Abb. 138 dargestellt.

In % p.a.	**Unternehmen A**	**Unternehmen B**
Ausgangzinsen		
fest	– 10,25	
variabel		– (6-Monats-LIBOR + 1,0)
Ausgleichszahlungen		
fest	+ 10,25	– 10,25
variabel	– 6-Monats-LIBOR	+ 6-Monats-LIBOR
Zinsbelastung nach Swap	– 6-Monats-LIBOR	– 11,25
Alternativkondition	– 6-Monats-LIBOR + 0,5	– 11,75
Vorteil	+ 0,5	+ 0,5

Abb. 138: Veränderung der Zinsbelastung durch eine Swapvereinbarung

Unternehmen B erhält durch den Swap die Festsatzmittel um 1,5% p.a. günstiger als durch eigene Aufnahme. Dieser Vorteil verringert sich aber durch die Differenz zwischen dem variablen Zinssatz (6-Monats-LIBOR + 1,00% p.a.), den B zu tragen hat, und der Vergütung in Höhe des 6-Monats-LIBOR von Unternehmen A. Der Vorteil für beide Unternehmen beträgt jeweils 0,50% p.a.

Dieses Beispiel zeigt, dass die absolute Höhe der Zinsen für die Beurteilung der Vorteilhaftigkeit des Swap-Geschäftes unerheblich ist. Entscheidend ist das Verhältnis der Kostendifferenzen zwischen den variablen und den festen Zinsen. Die Aufteilung des Gesamtnutzens zwischen den Partnern erfolgt über die Konditionen des Swap.

Die **Vorteile eines Swap** liegen neben der Möglichkeit, relative Kostenvorteile zur Reduzierung der Finanzierungskosten zu nutzen, in seiner Flexibilität, relativ einfach auf Zinsveränderungen oder geänderte Finanzierungsbedürfnisse reagieren zu können. Verfügt ein Unternehmen z.B. über ausreichende variabel zu verzinsende Kreditlinien, so lassen sich diese über einen Zinsswap ganz oder teilweise für Festsatzfinanzierungen nutzen, ohne dass neue Kreditverträge geschlossen werden müssen.

Die Kosten für die so geschaffene „synthetische" Festsatzverbindlichkeit setzen sich zusammen aus den Festzinszahlungen im Rahmen des Swap und der Kreditmarge für den Fall, dass sich das Unternehmen ausschließlich am Euromarkt variabel finanziert. Dem Unternehmen ist es in der Regel jedoch freigestellt, sich auch anderweitig zu finanzieren. Zum Beispiel kann es sich durch die Diskontierung von Wechseln die benötigte Liquidität je nach Zinssituation auch günstiger beschaffen und damit die Finanzierungskosten weiter senken. Bei bestehenden oder aufzunehmenden Krediten mit variabler Verzinsung lässt sich durch einen Zinsswap (Festzinsen gegen variable Zinsen) das Risiko potenzieller Zinserhöhungen absichern. Anders als beim Cap oder in Grenzen beim Collar kann das Unternehmen, das sich über einen Zinsswap einen Festzins sichert, ohne die Auflösung des Swap nicht an Zinssenkungen partizipieren.

Kommt es nach Abschluss eines Swap, der mit dem Ziel der **Zinsbegrenzung** abgeschlossen wurde, zu einer deutlichen Reduzierung des Zinsniveaus, kann das Unternehmen, das sich einen festen Zinssatz gesichert hat, den Swap wieder auflösen, indem diesem mit umgekehrten Vorzeichen ein **„Anlageswap"** entgegengestellt oder der Swap durch Entrichtung einer Einmalzahlung abgegolten wird.

Beispiel: Ein Unternehmen zahlt an seine Bank (Intermediary) im Rahmen eines EUR-Zinsswaps für vier Jahre einen Festzins von 9,5% p.a. auf 10 Millionen EUR und erhält von der Bank 6-Monats-LIBOR. Nach einem Jahr hat sich z.B. der Swap-Satz um 0,25% p.a. auf 9,25% p.a. ermäßigt. Die einmalige an die Bank zu entrichtende Zahlung entspricht dem Barwert der Differenz zwischen den ursprünglich vereinbarten Festzinszahlungen in Höhe von 950.000 EUR und den für die neuen Marktverhältnisse geltenden Festzinsbeträgen in Höhe von 925.000 EUR für drei Jahre (vgl. Abb. 139).

9,50% Zinsen auf 10.000.000 EUR	– 950.000 EUR
9,25% Zinsen auf 10.000.000 EUR	– 925.000 EUR
Differenz	– 25.000 EUR
Barwert für 3 Jahre von 25.000 EUR p.a. zu 9,25%	– 63.001 EUR

Abb. 139: Zahlung bei Auflösung des Swaps

Die Ablösung des Swap würde sich nur empfehlen, wenn mit einer nachhaltigen und sich fortsetzenden Ermäßigung des Zinsniveaus gerechnet werden kann.

(2) Bei einem **Währungsswap** verpflichten sich die Partner, neben den jeweiligen Zinsverbindlichkeiten **auch die Kapitalbeträge zu tauschen.** Sie vereinbaren, am Ende der Laufzeit des Swap die betreffenden Währungsbeträge **zum gleichen Kurs** wie zu Beginn der Laufzeit zurückzutauschen. Hierdurch sparen sie die im Devisengeschäft üblichen Absicherungskosten, da durch den Tausch der Zinsverbindlichkeiten in voller Höhe keine Zinsdifferenz zwischen den beiden Währungen auszugleichen ist. Die Zinszahlungen werden nach der gleichen Berechnungsmethode (fest oder variabel) ermittelt (vgl. Abb. 140).

Beispiel: Ein deutsches Unternehmen (A) kann zu günstigen Konditionen einen EUR-Festsatzkredit aufnehmen, benötigt für die Investition einer US-Tochtergesellschaft aber US-Dollar. Deshalb verkauft es den Euro-Betrag an ein amerikanisches Unternehmen (B) und erhält im Gegenzug US-Dollar, die Unternehmen B zu günstigeren Konditionen aufnehmen konnte, als es Unternehmen A möglich wäre. Während der Laufzeit des Swap transferiert Unternehmen A jährlich die US-Dollar-Zinsen an Unternehmen B, das seinerseits die Euro-Zinsen anschafft. Am Ende der Laufzeit werden die jeweiligen Währungsbeträge zurücktransferiert, und zwar zu dem zu Beginn des Swap festgelegten Devisenkurs. Hieraus können die Unternehmen ihre ursprünglichen Verbindlichkeiten in EUR bzw. US-Dollar tilgen.

(3) Ein **Zins- und Währungsswap** stellt eine Kombination aus Zins- und Währungsswap dar, bei dem abweichend vom Währungsswap die auszutauschenden Zinszahlungsströme unterschiedlich berechnet werden (z.B. Festzins gegen variablen Zins) (vgl. Abb. 141).

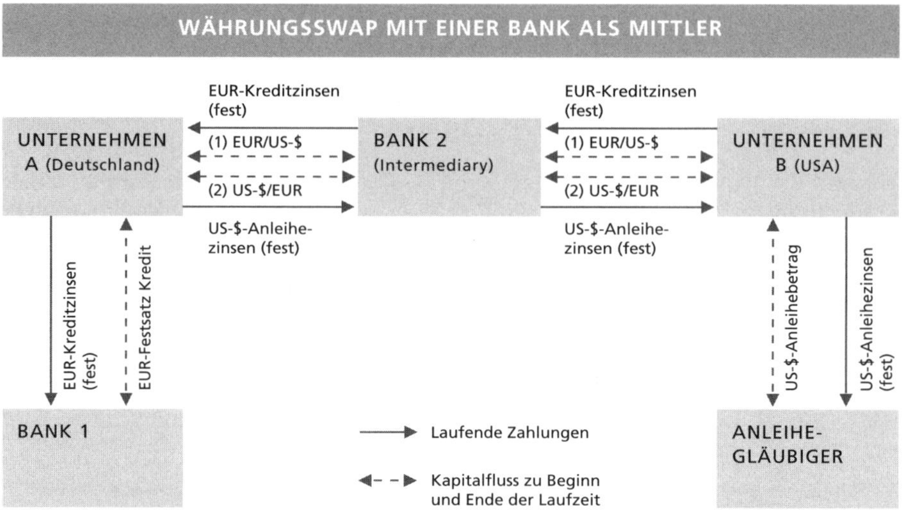

Abb. 140: Beteiligte und Beziehungen bei einem Währungsswap

Ein Zins- und Währungsswap würde sich beispielsweise anbieten, wenn ein deutsches Unternehmen für seine US-Tochtergesellschaft einen Investitionskredit benötigt, während ein amerikanisches Unternehmen für seine deutsche Tochtergesellschaft variabel verzinsliche Kredite benötigt.

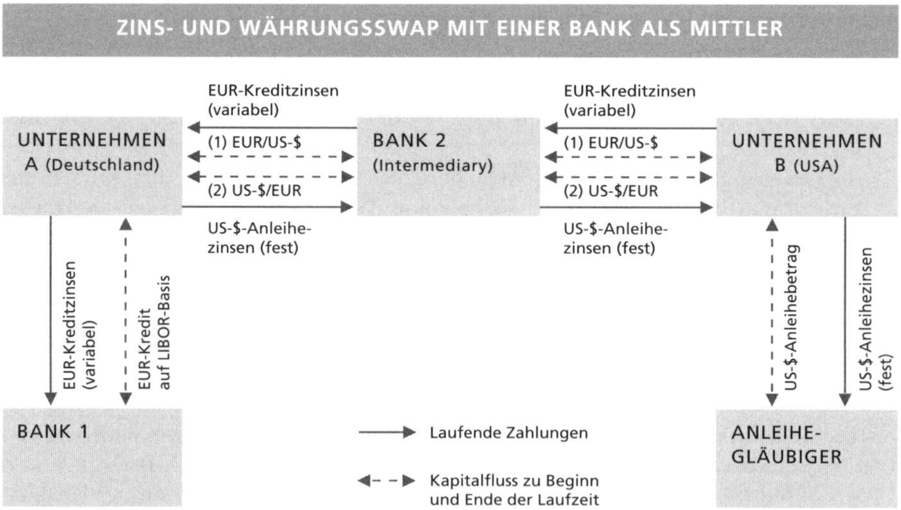

Abb. 141: Beteiligte und Beziehungen bei einem Zins- und Währungsswap

Neben den beschriebenen Grundvarianten gibt es eine Reihe von Sonderformen bzw. Erweiterungen von Swaptransaktionen. Bei einem **Tilgungsswap** wird im Gegensatz zum klassischen Zinsswap der Referenzbetrag dem gewünschten Tilgungsverlauf angepasst. Ein **Forward Swap** wird im Anschluss an eine zu vereinbarende Vorlaufzeit valutiert. Erst dann finden – wie im Grundfall des Zinsswap – die Berechnungen für die Zinsausgleichszahlungen statt.

Auch auf Swaps können Optionen erworben werden. Eine **Swaption** ist die Option auf ein Swap-Geschäft, bei dem der Käufer gegen Zahlung einer Prämie das Recht erwirbt, bei Ausübung der Option mit dem Verkäufer ein Swap-Geschäft zu vorher vereinbarten Bedingungen abzuschließen oder – je nach Vereinbarung – einen Barausgleich zu verlangen.[471]

Die Höhe der Prämie ist abhängig von

- der Laufzeit der Option,
- dem Basispreis,
- der erwarteten Volatilität,
- dem aktuellen Preisniveau des Swap-Marktes und
- den daraus resultierenden Terminsätzen.

Man unterscheidet grundsätzlich zwischen American Swaption, European Swaption und Bermuda Swaptions.

Die **American Swaption** erlaubt die Ausübung an jedem Tag, die **European Swaption** nur zum Laufzeitende und die **Bermuda Swaption** sieht einen Zeitraum zum Eintritt in den Swap vor.

Es wird ferner unterschieden zwischen:

Payer Swaption: Nach Eintritt in den Swap wird der Festzins bezahlt und die variable Seite erhalten.

Receiver Swaption: Nach Eintritt in den Swap wird der Festzins erhalten und die variable Seite bezahlt.

Interest Rate Guarantees (IRG) sind Optionen auf Forward Rate Agreements (FRA), die man entweder kaufen oder verkaufen kann. Die Ausgestaltung kann sowohl Amerikanisch (Ausübung während der Laufzeit) wie auch Europäisch (Ausübung nur zum Laufzeitende) sein. Die Option sichert dem Käufer das Recht, in einen FRA einzusteigen. Somit kann eine Planungssicherheit vorgegeben werden. IRG sind vergleichbar mit Options auf Futures (vgl. Options auf den Euro Bund Future).

TEIL B: AUSSENFINANZIERUNG

Kontrollfragen

- Erklären Sie das Zinsänderungs- und Währungsrisiko, dem Unternehmen ausgesetzt sein können.
- Differenzieren Sie zwischen Cap, Floor und Collar. In welchen Marktsituationen würden Sie welches Instrument verwenden?
- Beschreiben Sie den Zweck von Forward Rate Agreements und grenzen Sie davon die Interest Rate Guarantees ab.
- Erklären Sie das Prinzip eines Swaps und skizzieren Sie im Rahmen dessen die Funktion eines Zinsswaps. Was sind die Vorteile eines Zinsswaps?
- Nennen Sie die Aufgabe eines Währungsswaps und skizzieren Sie den Transaktionsablauf.

[471] Quelle: *Bloss, M., Ernst, D., Häcker, J., Derivatives, München 2008.*

- Was verstehen Sie unter einem Zins- und Währungsswap? Skizzieren Sie den Transaktionsablauf und grenzen Sie die Sonderformen Tilgungs Swap und Forward Swap ab.
- Unterscheiden Sie zwischen American, European und Bermuda Swaption.

TEIL C: DIE INNENFINANZIERUNG

9. Kapitel
Die Selbstfinanzierung

Lernziele

- Sie verstehen den Unterschied zwischen der Gewinndefinition des ökonomischen Gewinns und des Prinzips der nominellen Kapitalerhaltung.
- Sie verstehen den Begriff der offenen Selbstfinanzierung.
- Sie wissen, wie die Rechtsform eines Unternehmens die Höhe der zu thesaurierenden Gewinne beeinflussen kann.
- Sie kennen den Unterschied der offenen und stillen Selbstfinanzierung.
- Sie können die Bewertungsmaßnahmen zur Bildung stiller Rücklagen wiedergeben.
- Sie verstehen die Möglichkeit der steuerlichen Sonderabschreibung zur Selbstfinanzierung und kennen die Voraussetzung für eine erfolgreiche Umsetzung.

9.1 Die offene Selbstfinanzierung

Die Selbstfinanzierung ist eine wichtige Form der Innenfinanzierung, der Finanzierungsart also, bei der finanzielle Mittel durch den Umsatzprozess beschafft werden. Die Selbstfinanzierung erfolgt durch die **Zurückbehaltung von Gewinnen** im Unternehmen; ihre Höhe wird durch die positive Differenz zwischen dem Gewinn nach Steuern und der Ausschüttung bestimmt.

Zu beachten ist, dass Betriebswirtschaftslehre, Handelsrecht und Steuerrecht unterschiedliche Gewinnbegriffe verwenden. Handels- und Steuerrecht gehen vom **Prinzip nomineller Kapitalerhaltung** aus. In einer solchen Rechnung ist EUR gleich EUR, d.h. es werden bei der Beurteilung, ob die Kapitalerhaltung durch die betriebliche Tätigkeit gelungen ist oder nicht, nur die Geldeinheiten beachtet. Geldwertänderungen und Änderungen der Wiederbeschaffungspreise für im Betriebsprozess verbrauchte Produktionsfaktoren werden nicht berücksichtigt. Gewinn ist nach dieser Konzeption die unter Berücksichtigung von Einlagen und Entnahmen ermittelte positive Differenz zwischen dem am Ende der Periode und dem am Anfang der Periode eingesetzten nominellen Kapital.

Als Periodengewinn im betriebswirtschaftlichen Sinn dagegen bezeichnet man den Geldbetrag, der dem Betrieb pro Periode höchstens entzogen werden kann, ohne seine wirtschaftliche Leistungsfähigkeit zu beeinträchtigen **(ökonomischer Gewinn)**.[472] Der betriebswirtschaftliche Gewinnbegriff bestimmt also den dem Betrieb maxi-

---

[472] Aus der umfangreichen Literatur zum ökonomischen Gewinnbegriff vgl. insbesondere: *Schneider, D.*, Bilanzgewinn und ökonomische Theorie, ZfhF 1963, S. 457 ff.; *Schneider, D.*, Aus-

mal entziehbaren Betrag, der verbleibt, wenn zuvor diejenigen Investitions- und Finanzierungsvorhaben durchgeführt worden sind, die in der Zukunft die gleichen Gewinne sichern sollen. Die dauerhafte Ergiebigkeit des Betriebs gilt als gesichert, wenn sein Ertragswert erhalten geblieben ist. Da der ökonomische Gewinn auf investitionstheoretischen Überlegungen beruht, lässt er sich nicht wie der Handels- oder Steuerbilanzgewinn im Rahmen der Bilanzierung unter Anwendung der doppelten Buchführung ermitteln.

Bei nomineller Bewertung in der Bilanz kann der Substanzerhaltung dadurch Rechnung getragen werden, dass Gewinne dem Unternehmen durch die Bildung von Rücklagen bei Kapitalgesellschaften[473] bzw. durch den Verzicht auf Privatentnahmen bei Personenunternehmen nicht entzogen werden. Voraussetzung ist jedoch, dass die nach der Besteuerung des Nominalgewinns verbleibenden Beträge zur Substanzerhaltung auch ausreichen.

Beispiel: Eine Großhandlung kaufte zu Beginn des Jahres 01 100.000 Stück einer Ware zum Preis von 1 EUR/Stück. Während des Jahres konnte der ganze Posten zu 1,50 EUR/Stück abgesetzt werden. Ab dem Jahr 02 betragen die Wiederbeschaffungskosten 1,10 EUR/Stück. Es ist mit Gewinnsteuern in Höhe von 40 % zu rechnen. Aus dem Geschäft entsteht ein nomineller Gewinn von 50.000 EUR. Dieser ist aufzuspalten in einen **Scheingewinn** von 10.000 EUR (Wiederbeschaffungskosten abzüglich Anschaffungskosten), der auf das Ansteigen der Wiederbeschaffungskosten zurückzuführen ist, und in einen **Umsatzgewinn** von 40.000 EUR (Verkaufserlös abzüglich Wiederbeschaffungskosten), der bei der hier unterstellten absoluten Substanzerhaltung[474] als Gewinnanteil an die Anteilseigner und als Steuern an den Fiskus ausgeschüttet werden kann (vgl. Abb. 1).

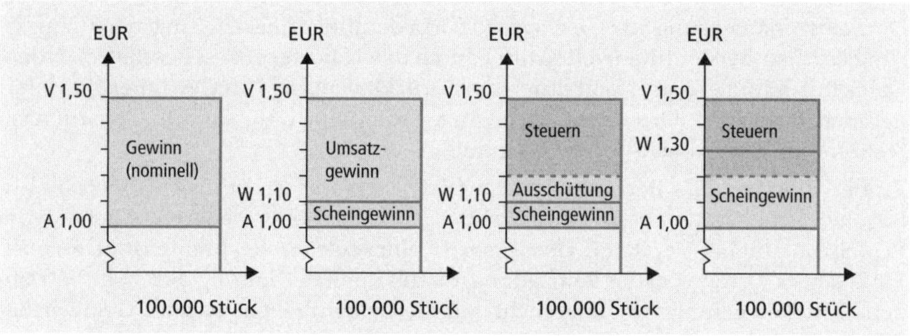

Abb. 1: Umsatzgewinn und Scheingewinn

Unter den Annahmen des Beispiels kann an die Anteilseigner nach Zahlung der Gewinnsteuern in Höhe von 20.000 EUR eine Gewinnausschüttung in Höhe von

---

schüttungsfähiger Gewinn und das Minimum an Selbstfinanzierung, ZfbF 1968, S. 1 ff.; *Wegmann, W.*, Der ökonomische Gewinn, Wiesbaden 1970.

473 Bei Aktiengesellschaften gesetzliche Rücklage oder andere Gewinnrücklagen, vgl. §§ 150 AktG, 272 Abs. 3 HGB.

474 Unter absoluter Substanzerhaltung versteht man den Ersatz der Vermögensgegenstände in unveränderter Form (Art. Qualität und Menge). Zu den verschiedenen Substanzerhaltungsbegriffen vgl. *Wöhe, G.*, Bilanzierung und Bilanzpolitik, 9. Aufl., München 1997, S. 359 ff.

TEIL C: INNENFINANZIERUNG

20.000 EUR vorgenommen werden. Der Rest des nominellen Gewinns wird zurückbehalten, um das Lager bei gestiegenen Wiederbeschaffungskosten auf den ursprünglichen Bestand wieder auffüllen zu können. Wären die Wiederbeschaffungskosten auf 1,30 EUR/Stück geklettert, so könnte – absolute Substanzerhaltung unterstellt – an die Anteilseigner nichts ausgeschüttet werden. Bei Wiederbeschaffungskosten von 1,40 EUR/Stück ist eine absolute Substanzerhaltung nicht möglich, da noch 10.000 EUR des Scheingewinns als Steuern abfließen.

Wird in Zeiten steigender Preise gerade der Betrag zurückbehalten, der zur Substanzerhaltung erforderlich ist, ermöglicht die Selbstfinanzierung keine Erweiterung der Totalkapazität des Betriebs, sondern nur die Erhaltung der bisherigen Leistungsfähigkeit. Erst wenn mehr Gewinne zurückbehalten werden, können sie für Kapazitäts erweiternde Investitionen verwendet werden.

Werden Bilanzgewinne nicht ausgeschüttet, sondern bei Einzelunternehmen und Personengesellschaften den Kapitalkonten der Inhaber gutgeschrieben oder bei Kapitalgesellschaften mit festem Nominalkapital in die Rücklagen eingestellt, so bezeichnet man den Vorgang als **offene Selbstfinanzierung**. Die offene Selbstfinanzierung kann freiwillig oder als Folge gesetzlicher Bestimmungen erfolgen. So ist z.B. die Aktiengesellschaft verpflichtet, eine gesetzliche (offene) Rücklage zu bilden, bis die gesetzliche Rücklage und die Kapitalrücklagen nach § 272 Abs. 2 Nr. 1 bis 3 HGB zusammen 10 % des Grundkapitals erreichen. Sie wird in der Weise angesammelt, dass ihr jährlich 5 % des Jahresüberschusses zugeführt werden.[475] Wird ein ausgewiesener Gewinn nicht ausgeschüttet, sondern thesauriert, so ist er zuvor zu versteuern. Aus dem Gewinn sind zu entrichten: Einkommen- bzw. Körperschaftsteuer zuzüglich Solidaritätszuschlag sowie Gewerbesteuer.

Während sich die Einkommensteuer infolge ihres Progressionstarifs nach dem Einkommen der Einzelunternehmer bzw. Gesellschafter bemisst, beträgt die Körperschaftsteuer ab 2008 einheitlich 15 %.

Die **Gewerbesteuer** errechnet sich bei **Kapitalgesellschaften** aus folgendem Ansatz:[476]

G_E = Gewerbesteuer
E = Gewerbeertrag vor
= Abzug der Gewerbesteuer
m = Steuermesszahl
h = Hebesatz der Gemeinde

$$G_E = m \cdot h \cdot E$$

Bei der gesetzlichen **Steuermesszahl** von 3,5 % ergibt sich für einen unterstellten **Hebesatz** von 450 % eine effektive Belastung von 15,75 %. Die Gewerbesteuer darf ab dem Jahr 2008 weder von der gewerbesteuerlichen noch von der einkommen- bzw. körperschaftsteuerlichen Bemessungsgrundlage abgezogen werden.

Die Besteuerung des Gewerbeertrags von **Einzelunternehmen** und **Personengesellschaften** unterscheidet sich insoweit von der Regelung für Kapitalgesellschaften, als gemäß § 11 Abs. 1 Nr. 1 GewStG der Gewerbeertrag um einen Freibetrag von 24.500 EUR gekürzt wird. Zudem dürfen Gesellschafter von Personengesellschaften bei der Besteuerung der ihnen von der Personengesellschaft zugewiesenen Gewinne

[475] Vgl. § 150 Abs. 2 AktG.
[476] Zu Einzelheiten der Gewerbesteuer vgl. *Ortmann-Babel, M., Zipfel, L.:* Die Unternehmensteuerreform 2008, 1. Aufl., Bonn 2007, S. 199 ff.

die Gewerbesteuer in Höhe des 3,8-fachen des Gewerbesteuermessbetrags auf die Einkommensteuer anrechnen.[477] Maximal ist die Anrechnung allerdings auf die gezahlte Gewerbesteuer begrenzt.

Beispiel: Der Gewinn vor Steuern, der nach Abführung der Ertragsteuern zur offenen Selbstfinanzierung thesauriert werden soll, beträgt 500.000 EUR. Zu ermitteln ist der Thesaurierungsbetrag sowohl für den Fall einer Kapitalgesellschaft (GmbH, AG) als auch für den Fall, dass das Unternehmen als Personengesellschaft geführt wird. Der auf die Steuermesszahl von 3,5 % anzuwendende Gewerbesteuerhebesatz beträgt 450 %, der Körperschaftsteuersatz 15 %, der Solidaritätszuschlag 5,5 %. Als Besonderheiten der Personengesellschaft sind zu berücksichtigen die Freibetragsregelung bei der Gewerbesteuer, die persönlichen Einkommensteuersätze der Gesellschafter sowie die Anrechnung der Gewerbeertragsteuer auf die Einkommensteuerschuld in Höhe des 3,8-fachen des Gewerbesteuermessbetrags. Die Anrechnung der Gewerbeertragsteuer setzt entsprechende gewerbliche Einkünfte der Gesellschafter voraus, was hier unterstellt wird.

BESTEUERUNG DER GEWINNTHESAURIERUNG

	In EUR	Kapitalgesellschaft	Personengesellschaft			
1	KSt-/ESt-Satz	15,00%	30,00%	36,00%	42,00%	45,00%
2	Gewinn vor Steuern	500.000	500.000	500.000	500.000	500.000
3	Gewerbesteuer (Hebesatz 450%)	78.750	74.891	74.891	74.891	74.891
4	in v. H. v. (2)	15,75%	14,98%	14,98%	14,98%	14,98%
5	Gewinn vor KSt/ESt	500.000	500.000	500.000	500.000	500.000
6	KSt/ESt	75.000	150.000	180.000	210.000	225.000
7	Anrechnung GewSt		– 63.241	– 63.241	– 63.241	– 63.241
8			–12,65%	–12,65%	–12,65%	–12,65%
9	ESt nach Anrechnung		86.759	116.759	146.759	161.759
10	in v. H. v. (2)		17,35%	23,35%	29,35%	32,35%
11	SolZ	4.125	4.772	6.422	8.072	8.897
12	in v. H. v. (2)	0,83%	0,95%	1,28%	1,61%	1,78%
13	Steuern insgesamt	157.875	166.422	198.072	229.722	245.547
14	in v. H. v. (2)	31,58%	33,28%	39,61%	45,94%	49,11%
15	Thesaurierungsbetrag	342.125	333.578	301.928	270.278	254.453
16	in v. H. v. (2)	68,43%	66,72%	60,39%	54,06%	50,89%

Abb. 2: Besteuerung der Gewinnthesaurierung

Es zeigt sich, dass unter den gewählten Prämissen die Kapitalgesellschaft 68,43 % ihres Gewinns vor Steuern zur offenen Selbstfinanzierung den Rücklagen zuführen kann. Bei der Personengesellschaft hingegen ist die Thesaurierungsquote letztlich abhängig vom persönlichen Einkommensteuersatz der Gesellschafter. Unter den gewählten Annahmen ermäßigt die Freibetragsregelung der Gewerbesteuerquote im Fall der Personengesellschaft gegenüber der Kapitalgesellschaft um 0,77-Prozent-

[477] Vgl. § 35 EStG.

punkte (15,75 %–14,98 %). Die Anrechnung der Gewerbeertragsteuer auf die Einkommensteuerschuld wirkt sich mit 12,65 %-Punkten entlastend bei dem Gesellschafter der Personengesellschaft aus.

Ab einem Einkommensteuersatz der Gesellschafter von rd. 28,5 % kann eine Personengesellschaft im Vergleich zur Kapitalgesellschaft unter sonst gleichen Bedingungen weniger Gewinn thesaurieren. Bei Einkommensteuersätzen von unter rd. 28,5 % können Personengesesellschaften relativ mehr thesaurieren als Unternehmen in der Rechtsform von Kapitalgesellschaften. Diese Situation dürfte aber begrenzt sein auf kleinere Betriebe mit relativ niedrigen Gewinnen vor Steuern und ggfs. mehreren Gesellschaftern. In diesem Zusammenhang ist ferner zu berücksichtigen, dass die Höhe des Einkommensteuersatzes nicht nur durch die gewerblichen, sondern durch alle einkommensteuerpflichtigen Einkünfte bestimmt wird.

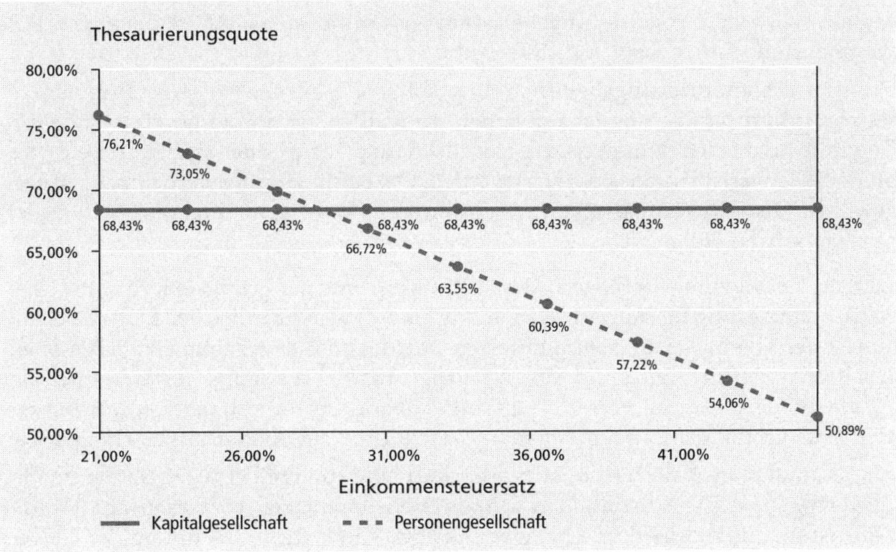

Abb. 3: Thesaurierung nach Steuern

Personenunternehmen mit Gesellschaftern, bei denen die Gewinne dem Einkommensteuerspitzensatz von 45 % unterliegen, wären im Fall der Gewinnthesaurierung gegenüber einer vergleichbaren Kapitalgesellschaft erheblich im Nachteil. Während die Kapitalgesellschaft 68,43 % des Bruttogewinns thesaurieren kann, steht bei dem Personenunternehmen lediglich 50,89 % des Bruttogewinns für die Thesaurierung zur Verfügung.

Zur Verringerung dieses Nachteils der Personenunternehmen gegenüber Kapitalgesellschaften wurde ab dem Jahr 2008 für Personenunternehmen die sog. **Thesaurierungsbegünstigung** eingeführt.

Die Besteuerung ähnelt dem Besteuerungsprinzip von Kapitalgesellschaften. Zunächst wird eine begünstigte Thesaurierungsbelastung von einbehaltenen Gewinnen hergestellt und im Fall der Entnahme dieser Gewinne erfolgt nochmals eine Besteuerung analog der Besteuerung von Dividenden bei Kapitalgesellschaften.

Der auf die nicht entnommenen Gewinne anzuwendende ermäßigte Steuersatz beträgt künftig 28,25 %. Da auch auf die begünstigt besteuerten Gewinne die Gewerbesteueranrechnung zur Anwendung kommt, ergibt sich theoretisch eine einkommensteuerliche Gesamtbelastung (bei Thesaurierung) von 14,95 % zzgl. 0,82 % SolZ. Daraus ergibt sich theoretisch bei einem unterstellten Gewerbesteuerhebesatz von 450 % eine Gesamtbelastung inklusive der Gewerbesteuer von 31,44 %, die in etwa der Steuerbelastung von Kapitalgesellschaften (31,58 %) entspricht. Diese Berechnung berücksichtigt jedoch nicht, dass z.B. die Gewerbesteuer nicht der Begünstigung unterliegt und mit dem persönlichen Einkommensteuersatz versteuert werden muss. In diesem Fall steigt die Thesaurierungsbelastung auf 34,08 % (bei Zugrundelegung des Spitzensteuersatzes von 45 %). Zudem darf auch auf Entnahmen nicht die Thesaurierungsbegünstigung angewendet werden. Entnimmt der Gesellschafter einer Personengesellschaft die auf seinen Gewinnanteil entfallende Steuer, können maximal 61,81 % des Bruttogewinns dem Thesaurierungssatz unterworfen werden, so dass sich eine **Thesaurierungsbelastung** von mindestens 38,19 % bei einem Einkommensteuerspitzensatz von 45 % ergibt.

Durch die Thesaurierungsbegünstigung sollen Gesellschafter einer Personengesellschaft künftig die Möglichkeit haben, zu wählen, ob und in welcher Höhe ihre Gewinne noch nach dem „Personengesellschaftsprinzip“ **oder** aber nach dem „Kapitalgesellschaftsprinzip“ besteuert werden. Die Begünstigung wird nur auf Antrag gewährt. Dem Steuerpflichtigen wird damit ein **Wahlrecht** eingeräumt, das auch hinsichtlich der **Höhe** gilt.

Beispiel: Der Gewinn vor Steuern, der nach Abführung der Ertragsteuern zur offenen Selbstfinanzierung thesauriert werden soll, beträgt weiterhin 500.000 EUR. Zu ermitteln ist der Thesaurierungsbetrag für den Fall, dass das Unternehmen als Personengesellschaft geführt wird und die Thesaurierungsbegünstigung gewählt wird. Der auf die Steuermesszahl von 3,5 % anzuwendende Gewerbesteuerhebesatz beträgt 450 %, der ermäßigte Einkommensteuersatz 28,25 %, der Solidaritätszuschlag 5,5 %.

Als Besonderheiten der Personengesellschaft sind die Freibetragsregelung bei der Gewerbesteuer, die persönlichen Einkommensteuersätze der Gesellschafter, der begünstigte Einkommensteuersatz von 28,25 % sowie die Anrechnung der Gewerbeertragsteuer auf die Einkommensteuerschuld in Höhe des 3,8-fachen des Gewerbesteuermessbetrags zu berücksichtigen. Die Anrechnung der Gewerbesteuer setzt entsprechende gewerbliche Einkünfte der Gesellschafter voraus, was hier unterstellt wird.

Das Beispiel zeigt, dass trotz Einführung der Thesaurierungsbegünstigung die Thesaurierungsbelastung von Personenunternehmen in der Praxis nicht der Steuerbelastung einer vergleichbaren Kapitalgesellschaft entspricht. Nur bei hohen Thesaurierungshöchstbeträgen kann die Personengesellschaft die Steuerbelastung einer Kapitalgesellschaft ansatzweise erreichen. Damit ist die Kapitalgesellschaft für den Thesaurierungsfall in der Regel die steueroptimale Rechtsform.

Werden die Gewinnrücklagen von Kapitalgesellschaften später ausgeschüttet, unterliegen diese Dividenden beim Anteilseigner entweder der Abgeltungsteuer von 25 % bzw. unter Anwendung des ab 2009 geltenden Teileinkünfteverfahrens zu 60 % dem persönlichen Einkommensteuersatz des Anteilseigners.

Das gleiche gilt für die im Rahmen der Thesaurierungsbegünstigung ermäßigt besteuerten Gewinne. Werden diese später entnommen, erfolgt eine **Nachversteuerung**,

BESTEUERUNG DER GEWINNTHESAURIERUNG

In EUR	**Thesaurierung**	**PersG** theoretisch*	praktisch**	praktisch***	ohne ThesB	**KapG**
1	Gewinn	500.000	500.000	500.000	500.000	500.000
2	Gewerbeertrag	475.500	475.500	475.500	475.500	500.000
3	Gewerbesteuer (Hebesatz 450%)	74.891	74.891	74.891	78.750	14,98%
4	in v. H. v. (1)	14,98%	14,98%	14,98%	14,98%	15,75%
5	begünstigt	500.000	425.109	309.070	0	
6	ESt (28,25%)	141.250	120.093	87.312	0	
7	nicht begünstigt	0	74.891	190.930	500.000	
8	ESt (45,00%)	0	33.701	85.919	225.000	
9	ESt (45 %, 42 %, 28,25 %)	141.250	153.794	173 .31	225.000	
10	abzgl. GewSt-Anrechnung	–63.241	–63.241	–63.241	–63.241	
11	**ESt nach Anrechnung**	**78.009**	**90.553**	**109.990**	**161.759**	**75.000**
12	**SolZ (5,50%)**	**4.290**	**4.980**	**6.049**	**8.897**	**4.125**
13	**GewSt + ESt + SolZ**	**157.190**	**170.424**	**190.930**	**245.547**	**157.875**
14	in v. H. v. (1)	31,44%	34,08%	38,19%	49,11%	31,58%
15	Thesaurierungsbetrag	342.810	329.576	309.070	254.453	342.125
16	in v. H. v. (1)	68,56%	65,92%	61,81%	50,89%	68,42%

* Theoretische minimale Thesaurierungsbelastung, wenn 100% des Gewinns thesauriert werden könnten.

** Praktische minimale Thesaurierungsbelastung, da der Teil des Gewinns, der auf die Gewerbesteuer entfällt, grundsätzlich nicht begünstigungsfähig ist.

*** Thesaurierungsbelastung, wenn der Gesellschafter seine Steuer aus dem Gewinn der Personengesellschaft entnehmen muss und einem Grenzsteuersatz von 45% unterliegt.

Abb. 4: Besteuerung der Gewinnthesaurierung bei Personengesellschaften

die der Dividendenbesteuerung vergleichbar ist. Der Nachversteuerungssatz beläuft sich in Anlehnung an den Abgeltungsteuersatz auf 25 % zzgl. SolZ. Zu diesem Zweck ist jährlich der sog. **nachversteuerungspflichtige Betrag** je Betrieb oder Mitunternehmeranteil gesondert festzustellen und fortzuschreiben. Grundsätzlich findet nur in Höhe des festgestellten nachversteuerungspflichtigen Betrags eine Nachversteuerung statt.

Der nachversteuerungspflichtige Betrag errechnet sich aus dem Begünstigungsbetrag. Bei seiner Ermittlung ist die bereits erfolgte Steuerbelastung mit dem auf die einbehaltenen Gewinne angewendeten Steuersatz abzuziehen.

Eine Nachversteuerung erfolgt, wenn der positive Saldo der Entnahmen und Einlagen („Überentnahmen") des Wirtschaftsjahres den durch Betriebsvermögensvergleich ermittelten Gewinn übersteigt – sog. **Nachversteuerungsbetrag**.

Trotz unterschiedlicher Thesaurierungsbelastungen von Personengesellschaften und Kapitalgesellschaften, ergibt sich unter zusätzlicher Betrachtung der Ausschüttungsbelastung eine ähnliche Steuerbelastung. Sie beträgt im Beispielfall ca. 50 %.

Damit lässt sich festhalten, dass die Kapitalgesellschaft im Thesaurierungsvorteil steuerliche Vorteile aufweist. Zwar kann bei Personenunternehmen durch die Ein-

		PersG				KapG
		theoretisch*	praktisch **	praktisch***	ohne ThesB	
1	Gewinn	500.000	500.000	500.000	500.000	500.000
2	Vorbelastung	157.190	170.424	190.930	245.547	157.875
3	Begünstigte Einkünfte	500.000	425.109	309.070	0	0
4	abzgl. ESt (28,25%)	– 141.250	– 120.093	– 87.312	0	0
5	abzgl. SolZ (5,50%)	– 7.769	– 6.605	– 4.802	0	0
6	Nachversteuerungsbetrag	350.981	298.411	216.956	0	342.125
7	ESt (25,00%)	87.745	74.603	54.239	0	85.531
8	SolZ (5,50%)	4.826	4.103	2.983	0	4.704
9	ESt + SolZ	92.571	78.706	57.222	0	90.235
	in v. H. v. (1)	18,51%	15,74%	11,44%	0,00%	18,05%
	Gesamtbelastung	249.761	249.130	248.152	245.547	248.110
	in v. H. v. (1)	49,95%	49,83%	49,63%	49,11%	49,62%

Abb. 5: Thesaurierungsvorteil und Ausschüttungsnachteil

führung der Thesaurierungsbegünstigung eine Thesaurierungsbelastung erreicht werden, die sich der Kapitalgesellschaft jedoch nur annähert.

Im Ausschüttungsfall hat die Personengesellschaft ohne Thesaurierungsbegünstigung die geringste Steuerbelastung. Dennoch sind diese Unterschiede gering, so dass unter Berücksichtigung des Steuerstundungseffekts die Kapitalgesellschaft und die Personenunternehmen, deren Gesellschafter die Thesaurierungsbegünstigung wählen, die geringsten Steuerbelastungen auch im Ausschüttungsfall erreichen.

Anwendungsbereich der Thesaurierungsbegünstigung

Die Thesaurierungsbegünstigung kommt auf im zu versteuernden Einkommen enthaltene **nicht entnommene** Gewinne aus Gewerbebetrieb, Land- und Forstwirtschaft oder selbständiger Arbeit zur Anwendung. Dabei sind nur Gewinne begünstigt, die mittels **Betriebsvermögensvergleich** ermittelt werden. Nicht entnommener Gewinn ist der nach §4 Abs. 1 Satz 1 oder §5 EStG ermittelte Gewinn, vermindert um den positiven Saldo der Entnahmen und Einlagen. Grundlage für die Ermittlung des Begünstigungsvolumens ist somit der **Steuerbilanzgewinn**. Das Thesaurierungsvolumen erhöht sich, soweit in der Steuerbilanz steuerfreie Gewinnbestandteile enthalten sind (z.B. steuerfreie Betriebsstättengewinne, steuerfreie Teileinkünfte aus Dividenden). Dadurch können im Ergebnis steuerfreie Einkünfte im laufenden Wirtschaftsjahr vorrangig entnommen werden, ohne dass der Thesaurierungshöchstbetrag gemindert wird, da Entnahmen vorrangig von den steuerfreien Gewinnanteilen des laufenden Wirtschaftsjahres abgezogen werden.

Die Inanspruchnahme der Begünstigung ist ausgeschlossen, soweit es sich um **Veräußerungsgewinne** handelt, die nach §34 Abs. 3 oder §16 Abs. 4 EStG begünstigt sind. Eine begünstigte Besteuerung ist jedoch für thesaurierte Veräußerungsgewinne möglich, für die eine Ermäßigung nicht greift. Sind somit im Gewinn auch Veräußerungs- oder Aufgabegewinne enthalten (z.B. im Fall doppel- oder mehrstöckiger Personengesellschaften bei Verkauf des Anteils an einer Untergesellschaft), kann auch für diesen

Teil des Gewinns die Thesaurierungsbegünstigung beantragt werden. Wird jedoch der Betrieb oder der Mitunternehmeranteil an der Obergesellschaft veräußert, kann die Thesaurierungsbegünstigung nicht in Anspruch genommen werden.

Die Steuerbegünstigung wird ebenfalls nicht gewährt für vermögensverwaltende Wagniskapitalgesellschaften gezahlte erfolgsabhängige Tätigkeitsvergütungen (sog. **Carried Interest**).

Auch soweit im zu versteuernden Einkommen Gewinne enthalten sind, die aufgrund außerbilanzieller Hinzurechnung (z.B. §4 Abs. 5 EStG) entstanden sind, kann hierauf die Thesaurierungsbegünstigung nicht in Anspruch genommen werden. Aufgrund des künftigen Betriebsausgabenabzugsverbots der Gewerbesteuer kann damit auch auf die Gewerbesteuer die Thesaurierungsbegünstigung nicht angewendet werden. Gleiches gilt auch für Zinsaufwendungen, die nach Anwendung der Zinsschranke als nicht abzugsfähige Betriebsausgaben gelten.

Die Begünstigung kann für jeden Betrieb oder jeden Mitunternehmeranteil beansprucht werden, an dem der Steuerpflichtige entweder zu mehr als 10 % beteiligt ist oder bei dem sein Gewinnanteil 10.000 EUR übersteigt. Damit können Einzelunternehmer die Begünstigung unabhängig von der Höhe des Gewinns wählen.

Die Vergünstigung ist **betriebs- und personenbezogen** ausgestaltet, so dass deren Voraussetzungen für **jeden** Betrieb oder Mitunternehmeranteil des Steuerpflichtigen **gesondert** zu prüfen sind.

9.2 Die stille Selbstfinanzierung

Selbstfinanzierung kann auch in der Weise betrieben werden, dass **stille Rücklagen** gebildet werden, die erzielte Gewinne oder eingetretene Wertsteigerungen in der Bilanz nicht sichtbar werden lassen oder in Passivposten verstecken. Dieser Vorgang wird stille Selbstfinanzierung genannt.

Stille Rücklagen entstehen durch **Bewertungsmaßnahmen**, die das Bilanzrecht einräumt.[478] Hierbei handelt es sich im Wesentlichen um folgende Möglichkeiten:

(1) **Unterbewertung von Vermögensgegenständen**. Sie ist möglich durch die Verrechnung von Abschreibungsquoten, die die eingetretenen Wertminderungen erheblich übersteigen, ferner durch zu niedrigen Ansatz der Herstellungskosten von Halb- und Fertigfabrikaten oder selbsterstellten Anlagen sowie durch Unterbewertung von Vorräten.

(2) **Nichtaktivierung aktivierungsfähiger Wirtschaftsgüter**. Beispiele sind das handelsrechtliche Aktivierungswahlrecht für einen derivativen Firmenwert sowie für geringwertige Wirtschaftsgüter im Sinne des §6 Abs. 2 EStG, die trotz mehrjähriger Nutzungsdauer im Jahr der Anschaffung voll als Aufwand (Betriebsausgabe) verrechnet werden dürfen.

(3) **Unterlassen der Zuschreibung von Wertsteigerungen**. Beispiele sind die Nichtbeachtung von Wertsteigerungen bei früher unter die Anschaffungskosten ab-

---

[478] Zu Einzelheiten der Bewertungs- und Rücklagenpolitik vgl. *Wöhe, G.*, Bilanzierung und Bilanzpolitik, a.a.O, S. 673 ff.

geschriebenen Wirtschaftsgütern oder von Wertsteigerungen über die Anschaffungskosten.

(4) **Überbewertung von Passivposten**. Sie kann z.B. durch zu hohen Ansatz von Rückstellungen erfolgen.

Da die Anschaffungs- oder Herstellungskosten bei Gütern des Anlage- und Umlaufvermögens die Bewertungsobergrenze darstellen,[479] entstehen stille Rücklagen aufgrund gesetzlicher Vorschriften, wenn die Wiederbeschaffungskosten über die Anschaffungskosten steigen **(Zwangsrücklagen)**. Sinn dieser Vorschriften ist es, den Ausweis noch nicht durch Umsatz realisierter Gewinne zu vermeiden **(Realisationsprinzip)**.

Die Bildung stiller Rücklagen verhindert den Ausweis von Gewinnteilen und damit ihre Ausschüttung bzw. Entnahme. Sind stille Rücklagen auch in der Steuerbilanz erlaubt, so ergibt sich im Gegensatz zur Bildung offener Rücklagen für den Betrieb der Vorteil, dass der steuerpflichtige Gewinn in der Periode ihrer Bildung vermindert wird und der nicht ausgewiesene Gewinn erst bei der Auflösung der stillen Rücklagen in Erscheinung tritt.

Beispiel: Ein Betrieb schätzt die Wertminderung einer Anlage, deren Anschaffungskosten 100.000 EUR betrugen, auf 10.000 EUR jährlich. Rechnet er diesen Betrag als kalkulatorische Abschreibung in die Selbstkosten ein, so wird die Wertminderung – falls der Verkaufserlös mindestens die kalkulierten Selbstkosten deckt – vom Markt ersetzt. Verrechnet man diesen Abschreibungsbetrag als Aufwand in der Gewinn- und Verlustrechnung, so hat der Abschreibungsaufwand die Aufgabe, 10.000 EUR des Verkaufserlöses als Ersatz für die Wertminderung an den Betrieb zu binden. Der Betrieb ist aber nicht gezwungen, sich der hier unterstellten linearen Abschreibungsmethode zu bedienen. Er kann der Abschreibung auch ein anderes Verfahren zugrunde legen, beispielsweise 20 % vom jeweiligen Restbuchwert abschreiben (geometrisch-degressive Abschreibung). Für das erste Nutzungsjahr der Anlage würde sich dann ergeben:

FALL 1: Abschreibung = Wertverzehr

A	G + V (in 1.000 EUR)		E
Abschreibung	10	Erlöse	100
Sonstiger Aufwand	70		
Gewinn	20		
	100		100

FALL 2: Abschreibung > Wertverzehr

A	G + V (in 1.000 EUR)		E
Abschreibung	20	Erlöse	100
Sonstiger Aufwand	70		
Gewinn	10		
	100		100

Abb. 6: Abschreibung und Wertverzehr

Im Fall 1 wurde eine stille Rücklage in Höhe von 10.000 EUR gebildet, da der Wert der Anlage um diesen Betrag höher ist als ihr Buchwert. Der ausgewiesene Gewinn verringert sich entsprechend. Sind die Erlöse in liquider Form eingegangen, so behält

[479] Vgl. § 253 HGB.

der Betrieb im Fall 1 80.000 EUR zum Ersatz der verbrauchten Produktionsfaktoren zurück, während der Gewinn von 20.000 EUR nach Abzug der Steuern ausgeschüttet oder als zusätzliches Eigenkapital thesauriert werden kann.

Im Fall 2 hingegen sind über die zur Ersatzbeschaffung notwendigen Mittel hinaus 10.000 EUR an den Betrieb gebunden worden, die zur Finanzierung zusätzlicher Investitionen verwendet werden können. Da sich allerdings die Wertminderung von Anlagegütern nur schwer schätzen lässt, ist eine genaue Trennung zwischen Abschreibung und Gewinn nicht möglich. Es kann nicht genau festgestellt werden, welcher Teil der Abschreibungsquote als Aufwand der Wertminderung entspricht und welcher Teil eine stille Zurückbehaltung von Gewinnen und damit Gewinnverwendung darstellt.

Dadurch, dass der steuerpflichtige Gewinn in der Periode der Bildung stiller Rücklagen vermindert und der nicht sichtbar gewordene Gewinn erst bei seiner Auflösung besteuert wird, tritt eine **Steuerstundung** ein, die für das Unternehmen zunächst eine Liquiditätsentlastung darstellt. Da der Steuerkredit zinslos gewährt wird, führt er außerdem zu einem **Zinsgewinn** und damit zur Beeinflussung der Rentabilität des Betriebs, sowie seiner Investitions- und Finanzierungsentscheidungen. Bei der Auflösung der stillen Rücklagen wird dafür die Liquidität infolge der Nachversteuerung stärker belastet. Ohne Berücksichtigung der Zinswirkung können **endgültige Steuerersparnisse** oder **Steuermehrbelastungen** nur bei progressiven, nicht aber bei linearen Steuertarifen eintreten. Im Hinblick auf die progressive Einkommensteuer hängt dies neben der Verteilung der Gewinne auf die einzelnen Perioden von der Ausgestaltung und der Entwicklung der Steuertarife im Zeitablauf ab.

Im Vergleich zur offenen Selbstfinanzierung ist bei der Bildung stiller Rücklagen das Finanzierungsvolumen um die ersparten Steuern höher. Während unter Berücksichtigung von Gewerbe- und Körperschaftsteuer einschließlich Solidaritätszuschlag eine Kapitalgesellschaft bei der Bildung offener Rücklagen 68,43 % des steuerpflichtigen Gewinns (100 %–31,58 %) zurückbehalten kann, steht bei stiller Selbstfinanzierung der Gewinn ungekürzt zur Verfügung.

9.3 Steuerliche Sonderabschreibungen als Instrument staatlicher Finanzierungshilfen

Das nach dem 2. Weltkrieg am häufigsten und für die vielfältigsten außerfiskalischen Ziele vom Staat eingesetzte Steuerungsinstrument sind die Sonderabschreibungen. Sie führen zur **Bildung hoher stiller Rücklagen** in den ersten Jahren der Nutzungsdauer und mindern als Betriebsausgaben die ertragsteuerlichen Bemessungsgrundlagen. Da aber der Betrieb ein **Wahlrecht** hat, ob er die vom Gesetzgeber angebotenen Sonderabschreibungen in Anspruch nehmen will oder nicht, sind sie ein wesentliches bilanzpolitisches Instrument geworden, bei dessen Einsatz nicht immer nur das Ziel der Steuerminimierung verfolgt wird. Sonderabschreibungen setzen in der Regel zunächst die Durchführung und damit die Finanzierung einer Investition voraus.

Sonderabschreibungen haben als wirtschaftspolitisches Instrument nur dann eine **positive Wirkung**, wenn die Ertragslage der begünstigten Betriebe wenigstens so gut ist, dass durch die Sonderabschreibungen keine buchmäßigen Verluste entstehen. Denn Buchverluste können keine sofortige Steuerverschiebung zur Folge haben, da auch ohne sie keine Steuerzahlung angefallen wäre. Somit tritt weder eine Liquiditätsverbesserung noch ein Zinsgewinn ein. Die Maßnahme ist zunächst wirkungslos. Lediglich im Rahmen des Verlustabzugs können sich Auswirkungen ergeben.

Sonderabschreibungen sind, insbesondere wenn sie sich bereits im ersten Jahr der Nutzungsdauer in vollem Umfang steuermindernd auswirken können, eine ausgezeichnete Finanzierungshilfe, da die Steuerersparnisse des ersten Jahres ggf. noch zur Finanzierung eines Teils der Anschaffungskosten des abschreibungsfähigen Wirtschaftsguts eingesetzt werden können.

Die Beeinflussung der Liquidität und Rentabilität mittels einer Sonderabschreibung zeigt das folgende Beispiel.

Beispiel: Es wird unterstellt, ein Betrieb beschafft sich Anfang des Jahres 01 eine Maschine zum Preis von 100.000 EUR. Bei einer betriebsgewöhnlichen Nutzungsdauer von 5 Jahren würde sie normalerweise linear abgeschrieben. Der Steuergesetzgeber räume jedoch z.B. neben der linearen Abschreibung von 20 % eine zusätzliche Sonderabschreibung von 40 % der Anschaffungskosten im Jahr der Anschaffung ein. Der Gewinnsteuersatz beträgt 40 %. Die Sonderabschreibung führt nicht zu einem Buchverlust.

Nach Inanspruchnahme der zusätzlichen Sonderabschreibung von 40 % zusätzlich zur Normalabschreibung von 20 % verbleibt ein Restbetrag von 40.000 EUR, der über die Restnutzungsdauer von 4 Jahren mit jährlich 10.000 EUR verteilt wird. Die Abschreibungssumme beläuft sich somit auf 40.000 EUR.

Da in jedem Jahr genügend Gewinne vor Abschreibung zur Verfügung stehen, gilt:

Jährliche Gewinnsteuerverschiebung = linearer Steuersatz x Abschreibungsdifferenz

	Abschreibungsbeträge					
Zeit	**mit Sonderabschr.**	**Normalabschr.**	**Differenz**	**Steuerverschiebung**	**Abzinsungsfaktor 10%**	**Barwert der Steuerverschiebung**
31.12.01	60.000	20.000	+ 40.000	+16.000	0,9091	+14.545
31.12.02	10.000	20.000	–10.000	– 4.000	0,8264	– 3.306
31.12.03	10.000	20.000	–10.000	– 4.000	0,7513	– 3.005
31.12.04	10.000	20.000	–10.000	– 4.000	0,6830	– 2.732
31.12 05	10.000	20.000	–10.000	– 4.000	0,6209	– 2.484
Σ	100.000	100.000	–	–	–	+3.018

Abb. 7: Jährliche Gewinnsteuerverschiebung

Dem Betrieb stehen bei Inanspruchnahme der Sonderabschreibung zum 31. 12. 01 16.000 EUR mehr zur Verfügung. Dieser Liquiditätsvorteil vermindert sich am Ende eines jeden der vier folgenden Jahre um 4.000 EUR. Berücksichtigt man die Verzinsung der Steuerverschiebung, so beläuft sich der Barwert dieses Zinsvorteils auf 3.018 EUR.

Kontrollfragen

- Unterscheiden Sie den Begriff „Gewinn" nach dem Prinzip der nominellen Kapitalerhaltung vom ökonomischen Gewinn (Periodengewinn).
- Erklären Sie den Begriff der offenen Selbstfinanzierung.
- Zeigen Sie auf, aus welchen Gründen die Rechtsform eines Unternehmens Einfluss auf die Höhe der Thesaurierung der Gewinne haben kann.
- Grenzen Sie von der offenen Selbstfinanzierung die stille Selbstfinanzierung ab.
- Nennen Sie die vier Bewertungsmaßnahmen, um stille Rücklagen zu bilden.
- Beschreiben Sie die Möglichkeit der steuerlichen Sonderabschreibung und nennen Sie die Voraussetzung für eine erfolgreiche Umsetzung.

10. Kapitel
Die Finanzierung aus Abschreibungen

Lernziele
▪ Sie verstehen den Zweck der Abschreibung und können die bilanziellen Auswirkungen erläutern. ▪ Sie sind mit dem Kapazitätserweiterungseffekt bzw. Ruchti-Effekt vertraut. ▪ Sie können den Kapazitätserweiterungseffekt anwenden und wissen, von welchen Faktoren er abhängt. ▪ Sie wissen, wie Sonderabschreibungen zur Innenfinanzierung beitragen. ▪ Sie können darlegen, wie sich mit Hilfe von Abschreibungen der externe Kapitalbedarf reduzieren lässt.

10.1 Begriff und bilanzielle Auswirkung von Abschreibungen

Die Anschaffungs- oder Herstellungskosten von Gütern, die eine mehrjährige Nutzungsdauer haben (abnutzbares Anlagevermögen), dürfen im Interesse einer periodenrichtigen Gewinnermittlung nicht im Jahr der Beschaffung oder Herstellung in voller Höhe gewinnmindernd verrechnet werden, sondern sind (theoretisch) nach Maßgabe der eingetretenen Wertminderungen als Abschreibung[480] (Aufwand) in der Gewinn- und Verlustrechnung auf die Jahre der Nutzungsdauer zu verteilen. Da in der Praxis die jährliche Wertminderung nur **geschätzt** werden kann, ist die Abschreibung in der Bilanz eine **„Verteilungsabschreibung"**, d.h. die Anschaffungs- bzw. Herstellungskosten werden nach einem planmäßigen Verfahren (z.B. in gleichen oder in fallenden Jahresbeträgen oder nach der Inanspruchnahme der Anlage) auf die Jahre der Nutzung verteilt.

Die verdienten Abschreibungen sind in den Verkaufserlösen auf der Ertragsseite der Erfolgsrechnung enthalten, der Aufwandposten auf der Aufwandseite sorgt dafür, dass die verdienten Abschreibungsgegenwerte im Betriebe verbleiben und nicht als Gewinn erscheinen.

10.2 Der Kapazitätserweiterungseffekt

10.2.1 Erweiterung der Periodenkapazität aus Abschreibungsgegenwerten

Der so genannte Lohmann-Ruchti-Effekt besteht aus einem Kapitalfreisetzungseffekt und einem Kapazitätserweiterungseffekt. Auf Letzteren wird im Folgenden näher eingegangen.

---

[480] Vgl. die ausführliche Behandlung der Abschreibungen bei *Wöhe, G., Döring, U.*: a.a.O. S. 648 ff.

Soll der Betriebsprozess im bisherigen Umfang aufrechterhalten werden, so sind die Anlagen, deren Nutzungsdauer beendet ist, zu ersetzen (Reinvestition), d.h. die vom Markt vergüteten Abschreibungsgegenwerte sind in neue Anlagen zu investieren. Der Rückfluss früher investierter Mittel erfolgt aber bereits weit vor dem Ersatzzeitpunkt, so dass der Betrieb bis zu diesem Zeitpunkt über Anlagen mit einer bestimmten periodischen Leistungsfähigkeit (Periodenkapazität) und gleichzeitig über zurückgeflossene finanzielle Mittel verfügt.

Da sich gewöhnlich die abnutzbaren Anlagegüter eines Unternehmens in ihrem Alter und in ihrer Nutzungsdauer unterscheiden, ist jährlich nur ein Teil der Abschreibungserlöse zur Reinvestition zu verwenden. Über die zurzeit nicht benötigten Amortisationsbeträge kann der Betrieb anderweitig verfügen. Er muss zur Erhaltung des finanziellen Gleichgewichts lediglich dafür sorgen, dass insgesamt die Ersatzinvestitionen unter Verwendung aller in dieser Periode vergüteten Abschreibungsgegenwerte finanziert werden können. Unter Beachtung dieser Bedingung ist es möglich, mit freigesetzten Abschreibungsbeträgen nicht nur die Ersatz-, sondern auch **zusätzliche Investitionen** (Nettoinvestitionen) zu finanzieren. Die später notwendig werdenden Ersatzinvestitionen werden somit nicht aus „ihren" Abschreibungsgegenwerten, sondern überhaupt aus irgendwelchen Abschreibungsgegenwerten vorgenommen. Der Betrieb hat einen Abschreibungs- und Reinvestitionsplan aufzustellen, der eine reibungslose Reinvestition aus Abschreibungsgegenwerten ermöglicht und zugleich zeigt, welche Abschreibungsgegenwerte vorübergehend zur Finanzierung zusätzlicher Investitionen zur Verfügung stehen.[481]

Beispiel: Ein Betrieb beschafft in fünf aufeinanderfolgenden Jahren je einen Spezial-LKW im Wert von 250.000 EUR. Die Mittel werden durch Beteiligungsfinanzierung aufgebracht. Die Nutzungsdauer eines LKW beträgt fünf Jahre. Der Fahrzeugpark wird linear abgeschrieben. Dabei wird **unterstellt,** dass die Abschreibungen dem Wertminderungsverlauf entsprechen und vom Markt vergütet werden. Ferner wird angenommen, dass die Technik und die Wiederbeschaffungskosten konstant sind. Die Jahresabschreibung eines LKW beträgt:

$$\frac{\text{Anschaffungskosten}}{\text{Nutzungsdauer}} = \frac{250.000 \text{ EUR}}{5 \text{ Jahre}} = 50.000 \text{ EUR/Jahr}$$

Da annahmegemäß die Erstausstattung mit LKW extern finanziert wird, beträgt in den ersten fünf Jahren der Kapitalbedarf jährlich 250.000 EUR. Vom 6. Jahr an sind nacheinander die LKW zu ersetzen. Der Ersatzbeschaffungsbedarf von 250.000 EUR jährlich entspricht genau der vom 5. Jahr an verrechneten jährlichen Abschreibungssumme. Die Abschreibungsbeträge des 1. bis 4. Jahres von insgesamt 500.000 EUR sind also zur Reinvestition nicht erforderlich, sondern stehen für Erweiterungsinvestitionen zur Verfügung. Würde dieser Betrag zur Anschaffung von zwei weiteren LKW verwendet, so käme es zu einer Erweiterung der Periodenkapazität, ohne dass eine weitere Kapitalbeschaffung von außen erforderlich wäre. Auch die Anschaffungskosten dieser zusätzlichen LKW würden im Zeitablauf wieder freigesetzt und für weitere Investitionen zur Verfügung stehen. Diesen Kapitalfreisetzungseffekt bezeichnet man in der Literatur als Ruchti-Effekt.[482]

[481] Vgl. hierzu und zum Aufbau des folgenden Beispiels *Ruchti, H.,* Die Abschreibung, ihre grundsätzliche Bedeutung als Aufwands-, Ertrags- und Finanzierungsfaktor, Stuttgart 1953, S. 112 ff.

[482] Das Problem wurde erstmals im Schriftwechsel zwischen Friedrich Engels und Karl Marx aufgeworfen, vgl. Der Briefwechsel zwischen Friedrich Engels und Karl Marx 1844–1883,

LKW \ Jahr (Ende)	1	2	3	4	5	6	7	8	9	10
1	50	50	50	50	50	50*	50*	50*	50*	50*
2		50	50	50	50	50*	50*	50*	50*	50*
3			50	50	50	50*	50*	50*	50*	50*
4				50	50	50*	50*	50*	50*	50*
5					50	50*	50*	50*	50*	50*
Jährl. Abschreibung	50	100	150	200	250	250	250	250	250	250
Liquide Mittel	50	150	300	500	750	750	750	750	750	750
– Reinvestitionen	–	–	–	–	250	250	250	250	250	250
Freigesetzte Mittel	50	150	300	500	500	500	500	500	500	500

Abb. 8: Kapitalfreisetzungseffekt[483]

Wird unterstellt, dass die dem Nutzungsverlauf der Anlagegüter entsprechenden Abschreibungen reinvestiert werden, so lässt sich nur die Periodenkapazität, nicht aber die Gesamtkapazität vergrößern, da nur der verbrauchte Teil der Gesamtkapazität durch neue Anlagen ersetzt wird. Die in allen Anlagen steckende Leistungsabgabe lässt sich nicht vermehren, wohl aber wird durch die mehrjährige Nutzungsfähigkeit und den nach der Vornahme von Erweiterungsinvestitionen unterschiedlichen Altersaufbau der Anlagen erreicht, dass bis zum nächsten Ersatzzeitpunkt mehr Anlagen als vorher ihre Periodenleistung abgeben.

Beispiel: Es wird angenommen, dass eine Maschine jährlich 40.000 Werkstücke bearbeitet. Das ist ihre **Periodenkapazität**. Die **Gesamtkapazität** der Maschine beträgt bei fünfjähriger Nutzungsdauer – konstante Leistungsabgabe pro Jahr unterstellt – Periodenkapazität · Nutzungsdauer = 200.000 Stück. Die jeweils verbleibende Gesamtkapazität nimmt folglich im Zeitablauf um die bisherige Leistungsabgabe ab, ohne dass dadurch die Periodenkapazität beeinflusst werden muss. Die gesamte Periodenkapazität ist die Summe der Periodenkapazitäten aller gleichartigen Maschinen.

Entspricht die Abschreibung einer Maschine genau dem Wertminderungsverlauf, so verringert sich die Gesamtkapazität dieser Maschine und damit die des gesamten

hrsg. von *A. Bebel* und *E. Bernstein*, Bd. 3, Stuttgart 1913, S. 394–400, abgedruckt auch in ZfhF 1958, S. 222 ff. Die erste ausführliche Behandlung findet sich bei *Ruchti, H.*, Die Bedeutung der Abschreibung für den Betrieb, Berlin 1942. Weiter beschäftigten sich mit dem Kapazitätserweiterungseffekt insbesondere *Lohmann, M.*, Abschreibungen, was sie sind und was sie nicht sind, Der Wirtschaftsprüfer 1949, S. 353 ff.; *Langen, H.*, Die Kapazitätsausweitung durch Reinvestition liquider Mittel aus Abschreibungen, Diss. FU Berlin 1952; *Hax, K.*, Die Substanzerhaltung der Betriebe, Köln-Opladen 1957; *Moxter, A.*, Der Zusammenhang zwischen Vermögensumschichtung und Kapazitätsentwicklung bei veränderlichen Leistungsabgaben von Aggregaten pro Zeiteinheit, ZfhF 1959, S. 457 ff.; *Buchner, R.*, Das Problem der Kapazitätsausweitung durch laufende Reinvestition in Höhe des Abschreibungsaufwands, Diss. Frankfurt a.M. 1960; *Schneider, D.*, Investition, Finanzierung und Besteuerung, 7. Aufl., Wiesbaden 1992, S. 161 ff.; *Walterspiel, G.*, Betriebswachstum aus Abschreibungen?, Wiesbaden 1977.

483 Die Abschreibungen auf Ersatzinvestitionen werden mit „*" bezeichnet.

Betriebs um die abgeschriebenen Leistungseinheiten. Die Periodenkapazität wird dadurch nicht beeinträchtigt. Sind fünf der beschriebenen Maschinen als Erstausstattung beschafft worden, so beträgt die Anfangs-Gesamtkapazität 1 Million Stück. Nach einem Jahr hat sie sich durch die Leistungsabgabe der fünf Anlagen (5 · 40.000 = 200.000 Stück) auf 800.000 Stück verringert; die Periodenkapazität beträgt jedoch weiterhin 200.000 Stück. Werden die Abschreibungsbeträge des ersten Jahres dazu verwendet, eine weitere gleichartige Anlage zu beschaffen, dann wird – unveränderte Wiederbeschaffungskosten unterstellt – die Minderung der Gesamtkapazität der alten Anlagen durch die Gesamtkapazität der neuen Anlage gerade kompensiert. Während auf diese Weise die Gesamtkapazität des vorhandenen Anlagenbestands konstant gehalten wird, erhöht sich die gesamte Periodenkapazität um den Nutzungsvorrat der neuen Anlage, solange zwischenzeitlich keine der alten Anlagen ersetzt werden muss. Im Beispiel geben nun gleichzeitig sechs statt bisher fünf Maschinen eine Leistung von je 40.000 Einheiten ab.

Im Folgenden ist zu prüfen, welchen **Grenzen** der Kapazitätserweiterungseffekt unterliegt. Wir gehen zunächst von dem **unrealistischen** Fall aus, dass erstens der Wertverzehr genau durch das lineare Abschreibungsverfahren erfasst wird, zweitens die Abschreibungen kontinuierlich, d.h. nicht erst am Ende einer Periode, verrechnet werden und dass drittens die Abschreibungsgegenwerte sofort investierbar, d.h. die Anlagegüter beliebig teilbar sind.

Für die kontinuierliche lineare Abschreibung gilt, dass das zu Anfang investierte Kapital während der Nutzungsdauer der Anlagen durchschnittlich nur zur Hälfte gebunden ist.

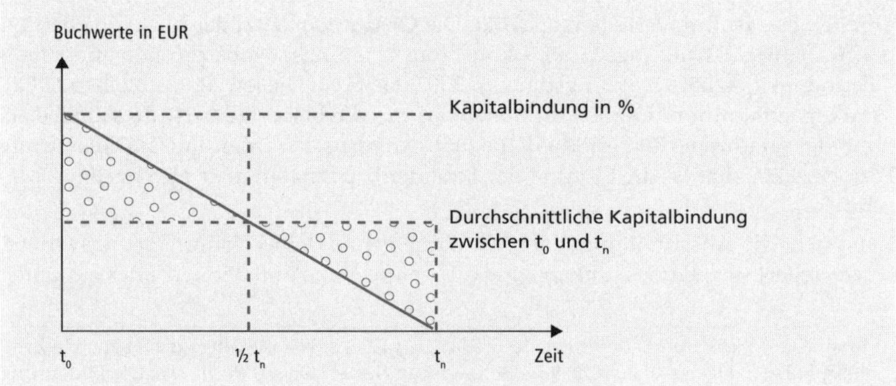

Abb. 9: Kapitalbindung

Während das durchschnittlich gebundene Kapital zur Aufrechterhaltung der Anfangsperiodenkapazität erforderlich ist, kann die andere durch Abschreibungen freigesetzte Hälfte des Anfangskapitals für Investitionen verwendet werden, die die Periodenkapazität erhöhen.

Ist ein Anfangskapital A von 1 vorhanden, so stehen über die Abschreibungen 0,5 zusätzlich für Erweiterungsinvestitionen zur Verfügung. Da auch diese Anlagegüter in der angenommenen Weise linear abgeschrieben werden, lässt sich auch hiervon die Hälfte für weitere Investitionen verwenden usw. Allgemein ergibt sich also unter Einschluss der Anfangsinvestitionen in Höhe von A ein Erweiterungsinvestitionsvolumen von G.

$$G = A + \frac{A}{2} + \frac{A}{4} + \ldots + \frac{A}{2^n}$$

Unter Verwendung der Summenformel für eine unendlich fallende geometrische Reihe erhält man folgendes Ergebnis:

$$G = \frac{A}{1 - \frac{1}{2}} = 2\,A$$

Mit dem Anfangskapital A lassen sich aus den vergüteten Abschreibungsbeträgen zu den notwendigen Ersatzinvestitionen nochmals langfristig zusätzliche Investitionen in Höhe von A durchführen, ohne dass von außen neues Kapital zugeführt wird.[484] Durch die weiteren Investitionen wird der Buchwert der abnutzbaren Anlagegüter und damit unter der getroffenen Voraussetzung – lineare Abschreibung = Minderung der Leistungsfähigkeit – die Totalkapazität konstant gehalten. Durch die mengenmäßige Ausweitung verdoppelt sich jedoch die Periodenkapazität.

Der **Kapazitätserweiterungsfaktor** (KEF) lässt sich allgemein auch ausdrücken als das Verhältnis der Gesamtzeit (Anzahl der Perioden), in der die Anschaffungs- oder Herstellungskosten der Erstausstattung zurückfließen, und der durchschnittlichen Bindungsdauer des Anfangskapitals. In dem beschriebenen Fall beträgt die durchschnittliche Bindungsdauer des Anfangskapitals die Hälfte der gesamten Freisetzungszeit.[485]

$$KEF = \frac{n}{\frac{n}{2}} = 2$$

Ein Kapazitätserweiterungsfaktor von 2, d.h. eine Verdoppelung der Periodenkapazität, ergibt sich nur für den unrealistischen Fall, dass eine kontinuierliche Reinvestition von Abschreibungsgegenwerten möglich, d.h. jede verbrauchte Einheit der Gesamtkapazität sofort ersetzt wird. Das setzt jedoch eine **unbegrenzte Teilbarkeit der Investitionsobjekte** voraus. Trifft diese Annahme nicht zu, so können Investitionen nur in größeren Zeitabständen **(diskontinuierlich)** durchgeführt werden. Dann erhöht sich aber die durchschnittliche Kapitalbindungsdauer.

Ist eine Investition immer nur am Ende einer Periode durchführbar, so verlängert sich die durchschnittliche Kapitalbindungsdauer um eine halbe Periode.

[484] Vgl. *Ruchti, H.*, Die Abschreibung, a.a.O., S. 142.

[485] Vgl. *Hax, K.*, Langfristige Finanz- und Investitionsentscheidungen, in: Handbuch der Wirtschaftswissenschaften, Bd. 1, Betriebswirtschaft, hrsg. Von *K. Hax* und *T. Wessels*, 2. Aufl., Köln und Opladen 1966, S. 455f.

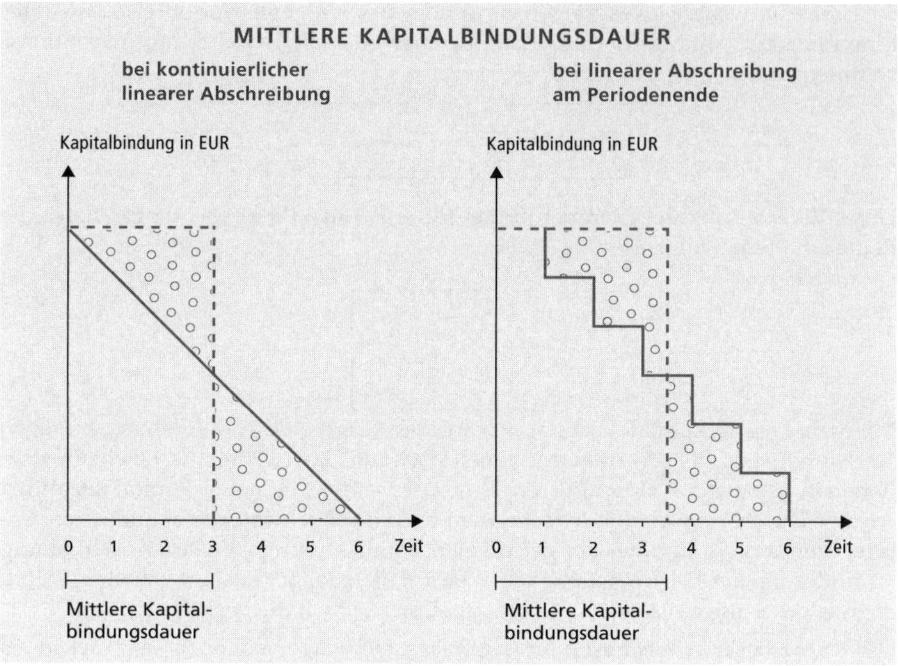

Abb. 10: Mittlere Kapitalbindungsdauer .

Die Formel für den Kapazitätserweiterungsfaktor verändert sich für diesen Fall wie folgt:

$$KEF = \frac{n}{\left(\frac{n}{2} + \frac{1}{2}\right)}$$

$$KEF = \frac{n}{\frac{n+1}{2}}$$

$$\boxed{KEF = 2 \cdot \frac{n}{n+1}}$$

Im konkreten Fall hängt die Höhe des Kapazitätserweiterungsfaktors von der Zahl der Perioden (n) ab, in denen über die Abschreibungen der Gegenwert einer Anlage zurückfließt. Der Rückflusszeitraum wird von der Nutzungsdauer einer Anlage und der Anlagenzahl der Erstausstattung bestimmt. Werden fünf Anlagen mit einer Nutzungsdauer von fünf Jahren als Erstausstattung angeschafft, so kann bereits nach einem Jahr eine sechste Anlage gekauft werden. Enthält die Erstausstattung zehn Anlagen, so reduziert sich die Reinvestitionsperiode auf ein halbes Jahr (Nutzungsdauer von 5 Jahren: Anlagenzahl von 10 = 0,5),[486] d.h. bereits nach einem halben Jahr

[486] Vgl. *Hax, K.*, a.a.O, S. 456.

reichen die Abschreibungsgegenwerte zur Beschaffung einer weiteren Maschine aus. Aus der Formel lassen sich leicht die Grenzen des Kapazitätserweiterungsfaktors ableiten. Besteht die Erstausstattung eines Unternehmens aus einer unteilbaren Anlage mit einer Nutzungsdauer von fünf Jahren, so beträgt die Reinvestitionsperiode 5 Jahre. Da die Anschaffungs- oder Herstellungskosten der Erstausstattungsanlage nach dieser Reinvestitionsperiode zurückgeflossen sind, ist n = 1; der Kapazitätserweiterungsfaktor beträgt:

$$\text{KEF} = 2 \cdot \frac{1}{1+1} = 1$$

Die Periodenkapazität lässt sich also nicht erhöhen.

Sind als Erstausstattung 100 dieser Anlagen vorhanden, so beträgt die Reinvestitionsperiode 5/100 = 0,05 Jahre, die Zahl der Reinvestitionsperioden n = 5/0,05 = 100 und damit der Kapazitätserweiterungsfaktor:

$$\text{KEF} = 2 \cdot \frac{100}{100+1} = 1{,}9802$$

Je größer die Anlagenzahl der Erstausstattung ist und je weiter die Anlagen teilbar sind, desto mehr nähert sich der Kapazitätserweiterungsfaktor dem Grenzwert 2. Das zeigt das folgende Beispiel:[487]

Beispiel: Gegeben sei eine Anlage mit einer Nutzungsdauer von 5 Jahren. In Abhängigkeit von der Erstausstattungszahl dieser Anlagen ergibt sich folgender Verlauf des Kapazitätserweiterungsfaktors.

Anlagenzahl der Erstausstattung	1	2	5	10	20	50	100	200
Reinvestitionsperiode in Jahren	5	2,5	1	0,5	0,25	0,10	0,05	0,025
Nutzungsdauer in Reinv.-periode (n)	1	2	5	10	20	50	100	200
Kapazitäts-erweiterungsfaktor	1	1,3333	1,6667	1,8182	1,9048	1,9608	1,9802	1,9900

Abb. 11: Kapazitätserweiterungsfaktor

Die Entwicklung der Periodenkapazität zeigt folgendes Beispiel:

Beispiel: Ein Betrieb besitzt eine Erstausstattung von 5 Anlagen mit Anschaffungskosten von 100.000 EUR, die über fünf Jahre in gleichen Jahresbeträgen abgeschrieben wird. Die Leistungsabgabe je Maschine und Jahr betrage 20.000 Einheiten (Periodenkapazität), die Gesamtkapazität beläuft sich damit auf 500.000 Einheiten. Die Abschreibungen eines Jahres werden am Ende dieses Jahres in Anlagen gleicher Technik, gleicher Nutzungsdauer und gleicher Wiederbeschaffungskosten investiert.

[487] Vgl. *Ruchti, H.*, Die Abschreibung, a.a.O., S. 143, *Hax, K.*, a.a.O., S. 457.

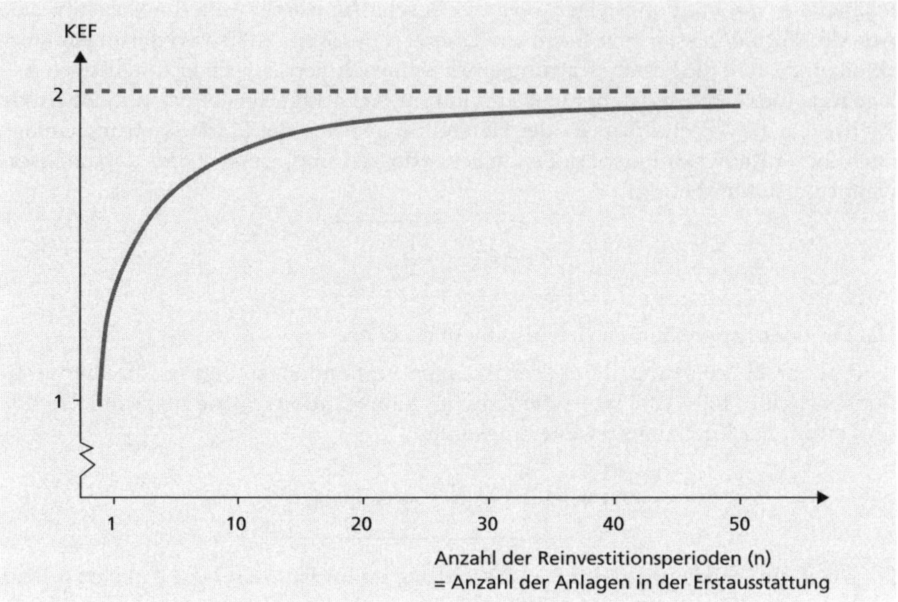

Abb. 12: Graphische Darstellung des Kapazitätserweiterungsfaktor

Abbildung 13 zeigt, dass die Periodenkapazität im fünften Jahr auf 200.000 Einheiten gestiegen ist und sich somit verdoppelt hat. Vom sechsten Jahr wird sie durch das Ausscheiden abgenutzter Anlagen wieder reduziert bzw. die Zunahme teilweise kompensiert. Insgesamt spielt sich jedoch unter den Annahmen des Beispiels eine Erhöhung der Periodenkapazität auf etwa das 1,6-fache der Anfangskapazität ein. Dass der Gleichgewichtswert nach der oben dargestellten Formel von 1,6667 nicht erreicht wird, liegt daran, dass in beinahe jedem Jahr Abschreibungserlöse in Folgejahre übertragen werden müssen, da sie zur Finanzierung einer weiteren Anlage nicht ausreichen. Die anfängliche Gesamtkapazität wird in keinem Jahr überschritten. In den Jahren, in denen die Abschreibungserlöse nicht voll in neue Anlagen investiert werden können, liegt die Gesamtkapazität etwas unter der anfänglichen Gesamtkapazität. Das zeigt sich, wenn man die in einem Zeitpunkt in den Anlagen noch enthaltenen Restnutzungsabgaben ermittelt. Da der Nutzungsablauf einer Anlage annahmegemäß (Wertverzehr = lineare Abschreibung) dem Buchwert entspricht, müssen die in Prozent der Anschaffungskosten ausgedrückten Buchwerte mit der Gesamtkapazität einer Anlage (100.000 Einheiten) multipliziert werden, um die Restnutzungsabgabe einer Anlage zu ermitteln. Da in der Tabelle die Buchwerte der einzelnen Anlagen zusammengefasst wurden, erhält man die jeweilige Gesamtkapazität einer Anlage (100.000 Einheiten). Es zeigt sich, dass die anfängliche Gesamtkapazität in keinem Jahr überschritten wird.

Zur Beurteilung der Aussagefähigkeit dieses Beispiels wird nochmals auf die **einschränkenden Annahmen** verwiesen:

(1) Die Abschreibungen erfolgen in gleichen Jahresbeträgen. Sie entsprechen genau der Minderung der Nutzungsfähigkeit, d.h. der Abnahme der Gesamtkapazität.

(2) Die Periodenabschreibungen stehen am Ende der Periode in liquider Form zur Verfügung und werden – soweit sie zur Beschaffung neuer Anlagen ausreichen – sofort wieder investiert. Spitzenbeträge werden bis zum nächsten Investitionszeitpunkt vorgetragen.

(3) Die Periodenkapazität jeder Anlage bleibt bis zum Ende der Nutzungsdauer konstant. Wirtschaftliche und technische Nutzungsdauer sind gleich.

(4) Die Abnahme der Gesamtkapazität wird durch die Wiederverwendung der Abschreibungsgegenwerte entweder – wenn möglich – in der gleichen oder in der nächstmöglichen Periode kompensiert. Langfristig bleibt die Gesamtkapazität des Unternehmens also konstant.

(5) Technik und Wiederbeschaffungskosten der neuen Anlagen entsprechen denen der alten.

10.2.2 Erweiterung der Gesamtkapazität aus Abschreibungsgegenwerten

Bisher sind wir von der Annahme ausgegangen, dass der Abschreibungsverlauf mit dem Verlauf der Nutzungsabgabe (Wertminderungsverlauf) übereinstimmt. Zur Vereinfachung sind wir in den Beispielen immer vom linearen Abschreibungsverfahren ausgegangen. Erfordert jedoch der Wertminderungsverlauf die Anwendung anderer Abschreibungsverfahren (z.B. degressive Abschreibung) und entsprechen sich auch hier der Nutzungsverlauf und der Abschreibungsverlauf, so kommt es auch in diesen Fällen – die Vergütung der Abschreibungsgegenwerten durch den Markt vorausgesetzt – zu einer Erweiterung der Periodenkapazität bei konstanter Gesamtkapazität.

Geht man von der realistischen Annahme aus, dass infolge handels- und steuerrechtlicher Abschreibungsvorschriften die Abschreibungen in den ersten Jahren höher als die Wertminderungen sind, so tritt im Falle der Reinvestition der jeweiligen Abschreibungsgegenwerte eine Vermischung von Finanzierung aus Abschreibungen und Finanzierung aus Gewinnen (Selbstfinanzierung) ein.

Beispiel: In den Selbstkosten von 80.000 EUR sind kalkulatorische Abschreibungen in Höhe von 10.000 EUR für einen Anlagenbestand enthalten, dessen Anschaffungskosten 100.000 EUR betrugen und dessen Nutzungsdauer auf zehn Jahre geschätzt wird. Während in der Kostenrechnung linear abgeschrieben wird, werden in der Gewinn- und Verlustrechnung Sonderabschreibungen in der Weise verrechnet, dass in den ersten fünf Jahren von den Anlagen insgesamt 75 % abgeschrieben werden (15 % je Jahr). Die Abschreibungsquoten der restlichen fünf Jahre betragen jeweils 5 % der Anschaffungskosten.

Decken die Umsatzerlöse nicht nur die kalkulatorischen Abschreibungen, sondern auch die Sonderabschreibungen, so stehen bei dem hier unterstellten Abschreibungsverlauf dem Betrieb ab dem zweiten Jahr mehr finanzielle Mittel zur Verfügung als bei Verrechnung linearer Abschreibungen. Im sechsten Jahr erreichen die zusätzlichen Mittel 25 % der Anschaffungskosten. In den folgenden Jahren tritt wegen der dann geringeren Abschreibungsquoten ein langsamer Abbau ein.

Wären keine Sonderabschreibungen vorgenommen worden, so hätten die zusätzlichen Mittel, da sie als Gewinn auszuweisen wären, den Betrieb u.U. als Ausschüt-

JAHR		1		2		3		4		5	
Anlage-Nr.	**AB**	**A**	**EB**	**A**	**EB**	**A**	**EB**	**A**	**EB**	**A**	**EB**
1	100	20	80	20	60	20	40	20	20	20	0
2	100	20	80	20	60	20	40	20	20	20	0
3	100	20	80	20	60	20	40	20	20	20	0
4	100	20	80	20	60	20	40	20	20	20	0
5	100	20	80	20	60	20	40	20	20	20	0
6		100	→ 100	20	80	20	60	20	40	20	20
7				120	↱ 100	20	80	20	60	20	40
					↳ (20)	(20)					
8						160	↱ 100	20	80	20	60
							↳ (60)	(60)			
9								220	↱ 100	20	80
10									→ 100	20	80
									↳ (20)	(20)	
11										220	↱ 100
12											→ 100
											↳ (20)
13											
14											
15											
16											
17											
18											
19											
20											
21											
22											
Buchwert der Anlagen	500		500		480		440		480		480
Liquide Mittel					20		60		20		20
Anzahl der Anlagen		5		6		7		8		10	
Periodenkapazität in 1.000 Einheiten (Jahresleistung = 20.000 Einheiten je Anlage)		100		120		140		160		200	
AB = Anfangsbestand					A = Abschreibung					EB = Endbestand	

Abb. 13: Beispiel – Entwicklung der Periodenkapazität

TEIL C: INNENFINANZIERUNG

6		7		8		9		10		11		12	
A	EB	A	EB	A	EB	A	EB	A	EB	A	EB	A	EB
–	–	–	–	–	–	–	–	–	–	–	–	–	–
–	–	–	–	–	–	–	–	–	–	–	–	–	–
–	–	–	–	–	–	–	–	–	–	–	–	–	–
–	–	–	–	–	–	–	–	–	–	–	–	–	–
–	–	–	–	–	–	–	–	–	–	–	–	–	–
20	0	–	–	–	–	–	–	–	–	–	–	–	–
20	20	20	0	–	–	–	–	–	–	–	–	–	–
20	40	20	20	20	0	–	–	–	–	–	–	–	–
20	60	20	40	20	20	20	0	–	–	–	–	–	–
20	60	20	40	20	20	20	0	–	–	–	–	–	–
20	80	20	60	20	40	20	20	20	0	–	–	–	–
20	80	20	60	20	40	20	20	20	0	–	–	–	–
(20)													
160	↱100	20	80	20	60	20	40	20	20	20	0	–	–
	↳(60)	(60)											
		200	↱100	20	80	20	60	20	40	20	20	20	0
			↳100	20	80	20	60	20	40	20	20	20	0
				160	↱100	20	80	20	60	20	40	20	20
					↳(60)	(60)							
						220	↱100	20	80	20	60	20	40
							→100	20	80	20	60	20	40
							↳(20)	(20)					
								180	↱100	20	80	20	60
									↳(80)	(80)			
										220	↱100	20	80
											→100	20	80
											↳(20)	(20)	
												180	↱100
													↳(80)
	440		500		440		480		420		480		420
	60		–		60		20		80		20		80
7		7		8		8		8		7		8	
140		140		160		160		160		140		160	

() = liquide Mittel

TEIL C: INNENFINANZIERUNG

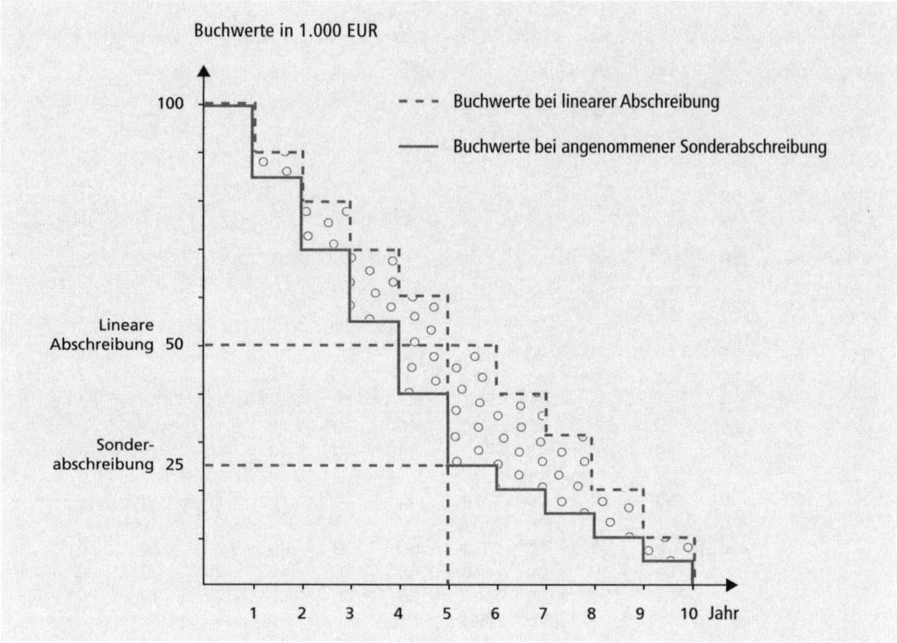

Abb. 14: Erweiterung der Gesamtkapazität aus Abschreibungsgegenwerten

tung und Steuern verlassen. So aber werden sie durch die niedrigere Bewertung der Anlagen an den Betrieb gebunden.

Betragen die Umsatzerlöse 100.000 EUR, so ergibt sich – unter den Annahmen des obigen Beispiels – für das erste Jahr unter Berücksichtigung der kalkulatorischen Abschreibung von 10.000 EUR in der Kostenrechnung ein Betriebsergebnis von 20.000 EUR, während in der Gewinn- und Verlustrechnung als Gewinn infolge der Sonderabschreibung nur 15.000 EUR ausgewiesen werden.

Betriebsergebnis in EUR			
Kosten	70.000	Erlöse	100.000
Kalk. Abschreibung	10.000		
Gewinn	20.000		
	100.000		100.000

Gewinn und Verlust in EUR			
Aufwand	70.000	Erlöse	100.000
Abschreibung	15.000		
Gewinn	15.000		
	100.000		100.000

Abb. 15: Effekte auf die Kostenrechnung und GuV

Das Vermögen des Betriebs hat sich einerseits umgeschichtet: der Wertminderung der Anlage von 10.000 EUR stehen liquide Mittel in Höhe von 10.000 EUR gegenüber; andererseits hat es sich um 5.000 EUR erhöht, die den Betrieb nicht als Gewinn verlassen können, da sie buchmäßig als Aufwand verrechnet worden sind. Diese Vermehrung der liquiden Mittel wird aber in der Bilanz durch die entsprechende buchmäßige Herabsetzung des Anlagevermögens kompensiert.

Die dargestellte Form der Innenfinanzierung durch Verrechnung von Abschreibungen, die dem Wertminderungsverlauf vorauseilen, ist also teilweise stille Selbstfinanzierung (Vermögenszuwachs), teilweise aber lediglich eine Änderung der Vermögensstruktur (Vermögensumschichtung). Praktisch ist diese Trennung allerdings nicht durchzuführen, da die tatsächliche Wertminderung nicht exakt ermittelt, sondern nur geschätzt werden kann.

Werden die Abschreibungsgegenwerte im Fall der überhöhten Abschreibung reinvestiert, so wird nicht nur die Periodenkapazität, sondern auch die **Gesamtkapazität** des Unternehmens erweitert. Die im Vergleich zur Nutzungsminderung überhöhten Abschreibungen kompensieren nicht nur die Minderung der Gesamtkapazität, sondern es kann – konstante Technik und Wiederbeschaffungspreise vorausgesetzt – zusätzliche (Gesamt-)Kapazität beschafft werden.

Beispiel: Ein Unternehmen besitzt 20 Anlagen mit Anschaffungskosten von 10.000 EUR je Stück mit einer Nutzungsdauer von 10 Jahren. Die Periodenkapazität einer Anlage beträgt 5.000 Einheiten. Die Abschreibungsgegenwerte werden am Ende des Jahres in gleiche Anlagen reinvestiert.

BUCHWERT- UND KAPAZITÄTSENTWICKLUNG

I. Lineare Abschreibung (Abschreibungsverlauf = Werteverzehr) von 10%

Jahr	Zahl der Anlagen	Buchwert/Abschreibungen	Periodenkapazität	Gesamtkapazität
1	20	200.000	20 · 5.000 = 100.000 Einh.	20 · 5.000 · 10 = 1.000.000 Einh.
		– 20.000		– 20 · 5.000 · 1 = 100.000 Einh.
		180.000		900.000 Einh.
	2	+ 20.000		+ 2 · 5.000 · 10 = 100.000 Einh.
2	22	200.000	22 · 5.000 = 110.000 Einh.	1.000.000 Einh.

II. Sonderabschreibung von 15%

Jahr	Zahl der Anlagen	Buchwert/Abschreibungen	Periodenkapazität	Gesamtkapazität
1	20	200.000	20 · 5.000 = 100.000 Einh.	– 20 · 5.000 · 10 = 1.000.000 Einh.
		– 30.000		– 20 · 5.000 · 1 = 100.000 Einh.
		170.000		900.000 Einh.
	3	+ 30.000		+ 3 · 5.000 · 10 = 150.000 Einh.
2	23	200.000	23 · 5.000 = 115.000 Einh.	1.050.000 Einh.

Abb. 16: Buchwert- und Kapazitätsentwicklung

Es zeigt sich also, dass unter den getroffenen Annahmen bei Verrechnung der Sonderabschreibung und Vergütung über den Markt eine Anlage mehr beschafft werden kann. Die Periodenkapazität und die Gesamtkapazität erhöhen sich entsprechend, die Buchwerte des Anlagevermögens dagegen verändern sich nicht.

10.2.3 Reduzierung des externen Kapitalbedarfs durch Einsatz von Abschreibungsgegenwerten

In den bisherigen Beispielen sind wir davon ausgegangen, dass die Erstausstattung mit Anlagen von außen finanziert wird. Beschafft ein Betrieb in fünf aufeinander folgenden Jahren je eine Anlage mit einer Periodenkapazität von 12.000 Einheiten, deren Anschaffungskosten 10.000 EUR beträgt, so entsteht ein extern zu finanzierender Kapitalbedarf von 50.000 EUR. Unter der Annahme linearer Abschreibung über fünf Jahre und gleichem Wertminderungsverlauf ergibt sich bei Reinvestition der Abschreibungsbeträge am Jahresende im fünften Jahre eine Gesamtkapazität von 300.000 Einheiten, die dann trotz wachsender Periodenkapazität konstant bleibt.

Werden dagegen die Abschreibungsgegenwerte sofort mit zur Finanzierung der folgenden Anlagen verwendet, so ermäßigt sich der von außen aufzubringende Kapitalbedarf insgesamt um den freigesetzten Betrag. Die Folge ist allerdings, dass die Periodenkapazität nach Beschaffung der Erstausstattung von 5 Maschinen aus Abschreibungsgegenwerten nicht mehr erweitert werden kann; weil diese in voller Höhe zur Ersatzbeschaffung benötigt werden.

Beispiel: Die Abschreibung beträgt am Ende des ersten Jahres für die erste Anlage 2.000 EUR. Werden sie zur Finanzierung der zweiten Maschine verwendet, so sind nur noch 8.000 EUR von außen zu beschaffen. Die Jahresabschreibungen am Ende des zweiten Jahres betragen 4.000 EUR, folglich müssen zur Finanzierung der 3. Anlage nur noch 6.000 EUR von außen beschafft werden usw.

			Finanzierung			
Jahr	**Anlagenzahl**	**Anschaffungskosten je Anlage**	**Extern**	**Abschreibungsgegenwerte**	**Periodenkapazität**	**Gesamtkapazität**
1	1	10.000	10.000	–	12.000 Einh.	60.000 Einh.
2	2	10.000	8.000	2.000	24.000 Einh.	108.000 Einh.
3	3	10.000	6.000	4.000	36.000 Einh.	144.000 Einh.
4	4	10.000	4.000	6.000	48.000 Einh.	168.000 Einh.
5	5	10.000	2.000	8.000	60.000 Einh.	180.000 Einh.
6	5	10.000 (Ersatzbesch. f. Anlage 1)	–	10.000	60.000 Einh.	180.000 Einh.
7	5	10.000 EUR (Ersatzbesch. f. Anlage 2)		10.000 EUR	60.000 Einh.	180.000 Einh.

Abb. 17: Reduzierung des externen Kapitalbedarfs durch Einsatz von Abschreibungsgegenwerten

Das Beispiel zeigt, dass für eine Gesamtinvestition von 50.000 EUR, die nacheinander in Teilbeträgen erfolgt, von außen nur 30.000 EUR beschafft werden müssen, während 20.000 EUR aus Abschreibungsgegenwerten zur Verfügung stehen. Zwar wird bis zum fünften Jahr auch hier pro Jahr eine Anlage beschafft, die während dieser Zeit eintretenden Wertminderungen der jeweils vorher beschafften Anlagen können aber aus Abschreibungsgegenwerten nicht kompensiert werden, weil diese zur Finanzierung der jeweils folgenden Anlagen mitherangezogen werden. Die Gesamtkapazität erreicht im fünften Jahr daher nur 180.000 Einheiten,[488] die Abschreibungsgegenwerte des fünften Jahres werden zur Ersatzbeschaffung der ersten Anlage, die des sechsten Jahres zur Ersatzbeschaffung der zweiten Anlage usw. voll benötigt.

Dennoch ist auch hier eine Finanzierung aus Abschreibungen erfolgt, welche die Periodenkapazität ansteigen lässt. Während sie im ersten Jahr 20 % der Gesamtkapazität beträgt, steigt sie bis zum fünften Jahr auf $33^1/_3$ % der Gesamtkapazität an. Der Anstieg beträgt also bezogen auf die Gesamtkapazität das 1,67-fache. Vom fünften Jahr an kommt es unter den getroffenen Annahmen zu keiner weiteren Steigerung.

10.2.4 Einschränkungen des Kapazitätserweiterungseffekts

Die zum Kapazitätserweiterungseffekt durchgeführten Modellrechnungen basieren auf einer **Vielzahl von Annahmen**, die in der Praxis in dieser Form nicht anzutreffen sind. Aus diesem Grunde muss vor einer Überschätzung des quantitativen Umfangs und damit der Bedeutung des Kapazitätserweiterungseffekts gewarnt werden.

Zu beachten ist daneben vor allem, dass eine Ausweitung der Kapazität nur dann in Frage kommt, wenn die erforderlichen gewinnbringenden Absatzmöglichkeiten gegeben sind. Ist dies der Fall, so wird durch die Ausweitung der Periodenkapazität allerdings auch der Periodengewinn erhöht. Es darf ferner nicht übersehen werden, dass der dargestellte Kapazitätserweiterungseffekt eine gewisse Einschränkung dadurch erfährt, dass eine Erweiterung der Anlagen eines Betriebs in der Regel auch zu einer Ausweitung des Umlaufvermögens und des sonstigen Kapitalbedarfs führen wird. Eine Vermehrung des Anlagenbestands erfordert u.U. mehr Arbeitskräfte und höhere Lagerbestände. Ist eine Finanzierung des zusätzlichen Umlaufvermögens von außen nicht möglich, so können die zur Ersatzbeschaffung nicht benötigten Abschreibungsgegenwerte nicht ausschließlich zur Kapazitätserweiterung durch Beschaffung neuer Anlagen verwendet werden, sondern sie sind auf das Anlage- und Umlaufvermögen zu verteilen. Hinzu kommt, dass die Abschreibungsgegenwerte nicht immer sofort in liquider Form zur Verfügung stehen, sondern zunächst in Forderungen oder sogar in den Beständen an Fertigerzeugnissen gebunden sein können. Schließlich ist zu beachten, dass der Umfang der möglichen Kapazitätserweiterung durch steigende Wiederbeschaffungskosten für Anlagen gleicher Technik reduziert, ggf. aber durch technische Fortschritte, die die Leistungsfähigkeit von Anlagen in stärkerem Umfang erhöhen als die Anschaffungskosten im Vergleich zu den alten Anlagen zunehmen, verstärkt wird.

Kontrollfragen

- Definieren Sie den Sinn von Abschreibungen und erläutern Sie die bilanziellen Auswirkungen.
- Erklären Sie den Kapazitätserweiterungseffekt bzw. Ruchti-Effekt.
- Interpretieren Sie einen Kapazitätserweiterungseffekt von zwei und erläutern Sie, von welchen Faktoren er abhängt.
- Erklären Sie die Finanzierung durch Sonderabschreibungen.
- Zeigen Sie auf, wie Sie mit Hilfe von Abschreibungen den externen Kapitalbedarf reduzieren können.

[488] Gesamtkapazität = Periodenkapazität der jeweils vorhandenen Anlagen.

11. Kapitel
Die Finanzierung durch Pensionsrückstellungen

Lernziele

- Sie kennen die Methoden, wie ein Unternehmen Verpflichtungen aus Pensionszusagen nachkommt.
- Sie wissen, warum Pensionszusagen einen Fremdkapitalcharakter tragen.
- Sie verstehen, warum für die erstmalige Pensionsrückstellung eines neuen Mitarbeiters der Betrag wesentlich höher ausfällt als in den Folgejahren.
- Sie kennen die drei Möglichkeiten, mit welchen eine Pensionsrückstellung zu einer Erhöhung der finanziellen Mittel führt.

11.1 Begriff, Aufgabe und Ermittlung der Pensionsrückstellungen

Verpflichtet sich ein Betrieb vertraglich, Arbeitnehmern eine Alters-, Invaliden- oder Hinterbliebenenversorgung zu gewähren, so kann er dieser Verpflichtung in **verschiedenen Formen** nachkommen, z.B. durch die Gründung einer **Pensionskasse**, der er die zur Erfüllung der Ansprüche benötigten Mittel zuführt, durch Abschluss von **Lebensversicherungen** zugunsten seiner Arbeitnehmer oder durch die **Bildung von Rückstellungen** vom Jahre der Zusage an. Da die Pensionsansprüche durch die Tätigkeit im Betrieb neben dem gezahlten Arbeitsentgelt erworben werden, handelt es sich **wirtschaftlich** um Lohn- und Gehaltsaufwendungen, die während der Beschäftigungszeit des Arbeitnehmers für den Eintritt des Versorgungsfalls angesammelt werden. Sie stellen für den Betrieb Aufwand der Perioden dar, in denen der Arbeitnehmer aktiv im Unternehmen ist. Die Auszahlungen erfolgen erst nach dem Ausscheiden aus dem Betrieb.

Da der Betrieb mit den Pensionszusagen eine vertragliche Verpflichtung eingeht, und die Arbeitnehmer einen Anspruch auf Auszahlung erwerben, ist der in Form von **Pensionsrückstellungen** angesammelte Betrag dem **Fremdkapital** zuzurechnen. Dieses Fremdkapital wird aber nicht von außen zugeführt, sondern es stammt aus dem Umsatzprozess, vorausgesetzt natürlich, dass die Umsatzerlöse diesen noch nicht an die Arbeitnehmer ausgezahlten Lohn- und Gehaltsaufwand abdecken. Mit der Bildung von Pensionsrückstellungen werden, da sie als Aufwand verrechnet werden, Mittel an den Betrieb gebunden, die sonst als Gewinn erscheinen und als solcher ggf. als Gewinnausschüttungen und Steuerzahlungen den Betrieb verlassen würden.

Die steuerliche Anerkennung der Bildung von Pensionsrückstellungen erfordert, dass die jährliche Zuführung nach versicherungsmathematischen Grundsätzen erfolgt, d.h. es müssen Zinsen und Zinseszinsen und biologische Wahrscheinlichkeiten (Sterbens- und Invaliditätswahrscheinlichkeit) berücksichtigt werden. Die Rückstellung soll in dem Jahr, in dem der Versorgungsfall (z.B. Altersgrenze) eintritt, dem kapitalisierten Wert der zu erwartenden Pensionsleistung (Barwert der Pensionsverpflichtung) entsprechen. Dieser Betrag muss vom Zeitpunkt der Pensionszusage an bis zum Eintritt des Versorgungsfalls angesammelt werden. Es ist darauf hinzuweisen, dass steuerlich für sog. Altzusage (Zusage vor dem 1.1.1987) ein steuerliches Wahlrecht bestand. Für Zusagen ab dem 1.1.1988 (Neuzusagen) besteht auch steuerlich ein Passivierungsgebot.

Nach den steuerlichen Vorschriften[489] darf die Zuführung zur Pensionsrückstellung in einem Wirtschaftsjahr höchstens dem Unterschiedsbetrag zwischen dem Teilwert der Verpflichtung am Schluss des Wirtschaftsjahres und dem Teilwert am Schluss des vorangegangenen Wirtschaftsjahres entsprechen. Der **Teilwert**, der höchstens angesetzt werden darf, ist bei Eintritt des Versorgungsfalls oder Auflösung des Dienstverhältnisses mit fortbestehender Anwartschaft gleich dem nach versicherungsmathematischen Methoden ermittelten Barwert der künftigen Pensionsleistungen. Während der aktiven Betriebszugehörigkeit des Arbeitnehmers wird der Teilwert definiert als der Barwert der künftigen Pensionsleistungen am Schluss des Wirtschaftsjahres abzüglich des sich auf denselben Zeitpunkt ergebenden Barwerts gleichbleibender Jahresbeträge. Die Jahresbeträge sind so zu bemessen, dass ihr Barwert zu Beginn des Wirtschaftsjahres, in dem das Dienstverhältnis begonnen hat, gleich dem Barwert der künftigen Pensionsleistungen ist. Der Berechnung ist ein Zinssatz von 6% zugrunde zu legen.[490]

Das Prinzip der Rückstellungsbildung soll an folgendem stark vereinfachten Beispiel unter Vernachlässigung biologischer Wahrscheinlichkeiten verdeutlicht werden. Die Pension wird ab Eintritt in das Unternehmen und nicht erst ab Zusage berechnet.

Beispiel: Einem am 02.01.01 in den Betrieb eingetretenen leitenden Angestellten wird am 02.01.04 zugesagt, dass er ab dem 02.01.08 für fünf Jahre jeweils am Jahresende 18.000 EUR je Jahr erhalten soll.

Die Bildung der Pensionsrückstellung vollzieht sich in folgenden Schritten:

(1) Ermittlung des Barwerts der Rente bezogen auf den Eintritt des Versorgungsfalls (02.01.08)

$$\text{Barwert}_V = \text{Rente} \cdot \text{Rentenbarwertfaktor } 6\,\% / 5 \text{ Jahre}$$
$$\text{Barwert}_V = 18.000 \text{ EUR} \cdot 4{,}2123638 = 75.822{,}55 \text{ EUR}$$

(2) Dieser Barwert ist auf den jeweiligen Bilanzstichtag abzuzinsen, z.B. auf den 31.12.04.

$$\text{Barwert}_B = \text{Barwert}_V \cdot \text{Abzinsungsfaktor } 6\,\%/3 \text{ Jahre}$$
$$\text{Barwert}_B = 75.822{,}55 \text{ EUR} \cdot 0{,}8396193 = 63.662{,}08 \text{ EUR}$$

(3) Der Barwert der Rente bezogen auf den Versorgungsfall ist ferner auf den Zeitpunkt des Eintritts in das Unternehmen (2. 1. 01) abzuzinsen.

[489] Vgl. § 6a EStG; *Wöhe, G., Bieg, H.*: Grundzüge der Betriebswirtschaftlichen Steuerlehre, 4. Aufl., München 1995, S. 418 ff.

[490] Vgl. § 6a Abs. 3 EStG.

$$\text{Barwert}_E = \text{Barwert}_V \cdot \text{Abzinsungsfaktor } 6\,\% / 7 \text{ Jahre}$$
$$\text{Barwert}_E = 75.822{,}55 \text{ EUR} \cdot 0{,}6650571 = 50.426{,}33 \text{ EUR}$$

(4) Dieser Barwert ist in gleiche Beträge (Annuitäten) umzurechnen, die vom Zeitpunkt des Eintritts in das Unternehmen die Ansammlung des Barwerts der Pensionsleistung bezogen auf den Versorgungsfall zulassen.

$$\text{Annuität} = \text{Barwert}_E \cdot \text{Wiedergewinnungsfaktor } 6\,\% / 7 \text{ Jahre}$$
$$a = 50.426{,}33 \text{ EUR} \cdot 0{,}1791350 = 9.033{,}12 \text{ EUR}$$

(5) Bezogen auf jeden Bilanzstichtag ist der Barwert der auf die restlichen Jahre entfallenden gleichen Beträge zu ermitteln. Für den 31. 12. 04 ergibt sich somit:

$$\text{Barwert}_a = \text{Annuität} \cdot \text{Rentenbarwertfaktor } 6\,\% / 3 \text{ Jahre}$$
$$\text{Barwert}_a = 033{,}12 \text{ EUR} \cdot 2{,}6730119 = 24145{,}64 \text{ EUR}$$

(6) Die maximale Zuführung zur Pensionsrückstellung für das Jahr 04 beträgt 39.516,44 EUR (Differenz zwischen BarwertB und Barwerta). In den Folgejahren entspricht sie der Differenz der einzelnen Jahre.

1	2	3	4	5	6
Bilanzstichtag	**Barwert der künft. Pensionsleistungen**	**Barwert der nach dem Bilanzstichtag zu verrechnenden Jahresbeträge**	**Teilwert (2) – (3)**	**Maximale Zuführung zu den Pensionsrückstellungen**	**Bilanzausweis**
04	63.662,08	24.145,64	39.516,44	39.516,44	39.516,44
05	67.481,80	16.561,26	50.920,54	11.404,10	50.920,54
06	71.530,71	8.521,81	63.008,90	12.088,36	63.008,90
07	75.822,55	–	75.822,55	12.813,65	75.822,55

Zeitpunkt	Jahresbetrag	„Deckungsbetrag“	6% Zinsen	Rückstellungsbetrag
02.01.01 (Eintritt)	–	–	–	
31.12.01	9.033,12	9.033,12		
31.12.02	9.033,12	9.033,12	541,99	
		541,99		
		18.608,23		
31. 12. 03	9.033,12	9.033,12	1.116,49	
		1.116,49		
		28.757,84		
02.01.04 (Pensionszusage)				
31.12.04	9.033,12	9.033,12	1.725,47	
		1.725,47		
		39.516,43		39.516,43

Abb. 18: Zuführung zur Pensionsrückstellung

Die Zuführung zur Pensionsrückstellung entspricht dem Jahresbetrag zuzüglich den 6% Jahreszinsen auf den jeweiligen Bestand. Dies wird auch deutlich, wenn das Zustandekommen der ersten Rückstellungsdotierung erläutert wird. Die hohe erste Zuführung ist damit zu erklären, dass die Pensionszusage erst drei Jahre nach Eintritt in das Unternehmen gemacht wird. Der Berechnung der Rückstellungsbildung liegt aber die gesamte Unternehmenszugehörigkeit zugrunde, so dass bei der ersten Rückstellungsbildung die früheren Jahresbeträge und die aufgelaufenen Zinsen nach berechnet werden.

Die Auflösung der Rückstellung ist nur zulässig, wenn der Grund für die Rückstellung entfallen ist. Dies ist der Fall, wenn der Pensionsberechtigte aus dem Dienstverhältnis ausscheidet und seinen Anspruch behält oder der Teilwert der Verbindlichkeiten durch Versorgungsleistungen oder sonstige Gründe gemindert wird. Soweit den durch den Versorgungsfall ausgelösten Pensionszahlungen Pensionsrückstellungen gegenüberstehen, stellen sie zwar Ausgaben, nicht aber Aufwand der Periode dar. Diese Auflösung ist erfolgsneutral, denn der Erfolg ist bereits in den Perioden gemindert worden, in denen die Pensionsrückstellungen gebildet worden sind. In Höhe der Zinsen auf den Barwert am Jahresanfang entstehen Ausgaben, die Aufwand der Periode darstellen.

Bilanzstichtag	Barwert der Pensionsleistungen	Teilwert	Zuf./Aufl. Pensionsrückstellung	Pensionszahlung	Aufwand der Periode
01	53.451,91				
02	56.659,02				
03	60.058,56				
04	63.662,08	39.516,44	39.516,44		39.516,44
05	67.481,80	50.920,54	11.404,10		11.404,10
06	71.530,71	63.008,90	12.088,36		12.088,36
07	75.822,55	75.822,55	12.813,65		12.813,65
08	62.371,90	62.371,90	–13.450,65	18.000,00	4.549,35
09	48.114,22	48.114,22	–14.257,68	18.000,00	3.742,32
10	33.001,07	33.001,07	–15.113,15	18.000,00	2.886,85
11	16.981,13	16.981,13	–16.019,94	18.000,00	1.980,06
12			–16.981,13	18.000,00	1.018,87

Abb. 19: Zuführung und Auflösung einer Pensionsrückstellung

Die Ergebnisse des Beispiels werden in nachfolgender Abbildung verdeutlicht:

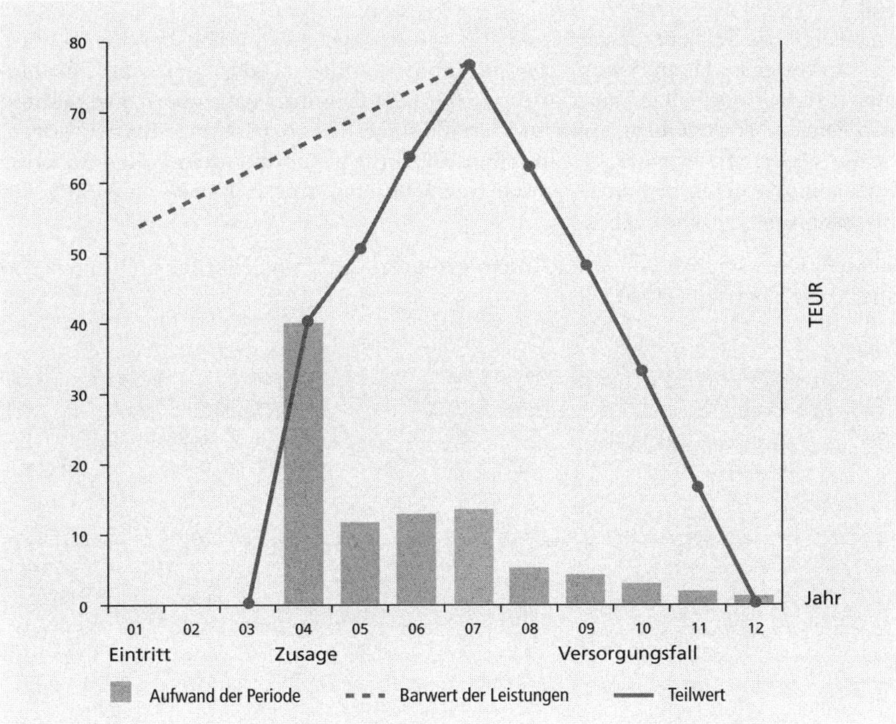

Abb. 20: Graphische Darstellung der Zuführung und Auflösung einer Pensionsrückstellung

11.2 Der Finanzierungseffekt der Pensionsrückstellungen

Eine Analyse, zu dem Thema Finanzierungseffekte[491] von Pensionsrückstellungen, hat folgende Faktoren zu berücksichtigen:

(1) Das Verhältnis von Rückstellungsbildung und Pensionszahlungen zum Zeitpunkt der Rückstellungsbildung; die Zuführungen zu den Pensionsrückstellungen einer Periode für noch aktive Arbeitnehmer können kleiner, gleich oder größer sein als die Pensionszahlungen für bereits Versorgungsleistungen beziehende Arbeitnehmer in derselben Periode;

(2) die Gewinnverwendung nach Abzug der Steuern, unabhängig von der Entscheidung über die Bildung von Pensionsrückstellungen;

(3) die Entstehung eines Verlusts durch Bildung von Pensionsrückstellungen;

(4) die Vergrößerung eines Verlusts durch Bildung von Pensionsrückstellungen.

Die finanziellen Auswirkungen der Bildung von Pensionsrückstellungen werden unter Berücksichtigung dieser Faktoren an den folgenden Fällen verdeutlicht:

[491] Zu diesem Problem vgl. insbesondere *Weihrauch, H.*, Finanzierungseffekt der Rückstellungen, insbesondere der Pensionsrückstellungen, in: Finanzierungs-Handbuch, hrsg. von *H. Janberg*, 2. Aufl., Wiesbaden 1970, S. 319 ff.

Fall 1:
Es besteht die Absicht, den nach Abzug von Ertragsteuern verbleibenden Gewinn zu thesaurieren. Dann beträgt in einer Kapitalgesellschaft das Finanzierungsvolumen durch offene Selbstfinanzierung 70,00 % des Gewinns vor Steuern. Die Bildung von Pensionsrückstellungen vermindert als steuerlich abzugsfähige Betriebsausgabe den steuerpflichtigen Gewinn. Hierdurch tritt gegenüber dem Fall, dass keine Rückstellung gebildet wurde, eine Ertragsteuerersparnis in Höhe von 39,90 % des Rückstellungsbetrags ein.

Beispiel: Der Gewinn vor 30,00 % Ertragsteuern und Pensionsrückstellungen von 40.000 EUR beträgt 100.000 EUR.

FINANZIERUNGSVOLUMEN			
Nr.	**Pensionsrückstellungen Ertragsteuern**	**Nein 30,00%**	**Ja 30,00%**
1	Gewinn vor Steuern und Pensionsrückstellungen	100.000	100.000
2	Pensionsrückstellungen		40.000
3	Steuerpflichtiger Gewinn	100.000	60.000
4	Ertragsteuern	30.000	18.000
5	Rücklagenbildung	70.000	42.000
6	Finanzierungsvolumen (2 + 5)	70.000	82.000
		→	−70.000
7	Zusätzliches Finanzierungsvolumen durch Pensionsrückstellungen in Höhe der Steuerersparnis (Pensionsrückst. · Steuersatz)		12.000

Abb. 21: Finanzielle Auswirkungen der Bildung von Pensionsrückstellungen

Es ist also festzuhalten: Sind noch keine Pensionen zu zahlen, so erweitert sich das Finanzierungsvolumen unter der Annahme maximaler Gewinnthesaurierung um die durch die Pensionsrückstellung verursachte Ertragsteuerminderung (Finanzierungswirkung der Pensionsrückstellung).

Entspricht die jährliche Zuführung zu den Pensionsrückstellungen (für aktive Arbeitnehmer) den jährlichen Pensionszahlungen (an ausgeschiedene Arbeitnehmer), so verringern sich die finanziellen Mittel nicht um die Pensionszahlung in Höhe von 40.000 EUR, sondern infolge der Steuerersparnis nur um 40.000 EUR – 12.000 EUR = 28.000 EUR. Da diese Zahlung aber auch erfolgen müsste, wenn keine Pensionsrückstellungen gebildet worden wären, hat die Rückstellungsbildung in diesem Fall keinen Einfluss auf die Höhe der finanziellen Mittel.

Wird die Pensionsleistung (Auszahlung) zu Lasten einer vorhandenen Pensionsrückstellung geleistet, so ist sie erfolgsunwirksam, da der Aufwand bereits in einer früheren Periode verrechnet wurde. Die gleichzeitige Zuführung zu den Pensionsrückstellungen hingegen ist erfolgswirksam. Aufwand und Auszahlung betragen also 40.000 EUR, der Gewinn wird um den Aufwand in Höhe von 40.000 EUR gekürzt, der Auszahlung steht aber die Steuerersparnis gegenüber, so dass sich die finanziellen Mittel nur in Höhe der um die ersparten Ertragsteuern gekürzten Pensionszahlungen vermindern. Sind keine Rückstellungen gebildet worden, so ist die Pensionszahlung erfolgswirksam. Der Abfluss an finanziellen Mitteln verringert sich auch hier um die Ertragsteuerersparnis. Allerdings ist zu beachten, dass für den Fall der früheren Rückstellungsbildung die finanzielle Situation des Betriebs um die ersparten Ertragsteuern günstiger ist, soweit diese Rückstellungen noch nicht durch Pensionszahlungen aufgelöst werden mussten.

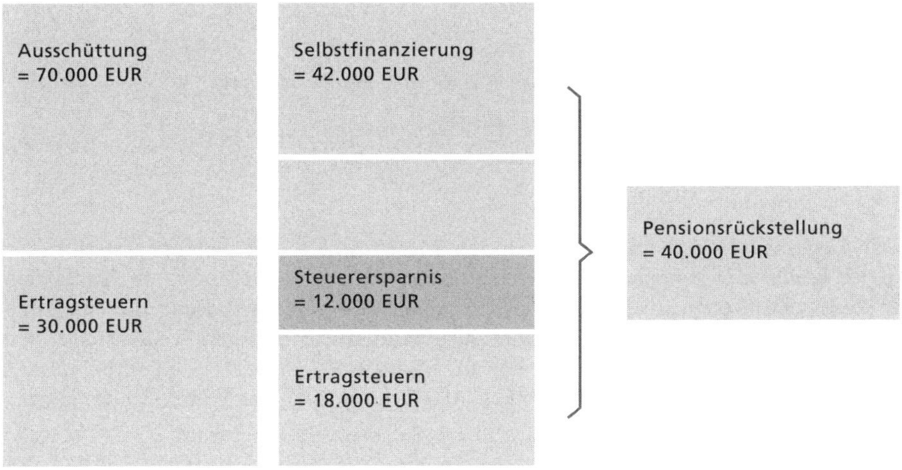

Abb. 22: Steuerersparnis

Fall 2:

Schüttet der Betrieb den Gewinn vollständig an die Gesellschafter und in Form von Steuern an das Finanzamt aus, so steht ihm – solange keine Pensionszahlungen fällig werden – der den Pensionsrückstellungen zugeführte Betrag in voller Höhe zur Verfügung, da er sowohl zu einer Reduzierung der Ausschüttungsbasis als auch der Steuerbemessungsgrundlage und damit der Steuerzahlungen führt.

Die in einer Periode zusätzlich verfügbaren Mittel verringern sich in Höhe der Pensionszahlungen der gleichen Periode. Sie sind gleich Null, wenn die Pensionszahlungen gleich den Zuführungen zu den Rückstellungen werden.

Beispiel:

FINANZIERUNGSVOLUMEN				
Nr.	**Pensionsrückstellungen Ertragsteuern**	**Nein 30,00%**	**Ja 30,00%**	**Differenz**
1	Gewinn vor Steuern und Pensionsrückstellungen	100.000	100.000	
2	Pensionsrückstellungen		40.000	
3	Steuerpflichtiger Gewinn	100.000	60.000	
4	Ertragsteuern	30.000	18.000	12.000
5	Ausschüttung	70.000	42.000	28.000
6	Zusätzliches Finanzierungsvolumen durch Pensionsrückstellungen			40.000

Abb. 23: Finanzielle Auswirkungen der Bildung von Pensionsrückstellungen

Den Gegenwert der in früheren Perioden angesammelten Pensionsrückstellungen, denen keine oder geringere Pensionszahlungen gegenüberstanden, hat der Betrieb weiterhin zur Verfügung. Ein Abbau dieser Mittel erfolgt erst, wenn die Pensionszahlungen einer Periode größer als die Zuführungen zu den Pensionsrückstellungen werden. Erreichen die Pensionsberechtigten genau das versicherungsmathematisch angenommene Alter, so verlassen die letzten angesammelten Mittel mit der letzten Zahlung das Unternehmen.

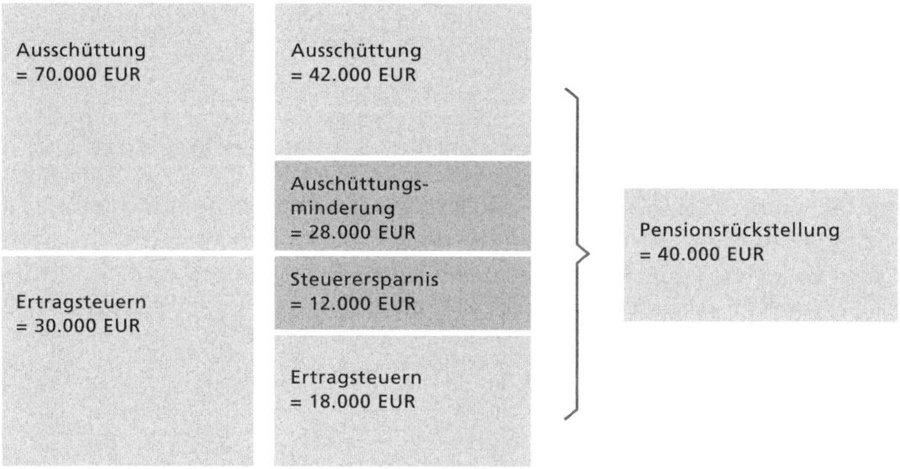

Abb. 24: Steuerersparnis und Ausschüttungsminderung

Fall 3:

Übersteigen die Zuführungen zu den Pensionsrückstellungen den Gewinn vor Steuern und Pensionsrückstellungen, so entsteht ein Verlust. Wären keine Rückstellungen gebildet worden, müssten Ertragsteuern entrichtet werden. Durch die

Bildung der Pensionsrückstellungen ist der Zuwachs an finanziellen Mitteln um die ersparten Ertragsteuern höher.

Beispiel:

FINANZIERUNGSVOLUMEN

Nr.	Pensionsrückstellungen Ertragsteuern	Nein 30,00%	Ja 30,00%
1	Gewinn vor Steuern und Pensionsrückstellungen	30.000	30.000
2	Pensionsrückstellungen		40.000
3	Steuerpflichtiger Gewinn	30.000	−10.000
4	Ertragsteuern	9.000	
5	Rücklagenbildung	21.000	−10.000
6	Finanzierungsvolumen (2 + 5)	21.000	30.000
		→	−21.000
7	Zusätzliches Finanzierungsvolumen durch Pensionsrückstellungen in Höhe der Steuerersparnis		9.000

Abb. 25: Finanzielle Auswirkungen der Bildung von Pensionsrückstellungen

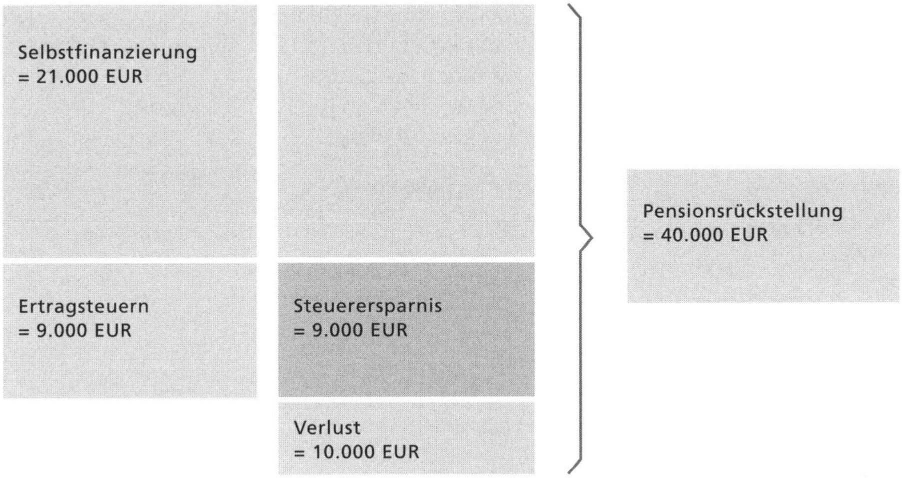

Abb. 26: Steuerersparnis

Der Verlust von 10.000 EUR wird – soweit möglich – steuerlich gegen den Gewinn des Vorjahres verrechnet. Die Möglichkeit des Verlustrücktrags, der jedoch nur für die Einkommen- bzw. die Körperschaftsteuer und nicht für die Gewerbesteuer durchgeführt werden kann, ist auf 511.500 EUR (§ 10 d EStG) begrenzt. Ist ein Verlustrücktrag nicht möglich, so darf der Verlust in der Steuerbilanz zeitlich unbegrenzt vorgetragen werden.[492] Reichen die Gewinne des Vorjahres bzw. die der folgenden Jahre aus, den Verlust zu decken, so tritt eine weitere Steuerersparnis ein.

Werden Pensionen in Höhe der Zuführungen zu den Rückstellungen ausbezahlt, so mindern sich die finanziellen Mittel des Betriebs um den Verlust. Diese Minderung wird im Fall eines möglichen Verlustrücktrags oder Verlustvortrags in Höhe der ersparten Ertragsteuern kompensiert. Der gleiche Abfluss an Mitteln ergäbe sich, wenn auf die Bildung von Pensionsrückstellungen verzichtet worden wäre und die Pensionszahlungen erfolgswirksam verrechnet würden.

Beispiel:

FINANZIERUNGSVOLUMEN				
Nr.	**Pensionsrückstellungen Ertragsteuern**	**Nein 30,00%**	**Ja 30,00%**	**Differenz**
1	Gewinn vor Steuern und Pensionsrückstellungen	30.000	30.000	
2	Pensionsrückstellungen		40.000	
3	Steuerpflichtiger Gewinn	30.000	–10.000	
4	Ertragsteuern	9.000		9.000
5	Ausschüttung	21.000		21.000
6	Zusätzliches Finanzierungsvolumen durch Pensionsrückstellungen			30.000

Abb. 27: Finanzielle Auswirkungen der Bildung von Pensionsrückstellungen

Während bei maximal möglicher Thesaurierung die Bildung einer Pensionsrückstellung zusätzliche Mittel in Höhe der ersparten Ertragsteuern an den Betrieb bindet, stehen unter der Annahme der höchst möglichen Ausschüttung dem Unternehmen zusätzliche Mittel in Höhe des unversteuerten Gewinns zur Verfügung, vorausgesetzt, es müssen noch keine Pensionen gezahlt werden.

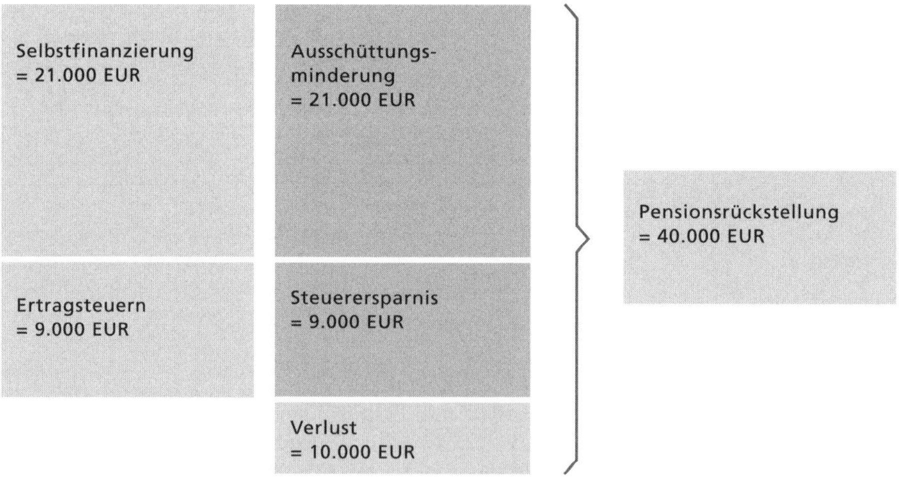

Abb. 28: Steuerersparnis und Ausschüttungsminderung

[492] Vgl. § 10 d EStG. Von einem Verlustrücktrag wird abgesehen.

Ein zusätzlicher Finanzierungseffekt kommt auch hier durch den Verlustrücktrag und den Verlustvortrag zustande. Unterstellt man die körperschaftsteuerliche Rücktragsmöglichkeit, dann beträgt die Steuerersparnis 15 % des Verlusts. Ist der Verlust vorzutragen und reichen die späteren Gewinne zu seiner Deckung aus, so besteht der Finanzierungseffekt – wenn die Gewinne sonst ausgeschüttet worden wären – in einer Ertragsteuer- und in einer Ausschüttungsminderung in Höhe des Verlusts.

Fall 4:
Ergibt sich auch ohne Bildung von Pensionsrückstellungen ein Verlust, so wird er durch die Zuführung zu den Pensionsrückstellungen um diese vergrößert, d.h. die Verbindlichkeiten nehmen zu, ohne dass sich das Vermögen vermehrt. Sind noch keine Pensionen zu zahlen, kommt es zu keiner Veränderung in den finanziellen Mitteln des Unternehmens. Besteht die Möglichkeit des Verlustrücktrags und des Verlustvortrags, so kommt es im Fall des Verlustrücktrags zu einer Mehrung der Mittel in Höhe der ersparten Ertragsteuern, im Falle des Verlustvortrags gegebenenfalls zusätzlich in Höhe einer Ausschüttungsminderung. Die zeitliche Einschränkung des Verlustrücktrags auf ein Jahr kann sich insbesondere bei sehr hohen Verlusten wegen der Begrenzung auf 511.500 EUR negativ auswirken.

Müssen in Höhe der Zuführung zu den Pensionsrückstellungen Pensionen gezahlt werden, so vermindern diese Auszahlungen die finanziellen Mittel, ohne dass sie durch den Umsatz der Periode gedeckt sind. Besteht die Möglichkeit, den Verlust mit Gewinnen früherer (Verlustrücktrag) bzw. späterer Perioden (Verlustvortrag) zu verrechnen, so wird der Abfluss von Mitteln in Höhe der ersparten Ertragsteuern und beim Verlustvortrag im Vergleich zur Ausschüttung ohne das Vorhandensein eines Verlustvortrags zusätzlich durch die nicht erfolgende Ausschüttung kompensiert. Sind keine Pensionsrückstellungen gebildet worden, führt die Zahlung von Pensionen zum gleichen Ergebnis.

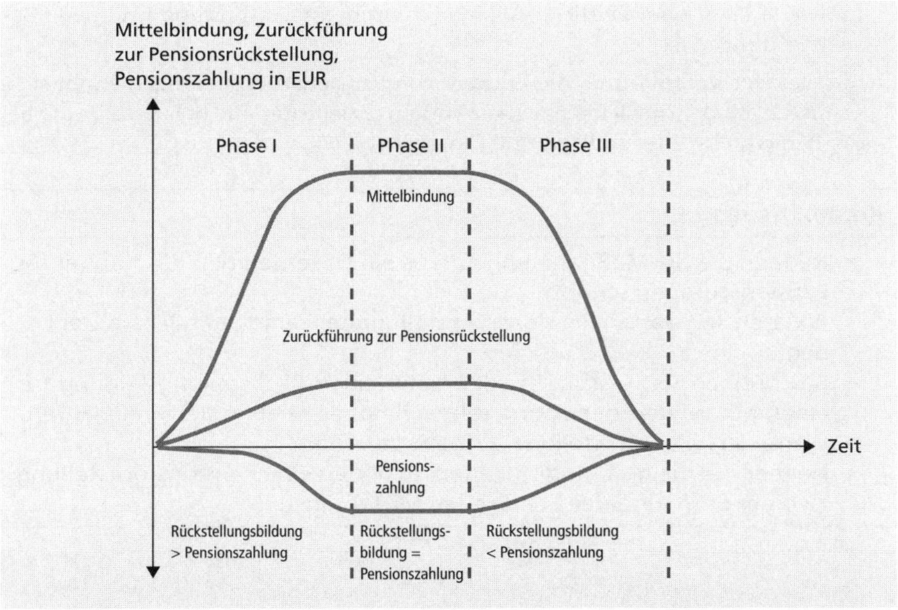

Abb. 29: Mittelbindung und Zurückführung zur Pensionsrückstellung

Die mit Hilfe der einzelnen Fälle gewonnen Erkenntnisse lassen sich wie folgt zusammenfassen:

(1) Durch die Zuführung zu den Pensionsrückstellungen tritt eine Mehrung der finanziellen Mittel ein, wenn

   a) die Gewinne vor Bildung der Pensionsrückstellungen mindestens deren Höhe erreichen und
   b) die Zuführungen zu den Pensionsrückstellungen in einer Periode höher sind als die Pensionszahlungen bzw.
   c) bei Entstehung eines Verlusts durch Pensionsrückstellungen die Pensionszahlungen geringer sind als der Gewinn vor Zuführungen zu den Pensionsrückstellungen.

   Da durch die Rückstellungen mehr Mittel an den Betrieb gebunden als ausgezahlt werden, wächst das durch die Pensionsrückstellungen gebundene Vermögen im Zeitablauf (Phase I).

(2) Entsprechen die Zahlungen an die Versorgungsberechtigten den Zuführungen zu den Pensionsrückstellungen dieser Periode für die noch aktiven Mitarbeiter, so ist der Finanzierungseffekt gleich Null (Phase II), weil der Aufwand für die neu gebildeten Rückstellungen und die (erfolgsunwirksamen) Auszahlungen der Periode übereinstimmen.

(3) Übersteigen die Pensionszahlungen einer Periode die Zuführungen dieser Periode zu den Rückstellungen, so tritt eine Minderung der finanziellen Mittel durch den Abbau früher angesammelter Rückstellungs-Gegenwerte ein (Phase III), da die erfolgsunwirksamen Auszahlungen, die zu Lasten der früher angesammelten Rückstellungen gehen, größer als die aufwandswirksamen Zuführungen zu den Rückstellungen sind.

(4) Der Finanzierungsvorteil durch Bildung von Pensionsrückstellungen ist umso größer, je länger der zeitliche Abstand zwischen ihrer Bildung und den Pensionszahlungen ist.

(5) Ein weiterer Vorteil durch die Bildung von Pensionsrückstellungen ergibt sich, wenn die mit den zurückbehaltenen Mitteln erzielte Rendite höher ist als der bei der Berechnung zugrunde gelegte Zinssatz von 6%.

Kontrollfragen

- Nennen Sie die Maßnahmen, woraus ein Unternehmen das Kapital für Pensionszusagen schöpft.
- Erklären Sie, warum Pensionsrückstellungen Fremdkapitalcharakter haben.
- Beschreiben Sie, warum bei der erstmaligen Rückstellungsbildung für einen Mitarbeiter der Betrag sehr viel höher ist als in den Folgejahren.
- Wann darf die Rückstellung aufgelöst werden?
- Nennen Sie die drei Möglichkeiten, in denen eine Pensionsrückstellung zu einer Erhöhung der finanziellen Mittel führt.

12. Kapitel
Die Finanzierung durch Verkürzung der Kapitalbindungsdauer und Vermögensumschichtung

Lernziele

- Sie kennen fünf Maßnahmen zur Finanzierung aus der Verkürzung der Kapitalbindungsdauer und Vermögensumschichtung.
- Sie kennen Methoden, mit welchen Sie die Außenstände von Unternehmen reduzieren können.
- Sie verstehen, wie Sie die Vorräte reduzieren können und mit welchen Vor- und Nachteilen dies eventuell verbunden ist.
- Sie wissen, wie Sie nicht-betriebsnotwendiges Vermögen reduzieren können und kennen Beispiele.
- Sie verstehen das Prinzip von Sale-and-Lease Back und können Beispiele nennen.

12.1 Überblick

Die bisher behandelten Instrumente der Innenfinanzierung führen entweder zu einer dauerhaften (offene Selbstfinanzierung) oder befristeten (stille Selbstfinanzierung, Bildung langfristiger Rückstellungen) Kapitalbildung in Form von Eigen- oder Fremdkapital. Die Finanzierung aus Abschreibungsgegenwerten hingegen stellt eine Finanzierung durch Vermögensumschichtung dar, die – von den Zinseffekten steuerlicher Sonderabschreibungen abgesehen – dem Unternehmen kein neues Kapital zuführt. Die Gemeinsamkeit dieser Instrumente besteht darin, dass ihre Finanzierungswirkung letztlich auf den betrieblichen **Umsatzprozess** zurückzuführen ist. Durch die Verrechnung von Aufwand oder durch Beschlüsse der Anteilseigner werden aus der regulären Umsatztätigkeit generierte finanzielle Mittel im Unternehmen gehalten.

Weitere Quellen der Innenfinanzierung aus Vermögensumschichtung **außerhalb** des regulären Umsatzprozesses stellen die Veräußerung nicht betriebsnotwendiger Vermögensgegenstände, die Veräußerung und anschließende Anmietung betriebsnotwendiger Vermögensgegenstände (Sale-and-Lease-Back) sowie die Kapitalbindung senkende Maßnahmen dar. Ansatzpunkte zur Senkung der Kapitalbindung finden sich vor allem in den Positionen des Vorratsvermögens und der Forderungen aus Lieferungen und Leistungen. Nach den Erhebungen der Deutschen Bundesbank betrug 2007 der Anteil der Bilanzpositionen Vorräte und Forderungen an der Bilanzsumme im Durchschnitt aller deutschen Unternehmen 19,5 % bzw. 32,6 %.[493] Diese Kennzif-

[493] Monatsberichte der Deutschen Bundesbank, Januar 2009, S. 44.

fern unterstreichen die Bedeutung von Maßnahmen, die auf die Optimierung der Kapitalbindung im Umlaufvermögen gerichtet sind.

12.2 Reduzierung der Außenstände

Die Höhe der Mittel, die zur Finanzierung der Forderungen aus Lieferungen und Leistungen erforderlich sind, hängt von verschiedenen Faktoren ab. Ausgangsgröße ist der Umsatz und seine Entwicklung. Wesentliche Bestimmungsgröße für die sich aus dem Umsatzprozess aufbauende Kapitalbindung sind die **Zahlungsziele**, die mit den Kunden vereinbart werden und hinsichtlich der Laufzeit branchentypische Ausprägungen aufweisen können. Wirtschaftlich stellt das Zahlungsziel einen Kredit des liefernden Unternehmens dar, den der Abnehmer bis zur Zahlung als Verbindlichkeiten aus Lieferungen und Leistungen in seiner Bilanz ausweist. Werden Zahlungsziele nicht eingehalten, was vor allem in konjunkturellen Schwächephasen zu beobachten ist, erhöht sich die Kapitalbindung, da die Umschlagshäufigkeit des Forderungsbestands sinkt.

Dies lässt sich aus folgender Beziehung herleiten:

$$\text{Kapitalumschlag} = \frac{\text{Umsatz}}{\text{Durchschnittlicher Forderungsbestand}}$$

$$\text{Kapitalumschlag} = \frac{\text{360 Tage}}{\text{Durchschnittliches Zahlungsziel}}$$

Beispiel: Ein Unternehmen erzielt einen Jahresumsatz von 120 Mio. EUR. Das durchschnittliche tatsächliche Zahlungsziel – bestimmt durch die Lieferungsbedingungen, vorzeitige Zahlungen unter Inanspruchnahme von Skonti und Überschreitung der Zahlungsziele – betrage 60 Tage.

$$\text{Durchschnittlicher Forderungsbestand} = \frac{\text{Umsatz} \cdot \text{Zahlungsziel (Tage)}}{\text{360 Tage}}$$

$$\frac{\text{120 Mio. EUR} \cdot \text{60 Tage}}{\text{360 Tage}} = \text{20 Mio. EUR}$$

Unter den genannten Voraussetzungen beträgt das durchschnittlich zu finanzierende Volumen an Forderungen aus Lieferungen und Leistungen 20 Mio. EUR, das sechsmal pro Jahr umgeschlagen wird. Gelingt es, das durchschnittliche faktische Zahlungsziel auf 55 Tage zu senken, reduziert sich die durchschnittliche Mittelbindung um 8,33 % auf 18,33 Mio. EUR. Dieses Volumen wird im Jahr durchschnittlich 6,55-mal umgeschlagen. Bei gegebenem Umsatz von 120 Mio. EUR reduziert sich die Verkürzung der durchschnittlichen Bindungsdauer um einen Tag unter den gegebenen Prämissen die Mittelbindung um 333,33 TEUR.

In der Steuerung der Mittelbindung, die sich aus den Außenständen ergibt, ist das Unternehmen nicht völlig frei. Aus Konkurrenzgründen können die Zahlungsziele nicht ohne weiteres verkürzt werden. Vorstellbar ist die Schaffung von Anreizen,

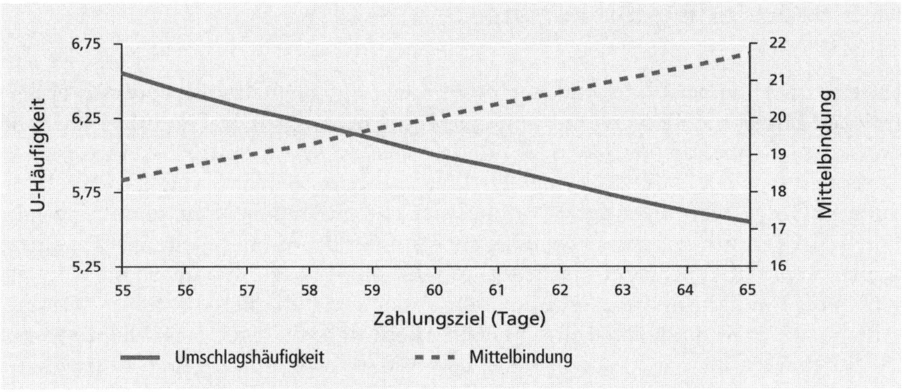

Abb. 30: Kapitalbindung und Umschlaghäufigkeit

den Lieferantenkredit nicht oder nicht völlig auszuschöpfen. Dies kann über die Gewährung von **Skonti** erfolgen, die ihrerseits aber für das Unternehmen dann möglicherweise zusätzliche Kosten darstellen. Inwieweit diese letztlich vom Unternehmen getragen werden müssen, hängt davon ab, wie das Unternehmen die freigesetzten Mittel einsetzen kann, z.B. indem es seinerseits stärker als bisher Skontomöglichkeiten nutzt.

Ein weiterer Ansatzpunkt könnte das zeitgerechtere Beitreiben fälliger Forderungen sein. Auch dies ist nicht in allen Fällen möglich. Zu bedenken in diesem Zusammenhang sind die Verbindungen zu wichtigen Kunden, die unter Umständen zu Konkurrenten wechseln. Darüber hinaus hängt die Möglichkeit, eine fällige Forderung einzutreiben, davon ab, dass das Unternehmen über einen einredefreien Anspruch verfügt. Dies ist dann nicht der Fall, wenn nach Stellung der Rechnung der Abnehmer Mängel geltend machen kann. In diesem Fall ergeben sich **Interdependenzen zum Leistungsprozess** des Unternehmens. Derartige Fälle treten z.B. häufig im Baugewerbe auf. Schlussrechnungen werden erst dann bezahlt, wenn alle Mängel beseitigt sind.

Im Baugewerbe und im Anlagenbau kommt ein weiterer Umstand hinzu. Die Auftraggeber verlangen zumindest bei Großprojekten die Stellung von Avalen zur Abdeckung der Gewährleistungsrisiken. Auch diese belasten die finanziellen Spielräume der Auftragnehmer und verursachen während ihrer Laufzeit Kosten in Form von Avalprovisionen. Die Avale werden erst dann zurückgegeben, wenn alle etwa aufgetretenen Mängel beseitigt sind.

Neben den beschriebenen Maßnahmen zur Reduzierung der Mittelbindung kann das Unternehmen durch den Verkauf von Forderungen seine finanziellen Spielräume beeinflussen. Zu einer dauerhaften Ermäßigung der Mittelbindung führt dies aber nur dann, wenn dies **revolvierend** geschieht. Instrumente hierzu sind das Factoring oder die Verbriefung von Forderungsbeständen im Rahmen eines Asset-Backed-Programms. Der Einsatz dieser Instrumente ist mit Kosten verbunden, die durch die Reinvestition der Mittel zu decken sind.

12.3 Reduzierung der Vorräte

Die Reduzierung der Mittelbindung im Vorratsvermögen hat isoliert betrachtet den gleichen Effekt wie die Verringerung der Mittelbindung in den Forderungsbeständen. Hier tritt aber die Verflechtung mit dem leistungswirtschaftlichen Prozess des Unternehmens noch deutlicher zutage. Eine spürbare Verringerung der Mittelbindung im Vorratsvermögen setzt Rationalisierungsmaßnahmen auf der Absatzseite und in der Produktion voraus. Maßnahmen auf der Produktionsseite, die auf einen schnelleren Materialfluss ausgerichtet sind (Erhöhung der Umlaufgeschwindigkeit = höherer Kapitalumschlag), können den Verzicht auf die Eigenfertigung bislang selbst erstellter Komponenten einschließen. Hierdurch verringern sich Material- und Zwischenläger. Dies setzt aber voraus, dass die nun fremdbezogenen Komponenten rechtzeitig für die Produktion zur Verfügung stehen, wenn der Aufbau neuer Läger vermieden werden soll (Lieferungen „Just-in-Time"). Die Tendenz zur Verschlankung der Produktion lässt sich inzwischen auch in gesamtwirtschaftlichen Statistiken erkennen. So erwähnt die Deutsche Bundesbank,[494] dass sich 2007 der aggregierte Materialaufwand, der 68,5% des gesamten Kostenblocks beträgt, im Gleichschritt mit der Gesamtleistung entwickelt hat, sich dahinter jedoch deutliche Unterschiede zwischen den einzelnen Wirtschaftsbereichen verbergen.

Die Entscheidung eines Unternehmens, die Produktionsprozesse in der skizzierten Art zu verschlanken, kann gravierende Folgen für die Lieferanten haben, die ihrerseits gezwungen werden, ihre Absatz- und Produktionsprozesse den veränderten Gegebenheiten anzupassen. Die Entwicklung in der Kfz-Industrie einschließlich Zulieferer ist hierfür ein plastisches Beispiel. Die Forderung eines Kfz-Herstellers nach Just-in-Time-Lieferungen u.a. mit dem Ziel, die Mittelbindung zu optimieren, kann bei den Lieferanten von Komponenten zu einer höheren Mittelbindung durch den Aufbau von Lägern führen, falls sie nicht in der Lage sind, ihre Produktion und ihre Lieferlogistik entsprechend anzupassen. Dieser Fall kann z.B. dann eintreten, wenn das Werk des Lieferanten weit entfernt vom Werk des Herstellers gelegen ist, so dass aus logistischen Gründen der Aufbau eines Zwischenlagers erforderlich wird. Passt der Lieferant seinerseits die Produktions- und Absatzprozesse an, werden auch bei ihm Investitionen erforderlich, beispielsweise durch den Bau eines neuen Werks im Umfeld des Herstellers oder die Errichtung einer Montagelinie auf dem Gelände des Herstellers.

Dieses Beispiel zeigt erstens, wie eng der leistungswirtschaftliche und der finanzwirtschaftliche Prozess miteinander verbunden sind, und zweitens, dass Bestandsveränderungen nicht isoliert, sondern nur im Kontext der gesamten unternehmerischen Tätigkeit beurteilt werden können. Wählt man die Gesamtkapitalrendite des Unternehmens (ROI = Return on Investment) als zentrale finanzwirtschaftliche Zielsetzung, so lässt sich diese Kennziffer in verschiedene Einflussfaktoren aufspalten und zu einem Kennzahlensystem entwickeln. Das in diesem Zusammenhang bekannteste Kennzahlensystem ist das so genannte ROI- oder Dupont-System.[495] Es basiert auf folgender Ausgangsüberlegung:

[494] Vgl. Deutsche Bundesbank, Monatsbericht Januar 2009, S. 40.
[495] Zurückzuführen auf die US-amerikanische Gesellschaft Du Pont de Nemours & Co.

$$\text{Gesamtkapitalrentabilität} = \frac{\text{Gewinn}}{\text{Gesamtkapital}} \cdot 100$$

$$\text{Gesamtkapitalrentabilität} = \frac{\text{Gewinn}}{\text{Gesamtkapital}} \cdot \frac{\text{Umsatz}}{\text{Umsatz}} \cdot 100$$

$$\text{Gesamtkapitalrentabilität} = \frac{\text{Gewinn}}{\text{Umsatz}} \cdot 100 \cdot \frac{\text{Umsatz}}{\text{Gesamtkapital}}$$

$$\text{Gesamtkapitalrentabilität} = \text{Umsatzrendite} \cdot \text{Kapitalumschlagshäufigkeit}$$

Abb. 31: Elemente des Dupont-Systems

Die weitere Aufspaltung der Einflussfaktoren führt zu folgendem – hier stark vereinfachten – Kennzahlensystem.[496]

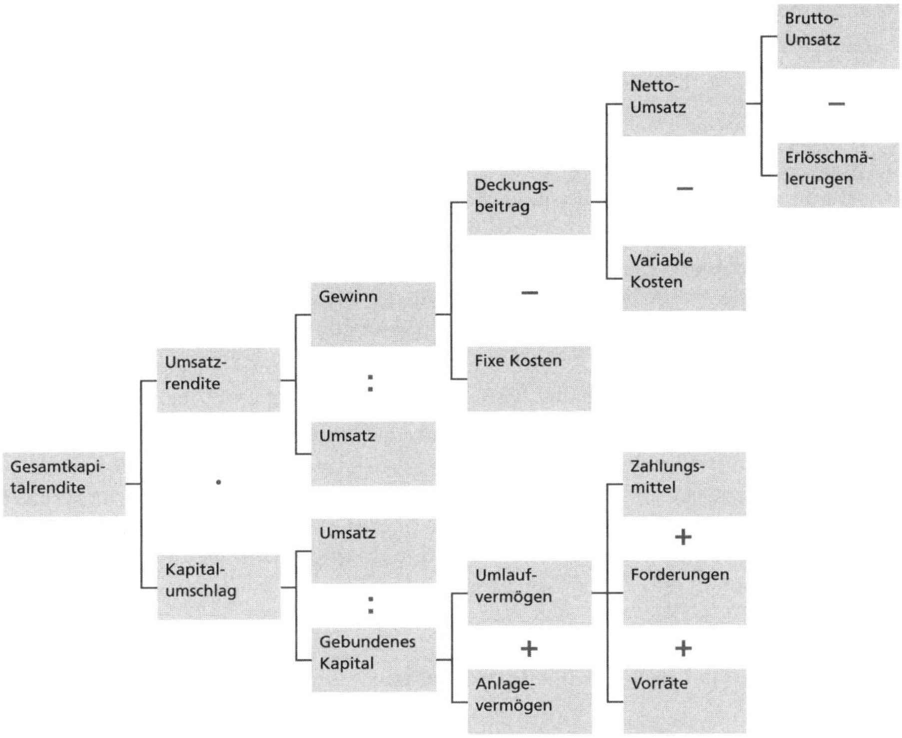

Abb. 32: Darstellung des Dupont-Systems

[496] Vgl. auch die Darstellungen bei *Coenenberg, A. G., Haller, A., Schultze, W.,* a.a.O., S. 1146.

An diesem Schema wird erkennbar, dass Veränderungen im Umlaufvermögen sich einerseits in der Kapitalumschlagshäufigkeit niederschlagen, andererseits aber auch das Ertrags-/Kostenverhältnis beeinflussen können. Wenn Rationalisierungsmaßnahmen zu einer nachhaltigen Absenkung des Vorratsvermögens führen, trägt dies dazu bei, den Einfluss der notwendigen Investitionen auf den Kapitalumschlag zu mildern oder auszugleichen. Darüber hinaus beeinflussen die Maßnahmen die Kostenstrukturen des Unternehmens, die ihrerseits die Höhe der Umsatzrendite beeinflussen.

12.4 Reduzierung des nicht betriebsnotwendigen Vermögens

Die Veräußerung nicht betriebsnotwendigen Vermögens stellt eine Quelle der Innenfinanzierung außerhalb des regulären Umsatzprozesses dar. Nicht betriebsnotwendig sind alle Vermögenswerte, die veräußert werden können, ohne dass davon die eigentliche unternehmerische Aufgabe berührt wird. In aller Regel haben nicht betriebsnotwendige Vermögenswerte zu einem bestimmten Zeitpunkt betrieblichen Zwecken gedient.

Beispiel:

- Ein Unternehmen hat vor Jahren seine Tätigkeit im Stadtgebiet aufgenommen, nach Erreichen einer bestimmten Größe dann aber seine Produktion Schritt für Schritt in ein Gewerbegebiet außerhalb des Stadtkerns verlagert. Der alte Grundbesitz wurde nicht veräußert, sondern als Lager vermietet.
- Ein anderes Unternehmen erwarb im Rahmen einer Wachstumsstrategie benachbarte Grundstücke, um zu gegebener Zeit sein Werk erweitern zu können. Inzwischen hat sich herausgestellt, dass die Grundstücke nicht mehr benötigt werden, da andere Fertigungsstandorte geeigneter sind.
- Ein Unternehmen erwarb eine Beteiligung an einer anderen Gesellschaft, weil es aus der Zusammenarbeit eine Befruchtung der eigenen Geschäftstätigkeit erwartete. Die Zusammenarbeit führte nicht zu dem gewünschten Ergebnis.
- Zur Erhöhung der Mitarbeiterbindung wurden vor Jahren Werkswohnungen gebaut, die im Laufe der Zeit aber nicht mehr auf entsprechende Nachfrage stießen.

Diesen Beispielen, die das Anlagevermögen betreffen, ist gemeinsam, dass oftmals nicht nur Mittel in Höhe der Buchwerte gebunden sind, sondern die Vermögenswerte enthalten vielfach stille Rücklagen, die bei einem Verkauf aufgedeckt werden. Soweit sie nicht als (Ax.) Gewinn an die Anteilseigner ausgeschüttet werden, stärken sie – nun in sichtbarer Weise – die Kapitalbasis des Unternehmens und stehen für Investitionen in den Betriebsprozess zur Verfügung.

12.5 Sale-and-Lease-Back-Geschäfte

Stehen nicht betriebsnotwendige Vermögenswerte für Kapitalfreisetzungsmaßnahmen nicht zur Verfügung, ist auf **betriebsnotwendiges** Vermögen zurückzugreifen, was aber nicht zu einer Beeinträchtigung des Betriebsprozesses führen darf. Zur Lösung dieses Problems kann auf das Instrument des Leasing zurückgegriffen werden, indem vorhandene betriebsnotwendige Vermögensgegenstände des Anlagevermögens an eine Leasing-Gesellschaft verkauft und im Rahmen eines Leasing-Vertrags weiter genutzt werden.[497] Für derartige Transaktionen kommen sowohl **bewegliche** als auch **unbewegliche Wirtschaftsgüter** in Betracht.

Beispiel:

- Ein Unternehmen unterhält einen großen Fuhrpark an Lieferfahrzeugen. Dieser Fuhrpark wird an eine Leasing-Gesellschaft verkauft und im Anschluss daran gemietet. In diesem Zusammenhang werden oftmals zusätzliche Leistungen der Leasing-Gesellschaft wie z.B. Fuhrpark-Management in Anspruch genommen, die Rationalisierungsvorteile eröffnen.
- Ein Unternehmen vermietet in erheblichem Umfang eigene Produkte an seine Kunden (z.B. EDV- oder Kommunikationsanlagen). Die damit verbundene Mittelbindung ist durch die Aufnahme von Krediten refinanziert worden. Führt dies dazu, dass die Eigenmittel nicht mehr im angemessenen Verhältnis zum Geschäftsumfang und zur Verschuldung stehen, kann durch den Verkauf der Gegenstände an eine Leasing-Gesellschaft bei gleichzeitiger Rück-Miete mit dem Recht zur Untervermietung Abhilfe geschaffen werden. Es tritt eine Bilanzverkürzung ein.
- Das Verwaltungsgebäude eines Unternehmens verursacht eine relativ hohe Mittelbindung. Es ist zu 50 % durch ein Hypothekendarlehen finanziert. Durch den Verkauf und die Rückmiete des Gebäudes werden die bisher gebundenen eigenen Mittel freigesetzt, und die Verschuldung reduziert sich durch Rückführung des Hypothekendarlehens.

In die Beurteilung von Sale-and-Lease-Back-Transaktionen dürfen nicht nur die unmittelbaren finanziellen und bilanziellen Auswirkungen einbezogen werden. Vielmehr müssen die **künftigen Veränderungen** der **Kostenstruktur** und der **Liquiditätsbelastung** berücksichtigt werden. Durch die Transaktion entfallen für das Unternehmen künftig Abschreibungen, Zinsen und Kredittilgungen. An ihre Stelle treten die Leasing-Raten. Im Beispiel des Verwaltungsgebäudes verringern sich zwar die ausgewiesenen Verbindlichkeiten, die zukünftige Belastung des Unternehmens jedoch nicht, da die Amortisation der Kapitalbindung des Leasing-Gebers über die Leasing-Raten erfolgt.

Diese Zusammenhänge erhalten besondere Bedeutung, wenn ein Unternehmen zur Deckung erlittener Verluste und zur Stärkung der Liquidität zu Sale-and-Lease-Back-Maßnahmen greift, indem durch die Transaktion vorhandene stille Rücklagen im Betriebsvermögen aufgelöst werden. Diese liegen oftmals in betriebsnotwendigen Immobilien wie Verwaltungsgebäuden. In diesen Fällen liegen die Verkehrswerte über den Buchwerten. Werden die Rücklagen über ein Sale-and-Lease-Back-Geschäft aufgedeckt, erfolgt zunächst eine (Wieder-) Stärkung der ausgewiesenen Kapitalbasis. Während der Laufzeit des Leasing-Vertrags hat das Unternehmen aber über die Leasing-Rate, deren Basis der Verkaufspreis (= Verkehrswert) darstellt, die aufgedeckte stille Rücklage zu amortisieren. Da Leasing-Raten sowohl aufwands- als auch liquiditätswirk-

[497] Vgl. *Bieg, H., Kußmaul, H.,* Investitions- und Finanzierungsmanagement, Band II: Finanzierung, München 2000, S. 510.

sam sind, werden die künftigen Gewinne und Cashflows entsprechend (vor-)belastet.

Beispiel: Ein Unternehmen verkauft sein Verwaltungsgebäude mit einem Buchwert von 50 Mio. EUR (Grundstück und Gebäude jeweils 25 Mio. EUR) zum Verkehrswert von 100 Mio. EUR (Grundstücksanteil vereinfachend mit 25 Mio. EUR angesetzt) an eine Leasing-Gesellschaft und mietet es mit der Möglichkeit einer Kaufoption zum kalkulatorischen Restwert zum Ende der 22-jährigen Grundmietzeit zurück. Die restliche betriebsgewöhnliche Nutzungsdauer wird mit 25 Jahren angesetzt. Der kalkulatorische Restwert am Ende der Grundmietzeit beträgt 37 Mio. EUR. Er setzt sich zusammen aus dem Ursprungswert des Grundstücks von 25 Mio. EUR und dem Restbuchwert des Gebäudes auf Basis 2 % linearer Abschreibung von 12 Mio. EUR. Die Leasinggesellschaft kalkuliert die Leasing-Rate mit einem ihre Kosten und ihren Gewinnanteil enthaltenden Zinssatz von 7 % p.a.

Annuität	=	Barwert	·	Wiedergewinnungsfaktor für 7 %/22 Jahre	=	Rate
a	=	63,00	·	0,09046	=	5,70
Zinsen	=	37,00	·	0,07	=	2,59
Leasing-Rate p.a.						8,29

Abb. 33: Leasing-Rate

Die Leasing-Rate auf Basis dieser Angaben beträgt 8,29 Mio. EUR im Jahr. Sie reicht aus, die jeweilige Mittelbindung des Leasing-Gebers mit 7 % zu verzinsen und in Höhe von 63 Mio. EUR (Anfangsinvestition 100 Mio. EUR – Restwert 37 Mio. EUR) zu amortisieren. Die Leasing-Rate setzt sich zusammen aus der Annuität, welche die Verzinsung und die Tilgung des Amortisationsbetrags von 63 Mio. EUR ermöglicht, und den jährlichen Zinsen auf den nicht zu amortisierenden Sockelbetrag von 37 Mio. EUR.

Dies bedeutet aber letztlich, dass die aufgedeckte stille Rücklage über die Leasing-Rate zusätzlichen Aufwand in der Zukunft verursacht. Kann dieser nicht durch entsprechende Erträge gedeckt werden, führt dies dazu, dass sich die ausgewiesene Eigenkapitalbasis wieder ermäßigt.

Von der jährlichen Leasing-Rate in Höhe von 8,29 Mio. EUR entfallen 3,77 Mio. EUR auf die Verzinsung und die Teilamortisation von 13 Mio. EUR des ursprünglichen Buchwerts von 50 Mio. EUR der Immobilie.

Die Differenz von 4,52 Mio. EUR betrifft die Verzinsung und die Amortisation der aufgedeckten stillen Rücklage von 50 Mio. EUR. Ihr Barwert beträgt bei einem Zinssatz von 7 % und einer Laufzeit von 22 Jahren 50 Mio. EUR, ihr Zukunftswert, der Zinsen und Zinseszinsen einschließt, 221,51 Mio. EUR.

Dieses vereinfachende Beispiel soll auf mögliche Konsequenzen von Sale-and-Lease-Back-Transaktionen mit Aufdeckung stiller Rücklagen aufmerksam machen. Die beschriebenen Folgen lassen sich zwar über Gestaltungselemente mildern, allerdings

Annuität	=	Barwert	·	Wiedergewinnungsfaktor für 7%/22 Jahre	=	Rate
a	=	13,00	·	0,09046	=	1,18
Zinsen	=	37,00	·	0,07	=	2,59
Leasing-Rate p.a.						3,77

Abb. 34: Leasing-Rate

auch nicht ohne Folgen. Unterstellt man, dass die Immobilie am Ende der Laufzeit einen Verkehrswert von 50 Mio. EUR hat, könnte die Amortisation auf diesen Wert erfolgen mit der Folge geringerer laufender Leasing-Raten. Beabsichtigt das Unternehmen die Immobilie zu diesem Wert zurückzukaufen, stellt sich bereits heute die Anschlussfinanzierungsfrage. Der Leasinggeber trägt wegen der Ungewissheit der Wertentwicklung ein höheres Risiko, da er nicht sicher sein kann, dass der Leasingnehmer sein Optionsrecht auch ausübt.

Kontrollfragen

- Welche fünf Maßnahmen kennen Sie im Rahmen der Finanzierung, um die Kapitalbindungsdauer zu verkürzen und Vermögen umzuschichten?
- Nennen Sie drei Methoden um die Außenstände zu reduzieren.
- Erläutern Sie eine Möglichkeit zur Reduzierung der Vorräte und dessen Vor- und Nachteile.
- Führen Sie drei Beispiele auf, wie sich die Reduzierung von nicht-betriebsnotwendigem Vermögen erreichen lässt.
- Beschreiben Sie das Prinzip von Sale-and-Lease-Back und führen Sie Beispiele auf.

Literaturverzeichnis

Achleitner, A.-K.: Handbuch Investment Banking, 3. Aufl., Wiesbaden 2002.

Adler-Düring-Schmaltz: Rechnungslegung und Prüfung der Aktiengesellschaft, Bd. 1, 5. Aufl., Stuttgart 1987.

–: Rechnungslegung und Prüfung der Unternehmen, 5. Aufl., Stuttgart 1987 ff. (Loseblatt); 6. Aufl. in 7 Teilbänden, Stuttgart 1995 ff.

Altunbas, Y., Gadanecz, B., Kara, A.: Syndicated Loans, Houndmills 2006.

Anders, D.: NZG 2003.

Arnold, G., Corporate Financial Management, 4. Aufl., London u.a.O.

Ayasse, L.: Konsortialgeschäft, Frankfurt/Main 2004.

Baumbach, A., Hopt, K.: (14) BörsG.

Beike, R., Potthoff, A.: Optionsscheine, 3. Auflage, München 2000.

Beike, R., Schlütz, J. Finanznachrichten lesen – verstehen – nutzen, 4. Auflage, Stuttgart 2005.

Beike,. Schlütz, J.: Optionen Online, Stuttgart 2000.

Beike, R., Barkow, A.: Risk-Management mit Finanzderivaten, 3. Auflage, München, Wien 2003.

Benecke, D.: WM 2004.

Berens, W., Brauner, H. U., Frodermann, J. (Hrsg.): Unternehmensentwicklung mit Finanzinvestoren, Stuttgart 2005.

Bestmann, U.: Finanz- und Börsenlexikon, 5. Auflage, München 2007.

Betsch, O., Groh, A., Lohmann, L.: Corporate Finance: Unternehmensbewertung, M&A und innovative Kapitalmarktfinanzierung, 2. Auflage, München 2000.

Bette, K.: Das Factoringgeschäft in Deutschland, Stuttgart 1999.

Bieg, H., Kußmaul, H.: Investitions- und Finanzmanagement, Bd. I: Investition, Bd. II: Finanzierung, Bd. III: Finanzwirtschaftliche Entscheidungen, München 2000.

Bilstein, J.: Beteiligungs-Sondervermögen und Unternehmensbeteiligungsgesellschaften, in: Besteuerung und Unternehmenspolitik, Festschrift für Günter Wöhe, hrsg. von Gerd John, München 1989, S. 49 ff.

–: Die Bewertung eines Unternehmens. In: Die Übernahme börsennotierter Unternehmen, Schriften zum Kapitalmarkt, Bd. 2, hrsg. *von R. von Rosen u.W.G. Seifert,* Frankfurt a.M. 1999, S. 223 ff.

–: Corporate Finance. In: Handwörterbuch des Bank- und Finanzwesens, hrsg. von Wolfgang Gerke und Manfred Steiner, 3. Aufl., Stuttgart 2001, S. 523 ff.

Blattner, P.: Internationale Finanzierung, München, Wien 1997.

Blohm, H., Lüder, K.: Investition, 9. Auflage, München 2006.

Bloss, M., Eil, N., Ernst, D., Häcker, J.: Von der Subprime Krise zur Finanzkrise, München 2008.

Bloss, M., Eil, N., Ernst, D., Häcker, J.: Von der Wall Street zur Main Street, München 2009.

Bloss, M., Ernst, D.: Derivate. Handbuch für Finanzintermediäre und Investoren, München 2007.

Bloss, M., Ernst, D., Häcker, J.: Derivatives: An authorative guide to derivatives for financial intermediaries and investors, München 2008.

Bloss, M., Eil, N., Ernst, D., Fritsche, H. Häcker, J.: Währungderivate. Praxisleitfaden für ein effizientes Management von Währungsrisikien, München 2009.

Bock, T., Schniewind, H., Projektfinanzierung, hrsg. von *Hockmann, H.-J., Thießen, F.,* Investment Banking, 2. Auflage, Stuttgart 2007, S. 290 ff.

Boehm-Bezing, Ph. v.: Eigenkapital für nicht börsennotierte Unternehmen durch Finanzintermediäre, Hohenheim 1998.

Börner, C. J., Güchnik, D. (Hrsg.): Entrepreneurial Finance, Heidelberg 2005.

Bösl, K., Sommer, M. (Hrsg.): Mezzanine Finanzierung, München 2006.

Brokamp, J., Ernst, D., Hollasch, K., Lehmann, G., Wiegel, K.: Mezzanine-Finanzierungen, München 2008.

Brandenburg, B.: Kreditgarantiegemeinschaften, in: Finanzierungs-Handbuch, hrsg. von H.-Janberg, 2. Aufl., Wiesbaden 1970, S. 591 ff.

Brealy, R., Myers, S., Allen, F.: Principles of Corporate Finance, 9. Auflage, New York 2007.

Breuer, W.: Der Bankkredit als Instrument kurzfristiger Unternehmensfinanzierung, in: Finanzierungs-Handbuch, hrsg. von H. Janberg, 2. Aufl., Wiesbaden 1970, S. 249 ff.

Breuer, W., Schweizer, T.: Gabler Lexikon Corporate Finance, Wiesbaden 2003.

Brezski, E., Kinne, K.: Finanzmanagement und Rating kompakt, Ulm 2004.

Bruns, Chr., Meyer-Bulterdiek, F.: Professionelles Portfoliomanagement, Stuttgart 2003.

Buchner, R.: Das Problem der Kapazitätsausweitung durch laufende Reinvestition in Höhe des Abschreibungsaufwandes, Diss. Frankfurt a.M. 1960.

Büschgen, H. E.: Bankbetriebslehre, 5. Aufl. 1998.

–: Grundlagen betrieblicher Finanzwirtschaft: Unternehmensfinanzierung, 3. Aufl., Frankfurt a.M. 1991.

–: Zum Problem optimaler Selbstfinanzierungspolitik in betriebswirtschaftlicher Sicht, ZfB 1968, S. 305 ff.

–: Das Leasing als betriebswirtschaftliche Finanzierungsalternative, DB 1967, S. 561 ff.

–: Die Bedeutung des Verschuldungsgrades einer Unternehmung für die Aktienbewertung und seine Berücksichtigung im Aktienbewertungsmaßstab, in: Siebert, S., Beiträge zur Aktienanalyse, Frankfurt a.M. 1972, S. 54 ff.

–: Finanzinnovationen, Neuerungen und Entwicklungen zu nationalen und internationalen Finanzmärkten, ZfB 1986, S. 301 ff.

–: Internationales Finanzmanagement, 3. Aufl., Frankfurt a.M. 1997.

–: Zinstermingeschäfte, Instrumente und Verfahren zur Risikoabsicherung an Finanzmärkten, Frankfurt a.M. 1988.

–: Das kleine Börsenlexikon, 23. Auflage, Düsseldorf 2012.

Büschgen, H. E., Börner, C. J.: Bankbetriebslehre, 4. Aufl., Stuttgart 2003.

Burger, K.-M. (Hrsg.): Finanzinnovationen – Risiken und ihre Bewältigung, Stuttgart 1989.

Burghagen, V.: Kreditinstitute, in: Handwörterbuch des Bank- und Finanzwesens, hrsg. von Gerke, W., Steiner, M., 2. Aufl., Stuttgart 1995.

Burghof, H.-P., Henke, S., Rudolph, B., Schönbucher, Ph. J., Sommer, D. (Hrsg.): Kreditderivate. Handbuch für die Bank- und Anlagepraxis, 2. Auflage, Stuttgart 2005.
Busack, M., Kaiser, D. G. (Hrsg.): Handbuch Alternative Investments, Bd. 1 und 2, Wiesbaden 2006.
Busse, F.-J.: Grundlagen der betrieblichen Finanzwirtschaft, 5. Auflage, München, Wien 2003.
Busse von Colbe, W.: Aufbau und Informationsgehalt von Kapitalflußrechnungen, ZfB 1966, 1. Erg. Heft, S. 82 ff.
–: Verschuldensgrad, in: Handwörterbuch des Bank- und Finanzwesens, hrsg. von Gerke, W., Steiner, M., 2. Aufl., Stuttgart 1995
–: Kapitalflußrechnungen als Berichts- und Planungsinstrument, in: Schriften zur Unternehmensführung, Bd. 6/7, hrsg. von H. Jacob, Wiesbaden 1968.
–: Zur Entwicklung der Kapitalflußrechnung, Die Unternehmung 1997, S. 417 ff.

Coenenberg, A. G., Haller, A., Schultze, W.: Jahresabschluss und Jahresabschlussanalyse, 22. Aufl., Stuttgart 2012.
Conrad, E. A.: Bürgschaften und Garantien als Mittel der Wirtschaftspolitik, Berlin 1967.
Cooper, R.: Corporate Treasury and Cash Management, New York, London 2004.
Copeland, T., Koller, T., Murrin, J.: Valuation. Measuring and Managing the Value of Companies, 3. Aufl., New York 2000.

Däumler, K.: Betriebliche Finanzwirtschaft, 10. Auflage, Herne, Berlin 2013.
Deutsche Börse AG, Ihr Weg an die Börse – Ein Leitfaden, Frankfurt am Main, April 2008.
Deutsche Bundesbank, Monatsbericht Januar 2009.
Diem, A.: Akquisitionsfinanzierung, München 2007.
Drescher, I., in: *Spindler, G., Stilz, E.,* AktG.
Drukarczyk, J.: Finanzierung, 10. Aufl., Stuttgart u.a. 2008.
Drukarczyk, J., Ernst, D.: Branchenorientierte Unternehmensbewertung, 3. Auflage, München 2010.
Drukarczyk, J., Schüler, A.: Unternehmensbewertung, 6. Aufl., München 2009

Eckhold, T., in: Handbuch der börsennotierten AG.
Eilenberger, G., Ernst, D., Toebe, M.: Betriebliche Finanzwirtschaft, 8. Auflage, München 2012.
Eilenberger, G.: Finanzierung, Begriff der, in: Handwörterbuch des Bank- und Finanzwesens, hrsg. von Gerke, W., Steiner, M., 2. Aufl., Stuttgart 1995.
Elbrecht, L.: Kreditinstitute mit Sonderaufgaben, in: Handwörterbuch der Finanzwirtschaft, hrsg. von H. E. Büschgen, Stuttgart 1976, Sp. 1178 ff.
Eling, M.: Hedgefonds-Strategien und ihre Performance, Lohmar, Köln 2006. *Eller, R.:* Alles über Finanzinnovationen, München 1995.
Eller, R.: Festverzinsliche Wertpapiere, Wiesbaden 1995.
Engels, W.: Verschuldungsgrad, optimaler, in: Handwörterbuch der Finanzwirtschaft, hrsg. von H. E. Büschgen, Stuttgart 1976, Sp. 1773 ff.
Ernst, D., Eayrs, W., E., Prexl, S.: Corporate Finance Training, 2. Aufl., Stuttgart 2011.
Ernst, D., Häcker, J.: Applied International Corporate Finance – The Practical Guide to Corporate Finance for Professionals and Academic, 2. Aufl., München 2011.

Ernst, D., Häcker (Hrsg.): Praxis der Unternehmensbewertung und Akquisitionsfinanzierung, Grundwerk 2006, Landsberg/Lech.

Ernst, D.; Häcker, J.: Realoptionen im Investment Banking: Mergers & Acquisitions, Initial Public Offering, Venture Capital, Schäffer-Poeschel, Stuttgart 2002.

Ernst, D., Schneider, S., Thielen, B.: Unternehmensbewertungen erstellen und nachvollziehen: Ein Praxisleitfaden, 5. Auflage, München 2012.

Fahrholz, B.: Neue Formen der Unternehmensfinanzierung. Unternehmensübernahmen, Big Ticket-Leasing und Projektfinanzierungen, München 1998.

Falk, B.G., Leasing in den USA, in: Der Betrieb, Heft 11, S. 351–352.

Fano-Leszczynski, U.: Hedgefonds für Einsteiger, Heidelberg 2005.

Fikentscher, W., Heinemann, A.: Schuldrecht, 10. Aufl., Berlin 2006.

Franke, G., Hax, H.: Finanzwirtschaft des Unternehmens und Kapitalmarkt, 5. Aufl., Berlin u.a. 2004.

Gebhard, G., Gerke, W., Steiner, M.: Handbuch des Finanzmanagements, München 1993.

Geisel, B.: Eigenkapitalfinanzierung, Wiesbaden 2004.

Gerke, W., Bank, M.: Finanzierung, Stuttgart 1998.

Gisteren, R.: Schuldscheindarlehen, in: Handwörterbuch des Bank- und Finanzwesens, hrsg. von Gerke, W., Steiner, M., 2. Aufl., Stuttgart 1995.

Gleißner, W., Grundlagen des Risikomanagements, München 2008.

Gleißner, W., Füser, K.: Leitfaden Rating, 2. Auflage, München 2003.

Göckeler, S., in: Beck'sches Handbuch der AG.

Grochla, E.: Finanzierung, Begriff der, in: Handwörterbuch der Finanzwirtschaft, hrsg. von H. E. Büschgen, Stuttgart 1976, Sp. 413 ff.

Groß, W.: Kapitalmarktrecht.

Grunow, H.-W. G., Figgener, S.: Handbuch Moderne Unternehmensfinanzierung, Heidelberg 2006.

Guserl, R., Pernsteiner, H. (Hrsg.): Handbuch Finanzmanagement in der Praxis, Wiesbaden 2004.

Gutenberg, E.: Einführung in die Betriebswirtschaftslehre, Wiesbaden 1990.

–: Grundlagen der Betriebswirtschaftslehre, 3. Bd., Die Finanzen, 8. Aufl., Berlin, Heidelberg, New York 1987.

Habersack, M., in: Habersack, M., Mülbert, P., Schlitt, M., Unternehmensfinanzierung.

Häcker, J., Turad, N., Reichwein, B.: Telemedizin – Markt, Strategien, Unternehmensbewertung, Oldenbourg, München 2008.

Häger, M., Elkemann-Reusch, M. (Hrsg.): Mezzanine Finanzierungsinstrumente, Berlin 2004.

Härle, D.: Finanzierungsregeln und Liquiditätsbeurteilung, in: Finanzierungs-Handbuch, hrsg. von H. Janberg, 2. Aufl., Wiesbaden 1970, Sp. 89 ff.

Hagenmüller, K. F.: Kreditwürdigkeitsprüfung, in: Handwörterbuch der Finanzwirtschaft, hrsg. von H. E. Büschgen, Stuttgart 1988.

Hagenmüller, K. F., Diepen, G.: Der Bankbetrieb, 15. Aufl., Wiesbaden 2000.

Hahn, O.: Der Skonto in der Wirtschaftspraxis, Frankfurt a.M. 1962.

–: Die Wahlkriterien finanzwirtschaftlicher Entscheidungen, in: Handbuch der Unternehmensfinanzierung, hrsg. von O. Hahn, München 1971, S. 122 ff.
Hax, H., Laux, H.: Die Finanzierung der Unternehmung, Köln 1975.
Hax, K.: Die Substanzerhaltung der Betriebe, Köln und Opladen 1957.
–: Langfristige Finanz- und Investitionsentscheidungen, in: Handbuch der Wirtschaftswissenschaften, Bd. 1, Betriebswirtschaft, hrsg. von K. Hax und T. Wessels, 2. Aufl., Köln und Opladen 1966, S. 399 ff.
–: Schadensversicherung, in: Handwörterbuch der Betriebswirtschaft, 4. Aufl., hrsg. von E. Grochla und W. Wittmann, Bd. 3, Stuttgart 1976, Sp. 3504 ff.
Henking, A., Bluhm, C., Fahrmeir, L.: Kreditrisikomessung, Berlin, Heidelberg 2006.
Heussinger, W. H., Klein, M., Raum, W.: Optionsscheine, Optionen und Futures, Wiesbaden 2000.
Hielscher, U.: Investmentanalyse, 3. Auflage, München, Wien 1999.
Hielscher, U., Laubscher, H.-D.: Finanzierungskosten. Kostenbestandteile, Kostenvergleiche und Usancen der Industriefinanzierung, 2. Aufl., Frankfurt a.M. 1989.
Hilpisch, Y.: Kapitalmarktorientierte Unternehmensführung, Wiesbaden 2005.
Hilpold, C., Kaiser, D. G.: Alternative Investment-Strategien, Weinheim 2005.
Hill, W.: Finanzierungsregeln, in: Handwörterbuch der Betriebswirtschaft, hrsg. von E. Grochla und W. Wittmann, Bd. 1, 4. Aufl., Stuttgart 1974, Sp. 1451 ff.
Hofmann, G.(Hrsg.): Basel II und MaK, 2. Auflage, Frankfurt a.M. 2004.
Horbach, J.: Das Factoring-Finanzierungssystem, in: Finanzierungs-Handbuch, hrsg. von H. Janberg, 2. Aufl., Wiesbaden 1970, S. 543 ff.
Hüffer, U.: AktG.
Hull, J. C.: Optionen, Futures und andere Derivate, 8. Auflage, München 2012.
Hundt, I., Neitz, B., Grabau, F.-R.: Rating als Chance für kleine und mittlere Unternehmen, München 2003.

Jährig, A., Schuck, H.: Handbuch des Kreditgeschäfts, 5. Aufl., Wiesbaden 1989.
Janberg, H.: Finanzierung und Finanzpolitik, in: Finanzierungs-Handbuch, hrsg. von H. Janberg, 2. Aufl., Wiesbaden 1970.
Jesch, T. A.: Private-Equity-Beteiligungen, Wiesbaden 2004.

Käfer, K.: Kapitalflußrechnungen – Funds Statement, Liquiditätsnachweise, Bewegungsbilanz als dritte Jahresrechnung der Unternehmung, Stuttgart 1967.
Kaplan, R. S., Norton, D. P.: Balanced Scorecard-Strategie erfolgreich umsetzen, Stuttgart 1997.
Kaserer, C., Achleitner, A.-K., v. Einem, C., Schiereck, D.: Private Equity in Deutschland: Rahmenbedingungen, ökonomische Bedeutung und Handlungsempfehlungen, Norderstedt 2007.
Kaserer, C., Bühner, T.: Direkte Emissionskosten bei Barkapitalerhöhungen, vereinfachter Bezugsrechtsausschluss und die Rolle der Banken, Finanz Betrieb 2000, S. 483 ff.
Kayser, G., Kokalj, L.: Kreditwürdigkeitsprüfung, in: Handwörterbuch des Bank- und Finanzwesens, hrsg. von Gerke, W., Steiner, M., 2. Aufl., Stuttgart 1995.
Kemeny, J. G., Schleifer, A., Snell, J. L., Thompson, G. L.: Mathematik für die Wirtschaftspraxis, 2. Aufl., Berlin, New York 1972.
Keiner, T.: Rating für den Mittelstand, Frankfurt, New York 2001.

Kern, M.: Kreditderivate, Wiesbaden 2003.
Kienbaum, J., Börner, C. J.: Neue Finanzierungswege für den Mittelstand, Wiesbaden 2003.
Kollar, A.: Industrieanleihen, in: Handwörterbuch des Bank- und Finanzwesens, hrsg. von Gerke, W., Steiner, M., 2. Aufl., Stuttgart 1995.
Krämer, L., Theiß, S.: AG 2003.
Kralicek, Peter, Böhmdorfer, F., Kralicek, G.: Kennzahlen für Geschäftsführer, 4. Auflage, Wien, Frankfurt 2001.
Krieger, G., Mennicke, P.: in: *Lutter, M.,* UmwG.
Kruschwitz, L.: Investitionsrechnung, 13. Aufl., München, Wien 2011.
Kußmaul, H.: Betriebswirtschaftliche Steuerlehre, 6. Aufl., München, Wien 2010.

Lamprecht, M. B.: Handbuch Risikokapital, München 2000.
Land, V., Behnke, D.: DB 2003.
Langen, H.: Die Kapazitätsausweitung durch Reinvestition liquider Mittel aus Abschreibungen, Diss. FU Berlin 1952.
Larek, E.: Leasing, Factoring und Forfaitierung als Finanzierungssurrogate, Köln 1999.
Laubrecht, K., Heller, S.: Der syndizierte Kredit, hrsg. von *Hockmann, H.-J., Thießen, F.,* Investment Banking, 2. Auflage, Stuttgart 2007, S. 310 ff.
Leopold, G., Frommann, H., Kühr, T.: Private Equity – Venture Capital, 2. Auflage, München 2003
Lindtner, A.: Asset Backed Securities – ein Cash flow-Modell, 2. Auflage, Sternenfels 2006.
Lippe, G., Esemann, J., Tänzer, T.: Das Wissen für Bankkaufleute, 9. Auflage, Wiesbaden 2001.
Lohmann, M.: Abschreibungen, was sie sind und was sie nicht sind, Der Wirtschaftsprüfer 1949, S. 353 ff.
Lutter, M., Scheffler, E., Schneider, U. H. (Hrsg.): Handbuch der Konzernfinanzierung, Köln 1998.
Lwowski, H. J., Größmann, W.: Kreditsicherheiten, 7. Aufl., Berlin 1990.

Marsch-Barner, R., in: Handbuch der börsennotierten AG.
Mayer, D., Weiler, S.: DB 2007.
Meyer, A., in: Handbuch der börsennotierten AG, § 7 Rn. 5.
Meyer, C.: Betriebswirtschaftliche Kennzahlen und Kennzahlen-Systeme, 6. Auflage, Sternenfels 2011.
Mittendorfer, R., Fotteler, T.: Die Kunst der Akquisitionsfinanzierung, S. 236 ff., in: *Stadler, W.* (Hrsg.): Die neue Unternehmensfinanzierung, Frankfurt/Main 2004.
Modigliani, F., Miller, M. H.: The Cost of Capital, Corporation Finance and the Theory of Investment, American Economic Review, Vol. 48, 1958, S. 261 ff.
Moxter, A.: Der Zusammenhang zwischen Vermögensumschichtung und Kapazitätsentwicklung bei veränderlichen Leistungsabgaben von Aggregaten pro Zeiteinheit, ZfhF 1959, S. 457 ff.
Müller-Merbach, H.: Mathematik für Wirtschaftswissenschaftler I, München 1974.
Müller-Möhl, E.: Optionen und Futures, 5. Auflage, Stuttgart 2002.
Mühlhaupt, L.: Finanzielles Gleichgewicht, in: Handwörterbuch der Finanzwirtschaft, hrsg. von H. E. Büschgen, Stuttgart 1988, Sp. 401 ff.

Nagel, K., Stalder, J.: Rating, München 2002.
Neumüller, M., Hochgatterer, R., Die Kunst der Akquisitionsfinanzierung, S. 263 ff., in: *Stadler, W.* (Hrsg.): Die neue Unternehmensfinanzierung, Frankfurt/Main 2004.
Nonnemacher, R. in: Handbuch der börsennotierten AG, § 55 Rn. 44

Obst-Hintner: Geld-, Bank- und Börsenwesen, hrsg. von N. Kloten und J. H. von Stein, 40. Aufl., Stuttgart 2000.
Olfert, K., Reichel, C.: Finanzierung, 14. Auflage, Ludwigshafen 2008.
Ortmann-Babel, M., Zipfel, L.: Die Unternehmensteuerreform 2008, Bonn 2007.

Paal, E.: Entwicklungen und Entwicklungstendenzen in der Kreditsicherung, Wiesbaden 1973.
Padberg, C., Padberg, T.: Grundzüge der Corporate Finance, Berlin 2006.
Paefgen, W., Hörtig, M.: WuB I G 7.
Perridon, L., Steiner, M., Rathgeber, A.: Finanzwirtschaft der Unternehmung, 15. Aufl., München 2009.
Pfüller, M., Anders, D.: NZG 2003.
Pottschmidt, G.: Kreditsicherheiten, in: Handwörterbuch des Bank- und Finanzwesens, hrsg. von Gerke, W., Steiner, M., 2. Aufl., Stuttgart 1995.
Pougin, E.: Genussrechte, Stuttgart 1987.
Prätsch, J., Schikorra, U., Ludwig, E.: Finanz-Management, 2. Auflage, München, Wien 2003.
Prautzsch, W.-A.: Projektfinanzierung, in: Enzyklopädisches Lexikon des Geld-, Bank- und Börsenwesens, Frankfurt.
Prester, M.: Exit-Strategien deutscher Venture Capital Gesellschaften, Münster 2002.
Pümpin, C., Pfister, B., Ankli, M.: Der Private-Equity-Investor als Strategy-Coach, Bern 2005.

Reinboth, H.: Schuldscheindarlehen, in: Handwörterbuch der Finanzwirtschaft, hrsg. von H. E. Büschgen, Stuttgart 1976, Sp. 1593 ff.
Rittershausen, H.: Industrielle Finanzierungen, Systematische Darstellung mit Fällen aus der Unternehmenspraxis, Wiesbaden 1964.
Rhodes, T.: Syndicated Lending, 4. Aufl., London 2004.
Rodde, C.: Akquisitionsfinanzierung, hrsg. von *Hockmann, H.-J., Thießen, F.*, Investment Banking, 2. Auflage, Stuttgart 2007, S. 270 ff.
Rödl, B., Zinser, T.: Going Public, Frankfurt 2002.
Ruchti, H.: Die Bedeutung der Abschreibung für den Betrieb, Berlin 1942.
–: Die Abschreibung, ihre grundsätzliche Bedeutung als Aufwands-, Ertrags- und Finanzierungsfaktor, Stuttgart 1953.
Rudolph, B.: Unternehmensfinanzierung und Kapitalmarkt, Tübingen 2006.
Rudolph, B., Schäfer, K.: Derivative Finanzmarktinstrumente, 2. Aufl., Berlin, Heidelberg, New York 2010.

Schanz, K.-M.: Börseneinführung. Recht und Praxis des Börsengangs, 3. Aufl., München 2007.
Schefczyk, M.: Finanzieren mit Venture Capital und Private Euqity, 2. Aufl., Stuttgart 2006.

Scheffler, E.: in: *Lutter, M., Scheffler, E., Schneider, U.*, Handbuch der Konzernfinanzierung, Rn. 8.29 f.
Schiessl, M.: AG 1999.
Schmidt, K., Lutter, M., Ziemons, H.: § 319 Rn. 6.
Schmidt, M.: Derivative Finanzinstrumente, 3. Auflage, Stuttgart 2006.
Schmidt, R. H., Terberger, E.: Grundzüge der Investitions- und Finanzierungstheorie, 4. Auflage, Wiesbaden 1997 (Nachdrucke 2002 und 2003).
Schneider, D.: Ausschüttungsfähiger Gewinn und das Minimum an Selbstfinanzierung, ZfbF 1968, S. 1 ff.
–: Bilanzgewinn und ökonomische Theorie, ZfhF 1963, S. 457 ff.
–: Investition, Finanzierung und Besteuerung, 7. Aufl., Wiesbaden 1992.
Schulte, C.: Corporate Finance, München 2006.
Schuster, L.: Akkreditiv, in: Handwörterbuch des Bank- und Finanzwesens, hrsg. von Gerke, W., Steiner, M., 2. Aufl., Stuttgart 1995.
Schuster, L.: Rembourskredit, in: Handwörterbuch des Bank- und Finanzwesens, hrsg. von Gerke, W., Steiner, M., 2. Aufl., Stuttgart 1995.
Schwark, E., Geiser, F.: ZHR 161 (1997).
Seethaler, P., Steitz, M.: Praxishandbuch Treasury Management: Leitfaden für die Praxis des Finanzmanagements, Wiesbaden 2007.
Semler, J., Stengel, A., Ihrig, H.: § 226 Rn. 10.
Spindler, G., Stilz, E., Singhof, B.: § 319 Rn. 3.
Spremann, K., Ernst, D.: Unternehmensbewertung, 2. Aufl., München 2011.
Spremann, K.: Wirtschaft und Finanzen, 6. Aufl., München, Wien 2013.
Stadler, W. (Hrsg.): Die neue Unternehmensfinanzierung, Frankfurt/Main 2004.
Stadler, W.: Venture Capital und Private Equity, Köln 2001.
Stannigel, H.: Kreditrevision bei Banken, Sparkassen und Bausparkassen, 4. Aufl., Frankfurt/Main 1988.
Steiner, M.: *Bruns, C.*: Wertpapiermanagement, 9. Auflage, Stuttgart 2007.
Storck, E.: Globale Drehscheibe Euromarkt, 3. Auflage, München 2005.
Stratz, R., in: *Schmitt, J., Hörtnagel, R., Stratz, R.*, § 29 Rn. 9.
Streit, G., ZIP 2002, 1279, 1280
Süchting, J., Paul, S.: Finanzmanagement. Theorie und Politik der Unternehmensfinanzierung, 6. Aufl., Wiesbaden 1995.
Swoboda, P.: Betriebliche Finanzierung, 3. Aufl. Würzburg, Wien 1994.
–: Investition und Finanzierung, 5. Aufl., Göttingen 1996.

Tacke, H. R.: Leasing, 3. Auflage, Stuttgart 1999.
Tytko, D.: Grundlagen der Projektfinanzierung, Stuttgart.
Töndury, H., Gsell, E.: Finanzierungen, Zürich 1948.
Trostdorf, S.: Syndizierter Kredit, in: Enzyklopädisches Lexikon des Geld-, Bank- und Börsenwesens, Frankfurt/Main.

Übelhör, M., Warns, C.: Grundlagen der Finanzierung, 3. Auflage, Heidenau 2004.
Ungnade, D.: Die Zulässigkeit der staatlichen Einflussnahme auf den primären Rentenmarkt speziell im Hinblick auf § 795 BGB, München 1972.
Uszczapowski, I.: Optionen und Futures verstehen, 7. Aufl., München 2012.

Volkart, R.: Corporate Finance, 2. Aufl., Zürich 2006.
Vormbaum, H.: Finanzierung der Betriebe, 9. Aufl., Wiesbaden 1995.

Walterspiel, G.: Betriebswachstum aus Abschreibungen?, Kritische Studie über den Kapazitätserweiterungseffekt und die Möglichkeiten seiner Optimierung, Wiesbaden 1977.
Wasmann, D., in: Kölner Kommentar.
Wegmann, W.: Der ökonomische Gewinn, Wiesbaden 1970.
Weihrauch, H.: Finanzierungseffekt der Rückstellungen, insbesondere der Pensionsrückstellungen, in: Finanzierungs-Handbuch, hrsg. von H. Janberg, 2. Aufl., Wiesbaden 1970, S. 319 ff.
Weitnauer, W. (Hrsg.): Handbuch Venture Capital, 4. Aufl., München 2011.
Welcker, J., Kloy, J. W.: Professionelles Optionsgeschäft, 2. Aufl., Zürich 1988.
Werner, H. S.: Mezzanine-Kapital, Köln 2004.
Werner, H. S.: Stilles Gesellschaftskapital und Genussrechtskapital, 4. Auflage, Wolfratshausen 2004.
Wiedmann, K.-P., Heckemüller, C. (Hrsg.): Ganzheitliches Corporate Finance Management, Wiesbaden 2003.
Wöhe, G.: Steuern als Mittel der Wirtschaftspolitik, Steuer-Kongreß-Report 1975, S. 169 ff.
–: Steuern und Finanzierung, in: Handwörterbuch der Finanzwirtschaft, hrsg. von H. E. Büschgen, Stuttgart 1976, Sp. 1661 ff.
–: Finanzierung und Besteuerung, HwStR, Bd. I, 2. Aufl., München und Bonn 1981, S. 483 ff.
–: Bilanzierung und Bilanzpolitik, 9. Aufl., München 1997.
–: Betriebswirtschaftliche Steuerlehre, Bd. I, 1. Halbband, 6. Aufl., München 1988.
–: Betriebswirtschaftliche Steuerlehre, Bd. I, 2. Halbband, 7. Aufl., München 1992.
–: Betriebswirtschaftliche Steuerlehre, Bd. II, 1. Halbband, 5. Aufl., München 1990.
–: Betriebswirtschaftliche Steuerlehre, Bd. II, 2. Halbband, 2. Aufl., Berlin und Frankfurt a.M. 1965, 4. Aufl., München 1997.
–: Einführung in die Allgemeine Betriebswirtschaftslehre, 23. Aufl., München 2008.
–: Die Handels- und Steuerbilanz, 4. Aufl., München 2001.
Wöhe, G., Bieg, H.: Grundzüge der Betriebswirtschaftlichen Steuerlehre, 4. Aufl., München 1995.
Wöhe, G., Döring, U.: Der Einfluss der Besteuerung auf eine integrierte Produktions-, Investitions- und Finanzierungsplanung, in: Schriften zur Unternehmensführung, Bd. 19, Wiesbaden 1974, S. 31 ff.
Wöhe, G., Kaiser, H., Döring, U.: Übungsbuch zur Einführung in die Allgemeine Betriebswirtschaftslehre, 12. Aufl., München 2008.
Wöhe, G., Kußmaul, H.: Grundzüge der Buchführung und Bilanztechnik, 6. Aufl., München 2008.
Wöhe, G., Mohr, R.: Steuerliche Planung, agplan-Handbuch zur Unternehmensplanung, Kennziffer 2741, 3. Aufl., Berlin 1994.
Wöltje, J.: Investitions- und Finanzmanagement, Köln, Wien 2002.

Zantow, R.: Finanzierung, 3. Aufl., München 2011.

Sachverzeichnis

D

G

L

T